westermann

Klaus Schilling

Mathematik für Berufliche Gymnasien – Niedersachsen

Beschreibende Statistik und Analysis I

Einführungsphase

3. Auflage

Bestellnummer 11767

Die in diesem Produkt gemachten Angaben zu Unternehmen (Namen, Internet- und E-Mail-Adressen, Handelsregistereintragungen, Bankverbindungen, Steuer-, Telefon- und Faxnummern und alle weiteren Angaben) sind i. d. R. fiktiv, d. h., sie stehen in keinem Zusammenhang mit einem real existierenden Unternehmen in der dargestellten oder einer ähnlichen Form. Dies gilt auch für alle Kunden, Lieferanten und sonstigen Geschäftspartner der Unternehmen wie z. B. Kreditinstitute, Versicherungsunternehmen und andere Dienstleistungsunternehmen. Ausschließlich zum Zwecke der Authentizität werden die Namen real existierender Unternehmen und z. B. im Fall von Kreditinstituten auch deren IBANs und BICs verwendet.

Zusatzmaterialien zu Beschreibende Statistik und Analysis I

Für Lehrerinnen und Lehrer

Lösungen zum Schülerbuch: 978-3-427-11769-8

BiBox westermann **inkl. E-Book**

BiBox Einzellizenz für Lehrer/-innen (Dauerlizenz): 978-3-427-11771-1
BiBox Kollegiumslizenz für Lehrer/-innen (Dauerlizenz): 978-3-427-11773-5
BiBox Kollegiumslizenz für Lehrer/-innen (1 Schuljahr): 978-3-427-11775-9

Für Schülerinnen und Schüler

BiBox westermann **inkl. E-Book**

BiBox Einzellizenz für Schüler/-innen (1 Schuljahr): 978-3-427-11777-3
BiBox Klassensatz PrintPlus (1 Schuljahr): 978-3-427-11813-8

Druck und Bindung: Westermann Druck GmbH, Georg-Westermann-Allee 66, 38104 Braunschweig

ISBN 978-3-427-11767-4

Vorwort

Das vorliegende Schulbuch gehört zu einer **4-bändigen Reihe**, die exakt auf das neue Kerncurriculum Mathematik für die **Beruflichen Gymnasien** für die Bereiche **Wirtschaft** sowie **Gesundheit und Soziales** in Niedersachsen abgestimmt ist.

Die folgende Tabelle gibt einen Überblick über die Zuordnung der Sachgebiete und Lernbereiche zu den einzelnen Bänden dieser Reihe.

	Titel	Sachgebiete	Lernbereiche
Band 1	**Beschreibende Statistik und Analysis I** Einführungsphase	• Stochastik • Analysis	1 Beschreibende Statistik 2 Elementare Funktionenlehre 3 Ableitungen
Band 2	**Analysis II** Qualifikations-phase	• Analysis	1 Kurvenanpassung[1)] 2 Von der Änderung zum Bestand – Integralrechnung 3 Wachstumsmodelle mit Exponential- und e-Funktionen[2)]
Band 3	**Analytische Geometrie, Lineare Algebra und Stochastik** Qualifikations-phase	• Analytische Geometrie/ Lineare Algebra • Stochastik	1 Raumanschauung und Koordinatisierung 2 Mehrstufige Prozesse – Matrizenrechnung 3 Daten und Zufall
Band 4	**Formelsammlung[3)]** Einführungs- und Qualifikationsphase	Alle Sachgebiete und Lernbereiche	

Alle Lernbereiche des neuen Kerncurriculums für die Beruflichen Gymnasien der Richtungen Wirtschaft und Gesundheit und Soziales werden durch die vorliegende Reihe vollständig abgedeckt, womit eine sehr gute Vorbereitung auf die Abiturprüfung gewährleistet ist. Es werden sowohl die Kompetenzen für das **grundlegende Anforderungsniveau** als auch für das **erhöhte Anforderungsniveau** vermittelt. Die Abschnitte, Situationen und Übungsaufgaben nur für Kurse mit erhöhtem Anforderungsniveau sind mit einem **eA** -Symbol gekennzeichnet (nur in den Bänden 2 und 3).

---

1) KC-Bezug:
Kurse mit grundlegenden Anforderungen (gA): „Lernbereich: Kurvenanpassung mit ganzrationalen Funktionen und einfachen gebrochenrationalen Funktionen"
Kurse mit erhöhten Anforderungen (eA): „Lernbereich: Kurvenanpassung und Funktionsscharen"

2) KC-Bezug:
Kurse mit grundlegenden Anforderungen (gA): „Lernbereich: Die e-Funktion"
Kurse mit erhöhten Anforderungen (eA): „Lernbereich: Wachstumsmodelle – Exponentialfunktionen"

3) Die Formelsammlung ist für die Abiturprüfung zugelassen.

Neben der Förderung der im Kerncurriculum genannten **inhaltsbezogenen Kompetenzen** sollen auch die **prozessbezogenen Kompetenzen** der Schülerinnen und Schüler weiterentwickelt werden.

Prozessbezogene Kompetenzbereiche	Inhaltsbezogene Kompetenzbereiche
• K1 Mathematisch argumentieren • K2 Probleme mathematisch lösen • K3 Mathematisch modellieren • K4 Mathematische Darstellungen verwenden • K5 Mit symbolischen, formalen und technischen Elementen der Mathematik umgehen • K6 Kommunizieren	• L1 Algorithmus und Zahl • L2 Messen • L3 Raum und Form • L4 Funktionaler Zusammenhang • L5 Daten und Zufall

Auf eine Visualisierung der Zuordnung der verschiedenen Kompetenzbereiche zu den Situationen und Handlungssituationen durch entsprechende Icons wurde bewusst verzichtet, um die Schülerinnen und Schüler nicht unnötig zu verwirren.

Besonderer Wert wird auf eine für Schülerinnen und Schüler **anschauliche und verständliche Darstellung** gelegt. Zahlreiche **Situationen mit ausführlich durchgerechneten Lösungen** ermöglichen auch den selbstständigen Erwerb der im Kerncurriculum geforderten Kompetenzen. Die ersten Übungsaufgaben eines jeden Abschnitts sind grundsätzlich sehr eng an die ersten Situationen des entsprechenden Abschnitts angelehnt. Dadurch sollen die Schülerinnen und Schüler dazu befähigt werden, diese Übungsaufgaben selbstständig mithilfe der ersten Situationen zu lösen.

Um die Schülerinnen und Schüler gut auf die schriftliche Abiturprüfung vorzubereiten, sind in den Bänden der Qualifikationsphase passende Original-Abituraufgaben der letzten Jahre eingearbeitet.

Am Ende der Kapitel mit berufsbezogenen Inhalten gibt es einen Abschnitt mit **Handlungssituationen** zu dem betreffenden Kapitel. Diese Handlungssituationen sind besonders geeignet, die **inhaltsbezogenen und prozessbezogenen Kompetenzen** anwendungsbezogen zu **verknüpfen**.

Alle Aufgaben können prinzipiell auch mit einem **Computer-Algebra-System (CAS)** gelöst werden. In einem **Anhang „CAS-Funktionen"** sind die Funktionen des Taschenrechners TI-Nspire CX II-T CAS mit Computer-Algebra-System (CAS) aufgeführt. Andere CAS-Rechner haben ähnliche Menüs und Funktionen. Die Situationen, die ausdrücklich den Einsatz eines Taschenrechners fordern, sind mit einem Taschenrechner-Symbol versehen.
Die Nummer in dem Taschenrechner-Symbol verweist auf den erklärenden Anhang mit den CAS-Funktionen.

In den Bänden 1 bis 3 gibt es außerdem einen **Anhang mit den wichtigsten ökonomischen Fachbegriffen**, die für den Unterricht und das Abitur relevant sind. Diese Zusammenfassung ist besonders für die Schülerinnen und Schüler eine Unterstützung, die nicht im Beruflichen Gymnasium Wirtschaft unterrichtet werden.

Die für das Abitur zugelassene **Formelsammlung** komplettiert die Reihe und ist den Schülerinnen und Schülern eine große Hilfe beim Erreichen des angestrebten Schulabschlusses.

Ich wünsche allen Schülerinnen und Schülern, die mit dieser Reihe arbeiten, viel Erfolg und Freude an der Mathematik.

Klaus Schilling
(Herausgeber)

Inhaltsverzeichnis

Mathematische Zeichen und Symbole zur beschreibenden Statistik

Zeichen, Symbol	Sprechweise; Bedeutung	Beispiel
n	Stichprobenumfang	$n = 100$
x_i	Merkmalsausprägung eines Merkmals	$x_1 = 2$
n_i	absolute Häufigkeit einer Merkmalsausprägung	$n_1 = 8$
$h(x_i)$	relative Häufigkeit einer Merkmalsausprägung	$h(2) = \frac{8}{100} = 0{,}08$
$x_{\min}$	kleinste Merkmalsausprägung	$x_{\min} = 2$
$x_{\max}$	größte Merkmalsausprägung	$x_{\max} = 6$
R	Spannweite	$R = x_{\max} - x_{\min} = 6 - 2 = 4$
$\overline{x}$	x quer; arithmetisches Mittel, Mittelwert, Durchschnittswert	$\overline{x} = \frac{2+4+6}{3} = 4$
x_{Med}	Median, Zentralwert, mittlerer Wert einer geordneten Zahlenreihe	$1; 2; 3; 4; 5 \Rightarrow x_{\text{Med}} = 3$
x_{Mod}	Modalwert, Modus; Merkmalsausprägung mit der größten Häufigkeit einer Stichprobe	
s^2	empirische Varianz, mittlere quadratische Abweichung	$s^2 = 25$
s	empirische Standardabweichung	$s = \sqrt{s^2} = \sqrt{25} = 5$
Σ	Summe	
$\sum\limits_{i=1}^{n} x_i$	Summe aller x_i von $i = 1$ bis $i = n$	$\sum\limits_{i=1}^{3} x_i = 1 + 2 + 3 = 6$

Mathematische Zeichen und Symbole zur Analysis

Zeichen, Symbol	Sprechweise; Bedeutung	Beispiel
$=$	gleich	$4 = 4$
$\neq$	ungleich	$3 \neq 4$
$\approx$	ist ungefähr gleich	$\sqrt{2} \approx 1{,}41$
$<$	kleiner als	$3 < 4$
$>$	größer als	$5 > 4$
$\leq$	kleiner gleich	$x \leq 3$
$\geq$	größer gleich	$x \geq 4$
$\lvert \ldots \rvert$	Betrag von	$\lvert -3 \rvert = 3$
∞	unendlich	

Zeichen, Symbol	Sprechweise; Bedeutung	Beispiel
$\Rightarrow$	daraus folgt	$\mathbb{N} = \{0; 1; 2; 3; \ldots\} \Rightarrow \{1\} \in \mathbb{N}$
$\Leftrightarrow$	gilt genau dann, wenn; ist äquivalent mit	$2x = 4 \Leftrightarrow x = 2$
$\wedge$	und	
$\vee$	oder	
$\mathbb{N}$	Menge der natürlichen Zahlen **einschließlich 0**	$\mathbb{N} = \{0; 1; 2; 3; \ldots\}$
$\mathbb{Z}$	Menge der ganzen Zahlen **einschließlich 0**	$\mathbb{Z} = \{\ldots; -3; -2; -1; 0; 1; 2; 3; \ldots\}$
$\mathbb{Q}$	Menge der rationalen Zahlen **einschließlich 0**	$\mathbb{Q} = \left\{\frac{a}{b} \middle\vert a \in \mathbb{Z};\ b \in \mathbb{Z}^*\right\}$
$\mathbb{R}$	Menge der reellen Zahlen **einschließlich 0**	
$\mathbb{N}^*, \mathbb{Z}^*, \mathbb{Q}^*, \mathbb{R}^*$	Zahlen der jeweiligen Menge $\mathbb{N}$, $\mathbb{Z}$, $\mathbb{Q}$, $\mathbb{R}$ **ohne 0**	$\mathbb{Z}^* = \{\ldots; -3; -2; -1; 1; 2; 3; \ldots\}$
$\mathbb{Z}_+, \mathbb{Q}_+, \mathbb{R}_+$ $(\mathbb{Z}_{\geq 0}, \mathbb{Q}_{\geq 0}, \mathbb{R}_{\geq 0})$	positive Zahlen der jeweiligen Menge $\mathbb{Z}$, $\mathbb{Q}$, $\mathbb{R}$ **einschließlich 0**	$\mathbb{Z}_+ = \mathbb{Z}_{\geq 0} = \{0; 1; 2; 3; \ldots\}$
$\mathbb{Z}_+^*, \mathbb{Q}_+^*, \mathbb{R}_+^*$ $(\mathbb{Z}_{>0}, \mathbb{Q}_{>0}, r_{>0})$	positive Zahlen der jeweiligen Menge $\mathbb{Z}$, $\mathbb{Q}$, $\mathbb{R}$ **ohne 0**	$\mathbb{Z}_+^* = \mathbb{Z}_{>0} = \{1; 2; 3; \ldots\}$
$\mathbb{Z}_-, \mathbb{Q}_-, \mathbb{R}_-$ $(\mathbb{Z}_{\leq 0}, \mathbb{Q}_{\leq 0}, \mathbb{R}_{\leq 0})$	negative Zahlen der jeweiligen Menge $\mathbb{Z}$, $\mathbb{Q}$, $\mathbb{R}$ **einschließlich 0**	$\mathbb{Z}_- = \mathbb{Z}_{\leq 0} = \{\ldots; -3; -2; -1; 0\}$
$\mathbb{Z}_-^*, \mathbb{Q}_-^*, \mathbb{R}_-^*$ $(\mathbb{Z}_{<0}, \mathbb{Q}_{<0}, \mathbb{R}_{<0})$	negative Zahlen der jeweiligen Menge $\mathbb{Z}$, $\mathbb{Q}$, $\mathbb{R}$ **ohne 0**	$\mathbb{Z}_-^* = \mathbb{Z}_{<0} = \{\ldots; -3; -2; -1\}$
$\{1; 2; 3\}$	Menge mit den Elementen 1, 2, 3	$A = \{1; 2; 3\}$
$\{x \mid \ldots\}$	Menge aller x, für die gilt …	$\{x \mid 0 < x < 3\}_{\mathbb{R}}$ Menge aller x aus der Menge der reellen Zahlen, für die gilt $0 < x < 3$
$\{(x; y) \mid \ldots\}$	Menge aller Zahlenpaare $(x; y)$, für die gilt …	$\{(x; y) \mid y = 3x\}$ Menge aller Zahlenpaare (x, y), für die gilt $y = 3x$
$\varnothing = \{\ \}$	leere Menge	$\mathbb{Z}_- \cap \mathbb{N}^* = \varnothing = \{\ \}$
$\in$	Element von	$1 \in \mathbb{N}$
$\notin$	nicht Element von	$-1 \notin \mathbb{N}$
$\cup$	vereinigt mit	$\mathbb{N}^* \cup \{0\} = \mathbb{N}$
$\cap$	geschnitten mit	$\mathbb{N} \cap \mathbb{N}^* = \mathbb{N}^*$
$\subset$	ist echte Teilmenge von	$\mathbb{N} \subset \mathbb{R}$
$\setminus$	ohne	$\mathbb{N} \setminus \{0\} = \mathbb{N}^*$

Zeichen, Symbol	Sprechweise; Bedeutung	Beispiel
$[a; b]$	geschlossenes Intervall (von einschließlich *a* bis einschließlich *b*)	$\{x \mid a \leq x \leq b\}$
$(a; b)$ auch: $]a; b[$	offenes Intervall (von ausschließlich *a* bis ausschließlich *b*)	$\{x \mid a < x < b\}$
$[a; b)$ auch: $[a; b[$	halb offenes Intervall (von einschließlich *a* bis ausschließlich *b*)	$\{x \mid a \leq x < b\}$
$(a; b]$ auch: $]a; b]$	halb offenes Intervall (von ausschließlich *a* bis einschließlich *b*)	$\{x \mid a < x \leq b\}$
$P(x/y)$	Punkt *P* mit den Koordinaten (x/y)	$P(1/3)$
$f: f(x) = \ldots$	eine Funktion *f* mit der Funktionsgleichung $f(x) = \ldots$	$f: f(x) = 3x$
$\mapsto$	wird zugeordnet	$x \mapsto f(x)$
$D(f)$	Definitionsbereich, Definitionsmenge einer Funktion *f*	$D(f) = \mathbb{R}$
$W(f)$	Wertebereich, Wertemenge einer Funktion *f*	$W(f) = \mathbb{R}$
$D_{max}(f)$	Mathematisch maximal möglicher Definitionsbereich der Funktion *f*	$D_{max}(f) = \mathbb{R}$
$W_{max}(f)$	Mathematisch maximal möglicher Wertebereich der Funktion *f*	$W_{max}(f) = \mathbb{R}$
$D_{ök}(f)$	Ökonomisch sinnvoller Definitionsbereich der Funktion *f*	$D_{ök}(K) = [0; x_{Kap}]$
$W_{ök}(f)$	Ökonomisch sinnvoller Wertebereich der Funktion *f*	$W_{ök}(K) = [K(0); K(x_{Kap})]$
L	Lösungsmenge	$L = \{3\}$
$\rightarrow$	gegen; nähert sich	$x \rightarrow \infty$
lim	Grenzwert (Limes)	$\lim\limits_{x \to \infty} f(x) = a$
Δy	Delta *y*	$\Delta y = y_2 - y_1$
$f'(x)$	*f* Strich von *x*	1. Ableitung von $f(x)$
$f''(x)$	*f* zwei Strich von *x*	2. Ableitung von $f(x)$
$\frac{\mathrm{d}f}{\mathrm{d}x}$	d*f* nach d*x*	$\frac{\mathrm{d}f}{\mathrm{d}x} = f'$ ist die Ableitung von *f* mit der Variablen *x*

1 Lernbereich: Beschreibende Statistik

In der beschreibenden Statistik geht es um die Erfassung, Auswertung und Darstellung von empirisch[1] gewonnenen Daten. Dabei werden allgemein vier Schritte durchlaufen:

- Die für die Analyse relevanten Daten werden erhoben.
- Das bei der Datenerhebung gewonnene, oftmals sehr umfangreiche Datenmaterial wird in eine übersichtliche Form gebracht, z. B. in Form einer Tabelle oder einer Grafik.
- Mithilfe von Kenngrößen werden die Daten analysiert.
- Die Ergebnisse der Analyse werden interpretiert.

---

1) griech. *empeirokos* = erfahren, von etwas Kenntnis erhalten, z. B. durch Befragungen, Beobachtungen, Experimente etc., die nachvollziehbar beschrieben und wiederholbar sind.

1.1 Datenerhebung

1.1.1 Art der Merkmale

Mit den Methoden der **beschreibenden Statistik** werden Daten erfasst, zusammengefasst und grafisch dargestellt. In einer Datenerhebung werden einzelne Personen oder Objekte (**Merkmalsträger**) auf eine Eigenschaft (**Merkmal**) hin befragt oder untersucht (z. B. Alter, Augenfarbe, Geschlecht, Einkommenshöhe). Die möglichen Erscheinungsformen eines Merkmals bezeichnet man als **Merkmalsausprägungen** x_i. Bei **quantitativen Merkmalen** sind die Merkmalsausprägungen Zahlen (z. B. Alter, Einkommenshöhe), bei **qualitativen Merkmalen** (z. B. Augenfarbe, Geschlecht) sind die Merkmalsausprägungen keine Zahlen.
Die Anzahl der Merkmalsträger bestimmt den **Stichprobenumfang** n. Wenn alle Merkmalsträger der Grundgesamtheit befragt oder untersucht werden, liegt eine **Vollerhebung** vor. Aus Kosten-, Zeit- oder organisatorischen Gründen ist eine Vollerhebung oft nicht möglich. Dann findet eine Auswahl aus der Gesamtheit in Form einer **Stichprobe** statt und es wird eine **Teilerhebung** durchgeführt. Die Teilerhebung dient dazu, von dem Stichprobenergebnis auf die Merkmalsausprägungen in der Gesamtheit zu schließen.

Situation 1

Die Tabelle rechts zeigt die Ergebnisse des ersten Mathematik-Tests der Klasse 11A eines Beruflichen Gymnasiums.
Die Notenpunkte wurden wegen der besseren Übersichtlichkeit in Noten umgerechnet.
Erläutern Sie an diesem Beispiel die oben im Informationstext genannten Fachbegriffe

- Merkmalsträger,
- Merkmal,
- quantitatives/qualitatives Merkmal,
- Merkmalsausprägungen,
- Stichprobenumfang,
- Vollerhebung/Teilerhebung.

Schüler-Nr.	Note
1	2
2	3
3	1
4	3
5	4
6	1
7	5
8	6
9	2
10	4
11	5
12	3
13	2
14	4
15	3
16	4
17	4
18	3
19	2
20	3

Lösung

- **Merkmalsträger** sind die Schülerinnen und Schüler (alternativ könnte auch der Test selbst der Merkmalsträger sein).
- Das zu untersuchende **Merkmal** der Schülerinnen und Schüler sind ihre Noten im Test.
- Es handelt sich um ein **quantitatives Merkmal**, weil die Merkmalsausprägungen Zahlen sind.
- **Merkmalsausprägungen** x_i sind die Noten: $x_1 = 1$, $x_2 = 2$, $x_3 = 3$, $x_4 = 4$, $x_5 = 5$, $x_6 = 6$.

- **Stichprobenumfang** $n = 20$
- Es liegt für die betreffende Klasse eine **Vollerhebung** vor, weil alle Schülerinnen und Schüler untersucht werden. Wenn man von dem Klassenergebnis auf den gesamten 11. Jahrgang oder sogar die Schule insgesamt schließen will, liegt eine **Teilerhebung** vor.

Zusammenfassung

- **Merkmalsträger**: Personen oder Objekte, die befragt oder untersucht werden.
- **Merkmal:** bestimmte Eigenschaft der Merkmalsträger.
- **Merkmalsausprägungen** x_i: Erscheinungsformen eines Merkmals.
- **quantitatives Merkmal:** Die Merkmalsausprägungen sind Zahlen.
- **qualitatives Merkmal:** Die Merkmalsausprägungen sind keine Zahlen.
- **Vollerhebung**: Alle Merkmalsträger werden befragt/untersucht.
- **Teilerhebung**: Nur ein Teil der möglichen Merkmalsträger wird befragt/untersucht.
- **Stichprobenumfang** n: Gibt die Anzahl der Merkmalsträger bei einer Teilerhebung an.

Übungsaufgaben

1 Geben Sie jeweils Merkmalsträger, Merkmal (quantitativ oder qualitativ) und die Merkmalsausprägungen an. Beurteilen Sie, ob eine Voll- oder Teilerhebung vorliegt.

a) In einem Betrieb wird ein Werkstück gefertigt, das eine Solldicke von 1,00 cm und einen ganz bestimmten Grauton aufweisen soll. Der laufenden Produktion werden 100 Werkstücke entnommen.

b) In einem beruflichen Gymnasium werden alle Schülerinnen und Schüler der Einführungsphase nach der zuvor besuchten Schulform und den dort erzielten Abschlussnoten befragt.

c) In einer landwirtschaftlichen Versuchsanstalt werden Erbsenhülsen stichprobenartig untersucht, wie viele Erbsen in den Hülsen sind und wie die Erbsen schmecken.

d) 100 Schülerinnen und Schüler werden nach ihrer Körpergröße und nach ihrer Augenfarbe befragt.

e) 50 Arbeitnehmer eines Betriebes werden nach ihrem Einkommen und ihrer Arbeitszufriedenheit befragt.

f) Bei einer Paketverteilstelle werden die Pakete auf ihr Gewicht und ihren Zustand überprüft.

g) Ein Internetversandhandel sortiert in seiner Datenbank alle Kunden nach dem Nachnamen und den Jahresumsätzen.

h) Bei einer Geschwindigkeitskontrolle wird die Geschwindigkeit gemessen und das Geschlecht des Fahrers oder der Fahrerin festgestellt.

2 Eisen kommt in der Natur nur gebunden als Eisenerz vor.
Im Hochofen wird aus dem Erz durch Reduktion mit Kohlenstoff Roheisen erzeugt. Der Anteil der unerwünschten Begleitelemente wird durch Verbrennung bei möglichst hoher Temperatur verringert. Das Roheisen wird in mehreren Stufen abgekühlt.
Die Messung des Kühlwassers in einem Monat ergab die in der Tabelle angegebenen Werte.

Nummer der Messung	Temperatur in °C
1	61,4
2	61,0
3	61,3
4	61,1
5	61,3
6	61,8
7	61,2
8	61,3
9	61,0
10	61,6

Erklären Sie an diesem Beispiel die Begriffe
- Merkmal,
- Merkmalsträger,
- Merkmalsausprägung (quantitativ oder qualitativ?),
- Voll- und Teilerhebung.

3 Zwei Maschinen A und B sollen Stahlstifte auf die Länge 10 mm zuschneiden. Von jeder Maschine wurden zugeschnittene Stifte entnommen und nachgemessen, um die Genauigkeit der Maschinen zu vergleichen.

Länge (in mm)	Maschine A	Maschine B
7	2	10
8	18	30
9	80	70
10	100	80
11	81	70
12	16	30
13	3	10

a) Erklären Sie an diesem Beispiel die Begriffe
   - Merkmal,
   - Merkmalsträger,
   - Merkmalsausprägung,
   - quantitatives und qualitatives Merkmal,
   - Stichprobe, Stichprobenumfang und Grundgesamtheit.

b) Bestimmen Sie für Maschine A: x_2 und n.

4 Bei der Messung des Intelligenzquotienten (IQ) aller Schülerinnen und Schüler einer Grundschule ergab sich die Verteilung der Tabelle.

IQ	[70–78]	(78–86]	(86–94]	(94–102]	(102–110]	(110–118]	(118–126]
Anzahl	29	73	151	126	65	29	7

Geben Sie Merkmalsträger, Merkmal und Merkmalsausprägung (quantitativ oder qualitativ?) an.
Begründen Sie, ob eine Voll- oder Teilerhebung vorliegt.

5 In einer landwirtschaftlichen Versuchsanstalt wurden aus der Ernte 5 000 Erbsenhülsen zufällig ausgewählt. Bei der Auszählung der Erbsen je Hülse fanden sich 0 bis maximal 10 Erbsen in einer Hülse. Der Farbton der Hülsen wurde den Farben hellgrün, mittelgrün, dunkelgrün, braun, gelb zugeordnet.
Geben Sie an, was bei dieser Untersuchung Merkmalsträger, Merkmal und Merkmalsausprägungen (quantitativ oder qualitativ?) sind. Begründen Sie, ob eine Voll- oder Teilerhebung vorliegt.

1.1.2 Repräsentativität

Markt- oder Meinungsforschungsinstitute geben oft an, ihre Ergebnisse auf repräsentative Umfragen zu stützen. Unter **Repräsentativität** wird dabei die Eigenschaft verstanden, dass eine Stichprobe stellvertretend für die Gesamtheit ist und damit die Ergebnisse der Teilerhebung Aussagen über die Grundgesamtheit zulassen. Eine Stichprobe aus der Gesamtheit so auszuwählen, dass sie repräsentativ für die Gesamtheit ist, ist ein äußerst schwieriges Unterfangen, das mit der Situation 2 nur grob angerissen wird.

Situation 2

Die Schülervertretung einer berufsbildenden Schule möchte gern die Zufriedenheit der Schülerinnen und Schüler mit ihrer Schule erkunden. Weil eine Vollerhebung bei mehr als 2 000 Schülerinnen und Schülern viel zu aufwendig ist, soll eine Teilerhebung durchgeführt werden. Dazu muss eine Auswahl aus der Grundgesamtheit der Merkmalsträger vorgenommen werden, also muss die Stichprobe ausgewählt werden.

Erläutern Sie

a) das Ziel und

b) die möglichen Vorgehensweisen bei einer Stichprobenauswahl.

c) Beurteilen Sie die Bedeutung des Stichprobenumfangs für die Repräsentativität der Stichprobe.

d) Begründen Sie, welches Auswahlverfahren Sie ganz pragmatisch der Schülervertretung empfehlen würden.

Lösung

a) Ziel

Die **Stichprobenauswahl** sollte so erfolgen, dass von den Ergebnissen der Teilerhebung auf die Gesamtheit geschlossen werden kann.

b) Mögliche Vorgehensweisen

Es sind grundsätzlich zwei Verfahren zur Stichprobenauswahl zu unterscheiden.

Bei einer **Quotenstichprobe** werden die Teilnehmer der Umfrage gezielt so ausgewählt, dass die Stichprobe eine ähnliche Struktur wie die Grundgesamtheit aufweist, also bei bestimmten Merkmalen die gleichen Quoten (Anteile) wie die Grundgesamtheit hat, z. B. Anteile der Schulformen, die die Lernenden zuvor besucht haben, Anteile der Geschlechter, Anteile bestimmter Altersgruppen, Anteile der Lernenden mit Migrationshintergrund etc. Dadurch erhofft man sich, dass vom Stichprobenergebnis auf die Gesamtheit geschlossen werden kann.

Bei einer **Zufallsstichprobe** werden die Teilnehmer der Erhebung mithilfe eines speziellen Auswahlverfahrens gezogen. Das einfachste Verfahren ist die **einfache Zufallsstichprobe**, bei der jedes Element der Grundgesamtheit die gleiche Wahrscheinlichkeit hat, ausgewählt zu werden.

Die **geschichtete Zufallsstichprobe** vereint die beiden Auswahlverfahren. Die Elemente der Grundgesamtheit werden so in Gruppen (Schichten) eingeteilt, dass jedes Element der Grundgesamtheit exakt zu einer Schicht gehört; danach werden einfache Zufallsstichproben aus jeder Schicht gezogen.

c) Stichprobenumfang

Bei jedem Auswahlverfahren gilt grundsätzlich: Je größer der **Stichprobenumfang**, desto geringer ist die Wahrscheinlichkeit, einen Fehler beim Schluss von der Stichprobe auf die Gesamtheit zu machen, desto größer ist aber auch der Aufwand bei der Datenerhebung. So ist bei einer „Teilerhebung" in Höhe von 100 % der Grundgesamtheit die Fehlerwahrscheinlichkeit beim Schluss von der Stichprobe auf die Gesamtheit natürlich gleich 0. Wenn man bereit ist, eine höhere Fehlerwahrscheinlichkeit hinzunehmen, kann man den Stichprobenumfang verkleinern und damit auch den Aufwand verringern.
Eine mathematische Berechnung des Stichprobenumfangs zu einer vorgegebenen Fehlerwahrscheinlichkeit erfolgt später im Stochastik-Kurs der Qualifikationsphase. Doch selbst bei großem Stichprobenumfang muss eine Teilerhebung nicht unbedingt repräsentativ sein. Das ist der Fall, wenn die zu Befragenden nur einen ganz bestimmten Teil der Grundgesamtheit repräsentieren, wenn z. B. bei der Frage nach der beliebtesten Lehrkraft nur Mädchen ausgewählt werden.

d) Empfehlung

Es ist recht schwierig, bedeutsame Merkmale für eine Quotenstichprobe oder geschichtete Zufallsstichprobe zu identifizieren. Am einfachsten kann man „Repräsentativität" durch eine einfache Zufallsauswahl der zu Befragenden erreichen, indem man z. B. alle Schülerinnen und Schüler durchnummeriert und dann in einem Zufallsverfahren eine bestimmte Anzahl von ihnen auslost. Der Stichprobenumfang sollte dabei nicht zu klein sein.

Übungsaufgaben

1 Beurteilen Sie, ob es sich um eine repräsentative Stichprobe handelt.

a) Um herauszufinden, welche Automobilmarke die Deutschen für die zuverlässigste halten, werden 5 000 Männer nach ihrer Meinung gefragt.

b) Zur Ermittlung der durchschnittlichen Bearbeitungszeit für ein Werkstück werden die acht Mitarbeiter in der Produktion jeweils eine halbe Stunde lang beobachtet.

c) In einem Sägewerk werden mithilfe von drei baugleichen Sägen Bretter auf Maß gesägt.
Im Rahmen der Qualitätskontrolle wird eine umfangreiche Stichprobe von der ersten Säge genommen.

d) Um das durchschnittliche, monatliche Bruttoeinkommen in der Computerbranche zu bestimmen, werden 800 Programmierer und Programmiererinnen befragt. Das Geschlechterverhältnis der Stichprobe entspricht genau dem der Grundgesamtheit.

e) Die Mitarbeiter der Marketingabteilung eines Versandhauses rufen bei 75 % der Stammkunden an, um festzustellen, ob alle Kunden mit dem Service des Unternehmens zufrieden sind.

f) Mitarbeiter der Marketingabteilung eines Versandhauses rufen bei zufällig ausgewählten 75 % der Stammkunden an, um festzustellen, ob die Stammkunden die Preise im Versandhaus im Vergleich zum Internet zu hoch, angemessen oder zu niedrig finden.

g) Bei einer Studie zur durchschnittlichen Hausaufgabenzeit der Schülerinnen und Schüler werden zufällig ausgewählte 50 % aller Schülerinnen und Schüler des 13. Jahrgangs eines Beruflichen Gymnasiums befragt.

h) Bei der Sonntagsfrage „Welche Partei würden Sie wählen, wenn Sonntag Bundestagswahl wäre?“ wurden 3 000 Wahlberechtigte eines Stadtteils befragt.

i) Zur Feststellung des durchschnittlichen Jahresbruttoeinkommens in Deutschland wird eine Stichprobe vom Umfang 3 000 so ausgewählt, dass der Frauenanteil, die geografische Lage der Befragten sowie die Berufsstruktur (in den Ausprägungen Arbeiter, Angestellter, Beamter, Selbstständiger, Studierender, Arbeitssuchender, Rentner/Pensionär) denen in der Grundgesamtheit entsprechen.

1.1.3 Klassierung

Wenn schon bei der Planung einer Datenerhebung sehr viele unterschiedliche Merkmalsausprägungen erwartet werden, dann ist eine Zusammenfassung der Merkmalsausprägungen in Klassen sinnvoll.

Diese **Einteilung der Daten in Klassen** nennt man **Klassierung**. Durch die Klassierung kann die Datenmenge übersichtlicher dargestellt und der Aufwand bei der späteren Datenauswertung erheblich verringert werden. Allerdings geht mit der Klassierung von Daten auch immer ein gewisser Informationsverlust einher, weil die genauen Werte der Merkmalsausprägung in den Klassen untergehen.

Situation 3

Die Schülervertretung einer Stadt möchte durch eine Befragung ermitteln lassen, wie viel die Vollzeitschülerinnen und -schüler der Sekundarstufe II durchschnittlich im Monat durch Nebenjobs zu ihrem Taschengeld dazuverdienen.

Erläutern Sie, welche Überlegungen bei der Befragung hinsichtlich der Klassierung (Anzahl der Klassen, Klassenbreite, Klassengrenzen) anzustellen sind und klassieren Sie die möglichen Merkmalsausprägungen auf drei unterschiedliche Arten. Beurteilen Sie den Informationsverlust, der durch die drei vorgenommenen Klassierungen eintritt.

Lösung

Zunächst müssen Überlegungen angestellt werden, mit welcher kleinsten und welcher größten Merkmalsausprägung bei der Befragung zu rechnen ist. Da Schülerinnen und Schüler regelmäßig kein sozialversicherungspflichtiges Beschäftigungsverhältnis eingehen wollen, gehen wir von einer Zuverdienst-Obergrenze von 450,00 € für einen Minijob aus. Die **Spannweite** der möglichen Zuverdienste reicht also von 0,00 € bis 450,00 €.

Diese Spannweite kann jetzt in eine beliebige Anzahl möglichst gleich breiter Klassen unterteilt werden. Dabei gelten folgende Zusammenhänge:

Klassenbreite $b = \frac{\text{Spannweite } R}{\text{Anzahl der Klassen } k}$	⇔	Anzahl der Klassen $k = \frac{\text{Spannweite } R}{\text{Klassenbreite } b}$
Klassenbreite		**Anzahl der Klassen**

Die Klassengrenzen sind jeweils so zu wählen, dass jede Merkmalsausprägung genau einer Klasse zugeordnet werden kann, die Klassengrenzen dürfen sich also nicht überlappen. Dazu sind die Klassen entweder links geschlossen und rechts offen oder umgekehrt festzulegen.

Beispiele:

18 Klassen mit einer Klassenbreite von jeweils 25,00 €

1. Klasse	[0; 25)
2. Klasse	[25; 50)
3. Klasse	[50; 75)
4. Klasse	[75; 100)
5. Klasse	[100; 125)
6. Klasse	[125; 150)
7. Klasse	[150; 175)
8. Klasse	[175; 200)
9. Klasse	[200; 225)
10. Klasse	[225; 250)
11. Klasse	[250; 275)
12. Klasse	[275; 300)
13. Klasse	[300; 325)
14. Klasse	[325; 350)
15. Klasse	[350; 375)
16. Klasse	[375; 400)
17. Klasse	[400; 425)
18. Klasse	[425; 450]

9 Klassen mit einer Klassenbreite von jeweils 50,00 €

1. Klasse	[0; 50)
2. Klasse	[50; 100)
3. Klasse	[100; 150)
4. Klasse	[150; 200)
5. Klasse	[200; 250)
6. Klasse	[250; 300)
7. Klasse	[300; 350)
8. Klasse	[350; 400)
9. Klasse	[400; 450]

5 Klassen mit einer Klassenbreite von jeweils 90,00 €

1. Klasse	[0; 90)
2. Klasse	[90; 180)
3. Klasse	[180; 270)
4. Klasse	[270; 360)
5. Klasse	[360; 450]

Beurteilung der drei Klassierungen:

Je geringer die Anzahl der Klassen, desto übersichtlicher kann das Datenmaterial dargestellt werden und desto einfacher ist die spätere Datenauswertung.

Eine geringe Anzahl von Klassen bedeutet aber auch eine größere Klassenbreite. Mit jeder Vergrößerung der Klassenbreite gehen zunehmend Informationen über die tatsächlichen Nebenverdienste verloren, weil die Verteilung der Merkmalsausprägungen innerhalb der Klassen nicht bekannt ist.

In der Praxis wird für die Anzahl der zu bildenden Klassen k oft eine **Faustregel** verwendet, die die Anzahl der Klassen k in Abhängigkeit vom Stichprobenumfang n angibt:

$$k \approx \sqrt{n}$$

Anzahl der Klassen

Diese Faustregel muss sehr kritisch beurteilt werden, weil der Grund für eine Klassierung der Daten nicht der Stichprobenumfang, sondern die Vielzahl der zu erwartenden Merkmalsausprägungen ist.
Bei großen Stichprobenumfängen führt diese Faustregel zu einer zu großen Anzahl von Klassen und wird dann gar nicht mehr angewendet.

Zusammenfassung

- **Klassen** sind nicht überlappende, aneinandergrenzende Intervalle von Merkmalsausprägungen, die durch eine **obere Klassengrenze** x_i^{o} und eine **untere Klassengrenze** x_i^{u} begrenzt sind. Die jeweilige **Klassenmitte** heißt x_i^*.
- Die Einteilung der Daten in Klassen nennt man **Klassierung**.
- Die Differenz zwischen der größten Merkmalsausprägung $x_{\max}$ und der kleinsten Merkmalsausprägung $x_{\min}$ heißt **Spannweite** R.

  $$R = x_{\max} - x_{\min}$$
- Zusammenhang zwischen **Klassenbreite** b, **Anzahl der Klassen** k und **Spannweite** R:

  Anzahl der Klassen $k = \frac{\text{Spannweite } R}{\text{Klassenbreite } b}$ Klassenbreite $b = \frac{\text{Spannweite } R}{\text{Anzahl der Klassen } k}$

  Wenige Klassen und große Klassenbreite
  Vorteil: übersichtliche Darstellung des Datenmaterials und einfache Datenauswertung
  Nachteil: Die genauen Merkmalsausprägungen innerhalb der Klassen gehen verloren.

  Viele Klassen und geringe Klassenbreite
  Vorteil: Es gehen weniger Informationen über die genauen Merkmalsausprägungen innerhalb der Klassen verloren.
  Nachteil: geringe Übersichtlichkeit der Darstellung und geringe Vereinfachung der Datenauswertung
- **Faustregel für die Anzahl der Klassen**: $k \approx \sqrt{n}$

Übungsaufgaben

1 Einhundert zufällig ausgewählte Personen sollen nach ihrem monatlichen Bruttoverdienst befragt werden.
Es wird damit gerechnet, dass der maximale Bruttoverdienst 5 000,00 € nicht übersteigt.
Teilen Sie die möglichen Merkmalsausprägungen auf drei unterschiedliche Arten in Klassen ein. Benennen Sie jeweils die Anzahl der Klassen und die Klassenbreite.
Beurteilen Sie den Informationsverlust, der durch die vorgenommenen Klassierungen eintritt.

2 In einer Schokoladenmanufaktur soll das Gewicht der produzierten Tafeln überprüft werden.
Das Sollgewicht beträgt 100 g. In der Vergangenheit gab es Abweichungen bis zu 10 % nach oben und unten. Teilen Sie die möglichen Merkmalsausprägungen
a) in 10 Klassen
b) in 5 Klassen
ein.

3 Bei einer Klausur sind maximal 100 Bewertungseinheiten zu erreichen. Klassieren Sie die zu erwartenden Daten auf zweierlei Art. Benennen Sie jeweils die Anzahl der Klassen und die Klassenbreite. Erläutern Sie, welche Vor- und Nachteile Sie bei den von Ihnen entwickelten Klassierungsmodellen sehen.

4 Bei der Produktion von Obstsaft wird der Saft aus maximal 200 g schweren Früchten gepresst. Im Rahmen der Qualitätskontrolle soll überprüft werden, wie viel Saft (in Gramm) jeweils aus einer Frucht gepresst werden kann.

a) Fassen Sie die möglichen Ergebnisse der Prüfung des Saftgewichts in Klassen der Breite 20 zusammen.

b) Erstellen Sie 5 Klassen, mit deren Hilfe das Gewicht des Saftes aus einer Frucht erfasst werden kann.

c) Beurteilen Sie die vorgenommenen Klassierungen hinsichtlich der Übersichtlichkeit und hinsichtlich des Informationsverlustes.

5 Die Schülerinnen und Schüler einer berufsbildenden Schule sollen zu ihrer Körpergröße (in cm) befragt werden. Damit die Ergebnisse übersichtlich dargestellt werden können, soll die Datenerhebung in Klassen erfolgen. Erstellen Sie 2 Vorschläge für eine solche Klassierung.
Benennen Sie jeweils die Anzahl der Klassen und die Klassenbreite.

1.2 Kenngrößen einer Stichprobe

1.2.1 Häufigkeitsverteilung

Situation 1

Die Tabelle zeigt die Ergebnisse des Mathematik-Tests der Klasse 11A aus Situation 1 des vorausgegangenen Abschnitts 1.1 Datenerhebung.

Schüler-Nr.	1	2	3	4	5	6	7	8	9	10	11	12	13	14	15	16	17	18	19	20
Note	2	3	1	3	4	1	5	6	2	4	5	3	2	4	3	4	4	3	2	3

a) Stellen Sie das Testergebnis übersichtlich in einer **Häufigkeitstabelle** dar, die den nach Größe aufsteigend geordneten Merkmalsausprägungen x_i die entsprechenden **absoluten Häufigkeiten n_i** und **relativen Häufigkeiten $h(x_i)$** zuordnet. Interpretieren Sie den ermittelten Wert für $h(x_2)$.

b) Stellen Sie die **Häufigkeitsverteilung** mit relativen Häufigkeiten in einem **Säulendiagramm** grafisch dar.

c) Erstellen Sie das Säulendiagramm mit dem Taschenrechner.

1

Lösung

a) Die **absolute Häufigkeit n_i** gibt an, wie oft eine Merkmalsausprägung x_i auftritt.
Die **relative Häufigkeit $h(x_i)$** gibt den Anteil der absoluten Häufigkeit n_i einer Merkmalsausprägung x_i am gesamten **Stichprobenumfang n** an.

$h(x_i) = \frac{n_i}{n}$; $0 \le h(x_i) \le 1$
relative Häufigkeit

Häufigkeitstabelle

Note x_i	1	2	3	4	5	6
Absolute Häufigkeit n_i	2	4	6	5	2	1
Relative Häufigkeit $h(x_i) = \frac{n_i}{n}$ mit $n = 20$	$\frac{2}{20}$ $= 0{,}1$ $= 10\,\%$	$\frac{4}{20}$ $= 0{,}2$ $= 20\,\%$	$\frac{6}{20}$ $= 0{,}3$ $= 30\,\%$	$\frac{5}{20}$ $= 0{,}25$ $= 25\,\%$	$\frac{2}{20}$ $= 0{,}1$ $= 10\,\%$	$\frac{1}{20}$ $= 0{,}05$ $= 5\,\%$

Interpretation: $h(x_2) = h(2) = 0{,}2 = \frac{2}{10} = \frac{20}{100} = 20\,\%$

20 % der Schülerinnen und Schüler der Klasse 11A haben eine 2 geschrieben.

b) **Säulendiagramm**

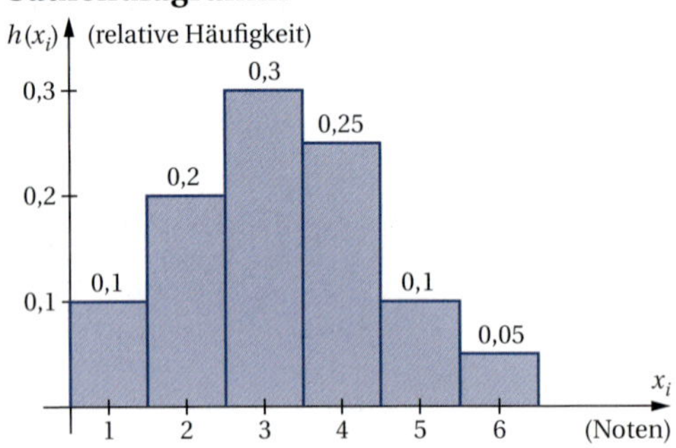

c) Im Startbildschirm öffnen wir die Applikation **Lists & Spreadsheet**.

Abb. 1: In der 1. Spalte der Tabelle werden die Noten und in der 2. Spalte die (relativen) Häufigkeiten eingegeben. Die Spaltenköpfe erhalten Namen für die Spalten, z. B. x und h.

Abb. 1

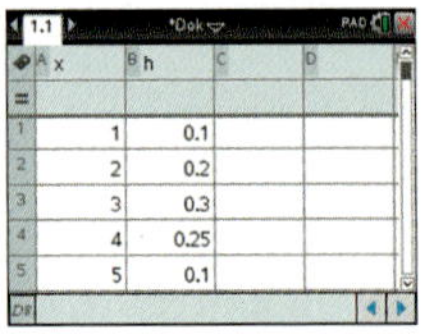

Abb. 2–4: Mit menu, 3: Daten, 8: Ergebnisdiagramm eine neue Seite für das Diagramm öffnen und die Eingaben entsprechend der Abb. 3 vornehmen.

Abb. 2

Abb. 3

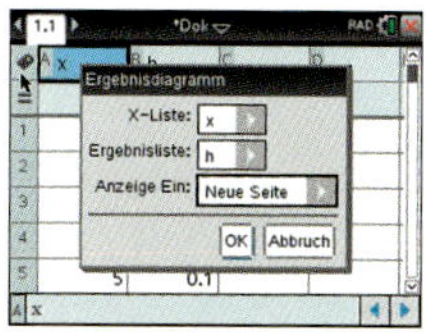

Abb. 4

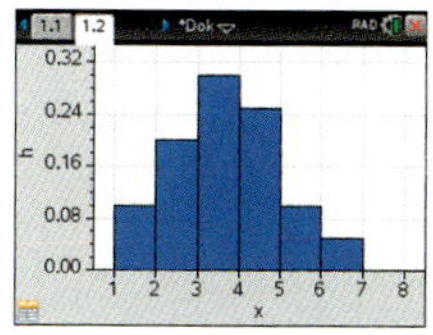

Abb. 5–8: Das in Abb. 4 dargestellte Säulendiagramm kann noch verbessert werden, wenn die Säulen direkt über den x-Werten stehen. Dazu mit ctrl, menu wie in den Abb. 5–8 vorgehen.

Abb. 5

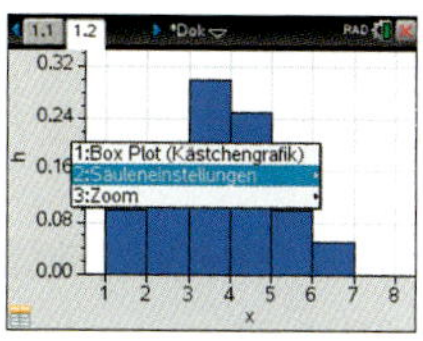

Abb. 6

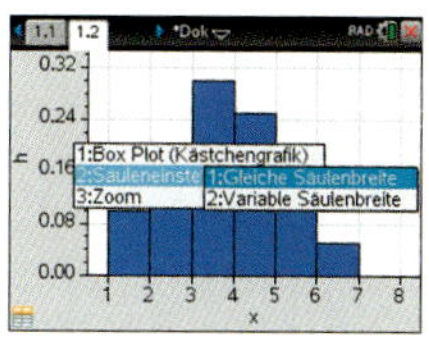

Abb. 7

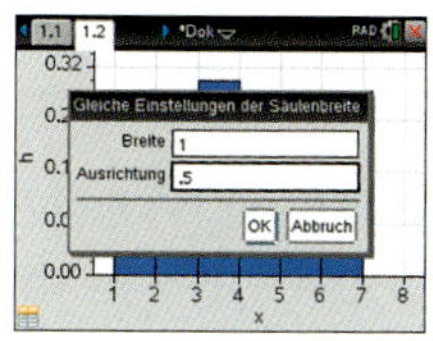

Abb. 8

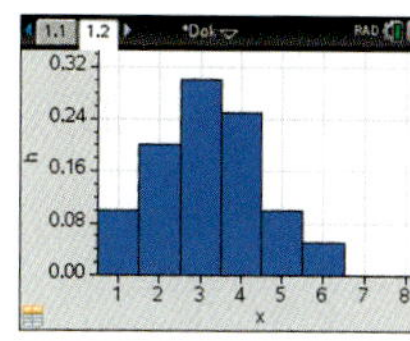

Situation 2

200 Haushalte eines Stadtteils wurden nach ihrem monatlichen Bruttoverdienst befragt. Die erhobenen Daten sind in der klassierten Tabelle dargestellt.

Einkommen (in €)	Anzahl
[0; 1 000)	30
[1 000; 2 000)	70
[2 000; 3 000)	60
[3 000; 4 000)	30
[4 000; 5 000]	10

a) Zeichnen Sie ein Säulendiagramm, das die relativen Häufigkeiten der einzelnen Einkommensklassen grafisch veranschaulicht.

b) Erstellen Sie das Säulendiagramm mit dem Taschenrechner.

1

Lösung

a) Säulendiagramm für klassierte Daten mit relativen Häufigkeiten

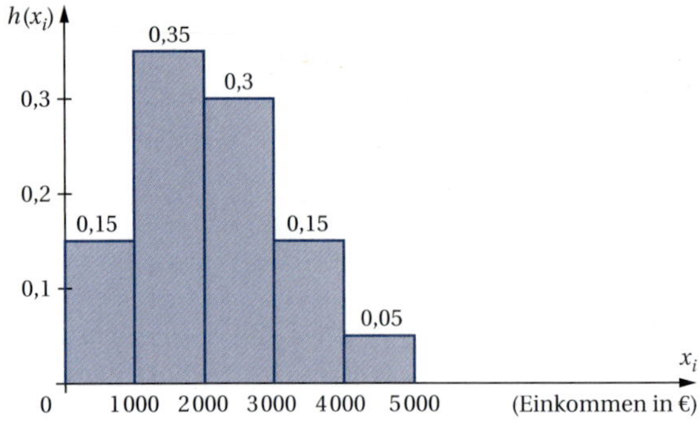

(Alternativ können direkt unter den Säulen auch die Intervalle aus der Tabelle angegeben werden.)

b) Abb. 1: Im Startbildschirm öffnen wir die Applikation **Lists & Spreadsheet**.

In die 1. Spalte der Tabelle werden die jeweiligen Klassenmitten x_i^* und in die 2. Spalte die (absoluten) Häufigkeiten n_i eingegeben. In den Spaltenköpfen müssen Namen für die Spalten eingetragen werden, z. B. x und n.

Abb. 1

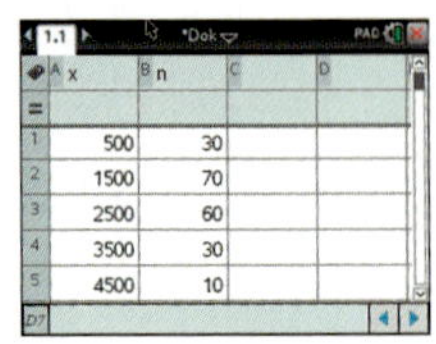

Abb. 2–4: Mit [menu], 3: Daten, 8: Ergebnisdiagramm, öffnen wir eine neue Seite für das Diagramm und nehmen die Eingaben entsprechend der Abb. 3 vor. Dann erhalten wir das Bild der Abb. 4.

Abb. 2

Abb. 3

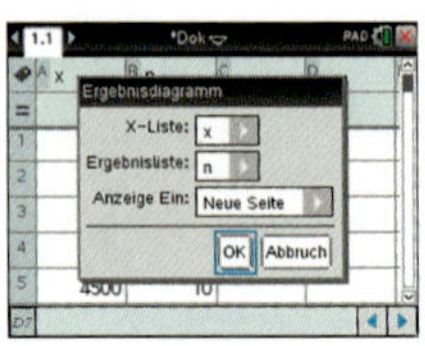

Abb. 4

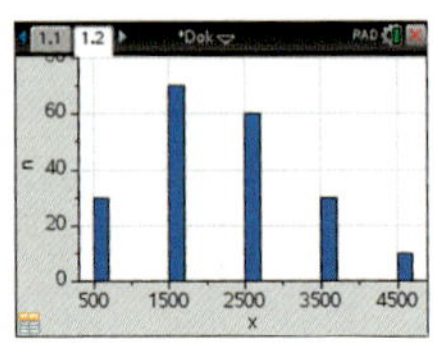

Abb. 5–10: Das Säulendiagramm in Abb. 4 kann noch verbessert werden, wenn die Säulen jeweils von Klassengrenze zu Klassengrenze reichen. Dazu wird mit [ctrl], [ ] zunächst wie in Abb. 5–7 die Säulenbreite erhöht und der linke Rand bestimmt.

Abb. 5

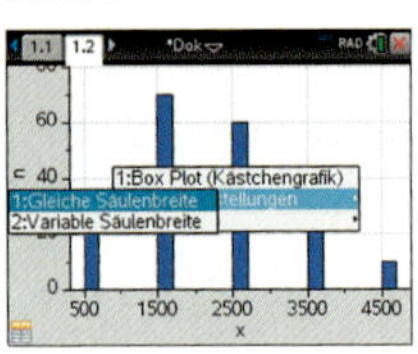

Abb. 6

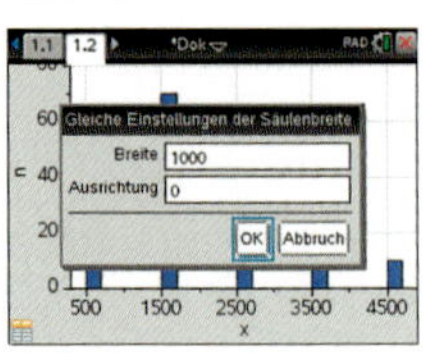

Abb. 7

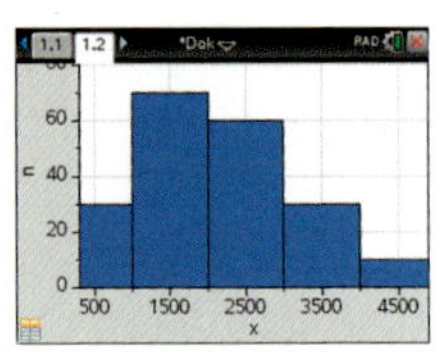

Die zu schmale erste Säule in Abb. 7 und der zu geringe Abstand der rechten Säule vom Bildschirmrand können, wie in den Abb. 8–10 dargestellt, korrigiert werden.

Abb. 8

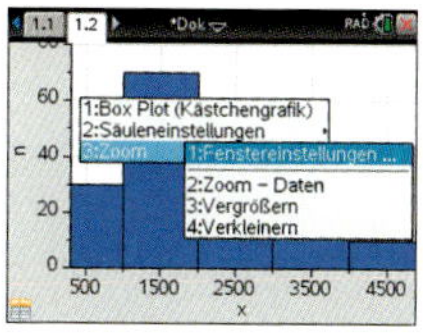

Abb. 9

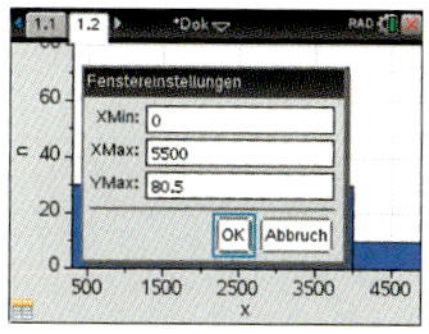

Abb. 10

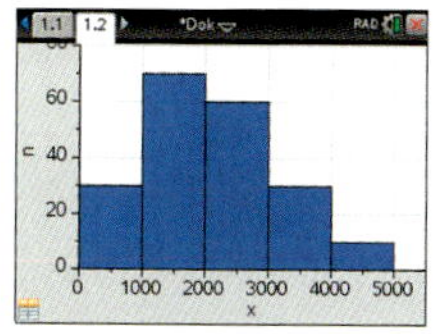

Eine besondere Bedeutung in der beschreibenden Statistik hat die Interpretation von vorgegebenen Diagrammen.

Situation 3

Interpretieren Sie das Säulendiagramm.

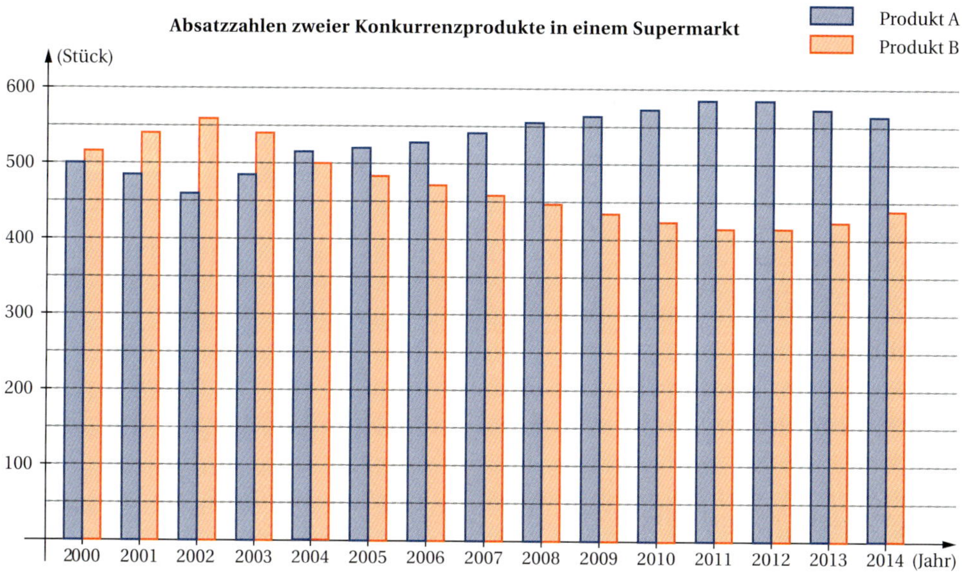

Lösung

Für die Interpretation eines Säulendiagramms können z. B. die folgenden Kriterien, oder zumindest einige davon, Verwendung finden.

Grundlagen ablesen

Beschriftung und Legende des Diagramms geben an, was in dem Diagramm dargestellt wird. Auch die Beschriftungen der *x*- und *y*-Achse liefern Informationen über die Inhalte des Diagramms.

Im Diagramm werden die Absatzzahlen der Produkte A (blaue Säulen) und B (rote Säulen) in einem Supermarkt von 2000 bis 2014 dargestellt.

Wichtige Punkte ablesen

Beispielsweise Hoch-, Tief- oder Wendepunkte, gegebenenfalls auch Schnittpunkte geben Auskunft über beachtenswerte Stellen im Verlauf.

2002: ein Hochpunkt des Absatzes von Produkt B und ein Tiefpunkt des Absatzes von Produkt A

2004: Absatz der Produkte A und B ungefähr gleich groß

2012: ein Tiefpunkt des Absatzes von Produkt B und ein Hochpunkt des Absatzes von Produkt A

Trends bestimmen

- Absatzzahlen von Produkt A:
  Ab 2000 fallen sie leicht ab.
  Ab 2002 steigen sie stetig an.
  Ab 2012 fallen sie wieder leicht ab.
- Absatzzahlen von Produkt B:
  Ab 2000 steigen sie stark an.
  Ab 2002 fallen sie stark ab.
  Ab 2004 fallen sie deutlich langsamer.
  Ab 2012 steigen sie wieder leicht an.

Trends vergleichen

So lassen sich Unterschiede und Zusammenhänge feststellen.
Wenn die Absatzzahlen von Produkt A hoch sind, sind die Absatzzahlen von Produkt B gering und umgekehrt.

Trends deuten

Da die Produkte in Konkurrenz zueinander stehen, sinken die Absatzzahlen des einen Produktes, wenn die Absatzzahlen des anderen Produktes, z. B. durch Werbemaßnahmen, steigen.

Weiteren Verlauf vorhersagen

In den folgenden Jahren könnte der Absatz des Produktes B weiter ansteigen und der des Produktes A weiter fallen, sodass der Absatz des Produktes B den des Produktes A wieder übersteigt.

Zusammenfassung

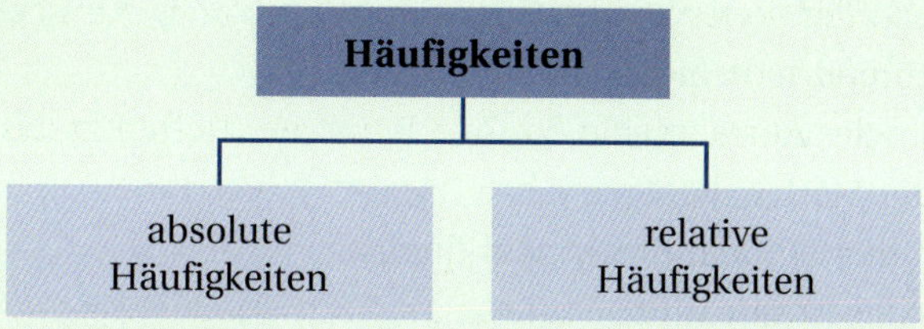

- Die **absolute Häufigkeit** $\boldsymbol{n_i}$ gibt an, wie oft eine Merkmalsausprägung x_i auftritt.
- Die **relative Häufigkeit** $\boldsymbol{h(x_i)}$ einer Merkmalsausprägung gibt an, wie groß der Anteil der Merkmalsausprägung am **Stichprobenumfang** $\boldsymbol{n}$ ist.

$$\text{relative Häufigkeit} = \frac{\text{absolute Häufigkeit}}{\text{Stichprobenumfang}}$$

$$h(x_i) = \frac{n_i}{n}$$

- Die **relative Häufigkeit** $\boldsymbol{h(x_i)}$ kann als Bruch, als Dezimalzahl oder als Prozentzahl angegeben werden. Sie nimmt Werte von 0 bis 1 an.

$$0 \leq h(x_i) \leq 1$$

- Eine **Häufigkeitsverteilung** ordnet jeder Merkmalsausprägung die zugehörige absolute oder relative Häufigkeit zu. Die Häufigkeitsverteilung kann durch eine **Häufigkeitstabelle** oder durch ein **Säulendiagramm** dargestellt werden.
- Bei **klassierten Daten** werden für notwendige Berechnungen die **Klassenmitten** $\boldsymbol{x_i^*}$ als Merkmalsausprägungen verwendet.

Übungsaufgaben

1 In der Klasse 11C wurde ein Mathematiktest geschrieben. Dabei wurden Noten vergeben: 3; 3; 4; 2; 1; 4; 5; 3; 2; 3; 5; 4; 6; 3; 2; 6; 5; 3; 4; 4; 2; 1; 3; 1; 4; 5

a) Stellen Sie das Testergebnis übersichtlich in einer Tabelle dar, die den jeweiligen geordneten Merkmalsausprägungen x_i die entsprechenden **absoluten Häufigkeiten** n_i und **relativen Häufigkeiten** $h(x_i)$ zuordnet. Interpretieren Sie den ermittelten Wert für $h(x_3)$.

b) Zeichnen Sie ein **Säulendiagramm**, das die relativen Häufigkeiten der einzelnen Merkmalsausprägungen grafisch veranschaulicht.

c) Erstellen Sie das Säulendiagramm mit dem Taschenrechner entsprechend der Anweisung Nr. 1 im CAS-Anhang.

d) Bestimmen und interpretieren Sie das Ergebnis von $h(x_5) + h(x_6)$.

2 An der Leuphana-Universität Lüneburg wurden 95 Lehramtsstudenten befragt, wie viele Semester sie bisher studiert haben. Die Ergebnisse der Befragung finden Sie in der Tabelle.

Semester-anzahl	Anzahl der Studierenden
6	卌 卌
7	卌 卌 卌 ||||
8	卌 卌 卌 卌 |
9	卌 卌 卌 ||
10	卌 卌 |
11	卌 卌
12	卌 ||

a) Geben Sie die Merkmalsträger, das zu untersuchende Merkmal (quantitativ oder qualitativ) und die Merkmalsausprägungen an.

b) Bestimmen Sie die relativen Häufigkeiten und zeichnen Sie damit ein Säulendiagramm.

c) Geben Sie an, wie viel Prozent der Befragten 10 Semester oder länger studiert haben.

3 Mit einer aufwendigen Untersuchung wurde in einer landwirtschaftlichen Versuchsanstalt die Anzahl der Erbsen je Hülse untersucht.

Anzahl der Erbsen	1	2	3	4	5	6	7	8	9
Anzahl der Hülsen	4115	8963	12892	13154	7541	5873	2115	1135	212

a) Berechnen Sie die relative Häufigkeit, mit der eine bestimmte Anzahl von Erbsen in den Hülsen auftritt, mithilfe der Listen im Taschenrechner.

b) Stellen Sie das Ergebnis grafisch dar.

4 Das Kreisdiagramm zeigt das Ergebnis einer repräsentativen Umfrage bei 200 Arbeitnehmern eines Betriebes, in der sie danach gefragt wurden, wie sie zum Arbeitsplatz kommen. Erstellen Sie ein Säulendiagramm, das die prozentualen Anteile der einzelnen Verkehrsmittel zeigt, mit denen die Arbeitnehmer des Betriebes zur Arbeit kommen.

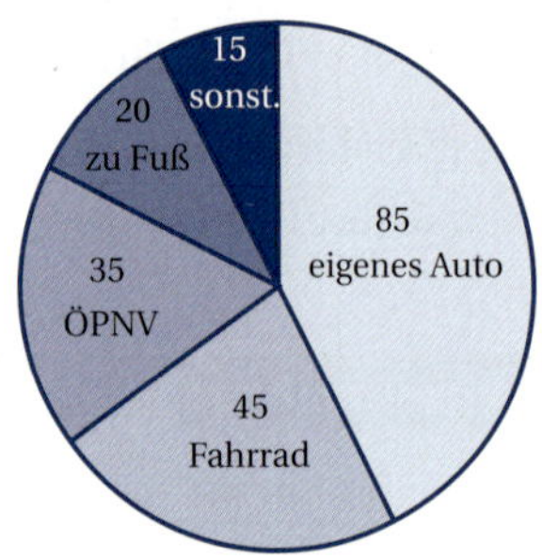

5 Die Schülervertretung einer Stadt hat eine Befragung durchgeführt, wie viel die Vollzeitschülerinnen und -schüler der Sekundarstufe II durchschnittlich im Monat durch Nebenjobs zu ihrem Taschengeld dazuverdienen. Die Befragung führte zu dem Ergebnis der Tabelle.

Zuverdienst (in €)	Anzahl
[0; 90)	12
[90; 180)	20
[180; 270)	14
[270; 360)	8
[360; 450]	6

Erstellen Sie ein Säulendiagramm, das die relative Häufigkeit der Zuverdienste veranschaulicht.

6 Bei der Abfüllung eines Lebensmittels in Tüten wird ein Sollgewicht von 1000 g angestrebt. Im Rahmen der Qualitätssicherung wird das tatsächliche Gewicht des Lebensmittels kontrolliert. Die Ergebnisse sind in der Tabelle klassifiziert zusammengefasst worden.
Erstellen Sie ein Säulendiagramm, das die Gewichtsschwankungen veranschaulicht.

Gewicht (in g)	Anzahl
[990; 994)	14
[994; 998)	68
[998; 1002)	98
[1002; 1006)	59
[1006; 1010]	11

7 Interpretieren Sie die Säulendiagramme.

a)

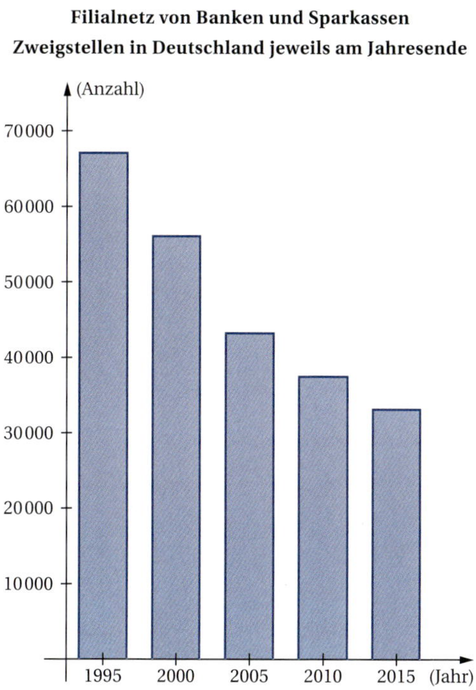

b)

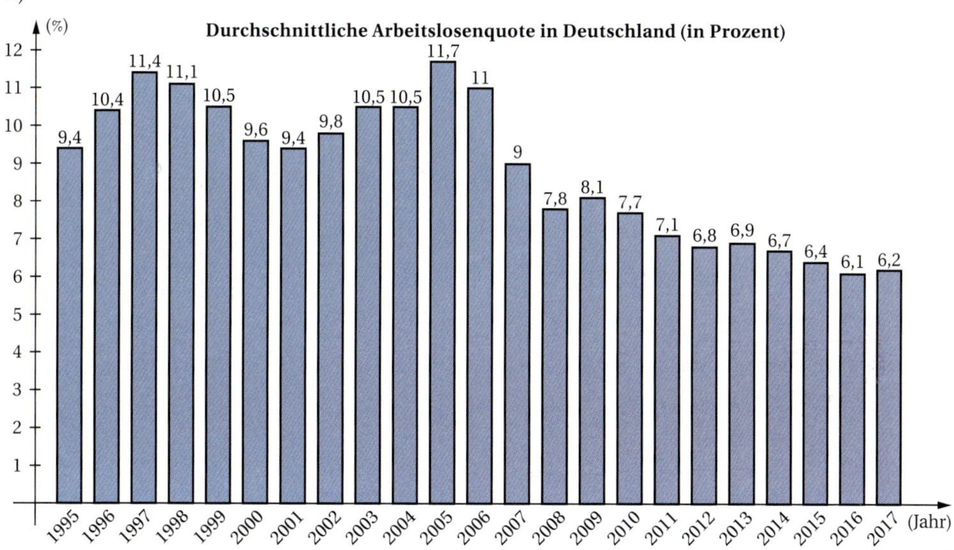

c)

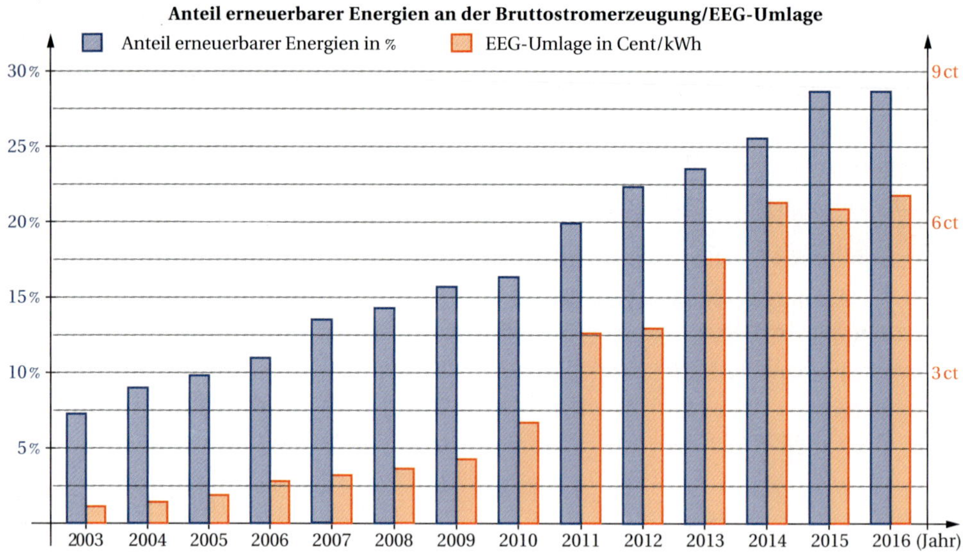
Anteil erneuerbarer Energien an der Bruttostromerzeugung/EEG-Umlage
Anteil erneuerbarer Energien in %
EEG-Umlage in Cent/kWh
30 %
25 %
20 %
15 %
10 %
5 %
9 ct
6 ct
3 ct
2003 2004 2005 2006 2007 2008 2009 2010 2011 2012 2013 2014 2015 2016 (Jahr)

d)

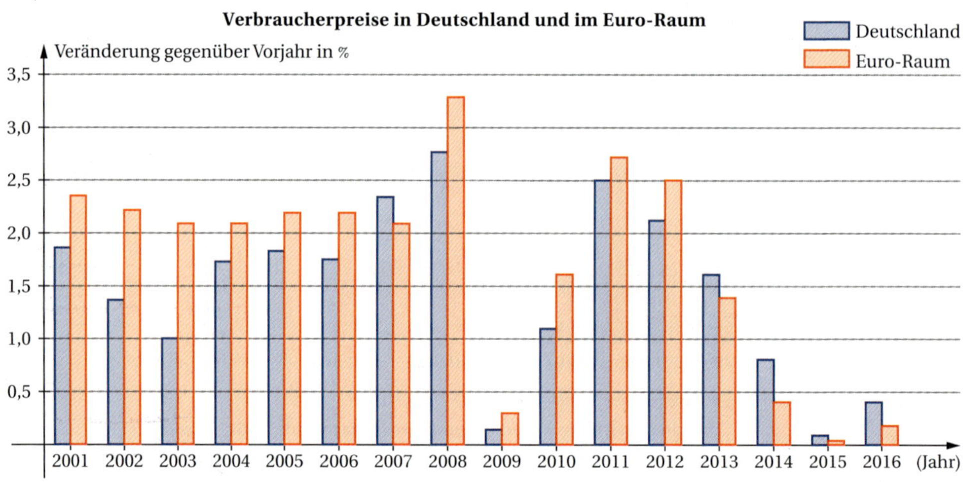
Verbraucherpreise in Deutschland und im Euro-Raum
Deutschland
Euro-Raum
Veränderung gegenüber Vorjahr in %
3,5
3,0
2,5
2,0
1,5
1,0
0,5
2001 2002 2003 2004 2005 2006 2007 2008 2009 2010 2011 2012 2013 2014 2015 2016 (Jahr)

1.2.2 Lagemaße

Situation 4

Die Tabelle zeigt die Häufigkeitsverteilung der Noten des Mathematik-Tests der Klasse 11A (vgl. Lösung zur Situation 1 im Abschnitt 1.2.1).

Note x_i	1	2	3	4	5	6
absolute Häufigkeit n_i	2	4	6	5	2	1
relative Häufigkeit $h(x_i)$	0,1	0,2	0,3	0,25	0,1	0,05

Ermitteln Sie mithilfe der Formelsammlung

a) den Modalwert,

b) das arithmetisches Mittel und

c) den Median

für den Eingangstest der Klasse 11A. Interpretieren Sie die berechneten Werte.

Lösung

a) **Modalwert**

Die Merkmalsausprägung einer Stichprobe mit der größten Häufigkeit heißt Modalwert x_{Mod}, auch **Modus** genannt. Gibt es mehrere Merkmalsausprägungen mit der gleichen maximalen Häufigkeit, dann gibt es auch mehrere Modalwerte (Modi).

Hier hat die Merkmalsausprägung $x_3 = 3$ die größte absolute Häufigkeit $(n_3 = 6)$ und damit auch die größte relative Häufigkeit $\left(h(x_3) = 0{,}3\right)$. Damit ist der Modalwert $\underline{\underline{x_{\text{Mod}} = 3}}$.

Interpretation

Die am häufigsten aufgetretene Note im Mathematik-Test der Klasse 11A ist die Note 3.

b) **Arithmetisches Mittel**

Je nach Art des vorliegenden Datenmaterials kann das arithmetische Mittel $\overline{x}$ (gelesen „x quer") mit unterschiedlichen Formeln berechnet werden:

- Wenn mit der Urliste[1)] aus Situation 1 von S. 21 gerechnet wird:

$$\overline{x} = \frac{x_1 + x_2 + \ldots + x_n}{n} = \frac{1}{n}(x_1 + x_2 + \ldots + x_n)$$

arithmetisches Mittel bei gegebener Urliste

(n = Stichprobenumfang)

1) Eine **Urliste** ist das direkte Ergebnis einer Datenerhebung, also die ursprüngliche Aufzeichnung der Beobachtungs- oder Messwerte. Die Werte in einer Urliste sind noch nicht bearbeitet worden.

In der Summenschreibweise:

$\overline{x} = \frac{1}{n}\sum_{i=1}^{n} x_i$
Summenschreibweise des arithmetischen Mittels bei gegebener Urliste

(gesprochen: x quer ist 1 durch n mal die Summe aller x_i von $i = 1$ bis n)

- Wenn mit den **gruppierten Daten** und den **absoluten Häufigkeiten** aus der Tabelle von S. 30 gerechnet wird:

$\overline{x} = \frac{x_1 \cdot n_1 + x_2 \cdot n_2 + \ldots + x_k \cdot n_k}{n} = \frac{1}{n}(x_1 \cdot n_1 + x_2 \cdot n_2 + \ldots + x_k \cdot n_k)$
arithmetisches Mittel bei gegebenen absoluten Häufigkeiten

(k = Anzahl der verschiedenen Merkmalsausprägungen)

in der Summenschreibweise:

$\overline{x} = \frac{1}{n}\sum_{i=1}^{k} x_i \cdot n_i$
Summenschreibweise des arithmetischen Mittels bei gegebenen absoluten Häufigkeiten

Hier: $\overline{x} = \frac{1 \cdot 2 + 2 \cdot 4 + 3 \cdot 6 + 4 \cdot 5 + 5 \cdot 2 + 6 \cdot 1}{20} = \frac{64}{20} = \underline{\underline{3{,}2}}$

- Wenn mit den **gruppierten Daten** und den **relativen Häufigkeiten** aus der Tabelle von S. 30 gerechnet wird:

$\overline{x} = x_1 \cdot h(x_1) + x_2 \cdot h(x_2) + \ldots + x_k \cdot h(x_k)$
arithmetisches Mittel bei gegebenen relativen Häufigkeiten

(k = Anzahl der verschiedenen Merkmalsausprägungen)

in der Summenschreibweise:

$\overline{x} = \sum_{i=1}^{k} x_i \cdot h(x_i)$
Summenschreibweise des arithmetischen Mittels bei gegebenen relativen Häufigkeiten

Hier: $\overline{x} = 1 \cdot 0{,}1 + 2 \cdot 0{,}2 + 3 \cdot 0{,}3 + 4 \cdot 0{,}25 + 5 \cdot 0{,}1 + 6 \cdot 0{,}05 = \underline{\underline{3{,}2}}$

Interpretation: Das **arithmetische Mittel** ist der **Mittelwert** oder **Durchschnittswert** aller Merkmalsausprägungen in der Stichprobe. Die Klasse 11A hat im Eingangstest also eine Durchschnittsnote von 3,2 erreicht.

c) **Median**

Der Median x_{Med} (auch **Zentralwert)** ist der **in der Mitte stehende Wert einer geordneten Stichprobe**. Eine Stichprobe heißt geordnet, wenn die Merkmalsausprägungen der Größe nach aufsteigend geordnet sind.
Bei einem geraden Stichprobenumfang gibt es keinen in der Mitte stehenden Wert. Deswegen wird dann zur Bestimmung des Medians das arithmetische Mittel aus den beiden in der Mitte stehenden Werten gebildet.
Geordnete Stichprobe mit $n = 20$

Bei einem überschaubaren Stichprobenumfang geht man am einfachsten so vor, dass man die geordneten Daten vom rechten und linken Rand nach und nach wegstreicht, bis nur noch der mittlere Wert oder die mittleren zwei Werte übrig bleiben.

~~1~~; 1; 2; 2; 2; 2; 3; 3; 3; 3; 3; 3, 4; 4; 4; 4; 4; 5, 5; ~~6~~
~~1~~; 2; 2; 2; 2; 3; 3; 3; 3; 3; 3, 4; 4; 4; 4; 4; 5, ~~5~~
~~2~~; 2; 2; 2; 3; 3; 3; 3; 3; 3, 4; 4; 4; 4; 4; ~~5~~
.
.
.
~~3~~; 3; 3; 3; 3, ~~4~~
~~3~~; 3; 3; ~~3~~
3; 3

Zur Bestimmung des Medians x_{Med} wird der Mittelwert aus diesen beiden Werten gebildet, was in diesem Fall sehr einfach ist: $x_{\text{Med}} = \frac{3+3}{2} = \underline{\underline{3}}$

Sonst können auch die **Formeln zu Berechnung des Medians** angewandt werden:

$x_{\text{Med}} = \frac{1}{2}\left(x_{\frac{n}{2}} + x_{\frac{n}{2}+1}\right)$	$x_{\text{Med}} = x_{\frac{n+1}{2}}$
Median für gerade *n*	**Median für ungerade *n***

Interpretation: $x_{\text{Med}} = 3$ ist der **Wert aus der Mitte** (mittlerer Wert) der geordneten Stichprobe. Mindestens 50 % der Merkmalsausprägungen sind größer oder gleich 3 und mindestens 50 % sind kleiner oder gleich 3.

Wenn es in einer Stichprobe Ausreißer gibt, also Werte, die sehr stark von den übrigen Werten abweichen, dann ist der Median aussagekräftiger als das arithmetische Mittel.

Situation 5

Berechnen Sie mithilfe der Anweisung im CAS-Anhang das arithmetische Mittel und den Median für die vorangegangene Situation 4 mit dem Taschenrechner.

2

Lösung

Abb. 1: Im Startbildschirm öffnen wir die Applikation **Lists & Spreadsheet**.
In die 1. Spalte der Tabelle werden die Noten und in die 2. Spalte die absoluten oder relativen Häufigkeiten eingegeben; für diese Lösung wurden die relativen Häufigkeiten gewählt. In den Spaltenköpfen können Namen für die Spalten eingetragen werden, z. B. x und h.

Abb. 2–4: Wir wählen menu, 4: Statistik, 1: Statistische Berechnungen, 1: Statistik mit einer Variable… und legen die Anzahl der Listen wie in Abb. 4 fest.

Abb. 1

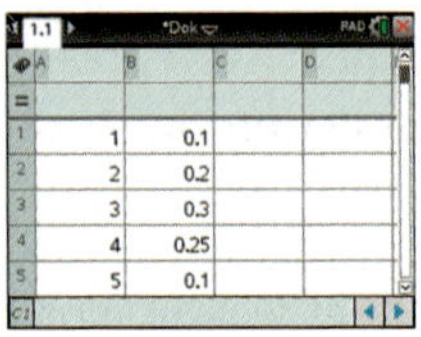

Abb. 2

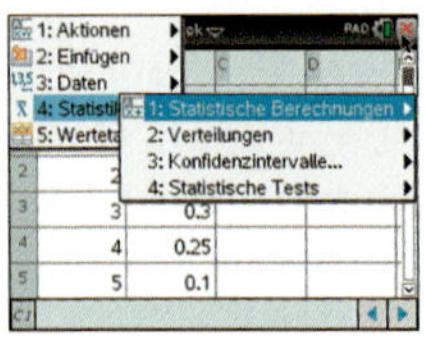

Abb. 3

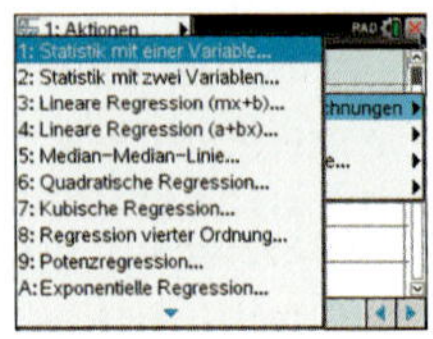

Abb. 4

Abb. 5: Dann geben wir die Spalten für die x1-Liste, die Häufigkeitsliste und die 1. Ergebnisspalte wie in Abb. 5 an.
Nach Bestätigung mit OK werden dann diverse statistische Kennzahlen wie in Abb. 6–8 angezeigt.
Für diese Situation interessiert uns nur das arithmetische Mittel $\underline{\underline{\bar{x} = 3{,}2}}$ in der 2. Zeile und der Median $\underline{\underline{x_{Med} = 3}}$ in der 10. Zeile. Der Median wird bei diesem Taschenrechner als MedianX… bezeichnet.

Abb. 5

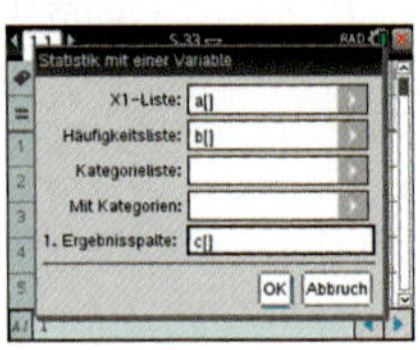

Abb. 6

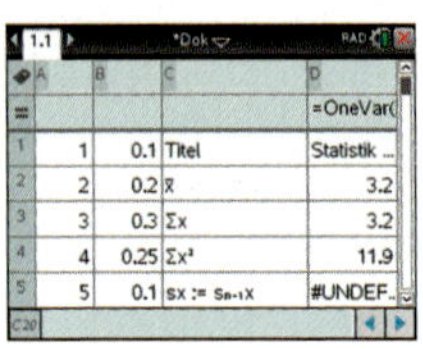

Abb. 7

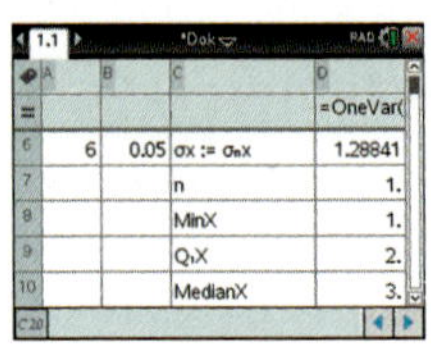

Abb. 8

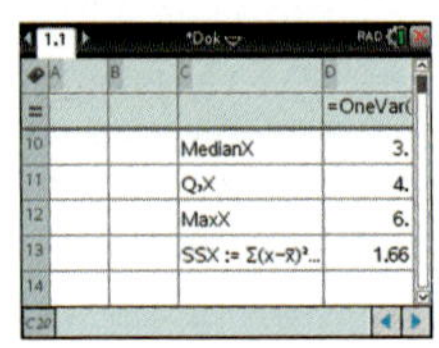

Situation 6

200 Haushalte eines Stadtteils wurden nach ihrem monatlichen Bruttoverdienst befragt. Die Daten aus der Umfrage sind klassiert in der Grafik dargestellt.

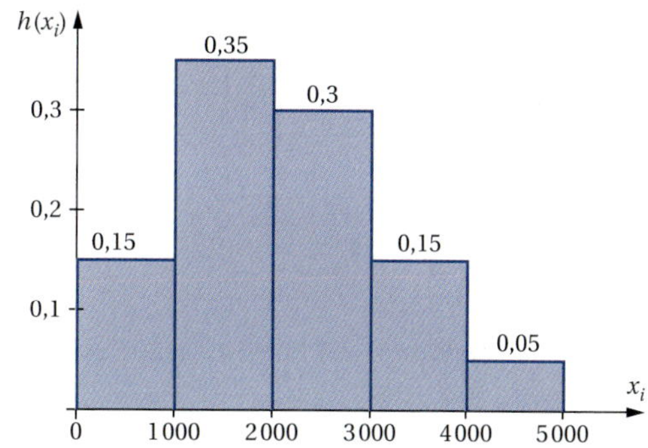

Ermitteln Sie
a) den Modalwert,
b) das arithmetisches Mittel und
c) den Median.
Interpretieren Sie die berechneten Werte.

Lösung

a) **Modalwert**: Aus der Grafik ist ohne weitere Berechnungen erkennbar, dass die Klasse [1 000; 2 000) mit 35 % die größte Häufigkeit ausweist. Die Klasse [1 000; 2 000) heißt deshalb **Modalklasse**. Die Klassenmitte der Modalklasse wird bei klassierten Daten als **Modalwert** bezeichnet: $\underline{\underline{x^*_{\text{Mod}} = 1\,500}}$

b) **Arithmetisches Mittel**: Damit die entsprechenden Formeln verwendet werden können, wird bei klassierten Daten die jeweilige **Klassenmitte x_i^* als Merkmalsausprägung** verwendet.

$$\bar{x} = \sum_{i=1}^{k} x_i^* \cdot h(x_i^*) = 500 \cdot 0{,}15 + 1\,500 \cdot 0{,}35 + 2\,500 \cdot 0{,}3 + 3\,500 \cdot 0{,}15 + 4\,500 \cdot 0{,}05 = \underline{\underline{2\,100}}$$

Der durchschnittliche Bruttoverdienst beträgt 2 100,00 €.

c) **Median**: Bei klassierten Daten wird die Medianklasse bestimmt. In der Medianklasse erreicht oder überschreitet die Summe der Häufigkeiten den Wert 0,5.
Bei unserer Befragung wird dieser Wert (ungewöhnlicherweise) genau beim Übergang von der 2. in die 3. Klasse, also bei 2 000 erreicht. Wenn wir $\underline{\underline{x_{\text{Med}} = 2\,000}}$ festlegen, liegen 50 % der Merkmalsausprägungen unter diesem Wert und 50 % darüber.

Zusammenfassung

Lagemaße

- Modalwert x_{Mod}
- Arithmetisches Mittel $\overline{x}$
- Median x_{Med}

- Der **Modalwert (Modus)** x_{Mod} ist die Merkmalsausprägung einer Stichprobe mit der größten Häufigkeit.
- Das **arithmetische Mittel** $\overline{x}$ ist der Mittelwert oder Durchschnittswert aller Merkmalsausprägungen.

  Arithmetisches Mittel bei gegebener Urliste:

  $$\overline{x} = \frac{x_1 + x_2 + \ldots + x_n}{n} = \frac{1}{n}(x_1 + x_2 + \ldots + x_n) = \frac{1}{n}\sum_{i=1}^{n} x_i$$

  Arithmetisches Mittel bei gruppierten Daten und absoluten Häufigkeiten:

  $$\overline{x} = \frac{x_1 \cdot n_1 + x_2 \cdot n_2 + \ldots + x_k \cdot n_k}{n} = \frac{1}{n}(x_1 \cdot n_1 + x_2 \cdot n_2 + \ldots + x_k \cdot n_k) = \frac{1}{n}\sum_{i=1}^{k} x_i \cdot n_i$$

  Arithmetisches Mittel bei gruppierten Daten und relativen Häufigkeiten:

  $$\overline{x} = x_1 \cdot h(x_1) + x_2 \cdot h(x_2) + \ldots + x_k \cdot h(x_k) = \sum_{i=1}^{k} x_i \cdot h(x_i)$$

- Der **Median** (**Zentralwert**) ist der in der Mitte stehende Wert einer nach Größe sortierten (geordneten) Liste von Merkmalsausprägungen.

  Median bei ungeradem Stichprobenumfang:
  Der Wert in der Mitte der geordneten Stichprobenergebnisse: $x_{\text{Med}} = x_{\frac{n+1}{2}}$

  Median bei geradem Stichprobenumfang:
  Das arithmetische Mittel der beiden in der Mitte stehenden Werte der geordneten Stichprobenergebnisse: $x_{\text{Med}} = \frac{1}{2}\left(x_{\frac{n}{2}} + x_{\frac{n}{2}+1}\right)$

- **Bei Ausreißern** in der Stichprobe ist der **Median aussagekräftiger** als das arithmetische Mittel.

Bei klassierten Daten:

- Die **Modalklasse** ist die Klasse mit der größten Häufigkeit.
- Der **Modalwert** ist dann die **Klassenmitte** der **Modalklasse**.
- Bei der Berechnung des arithmetischen Mittels wird die jeweilige **Klassenmitte x_i^* als Merkmalsausprägung** verwendet.
- **Bei gegebenen absoluten Häufigkeiten** heißt die Klasse **Medianklasse**, in der die aufsummierten absoluten Häufigkeiten den Wert $\frac{n}{2}$ erreichen oder überschreiten.
- **Bei gegebenen relativen Häufigkeiten** heißt die Klasse **Medianklasse**, in der die aufsummierten relativen Häufigkeiten den Wert 0,5 erreichen oder überschreiten.

Übungsaufgaben

1 In der Klasse 11C wurde ein Mathematik-Test geschrieben. Dabei wurden folgende Noten erreicht: 3; 3; 4; 2; 1; 4; 5; 3; 2; 3; 5; 4; 6; 3; 2; 6; 5; 3; 4; 4; 2; 1; 3; 1; 4; 5

a) Ermitteln Sie algebraisch auf drei unterschiedliche Arten das arithmetische Mittel für den Test der Klasse 11C und interpretieren Sie den berechneten Wert.

b) Bestimmen Sie ohne Taschenrechner den Median für den Test der Klasse 11C und interpretieren Sie den berechneten Wert.

c) Kontrollieren Sie Ihre Ergebnisse mit dem Statistikmodul des Taschenrechners.

d) Geben Sie den Modalwert an und interpretieren Sie ihn.

2 Eine Befragung von 95 Lehramtsstudenten an der Leuphana-Universität Lüneburg zu der bisherigen Studiendauer hat zu den in der Tabelle dargestellten Ergebnissen geführt.

Semesteranzahl	Anzahl der Studierenden
6	卌 卌
7	卌 卌 卌 IIII
8	卌 卌 卌 卌 I
9	卌 卌 卌 II
10	卌 卌 I
11	卌 卌
12	卌 II

a) Ermitteln Sie die mittlere Anzahl der bisher absolvierten Semester.

b) Bestimmen Sie die durchschnittliche Semesteranzahl bei der Befragung.

c) Kontrollieren Sie Ihr Ergebnis mit dem Statistikmodul des Taschenrechners.

d) Bestimmen Sie den Modus der Studiendauer und interpretieren Sie ihn.

3 Mit einer aufwendigen Untersuchung wurde in einer landwirtschaftlichen Versuchsanstalt die Anzahl der Erbsen je Hülse untersucht.

Anzahl der Erbsen	1	2	3	4	5	6	7	8	9
Anzahl der Hülsen	4115	8963	12892	13154	7541	5873	2115	1135	212

Berechnen Sie den Mittelwert, den Median und den Modalwert der Anzahl der Erbsen und interpretieren Sie die Ergebnisse. Kontrollieren Sie das Ergebnis mit den Ihnen zur Verfügung stehenden Rechnertypen.

4 In den 11 Betrieben einer kleinen Gemeinde wurden die Beschäftigten gezählt: 3; 5; 5; 6; 6; 6; 9; 9; 13; 15; 102

Ermitteln Sie den Modus, den Median und das arithmetische Mittel. Begründen Sie, welche Kennzahl die Merkmalswerte am besten kennzeichnet.

5 Ein Betrieb stellt Hundefutter her und füllt das Futter maschinell in Säcke zu je 10 kg ab. Bei einer Qualitätskontrolle der Abfüllmaschinen wird das Gewicht von 200 zufällig ausgewählten Säcken überprüft.

Dabei hatten 35 % der Säcke genau das vorgeschriebene Gewicht. 25 % der Säcke waren bis zu 10 g zu leicht oder zu schwer. Bei 20 % der Säcke wich das Gewicht um mehr als 10 g bis zu 20 g vom Sollwert ab. Bei weiteren 15 % der Säcke wurde eine Abweichung um mehr als 20 g bis zu 30 g festgestellt. Die restlichen Säcke hatten eine Abweichung von über 30 g bis 40 g.

a) Berechnen Sie die durchschnittliche Abweichung des Abfüllgewichts vom Sollwert.

b) Zwei Säcke der Stichprobe sind beim Wiegen geplatzt und weisen daher ein sehr geringes Gewicht auf. Erläutern Sie, wie dieser Sachverhalt Ihre Berechnungen beeinflusst.

6 Die Schülervertretung einer Stadt hat eine Befragung dazu durchgeführt, wie viel die Vollzeitschülerinnen und -schüler der Sekundarstufe II durchschnittlich im Monat durch Nebenjobs zu ihrem Taschengeld dazuverdienen. Die Befragung führte zu der Tabelle.

Zuverdienst (in €)	Anzahl
[0; 90)	12
[90; 180)	20
[180; 270)	14
[270; 360)	8
[360; 450]	6

Ermitteln Sie

a) die Modalklasse und den Modalwert,

b) das arithmetische Mittel und

c) die Medianklasse.

7 Bei der Abfüllung eines Lebensmittels in Tüten wird ein Sollgewicht von 1 000 g angestrebt. Im Rahmen der Qualitätssicherung wird mit einer Stichprobe vom Umfang $n = 250$ das tatsächliche Gewicht des Lebensmittels kontrolliert. Die Ergebnisse sind in der nebenstehenden Grafik klassifiziert zusammengefasst.

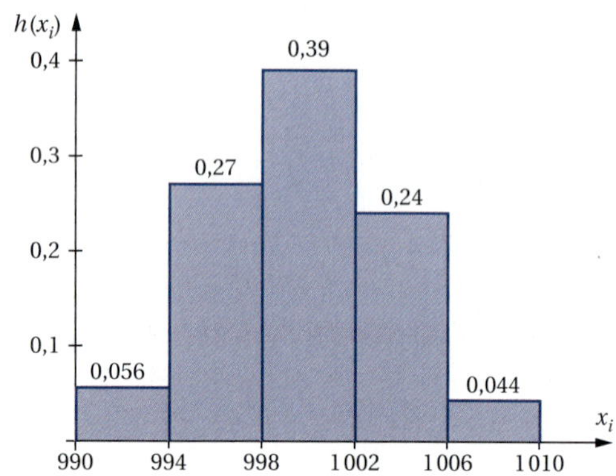

Ermitteln Sie

a) die Modalklasse und den Modalwert,

b) das arithmetische Mittel und

c) die Medianklasse.

1.2.3 Streumaße

Situation 7

Obwohl die Durchschnittsnote der Mathe-Tests in den Klassen 11A und 11B mit 3,2 identisch ist, zeigen die Diagramme unten eine recht unterschiedliche Häufigkeitsverteilung der Noten.

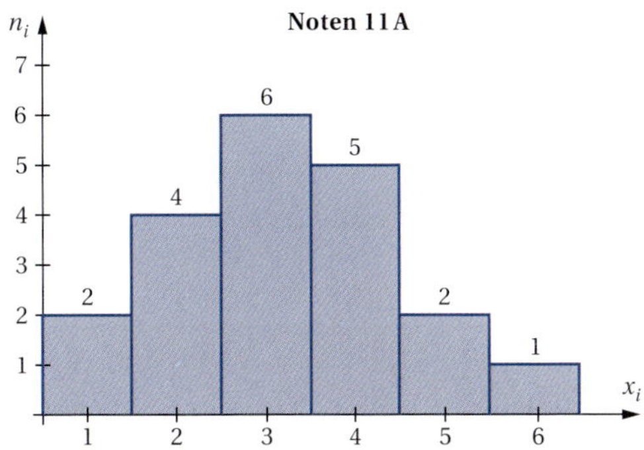

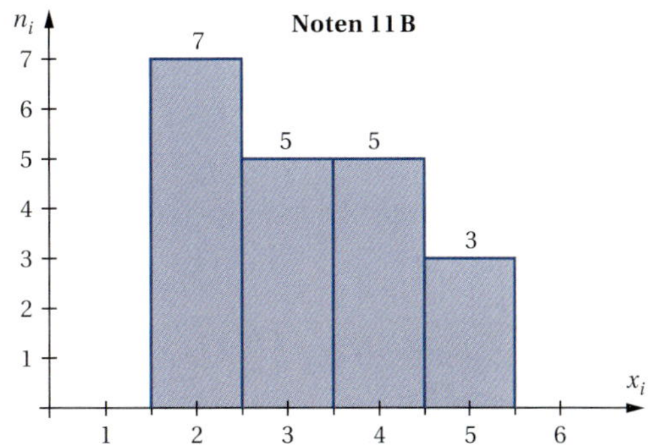

Man kann leicht erkennen, dass die Noten in der Klasse 11A stärker streuen als in der Klasse 11B. Im Folgenden wollen wir das rechnerisch nachweisen.

Berechnen Sie für beide Klassen die **Streumaße**

a) **Spannweite *R*** und

b) **empirische Varianz s^2** (mittlere quadratische Abweichung) und **empirische Standardabweichung *s*** mit den in der Formelsammlung angegebenen Formeln und interpretieren Sie die Ergebnisse.

c) Erläutern Sie, wie die Streumaße mithilfe des Taschenrechners ermittelt werden können.

d) Das **einfache Streuungsintervall**[1] $[\overline{x} - s; \overline{x} + s]$ enthält alle Werte, die maximal mit der Standardabweichung s um den Mittelwert $\overline{x}$ streuen. Werte, die in diesem Streuungsintervall liegen, werden als „normal" oder „üblich" bezeichnet.
Geben Sie für beide Klassen das Intervall $[\overline{x} - s; \overline{x} + s]$ an und interpretieren Sie es.

[1] Das Intervall heißt *einfaches* Streuungsintervall, weil die Streuungsbreite nur mit $1 \cdot s$ angegeben wird. Entsprechend gibt es auch Streuungsintervalle mit der zweifachen Standardabweichung $[\overline{x} - 2s; \overline{x} + 2s]$ oder der dreifachen Standardabweichung $[\overline{x} - 3s; \overline{x} + 3s]$.

Lösung

a) Die Spannweite ist das einfachste Streumaß der beschreibenden Statistik. Die Spannweite gibt die Differenz zwischen der größten Merkmalsausprägung x_{max} und der kleinsten Merkmalsausprägung x_{min} an.

$R = x_{max} - x_{min}$
Spannweite

Klasse 11A

$R = 6 - 1 = \underline{\underline{5}}$

Klasse 11B

$R = 5 - 2 = \underline{\underline{3}}$

Interpretation: Die Differenz zwischen der schlechtesten und der besten Note ist in der Klasse 11B um 2 Noten geringer.

Die **Nachteile der Spannweite** sind der hohe Einfluss von Ausreißern und die Nichtberücksichtigung der Zwischenwerte zwischen x_{max} und x_{min}.

b) Die empirische Standardabweichung ist das am häufigsten verwendete Streumaß der beschreibenden Statistik.

$s = \sqrt{s^2}$
empirische Standardabweichung

Um die empirische Standardabweichung s zu bestimmen, muss man zuerst die mittlere quadratische Abweichung (auch empirische Varianz genannt) s^2 berechnen und danach die Wurzel aus dem Ergebnis ziehen. Die mittlere quadratische Abweichung wird zur Berechnung der Standardabweichung benötigt (s. u.), ist aber wegen der Quadratur der Einheit praktisch als Streumaß unbedeutend.

$s^2 = (x_1 - \overline{x})^2 \cdot h(x_1) + (x_2 - \overline{x})^2 \cdot h(x_2) + \ldots + (x_k - \overline{x})^2 \cdot h(x_k) = \sum_{i=1}^{k} (x_i - \overline{x})^2 \cdot h(x_i)$
mittlere quadratische Abweichung (empirische Varianz)

Bei der Berechnung der mittleren quadratischen Abweichung werden zunächst die Abweichungen aller Merkmalsausprägungen vom Mittelwert berechnet: $(x_i - \overline{x})$. Wenn man alle Abweichungen ohne Quadratur aufsummiert, würden sich die positiven und negativen Abweichungen vom Mittelwert genau ausgleichen und das Ergebnis wäre immer 0. Deswegen werden die einzelnen Abweichungen quadriert: $(x_i - \overline{x})^2$. Die negativen Abweichungen werden dadurch positiv. Jedes Abweichungsquadrat muss dann noch mit seiner relativen Häufigkeit gewichtet werden: $(x_i - \overline{x})^2 \cdot h(x_i)$.

Durch die Quadratur der Abweichungen $(x_i - \overline{x})^2$ wird auch die Einheit der Merkmalsausprägungen quadriert. Dadurch ist die Aussagekraft der mittleren quadratischen Abweichung gering. Um wieder die ursprüngliche Einheit der Merkmalsausprägungen zu erhalten, wird die Wurzel aus dem Ergebnis gezogen.

$$s = \sqrt{s^2} = \sqrt{\sum_{i=1}^{k} (x_i - \overline{x})^2 \cdot h(x_i)}$$

empirische Standardabweichung

Klasse 11A

$s^2 = \underline{\underline{1{,}66}}$

$s = \underline{\underline{1{,}288}}$

Klasse 11B

$s^2 = \underline{\underline{1{,}16}}$

$s = \underline{\underline{1{,}077}}$

Interpretation: Die durchschnittliche Abweichung der einzelnen Noten von der Durchschnittsnote ist in der Klasse 11B geringer.

Bei einer **niedrigen Standardabweichung** ist die Aussagekraft des arithmetischen Mittels groß, da die einzelnen Merkmalsausprägungen dann nur wenig um den Mittelwert schwanken.

Bei einer **hohen Standardabweichung** ist die Aussagekraft des arithmetischen Mittels gering, da die einzelnen Merkmalsausprägungen dann stark um den Mittelwert schwanken.

c) Abb. 1: Im Startbildschirm öffnen wir die Applikation **Lists & Spreadsheet**.
In die 1. Spalte der Tabelle werden die Noten und in der 2. Spalte die absoluten oder relativen Häufigkeiten der Klasse 11A eingegeben; in dieser Lösung sind es die relativen Häufigkeiten. In den Spaltenköpfen können Namen für die Spalten eingetragen werden, z. B. x und h.

Abb. 2–4: Wir wählen [menu], 4: Statistik, 1: Statistische Berechnungen, 1: Statistik mit einer Variable….

Abb. 1

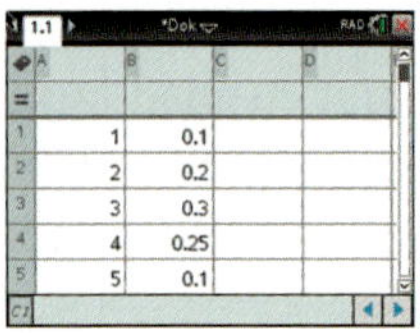

Abb. 2

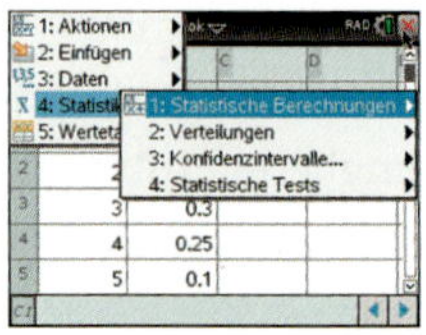

Abb. 3

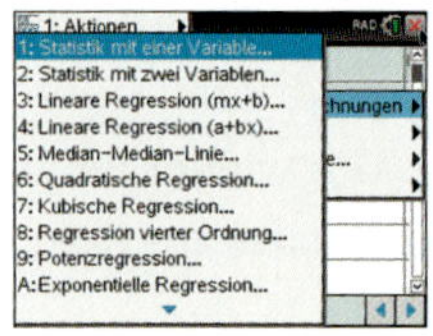

Abb. 4

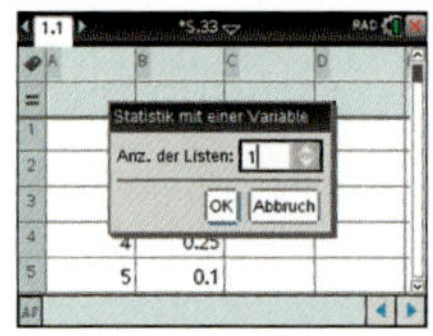

Abb. 5: Dann geben wir die Spalten für die $x1$-Liste, die Häufigkeitsliste und die 1. Ergebnisspalte wie in Abb. 5 an.

Abb. 6–8: Nach Bestätigung mit OK werden dann diverse statistische Kennzahlen angezeigt. Für unsere Situation interessiert uns nur das arithmetische Mittel $\underline{\underline{\bar{x} = 3{,}2}}$ in der 2. Zeile und die empirische Standardabweichung $\underline{\underline{s = 1{,}288}}$ in der 6. Zeile. Die empirische Standardabweichung wird vom Taschenrechner als σx angezeigt.

Abb. 5

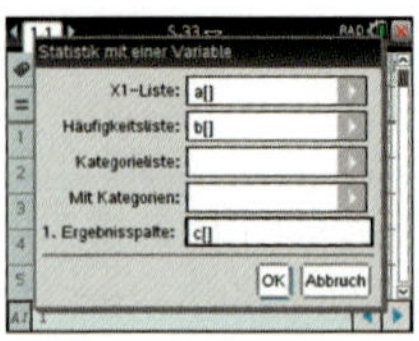

Abb. 6

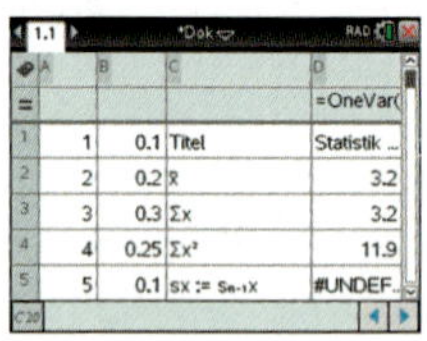

Abb. 7

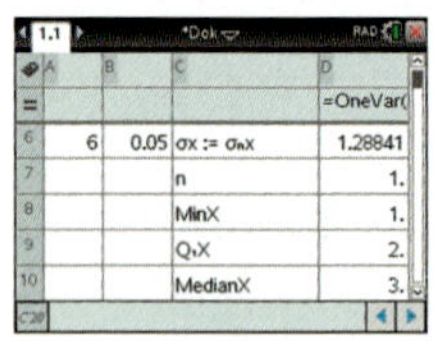

Abb. 8

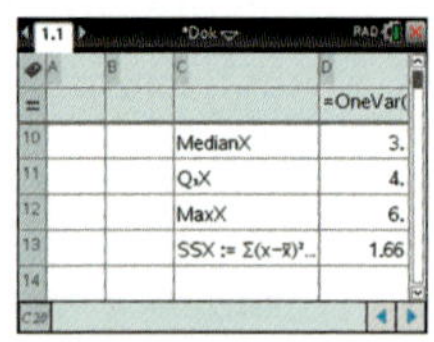

Abb. 9: Für die Klasse 11B wird die oben beschriebene Vorgehensweise mit den relativen Häufigkeiten der Noten wiederholt. Wir erhalten das arithmetische Mittel $\underline{\underline{\bar{x} = 3{,}2}}$ in der 2. Zeile und in der 6. Zeile die Standardabweichung $\underline{\underline{s = 1{,}077}}$, wieder als σx angezeigt.

Abb. 9

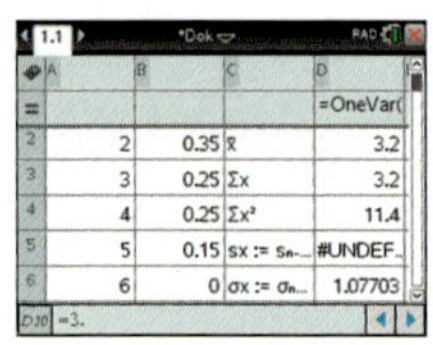

Die Spannweite R der Noten ist für beide Klassen identisch. Wir können sie aus Differenz der größten Merkmalsausprägung MaxX = 6 und der kleinsten Merkmalsausprägung MinX = 1 ermitteln:

$$R = \text{MaxX} - \text{MinX}$$
$$= 6 - 1 = \underline{\underline{5}}$$

d) Klasse 11A

$\overline{x} = 3{,}2$

$s = 1{,}288$

$[\overline{x} - s; \overline{x} + s] = [1{,}912; 4{,}488]$

⇒ ganze Noten im Streuungsintervall: [2; 4]

Interpretation: Noten des Intervalls [2; 4], also die Noten 2, 3 und 4, sind bei diesem Mathe-Test für die Klasse 11A „normal".

Klasse 11B

$\overline{x} = 3{,}2$

$s = 1{,}077$

$[\overline{x} - s; \overline{x} + s] = [2{,}123; 4{,}277]$

⇒ ganze Noten im Streuungsintervall: [3; 4]

Interpretation: Noten des Intervalls [3; 4], also die Noten 3 und 4, sind bei diesem Mathe-Test für die Klasse 11B „normal".

Situation 8

200 Haushalte eines Stadtteils wurden nach ihrem monatlichen Bruttoverdienst befragt. Die Daten, die sich aus der Umfrage ergeben haben, sind klassiert in der Tabelle dargestellt.

Bruttoverdienst (in €)	Anzahl
[0; 1000)	30
[1 000; 2 000)	70
[2 000; 3 000)	60
[3 000; 4 000)	30
[4 000; 5 000]	10

a) Ermitteln Sie die Spannweite und interpretieren Sie den berechneten Wert kritisch.

b) Bestimmen Sie mit dem Taschenrechner die empirische Standardabweichung und das einfache Streuungsintervall. Interpretieren Sie die Ergebnisse.

2

Lösung

a) Allgemein ist die Spannweite die Differenz zwischen der größten und der kleinsten Merkmalsausprägung: $R = x_{\text{max}} - x_{\text{min}}$.
Bei klassierten Daten kennt man die größte und die kleinste Merkmalsausprägung nicht, weil sie irgendwo in der obersten oder der untersten Klasse liegen. **Deshalb ist bei klassierten Daten die Spannweite die Differenz zwischen der oberen Klassengrenze der obersten Klasse x_k^{o} und der unteren Grenze der untersten Klasse x_1^{u}.**

$R = x_k^{\text{o}} - x_1^{\text{u}}$
Spannweite bei klassierten Daten

Hier:

$R = 5\,000 - 0 = \underline{\underline{5\,000}}$

Interpretation: Die Bruttoeinkommen der Befragten reichen von 0,00 € bis 5 000,00 €. Man weiß allerdings nicht, wie groß der größte Wert x_{max} oder der kleinste Wert x_{min} tatsächlich ist. Werte zwischen dem größten und dem kleinsten Wert bleiben ebenso wie mögliche Ausreißer unberücksichtigt.

b) Allgemein gilt: $s = \sqrt{\frac{1}{n}\sum_{i=1}^{k}(x_i - \overline{x})^2 \cdot n_i}$

Abb. 1: Im Startbildschirm öffnen wir die Applikation **Lists & Spreadsheet**.

In die 1. Spalte werden als Merkmalsausprägungen die Klassenmitten der Bruttoverdienste und in die 2. Spalte die absoluten Häufigkeiten eingegeben.

Abb. 2–4: Wir wählen menu, 4: Statistik, 1: Statistische Berechnungen, 1: Statistik mit einer Variable....

Abb. 1

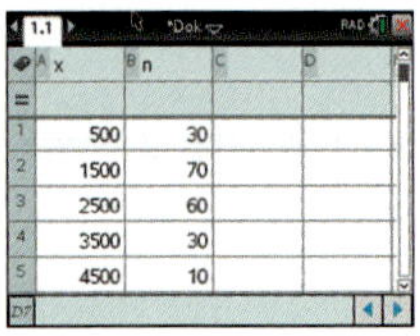

Abb. 2

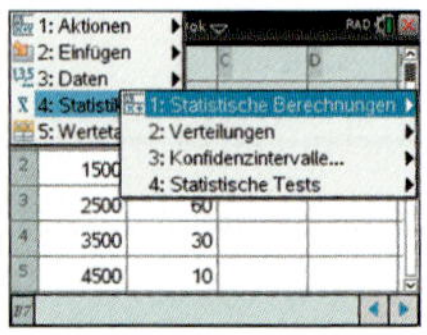

Abb. 3

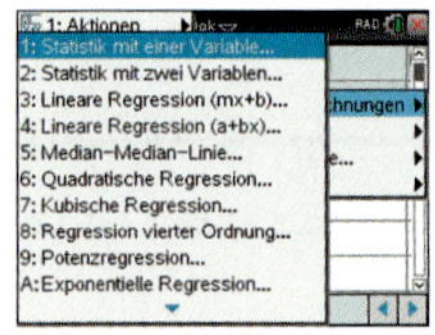

Abb. 4

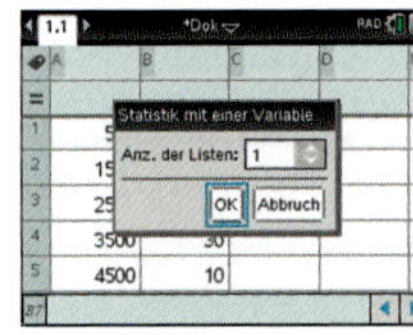

Abb. 5: Dann geben wir die Spalten für die $x1$-Liste, die Häufigkeitsliste und die 1. Ergebnisspalte wie in Abb. 5 an.

Nach Bestätigung mit OK werden die statistischen Kennzahlen angezeigt.

Abb. 6: Die **empirische Standardabweichung** $\underline{\underline{s = 1\,067{,}71}}$ wird vom Taschenrechner als σx in der 6. Zeile angezeigt. Der Mittelwert der Bruttoverdienste wird in der 2. Zeile angegeben: $\underline{\overline{x} = 2\,100}$

Abb. 5

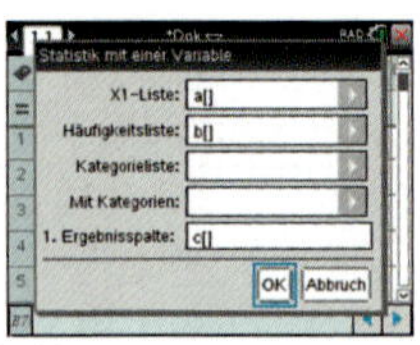

Abb. 6

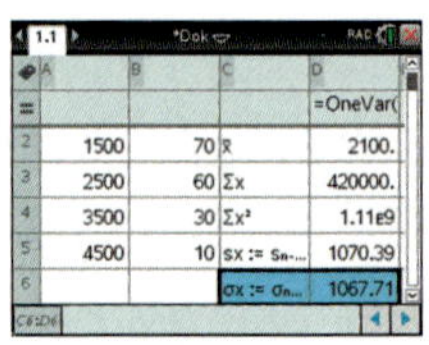

Einfaches Streuungsintervall:

$[\overline{x} - s; \overline{x} + s] = [2\,100 - 1\,067{,}71; 2\,100 + 1\,067{,}71] = \underline{\underline{[1\,032{,}29; 3\,167{,}71]}}$

Interpretation

Die Bruttoeinkommen der befragten Haushalte schwanken durchschnittlich um 1 067,71 € um den Mittelwert 2 100,00 €. Also sind Bruttoeinkommen von 1 032,29 € bis 3 167,71 € bei den befragten Haushalten normal.

Zusammenfassung

Streumaße
- Spannweite R
- empirische Standardabweichung s

- **Spannweite:** Differenz zwischen größter und kleinster Merkmalsausprägung
  $R = x_{\max} - x_{\min}$
- **Spannweite bei klassierten Daten:** Differenz zwischen der oberen Klassengrenze der obersten Klasse x_k^{o} und der unteren Grenze der untersten Klasse x_1^{u}
  $R = x_k^{\text{o}} - x_1^{\text{u}}$
- **mittlere quadratische Abweichung (empirische Varianz):**

für **ungruppierte Daten**	für **gruppierte Daten mit absoluten Häufigkeiten n_i**	für **gruppierte Daten mit relativen Häufigkeiten $h(x_i)$**
$s^2 = \frac{1}{n}\sum_{i=1}^{n}(x_i - \overline{x})^2$	$s^2 = \frac{1}{n}\sum_{i=1}^{k}(x_i - \overline{x})^2 \cdot n_i$	$s^2 = \sum_{i=1}^{k}(x_i - \overline{x})^2 \cdot h(x_i)$
Für **klassierte Daten** werden als Merkmalsausprägungen x_i die **Klassenmitten** x_i^* der einzelnen Klassen gewählt.		

- **empirische Standardabweichung:** $s = \sqrt{s^2}$

für **ungruppierte Daten**	für **gruppierte Daten mit absoluten Häufigkeiten n_i**	für **gruppierte Daten mit relativen Häufigkeiten $h(x_i)$**
$s = \sqrt{\frac{1}{n}\sum_{i=1}^{n}(x_i - \overline{x})^2}$	$s^2 = \sqrt{\frac{1}{n}\sum_{i=1}^{k}(x_i - \overline{x})^2 \cdot n_i}$	$s^2 = \sqrt{\sum_{i=1}^{k}(x_i - \overline{x})^2 \cdot h(x_i)}$
Für **klassierte Daten** werden als Merkmalsausprägungen x_i die **Klassenmitten** x_i^* der einzelnen Klassen gewählt.		

- **einfaches Streuungsintervall** um den Mittelwert: $[\overline{x} - s; \overline{x} + s]$

Kenngrößen
- Lagemaße
  - Modalwert x_{Mod}
  - arithmetisches Mittel $\overline{x}$
  - Median x_{Med}
- Streumaße
  - Spannweite R
  - empirische Standardabweichung s

Übungsaufgaben

1 Die Tabelle zeigt das Ergebnis einer Vergleichsklausur für den gesamten 11. Jahrgang eines beruflichen Gymnasiums.

Note	1	2	3	4	5	6
Häufigkeit	10	31	45	31	19	4

Berechnen Sie ohne das Statistikmodul des Taschenrechners die Lagemaße
a) arithmetisches Mittel und
b) Median.
Berechnen Sie ebenfalls ohne das Statistikmodul des Taschenrechners die Streumaße
c) Spannweite und
d) empirische Standardabweichung.
Interpretieren Sie alle Ergebnisse.
e) Geben Sie das einfache Streuungsintervall $[\overline{x} - s; \overline{x} + s]$ an und interpretieren Sie es.
f) Berechnen Sie die Lage- und Streumaße mithilfe des Taschenrechners.

2 Die Dicke eines Werkstückes soll 1 cm betragen.
Mithilfe von zwei Stichproben werden zwei Maschinen kontrolliert, ob und wie sie die vorgeschriebene Sollstärke einhalten.
Berechnen Sie jeweils das arithmetische Mittel, den Median, die Spannweite und die Standardabweichung für beide Maschinen.
Geben Sie auch jeweils das einfache Streuungsintervall um den Mittelwert an. Visualisieren Sie die Verteilung der Merkmalswerte. Beurteilen Sie, welche Maschine genauer arbeitet.

Nr. der Messung	**Dicke (in cm)**	
	1. Maschine	**2. Maschine**
1	1,02	1,06
2	0,86	1,03
3	1,11	0,96
4	0,96	1,08
5	0,98	1,00
6	0,89	0,98
7	1,07	0,94
8	1,03	1,04
9	1,13	1,05
10	1,05	0,96

3 Zwei Mehlabfüllmaschinen sind auf ein Sollgewicht von 500 g eingestellt. Eine Stichprobe im Rahmen der Qualitätskontrolle führte zu den gerundeten Ergebnissen in der Tabelle.
Berechnen Sie für beide Maschinen jeweils
a) den Durchschnittswert,
b) den Median,
c) die Spannweite und
d) die Standardabweichung.

Gewicht (in g)	**Maschine A**	**Maschine B**
494	2	3
496	5	7
498	19	20
500	50	40
502	16	19
504	5	9
506	3	2
Summe:	100	100

e) Geben Sie jeweils das einfache Streuungsintervall um den Mittelwert an.
f) Kontrollieren Sie Ihre Ergebnisse mit dem Statistikmodul des Taschenrechners.
g) Beurteilen Sie, welche Maschine nachjustiert werden muss.

4 Eine Befragung von 95 Lehramtsstudenten an der Leuphana-Universität Lüneburg zu der bisherigen Studiendauer hat zu den in der Tabelle dargestellten Ergebnissen geführt.
Eine erste Auswertung hat eine durchschnittliche Studiendauer der Befragten von 8,61 Semestern ergeben.

Semesteranzahl	Anzahl der Studierenden
6	𝍸 𝍸
7	𝍸 𝍸 𝍸 ||||
8	𝍸 𝍸 𝍸 𝍸 |
9	𝍸 𝍸 𝍸 ||
10	𝍸 𝍸 |
11	𝍸 𝍸
12	𝍸 ||

a) Ermitteln Sie die „normale" Studiendauer, die sich aus dieser Befragung ergibt.
b) Kontrollieren Sie Ihr Ergebnis mit dem Statistikmodul des Taschenrechners.

5 Mit einer aufwendigen Untersuchung wurden in einer landwirtschaftlichen Versuchsanstalt die Anzahl der Erbsen je Hülse untersucht (s. u.) und durchschnittlich 3,79 Erbsen je Hülse ermittelt.

Anzahl der Erbsen	1	2	3	4	5	6	7	8	9
Anzahl der Hülsen	4115	8963	12892	13154	7541	5873	2115	1135	212

a) Ermitteln Sie die „normale" Anzahl der Erbsen, die sich aus der Untersuchung ergibt.
b) Kontrollieren Sie Ihr Ergebnis mit dem Statistikmodul des Taschenrechners.

6 In zwei Klassen einer berufsbildenden Schule ist die Körpergröße der Schülerinnen und Schüler (in cm) erhoben worden. Auf ganze Zahlen gerundet ergaben sich die Maße:

156 160 160 160 160 162 163 163 163 164 165 165 165 165 165 166 166 166 167 168 168 169 170 170 171 172 172 172 172 173 174 175 175 175 178 179 180 181 181 183 183 183 185 185 186 186 186 190 190 192 194 194 198 201 206

Klassieren Sie die Daten mit der Klassenbreite 10.
Ermitteln Sie dann mit den klassierten Daten alle bekannten Kennzahlen und interpretieren Sie diese. Bestimmen Sie, welche Körpergrößen für diese beiden Klassen „normal" sind.

7 Ein Betrieb stellt Granulat zu Dekorationszwecken her und verkauft es in Säcken zu je 2 kg. Die Säcke werden nach der Abfüllung automatisch gewogen. Bei 300 Säcken, die in einer Stunde abgefüllt worden sind, zeigten sich Abweichungen vom Sollgewicht.

Abweichung	Prozentsatz
0 g bis 5 g	40 %
mehr als 5 g bis 10 g	35 %
mehr als 10 g bis 15 g	13 %
mehr als 15 g bis 20 g	7 %
mehr als 20 g bis 25 g	5 %

Ermitteln Sie alle bekannten Kennzahlen und interpretieren Sie diese.
Bestimmen Sie die „normalen" Abweichungen vom Sollwert beim Abfüllen der Granulatsäcke.

1.2.4 Handlungssituationen zu Kenngrößen einer Stichprobe

Die Handlungssituationen sollten Sie mit den Ihnen zur Verfügung stehenden Rechnertypen bearbeiten. Besonders wichtig ist die Interpretation der von Ihnen ermittelten Ergebnisse.

Handlungssituation 1

Zwei Maschinen A und B sollen Stahlstifte auf die Länge 10 mm zuschneiden. Von jeder Maschine wurde eine Stichprobe produzierter Stifte entnommen, nachgemessen und die Länge auf volle Millimeter gerundet.
Die Tabelle zeigt die Häufigkeitsverteilung der gemessenen Längen.

x_i (in mm)	Maschine A	Maschine B
	n_i	n_i
7	2	10
8	18	30
9	80	70
10	100	80
11	81	70
12	16	30
13	3	10

Untersuchen und beurteilen Sie die Produktionsgenauigkeit der beiden Maschinen mit den Methoden der beschreibenden Statistik. Präsentieren Sie Ihre Ergebnisse unter Verwendung der passenden Fachbegriffe. Erstellen Sie dazu auch veranschaulichende Grafiken.

Handlungssituation 2

Bei einem Atomkraftwerk wurde über einen längeren Zeitraum in regelmäßigen Abständen die Wassertemperatur des Flusses gemessen, um die Erwärmung durch das Kühlwasser festzustellen. Für den Monat Juni ergaben sich die gerundeten Messungen der Tabelle.

Temperatur (in °C)	15	16	17	18	19	20	21	22	23	24	25	26	27	28
Anzahl	1	3	4	6	9	13	18	27	21	20	18	11	1	1

Untersuchen Sie mit den Methoden der beschreibenden Statistik das Datenmaterial. Beurteilen Sie die Wassertemperaturen, wenn die normale Durchschnittstemperatur des Flusses für den Beobachtungszeitraum 21 °C ohne Zulauf von Kühlwasser beträgt. Präsentieren Sie Ihre Ergebnisse unter Verwendung der passenden Fachbegriffe und Grafiken.

Handlungssituation 3

Sie sind Mitarbeiter in der Personalabteilung eines mittelständischen Unternehmens mit über 200 Mitarbeitern. In jüngster Vergangenheit ist der Unternehmensleitung aufgefallen, dass es krankheitsbedingt mehrfach zu Produktionsengpässen gekommen ist. Sie haben die Krankmeldungen aller Arbeitnehmer in den letzten 2 Wochen (= 10 Werktage) festgestellt.

Krankheitsdauer (in Tagen)	0	1	2	3	4	5	6	7	8	9	10
abs. Häufigkeit	20	20	15	12	8	7	6	5	3	2	2

Untersuchen Sie die Krankheitsdauer der Arbeitnehmer in den letzten 2 Wochen mithilfe der Kenngrößen der beschreibenden Statistik. Präsentieren Sie der Unternehmensleitung Ihre Ergebnisse.

Verwenden Sie für die Präsentation passende Grafiken und die Fachsprache der beschreibenden Statistik.

Handlungssituation 4

Für eine Qualitätskontrolle werden der laufenden Produktion zwei Stichproben entnommen, mit denen das Abfüllgewicht zweier Maschinen kontrolliert werden soll. Angestrebt ist ein Sollgewicht von 1 000 g. Die tatsächlichen Gewichte wurden tabellarisch festgehalten.

Gewicht (in g)	995	996	997	998	999	1000	1001	1002	1003	1004	1005
abs. Häufigkeit Maschine A	5	16	30	40	50	55	48	36	25	12	3
abs. Häufigkeit Maschine B	4	21	32	40	45	47	44	40	31	14	2

Vergleichen Sie die Datensätze mithilfe der Kennzahlen der beschreibenden Statistik.
Präsentieren Sie Ihre Ergebnisse der Produktionsleitung auch mithilfe passender Grafiken.

Handlungssituation 5

Ein Obstgroßhändler muss sich zwischen drei Lieferanten entscheiden, die unterschiedliche Preise für eine 500-g-Obstschale verlangen. Der Großhändler kontrolliert bei jedem potenziellen Lieferanten jeweils fünf Schalen zu 500 g auf den Anteil verdorbener Früchte.

	Preis je Schale (in €)	fauliger Fruchtanteil je Schale (in g)				
Bauer A	2,00	20	24	14	22	20
Bauer B	1,50	42	46	38	36	38
Bauer C	2,50	3	4	2	1	5

Damit vom Obsthändler einwandfreie Ware verkauft wird, sollen die verdorbenen Früchte vor dem Wiederverkauf aussortiert werden. Begründen Sie, für welchen Lieferanten Sie sich entscheiden würden.

Handlungssituation 6

Ein Unternehmen zahlt an seine 500 ehemaligen Arbeitnehmer monatliche Betriebsrenten (s. Tabelle). Aus einer Fachzeitschrift geht hervor, dass in vergleichbaren Unternehmen der Branche eine durchschnittliche Betriebsrente in Höhe von 850,00 € gezahlt wird und Betriebsrenten von 600,00 € bis 1 200,00 € üblich sind.

Betriebsrente (in €)	rel. Häufigkeit
[300; 500)	0,15
[500; 700)	0,24
[700; 900)	0,28
[900; 1 100)	0,16
[1 100; 1 300)	0,13
[1 300; 1 500]	0,04

Untersuchen Sie als Mitarbeiter der Personalabteilung die Höhe der Betriebsrenten mithilfe der Kenngrößen der beschreibenden Statistik und vergleichen Sie die Betriebsrenten Ihres Unternehmens mit denen vergleichbarer Unternehmen. Präsentieren Sie der Unternehmensleitung Ihre Ergebnisse unter Verwendung der Fachsprache der beschreibenden Statistik und einer passenden Grafik.

Handlungssituation 7

Sie erhalten von einem Ihrer Mitarbeiter in der Personalabteilung die nebenstehend abgebildete Tabelle der Anzahl der geleisteten Überstunden der 200 Arbeitnehmer für den letzten Monat.

Anzahl der Überstunden	Häufigkeit
[13; 15)	25 %
[15; 17)	20 %
[17; 19)	18 %
[19; 21)	15 %
[21; 23)	12 %
[23; 25]	10 %

Stellen Sie als Leiter der Personalabteilung das Überstundenproblem der Unternehmensleitung mithilfe der Kenngrößen der beschreibenden Statistik dar. Präsentieren Sie Ihre Ergebnisse unter Verwendung der Fachsprache der beschreibenden Statistik. Erstellen Sie auch eine aussagefähige Grafik.

2 Lernbereich: Elementare Funktionenlehre

In diesem Lernbereich knüpfen wir an Funktionsklassen an, die bereits aus der Sekundarstufe I bekannt sind:

- lineare Funktionen und
- quadratische Funktionen

Diese Funktionen vertiefen wir dann zu

- Potenzfunktionen

und erweitern sie um die Funktionsklassen

- Exponentialfunktionen,
- Sinusfunktionen und
- ganzrationale Funktionen.

2.1 Lineare Funktionen

2.1.1 Darstellungsformen von Funktionen, Definitionen und Begriffe

Situation 1

Der Verkaufspreis einer Ware beträgt 1,5 Geldeinheiten[1)] je Mengeneinheit[1)]. Der Hersteller kann maximal 4 Mengeneinheiten dieser Ware produzieren und verkaufen.

a) Stellen Sie den **Erlös**[2)] E in Abhängigkeit von der verkauften Warenmenge x als **Wertetabelle**, als **Funktionsgraph** und in Form einer **Funktionsgleichung** dar.

b) Erläutern Sie, welche Vor- und Nachteile die in Teilaufgabe a) genannten Darstellungsmöglichkeiten haben.

c) Erstellen Sie mithilfe Ihres Taschenrechners den Graphen der Funktion und lassen Sie sich eine Wertetabelle der Funktion anzeigen.

d) Bestimmen Sie mit dem Taschenrechner den Funktionswert an der Stelle $x = 4$ auf drei unterschiedliche Arten.

Lösung

a) Wertetabelle

Warenmenge x (in ME)	Erlös E (in GE)
0	0
1	1,5
2	3
3	4,5
4	6

Funktionsgraph

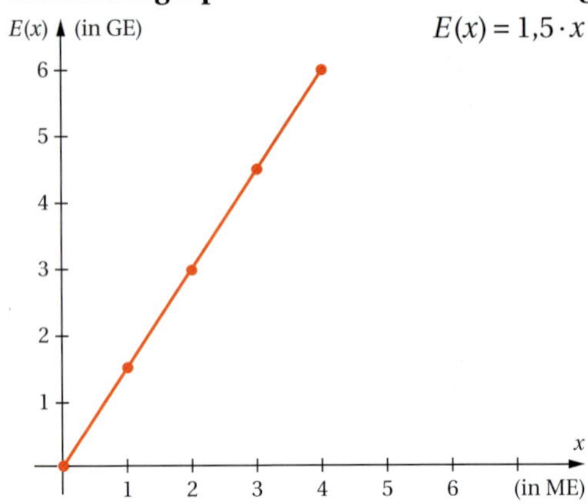

Funktionsgleichung

$E(x) = 1{,}5 \cdot x$

Erläuterungen zum Graphen:

- Der Graph besteht nicht nur aus den 5 Punkten, die sich aus der Wertetabelle ergeben. Er kann durchgehend gezeichnet werden, weil auch Produktionsmengen möglich sind, die nicht ganzzahlig sind.
- Ökonomisch sinnvoll sind laut Aufgabenstellung nur Produktionsmengen (x-Werte) von $x = 0$ bis $x = 4$. Nur für diese x-Werte wird der Graph gezeichnet.

---

1) In den Wirtschaftswissenschaften werden die Einheiten für Geld und Mengen häufig allgemein mit **Geldeinheiten** (GE) und **Mengeneinheiten** (ME) angegeben. Dabei kann eine GE z. B. 1 Million Euro oder auch 100 Dollar, eine ME z. B. 1 000 Stück oder 10 000 kg sein.

2) Der **Erlös** (oft auch: **Umsatz** oder **Umsatzerlös**) entsteht durch den Verkauf der produzierten Güter oder Dienstleistungen: Erlös = verkaufte Menge eines Produktes (Absatz) · Verkaufspreis.

b)

	Wertetabelle	**Funktionsgraph**	**Funktionsgleichung**
Vorteil	numerisch genaue Zahlenpaare	anschaulich, übersichtlich	genaue Berechnungen, auch von „Zwischenwerten“, möglich
Nachteil	nur wenige Zahlenpaare, Zwischenwerte fehlen	nur ungenaues Ablesen möglich	abstrakte, wenig anschauliche Darstellung

c) Funktionsgraph mit Wertetabelle

Abb. 1–2: Wir öffnen die Applikation **Graphs** im Startbildschirm.
Im Graph-Fenster wird oben für $f1(x)=$ der Funktionsterm eingeben. Mit [enter] wird der Graph gezeichnet.

Abb. 1

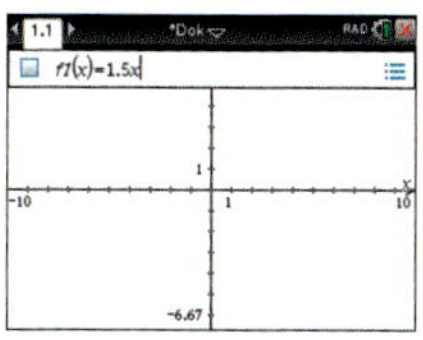

Abb. 2

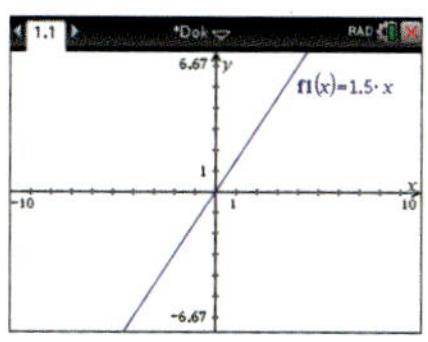

Abb. 3–5: Mit [menu], 4: Fenster/Zoom, 1: Fenstereinstellungen, können die Minimal- und Maximalwerte an den Achsen und die Skalierung der Achsen eingestellt werden.

Abb. 3

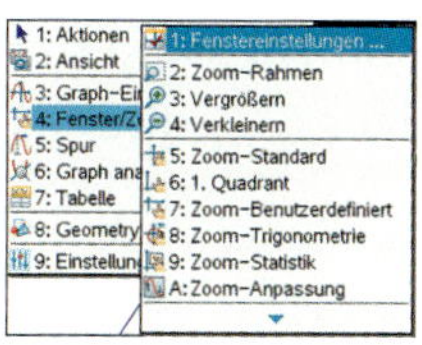

Abb. 4

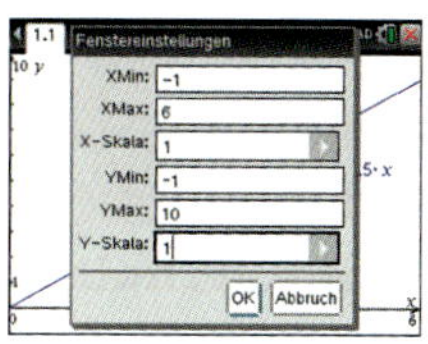

Abb. 5

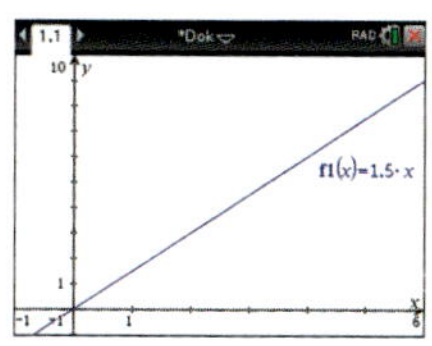

Abb. 6–8: Mit [menu], 7: Tabelle, 1: Tabelle mit geteiltem Bildschirm, wird die Wertetabelle eingeblendet.

Abb. 6

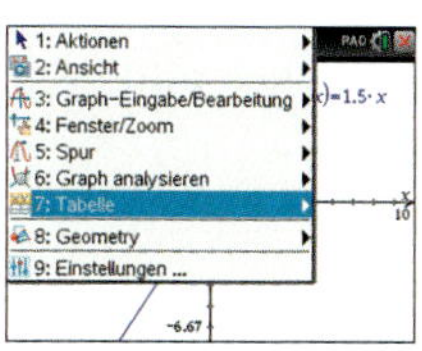

Abb. 7

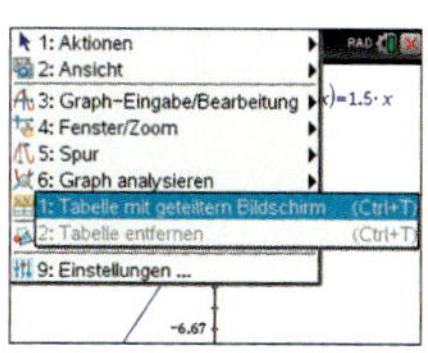

Abb. 8

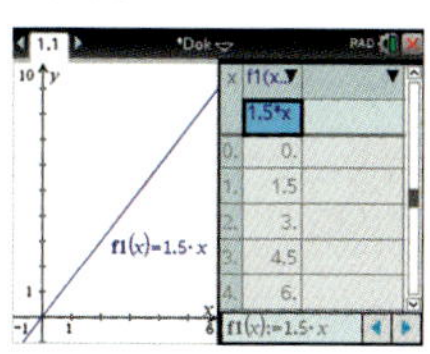

Eine **Funktion** ist eine eindeutige Zuordnung, bei der jedem x-Wert genau ein Funktionswert zugeordnet wird.

Eine **Erlösfunktion** ordnet jeder Produktionsmenge x den gesamten Erlös E zu, der beim Verkauf der Ware erzielt wird.

In den folgenden Abschnitten wollen wir mithilfe von Funktionen aus unterschiedlichen Funktionsklassen Modelle bilden, um Probleme der realen Welt darzustellen und zu lösen.

Eine der Hauptaufgabenstellungen wird dabei durchgängig sein, aus einer Darstellungsform einer Funktion in die andere(n) zu übersetzen. Dadurch können dann je nach Bedarf die entsprechenden **mathematischen Modelle** gebildet werden.

Darstellungsformen von Funktionen

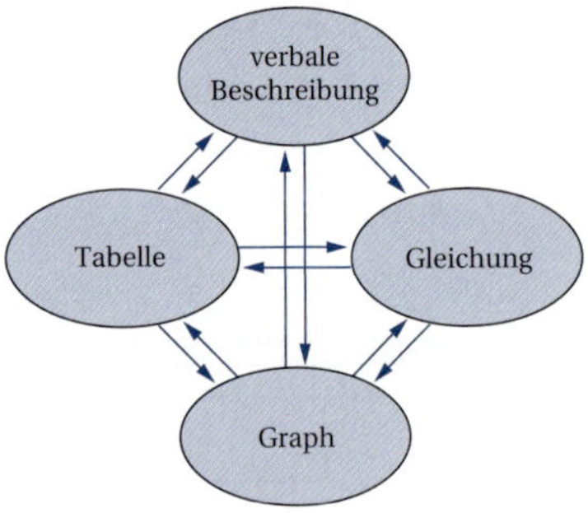

Mit der folgenden Situation sollen grundlegende Begriffe aus der Funktionenlehre wiederholt werden, die für das weitere Arbeiten mit Funktionen Voraussetzung sind.

Situation 2

Ein Betrieb der chemischen Industrie produziert Säuren. Die **Fixkosten**[1)] betragen 1 Geldeinheit (GE). Die **variablen Kosten**[2)] für die Produktion einer bestimmten Säure steigen mit jeder zusätzlich produzierten Mengeneinheit um 2 Geldeinheiten (GE). Es können maximal 5 Mengeneinheiten (ME) produziert werden.

Eine **Gesamtkostenfunktion** ordnet jeder produzierten Menge x in Mengeneinheiten die dabei entstehenden Gesamtkosten K in Geldeinheiten zu.

a) Erstellen Sie eine Wertetabelle und zeichnen Sie den Graphen der Gesamtkostenfunktion. Geben Sie die Funktionsgleichung der Gesamtkostenfunktion an.

Erläutern Sie an diesem Beispiel die Fachbegriffe

b) Koordinatensystem, Koordinaten, Abszisse und Ordinate, Abszissenachse und Ordinatenachse, Quadranten des Koordinatensystems,

c) Definitionsbereich (Definitionsmenge),

d) Wertebereich (Wertemenge),

e) abhängige und unabhängige Variable,

f) Funktionsname, Funktionsgleichung, Funktionsterm, Linearglied, Absolutglied, Funktionswert, Stelle.

g) Tragen Sie – soweit möglich – die Begriffe passend in die Grafik zu Teilaufgabe a) ein.

---

1) **Fixkosten** (auch: fixe Kosten) sind unabhängig von der Produktionsmenge und fallen auch dann an, wenn nichts produziert wird, z. B. Mietkosten.

2) **Variable Kosten** sind von der produzierten Menge abhängig, z. B. Rohstoffkosten.

Lösung

a) Wertetabelle

x	$K(x)$
0	1
1	3
2	5
3	7
4	9
5	11

Funktionsgleichung

$K(x) = 2x + 1$

Funktionsgraph

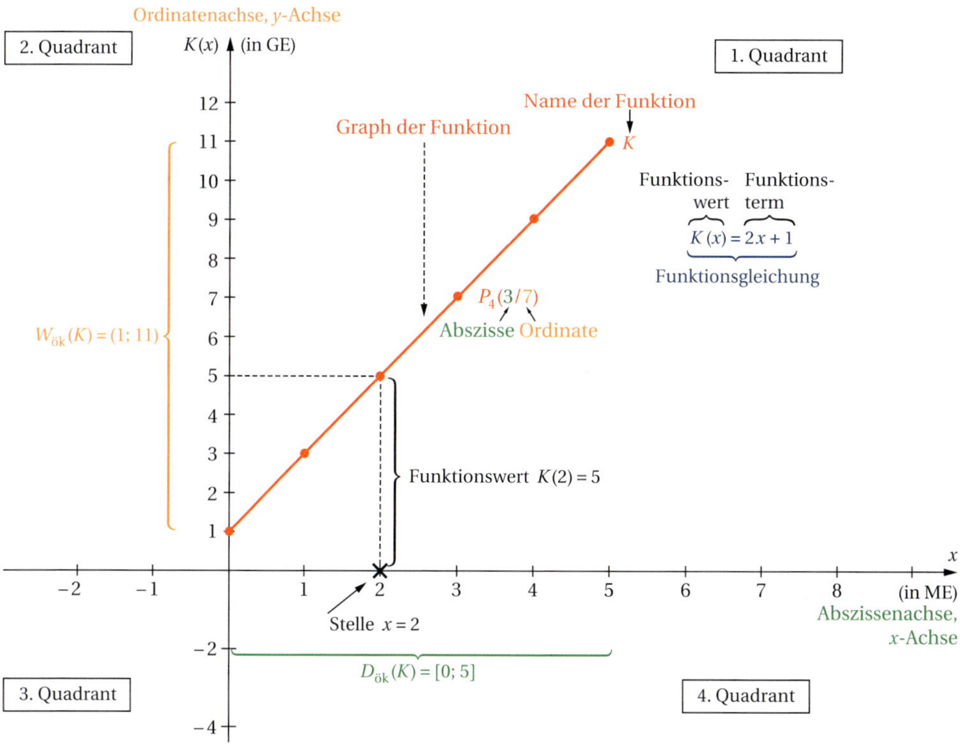

b) Aus der in Teilaufgabe a) angelegten Wertetabelle ergeben sich die Zahlenpaare (0; 1), (1; 3), (2; 5), (3; 7), (4; 9) und (5; 11). Die grafische Darstellung der Zahlenpaare besteht aus **Punkten im Koordinatensystem**: $P_1(0/1)$, $P_2(1/3)$, $P_3(2/5)$, $P_4(3/7)$, $P_5(4/9)$ und $P_6(5/11)$. Die jeweils erste Koordinate eines Punktes heißt **Abszisse** und wird auf der **Abszissenachse** (auch ***x*-Achse** oder **horizontale Achse**) abgetragen. Die jeweils zweite Koordinate eines Punktes heißt **Ordinate** und wird auf der **Ordinatenachse** (auch ***y*-Achse** oder **vertikale Achse**) abgetragen. Das **Koordinatensystem** besteht aus 4 **Quadranten**, die entgegen dem Uhrzeigersinn (im mathematisch positiven Sinn) rechts oben beginnend angeordnet sind.

c) Der **Definitionsbereich** oder die **Definitionsmenge** einer Funktion f heißt $D(f)$ und enthält die Zahlen, die für x in die Funktionsgleichung eingesetzt werden können. Anschaulich ist der Definitionsbereich der auf der Abszissenachse relevante Zahlenbereich.
Bei anwendungsbezogenen Problemstellungen sind zwei Definitionsbereiche zu unterscheiden.

Maximal möglicher Definitionsbereich	Ökonomisch sinnvoller Definitionsbereich
Der mathematisch **maximal mögliche Definitionsbereich** enthält alle Zahlen, die für x in die Funktionsgleichung eingesetzt werden können, ohne dass ein unerlaubter Rechenvorgang durchgeführt wird. $D_{max}(K) = \mathbb{R}$ *Gelesen: „Der maximal mögliche Definitionsbereich der Funktion K sind alle reellen Zahlen."* Oft wird statt $D_{max}(K)$ auch einfach nur $D(K)$ geschrieben.	Der **ökonomisch sinnvolle Definitionsbereich** ist eine Teilmenge des maximal möglichen Definitionsbereiches. Er ergibt sich aus der Aufgabenstellung. $D_{ök}(K) = [0; 5]$ *Gelesen: „Der ökonomisch sinnvolle Definitionsbereich der Funktion K ist das Intervall von einschließlich 0 bis einschließlich 5." Oder: „Der ökonomisch sinnvolle Definitionsbereich ist das geschlossene Intervall von 0 bis 5."*

d) Der **Wertebereich** oder die **Wertemenge** einer Funktion f heißt $W(f)$. Er umfasst alle **Funktionswerte**, die die Funktion annehmen kann.
Hier:

$$W_{max}(K) = \mathbb{R}.$$

Anschaulich ist der Wertebereich der auf der Ordinatenachse relevante Zahlenbereich.

e) In der Regel wird auf der Abszissenachse (x-Achse) die **unabhängige Variable** (hier x) und auf der Ordinatenachse (y-Achse) die von x **abhängige Variable** (hier K) abgetragen.

f)

$$\underbrace{K}_{\text{Name der Funktion}} \quad : \quad \underbrace{\underbrace{K(x)}_{\text{Funktionswert}} = \underbrace{2x+1}_{\text{Funktionsterm}}}_{\text{Funktionsgleichung}}$$

Allgemein:

$$\underbrace{f}_{\text{Name der Funktion}} \quad : \quad \underbrace{\underbrace{f(x)}_{\text{Funktionswert}} = \underbrace{2x+1}_{\text{Funktionsterm}}}_{\text{Funktionsgleichung}}$$

Im Funktionsterm einer linearen Funktion wird das Glied mit der Variablen x, hier „$2x$", als **Linearglied** bezeichnet. Das Glied ohne die Variable x, hier „1", heißt **Absolutglied**.

Der x-Wert einer Funktion wird **Stelle** genannt.
So bedeutet z. B. $f(2) = 5$: Der Funktionswert an der Stelle $x = 2$ ist 5.

g) Siehe Abb. oben.

Zusammenfassung

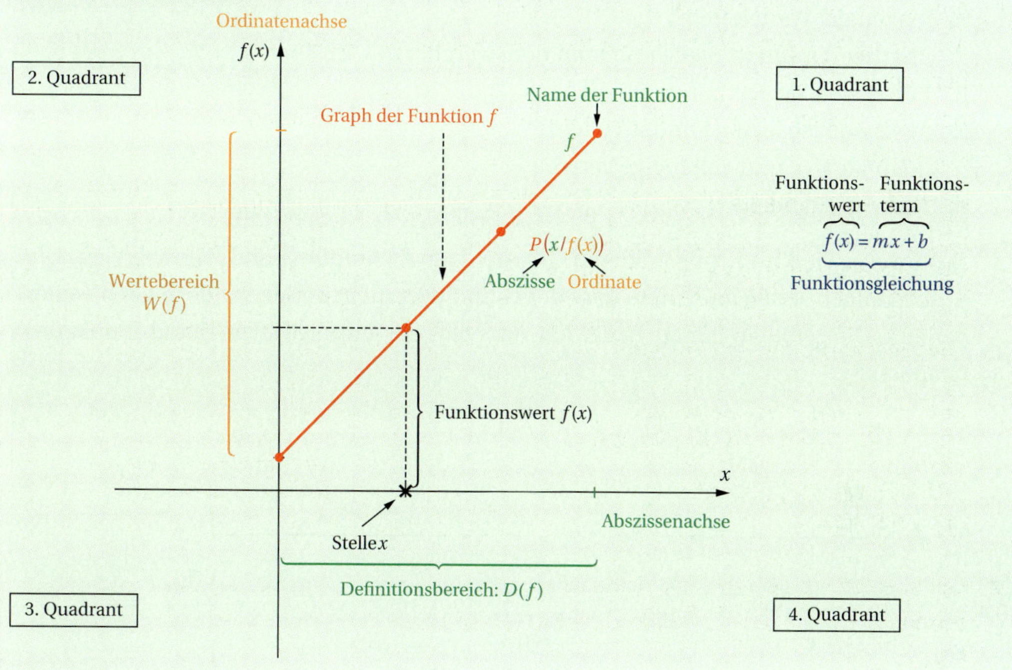

Übungsaufgaben

1 Der Preis p einer Ware beträgt 0,75 GE je ME. Es können maximal 7 ME verkauft werden.

a) Bestimmen Sie die Gleichung der Erlösfunktion E, die den Erlös E in Abhängigkeit von der verkauften Menge x angibt.

b) Erstellen Sie eine Wertetabelle und zeichnen Sie den Funktionsgraphen für den ökonomisch sinnvollen Definitionsbereich.

c) Geben Sie den ökonomisch sinnvollen Definitions- und Wertebereich der Erlösfunktion an.

d) Berechnen Sie $E(4)$ und interpretieren Sie das Ergebnis.

2 Die Gesamtkosten K (in GE) für die Produktion eines Gebrauchsgutes in Abhängigkeit von der Produktionsmenge x (in ME) können beschrieben werden durch die Funktion K mit $K(x) = 850x + 100$. Es können maximal 6 ME in einer Periode produziert werden. Konkretisieren Sie die angegebenen Begriffe und Schreibweisen anhand dieses Beispiels.

a) Wertetabelle

b) Funktionsgraph

c) Funktionsgleichung

d) Funktionsterm mit Linear- und Absolutglied

e) ökonomisch sinnvoller Definitionsbereich

f) maximal möglicher Definitionsbereich

g) ökonomischer Wertebereich
h) maximaler Wertebereich
i) Abszisse, Ordinate, Stelle und Funktionswert bei $P(3/2\,650)$
j) Berechnen Sie $K(2)$.
k) Abszissenachse und Ordinatenachse
l) unabhängige und abhängige Variable
m) Name der Funktion

3 Bestimmen Sie für die abgebildeten Graphen den Definitions- und Wertebereich. Die Strichelungen sollen andeuten, dass der Graph dort nicht endet, sondern noch weiter verläuft. Die gefüllten Punkte bedeuten, dass dies der jeweilige letzte (Rand-)Punkt des Graphen ist.

a)
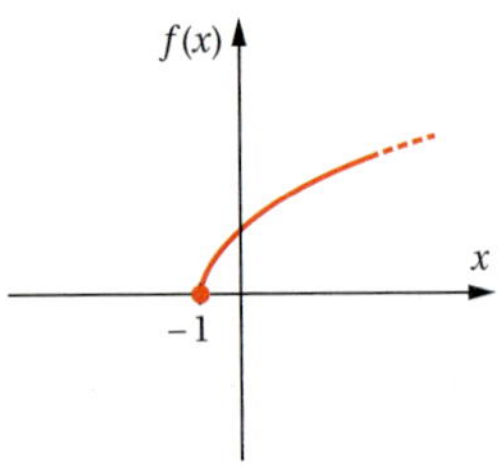

b)
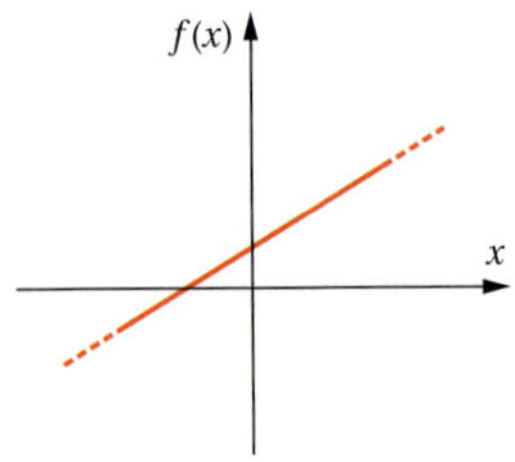

c)
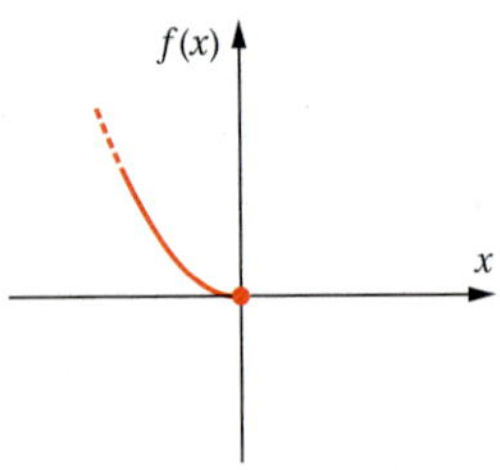

d)
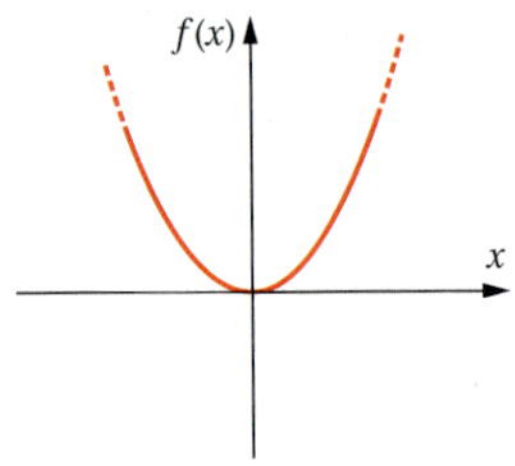

e)
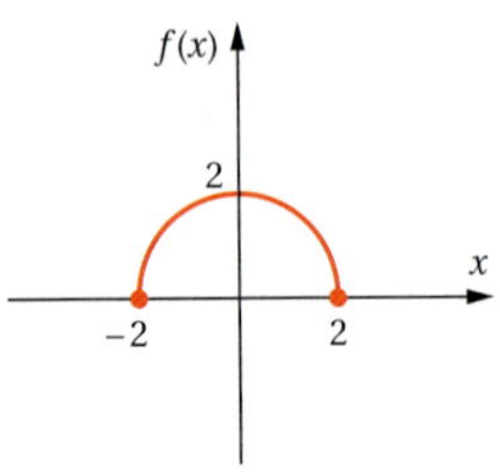

f)
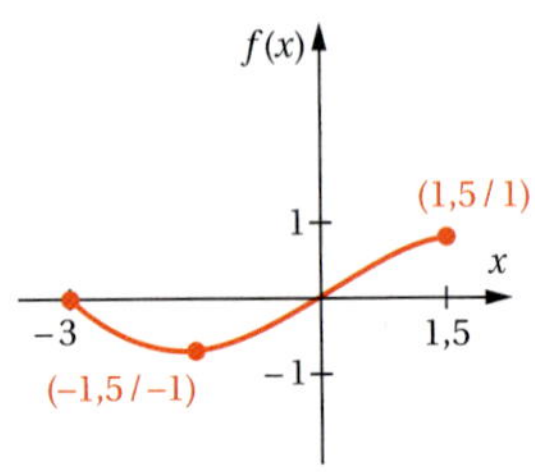

4 Bestimmen Sie die Funktionsgleichung.

a) Jedem x-Wert wird ein Funktionswert zugeordnet, der viermal so groß wie der x-Wert ist. Davon ist die Zahl 4 zu subtrahieren.
b) Der Funktionswert entsteht durch Quadrieren des x-Wertes abzüglich des dreifachen x-Wertes.
c) Der Funktionswert ist identisch mit dem jeweiligen x-Wert.
d) Der Funktionswert ergibt sich dadurch, dass jeder x-Wert quadriert und dann um 3 verringert wird.

5 Berechnen Sie $f(4)$ für die Übungsaufgaben 4 a) – d).

6 Wie wird der mathematische Text in den Teilaufgaben gelesen? Geben Sie in mathematisch verkürzter Schreibweise für die Stelle $x = -2$ den jeweiligen Funktionswert an.

a) f: $f(x) = 3x - 4$; $D(f) = [-2; 4)$

b) f: $f(x) = -3x^2$; $D(f) = (-3; 0)$

c) f: $f(x) = x^3 - 1$; $D(f) = [-2; 1]$

d) f: $f(x) = \sqrt{x}$; $D(f) = \mathbb{R}_+$

7 Geben Sie die Wertebereiche zu den Funktionen aus Übungsaufgabe 6 an.

8 Bestimmen Sie den mathematisch maximal möglichen Definitionsbereich.

a) $f(x) = 2x^2$

b) $f(x) = f(x) = \frac{1}{x^2}$

c) $f(x) = \frac{1}{x(x-2)}$

d) $f(x) = \sqrt{x}$

2.1.2 Bedeutung von *m* und *b* in $f(x) = mx + b$

Situation 3

Die Gleichung einer **linearen Funktion** hat die allgemeine Form $\boldsymbol{f(x) = mx + b}$. Der **Graph** einer linearen Funktion ist eine **Gerade**. Mithilfe der Abbildungen sollen Sie untersuchen, wie sich in $f(x) = mx + b$ die **Parameter**[1)] m und b auf den Verlauf einer Geraden auswirken.

a) Die Geraden in den ersten beiden Abbildungen haben die allgemeine Form $f(x) = mx + 0$ oder einfacher $\boldsymbol{f(x) = mx}$. Beschreiben Sie die Wirkung von m auf den Verlauf der Geraden. Wie verläuft eine Gerade mit dem Wert $m = 0$?

b) Die Geraden in der dritten Abbildung haben die allgemeine Form $f(x) = 1x + b$ oder einfacher $\boldsymbol{f(x) = x + b}$. Beschreiben Sie die Wirkung von b auf den Verlauf der Geraden.

c) Beschreiben Sie den Verlauf des Graphen mit der Gleichung $f(x) = 3x - 2$.

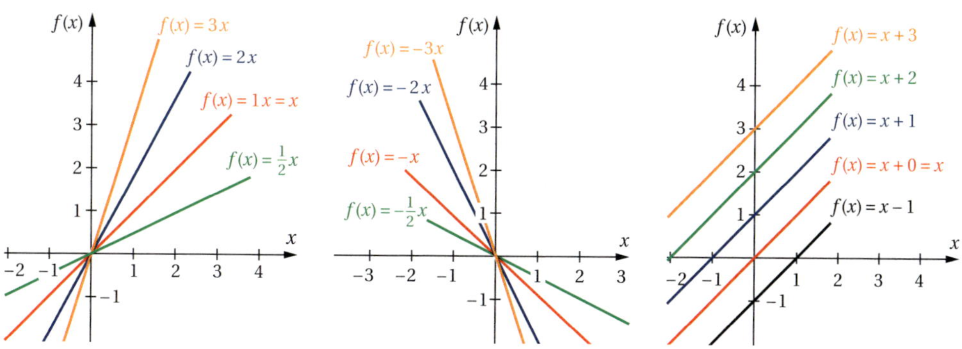

1) **Parameter** sind **Formvariablen**, die zusätzlich neben den Funktionsvariablen x und $f(x)$ in der Funktionsgleichung auftreten können und den Verlauf des Graphen beeinflussen.

Lösung

a) ***m*** gibt die **Steigung** der Geraden an:

$m > 0$: positive Steigung, $m < 0$: negative Steigung – Je größer der Betrag von m, desto steiler verläuft die Gerade.

$m = 0$: Die Gerade verläuft auf der Abszissenachse.

b) ***b*** gibt die **Verschiebung** der Geraden **in *y*-Richtung** an:

$b > 0$: Verschiebung nach oben

$b < 0$: Verschiebung nah unten

$b = 0$: keine Verschiebung **(Ursprungsgerade)**

c) Der Graph ist eine Gerade mit der Steigung $m = 3$, die wegen $b = -2$ um 2 Einheiten nach unten verschoben ist und somit die y-Achse bei -2 schneidet.

Situation 4

Der Gewinn G eines Betriebes (in GE) steigt mit zunehmender Produktionsmenge x (in ME) linear entsprechend der Gleichung $G(x) = \frac{3}{2}x - 1$. Der ökonomisch sinnvolle Definitionsbereich der Gewinnfunktion ist $D_{ök}(G) = [0; 3]$.

a) Ermitteln Sie den Ordinatenabschnitt der Gewinngeraden und ihren Schnittpunkt S_y mit der Ordinatenachse (y-Achse). Interpretieren Sie seine Koordinaten ökonomisch.

b) Erläutern Sie, wie groß die Steigung der Gewinngeraden ist, und interpretieren Sie die Steigung ökonomisch.

c) Zeichnen Sie die Gewinngerade mithilfe eines Steigungsdreiecks für den maximal möglichen Definitionsbereich gestrichelt und für den ökonomisch sinnvollen Teil durchgehend. Erläutern Sie Ihr Vorgehen. Kennzeichnen Sie ein Steigungsdreieck in Ihrer Zeichnung.

d) Erläutern Sie, wie man die Gewinngerade auch ohne Steigungsdreieck zeichnen kann.

Lösung

a) In der allgemeinen Form $f(x) = mx + b$ einer linearen Gleichung ist $\boldsymbol{mx}$ das **Linearglied** und ***b*** heißt **Absolutglied.**

$$f(x) = \underbrace{mx}_{\textbf{Linearglied}} + \underbrace{b}_{\textbf{Absolutglied}}$$

Gleichung einer linearen Funktion

Das **Absolutglied** b gibt an, wo die Ordinatenachse (y-Achse) geschnitten wird, den **Ordinatenabschnitt.** Daraus ergibt sich der **Schnittpunkt mit der *y*-Achse** $\boldsymbol{S_y(0/b)}$.
In unserer Situation mit $G(x) = \frac{3}{2}x - 1$ gibt $b = -1$ den Ordinatenabschnitt an, also wird die Ordinatenachse im Punkt $S_y(0/-1)$ geschnitten.

Ökonomische Interpretation: Bei einer Produktionsmenge von $x = 0\,\text{ME}$ macht der Betrieb einen Gewinn in Höhe von -1 GE, also einen Verlust.

b) Im Linearglied mx ist die **Steigung** $m = \frac{3}{2} = 1{,}5$ abzulesen. Ökonomische Interpretation: Mit jeder Erhöhung der Produktionsmenge um eine ME steigt der Gewinn des Betriebes um $\frac{3}{2}\,\text{GE} = 1{,}5\,\text{GE}$.

c) Wenn die Steigung $m = \frac{3}{2}$ beträgt, ist wegen der Definition

$$m = \frac{\text{Höhenunterschied}}{\text{Horizontalunterschied}} = \frac{y_2 - y_1}{x_2 - x_1} = \frac{\Delta y}{\Delta x}$$

Steigung einer Geraden

der Höhenunterschied 3 und der Horizontalunterschied 2.
Wir gehen vom Punkt $S_y(0/-1)$ aus, der sich aus dem Absolutglied $b = -1$ ergibt, 3 Einheiten nach oben und 2 Einheiten nach rechts (blaues **Steigungsdreieck**) und erreichen den Punkt $P_1(2/2)$. Alternativ kann man zunächst auch 2 Einheiten nach rechts und dann 3 Einheiten nach oben gehen (grünes Steigungsdreieck).

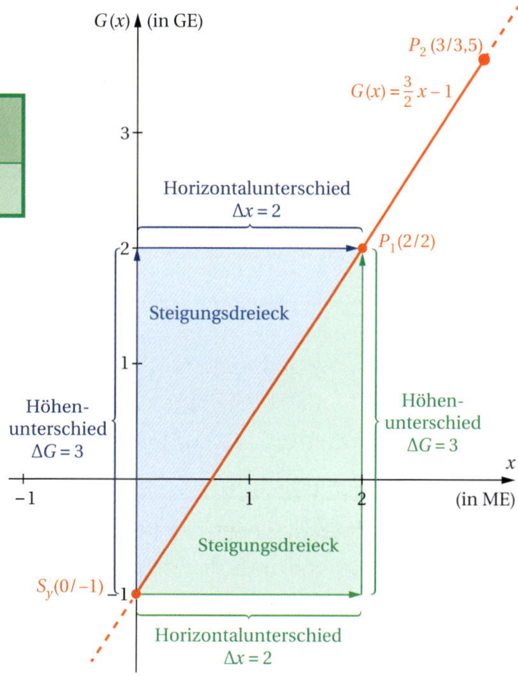

d) Man kann eine Gerade zeichnen, wenn 2 Punkte der Geraden bekannt sind. Da durch den Ordinatenabschnitt der Punkt $S_y(0/-1)$ schon bekannt ist, brauchen wir mithilfe der Funktionsgleichung $G(x) = \frac{3}{2}x - 1$ nur noch die Koordinaten eines weiteren Punktes zu berechnen. Wegen der größeren Genauigkeit der Zeichnung berechnen wir die Koordinaten eines Punktes mit großer Distanz zu $S_y(0/-1)$.
Wir wählen als x-Wert die Kapazitätsgrenze des Betriebes $x = 3$:

$G(3) = \frac{3}{2} \cdot 3 - 1 = 4{,}5 - 1 = 3{,}5 \Rightarrow P_2(3/3{,}5)$

Zusammenfassung

- Der **Graph einer linearen Funktion** ist eine **Gerade**.
- **Die allgemeine Form der Gleichung** einer linearen Funktion lautet: $\boldsymbol{f(x) = mx + b}$
  Darin heißt mx **Linearglied** und b **Absolutglied**.
- In $f(x) = mx + b$ gibt das **Absolutglied** b an, wo die **Ordinatenachse (y-Achse) geschnitten** wird (**Ordinatenabschnitt**) ⇒ **Schnittpunkt mit der y-Achse** $S_y(0/f(0))$
- In $f(x) = mx + b$ gibt m die **Steigung** an.
- Die **Steigung** m ist definiert als $m = \frac{\text{Höhenunterschied}}{\text{Horizontalunterschied}} = \frac{y_2 - y_1}{x_2 - x_1} = \frac{\Delta y}{\Delta x}$.[1)]
- Die Steigung wird zwischen zwei beliebigen Punkten der Geraden mithilfe des **Steigungsdreiecks** veranschaulicht.

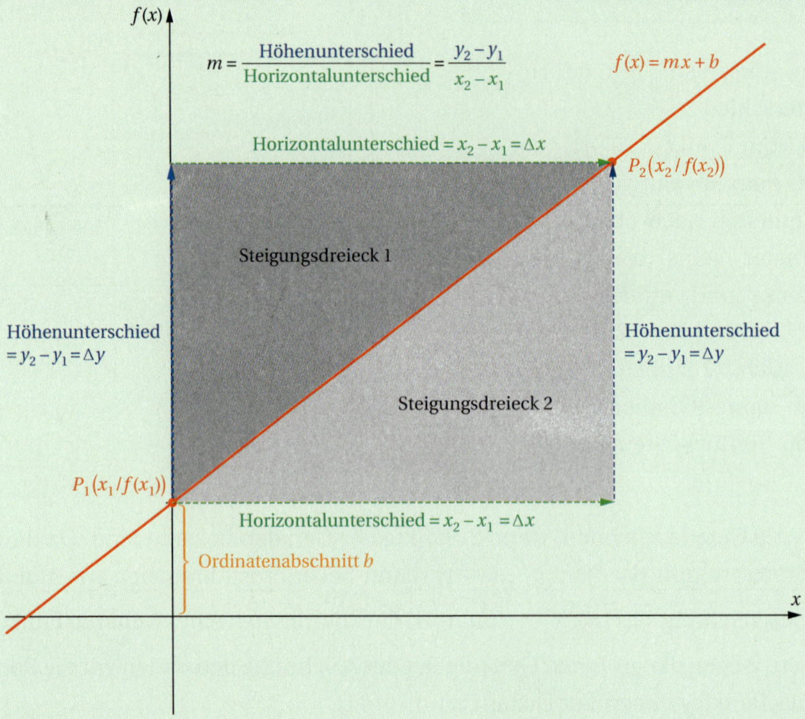

- Eine **Parallele zur x-Achse**, die die y-Achse bei b schneidet, hat die Gleichung $\boldsymbol{f(x) = b}$.
- Eine **Parallele zur y-Achse**, die die x-Achse bei a schneidet, hat die Gleichung $\boldsymbol{x = a}$.

---

1) Δ: griechischer Großbuchstabe Delta steht für Differenz

Übungsaufgaben

1 Beschreiben Sie verbal den Verlauf des zugehörigen Graphen.

a) $f(x) = 2x + 2$ b) $f(x) = -3x - 1$

c) $f(x) = -\frac{1}{2}x + 3$ d) $f(x) = \frac{2}{3}x - 4$

e) $f(x) = -x$ f) $f(x) = -2 + x$

g) $x = -1$ h) $f(x) = 4$

2 Zeichnen Sie den Graphen mithilfe eines Steigungsdreiecks.

a) $f(x) = \frac{3}{2}x + 1$ b) $f(x) = x - 1$

c) $f(x) = -x + 1$ d) $f(x) = -2x + 2$

e) $f(x) = -\frac{1}{2}x + 1{,}5$ f) $f(x) = \frac{2}{5}x - 0{,}5$

3 Bestimmen Sie die Funktionsgleichungen der abgebildeten Graphen.

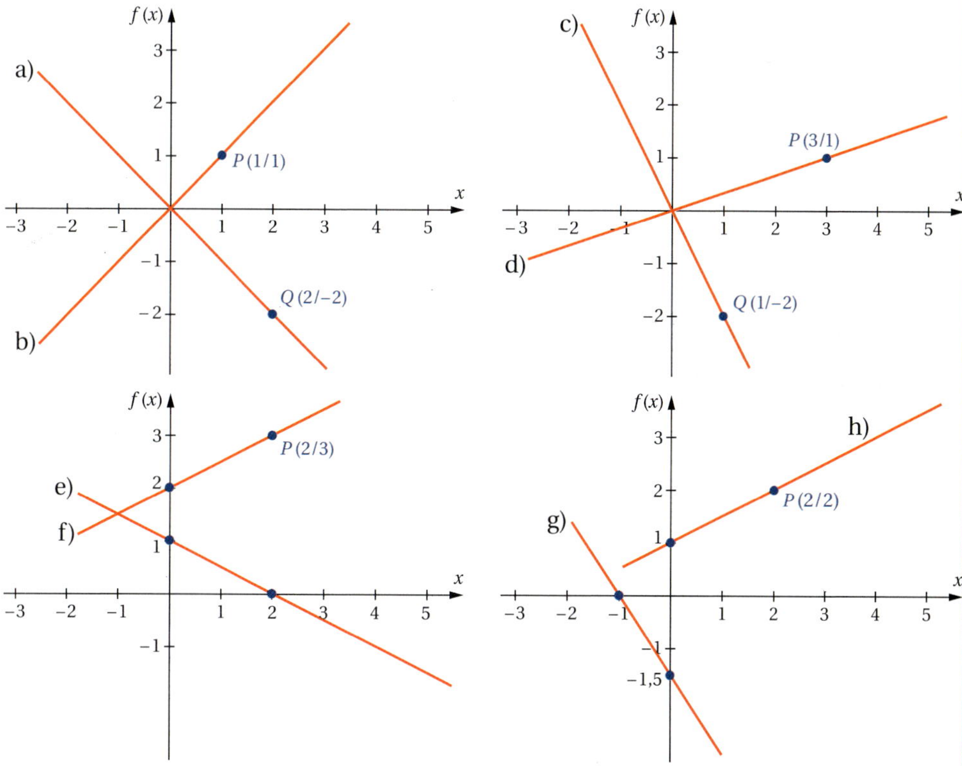

4 Für einen Betrieb wird der Gewinn G in Abhängigkeit von der Produktionsmenge x durch die Gewinnfunktion $G(x) = 275x - 200$; $D_{\text{ök}}(G) = [0;\ 10]$ beschrieben. Dabei werden der Gewinn G in Geldeinheiten (GE) und die Produktionsmenge x in Mengeneinheiten (ME) angegeben.

a) Erläutern Sie in dieser Gleichung die Bedeutung des Faktors 275 und des Absolutgliedes -200 mathematisch und betriebswirtschaftlich.

b) Interpretieren Sie den angegebenen Definitionsbereich ökonomisch.

5 Die Funktionsgleichung für den Buchwert ($= f(x)$ in €) einer Maschine in Abhängigkeit von der Zeit (x in Jahren) unter Berücksichtigung der Abschreibung lautet: $f(x) = -1\,200x + 10\,800$

a) Beschreiben Sie den Verlauf des Graphen und zeichnen Sie ihn.

b) Ermitteln Sie die Schnittpunkte des Graphen mit den Achsen und interpretieren Sie den Aussagegehalt dieser Achsenschnittpunkte.

c) Bestimmen Sie den ökonomisch sinnvollen Definitionsbereich der Funktion.

d) Berechnen Sie den Buchwert der Maschine nach 5 Jahren.

6 Die Gleichung $K(x) = 0{,}75x + 2$ gibt die Kosten K in € für einen Funkmietwagen in Abhängigkeit von der zurückgelegten Strecke x in Kilometer an.

a) Zeichnen Sie den Graphen der Kostenfunktion ohne Wertetabelle mithilfe eines Steigungsdreiecks für das Intervall [0; 6] und interpretieren Sie ihn ökonomisch.

b) Berechnen Sie $K(4)$ und interpretieren Sie das Ergebnis.

2.1.3 Ermittlung der Funktionsgleichung

Probleme der realen Welt können oft durch mathematische Modelle gelöst werden. Dazu ist es notwendig, die Gleichung einer Funktion zu finden, die bestimmte vorgegebene Bedingungen erfüllt. Beginnen wir zunächst mit einem einfachen Beispiel und einer algebraischen Lösung.

Situation 5

Bei der Produktionsmenge $x = 2$ ME betragen die Gesamtkosten eines Betriebes 2 GE. Bei der Produktionsmenge $x = 6$ ME betragen die Gesamtkosten K des Betriebes 3 GE. Wir vermuten für den Graphen der Gesamtkostenfunktion K einen linearen Verlauf. Bestimmen Sie die Gleichung der linearen Funktion K, die die Gesamtkosten K in Abhängigkeit von der Produktionsmenge x angibt.

Lösung

Die Gleichung der gesuchten Geraden für die Gesamtkosten K hat die allgemeine Form $K(x) = mx + b$, in der nun m und b bestimmt werden müssen.

Der Graph der Gesamtkostenfunktion soll durch die Punkte $P_1(2/2)$ und $P_2(6/3)$ verlaufen.

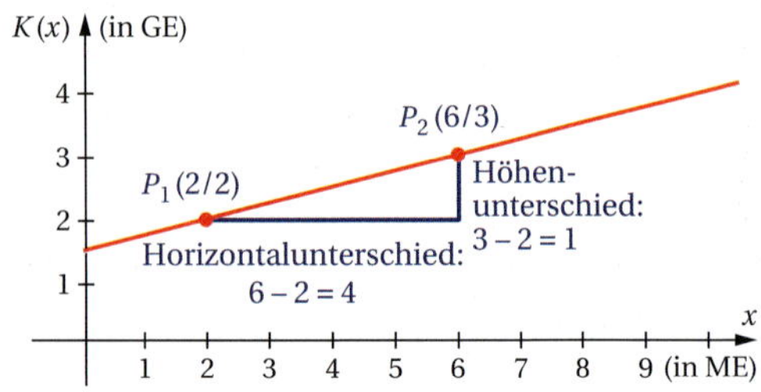

a) Lösungsvariante 1

Wir bestimmen zunächst die Steigung m der Geraden:

$$m = \frac{\text{Höhenunterschied}}{\text{Horizontalunterschied}} = \frac{\Delta K}{\Delta x} = \frac{K_2 - K_1}{x_2 - x_1}$$

$$m = \frac{3-2}{6-2}$$

$$\underline{m = \frac{1}{4}}$$

Also lautet die Funktionsgleichung vorerst $K(x) = \frac{1}{4}x + b$. Wenn in diese Gleichung nun für x und $K(x)$ die Koordinaten eines beliebigen Punktes der Geraden, z. B. die Koordinaten von $P_2(6/3)$ eingesetzt werden, lässt sich b berechnen:

$$3 = \frac{1}{4} \cdot 6 + b$$

$$3 = \frac{6}{4} + b$$

$$3 - \frac{6}{4} = b$$

$$b = \frac{12-6}{4} = \frac{6}{4}$$

$$\underline{b = \frac{3}{2}}$$

Die gesuchte Funktionsgleichung lautet:

$$\underline{\underline{K(x) = \frac{1}{4}x + \frac{3}{2}}}$$

b) Lösungsvariante 2

Wir setzen in die allgemeine Funktionsgleichung $K(x) = mx + b$ der gesuchten Geraden einmal die Koordinaten von P_1 und dann die Koordinaten von P_2 für x und $K(x)$ ein:

$P_1(2/2)$	in $K(x) = m\mathbf{x} + b$	$\Rightarrow 2 = m \cdot 2 + b$
$P_2(6/3)$	in $K(x) = m\mathbf{x} + b$	$\Rightarrow 3 = m \cdot 6 + b$

Wir erhalten ein **lineares Gleichungssystem** mit 2 Gleichungen und 2 Variablen.

$$2 = 2m + b$$
$$3 = 6m + b$$

Dieses können wir mit einem beliebigen Verfahren zum Lösen linearer Gleichungssysteme (Gleichsetzungs-, Einsetzungs- oder Additionsverfahren) lösen. Wir verwenden am einfachsten das Additionsverfahren.

Damit bei der späteren Addition der Gleichungen b wegfällt, multiplizieren wir eine der Gleichungen mit –1.

$$2 = 2m + b$$
$$\underline{3 = 6m + b} \quad | \cdot (-1)$$

$$\begin{array}{rll} 2 &= 2m + b & \\ -3 &= -6m - b & \Big| + \\ \hline -1 &= -4m & | :(-4) \\ \frac{-1}{-4} &= m & \\ m &= \frac{1}{4} = 0{,}25 & \end{array}$$

Dann berechnen wir b, indem wir $m = 0{,}25$ in eine der Gleichungen des Gleichungssystems ganz oben für m einsetzen. Wir wählen die erste Gleichung:

$$\begin{array}{rll} 2 &= 2m + b & \\ 2 &= 2 \cdot 0{,}25 + b & \\ 2 &= 0{,}5 + b & | -0{,}5 \\ 1{,}5 &= b & \end{array}$$

Die gesuchte Funktionsgleichung lautet:

$\underline{\underline{K(x) = 0{,}25x + 1{,}5}}$

Situation 6

Ermitteln Sie die in Situation 5 gesuchte Funktionsgleichung der Geraden durch die Punkte $P_1(2/2)$ und $P_2(6/3)$ mithilfe der Regressionsfunktion[1] des Taschenrechners, und zeichnen Sie den Graphen mit den gegebenen Punkten mit dem Taschenrechner.

Lösung

Abb. 1: Im Startbildschirm öffnen wir die Applikation **Lists & Spreadsheet**.
Wir geben die x-Werte der vorgegebenen Punkte in die 1. Spalte der Tabelle ein, die y-Werte in die 2. Spalte. Die Tabellenköpfe A und B bezeichnen wir mit x und y.

Abb. 2–4: Mit menu, 4: Statistik, 1: Statistische Berechnungen, 3: Lineare Regression $(mx + b)$, führen wir eine **lineare Regression** durch.

Das Ergebnis ist $m = 0{,}25$ und $b = 1{,}5$, also lautet die Gleichung der Regressionsgeraden: $\underline{\underline{f(x) = 0{,}25x + 1{,}5}}$

Das in Abb. 4 aufgeführte Bestimmtheitsmaß r^2 gibt die Qualität einer Regression an. Je dichter dieser Wert bei 1 liegt, desto besser ist die Regression. Für $r^2 = 1$ verläuft die Regressionsgerade genau durch die vorgegebenen Punkte.

Abb. 1

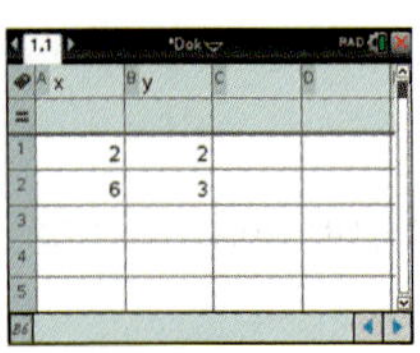

Abb. 2

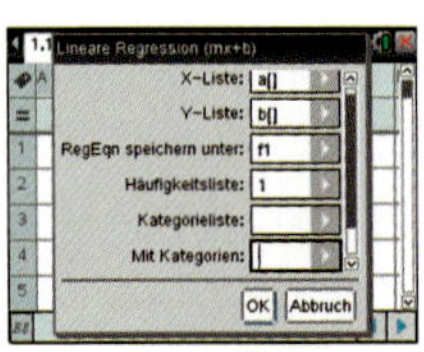

Abb. 3

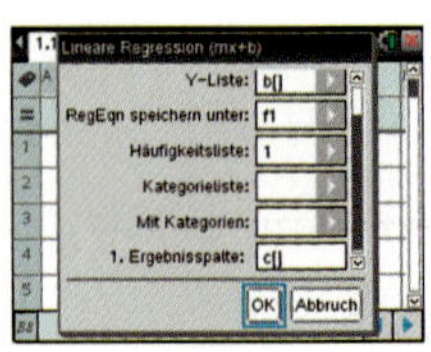

Abb. 4

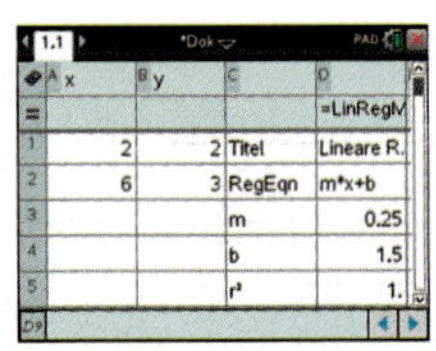

[1] **Regression** = Näherung

Abb. 5–6: Zur korrekten grafischen Darstellung der vorgegebenen Punkten öffnen wir eine neue Seite (Dokument 1.2) mit [ctrl], [+page], 5: Data & Statistics.
Am unteren und am linken Rand der neu geöffneten Seite müssen die Achsen entsprechend den Tabellenköpfen in Dokument 1.1 mit x und y bezeichnet werden.

Abb. 7: Mit [menu], 4: Analysieren, 6: Regression, 1: Lineare Regression anzeigen, wird der gesuchte Graph gezeichnet.

Abb. 5

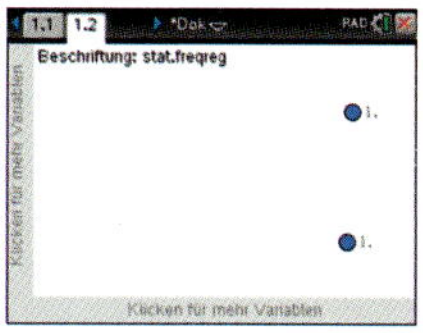

Abb. 6

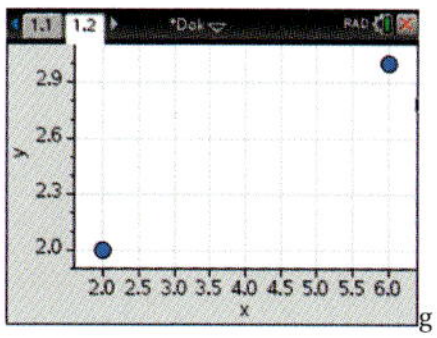

Abb. 7

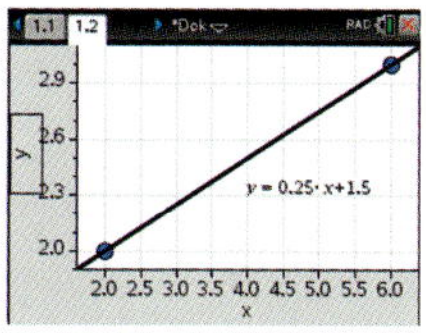

In den Situationen 5 und 6 waren zwei Punkte vorgegeben, durch die die gesuchte Gerade verlaufen sollte. Mit dem Verfahren der **linearen Regression** kann man aber auch die Gleichung einer Geraden bestimmen, wenn mehrere Punkte vorgegeben sind und diese noch nicht einmal alle auf einer Geraden liegen (vgl. Situation 7). Es wird dann eine **Regressionsgerade (Näherungsgerade)** ermittelt, die von den Funktionswerten der vorgegebenen Punkte minimal abweicht.

Situation 7

Der Kostenrechner eines Betriebs hat die in der Tabelle angegebenen Kombinationen von Produktionsmengen x in ME und Gesamtkosten K in GE ermittelt.

x	K
1	1,5
2	3,5
4	6
6	8,5

Bestimmen Sie mit dem Taschenrechner die Gleichung einer Regressionsgeraden für die Gesamtkosten. Visualisieren Sie die Regressionsgerade mit den vorgegebenen Punkten mithilfe des Taschenrechners.

Lösung

Abb. 1: Im Startbildschirm öffnen wir die Applikation **Lists & Spreadsheet**.
Wir geben die x-Werte der vorgegebenen Punkte in die 1. Spalte der Tabelle ein, die y-Werte in die 2. Spalte. Die Tabellenköpfe A und B bezeichnen wir mit x und y.

Abb. 2–4: Mit [menu], 4: Statistik, 1: Statistische Berechnungen, 3: Lineare Regression ($mx + b$), führen wir eine **lineare Regression** durch.

Das Ergebnis ist $m = 1{,}36441$ und $b = 0{,}440678$, also lautet die Gleichung der Regressionsgeraden: $\underline{\underline{f(x) = 1{,}36441\,x + 0{,}440678}}$

Das in Abb. 4 aufgeführte Bestimmtheitsmaß $r^2 = 0{,}991736$ gibt die Qualität der Regression an. Je dichter dieser Wert bei 1 liegt, desto besser ist die Regression. Für $r^2 = 1$ würde die Regressionsgerade genau durch die vorgegebenen Punkte verlaufen. In unserem Fall kann man am Bestimmtheitsmaß $r^2 = 0{,}991736$ erkennen, dass die gefundene Regressionsgerade nicht genau durch die vorgegebenen Punkte verläuft.

Abb. 1

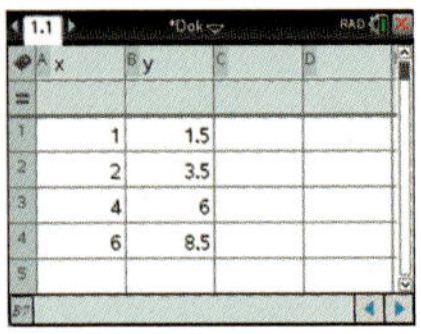

Abb. 2

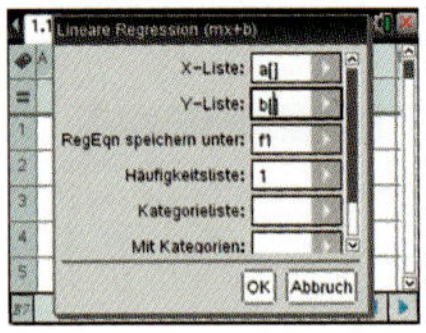

Abb. 3

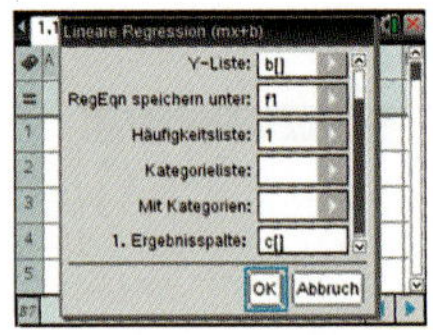

Abb. 4

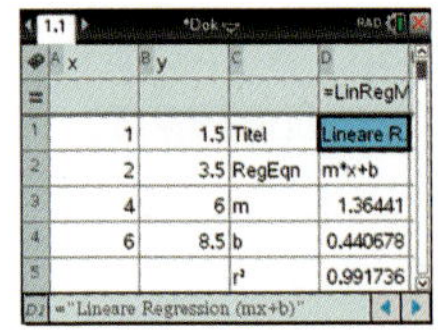

Abb. 5–6: Zur korrekten grafischen Darstellung der vorgegebenen Punkten öffnen wir eine neue Seite Dokument 1.2 mit ctrl, [+page], 5: Data & Statistics.

Am linken und am unteren Rand der neu geöffneten Seiten müssen die Achsen entsprechend den Tabellenköpfen in Dokument 1.1 mit x und y bezeichnet werden.

Abb. 7: Mit menu, 4: Analysieren, 6: Regression, 1: Lineare Regression anzeigen, wird der Regressionsgraph gezeichnet.

Abb. 5

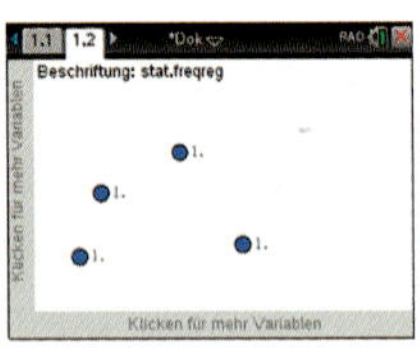

Abb. 6

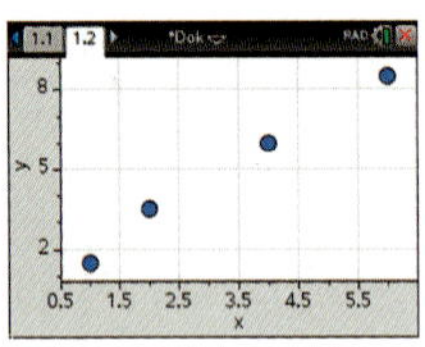

Abb. 7

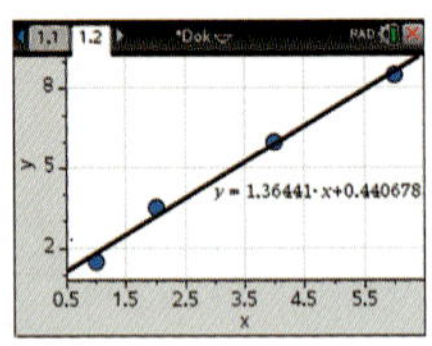

Übungsaufgaben

1 Aus der Stromrechnung der Familie X geht hervor, dass im ersten Jahr für 5 538 kWh 728,94 € und im zweiten Jahr bei gleichem Tarif für 6 500 kWh 854,00 € gezahlt wurden.

a) Ermitteln Sie die Gleichung der Stromkosten algebraisch.

b) Bestimmen Sie die Gleichung der Stromkosten mit dem Taschenrechner.

c) Ermitteln Sie die Höhe der Grundgebühr.

d) Bestimmen Sie, welche Kosten bei einem Verbrauch von 7 000 kWh anfallen.

e) Berechnen Sie, wie hoch der Verbrauch war, wenn 1 116,60 € berechnet worden sind.

2 Bei einer Produktionsmenge von $x = 15\,\text{ME}$ betragen die Gesamtkosten $K = 9\,\text{GE}$ und bei einer Produktionsmenge von $x = 45\,\text{ME}$ betragen sie $K = 24\,\text{GE}$.
Ermitteln Sie die Gleichung der linearen Gesamtkostenfunktion $K(x)$

a) algebraisch und
b) mit dem Taschenrechner.
c) Bestimmen Sie, wie hoch die Gesamtkosten K sind, wenn $x = 31\,\text{ME}$ produziert werden.
d) Ermitteln Sie die Produktionsmenge x, bei der die Gesamtkosten $K = 6{,}5\,\text{GE}$ betragen.

3 Der Buchwert B einer Immobilie beträgt nach $x = 10$ Jahren $45\,\text{GE}$ und nach $x = 35$ Jahren $7{,}5\,\text{GE}$. Bestimmen Sie die Gleichung, die den Buchwert der Immobilie im Zeitablauf beschreibt,

a) algebraisch und
b) mit dem Taschenrechner.
c) Berechnen Sie, wann der Buchwert der Immobilie $6\,\text{GE}$ beträgt.
d) Bestimmen Sie den Anschaffungspreis der Immobilie.
e) Berechnen Sie, wann die Immobilie nach diesem Modell abgeschrieben ist.

4 Ermitteln Sie die Funktionsgleichung algebraisch und mit dem Taschenrechner.

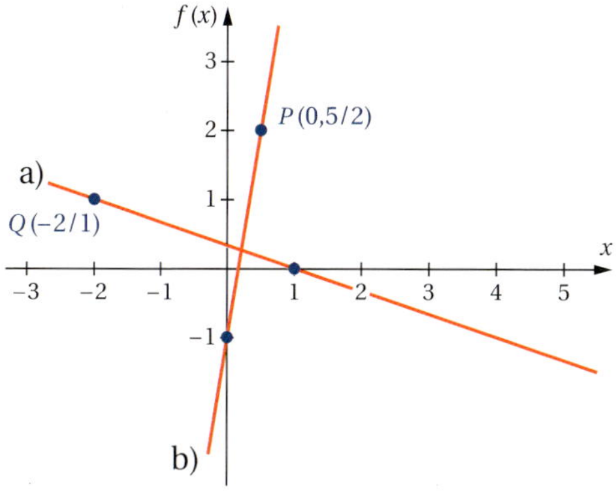

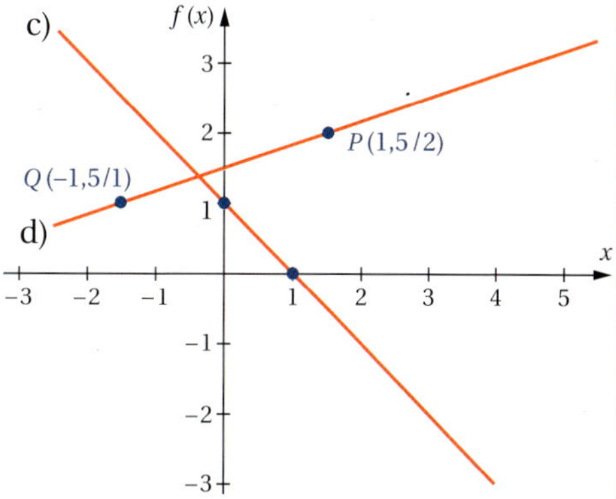

5 Bestimmen Sie mit dem Taschenrechner die Gleichung einer Regressionsgeraden für die angegebenen Punkte. Visualisieren Sie die gefundene Gerade mit den vorgegebenen Punkten auf Ihrem Taschenrechner.

a) $P_1(1/3{,}5)$; $P_2(3/4{,}5)$; $P_3(5/5{,}5)$
b) $P_1(1/3{,}5)$; $P_2(3/4{,}5)$; $P_3(5/5{,}5)$; $P_4(7/7{,}5)$
c) $P_1(0/6)$; $P_2(2/3)$; $P_3(4/2)$; $P_4(5/0)$
d) $P_1(-1/0{,}5)$; $P_2(0/3)$; $P_3(1/4)$; $P_4(3/5)$

2.1.4 Kosten, Erlös und Gewinn im Polypol

Vollständige Konkurrenz (Polypol)

Das **Polypol** ist eine **Marktform**, die durch sehr viele Anbieter auf der Angebotsseite und sehr viele Nachfrager auf der Nachfrageseite gekennzeichnet ist. Sie wird auch **vollständige Konkurrenz** genannt. Der einzelne Anbieter im Polypol, der **Polypolist**, hat dadurch keinen Einfluss auf den Marktpreis des von ihm angebotenen Produktes, dieser ist für ihn durch den Markt fest vorgegeben. Als **Mengenanpasser** kann er lediglich die von ihm angebotene Menge variieren, die durch seine Kapazitätsgrenze x_{Kap} beschränkt wird.

Die **Preisfunktion** oder **Preis-Absatzfunktion des polypolistischen Anbieters,** die den Zusammenhang zwischen dem Marktpreis p und der vom Polypolisten angebotenen Menge x angibt, ist demnach eine Konstante, der Graph ist eine Parallele zur x-Achse.

$\boldsymbol{p(x) = p}$ mit $p > 0$
Gleichung der Preisfunktion im Polypol

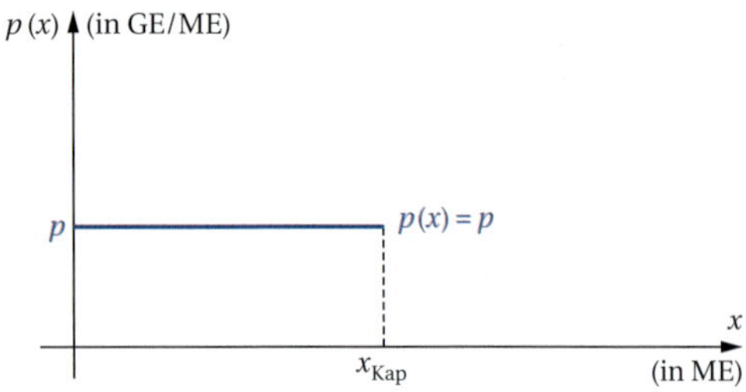

Der Erlös E eines Betriebes ist immer das Produkt aus dem Preis p des Produktes und der verkauften Menge x:

$$E = p \cdot x$$

Als Funktion geschrieben:

$$E(x) = p(x) \cdot x = p \cdot x$$

Die Gleichung der Erlösfunktion im Polypol hat also immer die Form:

$\boldsymbol{E(x) = p \cdot x}$ mit $p > 0$
Gleichung der Erlösfunktion im Polypol

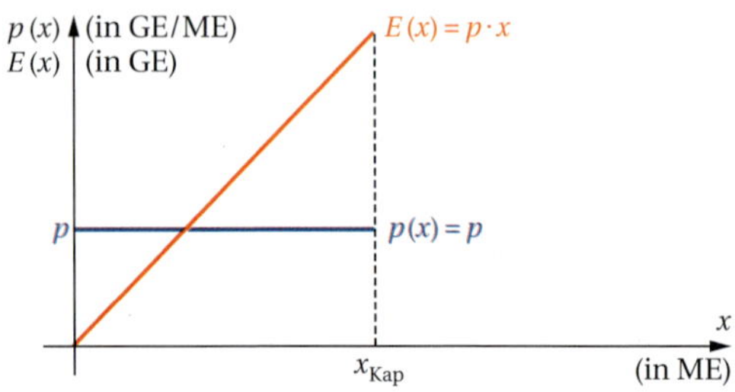

Der Graph der Erlösfunktion im Polypol ist eine Gerade durch den Ursprung mit positiver Steigung p. Den maximalen Erlös würde der Polypolist erzielen, wenn er die für ihn maximal mögliche Menge, seine **Kapazitätsgrenze** x_{Kap}, produziert.

Situation 8

In der Maschinenfabrik eines polypolistischen Anbieters entstehen in der Produktionsabteilung zur Herstellung eines Fertigteils monatlich 20 000 GE Fixkosten.
Die proportionalen (variablen) Kosten je ME betragen 50 GE. Der Verkaufspreis des Fertigungsteils beträgt 90 GE je ME. Die Kapazitätsgrenze des Betriebs liegt bei einer Ausbringungsmenge von 800 ME je Monat.

6, 7, 4

a) Bestimmen Sie die Funktionsgleichungen für den Preis p, den Erlös E, die Gesamtkosten K und den Gewinn G mit ökonomischem Definitionsbereich.

b) Zeichnen Sie die Graphen der Funktionen E, K und G für den ökonomischen Definitionsbereich in ein gemeinsames Koordinatensystem.

c) Bestimmen Sie ohne Taschenrechner die Koordinaten des Schnittpunktes S der Erlösgeraden mit der Kostengeraden. Kontrollieren Sie Ihr Ergebnis mit dem Taschenrechner rechnerisch und grafisch. Interpretieren Sie die Koordinaten des berechneten Schnittpunktes.

d) Berechnen Sie ohne Taschenrechner die Nullstelle des Graphen der Gewinnfunktion. Kontrollieren Sie Ihr Ergebnis mit dem Taschenrechner rechnerisch und grafisch. Interpretieren Sie das Ergebnis.

e) Kennzeichnen Sie in der Grafik zu Teilaufgabe b) die Gewinn- und Verlustzone, die Gewinnschwelle (Break-even-Point) und den Schnittpunkt der Erlösgeraden mit der Kostengeraden.

f) Berechnen Sie ohne Taschenrechner den Gewinn des Betriebes an seiner Kapazitätsgrenze. Kontrollieren Sie Ihr Ergebnis mit dem Taschenrechner.

g) Ermitteln Sie ohne Taschenrechner die Produktionsmenge, bei der der Gewinn 5 000 GE beträgt. Kontrollieren Sie Ihr Ergebnis mit dem Taschenrechner.

Lösung

a) **Preisfunktion**

Für einen Polypolisten ist der Preis des von ihm angebotenen Produktes vom Markt vorgegeben, der Preis p ist also für den Polypolisten eine Konstante.

$$\boldsymbol{p(x) = p}$$

$$\underline{\underline{p(x) = 90}}$$

Erlösfunktion

Erlös (Umsatz) = Preis mal (Absatz-)Menge

$$\boldsymbol{E(x) = p(x) \cdot x}$$

$$E(x) = p(x) \cdot x$$

$$E(x) = 90 \cdot x$$

$$\underline{\underline{E(x) = 90x}}$$

Gesamtkostenfunktion

Die Gesamtkosten setzen sich aus den variablen Kosten K_v und den Fixkosten K_f zusammen.

$$\boldsymbol{K(x) = K_v(x) + K_f}$$

$$K(x) = K_v(x) + K_f$$

$$\underline{\underline{K(x) = 50x + 20\,000}}$$

Gewinnfunktion

Der Gewinn wird berechnet, indem vom Erlös die Kosten subtrahiert werden.

$$\boldsymbol{G(x) = E(x) - K(x)}$$

$$G(x) = 90x - (50x + 20\,000) = 90x - 50x - 20\,000$$

$$\underline{\underline{G(x) = 40x - 20\,000}}$$

Ökonomischer Definitionsbereich

Es sind laut Aufgabenstellung nur Produktionsmengen von $x = 0$ bis zur Kapazitätsgrenze $x_{\text{Kap}} = 800$ möglich. Deshalb gilt für alle oben genannten Funktionen:

$$\underline{\underline{D_{\text{ök}}(p, K, E, G) = [0; 800]}}$$

b)

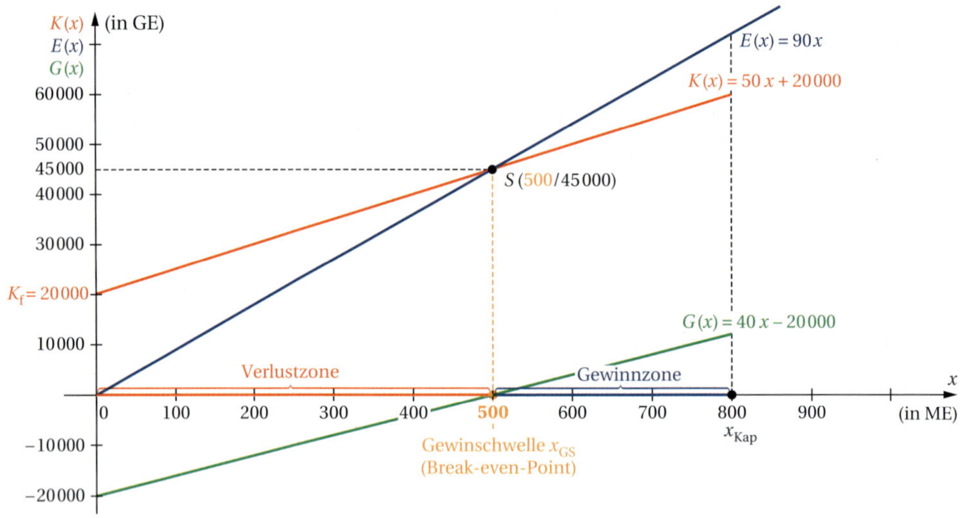

c) Schnittpunktberechnung

1. Rechnerische Lösung ohne Taschenrechner

Im Schnittpunkt S sind die Erlöse gleich den Kosten. Deshalb werden die Terme, die die Erlöse und die Kosten angeben, gleichgesetzt: $E(x) = K(x)$

Der Ansatz zur Berechnung ist demnach[1)]:

$$90x = 50x + 20\,000$$

Die Gleichung lösen wir nach x auf:

$$90x = 50x + 20\,000 \quad | -50x$$

$$40x = 20\,000$$

$$\underline{x = 500}$$

Der Funktionswert des Schnittpunktes S ergibt sich durch Einsetzen des berechneten x-Wertes in eine der beiden Gleichungen. Wir wählen:

$$E(x) = 90x$$

$$E(500) = 90 \cdot 500 = \underline{\underline{45\,000}}$$

Oder:

$$K(x) = 50x + 20\,000$$

$$K(500) = 50 \cdot 500 + 20\,000 = 25\,000 + 20\,000 = \underline{\underline{45\,000}}$$

$\Rightarrow \underline{\underline{S(500/45\,000)}}$

2. Rechnerische Lösung mit Taschenrechner

Abb. 1: Im Startbildschirm öffnen wir die Applikation **Calculator**.
Dort werden dann die Funktionsgleichungen eingegeben. Es können dabei beliebige Variablen verwendet werden, z. B. $e(x)$, $k(x)$.Wichtig ist, dass bei der Eingabe nicht das Gleichheitszeichen, sondern mit [ctrl], [:=] das Definiertzeichen := (Zweitbelegung der Vorlagentaste rechts neben der Zifferntaste [9]) verwendet wird.
Abb. 2 und 3: Mit [menu], 3: Algebra, 8: Polynomwerkzeuge, 3: Reelle Polynomwurzeln, rufen wir den **Polyroots-Befehl** auf. Hier müssen die Eingaben entsprechend der Abb. 2 erfolgen, also die Variable x mit Komma hinter der Differenz darf nicht vergessen werden. Das Ergebnis {500} ist der x-Wert des hier gesuchten Schnittpunktes.

Tipp: Der Polyroots-Befehl kann über die Buchstabentastatur direkt eingegeben werden, wie alle anderen Lösungsbefehle auch.

Abb. 3: Der Funktionswert des Schnittpunktes wird bestimmt, indem der berechnete Wert $x = 500$, in eine der beiden Ausgangsfunktionen eingesetzt wird, z. B. in $e(x)$.

Abb. 1

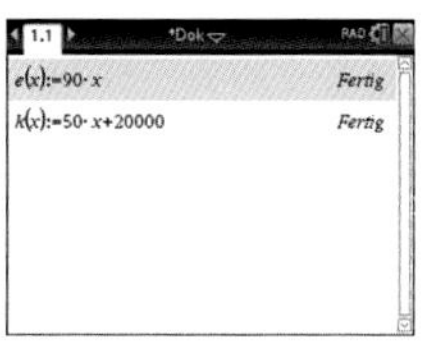

Abb. 2

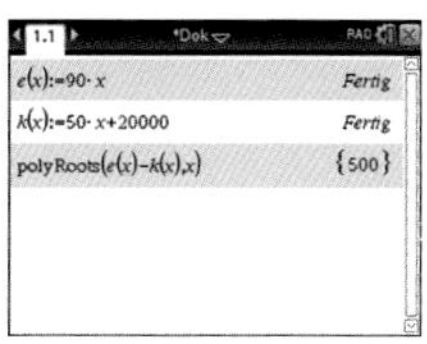

Abb. 3

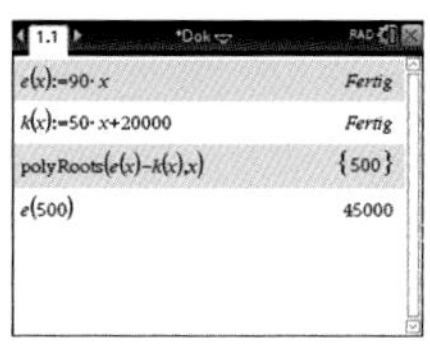

$\underline{\underline{\Rightarrow S(500/45\,000)}}$

3. Grafische Lösung mit Taschenrechner

Wie bei der rechnerischen Lösung werden die Funktionsterme zunächst im Calculator-Fenster angegeben.

Abb. 4 und 5: Mit [ctrl], [+page], 2: Graphs hinzufügen, öffnen wir ein Grafikfenster. Hier geben wir an, dass $f1(x) = e(x)$ und $f2(x) = k(x)$ aus dem Calculator-Fenster sein soll.

Abb. 6 und 7: Für eine vernünftige Darstellung der Graphen müssen die Fenstereinstellungen mit [menu], 4: Fenster/Zoom, 1: Fenstereinstellungen, angepasst werden.

Abb. 4

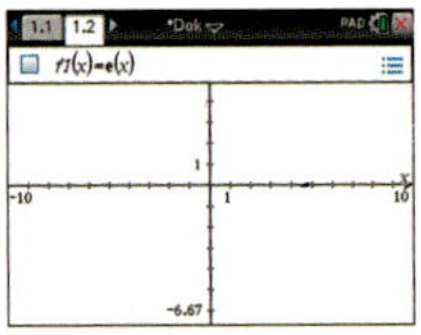

Abb. 5

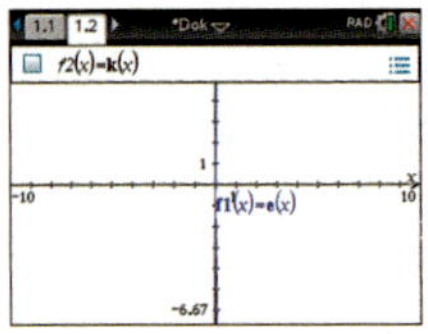

Abb. 6

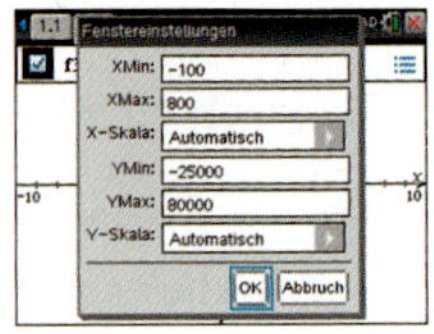

Abb. 7

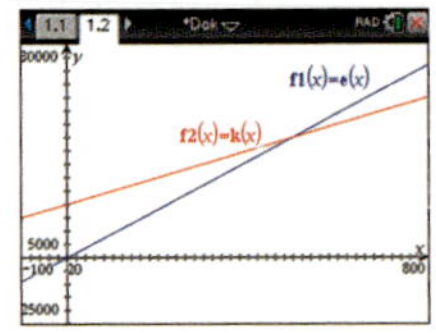

Abb. 8–10: Mit [menu], 6: Graph analysieren, 4: Schnittpunkt, kann der Schnittpunkt der Geraden bestimmt werden. Dazu muss zunächst die untere und dann die obere Grenze des Suchbereichs festgelegt werden.

Abb. 8

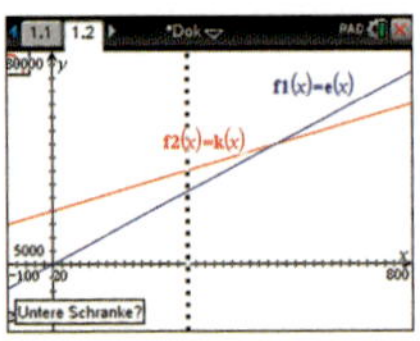

Abb. 9

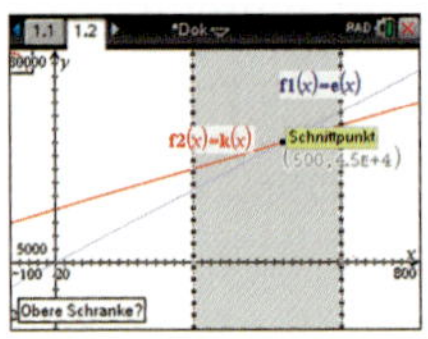

Abb. 10

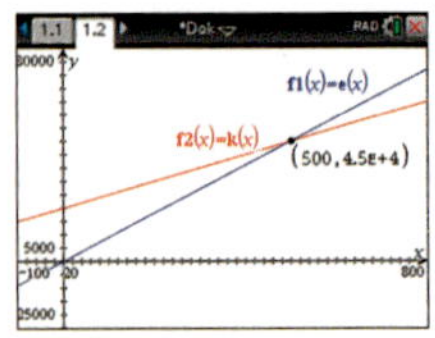

$\Rightarrow S(500/45\,000)$

Interpretation: Wenn $x = 500\,\text{ME}$ produziert werden, sind die Kosten genau so hoch wie die Erlöse (= 45 000 GE). Die Abszisse des Schnittpunktes $x = 500$ gibt also die Gewinnschwelle (Break-even-Point) an.

d) Berechnung der Nullstelle

1. Rechnerische Lösung ohne Taschenrechner

Für einen Punkt auf der Abszissenachse ist der Funktionswert $f(x) = 0$.
Der Ansatz zur Berechnung einer Nullstelle ist also allgemein: $\boldsymbol{f(x) = 0}$ oder hier: $G(x) = 0$

$$G(x) = 0$$
$$0 = 40x - 20\,000$$
$$\underline{\underline{x = 500}}$$

2. Rechnerische Lösung mit Taschenrechner

Abb. 11: In der Calculator-Applikation definieren wir die Funktionsgleichung, für die wir die Nullstelle suchen. In unserem Beispiel wird der Einfachheit halber und zur Vermeidung von Rechenfehlern $g(x)$ mit [ctrl], [:=] als Differenz aus der schon zuvor eingegebenen Erlösfunktion $e(x)$ und der Kostenfunktion $k(x)$ definiert: $g(x) := e(x) - k(x)$

Abb. 12: Zur rechnerischen Bestimmung der Nullstelle gibt es drei Möglichkeiten:

- mit dem **polyroots-Befehl:** [menu], 3: Algebra, 8: Polynomwerkzeuge, 2: Reelle Polynomwurzeln;
- mit dem **zeros-Befehl:** [menu], 3: Algebra, 4: Nullstellen;
- mit dem **solve-Befehl:** [menu], 3: Algebra, 1: Löse

Bei allen drei Befehlen muss die Lösungsvariable x, durch ein Komma abgetrennt, angegeben werden. Beim solve-Befehl muss die zu lösende Gleichung eingegeben werden. Alle Befehle können auch direkt über die Buchstabentastatur eingegeben werden.

Abb. 11

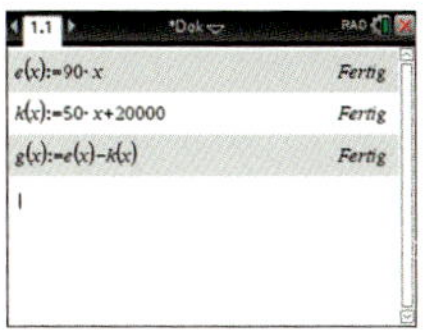

Abb. 12

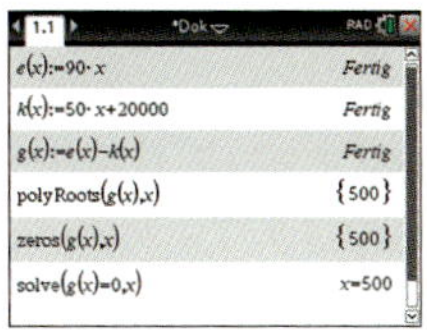

Nullstelle: $x = 500$

3. Grafische Lösung mit Taschenrechner

Nach der Eingabe des Funktionsterms im Calculator-Fenster öffnen wir die Graphs-Applikation mit [ctrl], [+page], 2: Graphs hinzufügen.

Abb. 13: $g(x)$ wird als $f1(x)$ angegeben.

Abb. 14 und 15: Für eine vernünftige Darstellung werden mit [menu], 4: Fenster/Zoom, 1: Fenstereinstellungen, die abgebildeten Werte für die Achsen eingegeben.

Abb. 13

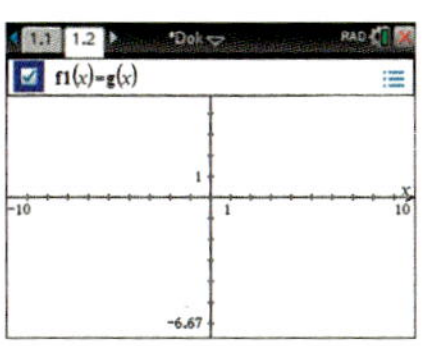

Abb. 14

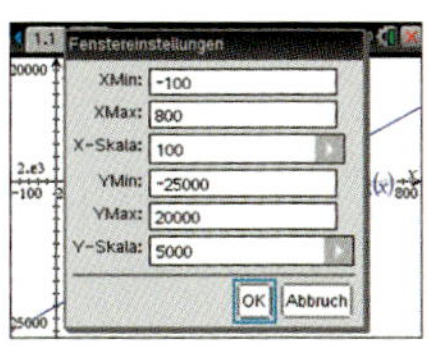

Abb. 15

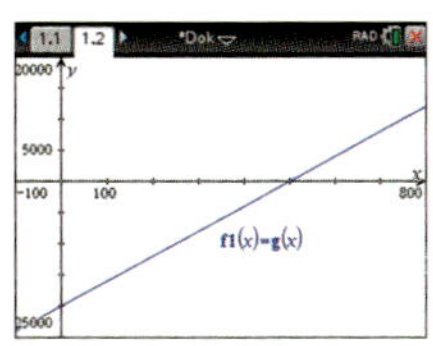

Abb. 16–18: Nach Eingabe von [menu], 6: Graph analysieren, 1: Nullstelle, müssen die untere und die obere Grenze für den Suchbereich festgelegt werden.

Abb. 16

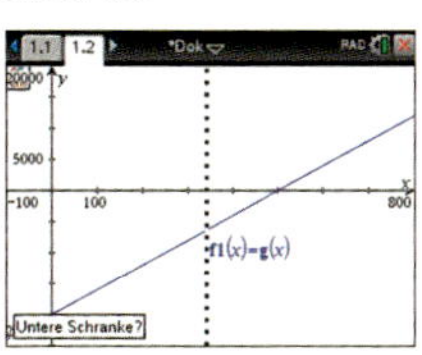

Abb. 17

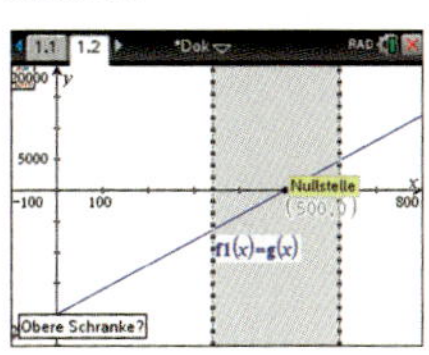

Abb. 18

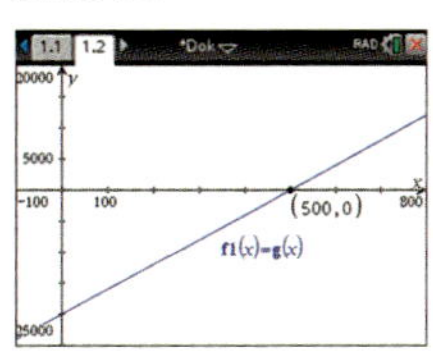

Nullstelle: $x = 500$

Interpretation: Die Nullstelle der Gewinnfunktion $x = 500$ [ME] ist die **Gewinnschwelle** (**Break-even-Point**). Bei dieser Produktionsmenge findet der Übergang von der Verlustzone in die Gewinnzone statt.

e) Vgl. Grafik zu Teilaufgabe b).

f) **Gewinn an der Kapazitätsgrenze**

1. Rechnerische Lösung ohne Taschenrechner
Laut Aufgabenstellung ist die Kapazitätsgrenze des Betriebes $x_{Kap} = 800$. Wir berechnen den Gewinn für 800 ME, indem wir 800 für x in die Gleichung der Gewinnfunktion $G(x) = 40x - 20\,000$ einsetzen:

$$G(800) = 40 \cdot 800 - 20\,000 = 32\,000 - 20\,000 = \underline{\underline{12\,000}}$$

Wenn der Betrieb an seiner Kapazitätsgrenze $x_{Kap} = 800$ ME produziert, erzielt er einen Gewinn in Höhe von 12 000 GE. Wie man der Grafik entnehmen kann, ist dies der maximal mögliche Gewinn des Betriebes.

2. Rechnerische Lösung mit Taschenrechner

Abb. 19: Wir gehen von den Eingaben in den Taschenrechner aus Teilaufgabe d) aus.

Abb. 20: Dann können wir den Funktionswert der Gewinnfunktion an der Kapazitätsgrenze $x_{Kap} = 800$ sehr einfach, wie in der 4. Zeile der Abb. 20. dargestellt, berechnen.

Abb. 19

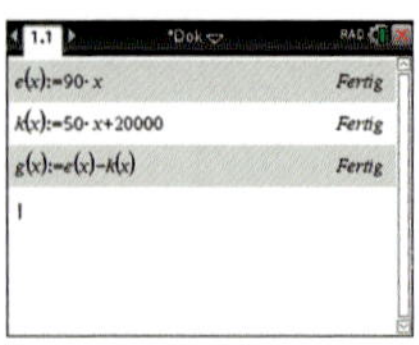

Abb. 20

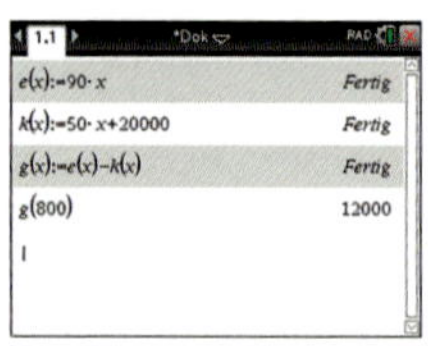

g) **1. Rechnerische Lösung ohne Taschenrechner**
$G(x) = 5\,000$ wird in die Gleichung der Gewinnfunktion $G(x) = 40x - 20\,000$ für $G(x)$ eingesetzt:

$$5\,000 = 40x - 20\,000$$

und dann nach x aufgelöst:

$$5\,000 = 40x - 20\,000 \quad | +20\,000$$
$$25\,000 = 40x \quad | :40$$
$$625 = x \quad | \text{ Seiten vertauschen}$$
$$\underline{\underline{x = 625}}$$

[1] Das hier durchgeführte Verfahren zur Berechnung der Schnittstellen zweier Geraden heißt **Gleichsetzungsverfahren**, weil zwei Funktionsterme gleichgesetzt werden.

2. Rechnerische Lösung mit Taschenrechner

Ansatz: $G(x) = 5\,000$

Abb. 21: Wir gehen wieder von den Eingaben in den Taschenrechner aus Teilaufgabe d) aus. In der Calculator-Applikation definieren wir die Funktionsgleichung, für die wir die Nullstelle suchen. In unserem Beispiel wird der Einfachheit halber und zur Vermeidung von Rechenfehlern $g(x)$ mit ctrl, [:=] als Differenz aus der schon zuvor eingegebenen Erlösfunktion $e(x)$ und der Kostenfunktion $k(x)$ definiert: $g(x) := e(x) - k(x)$

Abb. 22: Zur Lösung der Gleichung verwenden wir den **solve-Befehl:** menu, 3: Algebra, 1: Löse, wie in der 4. Zeile der Abb. 22. Alternativ können wir den solve-Befehl auch über die Buchstabentastatur eingeben. Beim solve-Befehl muss eine Gleichung und mit Komma abgetrennt die Lösungsvariable eingegeben werden.

Abb. 21

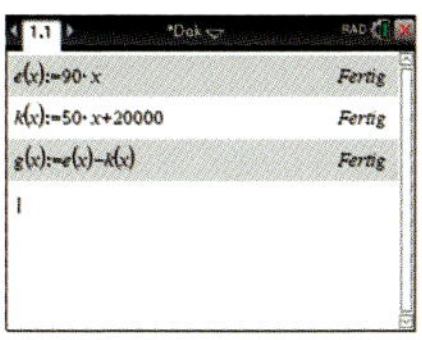

Abb. 22

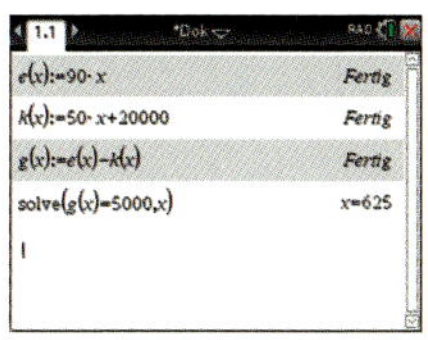

Lösung: $\underline{\underline{G(625) = 5\,000}}$

Interpretation Bei einer Produktion von 625 ME beträgt der Gewinn 5 000 GE.

Zusammenfassung

- Gleichung der **Preisfunktion** (**Preis-Absatzfunktion**) im Polypol:
  $p(x) = p$ (mit $p > 0$)
- Gleichung der **Erlösfunktion im Polypol**:
  $E(x) = p(x) \cdot x = p \cdot x$ (mit $p > 0$)
- Gleichung der **Gewinnfunktion**:
  $G(x) = E(x) - K(x)$
- **Berechnung eines Funktionswertes** an einer Stelle x_a:
  $f(x_a)$ wird berechnet, indem x_a für x in die Funktionsgleichung eingesetzt wird.
- **Berechnung einer Stelle:**
  Den gegebenen Funktionswert für $f(x)$ in die Gleichung einsetzen und die Gleichung nach x auflösen.

- Berechnung einer **Nullstelle**:
  $f(x) = 0$ setzen und die Gleichung nach x auflösen.
  ⇒ **Schnittpunkt mit der x-Achse** $S_x(x/0)$
- Ansatz zur Berechnung der **Gewinnschwelle x_{GS} (Break-even-Point)**:
  $E(x) = K(x)$ führt zur **Schnittstelle** der Graphen von E und K
  oder:
  $G(x) = 0$ führt zur **Nullstelle** des Graphen von G.

Übungsaufgaben

1 In einem polypolistischen Industriebetrieb fallen bei der Produktion von Computergehäusen variable Kosten in Höhe von 35 GE/ME an. Die Fixkosten der Produktion betragen in einer Geschäftsperiode 3 000 GE. Beim Verkauf der Gehäuse kann der Hersteller einen Verkaufspreis in Höhe von 40 GE/ME erzielen. Die Kapazitätsgrenze des Betriebs beträgt in einer Geschäftsperiode 1 000 ME.

a) Ermitteln Sie die Funktionsgleichungen für den Preis p, den Erlös E, für die Gesamtkosten K und für den Gewinn G mit ökonomisch sinnvollem Definitionsbereich.

b) Bestimmen Sie algebraisch und mit dem Taschenrechner die Koordinaten des Schnittpunktes S des Graphen der Gesamtkostenfunktion mit dem Graphen der Erlösfunktion und interpretieren Sie seine Koordinaten.

c) Ermitteln Sie algebraisch und mit dem Taschenrechner die Nullstelle des Graphen der Gewinnfunktion und interpretieren Sie diese.

d) Ermitteln Sie die Gesamtkosten, den Erlös und den Gewinn, wenn der Betrieb an der Kapazitätsgrenze produziert.

e) Zeichnen Sie die Graphen der Funktionen mit den berechneten Ergebnissen in ein gemeinsames Koordinatensystem. Kennzeichnen Sie die Gewinn- und Verlustzone des Betriebes.

f) Bestimmen Sie die Produktionsmenge, bei der die Gesamtkosten 31 000 GE betragen.

2 Die monatlichen Gesamtkosten eines polypolistischen Betriebes bei der Produktion eines Schüttgutes setzen sich aus den Fixkosten in Höhe von 6 300,00 € und variablen Kosten in Höhe von 800,00 € je ME zusammen. Der Betrieb kann maximal 20 ME des Gutes im Monat herstellen. Der Marktpreis für das Gut beträgt 1 500,00 € je ME.

a) Ermitteln Sie die Gleichung für die Gesamtkosten des Betriebes in Abhängigkeit von der Produktionsmenge. Bestimmen Sie auch die Gleichungen der Preis-Absatzfunktion, der Erlös- und der Gewinnfunktion. Geben Sie den ökonomisch sinnvollen Definitionsbereich der Funktionen an.

b) Berechnen Sie den Break-even-Point algebraisch mit zwei unterschiedlichen Ansätzen und kontrollieren Sie das Ergebnis jeweils mit dem Taschenrechner.

c) Geben Sie die Verlust- und die Gewinnzone in Intervallschreibweise an.

d) Berechnen Sie die Kosten und den Erlös, wenn der Betrieb an der Gewinnschwelle produziert.
e) Ermitteln Sie den maximal möglichen Gewinn des Betriebes bei der Produktion des Schüttgutes. Wie viele ME müssen produziert werden, damit der Gewinn maximal ist?
f) Geben Sie jeweils den ökonomisch sinnvollen Wertebereich der Gesamtkostenfunktion, der Preis-, der Erlös- und der Gewinnfunktion an.
g) Erstellen Sie eine Grafik, die die Zusammenhänge veranschaulicht.
h) Berechnen Sie die Produktionsmenge, die zu einem Gewinn in Höhe von 3 500 GE führt.

3 Bei einer Produktionsmenge von 3 ME beträgt der Erlös eines Polypolisten 2 250 GE. Die Gesamtkosten belaufen sich bei dieser Produktionsmenge auf 1 750,00 €. Die Fixkosten betragen 1 000,00 €. Der Betrieb kann maximal 4 ME in einer Periode produzieren.
a) Bestimmen Sie die Gleichungen für die Gesamtkosten, den Erlös und den Gewinn.
b) Berechnen Sie die Koordinaten des Schnittpunktes der Kostengeraden mit der Erlösgeraden und kontrollieren Sie das Ergebnis mit dem Taschenrechner. Interpretieren Sie die Koordinaten des Schnittpunktes.
c) Berechnen Sie die Nullstelle der Gewinnfunktion algebraisch und kontrollieren Sie das Ergebnis mit dem Taschenrechner. Interpretieren Sie das Ergebnis.
d) Bestimmen Sie den maximal möglichen Gewinn des Betriebes.
e) Geben Sie den ökonomisch sinnvollen Definitionsbereich und den ökonomisch sinnvollen Wertebereich der Gesamtkostenfunktion, der Erlös- und der Gewinnfunktion an.
f) Erstellen Sie eine Grafik, die Ihre Ergebnisse veranschaulicht.
g) Geben Sie die Verlust- und die Gewinnzone in Intervallschreibweise an.

4 Ein Betrieb kann das von ihm hergestellte Produkt auf einem polypolistischen Markt zu einem Verkaufspreis von 100 GE/ME absetzen. Die bei der Herstellung des Produktes entstehenden Gesamtkosten belaufen sich bei einer Produktion in Höhe von 50 ME auf 6 000 GE und bei einer Produktion in Höhe von 150 ME auf 1400 GE. Der Betrieb kann maximal 200 ME des Produktes herstellen.
a) Bestimmen Sie die Gleichungen für die Gesamtkosten, den Erlös und den Gewinn.
b) Bestimmen Sie die Produktionsmenge bei der die Gesamtkosten gleich dem Erlös sind.
c) Ermitteln Sie mithilfe der Gewinngleichung die Produktionsmenge am Übergang von der Verlust- in die Gewinnzone.
d) Bestimmen Sie den maximal möglichen Gewinn des Betriebes.
e) Geben Sie den ökonomisch sinnvollen Definitionsbereich und den ökonomisch sinnvollen Wertebereich der Gesamtkostenfunktion, der Erlös- und der Gewinnfunktion an.

f) Geben Sie die Verlust- und die Gewinnzone in Intervallschreibweise an.
g) Ermitteln Sie die Produktionsmenge, bei der der Gewinn 1 000 GE beträgt.
h) Erstellen Sie eine Grafik, die Ihre Ergebnisse veranschaulicht.

2.1.5 Angebot und Nachfrage, Marktgleichgewicht

Angebots- und Nachfragefunktionen beschreiben den Zusammenhang zwischen dem jeweiligen Marktpreis p und der zu diesem Marktpreis angebotenen oder nachgefragten Menge x. Wenn sich der Marktpreis verändert, verändert sich als Folge auch die angebotene und nachgefragte Menge. Der Marktpreis p ist also die unabhängige Variable, die angebotene oder nachgefragte Menge x ist die von p abhängige Variable.
Im Unterschied zu den bisherigen Modellen, z. B. im Modell für Kosten, Erlös und Gewinn, wird **im Marktmodell die unabhängige Variable auf der Ordinatenachse und die abhängige Variable auf der Abszissenachse** abgetragen[1]. Das Schaubild soll diese Vertauschung der Variablen verdeutlichen.

<table>
<tr><th>Modell Kosten, Erlös und Gewinn</th><th>Marktmodell Angebot und Nachfrage</th></tr>
<tr><td>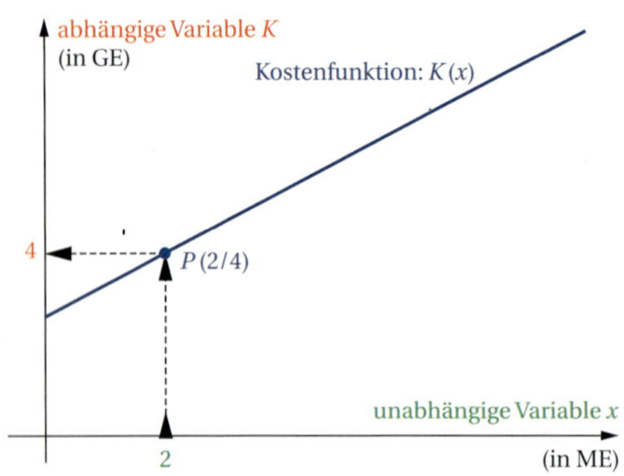
</td><td>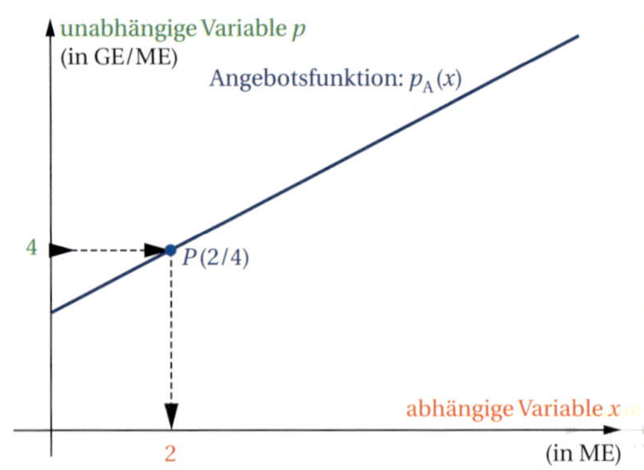
</td></tr>
<tr><td>Die Kosten K hängen von der produzierten Menge x ab.
Die unabhängige Variable x wird auf der x-Achse abgetragen, die abhängige Variable (Kosten) wird auf der y-Achse abgetragen.
Dasselbe gilt für Erlös- und Gewinnfunktionen.</td><td>Die angebotene Menge x ist vom Marktpreis p abhängig.
Die unabhängige Variable p wird auf der y-Achse abgetragen, die abhängige Variable x wird auf der x-Achse abgetragen.
Dasselbe gilt für die Nachfragefunktion.</td></tr>
<tr><td colspan="2">Anwendungsbezogene Interpretation des Punktes P(2/4):</td></tr>
<tr><td>Wenn 2 ME produziert werden, betragen die Kosten dafür 4 GE.</td><td>Bei einem Preis von 4 GE/ME beträgt die Angebotsmenge 2 ME.</td></tr>
</table>

[1] Diese zunächst verwirrende Darstellung gründet auf der häufig gemeinsamen Betrachtung der Nachfragefunktion mit der Erlös-, Kosten- und Gewinnfunktion im Rahmen der wirtschaftstheoretischen Modellbildung. Da Erlös-, Kosten- und Gewinnfunktionen immer in der Form $E(x)$, $K(x)$ und $G(x)$ dargestellt werden, also die Menge x (in ME) auf der Abszissenachse und auf der Ordinatenachse die GE, ist es sinnvoll, auch für Nachfrage- und Angebotsfunktionen die Darstellung $p(x)$ zu wählen.

Angebotsfunktion

Eine Angebotsfunktion $p_A(x)$ beschreibt die gesamtwirtschaftlich angebotene Menge (x in ME) eines Gutes in Abhängigkeit vom Marktpreis (p in GE/ME).

Mit steigenden Preisen steigt die gesamtwirtschaftlich angebotene Menge eines Gutes, weil immer mehr Anbieter auch bei ungünstigerer Kostenstruktur das Gut mit Gewinnaussichten auf dem Markt anbieten können. Deshalb muss der Graph einer **Angebotsfunktion steigend** verlaufen (s. Abb. auf der Folgeseite). Die Angebotsgerade muss einen positiven Ordinatenabschnitt haben, weil die Anbieter erst ab einem bestimmten Marktpreis, dem **Mindestangebotspreis**, in der Lage sind, ein Produkt auf dem Markt kostendeckend anzubieten (s. Abb. auf der Folgeseite).

Die Gleichung einer linearen Angebotsfunktion lautet: $p_A(x) = mx + b$ mit $m > 0$ und $b > 0$, z. B.: $p_A(x) = 3x + 2$

Mindestangebotspreis p_M: Der Mindestangebotspreis ist der Funktionswert der Angebotsfunktion an der Stelle $x = 0$, also der Funktionswert des Schnittpunktes der Angebotskurve mit der Ordinatenachse (= Ordinatenabschnitt der Angebotskurve).

Ansatz zur Berechnung des Mindestangebotspreises: $p_M = p_A(0)$

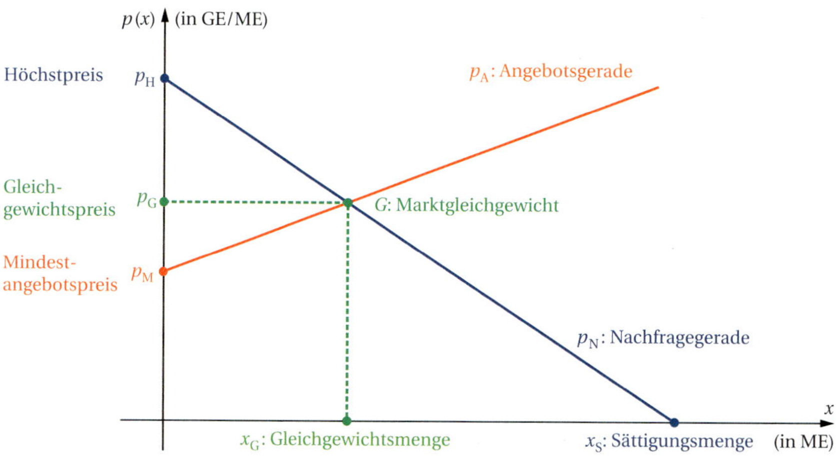

Nachfragefunktion

Eine Nachfragefunktion $p_N(x)$ beschreibt die gesamtwirtschaftlich nachgefragte Menge x in ME eines Gutes in Abhängigkeit vom Marktpreis p in GE/ME.

Weil mit sinkenden Preisen regelmäßig die gesamtwirtschaftlich nachgefragte Menge steigt und bei steigenden Preisen die gesamtwirtschaftliche Nachfrage sinkt, muss der Graph einer **Nachfragefunktion fallend** verlaufen (s. Abb.).

Die Gleichung einer linearen Nachfragefunktion lautet:

$p_N(x) = mx + b$ mit $m < 0$ und $b > 0$

Zum Beispiel:

$p_N(x) = -2x + 4$

Höchstpreis p_H: Beim Erreichen des Höchstpreises (auch **Prohibitivpreis**[1)]) wird die gesamtwirtschaftlich nachgefragte Menge 0.

Der Höchstpreis ist der Funktionswert der Nachfragefunktion an der Stelle $x = 0$, also der Funktionswert des Schnittpunktes der Nachfragekurve mit der x-Achse (= Ordinatenabschnitt der Nachfragekurve, s. Abb. oben).

Ansatz zur Berechnung des Höchstpreises: $p_H = p_N(0)$

Sättigungsmenge x_S: Die Sättigungsmenge gibt die maximal nachgefragte Menge nach einem Gut zu dem theoretischen niedrigsten Marktpreis $p = 0$ an. Die Sättigungsmenge wird durch die Nullstelle der Nachfragekurve angegeben, also des x-Wertes des Schnittpunktes mit der x-Achse (s. Abb. auf der Vorseite).

Ansatz zur Berechnung der Sättigungsmenge x_S: $p_N(x) = 0$

ökonomisch sinnvoller **Definitionsbereich** der Nachfragefunktion: $D_{ök}(p_N) = [0; x_S]$
ökonomisch sinnvoller **Definitionsbereich** der Angebotsfunktion: $D_{ök}(p_A) = [0; \infty)$
(s. Abb. auf der Vorseite)

Marktgleichgewicht $G(x_G/p_G)$

Im Marktgleichgewicht stimmt die gesamtwirtschaftlich angebotene Menge eines Gutes mit der gesamtwirtschaftlich nachgefragten Menge nach diesem Gut genau überein, der Markt befindet sich im Gleichgewicht. Der Preis, der zum Marktgleichgewicht führt, wird als **Gleichgewichtspreis** p_G bezeichnet, die entsprechende Menge heißt **Gleichgewichtsmenge** x_G. Der Schnittpunktes $G(x_G/p_G)$ der Angebotskurve mit der Nachfragekurve bestimmt das Marktgleichgewicht; seine Koordinaten geben die Gleichgewichtsmenge x_G und den Gleichgewichtspreis p_G an (s. Abb. auf der Vorseite).

Dieses Modell für die Entstehung des Marktgleichgewichtes gilt nur im Polypol[2)]. Der Marktpreis eines von einem Polypolisten angebotenen Gutes ist für den Polypolisten also durch den Gleichgewichtspreis p_G vorgegeben.

Ansatz zur Berechnung der Gleichgewichtsmenge x_G: $p_N(x) = p_A(x)$

1) prohibere (lat.): verhindern, abhalten
2) Die Erklärung dafür wird im Abschnitt 2.2.5 gegeben.

Ansatz zur Berechnung des Gleichgewichtspreises: $p_G = p_N(x_G)$ oder: $p_G = p_A(x_G)$

Marktungleichgewicht

Ein Marktungleichgewicht liegt vor, wenn die angebotene Menge eines Gutes auf dem Markt nicht mit der nachgefragten Menge übereinstimmt. Ein solches Marktungleichgewicht kann z. B. durch staatliche Einflussnahme auf den Preis eines Gutes entstehen, wenn vom Staat ein **Höchstpreis** oder ein **Mindestpreis** für ein Gut vorgeschrieben wird. Dieser staatlich verordnete Höchstpreis darf nicht mit dem Höchstpreis p_H (s. oben) für ein Gut auf dem Markt verwechselt werden.

Situation 9

Auf dem Markt für ein Gut gilt die Nachfragefunktion p_N mit $p_N(x) = -0{,}5x + 175$ und die Angebotsfunktion p_A mit $p_A(x) = 0{,}4x + 40$. Dabei ist p der Marktpreis in GE/ME und x die angebotene oder nachgefragte Menge in ME.

a) Berechnen Sie die Achsenschnittpunkte des Graphen der Nachfragefunktion und zeichnen Sie den Graphen in ein geeignetes Koordinatensystem. Interpretieren Sie die Koordinaten der berechneten Achsenschnittpunkte. Erläutern Sie, welcher grundsätzliche Zusammenhang zwischen Marktpreis und nachgefragter Menge am Funktionsgraphen zu erkennen ist.

b) Bestimmen Sie den ökonomisch sinnvollen Definitionsbereich für die Nachfragefunktion.

c) Zeichnen Sie den Graphen der Nachfragefunktion zusammen mit dem Graphen der Angebotsfunktion in ein gemeinsames Koordinatensystem. Interpretieren Sie den Verlauf des Graphen der Angebotsfunktion.

d) Bestimmen Sie den ökonomisch sinnvollen Definitionsbereich für die Angebotsfunktion.

e) Berechnen Sie den Schnittpunkt G der beiden Graphen miteinander und interpretieren Sie seine Koordinaten.

f) Ermitteln Sie den Gesamtumsatz U auf dem Markt mit dem Gut im Marktgleichgewicht.

g) Erläutern Sie, welche Marktsituation sich bei einem staatlich vorgegebenen Mindestpreis von 120 GE/ME ergeben würde.

Lösung

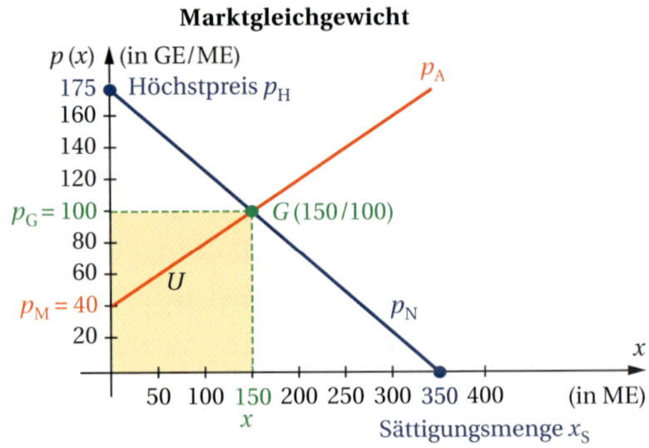

a) Schnittpunkt mit der y-Achse:

$p_N(0) = 175 \quad \Rightarrow \underline{\underline{S_y(0/175)}}$

Interpretation: Bei einem Marktpreis von 175 GE/ME ist die Nachfrage nach dem Gut erloschen, also beträgt die nachgefragte Menge 0 ME. Der Ordinatenabschnitt des Graphen der Nachfragefunktion heißt deswegen auch **Höchstpreis p_H**.

$p_H = p_N(0) = 175$

Schnittpunkt mit der x-Achse:

$p_N(x) = 0$

$-0{,}5x + 175 = 0$

$x = 350 \quad \Rightarrow \underline{\underline{S_x(350/0)}}$

Interpretation: Selbst bei einem Marktpreis von 0 GE/ME fragen die Verbraucher nur 350 ME des Gutes nach. Die Nullstelle des Graphen der Nachfragefunktion heißt deswegen **Sättigungsmenge x_S**.

$x_S = 350$

Interpretation des Graphen insgesamt: Mit sinkendem Marktpreis steigt die Nachfrage und umgekehrt.

b) $D_{ök}(p_N) = [0; 350]$

Sowohl negative Mengen als auch negative Preise sind nicht möglich.

c) Graph: s. Abb. auf der Vorseite

Interpretation: Erst wenn der Marktpreis 40 GE/ME übersteigt (**Mindestangebotspreis**), sind die Anbieter wegen ihrer jeweiligen Kostenstruktur bereit, das Gut auf dem Markt anzubieten.

Bei steigendem Marktpreis sehen sich immer mehr Anbieter in der Lage, das Produkt anzubieten, die gesamtwirtschaftliche Angebotsmenge steigt.

d) $D_{ök}(p_A) = [0; \infty) = \mathbb{R}_+$ Negative Mengen sind nicht möglich.[1]

---

[1] Wenn man Angebot und Nachfrage im Zusammenhang sieht, kann man annehmen, dass nicht mehr als 350 ME angeboten werden, weil der Markt bei 350 ME gesättigt ist.
Dann wäre $D_{ök}(p_A) = D_{ök}(p_N) = [0; 350]$.

e)
$$p_N(x) = p_A(x)$$
$$-0{,}5x + 175 = 0{,}4x + 40$$
$$x = 150$$
$$p(150) = 100$$
$$\Rightarrow \underline{\underline{G(150/100)}}$$

Interpretation: Bei einem Marktpreis von $p = 100\,\text{GE/ME}$ entspricht die nachgefragte Menge in Höhe von $x = 150\,\text{ME}$ genau der angebotenen Menge. Deswegen heißt der Schnittpunkt G des Graphen der Nachfragefunktion mit dem Graphen der Angebotsfunktion **Marktgleichgewicht**.
Die Abszisse des Marktgleichgewichts G heißt **Gleichgewichtsmenge** x_G, die Ordinate heißt **Gleichgewichtspreis** p_G.

f) Der **Gesamtumsatz** U mit einem Gut ergibt sich aus dem Produkt aus verkaufter Menge und dem Stückpreis. Da sich ohne äußere Einflüsse der Markt im Gleichgewicht einpendelt, gilt dann:

$U_G = x_G \cdot p_G$
Umsatz mit einem Gut im Marktgleichgewicht

$U_G = x_G \cdot p_G = 150 \cdot 100 = \underline{\underline{15\,000}}\,[\text{GE}]$

g) **Vorgegebener Mindestpreis:**
Bei einem staatlich vorgegebenen Mindestpreis von $p = 120\,\text{GE/ME}$ kann kein Marktgleichgewicht entstehen, weil das Angebot größer ist als die Nachfrage, es entsteht ein Angebotsüberschuss.

Marktungleichgewicht

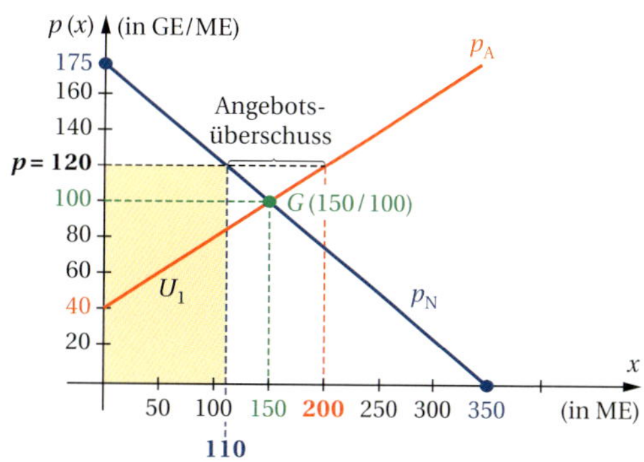

Nachfragemenge für $p = 120$:
$$p_N(x) = 120$$
$$120 = -0{,}5x + 175$$
$$\underline{x_N = 110}$$

Angebotsmenge für $p = 120$:
$$p_A(x) = 120$$
$$120 = 0{,}4x + 40$$
$$\underline{x_A = 200}$$

$\Rightarrow$ Angebotsüberschuss $= x_A - x_N = 200 - 110 = \underline{\underline{90}}\,[\text{ME}]$

Bei einem Marktpreis von $p = 120\,\text{GE/ME}$ können trotz des größeren Angebots nur 110 ME abgesetzt werden, weil zu diesem Preis nur 110 ME nachgefragt werden.

Der Umsatz U_1 auf dem Markt für dieses Gut beträgt dann
$$U_1 = \text{verkaufte Menge} \cdot \text{Stückpreis}$$
$$U_1 = x_N \cdot p = 110 \cdot 120 = \underline{\underline{13\,200}}\,[\text{GE}]$$

Zusammenfassung

- **Gleichgewichtsmenge x_G:**
  $p_N(x) = p_A(x)$
- **Gleichgewichtspreis p_G:**
  $p_G = p_N(x_G)$
  oder:
  $p_G = p_A(x_G)$
- **Höchstpreis p_H:**
  $p_H = p_N(0)$
- **Sättigungsmenge x_S:**
  $p_N(x) = 0$
- **Umsatz im Marktgleichgewicht:**
  $U_G = x_G \cdot p_G$

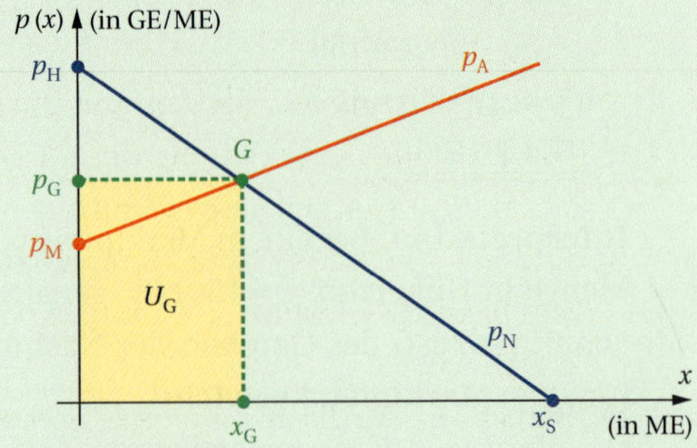

Übungsaufgaben

1 Auf dem Markt für ein Gut gilt die Nachfragefunktion p_N mit $p_N(x) = -0{,}3x + 160$ und die Angebotsfunktion p_A mit $p_A(x) = 0{,}5x + 20$. Dabei ist p der Marktpreis (in GE/ME) und x die angebotene oder nachgefragte Menge (in ME).

a) Berechnen Sie die Gleichgewichtsmenge und den Gleichgewichtspreis für das Gut.

b) Bestimmen Sie den Höchstpreis und die Sättigungsmenge für das Gut. Geben Sie den Marktpreis an, ab dem die Anbieter überhaupt erst bereit sind, das Gut anzubieten.

c) Ermitteln Sie den Umsatz, der auf dem Markt mit dem Gut erzielt wird.

Der Staat legt für das Gut einen Höchstpreis von 100 GE/ME fest.

d) Berechnen Sie das Marktungleichgewicht, das sich dadurch ergibt.

e) Berechnen Sie den Gesamtumsatz, der jetzt mit diesem Gut erzielt wird.

2 Auf dem Markt für ein Produkt gilt die Angebotsfunktion p_A mit $p_A(x) = 0{,}3x + 120$ und die Nachfragefunktion p_N mit $p_N(x) = -0{,}5x + 180$.

a) Berechnen Sie das Marktgleichgewicht G für das Produkt.

b) Berechnen Sie Achsenschnittpunkte der Graphen und interpretieren Sie diese.

c) Bestimmen Sie den Mindestumsatz, der mit dem Produkt im Marktgleichgewicht erzielt wird.

d) Erläutern Sie, welche Marktsituation sich bei einem staatlich vorgegebenen Mindestpreis von 150 GE/ME ergeben würde. Berechnen Sie den Gesamtumsatz mit dem Produkt bei diesem Mindestpreis.

3 Für die Nachfrage nach einem Gut gilt die Sättigungsmenge $x_S = 425$ [ME] und der Höchstpreis $p_H = 170$ [GE/ME]. Der Mindestangebotspreis des Gutes beträgt $p_M = 50$ [GE/ME].
Mit jeder Änderung des Marktpreises um eine 1 GE/ME steigt das Angebot um 10 ME.

a) Ermitteln Sie die Gleichung der Nachfrage- und der Angebotsfunktion und berechnen Sie das Marktgleichgewicht G.
b) Erläutern Sie, wie sich die Marktsituation ändert, wenn der Staat einen Mindestpreis von 90 GE/ME festlegt. Bestimmen Sie den Marktumsatz, der dann mit diesem Gut erzielt wird.
c) Berechnen Sie die absolute und prozentuale Veränderung des Gesamtumsatzes mit dem Gut durch den staatlichen Eingriff.

4 Für die Nachfrage nach einem Gut gilt ein Höchstpreis $p_H = 126$ [GE/ME] und eine Sättigungsmenge $x_S = 315$ [ME]. Bei einem Preis über $p_M = 16$ [GE/ME] sind Anbieter bereit, das Gut auf dem Markt anzubieten. Mit jeder Änderung des Marktpreises um 1,5 GE/ME steigt das Angebot um 10 ME.

a) Ermitteln Sie die Gleichungen der Nachfrage- und der Angebotsfunktion.
b) Berechnen Sie den Umsatz im Marktgleichgewicht.
c) Erläutern Sie, welche Marktsituation sich bei einem staatlich vorgegebenen Höchstpreis von 40 GE/ME ergeben würde. Berechnen Sie den Gesamtumsatz mit dem Gut bei diesem Marktpreis.
d) Ermitteln Sie die absolute und prozentuale Veränderung des Gesamtumsatzes mit dem Gut durch den staatlichen Eingriff.

21.6 Handlungssituationen mit linearen Funktionen

Die Handlungssituationen sollten Sie mit der Ihnen zur Verfügung stehenden Rechnertechnologie bearbeiten. Besonders wichtig ist die Interpretation der von Ihnen ermittelten Ergebnisse.

Kosten, Erlös und Gewinn im Polypol

Handlungssituation 1

In einem Produktionsbetrieb der Stahl verarbeitenden Industrie wird ein Zwischenprodukt in Massenfertigung hergestellt. Die Gesamtkosten K, der Erlös E und der Gewinn G, jeweils in 100 000,00 €, sollen in Abhängigkeit von der Produktionsmenge x, in 100 000 Stück, durch lineare Funktionen dargestellt werden. Die jährlichen Fixkosten betragen 300 000,00 €. Bei einer Produktionsmenge von 700 000 Stück wurden 650 000,00 € Gesamtkosten festgestellt. Die Kapazitätsgrenze des Betriebes beträgt 1 000 000 Stück.
Das Zwischenprodukt kann auf dem polypolistischen Markt zu einem Preis von 1,50 € je Stück verkauft werden.

Die Geschäftsleitung beauftragt Sie damit, die Gesamtkosten-, Erlös- und Gewinnsituation des Betriebes mathematisch detailliert zu analysieren. Sie werden gebeten, Ihre Rechnungen und Überlegungen durch eine Grafik zu veranschaulichen. Präsentieren Sie Ihre Ergebnisse der Geschäftsleitung.

Handlungssituation 2

Der Kostenrechner eines Produktionsbetriebes hat für die Herstellung des Produktes A Gesamtkosten bei unterschiedlichen Produktionsmengen überschlagen.

Produktionsmenge x (in ME)	Gesamtkosten K (in GE)
1	2
2	2,4
3	3,2
4	4,4

Das Produkt A kann auf dem polypolistischen Markt zu einem Preis von 1,2 GE/ME verkauft werden. Es können maximal 5 ME hergestellt und verkauft werden.

Die Gesellschafter des Unternehmens wollen sich einen Überblick über die Gewinn- und Verlustsituation des Betriebes bei der Herstellung dieses Produktes verschaffen. Bereiten Sie dafür eine rechnerische und grafische Darstellung der Gesamtkosten-, Erlös- und Gewinnsituation des Betriebes mit linearen Funktionen vor.

Handlungssituation 3

Für ein Produkt beträgt der Marktpreis im Polypol 4 GE/ME. Bei der Herstellung des Produktes entstehen dem Unternehmer Fixkosten in Höhe von 5 GE. Wenn 6 ME produziert werden, betragen die Gesamtkosten 23 GE. Die Kapazitätsgrenze des Betriebes beträgt 8 ME. Erstellen Sie eine Grafik, mit der Sie der Geschäftsleitung die Kosten-, Erlös- und Gewinnsituation des Betriebes bei unterschiedlichen Produktionsmengen erläutern können. Führen Sie die dazu notwendigen Berechnungen durch. Gehen Sie von einer linearen Kostenentwicklung bei steigender Produktionsmenge aus.

Angebot und Nachfrage, Marktgleichgewicht

Handlungssituation 4

Ihr Unternehmen ist polypolistischer Anbieter für eine bestimmte Sorte Tierfutter. Auf dem Markt für das Tierfutter gilt: Bei einem Preis von 200 GE je ME erlischt die Nachfrage. Der Markt ist mit 500 ME gesättigt. Wegen ihrer Kostenstruktur können die Anbieter das Tierfutter erst ab einem Preis über 20 GE/ME anbieten. Mit jeder Erhöhung des Marktpreises um eine GE/ME steigt die angebotene Menge um 5 ME.
Der Staat überlegt, einen Mindestpreis in Höhe von 100 GE/ME für das Tierfutter festzulegen. Wie würde dieser Eingriff in den Markt wirken?

Bereiten Sie sich auf einen Vortrag für eine interessierte Öffentlichkeit vor. Veranschaulichen Sie Ihre rechnerischen Ergebnisse grafisch mit linearen Funktionen.

Handlungssituation 5

Für ein Saatgut gilt auf einem polypolistischen Markt ein Höchstpreis von 200 GE/ME und eine Sättigungsmenge von $666{,}\overline{6}$ ME.
Die Produzenten auf dem Markt können das Saatgut erst ab einem Preis über 100 GE/ME anbieten, weil bei niedrigeren Preisen ihre Kosten nicht gedeckt werden. Mit jeder Erhöhung des Marktpreises um 1 GE/ME erhöht sich die insgesamt angebotene Menge um jeweils 2 ME, weil sich bei steigenden Marktpreisen immer mehr Produzenten in der Lage sehen, das Saatgut anzubieten.

Der Staat führt jetzt einen Höchstpreis in Höhe von 125 GE/ME für das Saatgut ein. Erläutern Sie die Marktsituation im Gleichgewicht und nach dem staatlichen Eingriff. Unterstützen Sie Ihre Ausführungen anschaulich mit Grafiken linearer Funktionen.

Handlungssituation 6

Für Ihr Studium sollen Sie ein Referat zum Thema Angebot und Nachfrage im Polypol halten. Um Ihr Referat anschaulich zu gestalten, gehen Sie von folgenden Daten aus: Bei einem Marktpreis von 90 GE/ME werden von den Produzenten 100 ME eines Produktes angeboten. Steigt der Marktpreis auf 130 GE/ME, verdoppelt sich das gesamtwirtschaftliche Angebot. Die Nachfrage nach diesem Produkt beträgt bei einem Marktpreis von 60 GE/ME 300 ME und bei einem Marktpreis von 180 GE/ME nur noch 100 ME. Modellieren Sie Angebot und Nachfrage durch lineare Funktionen.

Es sollen zwei mögliche Eingriffe des Staates in den Markt untersucht werden.

a) Der Staat erwägt die Einführung eines Mindestpreises in Höhe von 160 GE/ME.

b) Der Staat prüft die Besteuerung des Produktes mit einer (absoluten) Steuer in Höhe von 40 GE/ME. Dadurch würde der Preis für jede angebotene ME des Produktes um den Steuerbetrag steigen.

Ihre Aufgabe besteht darin, die Marktsituation jeweils vor und nach dem staatlichen Eingriff zu analysieren und darzustellen.

Handlungssituation 7

Das Angebotsverhalten der Produzenten und das Nachfrageverhalten der Konsumenten für das Gut X soll durch lineare Funktionen dargestellt werden. Es wurde festgestellt, dass bei einem Marktpreis von 275 GE/ME von den Konsumenten nur 50 ME nachgefragt, aber von den Anbietern 450 ME angeboten werden. Halbiert sich der Marktpreis, werden 325 ME nachgefragt und nur noch 175 ME angeboten.

Der Staat denkt über Eingriffe in den Markt nach:

a) Einführung eines Höchstpreises für das Gut X in Höhe von 150 GE/ME;

b) Subventionierung des Gutes X mit einem Betrag von 40 GE, was den Preis für jede angebotene ME des Produktes um den Subventionsbetrag senken würde.

Analysieren Sie die Ausgangslage und jeweils die Veränderung der Marktsituation. Visualisieren Sie die unterschiedlichen Situationen durch entsprechende Grafiken.

Handlungssituation 8

Talfahrt des Milchpreises endlich vorüber?

Verband der Milchindustrie blickt positiv in die Zukunft

Berlin. Die Milchpreise unterliegen seit Jahren enormen Schwankungen, mit denen auch die Molkerei Norddeutsche Milch GmbH zu kämpfen hat. Auf der gestrigen Sitzung des Milchindustrieverbandes in Berlin wurde die aktuelle Situation des Milchmarktes vorgestellt. Auch die voraussichtliche Entwicklung war ein Tagesordnungspunkt.

Laut des Milchindustrieverbandes werden zu einem Marktpreis von 20 Cent/kg momentan nur 8 Mio. t Milch von den Landwirten angeboten. Zu einem Preis von 51 Cent/kg sind die Landwirte hingegen bereit, 70 Mio. t Milch anzubieten.

Auf der Seite der Nachfrager stehen die Molkereien wie die Norddeutsche Milch GmbH. Zu einem Marktpreis von 10 Cent/kg werden 60 Mio. t nachgefragt. Beträgt der Milchpreis allerdings 45 Cent/kg, beträgt die Nachfrage der Molkereien nur noch 10 Mio. t.

Momentan zeigt sich der Marktpreis auf dem Milchmarkt als stabil. „Auch ohne den Einfluss der Brüsseler Agrarpolitik konnten die europäischen Milchmärkte ihr Gleichgewicht finden“, berichtet die Hauptgeschäftsführerin Frau Sandra Opitz zufrieden. Zum momentanen Marktpreis stimmt die angebotene Milchmenge der Landwirte mit der nachgefragten Menge der Molkereien überein.

Gut gelaunt wird auch in die Zukunft geblickt. „Das internationale Interesse an deutschen Milchprodukten ist groß“, freut sich Frau Opitz. Besonders Asien sei sehr interessiert, sodass der Milchindustrieverband in naher Zukunft eine deutliche Steigerung der Nachfrage erwartet. Es wird davon ausgegangen, dass die Nachfrage zu jedem Marktpreis um 10 Mio. t steigen wird. Also würde die Nachfrage zu einem Marktpreis von 45 Cent/kg dann 20 Mio. t betragen und zu einem Marktpreis von 10 Cent/kg 70 Mio. t. Darüber zeigt sich auch die Norddeutsche Milch GmbH sehr erfreut.

Stellen Sie die in dem Zeitungsartikel genannten Zusammenhänge in einem Modell mit linearen Funktionen dar. Führen Sie die dazu notwendigen Berechnungen durch und bereiten Sie sich auf eine umfassende Präsentation vor.

Tarifvergleiche

Handlungssituation 9

Im Internet konnte man die Anzeige eines Stromanbieters finden:

Unsere Empfehlung für Sie

- **ÖkoStrom**
  Umweltfreundlich und preiswert
  Ihr Preis:
  Grundpreis pro Jahr: **69,63 €**
  Arbeitspreis pro kWh: **24,01 Cent**
- **OptimalStrom**
  Günstige Preise bei vollem Service
  Ihr Preis:
  Grundpreis pro Jahr: **84,00 €**
  Arbeitspreis pro kWh: **23,29 Cent**

Vergleichen Sie die Stromkosten, die einem Verbraucher mit den beiden Tarifen pro Jahr entstehen. Welchen Tarif würden Sie unter Kostengesichtspunkten empfehlen?

Handlungssituation 10

Im Verbraucherportal VERIVOX konnte man im Internet Gastarife recherchieren:
Tarif 1: Grundpreis: 10,00 €/Monat, 5,06 Cent/kWh
Tarif 2: Grundpreis: 9,00 €/Monat, 5,65 Cent/kWh

Welchen Tarif würden Sie wählen? Führen Sie die entsprechenden Berechnungen und die grafische Visualisierung für die monatlichen Gaskosten durch.

2.2 Quadratische Funktionen

Lineare Funktionen sind wegen des geradlinigen Verlaufs ihrer Graphen zur Modellierung proportionaler (linearer) Veränderungen geeignet. So ist in der Abbildung der Zuwachs der variablen Kosten immer gleich, wenn die Produktion um jeweils eine ME erhöht wird.

Bei linearen Funktionen ist der größte Exponent bei der unabhängigen Variablen im Funktionsterm 1. In der Gleichung $f(x) = mx^1 + b$ wird aber der Einfachheit halber der Exponent 1 meist nicht mitgeschrieben: $f(x) = mx + b$

Proportionaler (linearer) Kostenzuwachs

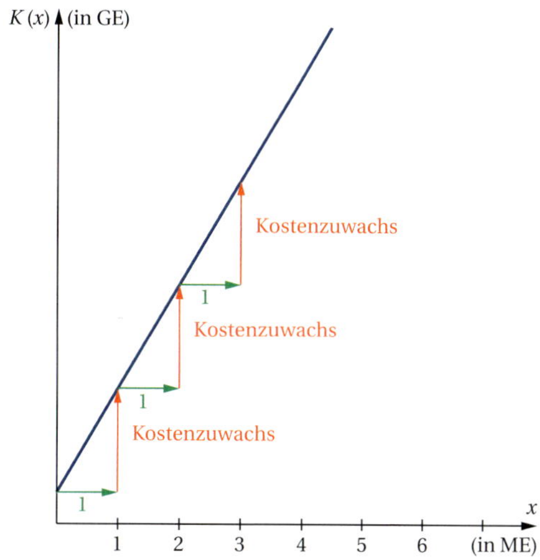

Wenn ein überproportionaler (progressiver) oder ein unterproportionaler (degressiver) Kostenanstieg modelliert werden soll, benötigen wir krummlinige Funktionsgraphen.

Überproportionaler (progressiver) Kostenzuwachs

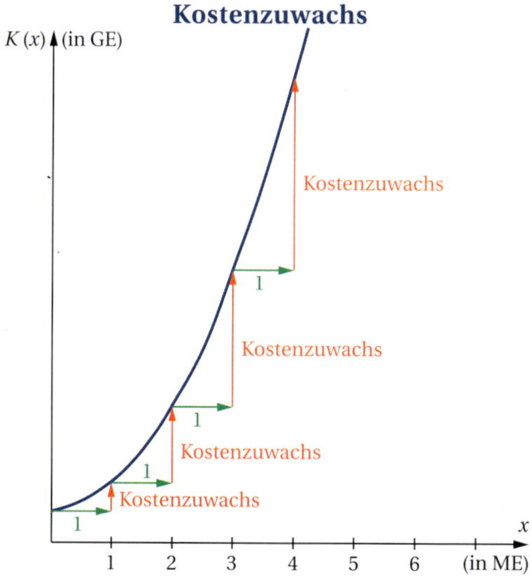

Ein überproportionaler (progressiver) Kostenzuwachs bei steigender Produktionsmenge kann z. B. durch Überstunden- oder Wochenendzuschläge oder durch erhöhten Maschinenverschleiß entstehen.

Unterproportionaler (degressiver) Kostenzuwachs

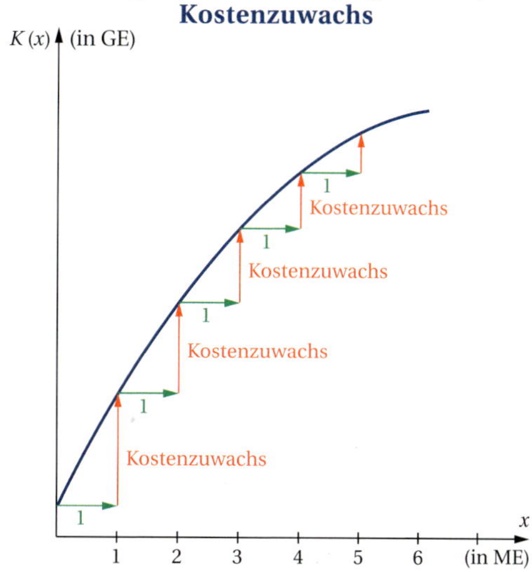

Ein unterproportionaler (degressiver) Kostenzuwachs bei steigender Produktionsmenge kann z. B. durch Rationalisierungseffekte oder höhere Rabatte beim Einkauf entstehen.

Man erhält solche krummlinigen Graphen, indem man den Exponenten bei der unabhängigen Variablen (hier bei der Variablen x) erhöht. Ist der größte Exponent bei der Variablen im Funktionsterm 2, spricht man von einer **quadratischen Funktion**, der Funktionsgraph heißt dann **Parabel**.

Die einfachste quadratische Funktion hat die Gleichung $f(x) = x^2$; $D(f) = \mathbb{R}$. Ihr Graph heißt **Normalparabel**. Ihr **Scheitelpunkt** $S(0/0)$ liegt im Ursprung des Koordinatensystems. Die Normalparabel ist symmetrisch zur y-Achse (Ordinatenachse).

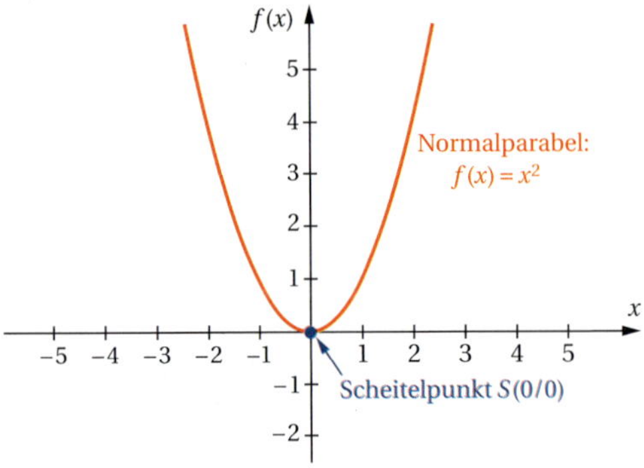

2.2.1 Scheitelpunktform und Polynomform

Zur Modellierung realer Problemstellungen kann die Gestalt und die Lage der Normalparabel verändert werden, wie bei den Kostenverläufen auf der Vorseite. Dazu werden dem Funktionsterm weitere Parameter hinzugefügt. Die Auswirkungen dieser Parameter auf den Verlauf des Graphen wollen wir untersuchen.

Man kann grundsätzlich drei Darstellungsformen der Gleichung einer quadratischen Funktion unterscheiden:

- **Scheitelpunktform**
- **Polynomform**
- **Linearfaktordarstellung**

Jede Darstellungsform kann in die jeweils anderen überführt werden. Je nach gegebenem Datenmaterial sind die einzelnen Darstellungsformen unterschiedlich gut zur mathematischen Modellbildung geeignet.

Scheitelpunktform einer quadratischen Funktion

$f(x) = a(x - u)^2 + v$
Scheitelpunktform einer quadratischen Funktion

Situation 1

Untersuchen Sie mithilfe der drei Grafiken, wie sich in der **Scheitelpunktform $f(x) = a(x-u)^2 + v$ einer quadratischen Funktionsgleichung** die Parameter a, u und v auf den Verlauf des Graphen gegenüber der Normalparabel mit $f(x) = x^2$ auswirken.

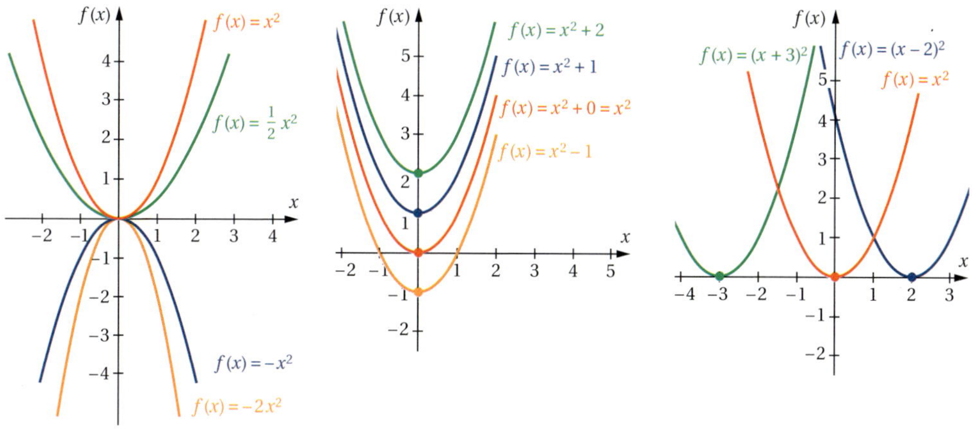

a) Erläutern Sie mithilfe der ersten Abbildung die Wirkung von a in $f(x) = ax^2$ gegenüber der roten Normalparabel.

b) Erläutern Sie mithilfe der zweiten Abbildung die Wirkung von v in $f(x) = x^2 + v$ gegenüber der roten Normalparabel.

c) Erläutern Sie mithilfe der dritten Abbildung die Wirkung von u in $f(x) = (x-u)^2$ gegenüber der roten Normalparabel.

d) Beschreiben Sie den Verlauf des Graphen mit der Gleichung $f(x) = -(x-2)^2 + 1$ und zeichnen Sie ihn.

e) Geben Sie den Scheitelpunkt einer Parabel mit der Gleichung $f(x) = a(x-u)^2 + v$ allgemein an.

Lösung

a) Wirkung des Parameters a in $f(x) = ax^2$

Der Parameter a gibt die Öffnung nach oben oder nach unten sowie die Dehnung oder Stauchung des Graphen an. Er wird deshalb Formfaktor genannt.

$a > 0$: Parabel ist **nach oben geöffnet**.
Beispiel: $f(x) = 1x^2 = x^2$

$a < 0$: Parabel ist **nach unten geöffnet** (an der Abszissenachse gespiegelt).
Beispiel: $f(x) = -1x^2 = -x^2$

$|a| < 1$: Parabel ist gegenüber der Normalparabel in y-Richtung **gestaucht**.
Beispiel: $f(x) = \frac{1}{2}x^2$

$|a| > 1$: Parabel ist gegenüber der Normalparabel in y-Richtung **gedehnt**.
Beispiel: $f(x) = -2x^2$

b) Wirkung des Parameters v in $f(x) = x^2 + v$

Die **Addition eines Absolutgliedes v** zum Funktionsterm x^2 bewirkt eine **Verschiebung des Graphen der Funktion um v in y-Richtung**, ebenso wie bei linearen Funktionen.

$v > 0$: **Verschiebung nach oben**
Beispiel: $f(x) = x^2 + 2$

$v < 0$: **Verschiebung nach unten**
Beispiel: $f(x) = x^2 - 1$

c) Wirkung des Parameters u in $f(x) = (x - u)^2$

Der Parameter u bewirkt eine Verschiebung des Graphen der Funktion um u in x-Richtung.

$u > 0$: **Verschiebung nach rechts** (in **positive x-Richtung**)
Beispiel: $f(x) = (x - 2)^2$

$u < 0$: **Verschiebung nach links** (in **negative x-Richtung**)
Beispiel: $f(x) = (x + 3)^2$

d) Der Graph mit der Gleichung $f(x) = -\frac{1}{2}(x-2)^2 + 1$ ist eine nach unten geöffnete und mit dem Faktor $\frac{1}{2}$ gestauchte Parabel mit dem Scheitelpunkt $S(2/1)$.

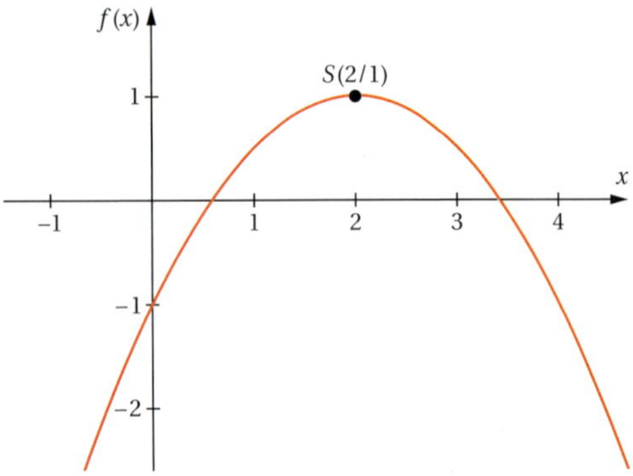

e)

$$f(x) = a(x-u)^2 + v \Rightarrow \underline{\underline{S(u/v)}}$$

Scheitelpunktform einer quadratischen Funktion

Situation 2

Die progressive Entwicklung der Gesamtkosten eines Betriebes bei steigender Produktionsmenge soll durch die abgebildete Gesamtkostenkurve für Produktionsmengen von $x = 0$ bis $x = 5$ (Kapazitätsgrenze) modelliert werden.
Ermitteln Sie die Gleichung dieser Parabel und ihren ökonomisch sinnvollen Definitionsbereich.

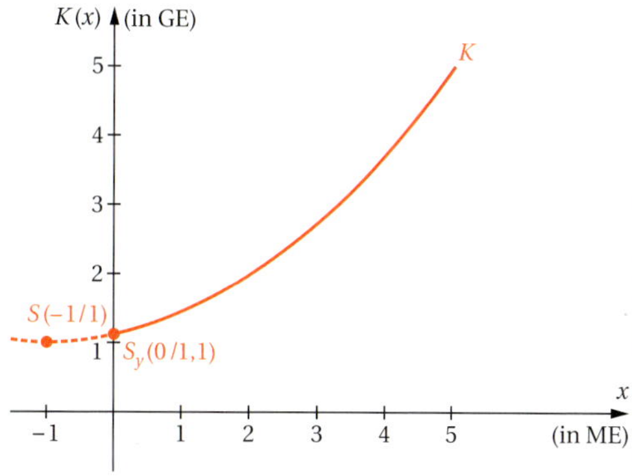

Lösung

Zunächst werden die Koordinaten des Scheitelpunktes $S(-1/1)$ für u und v in die Scheitelpunktform eingegeben. Die Funktionsgleichung lautet dann vorläufig:

$$K(x) = a(x+1)^2 + 1$$

Der Formfaktor a wird bestimmt, indem die Koordinaten eines weiteren Punktes der Parabel, hier $S_y(0/1{,}1)$, in die Gleichung für x und $K(x)$ eingesetzt werden:

$$1{,}1 = a(0+1)^2 + 1$$
$$1{,}1 = a(1)^2 + 1 \quad |-1$$
$$0{,}1 = 1a$$
$$\underline{a = 0{,}1}$$

Die Gleichung der Gesamtkostenkurve in Scheitelpunktform lautet also:

$$\underline{\underline{K(x) = 0{,}1(x+1)^2 + 1;\ D_{ök}(K) = [0;\ 5]}}$$

Polynomform

Die am häufigsten verwendete Darstellungsform der Gleichung einer quadratischen Funktion ist die Polynomform[1].

$$f(x) = \underbrace{ax^2}_{\text{Quadratglied}} \underbrace{+\,bx}_{\text{Linearglied}} \underbrace{+\,c}_{\text{Absolutglied}}$$

Polynomform einer quadratischen Funktion

Im Unterschied zum Funktionsterm einer linearen Funktion enthält der Term einer quadratischen Funktion neben einem möglichen Linearglied und Absolutglied ein Quadratglied. Dazu muss $a \neq 0$ sein, weil sonst das Quadratglied wegfallen würde.

[1] **Polynom** = eine Summe von Vielfachen von Potenzen

Aus der Scheitelpunktform lässt sich mithilfe der binomischen Formeln leicht die Polynomform herleiten.

Situation 3

Die Kostenkurve aus Situation 2 mit der Gleichung $K(x) = 0{,}1\,(x+1)^2 + 1$ in Scheitelpunktform ist eine nach oben geöffnete, mit dem Faktor 0,1 gestauchte Parabel mit dem Scheitelpunkt $S(-1/1)$. Die Parabel ist nebenstehend noch einmal abgebildet.

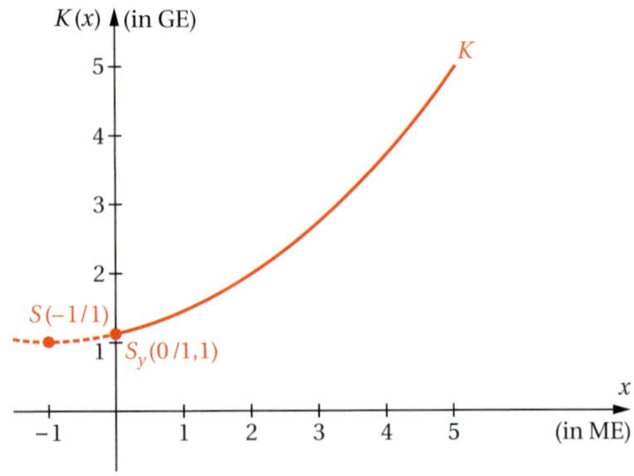

a) Formen Sie die Gleichung von der Scheitelpunktform in die **Polynomform** $\boldsymbol{f(x) = ax^2 + bx + c}$ um.

b) Vergleichen Sie die von Ihnen ermittelte Polynomform mit dem Graphen. Welche Aussagen über den Verlauf des Graphen kann man den Parametern a und c der Polynomform entnehmen?[1)]

c) Formen Sie die berechnete Polynomform wieder in die Scheitelpunktform um.

Lösung

a) In $K(x) = 0{,}1\,(x+1)^2 + 1$ wird der Term $(x+1)^2$ mit der 2. binomischen Formel bestimmt:

$$K(x) = 0{,}1\,(x^2 + 2x + 1) + 1$$

Dann wird die Klammer mit 0,1 multipliziert:

$$K(x) = 0{,}1\,x^2 + 0{,}2\,x + 0{,}1 + 1$$

Zum Schluss werden die letzten beiden Glieder +0,1 und +1 zu 1,1 zusammengefasst:

$$\underline{\underline{K(x) = 0{,}1\,x^2 + 0{,}2\,x + 1{,}1}}$$

Das ist die Polynomform mit dem Parameter $a = 0{,}1$ im Quadratglied, dem Parameter $b = 0{,}2$ im Linearglied und dem Absolutglied $c = 1{,}1$.

b) Der **Parameter** $\boldsymbol{a} = 0{,}1$ ist, wie bei der Scheitelpunktform, der **Formfaktor** und gibt die **Öffnung** nach oben und die **Stauchung** der Parabel mit dem Faktor 0,1 an.

Das **Absolutglied** $\boldsymbol{c} = 1{,}1$ bestimmt, wie schon bei den linearen Funktionen, den **Ordinatenabschnitt**. Die y-Achse wird also bei 1,1 geschnitten.

---

1) Die Wirkung des Parameters b kann man nicht direkt ablesen, weil er die Parabel in x- und $f(x)$-Richtung gleichzeitig verschiebt. Man kann aber den Scheitelpunkt mit $S\left(-\frac{b}{2a}\,\middle|\,c - \frac{b^2}{4a}\right)$ berechnen.

c) Polynomform:

$K(x) = 0{,}1x^2 + 0{,}2x + 1{,}1 \quad |:0{,}1 \text{ oder } \cdot 10$ (damit der Faktor des Quadratgliedes 1 wird)

$10 \cdot K(x) = x^2 + 2x + 11 \quad | \pm 1^2$ (Addition und Subtraktion der **quadratischen Ergänzung**[1], damit ein Binom gebildet weraden kann)

$10 \cdot K(x) = \underbrace{x^2 + 2x + 1^2}\underbrace{- 1^2 + 11}$

$10 \cdot K(x) = (x + 1)^2 + 10 \quad |:10 \text{ oder } \cdot 0{,}1$ (damit links wieder einfach $K(x)$ steht)

Scheitelpunktform: $K(x) = 0{,}1\,(x + 1)^2 + 1$

Zusammenfassung

Scheitelpunktform einer quadratischen Funktion: $f(x) = a\,(x - u)^2 + v \Rightarrow S(u/v)$

- Der Formfaktor a bestimmt die Öffnung und Dehnung oder Stauchung der Parabel.
  $|a| > 1$: Dehnung in y-Richtung
  $|a| < 1$: Stauchung in y-Richtung
  Ist a negativ, wird die Parabel an der x-Achse gespiegelt.
- u und v bestimmen die Verschiebung der Parabel und geben damit die Koordinaten des Scheitelpunktes an: $S(u/v)$
- $u > 0$: Verschiebung nach links
  $u < 0$: Verschiebung nach rechts
- $v > 0$: Verschiebung nach oben
  $v < 0$: Verschiebung nach unten

Polynomform einer quadratischen Funktion: $f(x) = \underbrace{ax^2}_{\text{Quadratglied}} \underbrace{+ bx}_{\text{Linearglied}} \underbrace{+ c}_{\text{Absolutglied}}$

- Der Formfaktor a bestimmt die Öffnung und Dehnung oder Stauchung der Parabel.
  $|a| > 1$: Dehnung in y-Richtung
  $|a| < 1$: Stauchung in y-Richtung
  Ist a negativ, wird die Parabel an der x-Achse gespiegelt.
- b verschiebt die Parabel in x- und y-Richtung gleichzeitig.
  Der Scheitelpunkt ist $S\left(-\frac{b}{2a} \,\middle/\, c - \frac{b^2}{4a}\right)$.
- Das Absolutglied c ist der Ordinatenabschnitt.

[1] Am einfachsten findet man die quadratische Ergänzung, indem man den Faktor des Lineargliedes, hier 2, halbiert und dann quadriert.

Übungsaufgaben

1 Bestimmen Sie die Funktionsgleichungen in Scheitelpunkt- und in Polynomform.

a)
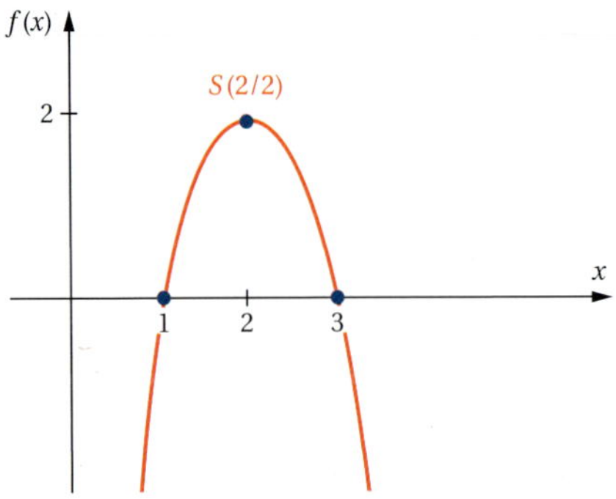

b)
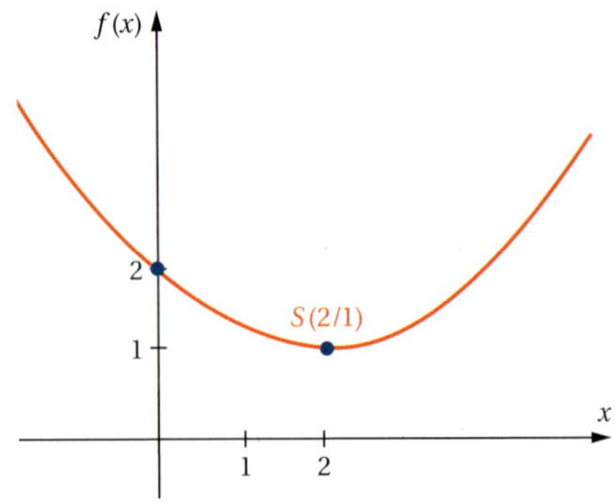

c)
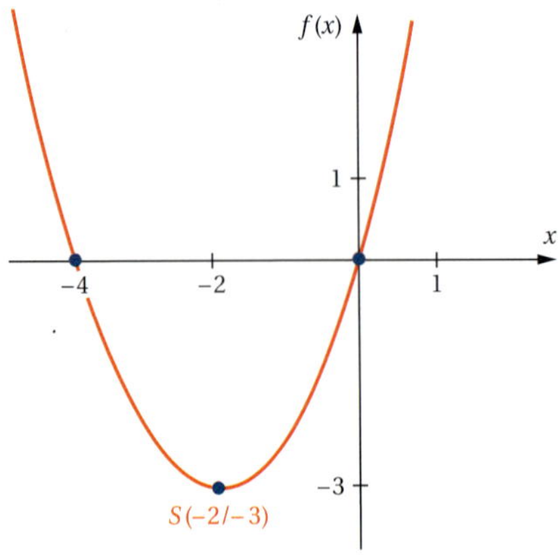

d)
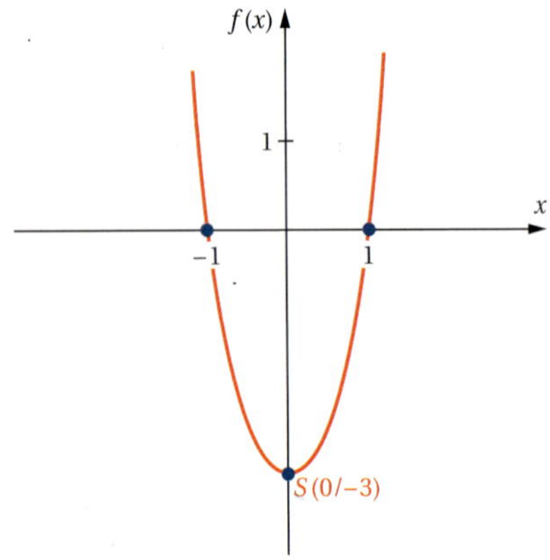

c)
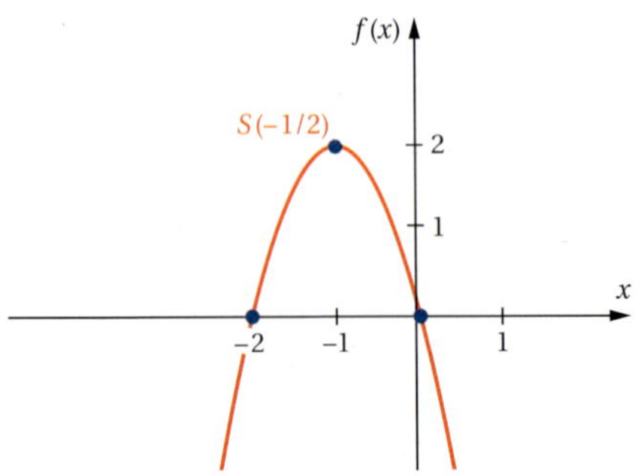

f)
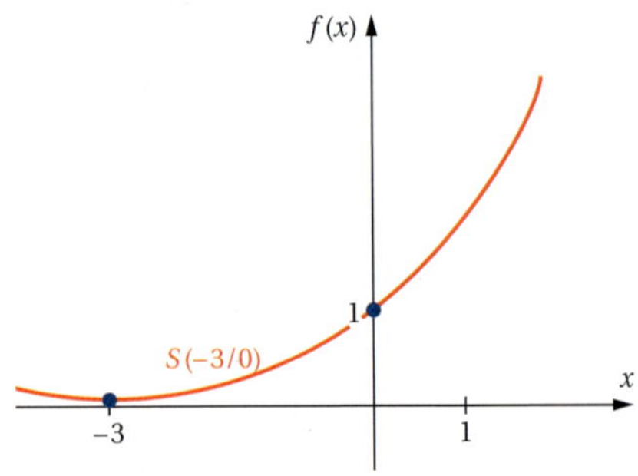

2 Beschreiben Sie den Verlauf des Funktionsgraphen und skizzieren Sie ihn.

a) $f(x) = -(x-1)^2 - 1$

b) $f(x) = -0{,}5\,(x+2)^2 - 3$

c) $f(x) = \frac{5}{4}(x-2)^2$

d) $f(x) = 3 + 0{,}2\,(x+1)^2 - 4$

3 Geben Sie die Funktionsgleichung der Parabel in Scheitelpunktform an.

a) Scheitelpunkt $S(2/1)$, mit dem Faktor 0,5 in $f(x)$-Richtung gestaucht, nach oben geöffnet

b) Scheitelpunkt $S(1/0)$, mit dem Faktor 3 in $f(x)$-Richtung gedehnt, nach unten geöffnet

4 Bestimmen Sie die Koordinaten des Scheitelpunktes S, die Öffnung und die Dehnung oder Stauchung der Parabel in $f(x)$-Richtung.

a) $f(x) = (x + 7)^2 - 4$ b) $f(x) = -(x + 3)^2 - 2$

c) $f(x) = \frac{3}{4}(x - 2)^2 + 1$ d) $f(x) = -\frac{1}{2}x^2$

e) $f(x) = -0{,}6\,(x + 4)^2$ f) $f(x) = 7x^2 + 6$

g) $f(x) = -5\,(x - 2)^2$ h) $f(x) = -0{,}01\,x^2 - 1$

i) $f(x) = -(x + 3)^2 - 7$ j) $f(x) = 0{,}5\,(x - 4)^2 + 1$

5 Formen Sie in die Polynomform um.

a) $f(x) = \frac{1}{2}(x - 1)^2 + \frac{3}{4}$ b) $f(x) = -\frac{1}{4}\left(x + \frac{1}{2}\right)^2 - \frac{1}{3}$

c) $f(x) = -\left(x + \frac{1}{4}\right)^2 + \frac{1}{2}$ d) $f(x) = 0{,}\overline{6}\left(x - \frac{1}{3}\right)^2 + 0{,}1$

6 Ermitteln Sie die Scheitelpunktform und bestimmen Sie die Koordinaten des Scheitelpunktes.
Skizzieren Sie den Graphen mit allen Informationen, die Sie der Polynomform und der Scheitelpunktform entnehmen können.

a) $f(x) = -\frac{1}{2}x^2 + 4x - 5$ b) $f(x) = 3x^2 + 12x + 18$

c) $f(x) = 2x^2 - 4x$ d) $f(x) = 3x^2 - 12x + 6$

e) $f(x) = \frac{1}{2}x^2 + 3x + 2{,}5$ f) $f(x) = -x^2 + 8x - 17$

g) $f(x) = \frac{1}{3}x^2 - 2x + 4$ h) $f(x) = 0{,}25x^2 - 0{,}5x + 0{,}25$

7 Für einen Monopolisten gilt die Erlösfunktion E mit $E(x) = -x^2 + 10x$ (E in GE, x in ME).

a) Berechnen Sie, bei welcher Produktionsmenge der Erlös des Monopolisten maximal ist.

b) Bestimmen Sie den maximalen Erlös.

c) Stellen Sie die Erlösfunktion mit ihrem Scheitelpunkt grafisch dar.

8 Bei einer Produktionsmenge von $x = 5$ ME sind die Gewinne G eines Betriebes in Höhe von 7 GE maximal. Die Fixkosten des Betriebes betragen 2 GE.

a) Ermitteln Sie die Gleichung der quadratischen Gewinnfunktion in Scheitelpunktform und in Polynomdarstellung.

b) Berechnen Sie den Gewinn des Betriebes, wenn 4 ME produziert werden.

9 Der parabelförmige Träger der abgebildeten symmetrischen Eisenbahnbrücke hat eine Spannweite von 100 Metern. Die Gleise befinden sich genau 30 Meter über den Auflagepunkten der Brücke auf den Fundamenten. Die Kosten für die beiden inneren Stützen, die einem horizontalen Abstand von 40 Metern haben, sollen kalkuliert werden. Berechnen Sie dazu die Höhe dieser beiden inneren Stützen.

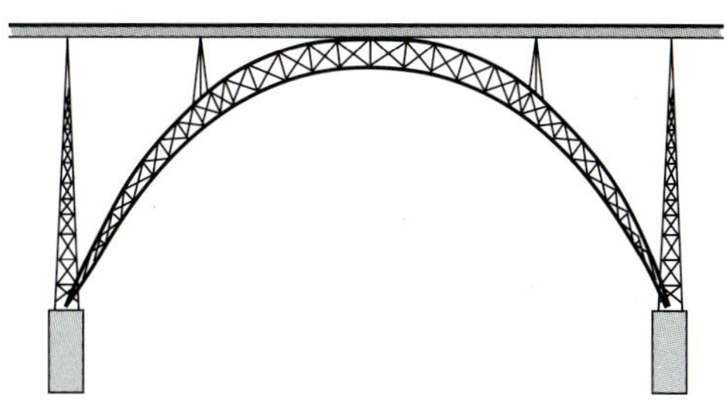

2.2.2 Nullstellen und Linearfaktordarstellung

Situation 4

Berechnen Sie algebraisch die **Nullstellen** der Erlösfunktion E mit $E(x) = -x^2 + 2x$.

Kontrollieren Sie Ihr Ergebnis mit dem Taschenrechner.

7

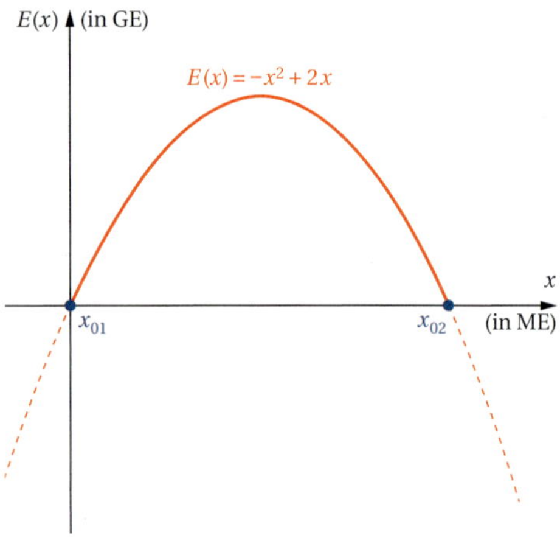

Lösung

Ansatz zur Berechnung der Nullstellen:

$\mathbf{E(x) = 0}$

$0 = -x^2 + 2x$

(Polynomform)

Der Funktionsterm der Gleichung

$0 = -x^2 + 2x$

lässt sich durch **Ausklammern** umformen:

$0 = x \cdot (-x + 2)$

(Linearfaktordarstellung)

Aus dem **Polynom (= Summe)** im ursprünglichen Funktionsterm ist ein **Produkt** mit zwei Faktoren geworden. Die Faktoren sind jeweils linear, denn der größte auftretende Exponent bei x ist 1.
Der Vorteil dieser **Linearfaktordarstellung** ist, dass die Nullstellen der Funktion unmittelbar abgelesen werden können.

Der Term $x \cdot (-x + 2)$ wird nämlich genau dann 0, wenn einer der beiden Faktoren oder beide 0 werden. Dies ist der Fall, wenn man im ersten Faktor für x die Zahl 0 oder im zweiten Faktor für x die Zahl 2 einsetzt. Folglich sind

$\underline{\underline{x_{01} = 0}}$

oder

$\underline{\underline{x_{02} = 2}}$

Nullstellen der Funktion.

Satz vom Nullprodukt:

Ein Produkt wird immer dann 0, wenn mindestens einer der Faktoren 0 ist.

Das **Ausklammerungsverfahren** lässt sich zum Lösen von Gleichungen immer dann anwenden, wenn kein Absolutglied vorhanden ist (s. Situation 4). In der Mathematik ist dieses Verfahren das mit Abstand bedeutendste.

Wenn in einer quadratischen Gleichung ein Absolutglied vorhanden ist, muss die Gleichung mit anderen Verfahren gelöst werden.

Situation 5

Für einen Betrieb gilt die Gewinnfunktion G mit

$$G(x) = -2x^2 + 14x - 12;\ D_{ök}(G) = [0; 7]$$

mit der abgebildeten Gewinnkurve.

Berechnen Sie algebraisch die **Nullstellen** des Graphen der Gewinnfunktion und interpretieren Sie das Ergebnis ökonomisch.

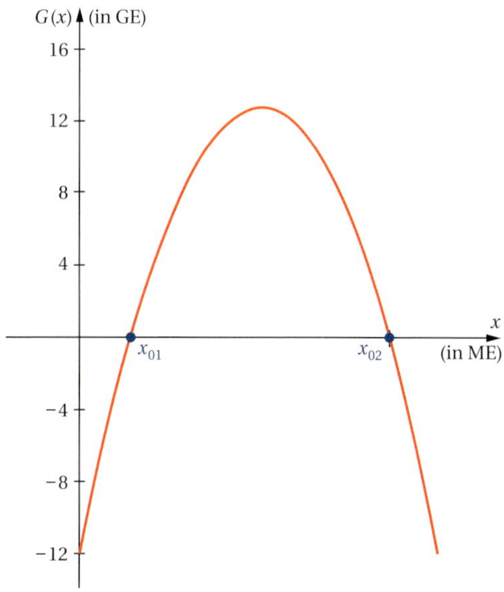

Lösung

Ansatz zur Berechnung von Nullstellen:

$$\boldsymbol{G(x) = 0}$$
$$0 = -2x^2 + 14x - 12$$

Es gibt zwei Lösungsvarianten:

Lösung mit der ***p*-*q*-Formel** für eine **quadratische Gleichung in Normalform**

$$0 = x^2 + px + q$$

$x_{01/02} = -\frac{p}{2} \pm \sqrt{\left(\frac{p}{2}\right)^2 - q}$
***p*-*q*-Formel**

Die quadratische Gleichung muss zunächst in die **Normalform** $\boldsymbol{0 = x^2 + px + q}$ gebracht (normiert) werden, denn der Koeffizient[1)] des Quadratgliedes muss 1 sein.

$$0 = -2x^2 + 14x - 12 \quad | : (-2)$$
$$0 = x^2 - 7x + 6$$
$$p = -7;\ q = 6$$

Lösung mit der ***a*-*b*-*c*-Formel oder „Mitternachtsformel"** für die **allgemeine quadratische Gleichung**

$$0 = ax^2 + bx + c$$

$x_{01/02} = \frac{-b \pm \sqrt{b^2 - 4ac}}{2a}$
***a*-*b*-*c*-Formel oder „Mitternachtsformel"**

Aus der **allgemeinen Form** einer quadratischen Gleichung $\boldsymbol{0 = ax^2 + bx + c}$ werden die Koeffizienten[1)] in die Formel eingesetzt.

$$0 = -2x^2 + 14x - 12$$
$$a = -2;\ b = 14;\ c = -12$$

---

1) **Koeffizient** = Beizahl bei der Variablen

$$\boldsymbol{x_{01/02} = -\frac{p}{2} \pm \sqrt{\left(\frac{p}{2}\right)^2 - q}}$$

$$x_{01/02} = \frac{7}{2} \pm \sqrt{\left(\frac{-7}{2}\right)^2 - 6}$$

$$= \frac{7}{2} \pm \sqrt{\frac{49}{4} - \frac{24}{4}}$$

$$= \frac{7}{2} \pm \sqrt{\frac{25}{4}}$$

$$= \frac{7}{2} \pm \frac{5}{2}$$

$$x_{01} = \frac{7}{2} - \frac{5}{2} = \frac{2}{2} = \underline{\underline{1}}$$

$$x_{02} = \frac{7}{2} + \frac{5}{2} = \frac{12}{2} = \underline{\underline{6}}$$

$$\boldsymbol{x_{01/02} = \frac{-b \pm \sqrt{b^2 - 4ac}}{2a}}$$

$$x_{01/02} = \frac{-14 \pm \sqrt{196 - 4 \cdot (-2) \cdot (-12)}}{2 \cdot (-2)}$$

$$= \frac{-14 \pm \sqrt{100}}{-4}$$

$$= \frac{-14 \pm 10}{-4}$$

$$x_{01} = \frac{-14 + 10}{-4} = \frac{-4}{-4} = \underline{\underline{1}}$$

$$x_{02} = \frac{-14 - 10}{-4} = \frac{-24}{-4} = \underline{\underline{6}}$$

Bei Produktionsmengen von $x_{01} = 1$ oder $x_{02} = 6$ ist der Gewinn gleich 0. Die erste Nullstelle der Gewinnfunktion bei $x_{01} = 1$ heißt **Gewinnschwelle x_{GS}**, auch **Nutzenschwelle** oder **Break-even-Point**. Bei dieser Produktionsmenge findet der Übergang von der Verlust- in die Gewinnzone statt.
Die zweite Nullstelle der Gewinnfunktion bei $x_{02} = 6$ heißt **Gewinngrenze x_{GG}** auch **Nutzengrenze**, weil hier der Übergang von der Gewinn- in die Verlustzone stattfindet.

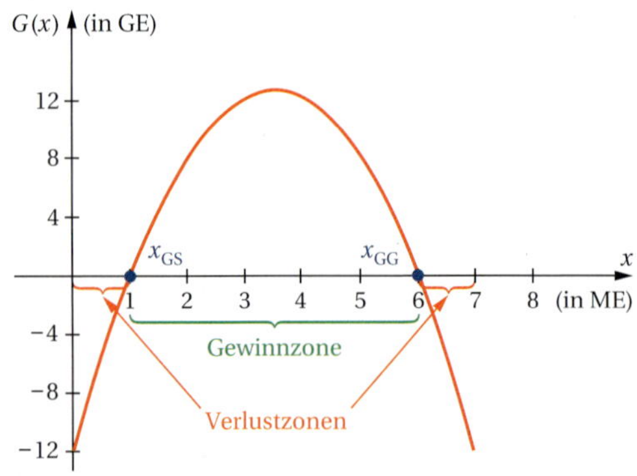

Situation 6

Berechnen Sie algebraisch die Nullstellen des Graphen der Funktion f mit $f(x) = x^2 - 4x + 4$ und skizzieren Sie den Graphen.

Lösung

$$f(x) = 0$$

$$0 = x^2 - 4x + 4 \qquad | p\text{-}q\text{-Formel}$$

$$x_{01/02} = 2 \pm \sqrt{4 - 4}$$

$$x_{01/02} = 2 \pm 0$$

$$\underline{\underline{x_{01/02} = 2}}$$

Es liegt eine **doppelte Nullstelle** vor, denn der Graph **berührt** die x-Achse an der Stelle $x = 2$.

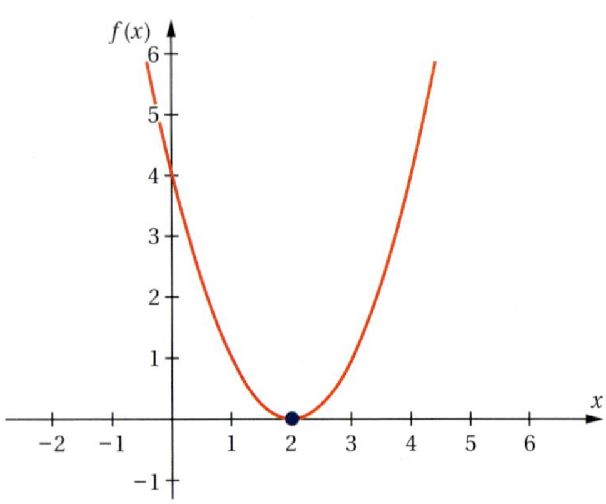

Situation 7

Berechnen Sie ohne Taschenrechner die Nullstellen des Graphen der Funktion mit $f(x) = -\frac{1}{2}x^2 + 2x - 3$.

Lösung

$f(x) = 0$

$0 = -\frac{1}{2}x^2 + 2x - 3 \qquad | \cdot (-2)$

$0 = x^2 - 4x + 6 \qquad | \; p\text{-}q\text{-Formel}$

$x_{01/02} = 2 \pm \sqrt{4-6}$

$x_{01/02} = 2 \pm \sqrt{-2}$

$x_{01/02}$ ist nicht definiert; kurz: $x_{01/02} = \text{n. d.}$

Es ist nicht möglich, aus einer negativen Zahl die Quadratwurzel zu ziehen.

⇒ Es existieren keine Nullstellen (vgl. Abb.)

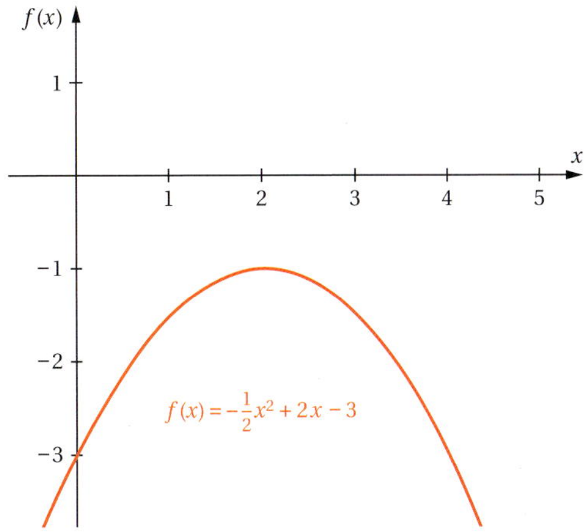

Für die Anzahl der Nullstellen ist der Term unter der Wurzel in der p-q-Formel oder auch in der a-b-c-Formel entscheidend, die **Diskriminante**[1] ***D***.

Es gilt:
Ist $\boldsymbol{D > 0}$, so gibt es **zwei Nullstellen** (s. Situation 5).
Ist $\boldsymbol{D = 0}$, so gibt es **eine (doppelte) Nullstelle** (s. Situation 6).
Ist $\boldsymbol{D < 0}$, so gibt es **keine Nullstelle** (s. Situation 7).

Wenn die Nullstellen einer quadratischen Funktion bekannt sind, lässt sich die **Linearfaktordarstellung** aufstellen.

Situation 8

Ermitteln Sie die Funktionsgleichung des Graphen einer Gewinnfunktion $G(x)$ in Form einer Normalparabel mit dem Break-even-Point bei $x = 1$ und der Gewinngrenze bei $x = 4$ in Linearfaktordarstellung und in Polynomform.

Lösung

$x_{01} = 1$ und $x_{02} = 4$ sind laut Aufgabenstellung Nullstellen der Funktion.
Eine quadratische Gleichung mit den Lösungen $x_{01} = 1$ und $x_{02} = 4$ muss aus folgenden Linearfaktoren bestehen:

$0 = (x-1)(x-4)$

Wenn nämlich die Zahlen 1 oder 4 für x eingesetzt werden, wird einer der Faktoren oder beide und damit die ganze Gleichung 0.

[1] discriminare (lat.): unterscheiden

Die **Linearfaktordarstellung** dieser quadratischen Funktion lautet demnach:

$$G(x) = (x - 1) \cdot (x - 4)$$

Der Graph der Gewinnfunktion ist nur dann ökonomisch sinnvoll, wenn die Parabel nach unten geöffnet ist. Deshalb muss der Funktionsterm noch mit – 1 multipliziert werden:

$$\underline{\underline{G(x) = -(x - 1) \cdot (x - 4)}}$$

Die entsprechende **Polynomdarstellung** ergibt sich durch Ausmultiplizieren der Klammern:

$$G(x) = -(x^2 - 4x - x + 4)$$
$$G(x) = -x^2 + 5x - 4$$

$f(x) = -(x - 1) \cdot (x - 4)$ heißt **Linearfaktordarstellung** der Funktion f mit $f(x) = -x^2 + 5x - 4$ in Polynomdarstellung.
Aus der Linearfaktordarstellung lassen sich die **Nullstellen** einer Funktion **direkt ablesen, weil ein Produkt immer dann 0 wird, wenn (mindestens) einer der Faktoren 0 ist**.

Zusammenfassung

Verfahren zur **Nullstellenberechnung** bei quadratischen Funktionsgleichungen

- wenn das Linearglied in der Gleichung fehlt → **Wurzel ziehen**
- wenn das Absolutglied fehlt → **Ausklammern** und **Satz vom Nullprodukt**
- wenn alle Glieder vorhanden sind → **Formeln anwenden**
  - für Gleichungen in **Normalform:** $\mathbf{0 = x^2 + px + q}$ → $x_{01/02} = -\frac{p}{2} \pm \sqrt{\left(\frac{p}{2}\right)^2 - q}$ — ***p-q*-Formel**
  - für beliebige quadratische Gleichungen in **allgemeiner Form:** $\mathbf{0 = ax^2 + bx + c}$ → $x_{01/02} = \frac{-b \pm \sqrt{b^2 - 4ac}}{2a}$ — ***a-b-c*-Formel oder „Mitternachtsformel“**

- **Satz vom Nullprodukt**:
  Ein Produkt wird dann 0, wenn mindestens einer der Faktoren 0 ist.

- Die **Diskriminante** D, der Term unter der Wurzel, entscheidet über die **Anzahl der Lösungen, der Nullstellen.**
  $D > 0$: zwei Lösungen, zwei Nullstellen
  $D = 0$: eine Lösung, eine (doppelte) Nullstelle
  $D < 0$: keine Lösung, keine Nullstelle
- Hat der Graph einer Funktion eine **doppelte Nullstelle**, so **berührt der Graph** an dieser Stelle **die x-Achse.**
- Hat der Graph einer Funktion eine **einfache Nullstelle**, so **schneidet der Graph** an dieser Stelle **die x-Achse.**
- Der Graph einer quadratischen Funktion hat *maximal* zwei Nullstellen.
- **Linearfaktordarstellung einer quadratischen Funktion:**
  $\boldsymbol{f(x) = a(x - x_{01}) \cdot (x - x_{02})}$
  a ist der Formfaktor und gibt die **Öffnung** und die **Dehnung oder Stauchung** der Parabel an.
  x_{01} und x_{02} sind die **Nullstellen** der Funktion.

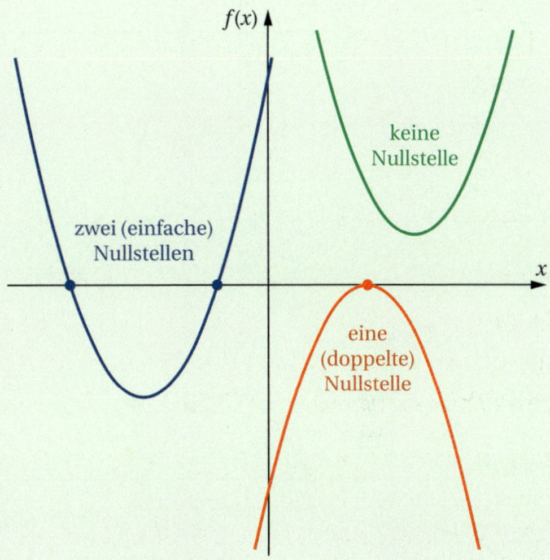

Übungsaufgaben

1 Entscheiden Sie über das jeweils anzuwendende einfachste Verfahren zur Nullstellenberechnung. Berechnen Sie die Nullstellen algebraisch. Prüfen Sie Ihr Ergebnis mit dem Taschenrechner. Geben Sie, wenn möglich, die Linearfaktordarstellung der Gleichung an.

a) $f(x) = x^2 + x - 6$ b) $f(x) = \frac{1}{2}x^2 - 2$
c) $f(x) = \frac{1}{3}x^2 - 2x + 4$ d) $f(x) = x^2 + 3x$
e) $f(x) = 2x^2 - 2x$ f) $f(x) = -2x^2 - 8x - 8$
g) $f(x) = \frac{1}{2}x^2 + \frac{1}{2}x - 6$ h) $f(x) = -2x^2 + 18$
i) $f(x) = 2x^2 - 8x + 10$ j) $f(x) = 0{,}5x^2 + x$
k) $f(x) = 4x^2 + x - 5$ l) $f(x) = -0{,}1x^2 + 1{,}6$
m) $f(x) = -0{,}4x^2 - 0{,}1x + 0{,}5$ n) $f(x) = -x^2 + 8x - 17$
o) $f(x) = -x^2 + \frac{1}{2}x$ p) $f(x) = 0{,}5x^2 + x + 0{,}5$
q) $f(x) = -3x^2 - 3x$ r) $f(x) = 0{,}5x - \frac{1}{2}$
s) $f(x) = 4x^2 - 8x$ t) $f(x) = 0{,}5x^2 + 2x + 2$

2 Bestimmen Sie die Funktionsgleichung in Linearfaktordarstellung und in Polynomform.

a)

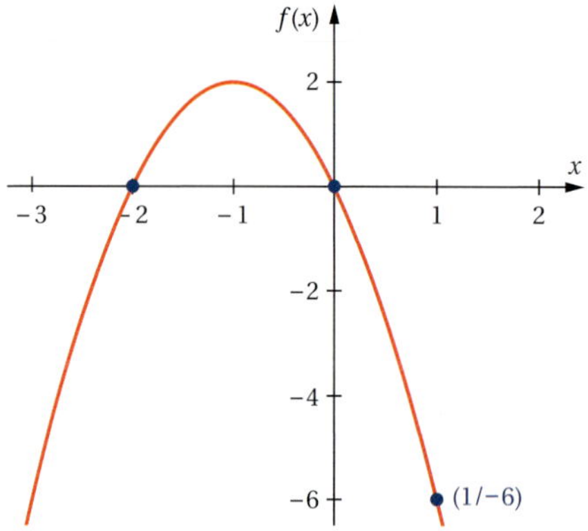

b)

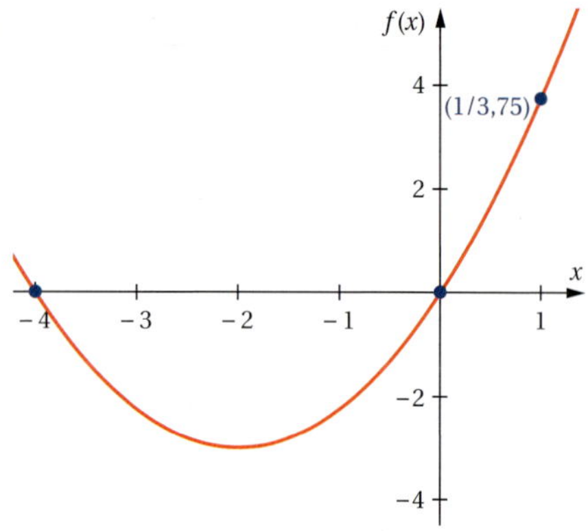

c)

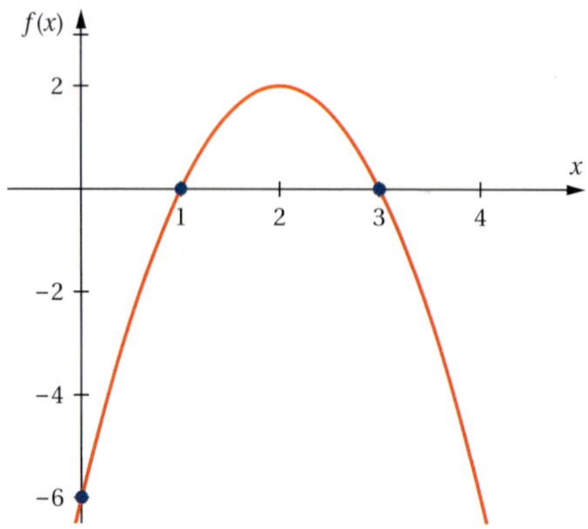

d)

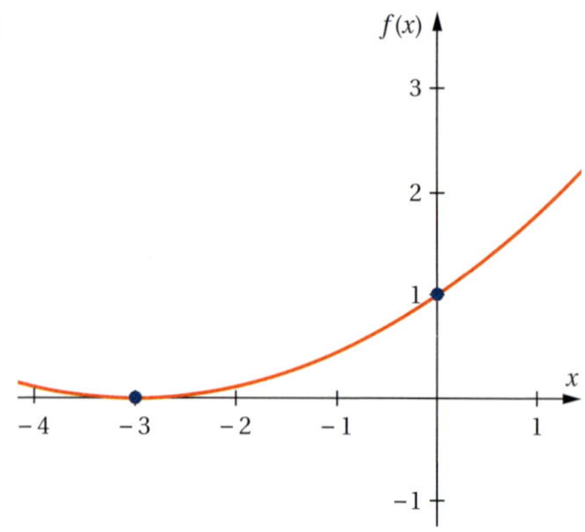

3 Ermitteln Sie die Polynomform der Parabel, die

a) die x-Achse in den Punkten $S_{x_1}(-1/0)$ und $S_{x_2}(2/0)$ schneidet, nach unten geöffnet und mit dem Faktor 3 in y-Richtung gedehnt ist;

b) die x-Achse bei $x = -1$ berührt, nach oben geöffnet und in y-Richtung mit dem Faktor 2 gedehnt ist;

c) die x-Achse bei $x = 0$ und bei $x = 3$ schneidet, nicht gedehnt oder gestaucht, aber nach unten geöffnet ist.

4 Bestimmen Sie mithilfe der drei Darstellungsformen quadratischer Funktionen den Scheitelpunkt, die Öffnung, Dehnung oder Stauchung und die Schnittpunkte mit den Achsen. Zeichnen Sie den Graphen.

a) $f(x) = \frac{1}{2}x^2 + 2x + 3$

b) $f(x) = \frac{1}{3}x^2 + 2x + 5$

c) $f(x) = -2x^2 + 12x - 16$

d) $f(x) = -2x^2 - 2x$

e) $f(x) = -0{,}4x^2 + 3$

f) $f(x) = 0{,}2x^2 + x$

g) $f(x) = x^2 + 2x - 3$

h) $f(x) = \frac{1}{3}x^2 - 2x + 3$

5 Eine parabelförmige Bogenbrücke wird durch die Funktionsgleichung
$f(x) = -\frac{1}{200}x^2 + x - 20$ beschrieben.
Die unter Straßenniveau liegenden Auflagepunkte der Brücke sind die Punkte C und D.

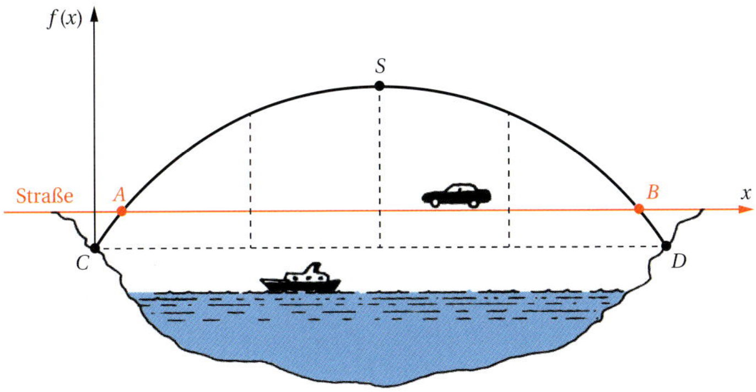

Zur Kalkulation von Reparaturarbeiten an der Brücke werden einige Daten benötigt.

a) Bestimmen Sie die Höhe der Brücke vom Straßenniveau (x-Achse) aus.
b) Berechnen Sie die Länge der Straße auf dieser Brücke $(\overline{AB})$.
c) Ermitteln Sie die Funktionsgleichung des Trägerbalkens durch die Punkte C und S.

6 Eine nach unten geöffnete Normalparabel schneidet die x-Achse bei $x = 1$ und bei $x = 4$. Ermitteln Sie die

a) Linearfaktordarstellung,
b) Polynomdarstellung,
c) Scheitelpunktform.

7 Ergänzen Sie die fehlenden Darstellungsformen.

	a)	b)	c)
Polynomform	$f(x) = -2x^2 - 3x + 2$		
Linearfaktor-darstellung		$f(x) = 0{,}5(x+2)(x-4)$	
Scheitelpunktform			$f(x) = \frac{1}{4}(x+2)^2$

	d)	e)	f)
Polynomform	$f(x) = 2x^2 - 2x - 12$		
Linearfaktor-darstellung		$f(x) = 0{,}5(x-1)(x+3)$	
Scheitelpunktform			$f(x) = -\frac{1}{2}(x+1)^2 + 4{,}5$

	g)	h)	i)
Polynomform	$f(x) = \frac{1}{3}x^2 + 2x - \frac{7}{3}$		
Linearfaktor-darstellung		$f(x) = 0{,}8(x+2)(x+7)$	
Scheitelpunktform			$f(x) = \frac{1}{2}(x-1)^2 - \frac{9}{2}$

2.2.3 Ermittlung einer Funktionsgleichung

Wenn zur Modellbildung die Gleichung einer Funktion gefunden werden muss, sind häufig nicht so charakteristische Punkte wie die Achsenschnittpunkte oder der Scheitelpunkt gegeben, sondern beliebige Punkte des Graphen. Auch daraus kann man die Gleichung der Funktion ermitteln.

Situation 9

Die Controlling-Abteilung eines Betriebs hat den Gewinn in Abhängigkeit von verschiedenen Produktionsmengen ermittelt. Die Tabelle zeigt das Ergebnis.

Produktionsmenge x (in ME)	1	2	3
Gewinn G (in GE)	1,5	3	3,5

Für weitere Berechnungen benötigt die Controlling-Abteilung eine Gleichung für den Gewinn bei verschiedenen Produktionsmengen. Es soll von einer quadratischen Funktionsgleichung ausgegangen werden.

9, 5

a) Ermitteln Sie die Gewinngleichung mithilfe eines linearen Gleichungssystems und mit dem Taschenrechner.

b) Ermitteln Sie die Gleichung für den Gewinn mithilfe der Regressionsfunktion des Taschenrechners. Visualisieren Sie mit dem Taschenrechner den Graphen mit den gegebenen Datenpunkten.

c) Ein Mitarbeiter der Controlling-Abteilung ist der Meinung, dass der Graph einer linearen Funktion besser geeignet sei, um den Gewinn bei den gegebenen Produktionsmengen darzustellen. Entscheiden Sie mathematisch und ökonomisch, welche Regression besser ist.

Lösung

a) Die gesuchte quadratische Funktionsgleichung hat die allgemeine Form

$f(x) = ax^2 + bx + c.$

Aus der Tabelle ergeben sich die Punkte

$P_1(1/1{,}5)$; $P_2(2/3)$; $P_3(3/3{,}5)$.

Wir setzen jeweils die Koordinaten der Punkte für x und $G(x)$ in die allgemeine Funktionsgleichung ein:

$P_1(1/1{,}5)$ in $f(x) = ax^2 + bx + c \Rightarrow 1{,}5 = a1^2 + b1 + c$

$P_2(2/3)$ in $f(x) = ax^2 + bx + c \Rightarrow 3 = a2^2 + b2 + c$

$P_3(3/3{,}5)$ in $f(x) = ax^2 + bx + c \Rightarrow 3{,}5 = a3^2 + b3 + c$

Wenn wir die Seiten der Gleichungen tauschen und die Potenzen berechnen, erhalten wir ein **lineares Gleichungssystem** mit 3 Gleichungen und 3 Variablen:

$1a + 1b + 1c = 1{,}5$

$4a + 2b + 1c = 3$

$9a + 3b + 1c = 3{,}5$

Dieses Gleichungssystem könnte man jetzt wieder mit den bekannten Verfahren aus der Sekundarstufe I (Gleichsetzungs-, Einsetzungs- oder Additionsverfahren) lösen. Da dieses Vorgehen aber bei drei Gleichungen recht umständlich ist, wollen wir zeigen, wie man ein **lineares Gleichungssystem einfacher mit dem Taschenrechner lösen** kann.

Abb. 1: In der Calculator-Applikation definieren wir die Funktion $f(x) :=$ in der allgemeinen Form mit den Variablen a, b, und c.

Abb. 2 und 3: Mit [menu] 3: Algebra, 7: Gleichungssystem lösen, 1: Gleichungssystem lösen…, können wir den **Lösungsbefehl solve für das Gleichungssystem** anfordern. Wir müssen die Anzahl der Gleichungen und die Variablen angeben.

Abb. 4: Jetzt können wir die Gleichungen des LGS wie abgebildet eingeben.

Abb. 1

Abb. 2

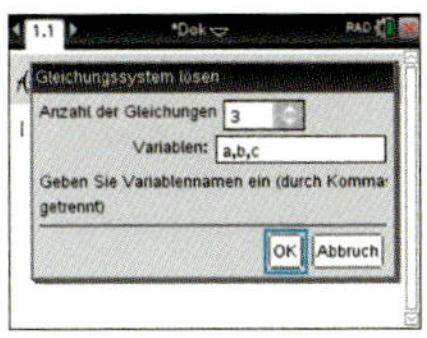

Abb. 3

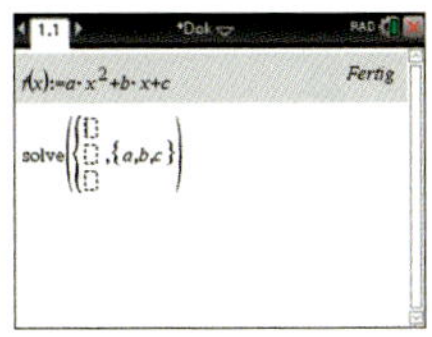

Abb. 4

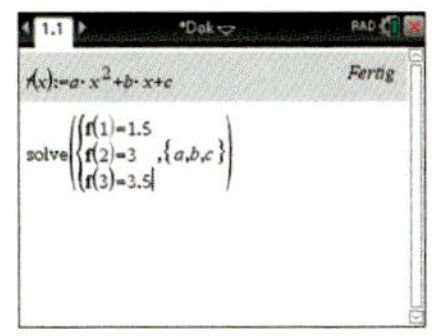

Abb. 5: Mit [enter] erhalten wir die Lösung des Gleichungssystems.

Abb. 6: Wir können uns die gesuchte Funktionsgleichung anzeigen lassen, wenn wir die Variablen a, b, und c mit den berechneten Werten definieren und dann nur "$f(x)$" eingeben.

Abb. 7: Alternativ zum solve-Befehl für Gleichungssystem jeglicher Art kann mit [menu], 3: Algebra, 7: Gleichungssystem lösen, 2: System linearer Gleichungen lösen…, der **linSolve-Befehl** ausgeführt werden. Das Ergebnis wird vom Taschenrechner lediglich anders dargestellt.

Abb. 5

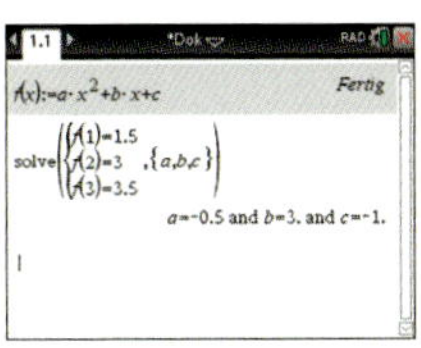

Abb. 6

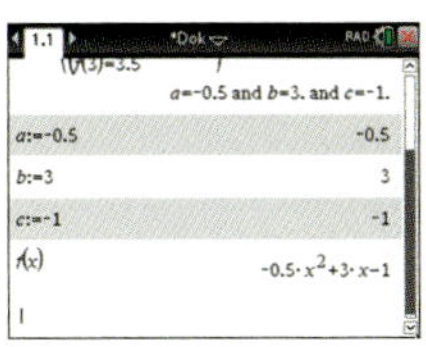

Abb. 7

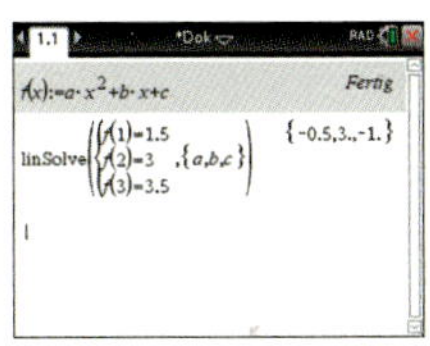

Jetzt können wir die Lösung des Gleichungssystems, die Variablen a, b und c direkt ablesen:

$\underline{a = 0{,}5}$

$\underline{b = 3}$

$\underline{c = -1}$

Die gesuchte Gleichung lautet also:

$\underline{\underline{f(x) = 0{,}5x^2 + 3x - 1}}$

Zur Ermittlung einer Funktionsgleichung mithilfe eines linearen Gleichungssystems muss die Anzahl der Gleichungen mindestens so groß sein wie die Anzahl der zu bestimmenden Variablen.

b) Abb. 8: Im Startbildschirm öffnen wir die Applikation **Lists & Spreadsheet**.
Die x-Werte der vorgegebenen Punkte geben wir in der 1. Spalte der Tabelle ein, die y-Werte in der 2. Spalte. Die entsprechenden Tabellenköpfe A und B werden mit x und y bezeichnet.

Abb. 9–10: Mit [menu], 4: Statistik, 1: Statistische Berechnungen, 6: Quadratische Regression..., rufen wir die quadratische Regression auf.

Abb. 8

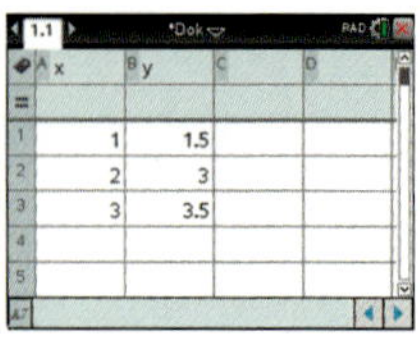

Abb. 9

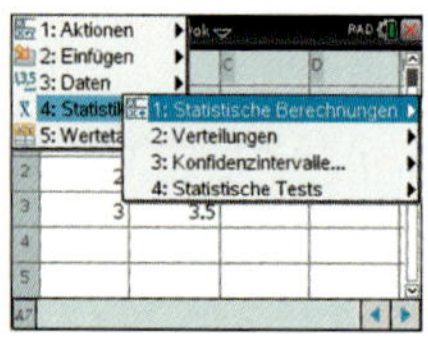

Abb. 10

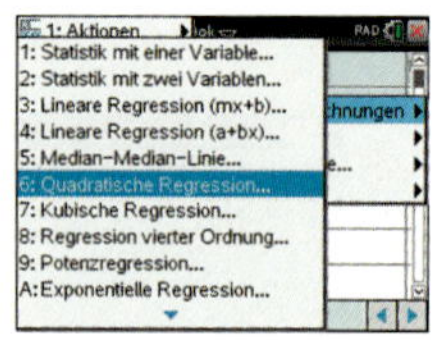

Abb. 11–12: Dann müssen noch die Listen entsprechend denen der Tabelle in Abb. 8 angegeben werden.

Abb. 13: Mit [ok] führen wir quadratische Regression durch.

Abb. 11

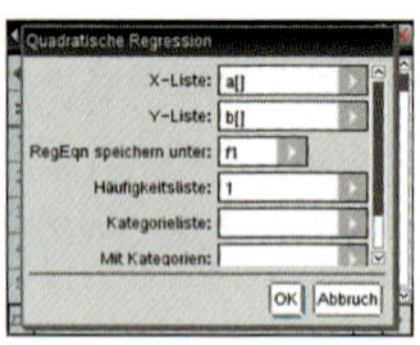

Abb. 12

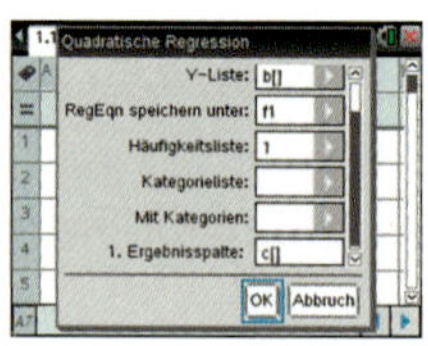

Abb. 13

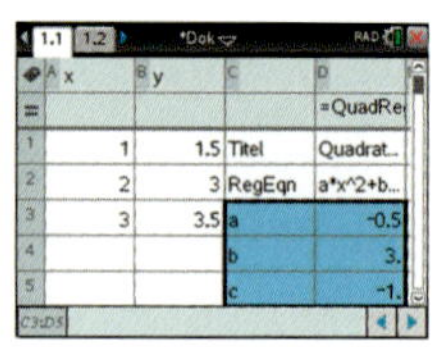

Das Ergebnis ist $a = -0{,}5$; $b = 3$ und $c = -1$. Also lautet die Gleichung der Regressionsparabel: $\underline{\underline{f(x) = -0{,}5x^2 + 3x - 1}}$

Das Bestimmtheitsmaß r^2 gibt die Qualität einer Regression an. Je dichter dieser Wert bei 1 liegt, desto besser ist die Regression. Für $r^2 = 1$ verläuft die Regressionsgerade genau durch die vorgegebenen Punkte.

Abb. 14: Zur grafischen Darstellung der vorgegebenen Punkte öffnen wir eine neue Seite (Dokument 1.2) mit [ctrl], [+page], 5: Data & Statistics hinzufügen.
Am linken und am unteren Rand der neu geöffneten Seiten müssen die Achsen so wie die Tabellenköpfe im Dokument 1.1 mit x und y bezeichnet werden.

Abb. 15–17: Mit menu, 4: Analysieren, 6: Regression, 4: Quadratische Regression anzeigen, wird der gesuchte Regressionsgraph mit den vorgegebenen Punkten gezeichnet.

Abb. 14

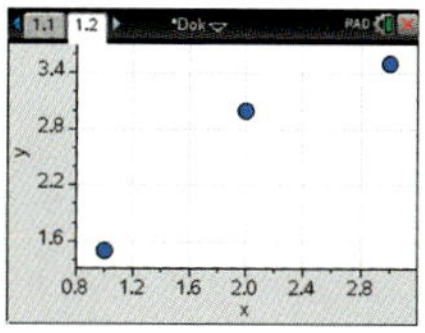

Abb. 15

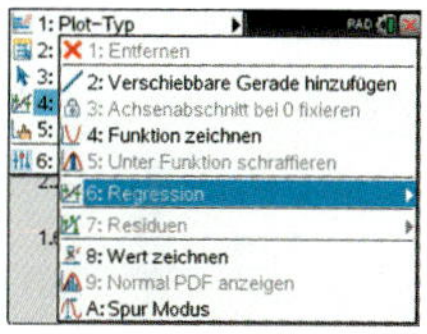

Abb. 16

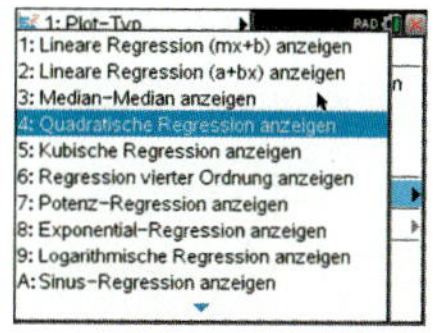

Abb. 17

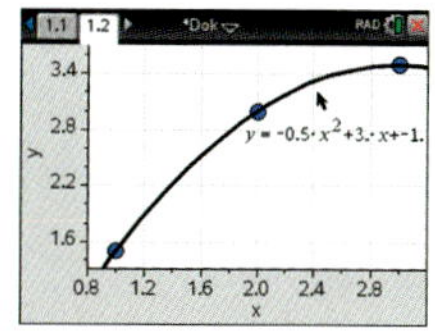

c) Jetzt führen wir eine lineare Regression mit dem Taschenrechner durch.
Abb. 18: Im Startbildschirm wird die Applikation **Lists & Spreadsheet** geöffnet.
Die x-Werte der vorgegebenen Punkte geben wir in der 1. Spalte der Tabelle ein, die y-Werte in der 2. Spalte. Die Tabellenköpfe A und B werden mit x und y bezeichnen.

Abb. 19–21: Mit menu, 4: Statistik, 1: Statistische Berechnungen, 3: Lineare Regression $(mx + b)$, führen wir die lineare Regression durch.

Abb. 18

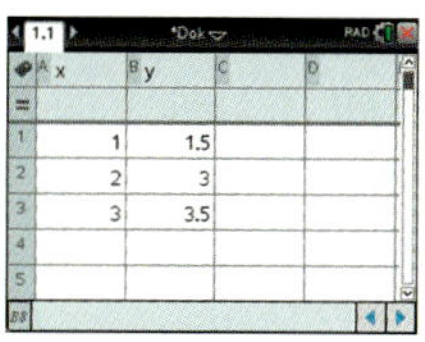

Abb. 19

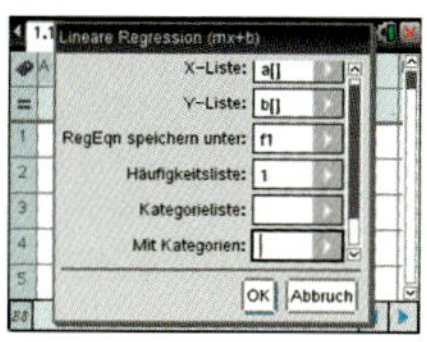

Abb. 20

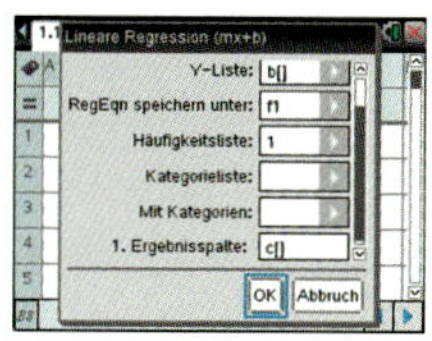

Abb. 21

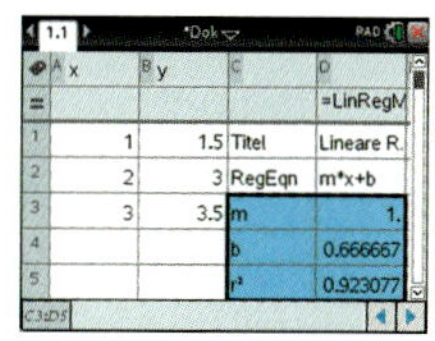

Das Ergebnis $m = 1$ und $b = 0{,}\overline{6}$ bestimmt die Gleichung der Regressionsgeraden:
$\underline{\underline{f(x) = x + 0{,}\overline{6}}}$

Das ebenfalls aufgeführte Bestimmtheitsmaß $r^2 = 0{,}923077$ gibt die Qualität der Regression an.

Das Ergebnis $m = 1$ und $b = 0{,}\overline{6}$ bestimmt die Gleichung der Regressionsgeraden:
$\underline{\underline{f(x) = x + 0{,}\overline{6}}}$

Das ebenfalls aufgeführte Bestimmtheitsmaß $r^2 = 0{,}923077$ gibt die Qualität der Regression an.

Abb. 22–23: Zur korrekten grafischen Darstellung der vorgegebenen Punkten öffnen wir eine neue Seite Dokument 1.2 mit ctrl, [+page], 5: Data & Statistics.
Am unteren und am linken Rand der neu geöffneten Seiten müssen die Achsen entsprechend den Tabellenköpfen im Dokument 1.1 mit x und y bezeichnet werden.

Abb. 24: Mit menu, 4: Analysieren, 6: Regression, 1: Lineare Regression anzeigen, wird der gesuchte Graph gezeichnet.

Abb. 22

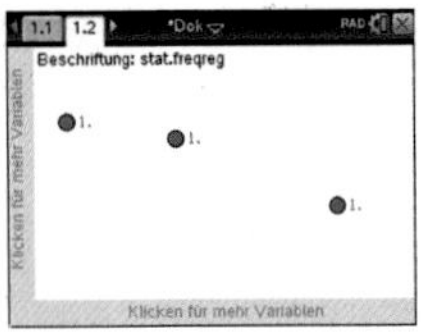

Abb. 23

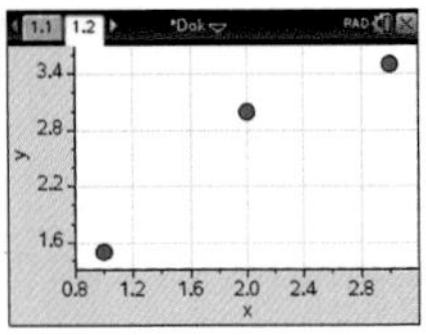

Abb. 24

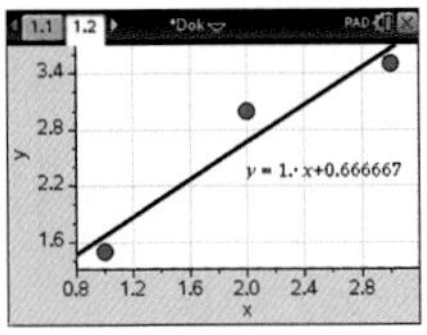

Schon der Sichtvergleich der Regressionsgraphen mit den Datenpunkten zeigt, dass die quadratische Regression eine bessere Näherung darstellt als die lineare Regression.

Eine Sichtprüfung ist jedoch wenig zuverlässig. Der Taschenrechner bietet durch das Bestimmtheitsmaß r^2 oder den Korrelationskoeffizienten $r = \sqrt{r^2}$ eine einfache Möglichkeit, die Qualität einer Regression rechnerisch zu überprüfen. Je dichter das Bestimmtheitsmaß oder der Korrelationskoeffizient r bei 1 liegen, desto besser ist die Näherung.

Bei der zuvor durchgeführten quadratischen Regression ist das Bestimmtheitsmaß $r^2 = 1$, also liegen die Datenpunkte alle genau auf dem Regressionsgraphen.

Die lineare Regression stellt eine weniger gute Näherung dar, weil der Wert des Bestimmtheitsmaßes $r^2 = 0{,}923077$ kleiner als 1 ist.

Die lineare Regression liefert zudem einen ökonomisch unsinnigen Graphen, da bei einer Produktionsmenge von $x = 0$ ein positiver Gewinn entsteht (vgl. positiven Ordinatenabschnitt in der Abb. oben rechts).

Übungsaufgaben

1 Der Gewinn G eines Betriebes in Abhängigkeit von der Produktionsmenge x soll durch eine quadratische Funktionsgleichung modelliert werden. Die Tabelle zeigt die Gewinne, die das Rechnungswesen des Betriebes bei bestimmten Produktionsmengen ermittelt hat.

Produktionsmenge x (in ME)	10	20	25
Gewinn G (in GE)	7	10	9,25

a) Bestimmen Sie die Gewinngleichung mithilfe eines linearen Gleichungssystems.

b) Ermitteln Sie die Gleichung für den Gewinn mithilfe der Regressionsfunktion des Taschenrechners. Visualisieren Sie mit dem Taschenrechner den Graphen mit den gegebenen Datenpunkten.

c) Prüfen Sie, ob die lineare oder die quadratische Regressionsgleichung besser geeignet ist, um den Gewinn bei den gegebenen Produktionsmengen darzustellen. Visualisieren Sie mit dem Taschenrechner den linearen Regressionsgraphen mit den gegebenen Datenpunkten.

2 Der Kostenrechner eines Betriebs hat Zusammenhänge zwischen den Produktionsmengen x und den Gesamtkosten K ermittelt:

x (in ME)	1	2	4	6
K (in GE)	2	2,5	3	4

a) Bestimmen Sie mit dem Taschenrechner die Gleichung einer quadratischen und einer linearen Regressionsfunktion für die Gesamtkosten. Visualisieren Sie die Regressionsgraphen der vorgegebenen Datenpunkte mithilfe des Taschenrechners. Beurteilen Sie die Qualität der Regressionen.

b) Berechnen Sie mit der qualitativ besseren Regressionsfunktion, wie hoch die Gesamtkosten des Betriebes bei einer Produktionsmenge von $x = 8\,\text{ME}$ sind.

c) Ermitteln Sie für beide Regressionsfunktionen die Fixkosten des Betriebes.

3 Bei einer Produktionsmenge von 5 ME betragen die Gesamtkosten 13,9 GE, bei 10 ME betragen sie 17,6 GE, bei 15 ME betragen sie 21,1 GE und bei 20 ME betragen sie 24,4 GE.

a) Ermitteln Sie mit dem Taschenrechner die Gleichung der zugehörigen quadratischen Gesamtkostenfunktion.

b) Beurteilen Sie, ob alle Datenpunkte auf der Regressionskurve liegen.

c) Geben Sie die Fixkosten der Produktion an.

d) Bestimmen Sie den ökonomisch sinnvollen Definitionsbereich für diese Kostenfunktion.

4 Bei der Herstellung eines Produktes fallen in dem Betrieb Fixkosten in Höhe von 9,6 GE an. Die Gewinnschwelle wird bei einer Produktion von 2 ME und die Gewinngrenze bei einer Produktion von 6 ME erreicht. Es gilt: $D_{ök}(G) = [0; 10]$

a) Ermitteln Sie die Gleichung der quadratischen Gewinnfunktion mithilfe eines linearen Gleichungssystems.

b) Ermitteln Sie die Gleichung mithilfe der Regressionsfunktion des Taschenrechners.

c) Bestimmen Sie den Gewinn des Betriebes an der Kapazitätsgrenze.

d) Berechnen Sie, bei welcher Produktionsmenge der Betrieb seinen Gewinn maximiert. Ermitteln Sie den maximalen Gewinn.

5 Bestimmen Sie mit dem Taschenrechner die Gleichung einer quadratischen Regressionskurve für die angegebenen Punkte.

a) $P_1(0/2)$; $P_2(2/2)$; $P_3(4/6)$; $P_4(5/9{,}5)$

b) $P_1(-1/0)$; $P_2(1/-4)$; $P_3(4/5)$

c) $P_1(-1/6)$; $P_2(1/3)$

d) $P_1(-1/3)$; $P_2(1/-5)$; $P_3(2/-12)$

6 Bestimmen Sie mit dem Taschenrechner die Gleichung einer quadratischen und einer linearen Regressionsfunktion für die angegebenen Punkte. Beurteilen Sie die Qualität der Regressionen.

a) $P_1(0/6)$; $P_2(2/3)$; $P_3(4/2)$; $P_4(5/0)$

b) $P_1(-1/0{,}5)$; $P_2(0/3)$; $P_3(1/4)$; $P_4(3/5)$

c) $P_1(-1/6)$; $P_2(1/3)$

d) $P_1(-1/6)$; $P_2(1/3)$; $P_3(2/5)$

2.2.4 Kosten, Erlös und Gewinn im Monopol

Im **Angebotsmonopol** steht ein einzelner Anbieter mit seinem Angebot sehr vielen Nachfragern gegenüber. Aufgrund dieser Marktstellung kann der Angebotsmonopolist den Marktpreis für das von ihm angebotene Produkt autonom festlegen. Die Nachfrager reagieren auf den vom Monopolisten vorgegebenen Preis, indem sie entsprechend der gesamtwirtschaftlichen Nachfragefunktion die jeweiligen Nachfragemengen abnehmen. Da der Angebotsmonopolist nur die Mengen anbieten wird, die auch nachgefragt werden, ist die gesamtwirtschaftliche Nachfragefunktion gleichzeitig die **Preis-Absatzfunktion (Angebotsfunktion) des Monopolisten**.

Wenn der Angebotsmonopolist beispielsweise den Preis p_1 festlegt, wird von den Nachfragern die Menge x_1 nachgefragt. Entsprechend bietet der Monopolist dann auch diese Menge x_1 an. Würde der Angebotsmonopolist den geringeren Preis p_2 festlegen, dann würde von den Nachfragern die größere Menge x_2 nachgefragt und diese dann auch entsprechend vom Monopolisten angeboten werden.

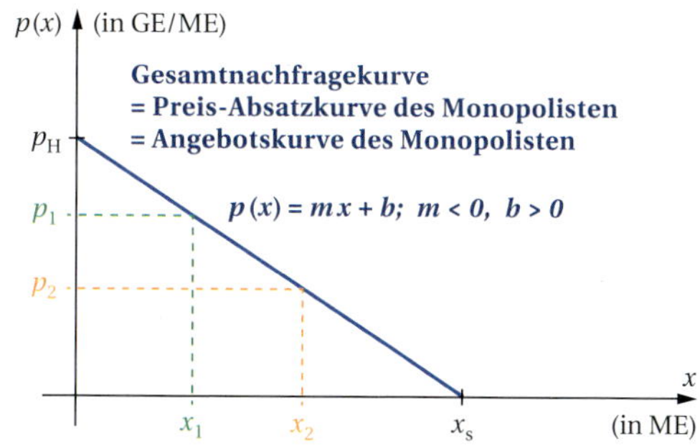

Der Graph der Preis-Absatzfunktion im Monopol ist eine fallende Gerade mit positivem Ordinatenabschnitt.

$\boldsymbol{p(x) = mx + b}$ mit $m < 0, b > 0$
Preis-Absatzfunktion im Monopol

Der Ordinatenabschnitt der gesamtwirtschaftlichen Nachfragefunktion (= Preis-Absatzfunktion des Monopolisten) heißt **Höchstpreis p_H**. Bei diesem Preis erlischt die gesamtwirtschaftliche Nachfrage nach dem Produkt, der Absatz des Monopolisten würde entsprechend 0 betragen.

Ansatz zur **Berechnung des Höchstpreises p_H** (des Ordinatenabschnitts): $\boldsymbol{p(0) = ?}$

Die Nullstelle der gesamtwirtschaftlichen Nachfragefunktion (= Preis-Absatzfunktion des Monopolisten) heißt **Sättigungsmenge x_S**. Sie gibt die Menge an, die bei einem (theoretischen) Preis von 0 nachgefragt werden würde. Bei dieser gesamtwirtschaftlichen Nachfragemenge haben die Konsumenten ihre Bedürfnisse befriedigt, mehr wird von diesem Produkt nicht nachgefragt.

Ansatz zur **Berechnung der Sättigungsmenge x_S** (der Nullstelle): $\boldsymbol{p(x) = 0}$

Der Erlös E ist bekanntlich das Produkt aus dem Preis p und der verkauften Menge x:

$E = p \cdot x$

Als Funktion:

$E(x) = p(x) \cdot x$

Wenn man für $p(x)$ den Term der Preis-Absatzfunktion einsetzt, erhält man die Gleichung der Erlösfunktion des Monopolisten:

$E(x) = p(x) \cdot x$

$E(x) = (mx + b) \cdot x$

$E(x) = mx^2 + bx$

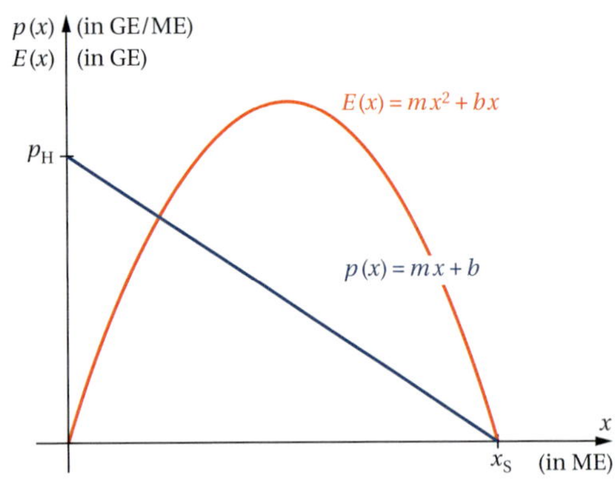

$E(x) = mx^2 + bx$ mit $m < 0,\ b > 0$
Erlösfunktion im Monopol

Im Monopol ist die Erlöskurve also eine nach unten geöffnete Parabel mit den Nullstellen $x_{01} = 0$ und $x_{02} = x_S$ (Sättigungsmenge).

Der ökonomisch sinnvolle Definitionsbereich der Preis-Absatzfunktion und der Erlösfunktion im Monopol umfasst die Produktionsmengen von einschließlich 0 bis zur Sättigungsmenge x_S:

$D_{ök}(p, E) = [0; x_S]$

Die Preisbildung auf den Märkten hängt also entscheidend von der Marktstellung der Marktteilnehmer ab. Für einen polypolistischen Anbieter ist der Preis durch den Markt vorgegeben. Das ist im Marktmodell der Gleichgewichtspreis, der sich aus der Übereinstimmung von Angebot und Nachfrage ergibt. Der Polypolist kann als Mengenanpasser nur die von ihm angebotene Menge variieren.

Der monopolistische Anbieter kann den Preis autonom festlegen und die Nachfrager können dann nur mit den entsprechenden Nachfragemengen reagieren.

Situation 10

Auf einem monopolistischen Markt erlischt die Nachfrage nach einem Gut bei einem Preis von $p = 5$ GE/ME **(Höchstpreis)**. Mehr als $x = 10$ ME **(Sättigungsmenge)** werden von diesem Gut nicht nachgefragt. Bestimmen Sie die Gleichung

7, 10

a) der linearen Gesamtnachfragefunktion und der Preis-Absatzfunktion des Monopolisten;
b) der Erlösfunktion des Monopolisten.
c) Zeichnen Sie die Graphen in ein gemeinsames Koordinatensystem. Berechnen Sie dazu algebraisch die Nullstellen der Erlöskurve und ihren Scheitelpunkt. Überprüfen Sie Ihr Ergebnis mit dem Taschenrechner.

d) Der Monopolist bestimmt für das von ihm angebotene Produkt einen Preis in Höhe von 4 GE/ME. Bestimmen Sie, wie viele ME er bei diesem Preis absetzen kann. Berechnen Sie, wie hoch der Erlös des Monopolisten bei diesem Preis ist. Kennzeichnen Sie die beschriebene Situation in der Grafik zu Teilaufgabe c).

e) Ermitteln Sie, bei welcher Ausbringungsmenge der Monopolist seinen Erlös maximiert. Wie hoch ist dann der Erlös? Bestimmen Sie den Marktpreis, den der Monopolist festsetzen müsste, damit er seinen Erlös maximiert. Kennzeichnen Sie die beschriebene Situation in der Grafik zu Teilaufgabe c).

Lösung

a) Die Gesamtnachfragefunktion (= Angebotsfunktion des Monopolisten = Preis-Absatzfunktion) p ist eine Gerade mit negativer Steigung und positivem Ordinatenachsenabschnitt. Die Gerade hat die allgemeine Form

$$p(x) = mx + b.$$

Weil die Preis-Absatzgerade eine negative Steigung haben muss, gilt:

$$m = -\frac{|\text{Höhenunterschied}|}{|\text{Horizontalenunterschied}|}$$

$$m = -\frac{\text{Höchstpreis}}{\text{Sättigungsmenge}} = -\frac{5}{10} = -\frac{1}{2}$$

$$p(x) = -\frac{1}{2}x + b$$

Der Höchstpreis ist gleichzeitig der Ordinatenachsenabschnitt der Geraden:

$$\Rightarrow \underline{\underline{p(x) = -\frac{1}{2}x + 5}}$$

Die Gesamtnachfragefunktion ist gleichzeitig die Preis-Absatzfunktion und damit die Angebotsfunktion des Monopolisten.

b) Weil der Erlös E das Produkt aus Preis p und Absatzmenge x ist, gilt:

$$E(x) = p(x) \cdot x$$

$$E(x) = \left(-\frac{1}{2}x + 5\right) \cdot x$$

$$\underline{\underline{E(x) = -\frac{1}{2}x^2 + 5x}}$$

c) Der Graph der Erlösfunktion ist eine nach unten geöffnete Parabel. Die **Nullstellen** werden durch den Ansatz $E(x) = 0$ ermittelt:

$$0 = -\frac{1}{2}x^2 + 5x \qquad |\ x \text{ ausklammern}$$

$$0 = x\left(-\frac{1}{2}x + 5\right)$$

$$\underline{\underline{x_{01} = 0}}$$

$$\underline{\underline{x_{02} = 10}}$$

Taschenrechnerlösung: s. CAS-Anhang 7

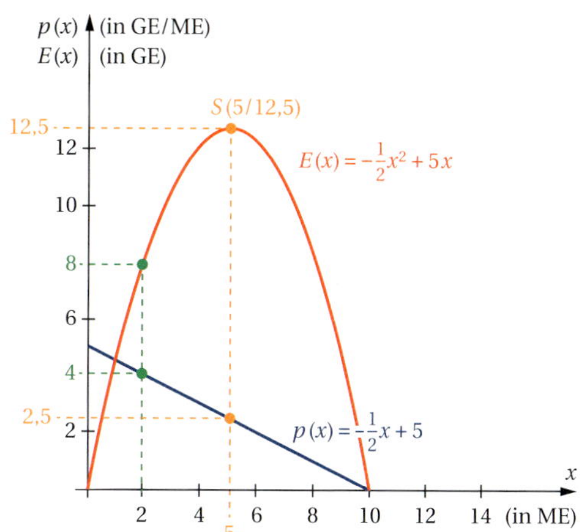

Es gibt drei Möglichkeiten, den Scheitelpunkt algebraisch zu bestimmen.

1. Möglichkeit: Umformung der gegebenen Polynomform in die Scheitelpunktform

$$E(x) = -\frac{1}{2}x^2 + 5x \quad | \cdot(-2)$$
$$-2 \cdot E(x) = x^2 - 10x \quad | \text{ quadr. Ergänzung: } +25 - 25$$
$$-2 \cdot E(x) = x^2 - 10x + 25 - 25$$
$$-2 \cdot E(x) = (x-5)^2 - 25 \quad | :(-2)$$
$$E(x) = -\frac{1}{2}(x-5)^2 + 12{,}5$$

$\Rightarrow$ Scheitelpunkt $\underline{\underline{S(5/12{,}5)}}$

2. Möglichkeit: Bestimmung der Scheitelstelle x_S als Mitte zwischen den Nullstellen x_{01} und x_{02}

$$x_S = \frac{x_{01} + x_{02}}{2} = \frac{0+10}{2} = 5$$

Dann wird der zu $x = 5$ gehörige Funktionswert berechnet:

$E(5) = 12{,}5$

$\Rightarrow$ Scheitelpunkt $\underline{\underline{S(5/12{,}5)}}$

3. Möglichkeit: Ermittlung des Hochpunktes mit dem Taschenrechner (s. CAS-Anhang 10)

d) Die Absatzmenge für den vorgegebenen Preis $p = 4$ ergibt sich aus der Preis-Absatzfunktion $p(x) = -\frac{1}{2}x + 5$.

$$p(x) = 4$$
$$4 = -\frac{1}{2}x + 5 \quad | -5$$
$$-1 = -\frac{1}{2}x \quad | \cdot(-1)$$
$$\frac{1}{2}x = 1 \quad | \cdot 2$$
$$\underline{\underline{x = 2}}$$

Interpretation: Bei einem Preis von 4 GE/ME kann der Monopolist entsprechend der Nachfrage 2 ME absetzen.

Der Erlös für die Produktionsmenge $x = 2$ [ME] beträgt:

$\underline{\underline{E(2) = 8}}$ [GE]

In der Grafik auf der Vorseite ist diese Situation grün gekennzeichnet.

e) Die erlösmaximale Produktionsmenge $x_{E_{max}}$ und der maximale Erlös E_{max} ergeben sich aus den Koordinaten des Scheitelpunktes der Erlöskurve.
Bei einer Ausbringungsmenge $x_{E_{max}} = 5$ [ME] ist der Erlös mit $E_{max} = E(5) = 12{,}5$ [GE] maximal.
Der entsprechende erlösmaximale Marktpreis $p_{E_{max}}$ ergibt sich durch Einsetzen der erlösmaximalen Ausbringungsmenge in die Preis-Absatzfunktion:

$$p_{E_{max}} = p(x_{E_{max}}) = p(5) = -\frac{1}{2} \cdot 5 + 5$$
$$\underline{\underline{p_{E_{max}} = 2{,}5}} \text{ [GE/ME]}$$

Interpretation: Bei einem Preis von 2,5 GE/ME kann der Monopolist 5 ME absetzen. Bei dieser Produktionsmenge ist sein Erlös mit 12,5 GE maximal.
(In der Grafik auf Seite 119 ist diese Situation orange gekennzeichnet.

Ein Monopolist hat als alleiniger Anbieter eines Gutes die Möglichkeit, den Preis für das von ihm angebotenen Produkt festzulegen. Für den Monopolisten stellt sich also die Frage: Welchen Preis muss ich für das von mir angebotene Produkt verlangen, damit mein Gewinn maximal ist?

Situation 11

Ein Angebotsmonopolist kennt für die Herstellung seines Produktes die Gleichung der Gewinnfunktion G und die Gleichung für die gesamtwirtschaftliche Nachfrage p_N nach diesem Produkt. Die Graphen sind in der Abbildung dargestellt.

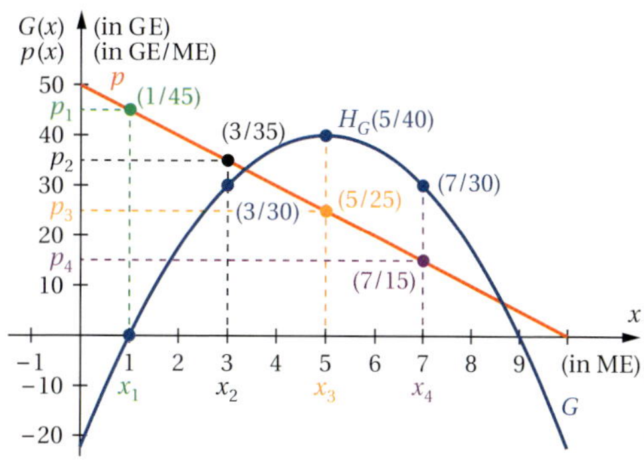

a) Interpretieren Sie die Abbildung hinsichtlich der gesamtwirtschaftlichen Nachfrage und hinsichtlich des Gewinns für die Preise p_1, p_2, p_3 und p_4.

b) Erstellen Sie eine Lösungsstrategie, wie der Monopolist den gewinnmaximalen Preis $p_{G_{max}}$ berechnen kann.

c) Berechnen Sie den gewinnmaximalen Preis des Monopolisten. Gehen Sie dabei von den folgenden Gleichungen aus:

$$p_N(x) = -5x + 50$$
$$G(x) = -2{,}5x^2 + 25x - 22{,}5$$

Lösung

a)
- $\boldsymbol{p_1 = 45}$ GE/ME: Es wird entsprechend der Nachfragegeraden $x_1 = 1$ ME nachgefragt. Da die gesamtwirtschaftliche Nachfragegerade gleichzeitig die Angebotsgerade (Preis-Absatzgerade) des Monopolisten ist, wird er $x_1 = 1$ ME produzieren und verkaufen. Bei dieser Produktionsmenge beträgt sein Gewinn $G(1) = 0$ GE (Gewinnschwelle).
- $\boldsymbol{p_2 = 35}$ GE/ME: Es werden $x_2 = 3$ ME nachgefragt, die der Monopolist dann auch produzieren und verkaufen wird. Bei dieser Produktionsmenge beträgt sein Gewinn dann schon $G(3) = 30$ GE.
- $\boldsymbol{p_3 = 25}$ GE/ME: Es werden $x_3 = 5$ ME nachgefragt, die der Monopolist dann auch produziert und verkauft. Bei dieser Produktionsmenge beträgt sein Gewinn $G(5) = 40$ GE. Das ist der maximal mögliche Gewinn G_{max}.
- $\boldsymbol{p_4 = 15}$ GE/ME: Es werden $x_4 = 7$ ME nachgefragt, die der Monopolist produzieren und verkaufen wird. Bei dieser Produktionsmenge beträgt sein Gewinn dann nur noch $G(7) = 30$ GE.

b) **1.** Berechnung des Hochpunktes H_G (Scheitelpunkt) der Gewinnparabel mit den Verfahren:
- mit dem Taschenrechner (s. CAS-Anhang 10)
- mit der Umformung der Gewinngleichung von der Polynomform in die Scheitelpunktform
- mit dem Nullstellen-Halbierungsverfahren

2. Angeben der gewinnmaximalen Produktionsmenge $x_{G_{max}}$ als x-Wert des Hochpunktes (Scheitelpunktes)

3. Ermittlung des Preises $p_{G_{max}}$, der zur gewinnmaximalen Produktionsmenge gehört, indem $x_{G_{max}}$ in die Preis-Absatzfunktion (Nachfragefunktion) eingesetzt wird: $p_{G_{max}} = p(x_{G_{max}})$. Damit wird der Funktionswert (der Preis) der Preis-Absatzfunktion für die gewinnmaximale Produktionsmenge berechnet.

c) $G(x) = -2{,}5x^2 + 25x - 22{,}5$

Mit dem Taschenrechner entsprechend CAS-Anhang 10:

$\underline{H_G(5/40)}$

$x_{G_{max}} = 5$ ist die gewinnmaximale Produktionsmenge.

$G_{max} = 40$ ist der maximale Gewinn.

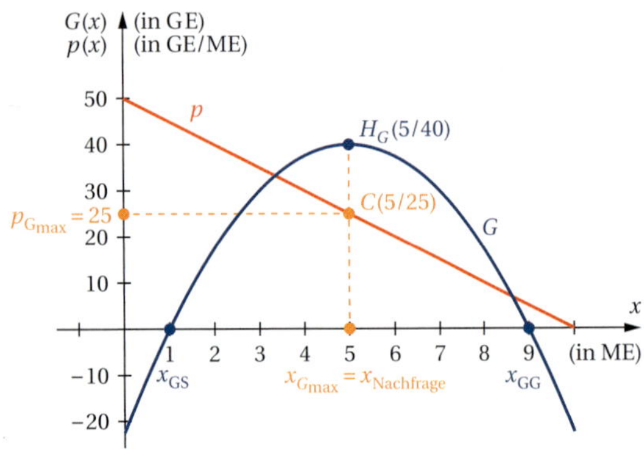

$p(x) = -5x + 50$

$p(5) = -5 \cdot 5 + 50 = -25 + 50 = 25$

$\underline{\underline{p_{G_{max}} = 25}}$

ist der gewinnmaximale Preis.

Interpretation: Bei einem Preis von 25 GE/ME kann der Monopolist 5 ME seines Produktes verkaufen. Diese Menge wird er dann auch herstellen. Dabei erzielt er den maximalen Gewinn in Höhe von 40 GE.

Der Punkt $\boldsymbol{C(x_{G_{max}}|p(x_{G_{max}}))}$ auf der Preis-Absatzgeraden heißt **Cournot'scher Punkt.** Mit ihm kann im Monopol zu der gewinnmaximalen Produktionsmenge $x_{G_{max}}$ der zugehörige Preis $p_{G_{max}}$ bestimmt werden, den der Monopolist festlegen sollte, wenn er seinen Gewinn maximieren will.
Die gewinnmaximale Produktionsmenge $x_{G_{max}}$ heißt auch **Cournot'sche Menge** x_C, und der gewinnmaximale Preis $p(x_{G_{max}}) = p_{G_{max}}$ heißt **Cournot'scher Preis** p_C.
Deshalb kann man die Koordinaten des Cournot'schen Punktes auch einfach angeben mit $\boldsymbol{C(x_C|p_C)}$.

Situation 12

Ein Betrieb ist Angebotsmonopolist für ein neues Produkt. Die Nachfrage nach dem Produkt kann nach Marktuntersuchungen mit der Gleichung $p(x) = -0{,}05x + 1$ (x in ME, p in GE/ME) beschrieben werden. Die variablen Kosten für die Herstellung des neuen Produktes werden durch $K_v(x) = 0{,}3x$ beschrieben. Das Produkt soll an drei unterschiedlichen Standorten produziert werden. Für den Standort A betragen die Fixkosten 1,65 GE. Für den Standort B betragen sie 2,45 GE und für den Standort C 3 GE.

a) Bestimmen Sie die Gleichung der Gesamtkostenfunktion, der Erlös- und der Gewinnfunktion für den Standort A. Zeichnen Sie die Graphen in ein gemeinsames Koordinatensystem.

b) Berechnen Sie für den Standort A algebraisch die Schnittstellen des Graphen der Erlösfunktion mit dem Graphen der Gesamtkostenfunktion. Kontrollieren Sie Ihr Ergebnis mit dem Taschenrechner. Interpretieren Sie die berechneten Schnittstellen anwendungsbezogen.

6

c) Erläutern Sie, wie man die in Teilaufgabe b) berechneten Stellen mithilfe der Gewinnfunktion ermitteln kann. Führen Sie die Berechnung durch.

d) Analysieren Sie entsprechend den Teilaufgaben a) bis c) die Situation an den Standorten B und C.

Lösung

Standort A

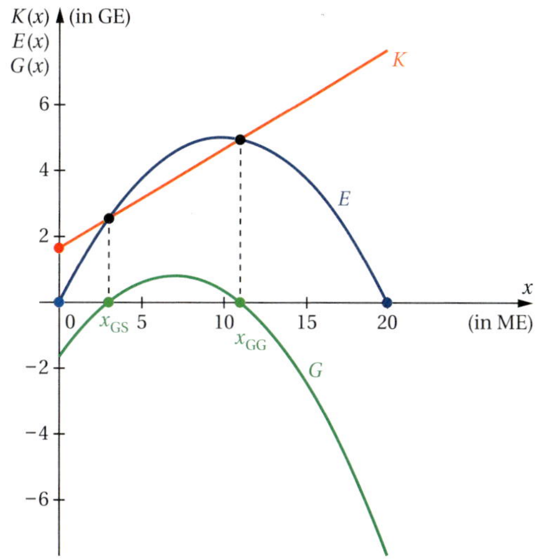

a) $K(x) = 0{,}3x + 1{,}65$

$E(x) = -0{,}05x^2 + x$

$G(x) = E(x) - K(x)$

$= -0{,}05x^2 + x - (0{,}3x + 1{,}65)$

$\underline{\underline{G(x) = -0{,}05x^2 + 0{,}7x - 1{,}65}}$

b) $E(x) = K(x)$

$-0{,}05x^2 + x = 0{,}3x + 1{,}65$

in Normalform gebracht:

$0 = x^2 - 14x + 33$

in die p-q-Formel eingesetzt mit $p = -14$ und $q = 33$:

$x_{01/02} = 7 \pm \sqrt{49 - 33}$

$x_{01/02} = 7 \pm \sqrt{16}$

$\underline{\underline{x_{01} = 3}}$

$\underline{\underline{x_{02} = 11}}$

Taschenrechner: s. CAS-Anhang 6

Die Kostengerade schneidet die Erlösparabel an zwei Stellen. Man sagt deshalb, die Gerade ist eine **Sekante** der Parabel (s. Abb. auf der Vorseite).

Anwendungsbezogene Interpretation der Schnittstellen der Graphen von E und K: Die erste Schnittstelle $x = 3$ gibt die Produktionsmenge am Übergang von der Verlustzone in die Gewinnzone an. Deshalb heißt diese Produktionsmenge **Gewinnschwelle** $\boldsymbol{x_{GS}}$ (= **Break-even-Point**). Die zweite Schnittstelle $x = 11$ heißt **Gewinngrenze** $\boldsymbol{x_{GG}}$. Bei dieser Produktionsmenge erfolgt der Übergang von der Gewinnzone in die Verlustzone.

c) Wenn die Kosten gleich dem Erlös sind, ist der Gewinn 0. Wir müssen also die Stellen der Gewinnfunktion bestimmen, bei denen der Gewinn 0 ist. Das sind die Nullstellen der Gewinnfunktion.

$G(x) = -0{,}05x^2 + 0{,}7x - 1{,}65$

$\boldsymbol{G(x) = 0}$

$0 = -0{,}05x^2 + 0{,}7x - 1{,}65 \quad |:(-0{,}05)$ (auf Normalform bringen)

$0 = x^2 - 14x + 33$

Diese Gleichung ist identisch mit der Normalform in Teilaufgabe b), die sich aus der Gleichsetzung $E(x) = K(x)$ ergeben hat. Wir erhalten als Lösung mithilfe der p-q-Formel ebenfalls die Gewinnschwelle $x_{GS} = 3$ und die Gewinngrenze $x_{GG} = 11$.

Die Gewinnschwelle x_{GS} und die Gewinngrenze x_{GG} können entweder als Schnittstellen der Erlös- mit der Kostenkurve oder alternativ als Nullstellen der Gewinnfunktion berechnet werden.

d)

Standort B	**Standort C**
$E(x) = K(x)$ $-0{,}05x^2 + x = 0{,}3x + 2{,}45$ in Normalform gebracht: $0 = x^2 - 14x + 49$ in die p-q-Formel eingesetzt: $x_{01/02} = 7 \pm \sqrt{49 - 49}$ $x_{01/02} = 7 \pm \sqrt{0}$ $\underline{\underline{x_{01/02} = 7}}$	$E(x) = K(x)$ $-0{,}05x^2 + x = 0{,}3x + 3$ in Normalform gebracht: $0 = x^2 - 14x + 60$ in die p-q-Formel eingesetzt: $x_{01/02} = 7 \pm \sqrt{49 - 60}$ $x_{01/02} = 7 \pm \sqrt{-11}$ $\underline{\underline{x_{01/02} = \text{n. d.}}}$
Eine (doppelte) Schnittstelle bedeutet, dass sich die Graphen berühren. Die Gerade ist eine **Tangente** der Parabel.	Die Kostengerade und die Erlösparabel haben keine gemeinsamen Punkte, sie schneiden sich nicht. Die Gerade ist eine **Passante** der Parabel.
Anwendungsbezogene Interpretation: Bei einer Verkaufsmenge von 7 ME sind die Erlöse gleich den Kosten, der Gewinn des Vereins ist 0. Es existiert aber weder eine Gewinnschwelle noch eine Gewinngrenze, weil die Erlöse nie größer als die Kosten sind.	**Anwendungsbezogene Interpretation:** Bei jeder Produktionsmengemenge sind die Kosten höher als die Erlöse; es können nur Verluste erwirtschaftet werden.

$G(x) = E(x) - K(x)$ $= -0{,}05x^2 + x - (0{,}3x + 2{,}45)$ $G(x) = -0{,}05x^2 + 0{,}7x - 2{,}45$ $G(x) = 0$ $0 = -0{,}05x^2 + 0{,}7x - 2{,}45$ in Normalform gebracht: $0 = x^2 - 14x + 49$ $x_{01/02} = 7 \pm \sqrt{49 - 49}$ $\underline{\underline{x_{01/02} = 7}}$ Wir erhalten als Lösung die **doppelte Nullstelle** $x_{01/02} = 7$. Das bedeutet, die Gewinnkurve **berührt** die Abszissenachse bei $x_{01/02} = 7$.	$G(x) = E(x) - K(x)$ $= -0{,}05x^2 + x - (0{,}3x + 3)$ $G(x) = -0{,}05x^2 + 0{,}7x - 3$ $G(x) = 0$ $0 = -0{,}05x^2 + 0{,}7x - 3$ in Normalform gebracht: $0 = x^2 - 14x + 60$ $x_{01/02} = 7 \pm \sqrt{49 - 60}$ $\underline{\underline{x_{01/02} = \text{n. d.}}}$ Wir erhalten **keine Lösung**. Das bedeutet, dass die Gewinnkurve **keine Nullstelle** hat.
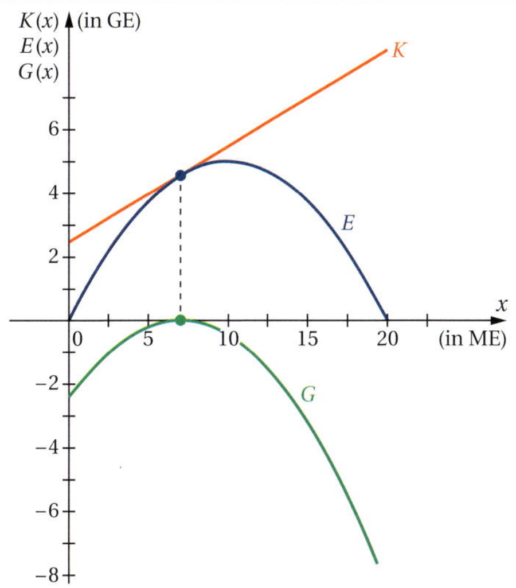	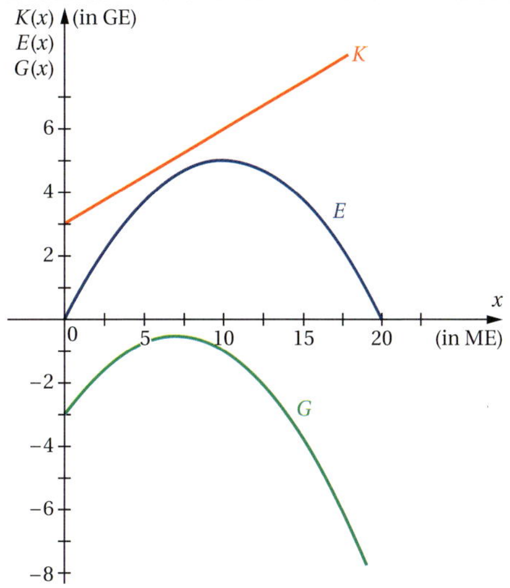

Ausschlaggebend für die Anzahl der Lösungen einer quadratischen Gleichung ist der Term unter der Wurzel, die **Diskriminante**.[1)]

Größe der Diskriminante	Anzahl der Lösungen	Lagebeziehung der Geraden zur Parabel	Lagebeziehung der Abszissenachse zur Parabel
$D > 0$	zwei Lösungen (zwei Schnittstellen oder zwei Nullstellen)	Sekante	Die Parabel schneidet die x-Achse in zwei Nullstellen..
$D = 0$	eine (doppelte) Lösung (eine Berührstelle)	Tangente	Die Parabel berührt die x-Achse in einer doppelten Nullstelle.
$D < 0$	keine Lösung (keine Schnittstellen oder zwei Nullstellen)	Passante	Die Parabel verläuft vollständig ober- oder unterhalb der x-Achse.

1) discriminare (lat.): unterscheiden

Situation 13

Ein monopolistischer Anbieter will den Preis für das von ihm angebotene Produkt so festlegen, dass er seinen Gewinn maximiert.

Bekannte Daten:

- Höchstpreis für das Produkt auf dem Markt: $p_H = 40$ GE/ME
- Sättigungsmenge: $x_S = 10$ ME
- Fixkosten bei der Produktion: $K_f = 35$ GE
- Bei einer Produktionsmenge von $x = 2$ ME entstehen Gesamtkosten in Höhe von 39 GE, bei $x = 4$ ME entstehen Gesamtkosten in Höhe von 51 GE.

Bestimmen Sie zur Lösung des Problems zunächst die Gleichungen

5, 7, 10

a) der linearen Preis-Absatzfunktion,
b) der Erlösfunktion,
c) der quadratischen Gesamtkostenfunktion und
d) der Gewinnfunktion.
e) Bestimmen Sie die Gewinnschwelle und die Gewinngrenze.
f) Ermitteln Sie, bei welcher Produktionsmenge der Monopolist seinen Gewinn maximiert. Berechnen Sie den maximalen Gewinn.
g) Bestimmen Sie den Preis, den der Monopolist für das von ihm angebotene Produkt festlegen sollte, damit er seinen Gewinn maximiert.
h) Zeichnen Sie die Graphen der Funktionen mit den von Ihnen ermittelten Ergebnissen in ein gemeinsames Koordinatensystem.

Lösung

a) Aus $p_H = 40$ und $x_S = 10$ folgt: $m = -\frac{40}{10} = -4$ und $b = 40$

$\underline{\underline{p(x) = -4x + 40}}$

b) $E(x) = p(x) \cdot x = (-4x + 40) \cdot x$

$\underline{\underline{E(x) = -4x^2 + 40x}}$

c) Quadratische Regression mit dem Taschenrechner (s. CAS-Anhang 5):

$\underline{\underline{K(x) = x^2 + 35}}$

d) $G(x) = E(x) - K(x)$

$G(x) = -4x^2 + 40x - (x^2 + 35)$

$\underline{\underline{G(x) = -5x^2 + 40x - 35}}$

e) $G(x) = 0$

$0 = -5x^2 + 40x - 35$

Gewinnschwelle: $\underline{\underline{x_{GS} = 1}}$

Gewinngrenze: $\underline{\underline{x_{GG} = 7}}$ (p-q-Formel oder Nullstellen mit dem Taschenrechner, s. CAS-Anhang 7)

f) Es müssen die Koordinaten des Hochpunktes (Scheitelpunktes) der Gewinnkurve (Parabel) bestimmt werden. Der x-Wert des Hochpunktes (Scheitelpunktes) ist die gewinnmaximale Produktionsmenge $x_{G_{max}}$, der y-Wert ist das Gewinnmaximum G_{max}.

1. Möglichkeit: Umformung der Polynomform $G(x) = -5x^2 + 40x - 35$ der Gewinnfunktion in die Scheitelpunktform: $G(x) = -5(x-4)^2 + 45 \Rightarrow \underline{\underline{H_G(4/45)}}$

2. Möglichkeit: Bestimmung der Hochstelle als Mitte zwischen Gewinnschwelle x_{GS} und Gewinngrenze x_{GG}: $x_{G_{max}} = \frac{x_{GS} + x_{GG}}{2} = \frac{1+7}{2} = 4$
Danach Ermittlung des zugehörigen Funktionswertes: $G(4) = 45 \Rightarrow \underline{\underline{H_G(4/45)}}$

3. Möglichkeit: mit dem Taschenrechner (s. CAS-Anhang 10):
$\underline{\underline{H_G(4/45)}}$

Interpretation: Bei der Produktionsmenge $x_{G_{max}} = 4\,\text{ME}$ wird der maximale Gewinn $G_{max} = 45\,\text{GE}$ erzielt.

g) Wenn die gewinnmaximale Produktionsmenge auch abgesetzt werden soll, muss entsprechend der Preis-Absatzfunktion p der Preis auf $p(x_{G_{max}}) = \underline{\underline{p(4) = 24}}\,[\text{GE/ME}]$ festgelegt werden.

h) s. Abb.

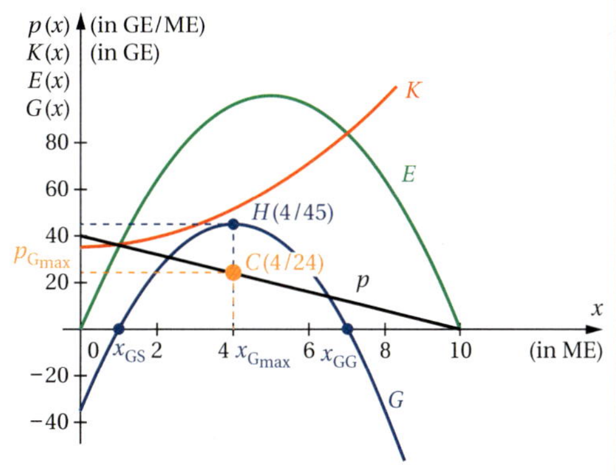

Zusammenfassung

- Im **Angebotsmonopol** ist die **gesamtwirtschaftliche Nachfragefunktion** gleichzeitig die **Preis-Absatzfunktion des Monopolisten (= Angebotsfunktion des Monopolisten)**.
- Der Graph der **Preis-Absatzfunktion im Monopol** ist eine fallende Gerade mit positivem Ordinatenabschnitt:
  $\boldsymbol{p(x) = mx + b}$ mit $m < 0$ und $b > 0$
- Der Ordinatenabschnitt des Graphen der Preis-Absatzfunktion ist der **Höchstpreis p_H**.

- Die Nullstelle des Graphen der Preis-Absatzfunktion ist die **Sättigungsmenge x_S**.
- Für die **Erlösfunktion** gilt immer: $E(x) = p(x) \cdot x$
- Der Graph der **Erlösfunktion im Monopol** ist eine nach unten geöffnete Parabel:
  $E(x) = p(x) \cdot x$
  $E(x) = (mx + b) \cdot x$
  $\mathbf{E(x) = mx^2 + bx}$ mit $m < 0$ und $b > 0$.
- Nullstellen der Erlösfunktion: $x_{01} = 0$; $x_{02} = x_S$ (Sättigungsmenge)
- Der **Definitionsbereich** der Preis-Absatzfunktion und der Erlösfunktion im Monopol umfasst die Produktionsmengen von einschließlich 0 bis zur Sättigungsmenge x_S:
  $D_{ök}(p, E) = [0; x_S]$
- Die Schnittstellen der Erlöskurve mit der Kostenkurve (= Nullstellen der Gewinnkurve) im 1. Quadranten heißen **Gewinnschwelle x_{GS}** und die **Gewinngrenze x_{GG}**.
- Die **Gewinnschwelle x_{GS}** (= **Break-even-Point**) gibt den Übergang von der Verlustzone in die Gewinnzone an.
- Die **Gewinngrenze x_{GG}** gibt den Übergang von der Gewinnzone in die Verlustzone an.
- **Cournot'scher Punkt $C(x_c / p_c) = \left(x_{G_{max}} / p(x_{G_{max}})\right)$**
  $x_{G_{max}}$ = **gewinnmaximale Produktionsmenge**, auch: **Cournot'sche Menge x_c**
  $p(x_{G_{max}})$ = gewinnmaximaler Preis, auch: **Cournot'scher Preis p_c**.
  Der **Cournot'sche Punkt C** liegt auf der **Preis-Absatzgeraden** des Angebotsmonopolisten.

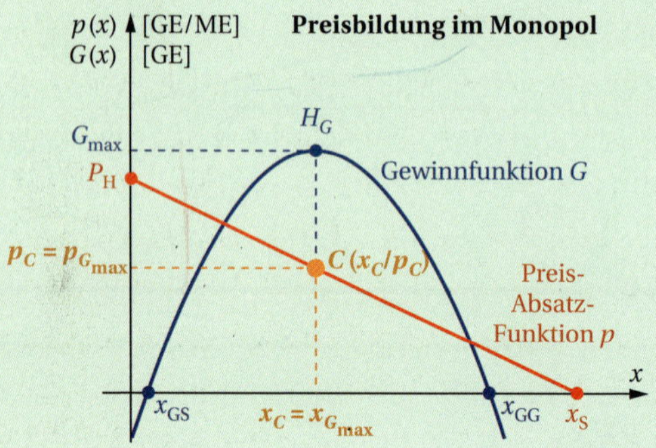

Übungsaufgaben

1 Ein Angebotsmonopolist hat für das von ihm angebotene Produkt zwei Informationen ermittelt. Die Nachfrage nach dem Produkt erlischt bei einem Preis von 4 GE/ME. Der Markt ist mit 5 ME des Produktes gesättigt.

a) Bestimmen Sie den Erlös des Monopolisten, wenn er für das von ihm angebotene Produkt den Preis auf 1 GE/ME festlegt.

b) Ermitteln Sie den Preis des Monopolisten, wenn er seinen Erlös maximieren will. Berechnen Sie den maximalen Erlös und die erlösmaximale Produktionsmenge.

c) Veranschaulichen Sie die Graphen und Ihre Lösungen in einer Grafik.

2 Das Unternehmen Crazy Hair ist Angebotsmonopolist eines neuartigen Hairstyling Produktes.
Die derzeitige Situation des Unternehmens lässt sich durch zwei Funktionsgleichungen beschreiben:

$E(x) = -x^2 + 10x$

$K(x) = 0{,}1x^2 + 1{,}2x + 7{,}7$

a) Bestimmen Sie die Schnittstellen der Erlöskurve mit der Kostenkurve und interpretieren Sie das Ergebnis betriebswirtschaftlich.
Die mögliche Erhöhung der Mieten durch auslaufende Mietverträge könnte zu steigenden Fixkosten des Betriebs führen. Eine Prognose führt zu drei unterschiedlichen Szenarien:
1) Die Fixkosten erhöhen sich um 5,5 GE.
2) Die Fixkosten erhöhen sich um 9,9 GE.
3) Die Fixkosten erhöhen sich um 14,3 GE.

b) Ermitteln Sie die Gleichungen der Kostenfunktionen $K_1(x)$, $K_2(x)$ und $K_3(x)$, die sich aus den gestiegenen Fixkosten ergeben und berechnen Sie algebraisch für die drei Graphen der Kostenfunktionen die Schnittstellen mit der Erlöskurve.

c) Skizzieren Sie die Graphen der vier Kostenfunktionen mit ihren Schnittpunkten mit der Erlöskurve in ein Koordinatensystem.

d) Erläutern Sie, wie man von der Anzahl der algebraischen Lösungen auf die Lagebeziehung der Graphen zueinander schließen kann.

e) Erläutern Sie, welche ökonomischen Schlussfolgerungen Sie aus den drei verschiedenen Entwicklungen der Fixkosten ziehen können.

3 Ein Unternehmen der Unterhaltungselektronik, das mit einem seiner Produkte Angebotsmonopolist ist, kennt für dieses Produkt die Nachfragefunktion mit der Gleichung $p(x) = -0{,}15x + 10{,}5$. Die Gesamtkosten des Betriebes bei der Herstellung des Produktes werden mit der Gleichung $K(x) = -0{,}01x^2 + 1{,}4x + 51$ beschrieben. Dabei wird x in ME, K in GE und p in GE/ME angegeben.

a) Ermitteln Sie die Gleichungen der Erlös- und der Gewinnfunktion.
b) Zeichnen Sie alle Graphen gemeinsam in ein Koordinatensystem. Führen Sie die dazu notwendigen Berechnungen durch.
c) Bestimmen Sie die Nullstellen und den Scheitelpunkt des Graphen der Gewinnfunktion. Interpretieren Sie diese ökonomisch.
d) Ermitteln Sie den Preis, den der Hersteller für das Produkt verlangen sollte, wenn er seinen Gewinn maximieren will. Begründen Sie Ihre Überlegungen.

4 Ein Unternehmen der Automobilindustrie hat ein revolutionäres 1-Liter-Auto entwickelt. Mit diesem Auto ist das Unternehmen am Markt Angebotsmonopolist. Die nachgefragte Menge steht im Zusammenhang mit dem Marktpreis:
$p_N(x) = -3x + 150$; $D_{ök}(p_N) = [0; 50]$
Die Gleichung der Gesamtkostenfunktion lautet $K(x) = 30x + 900$. Dabei wird x in ME, K in GE und p in GE/ME angegeben.
a) Ermitteln Sie die Gleichungen der Erlös- und der Gewinnfunktion.
b) Ermitteln Sie die Nullstellen der Erlösfunktion.
c) Berechnen Sie, bei welcher Produktionsmenge sich der maximale Erlös ergibt. Berechnen Sie den maximalen Erlös.
d) Zeichnen Sie die Graphen der Kosten- und der Erlösfunktion in ein Koordinatensystem.
e) Ermitteln Sie die Gewinnschwelle und die Gewinngrenze.
f) Berechnen Sie, bei welcher Ausbringungsmenge der Gewinn maximal ist. Wie hoch ist der maximale Gewinn?
g) Zeichnen Sie den Graphen der Gewinnfunktion.
h) Ermitteln Sie die Koordinaten des cournotschen Punktes und interpretieren Sie diese.

5 Im Angebotsmonopol erlischt die Nachfrage nach einem Gut bei einem Preis von 57,5 GE/ME. Der Markt ist bei 11,5 ME gesättigt. Die variablen Kosten werden mit $K_v(x) = 0{,}75x^2$ beschrieben, die Fixkosten betragen 70 GE.
a) Ermitteln Sie die Gleichung der Preis-Absatzfunktion, der Erlösfunktion, der Gesamtkostenfunktion und der Gewinnfunktion des Monopolisten.
b) Zeichnen Sie die Graphen der Funktionen in ein gemeinsames Koordinatensystem.
c) Bestimmen Sie die Gewinnzone.
d) Ermitteln Sie den Preis, den der Monopolist festsetzen sollte, wenn er seinen Gewinn maximieren will. Berechnen Sie, wie viele ME der Monopolist produzieren sollte, wenn er seinen Gewinn maximieren will. Bestimmen Sie den maximalen Gewinn.

6 Ein Unternehmen der Nahrungsmittelindustrie stellt isotonische Getränke her. Die variablen Kosten werden durch die Funktion K_v mit $K_v(x) = 0{,}\overline{2}x^2$ bestimmt. Zusätzlich fallen für die Aufrechterhaltung der Produktion Fixkosten in Höhe von $3\,111{,}\overline{1}$ GE an. Die Gleichung der Erlösfunktion wurde mit $E(x) = -2x^2 + 200x$ ermittelt.
Mit den isotonischen Getränken ist das Unternehmen auf einem regionalen Markt Angebotsmonopolist.

a) Berechnen Sie, bei welchen Produktionsmengen das Unternehmen einen Erlös von 0 GE in der Produktgruppe der isotonischen Getränke erzielt.
b) Geben Sie die Linearfaktordarstellung der Erlösfunktion an.
c) Berechnen Sie die Produktionsmenge, bei der sich der maximale Erlös ergibt.
d) Ermitteln Sie die Gesamtkostenfunktion des Unternehmens für die Produktion der isotonischen Getränke.
e) Ermitteln Sie die Gewinnfunktion der Produktgruppe.
f) Zeichnen Sie die Graphen der Kosten-, Erlös- und Gewinnfunktion.
g) Ermitteln Sie die Gewinnschwelle und die Gewinngrenze der Produktgruppe.
h) Bestimmen Sie die Ausbringungsmenge, bei der der Gewinn maximal ist. Wie hoch ist der maximale Gewinn?
i) Zeichnen Sie den Graphen der Preis-Absatzfunktion.
j) Ermitteln Sie die Koordinaten des cournotschen Punktes und interpretieren Sie diese.

7 Ein Betrieb der Lebensmittelindustrie ist mit einem neuen Produkt Alleinanbieter auf dem Markt. Ein Marktforschungsinstitut hat herausgefunden, dass bei einem Preis von 15 GE/ME die Nachfrage nach diesem Produkt 7 ME beträgt und bei einem Preis von 40 GE/ME nur noch 2 ME betragen würde. Der Kostenrechner des Betriebes modelliert die Gesamtkosten durch eine nach oben geöffneten Normalparabel mit dem Scheitelpunkt $S(-1/60)$.

a) Ermitteln Sie die Gleichung für die gesamtwirtschaftliche Nachfrage nach diesem Produkt, für den Erlös, die Gesamtkosten und den Gewinn.
b) Berechnen Sie den Break-even-Point und geben Sie die Gewinnzone an.
c) Bestimmen Sie den maximalen Erlös. Bei welcher Produktionsmenge wird er erreicht?
d) Ermitteln Sie den Cournot'schen Punkt und interpretieren seine Koordinaten.
e) Berechnen Sie den maximal möglichen Gewinn des Monopolisten mit dem neuen Produkt.
f) Erstellen Sie eine Grafik, die Ihre Ergebnisse veranschaulicht.

8 Beurteilen Sie, ob es sich bei der Geraden g um eine Passante, Sekante oder Tangente der Parabel f handelt. Berechnen Sie gegebenenfalls die gemeinsamen Punkte der Graphen von f und g.

a) $g(x) = x - 1{,}68$ $\qquad f(x) = 2x^2 + x - 2$

b) $g(x) = x + 0{,}5$ $\qquad f(x) = -x^2 + 3x - 0{,}5$

c) $g(x) = -x - 4$ $\qquad f(x) = \frac{1}{2}x^2 + x - 2$

d) $g(x) = -2x - 3$ $\qquad f(x) = 2x^2 + 2x - 1$

9 Ermitteln Sie aus der Diskriminante der p-q-Formel die Lagebeziehungen der Parabeln g zur Parabel $f(x) = -2x^2 + 2x + 2$.

a) $g(x) = 2x^2 + 4x$

b) $g(x) = 2x^2 + 4x + 2{,}25$

c) $g(x) = 2x^2 + 4x + 2{,}3$

10 Bestimmen Sie die Lagebeziehung der Parabeln f und g zueinander. Berechnen Sie gegebenenfalls. die gemeinsamen Punkte der Graphen von f und g.

a) $f(x) = -2x^2 - 3x + 1$ $\qquad g(x) = 2x^2$

b) $f(x) = -x^2 - 3x + 2$ $\qquad g(x) = x^2 + x + 4$

c) $f(x) = -3x^2 - 3x + 2$ $\qquad g(x) = x^2 + 3x + 4{,}25$

d) $f(x) = -0{,}5x^2 - 4x - 3$ $\qquad g(x) = x^2 + 2x + 4$

2.2.5 Angebot und Nachfrage, Marktgleichgewicht

Situation 14

Auf dem Markt für ein Gut kann das gesamtwirtschaftliche Angebot mit der Gleichung $p_A(x) = 0{,}95x^2 + 4x + 2{,}5$ beschrieben werden. Die gesamtwirtschaftliche Nachfrage richtet sich nach der Gleichung $p_N(x) = -0{,}25x^2 - 2x + 25$.

3, 7, 6

a) Skizzieren Sie die Graphen mithilfe des Taschenrechners für den mathematisch maximal möglichen Definitionsbereich in ein gemeinsames Koordinatensystem.

b) Geben Sie jeweils den ökonomisch sinnvollen Definitionsbereich für die Angebots- und die Nachfragefunktion an. Markieren Sie in der Grafik zu Teilaufgabe a) jeweils den ökonomisch sinnvollen Teil der Graphen.

c) Ermitteln Sie das Marktgleichgewicht und den Umsatz im Marktgleichgewicht.

d) Berechnen Sie den Mindestangebotspreis auf dem Markt für das Gut. Bestimmen Sie den Höchstpreis und die Sättigungsmenge.

Lösung

a) s. Abb. (mit CAS-Anhang 3)

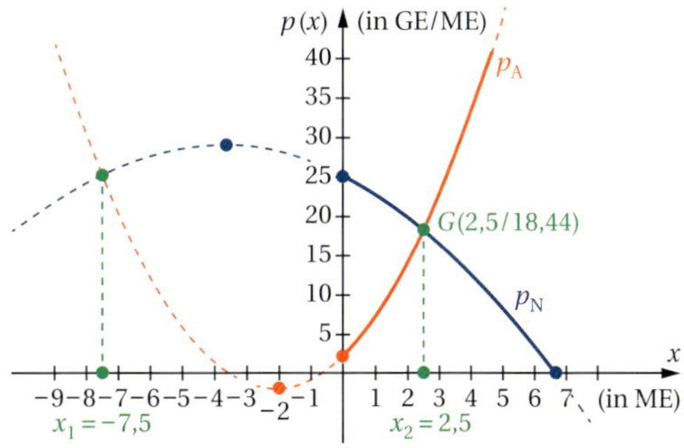

b) **Nachfragefunktion:** Der ökonomisch sinnvolle Definitionsbereich ist das Intervall von $x = 0$ bis zur 2. Nullstelle der Nachfragekurve, weil weder negative Nachfragemengen noch negative Preise möglich sind:

$p_N(x) = 0$

Taschenrechner: Nullstellen der Nachfragefunktion mit CAS-Anhang 7:

$x_S \approx 6,77$

$\Rightarrow \underline{\underline{D_{ök}(p_N) = [0; \approx 6,77]}}$

Die Notwendigkeit, dass der Graph der Nachfragefunktion streng monoton fällt, ist in diesem Intervall gegeben.

Angebotsfunktion: Weil weder negative Angebotsmengen noch negative Preise möglich sind, gilt:

$\underline{\underline{D_{ök}(p_A) = [0; \infty) = \mathbb{R}_+}}$

Die Notwendigkeit, dass der Graph der Angebotsfunktion streng monoton steigt, ist in diesem Intervall gegeben.

c) **Marktgleichgewicht**

Ansatz: $p_A(x) = p_N(x)$

$0,95x^2 + 4x + 2,5 = -0,25x^2 - 2x + 25$

$1,2x^2 + 6x - 22,5 = 0$

in Normalform gebracht:

$0 = x^2 + 5x - 18,75$

in die p-q-Formel eingesetzt mit $p = 5$ und $q = -18,75$:

$x_{01/02} = -2,5 \pm \sqrt{6,25 + 18,75}$

$x_{01/02} = -2,5 \pm 5$

$\underline{x_{01} = -7,5} \notin D_{ök}$

$\underline{x_{02} = 2,5}$

$p_A(2,5) = p_N(2,5) = 18,4375 \Rightarrow \underline{\underline{G(2,5/18,4375)}}$

Taschenrechner: Schnittpunkt(e) der Graphen von p_A und p_N mit CAS-Anhang 6.

Umsatz im Marktgleichgewicht:

$U_G = x_G \cdot p_G = 2{,}5 \cdot 18{,}4375$

$\underline{\underline{U_G = 46{,}09}}$ [GE]

d) **Mindestangebotspreis:** $\underline{\underline{p_M = p_A(0) = 2{,}5}}$ [GE/ME]

Höchstpreis: $\underline{\underline{p_H = p_N(0) = 25}}$ [GE/ME]

Sättigungsmenge x_S:

Ansatz: $p_N(x) = 0$

$0 = -0{,}25x^2 - 2x + 25 \quad | : (-0{,}25)$

$0 = x^2 + 8x + 100 \quad | \, p\text{-}q\text{-Formel}$

$x_{01} \approx 6{,}777$

$x_{02} \approx -14{,}77 \notin D_{ök}(p_N)$

$\underline{\underline{x_S \approx 6{,}77}}$ [ME]

Situation 15

Das gesamtwirtschaftliche Angebot für ein Produkt kann mit der Gleichung $p_A(x) = -0{,}1x^2 + 1{,}5x + 0{,}7$ beschrieben werden. Die gesamtwirtschaftliche Nachfrage wird durch die Gleichung $p_N(x) = 0{,}2x^2 - 2x + 5$ ausgedrückt. Dabei wird der Preis in GE/ME und die angebotene oder nachgefragte Menge in ME angegeben.

a) Lassen Sie sich mithilfe des Taschenrechners die Graphen anzeigen. Geben Sie jeweils den ökonomisch sinnvollen Definitionsbereich und Wertebereich für die Angebots- und die Nachfragefunktion an. Skizzieren Sie die Graphen für ihren ökonomisch sinnvollen Definitionsbereich.

b) Bestimmen Sie den Mindestangebotspreis auf dem Markt für das Gut. Berechnen Sie den Höchstpreis und die Sättigungsmenge.

c) Ermitteln Sie das Marktgleichgewicht und den Umsatz im Marktgleichgewicht.

d) Erläutern Sie, welche Situation auf dem Markt entsteht, wenn der Staat einen Mindestpreis von 4 GE/ME festlegt.

e) Erläutern Sie, welche Situation auf dem Markt entsteht, wenn der Staat einen Höchstpreis von 2 GE/ME festlegt.

Lösung

a) **Nachfragefunktion:** s. blauer Graph in der Abb. auf der Folgeseite

Weder negative Nachfragemengen noch negative Preise sind möglich, und der Graph der Nachfragefunktion muss streng monoton fallen.

$\underline{\underline{D_{ök}(p_N) = [0;\, 5]}}$

$\underline{\underline{W_{ök}(p_N) = [0;\, 5]}}$

Angebotsfunktion: s. roter Graph in der Abb.

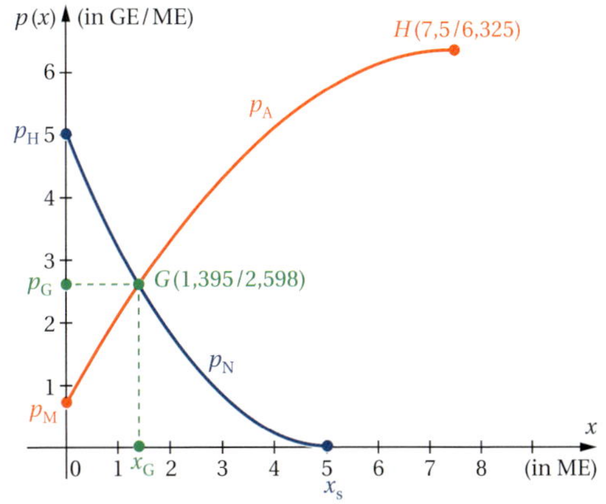

Weder negative Angebotsmengen noch negative Preise sind möglich, und der Graph der Angebotsfunktion muss streng monoton steigen.

$\underline{\underline{D_{\text{ök}}(p_A) = [0; 6{,}325]}}$

$\underline{\underline{W_{\text{ök}}(p_A) = [0{,}7; 6{,}325]}}$

b) Mindestangebotspreis:

$\underline{\underline{p_M = p_A(0) = 0{,}7}}$ [GE/ME]

Höchstpreis:

$\underline{\underline{p_H = p_N(0) = 5}}$ [GE/ME]

Sättigungsmenge x_S:

$p_N(x) = 0$

$0 = 0{,}2x^2 - 2x + 5 \quad |:0{,}2$

$0 = x^2 - 10x + 25 \quad |\ p\text{-}q\text{-Formel}$

$x_{01/02} = 5$

$\underline{\underline{x_S = 5}}$ [ME]

c) Marktgleichgewicht: $p_A(x) = p_N(x)$

$-0{,}1x^2 + 1{,}5x + 0{,}7 = 0{,}2x^2 - 2x + 5$

$0{,}3x^2 - 3{,}5x + 4{,}3 = 0 \quad |:0{,}3$

$0 = x^2 - 11{,}\overline{6}x + 14{,}\overline{3} \quad |\ p\text{-}q\text{-Formel}$

$x_1 = 1{,}395$

$x_2 = 10{,}271 \notin D_{\text{ök}}$

$p_A(1{,}395) = p_N(1{,}395) = 2{,}598 \quad \Rightarrow \underline{\underline{G(1{,}395/2{,}598)}}$

Umsatz im Marktgleichgewicht:

$U_G = x_G \cdot p_G = 1{,}395 \cdot 2{,}598$

$\underline{\underline{U_G = 3{,}62}}$ [GE]

d) Staatlicher Mindestpreis: $p(x) = 4$

Angebotsmenge:

$4 = -0{,}1x^2 + 1{,}5x + 0{,}7$

$x_A = 2{,}678$

Nachfragemenge:

$4 = 0{,}2x^2 - 2x + 5$

$x_N = 0{,}528$

Angebotsüberschuss $= x_A - x_N = 2{,}678 - 0{,}528$

$\underline{\underline{\text{Angebotsüberschuss} = 2{,}15}}$ [ME]

e) Staatlicher Höchstpreis: $p(x) = 2$

Angebotsmenge:

$2 = -0{,}1x^2 + 1{,}5x + 0{,}7$

$x_A = 0{,}924$

Nachfragemenge:

$2 = 0{,}2x^2 - 2x + 5$

$x_N = 1{,}838$

Nachfrageüberschuss $= x_N - x_A = 1{,}838 - 0{,}924$

Nachfrageüberschuss = 0,914 [ME]

Zusammenfassung

- **Angebotsfunktion**: Der Graph steigt im ökonomisch sinnvollen Definitionsbereich streng monoton[1)], sodass jeder Funktionswert größer als der vorausgegangene Funktionswert ist.
  Außerdem dürfen die Mengen (x-Werte) und die Preise ($p(x)$-Werte) nicht negativ sein.
  Ökonomisch sinnvoller Definitionsbereich und Wertebereich:
  $D_{ök}(p_A) = [0; \infty)$ oder ggf. $D_{ök}(p_A) = [0; \text{Hochstelle}]$, damit der Graph streng monoton steigt
  $W_{ök}(p_A) = [p_M; \infty)$ oder ggf. $W_{ök}(p_A) = [p_M; \text{Maximum}]$
- **Nachfragefunktion**: Der Graph fällt im ökonomisch sinnvollen Definitionsbereich streng monoton[2)], sodass jeder Funktionswert kleiner als der vorausgegangene Funktionswert ist.
  Außerdem dürfen die Mengen (x-Werte) und die Preise ($p(x)$-Werte) nicht negativ sein.
  Ökonomisch sinnvoller Definitionsbereich und Wertebereich:
  $D_{ök}(p_N) = [0; x_S]$, oder ggf. $D_{ök}(p_N) = [0; \text{Tiefstelle}]$, damit der Graph streng monoton fällt
  $W_{ök}(p_N) = [0; p_H]$, oder ggf. $W_{ök}(p_N) = [\text{Minimum}; p_H]$

Übungsaufgaben

1 Auf dem Cheeseburgermarkt richtet sich das Angebot x in ME nach der Gleichung $p_A(x) = x + 1$ und die Nachfrage x in ME in Abhängigkeit vom Preis p in GE/ME nach der Gleichung $p_N(x) = -0{,}125x^2 - 0{,}5x + 4{,}5$.

a) Berechnen Sie algebraisch das Marktgleichgewicht und den Cheeseburgerumsatz im Marktgleichgewicht.

b) Berechnen Sie den Ordinatenabschnitt des Graphen der Nachfragefunktion und der Angebotsfunktion und interpretieren Sie diese anwendungsbezogen.

c) Berechnen Sie die Nullstellen des Graphen der Nachfragefunktion und interpretieren Sie diese anwendungsbezogen.

1) Ein Graph steigt in einem Intervall streng monoton, wenn gilt: $x_2 > x_1 \Rightarrow f(x_2) > f(x_1)$

2) Ein Graph fällt in einem Intervall streng monoton, wenn gilt: $x_2 < x_1 \Rightarrow f(x_2) < f(x_1)$

2 Das Angebot für ein Produkt auf einem polypolistischen Markt wird beschrieben durch die Funktion p_A mit $p_A(x) = 0{,}1x^2 + 0{,}4x + 1{,}4$ und die Nachfrage durch die Funktion p_N mit $p_N(x) = 0{,}05x^2 - x + 4$ bestimmt (p in GE/ME, x in ME).

a) Berechnen Sie das Marktgleichgewicht und den Umsatz mit dem Produkt im Marktgleichgewicht.

b) Bestimmen Sie die Sättigungsmenge, den Höchstpreis und den Mindestangebotspreis für das Produkt auf diesem Markt.

c) Geben Sie einen ökonomisch sinnvollen Definitionsbereich für die Angebots- und die Nachfragefunktion an.

d) Erläutern Sie, welche Situation auf dem Markt bei einem Marktpreis von 2 GE/ME herrscht. Berechnen Sie, wie hoch jetzt der Umsatz mit dem Gut ist.

3 Auf dem Markt für ein Gut wird das Angebot durch die Gleichung $p_A(x) = 0{,}1x^2 + 0{,}2x + 3$ und die Nachfrage durch die Gleichung $p_N(x) = 0{,}1x^2 - 3{,}2x + 23{,}4$ bestimmt.

a) Berechnen Sie das Marktgleichgewicht. Wie groß ist der Umsatz mit dem Gut im Marktgleichgewicht?

b) Bestimmen Sie die Sättigungsmenge, den Höchstpreis und den Mindestangebotspreis für das Gut auf diesem Markt.

c) Geben Sie einen ökonomisch sinnvollen Definitionsbereich und den daraus resultierenden ökonomisch sinnvollen Wertebereich für die Angebots- und die Nachfragefunktion auf dem Markt für dieses Gut an.

d) Beschreiben Sie detailliert die Marktsituation für einen Marktpreis von 10 GE/ME. Wie hoch ist jetzt der Umsatz mit dem Gut?

4 Das Angebot und die Nachfrage auf einem polypolistischen Markt werden durch die angegebenen Funktionen beschrieben (p in GE/ME, x in ME).

a) p_A mit $p_A(x) = -0{,}1x^2 + 1{,}5x + 0{,}7$; p_N mit $p_N(x) = 0{,}1x^2 - 1{,}4x + 4{,}9$;
$p_1 = 2$; $p_2 = 4$

b) p_A mit $p_A(x) = -0{,}5x^2 + 4x + 1$; p_N mit $p_N(x) = 0{,}4x^2 - 3x + 5{,}6$;
$p_1 = 5$; $p_2 = 2$

c) p_A mit $p_A(x) = -x^2 + 4x + 1$; p_N mit $p_N(x) = x^2 - 4{,}8x + 5{,}6$;
$p_1 = 1{,}5$; $p_2 = 5$

- Berechnen Sie das Marktgleichgewicht und den Umsatz im Marktgleichgewicht.
- Geben Sie jeweils den ökonomisch sinnvollen Definitionsbereich und den daraus resultierenden ökonomisch sinnvollen Wertebereich für die Angebots- und die Nachfragefunktion an.
- Bestimmen Sie die Sättigungsmenge, den Höchst- und den Mindestangebotspreis.
- Beschreiben Sie detailliert die Marktsituation für die Marktpreise p_1 und p_2.

2.2.6 Handlungssituationen mit quadratischen Funktionen

Die Handlungssituationen sollten Sie mit der Ihnen zur Verfügung stehenden Rechnertechnologie bearbeiten. Besonders wichtig ist die Interpretation der von Ihnen ermittelten Ergebnisse.

Kosten, Erlös und Gewinn im Monopol

Handlungssituation 1

Die KaMoPro GmbH ist der einzige Anbieter für Kamelmilchjoghurt in Deutschland. Da der Joghurt sich seit einem Jahr wachsender Beliebtheit erfreut, hat die Geschäftsführerin kontinuierlich die Preise erhöht. Während sich zu Beginn die festgesetzten Preise am Markt realisieren ließen, kam der Absatz bei einem Preis von 10,00 €/Becher zum Erliegen. Daraufhin wurde der Preis drastisch gesenkt. Doch selbst, als die Becher kostenlos angeboten wurden, konnten täglich nur 100 Becher Kamelmilchjoghurt abgesetzt werden. Aus internen Papieren geht hervor, dass für einen Becher variable Kosten in Höhe von 2,00 € anfallen. Außerdem fallen jeden Tag Fixkosten in Höhe von 120,00 € an.

Die Geschäftsführerin ist ganz verzweifelt und fragt Sie um Rat, zu welchem Preis die KaMoPro GmbH den Joghurt verkaufen sollte. Stellen Sie ihr die Kosten-, Erlös- und Gewinnsituation des Betriebes bei unterschiedlichen Tagesproduktionen rechnerisch und grafisch dar.

Handlungssituation 2

Ein Marktforschungsinstitut hat für die gesamtwirtschaftliche Nachfrage nach dem Produkt Z festgestellt, dass bei einem Preis von $p = 40$ GE/ME die Nachfrage nach dem Produkt Z erlischt. Bei einer Menge von $x = 20$ ME ist der Markt gesättigt. Ihr Unternehmen ist alleiniger Anbieter für dieses Produkt. Die Gesamtkosten bei der Herstellung des Produktes Z können durch eine quadratische Funktion beschrieben werden. Der Kostenrechner des Betriebes hat festgestellt, dass bei einer Produktionsmenge von 10 ME die Gesamtkosten 80 GE und bei einer Produktion von 5 ME die Gesamtkosten 65 GE betragen. Die Fixkosten bei der Produktion des Produktes Z betragen 60 GE.

Von der Abteilung Rechnungswesen werden Sie beauftragt, die Kosten-, Erlös- und Gewinnsituation bei der Produktion des Produktes Z detailliert zu analysieren und einen Angebotspreis unter Berücksichtigung der Marktgegebenheiten vorzuschlagen. Erstellen Sie als Diskussionsgrundlage eine Tischvorlage mit Rechnungen und Grafiken.

Handlungssituation 3

Ihr Unternehmen ist alleiniger Anbieter für einen völlig neuartigen Taschenrechner. Umfragen bei den Konsumenten haben ergeben, dass bei einem Preis von 20 GE/ME 8 ME der neuen Taschenrechner absetzbar sind. Wenn sich der Preis verdoppelt, sind nur noch 4 ME absetzbar.

Für die Produktion des Taschenrechners gilt in einer Geschäftsperiode:

- Fixkosten: 16 GE
- quadratische Gesamtkostenentwicklung mit 60 GE bei einer Produktionsmenge von 2 ME und 144 GE bei einer Produktionsmenge von 8 ME

Erläutern Sie, welchen Angebotspreis für die neuen Taschenrechner Sie Ihrem Unternehmen vorschlagen sollten, wenn das Unternehmen nach dem Prinzip der Gewinnmaximierung arbeitet. Untersuchen Sie die Kosten-, Erlös- und Gewinnsituation detailliert und bereiten Sie eine grafisch unterstützte Präsentation für die Geschäftsleitung vor.

Handlungssituation 4

Die Controlling-Abteilung eines monopolistischen Anbieters für ein Produkt hat Zusammenhänge zwischen dem Absatz, dem Erlös und den Gesamtkosten tabellarisch festgehalten.

Absatz (in ME)	2	4	7
Erlös (in GE)	72	96	42
Gesamtkosten (in GE)	64	84	99

Ermitteln Sie den Preis, den der Anbieter verlangen sollte, wenn er seinen Gewinn maximieren will. Stellen Sie die Zusammenhänge für eine Präsentation grafisch dar.

Angebot und Nachfrage, Marktgleichgewicht

Handlungssituation 5

Die Hersteller eines bestimmten Industrieproduktes wurden befragt, welche Mengen sie bei bestimmten Marktpreisen anbieten würden. Dabei stellte sich heraus, dass bei einem Marktpreis von 1,80€/Stück insgesamt 3 Mio. Stück, bei einem Marktpreis von 4,20€/Stück 7 Mio. Stück und bei einem Marktpreis von 8,20€/Stück 11 Mio. Stück auf dem Markt angeboten würden.

Auch das Verhalten der Nachfrager nach diesem Produkt wurde untersucht. Es wurde festgestellt, dass bereits bei einem Preis von 9,00€/Stück die Nachfrage nach diesem Produkt erlischt. Bei einem Marktpreis von 5,40€/Stück werden von diesem Produkt insgesamt 4 Mio. Stück nachgefragt, bei einem Marktpreis von 2,60€/Stück sogar 8 Mio. Stück.

Modellieren Sie Angebot und Nachfrage mit quadratischen Funktionen und untersuchen Sie mit mathematischen Methoden detailliert die gesamtwirtschaftliche Situation auf dem Markt für dieses Produkt.

Erläutern Sie, wie ein Eingriff des Staates durch Festlegung eines Mindestpreises in Höhe von 5,00€/Stück auf den Markt wirken würde.

Bereiten Sie sich auf eine Präsentation Ihrer Ergebnisse vor, die Sie mit entsprechenden grafischen Veranschaulichungen unterstützen sollten.

Handlungssituation 6

Der Markt für ein Fertigteil zur Herstellung von Sichtschutzzäunen wurde bezüglich des gesamtwirtschaftlichen Angebots und der gesamtwirtschaftlichen Nachfrage untersucht. Die Untersuchungsergebnisse sind in der abgebildeten Tabelle festgehalten.

Marktpreis	Angebot	Nachfrage
3,30€/Stück	2 Mio. Stück	937 981 Stück
2,45€/Stück	1 275 050 Stück	1,5 Mio. Stück
2,10€/Stück	1 Mio. Stück	1 759 630 Stück
1,80€/Stück	773 188 Stück	2 Mio. Stück

a) Visualisieren Sie den Markt, indem Sie als Modell für Angebot und Nachfrage quadratische Funktionen zugrunde legen.
Untersuchen Sie mit mathematischen Hilfsmitteln detailliert die gesamtwirtschaftliche Situation auf dem Markt.

b) Erläutern Sie, wie sich die Situation auf dem Markt ändert, wenn der Staat eine Steuer in Höhe von 1,50€/Stück auf die Sichtschutzzäune erhebt. Ermitteln Sie die dadurch entstandenen Steuereinnahmen des Staates.

Handlungssituation 7

Für ein landwirtschaftliches Produkt wurde festgestellt, dass die landwirtschaftlichen Betriebe das Produkt erst anbieten werden, wenn der Marktpreis höher als 300,00 €/Tonne ist. Bei einem Marktpreis von 340,00 €/Tonne würden insgesamt 20 Mio. Tonnen und bei einem Marktpreis von 550,00 €/Tonne sogar 50 Mio. Tonnen angeboten.

Für die gesamtwirtschaftliche Nachfrage gilt ein Höchstpreis von 1 000,00 €/Tonne, der Markt ist mit 100 Mio. Tonnen gesättigt. Bei einem Preis von 250,00 €/Tonne werden 50 Mio. Tonnen nachgefragt.

a) Bereiten Sie als Angestellter des Bauernverbandes eine Präsentation für ein Gespräch mit Vertretern des Ministeriums für Ernährung, Landwirtschaft und Verbraucherschutz vor. Erstellen Sie dafür mit quadratischen Funktionen ein Modell für das gesamtwirtschaftliche Angebot und die gesamtwirtschaftliche Nachfrage und untersuchen Sie mit mathematischen Methoden detailliert die Situation auf dem Markt für das landwirtschaftliche Produkt.

b) Erläutern Sie, wie sich die Situation auf dem Markt verändern würde, wenn der Staat das landwirtschaftliche Produkt mit 100,00 €/Tonne subventioniert. Berechnen Sie die Subventionsausgaben des Staates für dieses Produkt insgesamt.

2.3 Potenzfunktionen

2.3.1 Eigenschaften der Potenzfunktionen mit $f(x) = x^n;\ n \in \mathbb{Z}\setminus\{0\}$

Die einfachste Form einer Potenzfunktion hat die Form $f(x) = x^n$. Der Funktionsterm ist eine Potenz mit der Variablen x als Basis und mit dem Exponenten n.

Eine Funktion f der Form $f(x) = x^n,\ n \in \mathbb{Z}\setminus\{0\}$, heißt **Potenzfunktion**.

Da in $f(x) = x^n$ der Exponent n eine Zahl aus der Zahlenmenge $\mathbb{Z}\setminus\{0\} = \mathbb{Z}^*$ sein soll, kann er also eine positive ganze Zahl oder eine negative ganze Zahl sein.

In $f(x) = x^n$ bestimmt n den **Grad einer Potenzfunktion**. So ist $f(x) = x^3$ die Gleichung einer Potenzfunktion 3. Grades.

Bei negativem n heißt der Graph einer Potenzfunktion **Hyperbel**. Der Funktionsterm von $f(x) = x^{-3}$ kann nach den Potenzgesetzen[1)] zu $f(x) = \frac{1}{x^3}$ umgeformt werden. Da x im Nenner steht, darf man für x nicht die Zahl 0 einsetzen[2)]. Daher sind Hyperbeln der Form $f(x) = x^{-n} = \frac{1}{x^n}$ an der Stelle $x = 0$ nicht definiert und es gilt: $D(f) = \mathbb{R}\setminus\{0\} = \mathbb{R}^*$

Wir wollen im Folgenden untersuchen, wie die Graphen von Potenzfunktionen verlaufen, wenn für n unterschiedliche ganze Zahlen in den Funktionsterm eingesetzt werden.

Zur Beschreibung des Verlaufs eines Graphen ist sein **Symmetrieverhalten** und sein **Globalverhalten** geeignet.

---

1) $a^{-n} = \frac{1}{a^n}$.

2) Die Division durch 0 ist nicht definiert, d. h. nicht erlaubt.

Symmetrien zum Koordinatensystem

Wir unterscheiden zwei Arten von Symmetrie eines Graphen zum Koordinatensystem.

<table>
<tr><th>Achsensymmetrie zur y-Achse</th><th>Punktsymmetrie zum Ursprung</th></tr>
<tr><td>Jeder auf der Kurve gelegene Punkt geht durch Spiegelung an der y-Achse wieder in einen Kurvenpunkt über (blaue Punkte mit gestricheltem Pfeil).</td><td>Jeder auf der Kurve gelegene Punkt geht durch Spiegelung am Koordinatenursprung wieder in einen Kurvenpunkt über (blaue Punkte mit gestricheltem Pfeil).</td></tr>
<tr><td>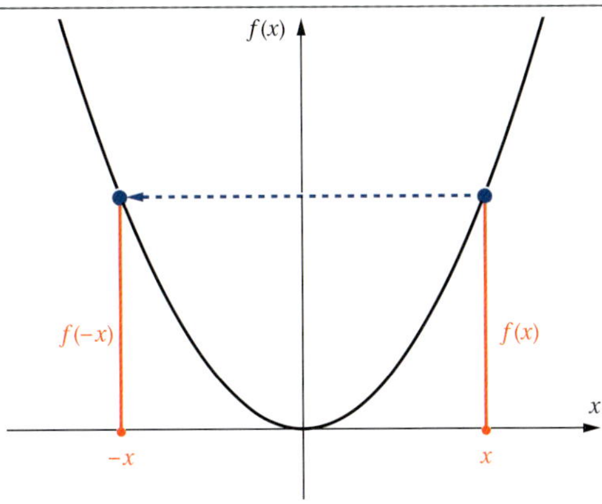
</td><td>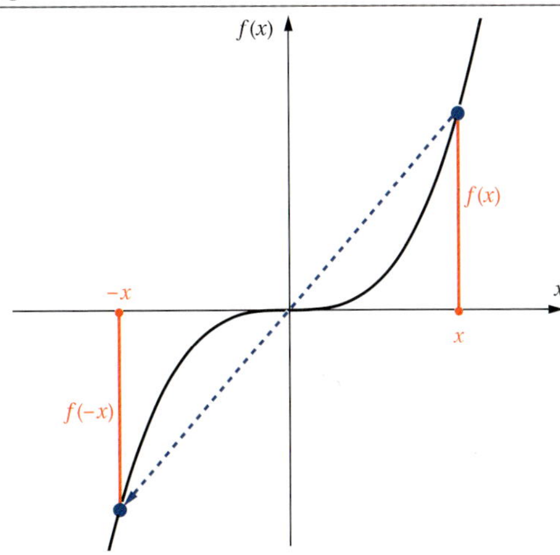
</td></tr>
<tr><td colspan="2">Für den rechnerischen Nachweis der Symmetrie sind zwei Gleichungen wichtig.</td></tr>
<tr><td>Für einen zur y-Achse achsensymmetrischen Graphen gilt immer, dass der Funktionswert an der Stelle x mit dem Funktionswert an der Stelle −x identisch ist (s. Grafik oben).

$f(x) = f(-x)$
Achsensymmetrie zur y-Achse</td><td>Für einen zum Ursprung punktsymmetrischen Graphen gilt immer, dass der Funktionswert an der Stelle x mit dem negativen Funktionswert an der Stelle −x identisch ist (s. Grafik oben).

$f(x) = -f(-x)$
Punktsymmetrie zum Ursprung</td></tr>
</table>

Globalverhalten

Das Globalverhalten eines Funktionsgraphen beschreibt das Verhalten seiner Funktionswerte $f(x)$, wenn die x-Werte positiv oder negativ unendlich groß werden, also für $x \to +\infty$ und für $x \to -\infty$. Vereinfacht gesagt, beschreibt das Globalverhalten das Verhalten des Graphen im Unendlichen.

Situation 1

In den vier Abbildungen werden Graphen der Funktionen $f(x) = x^n$ mit $n \in \mathbb{Z}\setminus\{0\}$ gezeigt. Erläutern Sie, welche Klassifizierung der Graphen der Potenzfunktionen in den vier Abbildungen vorgenommen worden ist.

Beschreiben Sie das Symmetrie- und Globalverhalten der Graphen der Potenzfunktionen in den vier Abbildungen.

Abbildung 1

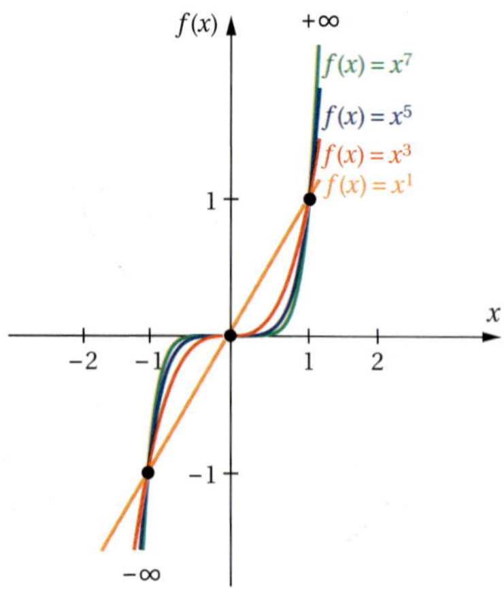

Abbildung 2

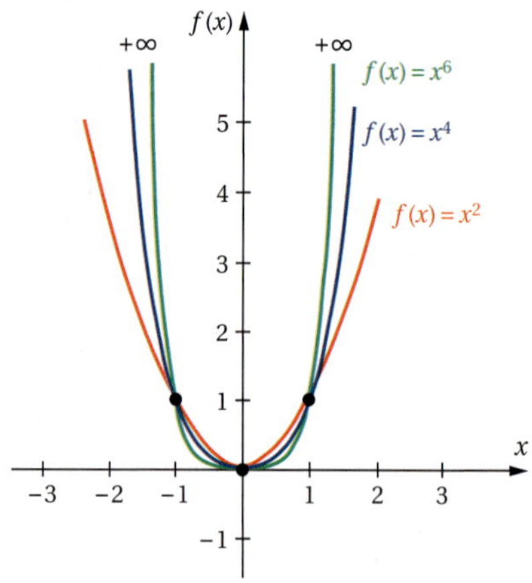

Abbildung 3

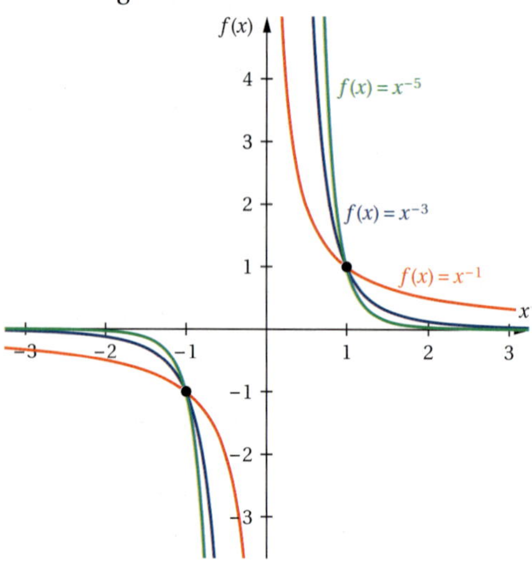

Abbildung 4

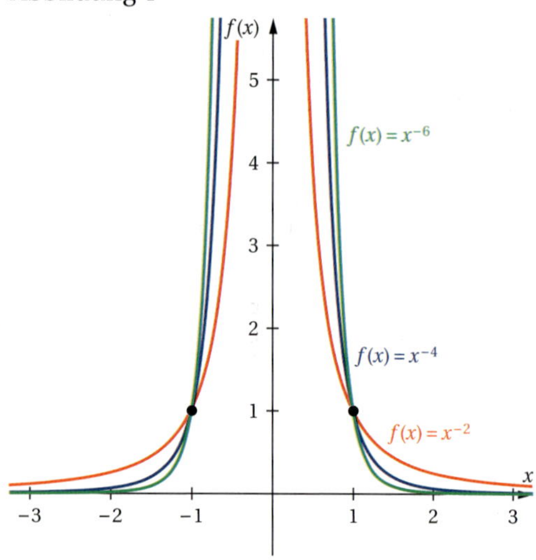

Lösung

	Abbildung 1	**Abbildung 2**
Klassifizierung	Die Exponenten sind positive ungerade Zahlen.	Die Exponenten sind positive gerade Zahlen.
Symmetrie des Graphen	Die Graphen sind punktsymmetrisch zum Ursprung.	Die Graphen sind achsensymmetrisch zur y-Achse.
Globalverhalten des Graphen	in x-Richtung betrachtet von $-\infty$ über 0 nach $+\infty$, also von unten nach oben. oder mathematisch: wenn $x \to -\infty$, dann $f(x) \to -\infty$ wenn $x \to +\infty$, dann $f(x) \to +\infty$	in x-Richtung betrachtet von $+\infty$ über 0 nach $+\infty$, also von oben nach oben oder mathematisch: wenn $x \to -\infty$, dann $f(x) \to +\infty$ wenn $x \to +\infty$, dann $f(x) \to +\infty$
	Abbildung 3	**Abbildung 4**
Klassifizierung	Die Exponenten sind negative ungerade Zahlen.	Die Exponenten sind negative gerade Zahlen.
Symmetrie des Graphen	Die Graphen sind punktsymmetrisch zum Ursprung.	Die Graphen sind achsensymmetrisch zur y-Achse.
Globalverhalten des Graphen	in x-Richtung betrachtet von fast 0 nach $-\infty$, bei $x = 0$ nicht definiert und dann von $+\infty$ wieder nach fast 0 oder mathematisch: wenn $x \to -\infty$, dann $f(x) \to 0^-$ wenn $x \to 0^-$, dann $f(x) \to -\infty$ wenn $x \to 0^+$, dann $f(x) \to +\infty$ wenn $x \to +\infty$, dann $f(x) \to 0^+$	in x-Richtung betrachtet von fast 0 nach $+\infty$, bei $x = 0$ nicht definiert und dann von $+\infty$ wieder nach fast 0 oder mathematisch: wenn $x \to -\infty$, dann $f(x) \to 0^+$ wenn $x \to 0^-$, dann $f(x) \to +\infty$ wenn $x \to 0^+$, dann $f(x) \to +\infty$ wenn $x \to +\infty$, dann $f(x) \to 0^+$
	Einfacher lässt sich das Globalverhalten für negative n mit den Begriffen Asymptote und Polgerade oder Polstelle beschreiben: Die Gerade, an die sich die Funktionswerte für $x \to \pm\infty$ annähern, heißt **Asymptote**, hier $f^*(x) = 0$. Die Gerade, an die sich die Funktionswerte für $x \to 0$ annähern, heißt **Polgerade**, hier $x = 0$. Die Stelle, an der es keinen Funktionswert gibt, heißt **Polstelle**, hier $x = 0$.	

Für die Potenzfunktionen mit positivem Exponenten wie $f(x) = x^{-n}$ ist der mathematisch maximal mögliche Definitionsbereich $D(f) = \mathbb{R}$, weil für x alle reellen Zahlen eingesetzt werden dürfen, ohne dass eine unerlaubte Rechenoperation durchgeführt wird.

Potenzfunktionen mit negativem Exponenten können als **gebrochen-rationale Funktion** $f(x) = \frac{1}{x^n}$ mit dem mathematisch maximal mögliche Definitionsbereich $D(f) = \mathbb{R}\backslash\{0\} = \mathbb{R}^*$ geschrieben werden.

Der Definitionsbereich wird eingeschränkt, denn die Zahl 0 darf für das im Nenner stehende x nicht eingesetzt werden, weil sonst die unerlaubte Division durch 0 durchgeführt werden würde. Diese nicht definierte Stelle heißt **Polstelle**.

Zusammenfassung

- Globalverhalten, Symmetrie und Definitionsbereich für $f(x) = x^n$

	***n* gerade**	***n* ungerade**	
***n* positiv**	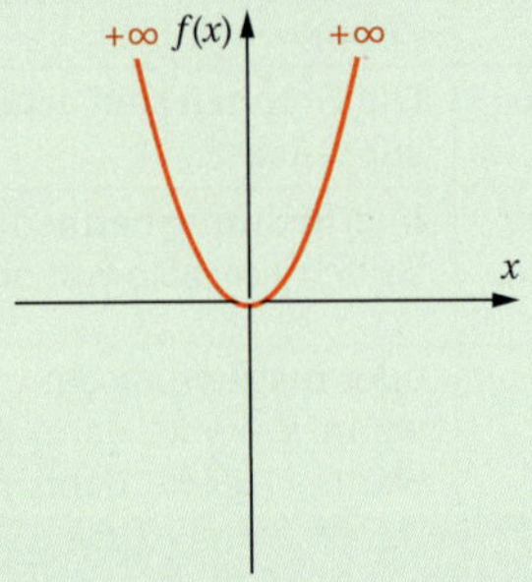	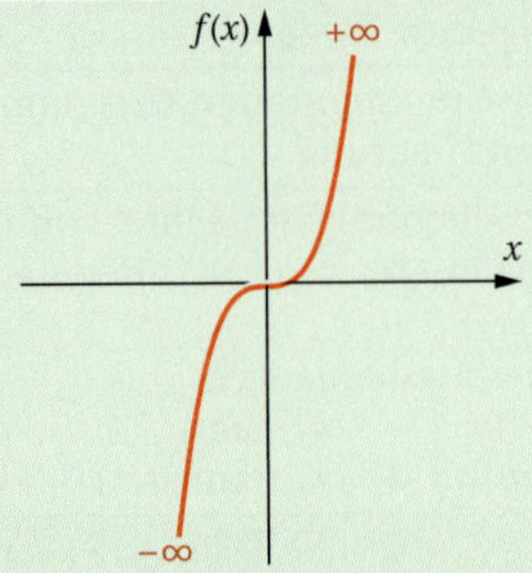	$D(f) = \mathbb{R}$
***n* negativ**	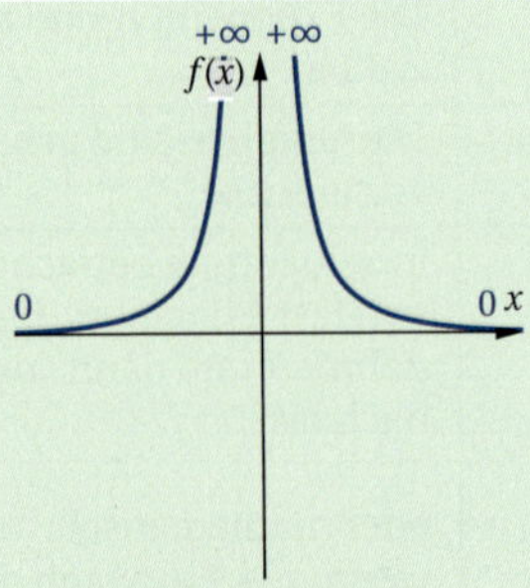	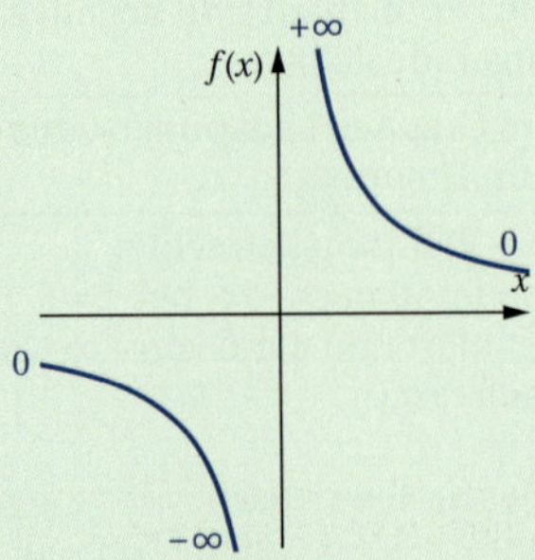	$D(f) = \mathbb{R}\setminus\{0\} = \mathbb{R}^*$
	Achsensymmetrisch zur *y*-Achse	Punktsymmetrisch zum Ursprung	

- Für negative n in $f(x) = x^n$ gilt:
  - Die horizontale Gerade, an die sich die Funktionswerte für $x \to \pm\infty$ annähern, heißt **Asymptote** und hat die Gleichung $f^*(x) = 0$.
  - Die vertikale Gerade, an die sich die Funktionswerte für $x \to 0$ annähern, heißt **Polgerade** und hat die Gleichung $x = 0$. Die nicht definierte Stelle heißt **Polstelle,** hier $x_{\text{n.d.}} = 0$.

Übungsaufgaben

1 Skizzieren Sie den Graphen und geben Sie das Symmetrieverhalten, das Globalverhalten und den maximal möglichen Definitionsbereich an.

a) $f(x) = x^3$
b) $f(x) = x^{-3}$
c) $f(x) = x^{-2}$
d) $f(x) = x^2$
e) $f(x) = x^4$
f) $f(x) = x^{-4}$
g) $f(x) = x^1$
h) $f(x) = x^{-1}$

2 Geben Sie die Gleichung einer Potenzfunktion der Form $f(x) = x^n$ an, gegebenenfalls auch als Bruch. Wählen Sie dabei $|n|$ möglichst klein. Beschreiben Sie das Symmetrieverhalten, das Globalverhalten und geben Sie den maximal möglichen Definitionsbereich an.

a)

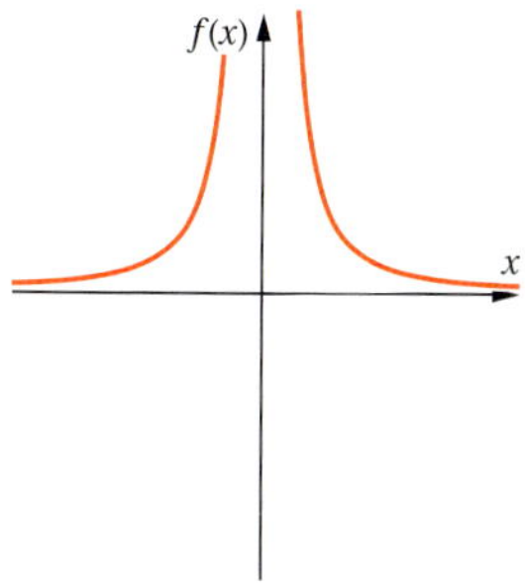

b)

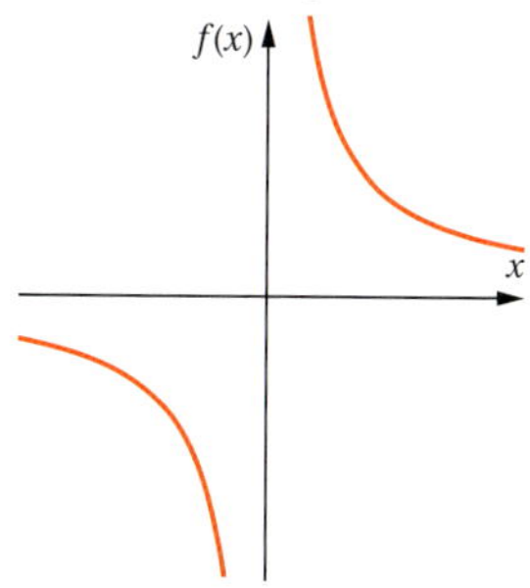

c)

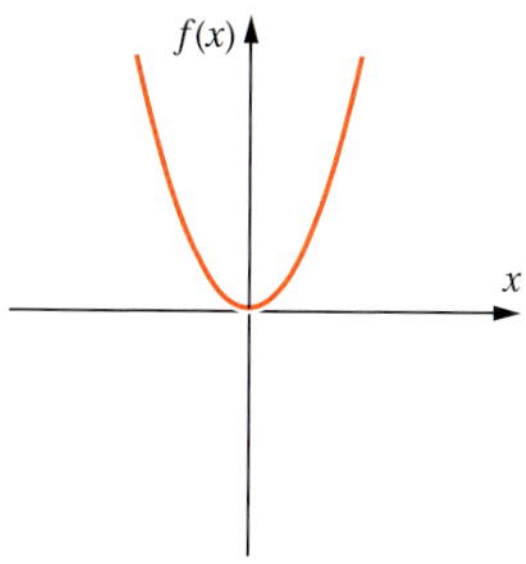

d)

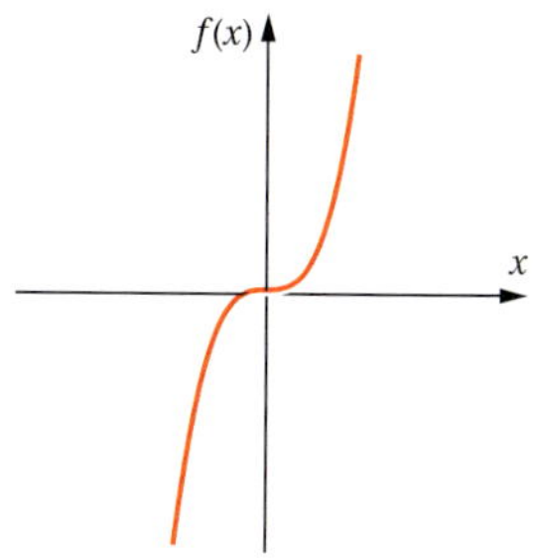

3 Begründen Sie, warum die Graphen der Potenzfunktionen mit $f(x) = x^n$ für gerade n im 1. und 2. Quadranten verlaufen und für ungerade n im 1. und 3. Quadranten.

4 Begründen Sie, warum die Graphen der Potenzfunktionen mit $f(x) = x^n$ für negative n aus 2 Teilen bestehen.

2.3.2 Parametervariationen bei Potenzfunktionen

Im vorherigen Abschnitt wurde die Wirkung des Exponenten n auf den Verlauf der Graphen einfacher Potenzfunktion der Form $f(x) = x^n$ untersucht. Durch Hinzufügung weiterer Parameter im Funktionsterm kann man Dehnungen, Stauchungen und Verschiebungen des Graphen einer Potenzfunktionen erreichen, wie wir sie schon bei quadratischen Funktionen in der Scheitelpunktform kennengelernt haben.
Wir wollen im Weiteren die Wirkung der Parameter a, b, c und d in der Gleichung

$$\boldsymbol{f(x) = a\left(b(x-c)\right)^n + d}$$

auf den Verlauf des Graphen untersuchen.

Die Gleichung $f(x) = a\left(b(x-c)\right)^n + d$ ist dadurch entstanden, dass wir in die Potenzfunktion der Form $f(x) = ax^n + d$ für die Variable x den Term $(\boldsymbol{b(x-c)})$ eingesetzt haben. Diese **Verkettung von Funktionen** werden wir später auch bei den Exponentialfunktionen und den Sinusfunktionen durchführen. Das Ergebnis ist dann immer eine **verkettete Funktion**.

In den folgenden Situationen gehen wir von positiven, ganzzahligen Exponenten n aus, die gewonnenen Erkenntnisse gelten jedoch auch für negative Exponenten.

Wirkung der Parameter a und d in $f(x) = ax^n + d$

Situation 2

In einem ersten Schritt wollen wir nur die Wirkung der Parameter a und d auf den Verlauf des Graphen einer Potenzfunktion der Form $f(x) = a(b(x-c))^n + d$ untersuchen.

Damit wir auf Bekanntes zurückgreifen können, setzen wir für $b = 1$, für $c = 0$ und für $n = 3$ ein und erhalten dann die Gleichung einer kubischen Funktion:

$f(x) = a(1(x-0))^3 + d,$

$\boldsymbol{f(x) = ax^3 + d}$

a) Erläutern Sie die Wirkung der Parameter a und d auf den Verlauf des Graphen von $f(x) = ax^3 + d,$ indem Sie Ihre Kenntnisse zur Parametervariation bei quadratischen Funktionen auf diese kubische Funktion übertragen.

b) Begründen Sie, ob die in Teilaufgabe a) beschriebene Wirkung der Parameter a und d auch für alle anderen Potenzfunktionen der Form $f(x) = ax^n + d$ mit $n \in \mathbb{Z}\backslash\{0\}$ gilt.

c) Beschreiben Sie für $f(x) = -0{,}5x^3 + 2$ die Wirkung der Parameter $n = 3$, $a = -0{,}5$ und $d = 2$ auf den Verlauf des Funktionsgraphen und skizzieren Sie ihn schrittweise.

Lösung

a) a ist der bekannte **Dehnungs-, Stauchungs-, Spiegelungsfaktor**, auch **Formfaktor** genannt. a muss ungleich 0 sein, damit überhaupt eine Potenzfunktion entsteht.

$|a| > 1$: Dehnung in y-Richtung
$|a| < 1$: Stauchung in y-Richtung
$a < 0$: Spiegelung an der x-Achse

d verschiebt den Graphen in y-Richtung entsprechend dem Vorzeichen von d nach oben oder unten.

b) Im Funktionsterm von $f(x) = ax^n$ wird durch Multiplikation von x^n mit a jeder Funktionswert x^n immer entsprechend der Größe von a vervielfacht. Das gilt für alle Potenzen x^n.
Durch die Addition von d zum Potenzwert ax^n verändert sich jeder Funktionswert um einen konstanten Betrag d. Das führt zu einer Verschiebung des Graphen um d in y-Richtung und gilt ebenfalls für alle Potenzfunktionen.

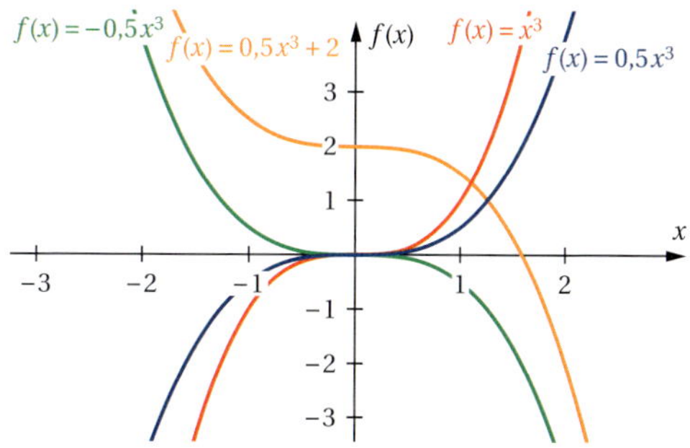

c) $\boldsymbol{n=3}$ führt zu der Potenzfunktion mit der Gleichung $f(x)=x^3$, deren Graph, in x-Richtung betrachtet, von $-\infty$ nach $+\infty$ verläuft.

$\boldsymbol{|a|=0{,}5}$ in $f(x)=0{,}5x^3$ staucht den Graphen mit dem Faktor 0,5 in y-Richtung.

$\boldsymbol{a<0}$ in $f(x)=-0{,}5x^3$ spiegelt den Graphen von $f(x)=0{,}5x^3$ an der Abszissenachse. Dadurch verläuft der Graph, in x-Richtung betrachtet, von $+\infty$ nach $-\infty$.

$\boldsymbol{d=2}$ in $f(x)=-0{,}5x^3+2$ verschiebt den Graphen in y-Richtung um $+2$ (nach oben).

Wirkung des Parameters *b* in $f(x)=(bx)^n$

Situation 3

Jetzt wollen wir die Wirkung des Parameters b in $f(x)=a\left(b(x-c)\right)^n+d$ auf den Verlauf des Graphen untersuchen.

Damit wir nur noch den Parameter b in der Gleichung haben, setzen wir in $f(x)=a\left(b(x-c)\right)^n+d$ für $n=3$, für $a=1$, für $c=0$ und für $d=0$ ein und erhalten dann die Gleichung $f(x)=1\left(b(x-0)\right)^3+0$, also:

$$\boldsymbol{f(x)=(bx)^3}$$

Offensichtlich muss $b\neq 0$ gelten, damit überhaupt eine Potenzfunktion entsteht.

a) Erläutern Sie mithilfe der Grafik, insbesondere mithilfe der schwarz gestrichelten horizontalen Linie, die Wirkung des Parameters b in $f(x)=(bx)^3$ auf den Verlauf des Graphen.

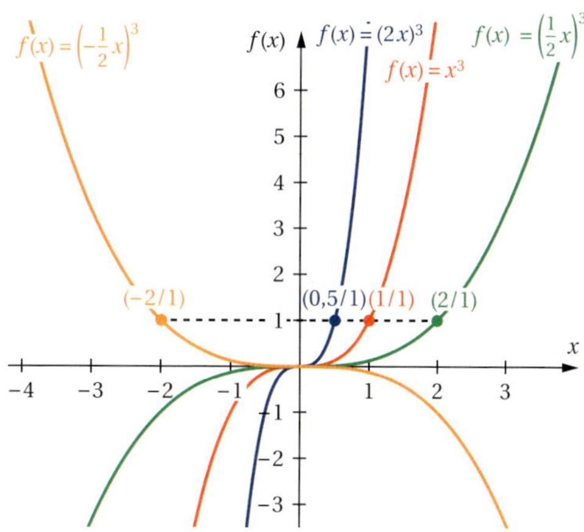

b) Die Wirkung des Parameters b auf den Verlauf des Graphen von $f(x) = x^n$ kann neben der in Teilaufgabe a) erkannten Dehnung, Stauchung oder Spiegelung in x-Richtung (schwarz gestrichelte Linie in der Abb. auf der Vorseite) auch durch eine Dehnung, Stauchung oder Spiegelung in y-Richtung beschrieben werden. Verwenden Sie dazu die schwarz *gepunktete* Linie in der Abb. rechts.

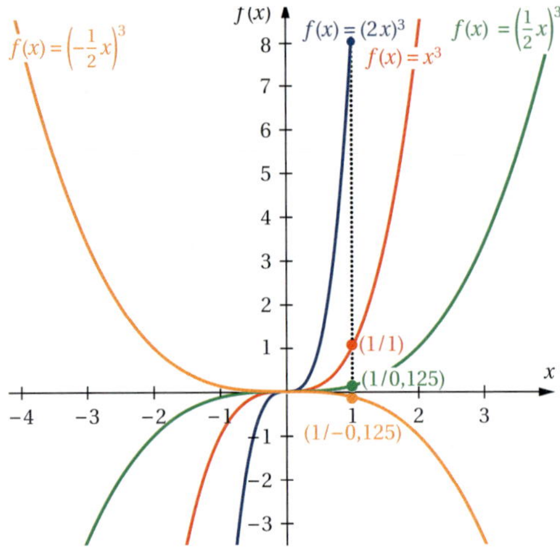

Weisen Sie diese Behauptung allgemein durch eine entsprechende Termumformung in der Gleichung $f(x) = (bx)^n$ mithilfe eines passenden Potenzgesetzes nach.

c) Beschreiben Sie für $f(x) = \left(-\frac{1}{2}x\right)^4$ auf zweierlei Art die Wirkung des Parameters $b = -\frac{1}{2}$ auf den Verlauf des Funktionsgraphen gegenüber $f(x) = x^4$ und skizzieren Sie den Graphen für $f(x) = \left(-\frac{1}{2}x\right)^4$.

Lösung

a) In $f(x) = (bx)^3$ bewirkt b eine Dehnung oder Stauchung in x-Richtung mit dem Faktor $\frac{1}{b}$ und für $b < 0$ zusätzlich eine Spiegelung an der y-Achse.

$|b| > 1$: Stauchung in x-Richtung
$|b| < 1$: Dehnung in x-Richtung
$b < 0$: Spiegelung an der y-Achse

b) $f(x) = (bx)^n$ lässt sich nach dem Potenzgesetz zur Multiplikation von Potenzen mit gleichen Exponenten[1)] umformen zu: $f(x) = b^n x^n$
Der Faktor b^n vor x^n entspricht in der Wirkung dem bereits bekannten Dehnungs-/Stauchungs- oder Spiegelungsfaktor (Formfaktor) a. In $f(x) = (bx)^n = b^n \cdot x^n$ bewirkt b also eine Dehnung oder Stauchung in y-Richtung mit dem Faktor b^n.

$|b| > 1$: Dehnung in y-Richtung
$|b| < 1$: Stauchung in y-Richtung
$b < 0$: Spiegelung an der x-Achse, aber nur für ungerade n, weil nur dann b^n negativ wird.

1) $a^n \cdot b^n = (a \cdot b)^n$

c) In $f(x) = \left(-\frac{1}{2}x\right)^4$ bewirkt der Parameter $b = -\frac{1}{2}$ gegenüber $f(x) = x^4$ eine Dehnung in x-Richtung (gestrichelte Linie) mit dem Faktor $\frac{1}{b} = \frac{1}{\frac{1}{2}} = 2$.
Also wird bei gleichem y-Wert jeder x-Wert verdoppelt. Eine zusätzliche Spiegelung an der y-Achse erfolgt nicht, weil bei geradem n der Term $\left(-\frac{1}{2}x\right)^4$ mit $\left(+\frac{1}{2}x\right)^4$ identisch ist.

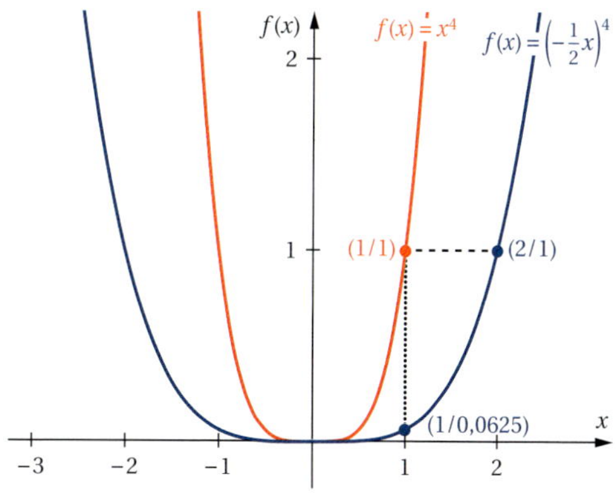

Oder:
In $f(x) = \left(-\frac{1}{2}x\right)^4$ bewirkt der Parameter $b = -\frac{1}{2}$ gegenüber $f(x) = x^4$ eine Stauchung in y-Richtung (gepunktete Linie) mit dem Faktor
$b^4 = \left(\frac{1}{2}\right)^4 = \frac{1}{16} = 0{,}0625$.
Eine zusätzliche Spiegelung an der y-Achse erfolgt nicht, weil bei geradem n der Vorfaktor b^n in $f(x) = b^n x^n$ immer positiv ist[1)].

Wirkung des Parameters c in $f(x) = (x - c)^n$

Situation 4

Um die Wirkung des Parameters c auf den Verlauf des Graphen einer Potenzfunktion zu untersuchen, setzen wir in $f(x) = a(b(x - c))^n + d$ für $n = 3$, für $a = 1$, für $b = 1$ und für $d = 0$ ein und erhalten dann die bekannte Gleichung

$f(x) = 1(1(x - c))^3 + 0$, also:

$\boldsymbol{f(x) = (x - c)^3}$.

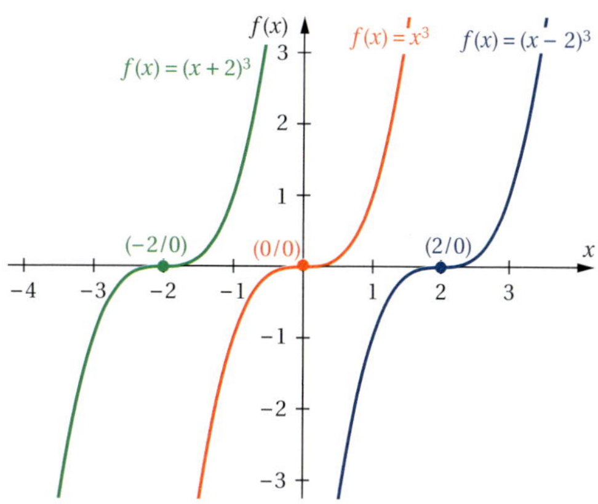

a) Erläutern Sie mithilfe der Grafik allgemein die Wirkung des Parameters c auf den Verlauf des Graphen von $f(x) = (x - c)^n$, indem Sie Ihre Kenntnisse zur Parametervariation bei quadratischen Funktionen anwenden.

---

1) Für $b < 0$ und n ungerade ist b^n negativ, z. B. $\left(-\frac{1}{2}\right)^3 = -\frac{1}{8}$. Aber für $b < 0$ und n gerade ist b^n positiv, z. B.: $\left(-\frac{1}{2}\right)^2 = +\frac{1}{4}$

b) Beschreiben Sie für $f(x) = (x-3)^4$ und für $f(x) = (x+2)^4$ die Wirkung des Parameters c auf den Verlauf des Funktionsgraphen gegenüber $f(x) = x^4$ und skizzieren Sie ihn die drei Graphen.

Lösung

a) **In $f(x) = (x - c)^n$ bewirkt c eine Verschiebung des Graphen in x-Richtung entsprechend dem Vorzeichen von c.**

$c > 0$: Verschiebung nach rechts

$c < 0$: Verschiebung nach links

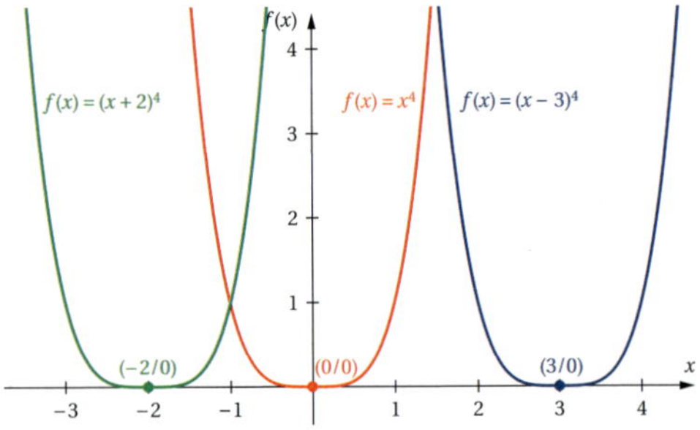

b) Gegenüber $f(x) = x^4$ ist der Graph von $f(x) = (x-3)^4$ um 3 nach rechts verschoben.

Gegenüber $f(x) = x^4$ ist der Graph von $f(x) = (x+2)^4$ um 2 nach links verschoben.

Zusammenfassung

Wirkung der Parameter a, b, c und d in $f(x) = a\left(b\left(x - c\right)\right)^n + d$

- **Der Formfaktor a bewirkt eine Dehnung oder Stauchung des Graphen in y-Richtung und eine Spiegelung an der x-Achse.**

  $|a| > 1$: Dehnung in y-Richtung

  $|a| < 1$: Stauchung in y-Richtung

  $a < 0$: Spiegelung an der x-Achse

  Es gilt immer: $a \neq 0$

- **b bewirkt eine Dehnung oder Stauchung in x-Richtung mit dem Faktor $\frac{1}{b}$ und eine Spiegelung an der y-Achse.**

  $|b| > 1$: Stauchung in x-Richtung

  $|b| < 1$: Dehnung in x-Richtung

  $b < 0$: Spiegelung an der y-Achse, aber nur für ungerade n

  Es gilt immer: $b \neq 0$

Oder:

- **b bewirkt eine Dehnung oder Stauchung des Graphen in y-Richtung mit dem Faktor b^n und eine Spiegelung an der x-Achse.**

  $|b| > 1$: Dehnung in y-Richtung

  $|b| < 1$: Stauchung in y-Richtung

  $b < 0$: Spiegelung an der x-Achse, aber nur für ungerade n

  Es gilt immer: $b \neq 0$

- **c verschiebt den Graphen in x-Richtung.**
  $c > 0$: Verschiebung nach rechts
  $c < 0$: Verschiebung nach links
- **d verschiebt den Graphen in y-Richtung.**
  $d > 0$: Verschiebung nach oben
  $d < 0$: Verschiebung nach unten

Übungsaufgaben

1 Beschreiben Sie, wie der Graph gegenüber dem Graphen der einfachen Potenzfunktion mit $f(x) = x^n$ durch die Hinzufügung des Parameters verändert wird. Fertigen Sie eine Skizze an.
Beschreiben Sie auch das Symmetrie- und Globalverhalten des Graphen. Geben Sie die Terme mit negativem Exponenten auch als Bruch an.

a) $f(x) = 2x^3$
b) $f(x) = 0{,}5x^2$
c) $f(x) = -x^4$
d) $f(x) = 2x^{-2}$
e) $f(x) = -0{,}5x^{-1}$
f) $f(x) = -3x^{-3}$

2 Die abgebildeten Graphen haben Funktionsgleichungen der Form $f(x) = ax^n$. Bestimmen Sie die Gleichungen mit möglichst einfachen Exponenten. Geben Sie bei negativem n die Funktionsgleichung auch als Bruch an.

a)
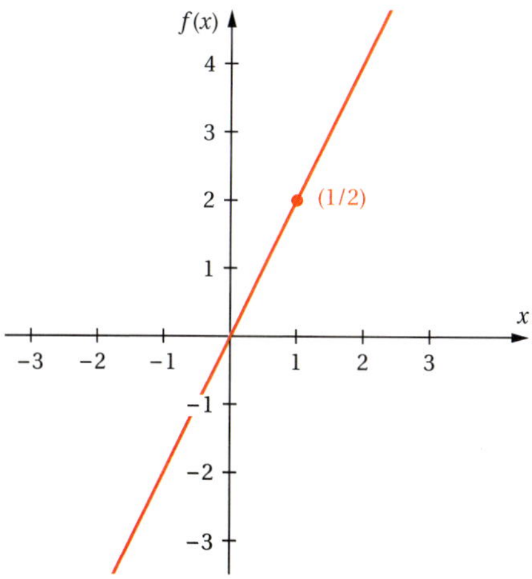

b)
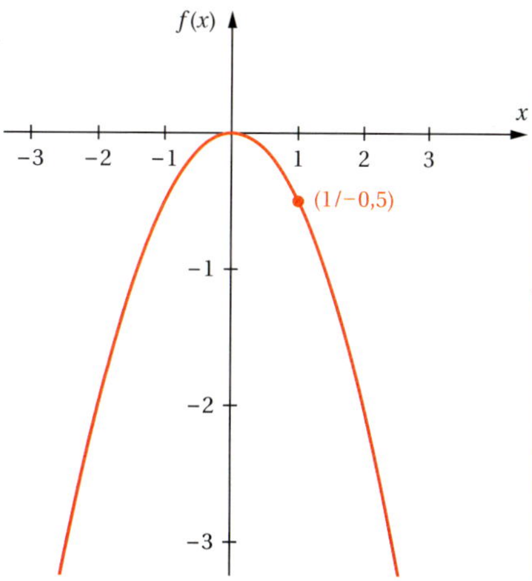

c)

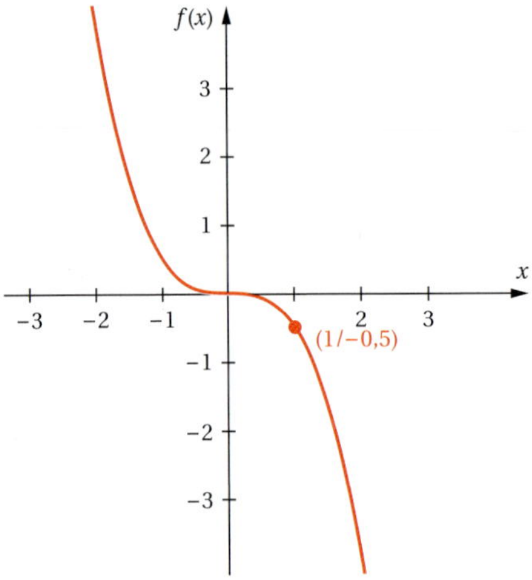

d)

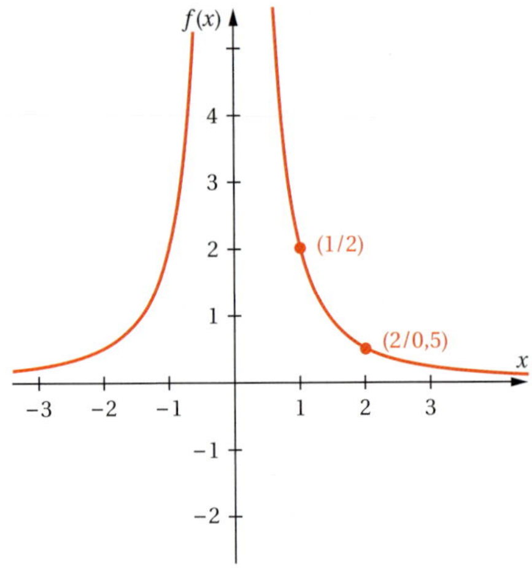

e)

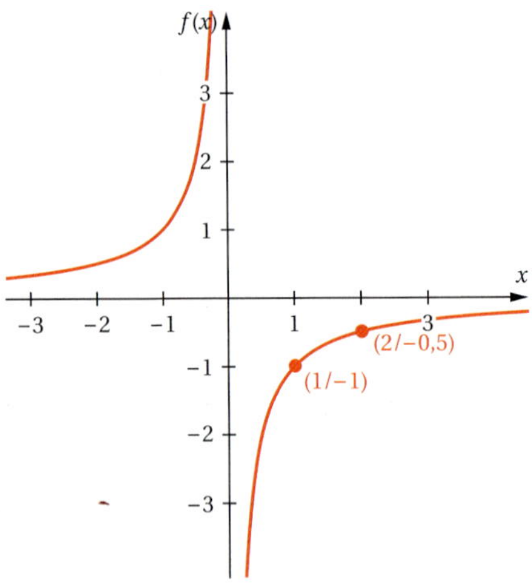

f)

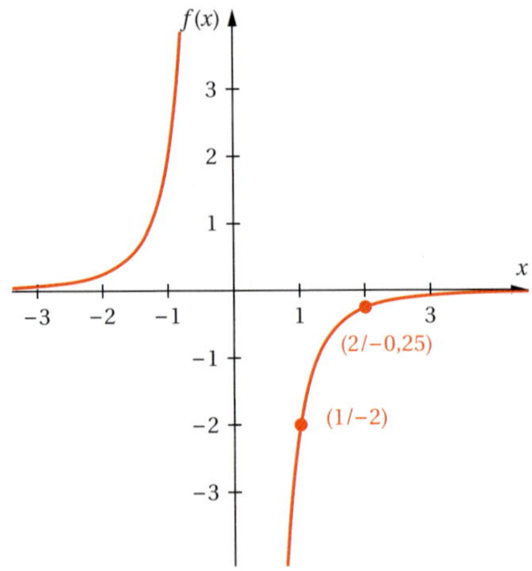

3 Geben Sie an, wie der Graph von $f(x) = ax^n + d$ gegenüber dem Graphen von $f(x) = x^n$ durch die Parameter verändert wird. Fertigen Sie eine Skizze an und beschreiben Sie das Symmetrie- und Globalverhalten des Graphen.

a) $f(x) = 3x^2 - 2$
b) $f(x) = -x^3 + 1$
c) $f(x) = -2x + 1$
d) $f(x) = 0{,}5x - 2$
e) $f(x) = -\frac{1}{2}x^4 + 2$
f) $f(x) = -2x^{-2} + 0{,}5$
g) $f(x) = \frac{-3}{x^3} + \frac{1}{2}$
h) $f(x) = -\frac{1}{2x} - 1$

4 Die abgebildeten blauen Graphen auf der Folgeseite haben Funktionsgleichungen der Form $f(x) = ax^n + d$.
Bestimmen Sie jeweils die Gleichung des blau gezeichneten Graphen, der sich aus dem rot gezeichneten Graphen ergibt. Geben Sie bei negativem Exponenten auch den Bruchterm an.

a)

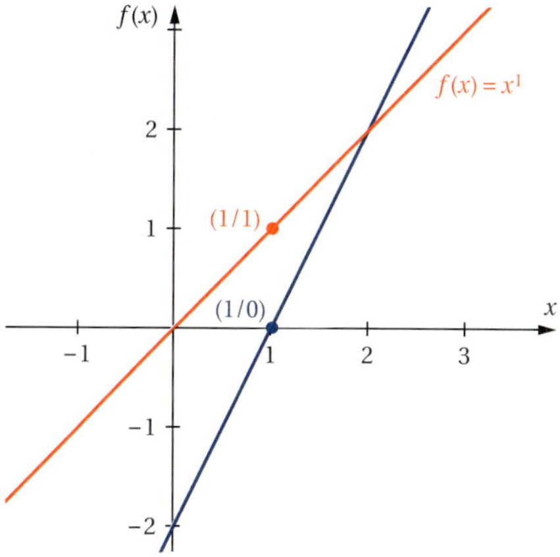

b)

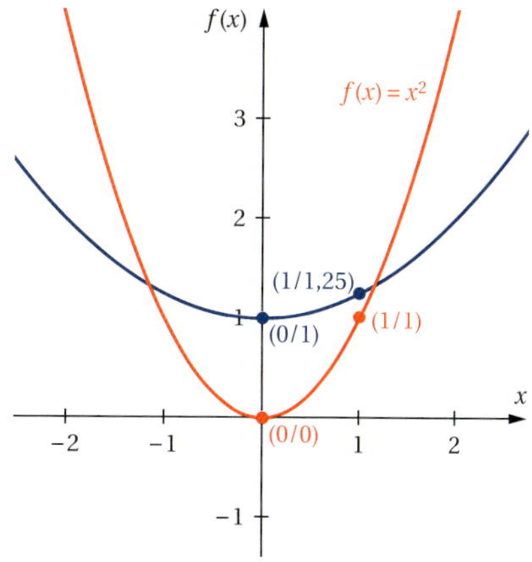

c)

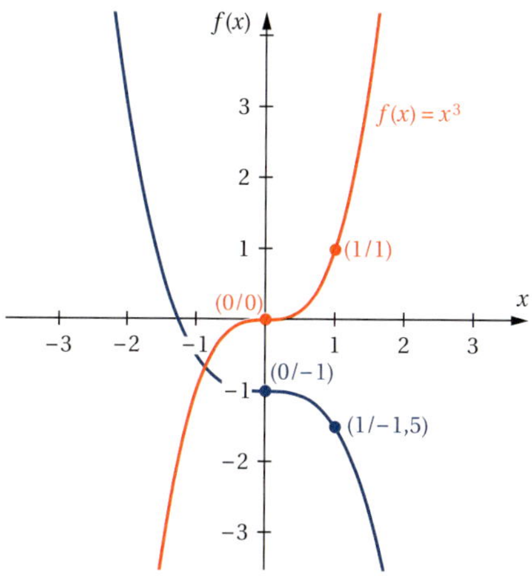

d)

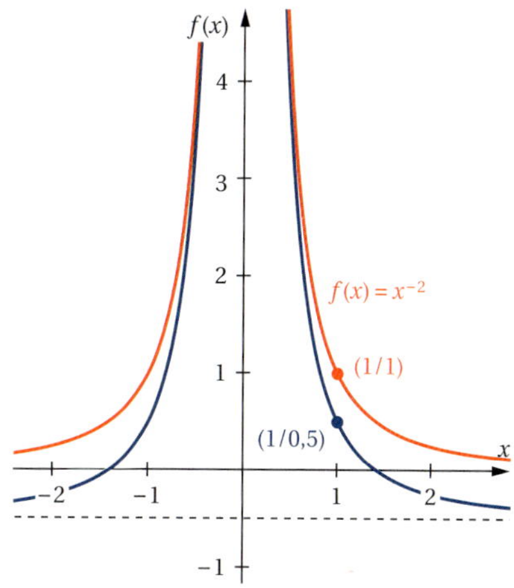

e)

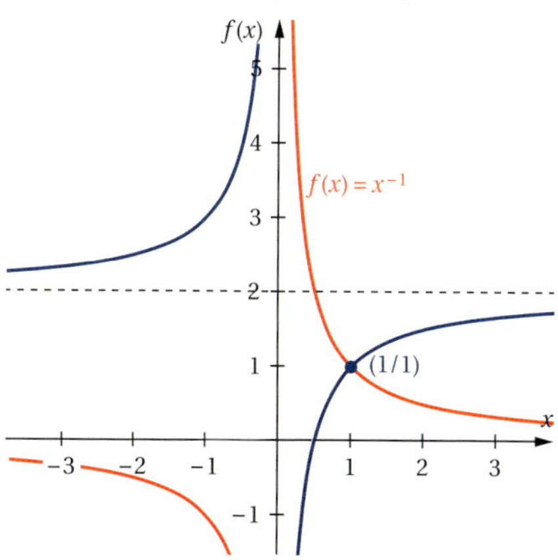

f)

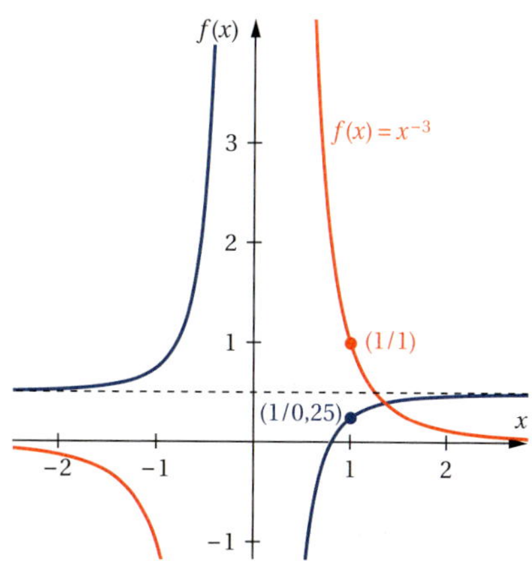

5 Geben Sie auf zweierlei Art an, wie der Graph gegenüber dem Graphen von $f(x) = x^n$ durch die Hinzufügung des Parameters verändert wird, und fertigen Sie eine Skizze an. Geben Sie bei den Termen mit negativem Exponenten auch die Bruchschreibweise an.

a) $f(x) = (2x)^3$ b) $f(x) = (0{,}5x)^2$ c) $f(x) = \left(\frac{1}{2}x\right)^1$

d) $f(x) = (2x)^{-2}$ e) $f(x) = (-0{,}5x)^{-1}$ f) $f(x) = (-2x)^{-3}$

6 Die abgebildeten blauen Graphen haben Funktionsgleichungen der Form $f(x) = (bx)^n$. Bestimmen Sie jeweils die Gleichung des blau gezeichneten Graphen, der sich aus dem rot gezeichneten Graphen ergibt. Geben Sie bei negativem Exponenten auch den Bruchterm an.

a)

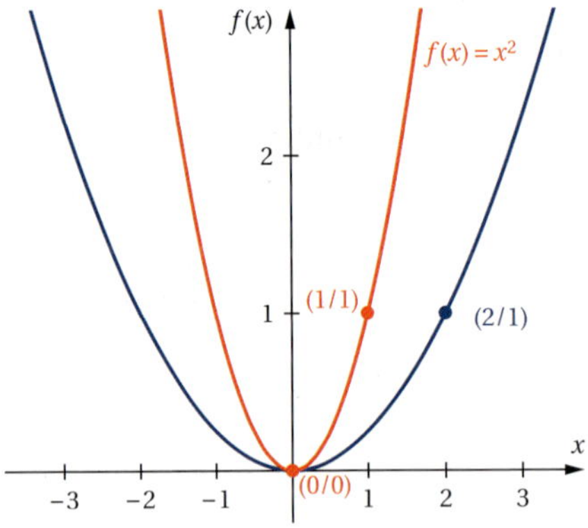

b)

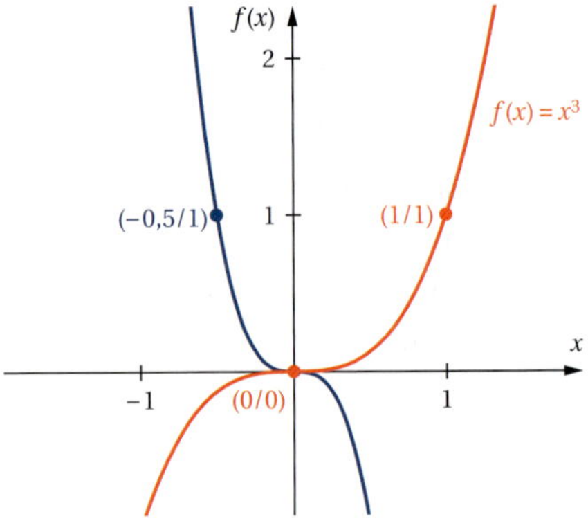

c)

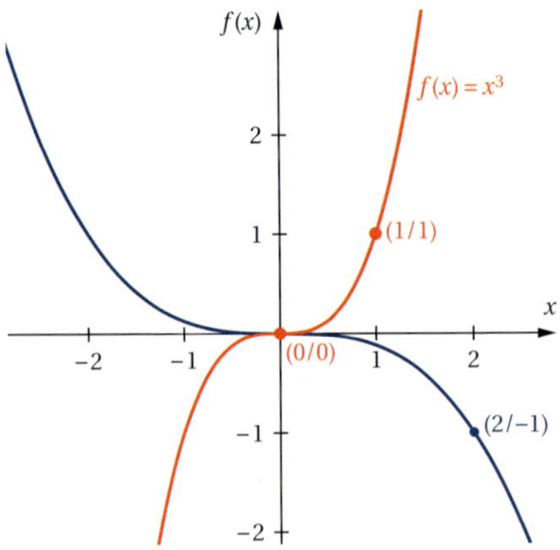

d)

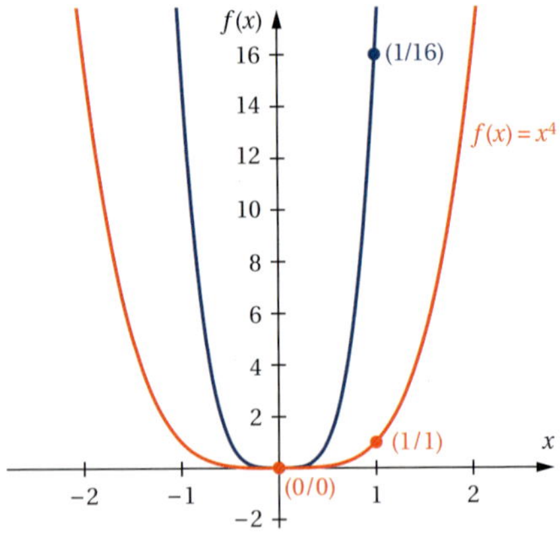

e)

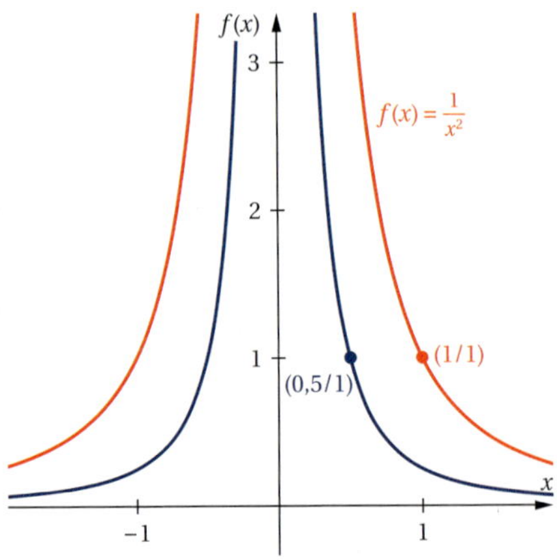

f)

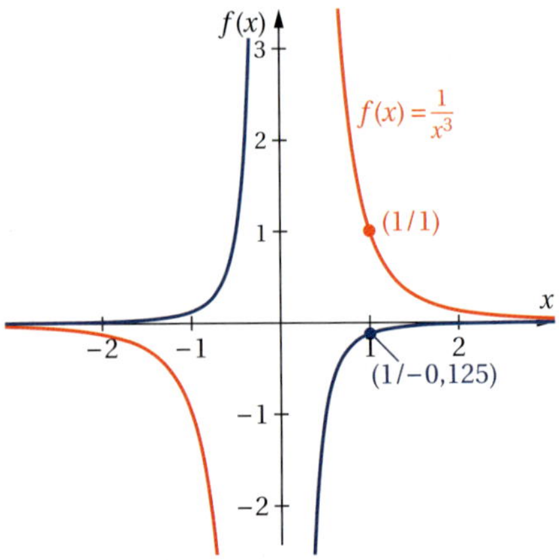

7 Geben Sie an, wie der Graph gegenüber dem Graphen von $f(x) = x^n$ verändert wird und fertigen Sie eine Skizze an. Geben Sie bei den Termen mit negativem Exponenten auch die Bruchschreibweise an. Beschreiben Sie das Globalverhalten des Graphen.

a) $f(x) = (x+2)^2$
b) $f(x) = 2(x-1)^3$
c) $f(x) = -0{,}5(x+1)^4$
d) $f(x) = (x-3)^{-2}$
e) $f(x) = 2(x+2)^{-3}$
f) $f(x) = -0{,}5(x+1)^{-1}$

8 Die blau gezeichneten Graphen sind durch Dehnungen/Stauchungen/Spiegelung und Verschiebungen aus den rot gezeichneten Graphen mit der Gleichung $f(x) = x^n$ entstanden.
Bestimmen Sie die Gleichung des blauen Graphen, bei negativem Exponenten auch in Bruchform.

a)
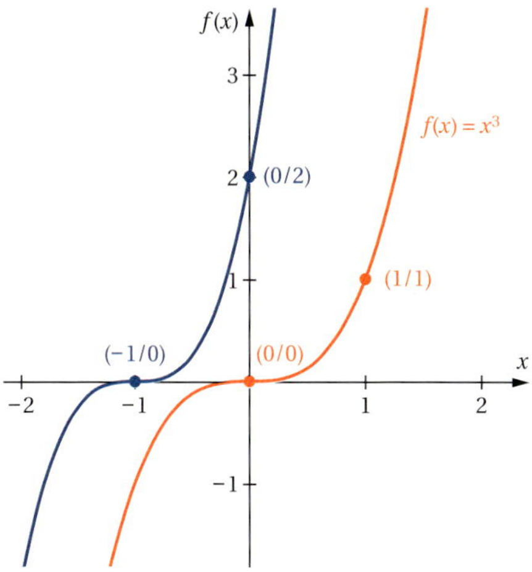

b)
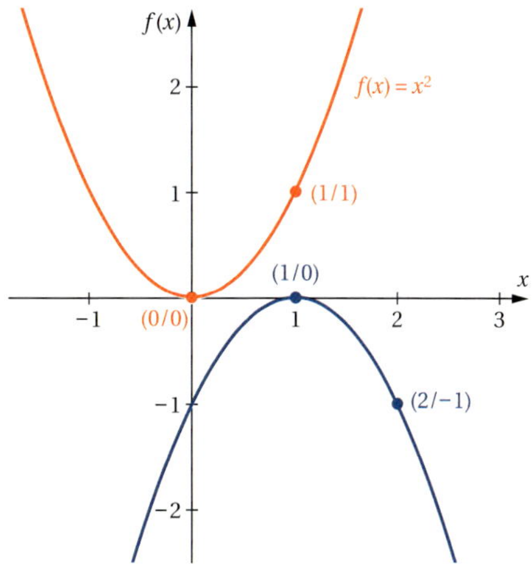

c)
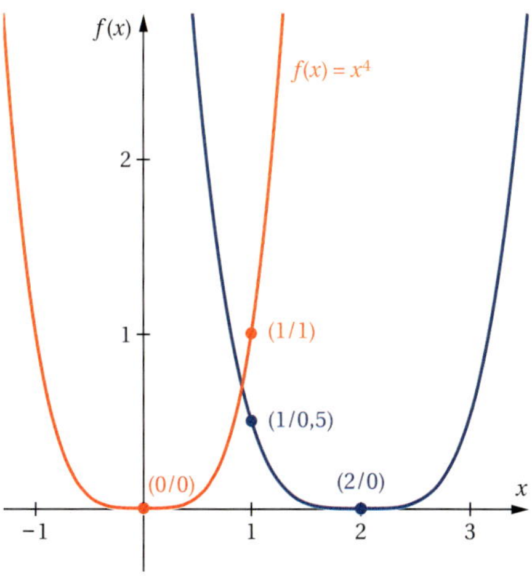

d)
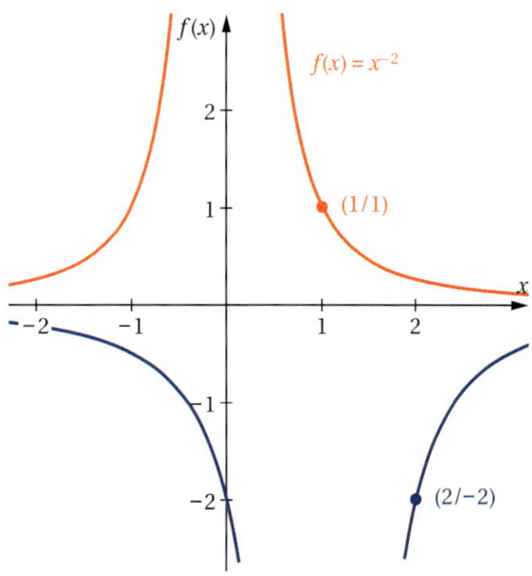

e)

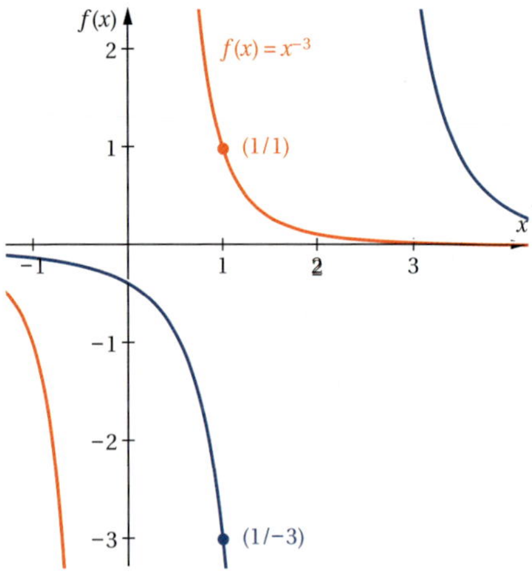

f)

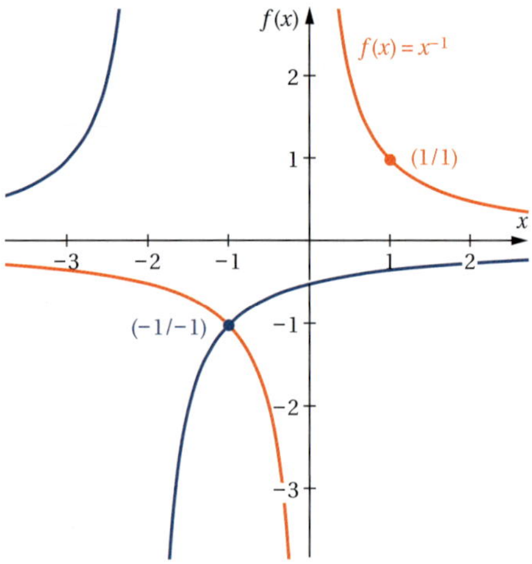

9 Beschreiben Sie die Wirkung der Parameter auf den Funktionsgraphen mit $f(x) = a \cdot (b(x-c))^n + d$ gegenüber $f(x) = x^n$. Fertigen Sie eine Skizze an. Beschreiben Sie auch das Globalverhalten des Graphen.

a) $f(x) = 3(x-2)^3$

b) $f(x) = 0{,}5(2x)^2 + 1$

c) $f(x) = -(x+1)^4 + 2$

d) $f(x) = 2\left(\frac{1}{2}(x+2)\right)^{-2}$

e) $f(x) = -0{,}5\left(x - \frac{1}{2}\right)^{-1} - 1$

f) $f(x) = -(2x)^{-3} - 1$

2.3.3 Wurzelfunktionen als spezielle Potenzfunktionen

In den beiden vorausgegangenen Abschnitten haben wir Potenzfunktionen mit ganzzahligen Exponenten untersucht. Eine Funktion $f(x) = x^n$ kann aber auch einen gebrochenen Exponenten n haben, der Exponent ist also ein Bruch. Eine solche Funktion mit einem gebrochenen Exponenten kann auch als Wurzelfunktionen dargestellt werden, dann befindet sich im Funktionsterm ein Wurzelzeichen.

Situation 5

a) Ermitteln Sie für die Potenzfunktionen mit $f(x) = x^{\frac{1}{2}}$ und $g(x) = x^{\frac{1}{3}}$ mithilfe des Potenzgesetzes $a^{\frac{u}{v}} = \sqrt[v]{a^u}$ jeweils die Gleichung der zugehörigen Wurzelfunktion.

b) Zeichnen Sie die Graphen der Funktionen mit ausgewählten Punkten.

c) Erläutern Sie jeweils den Definitionsbereich und den Wertebereich der Funktionen.

d) Bestimmen Sie das Symmetrieverhalten der Graphen.

Lösung

a) $f(x) = x^{\frac{1}{2}} = \sqrt[2]{x^1} = \underline{\underline{\sqrt{x}}}$

$g(x) = x^{\frac{1}{3}} = \sqrt[3]{x^1} = \underline{\underline{\sqrt[3]{x}}}$

b)

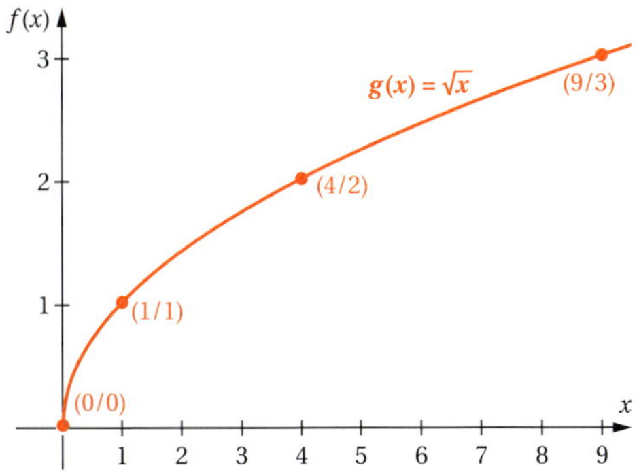

Beim Wurzelziehen mit geradem Wurzelexponenten gibt es eigentlich immer zwei Ergebnisse[1], z. B. $\sqrt{4} = \pm 2$. Das würde dann zu zwei Werten für jeden x-Wert führen, z. B. $f(4) = \sqrt{4} = \pm 2$. Die negativen Werte vernachlässigen wir und zeichnen den Graphen nur für positive Funktionswerte[2].

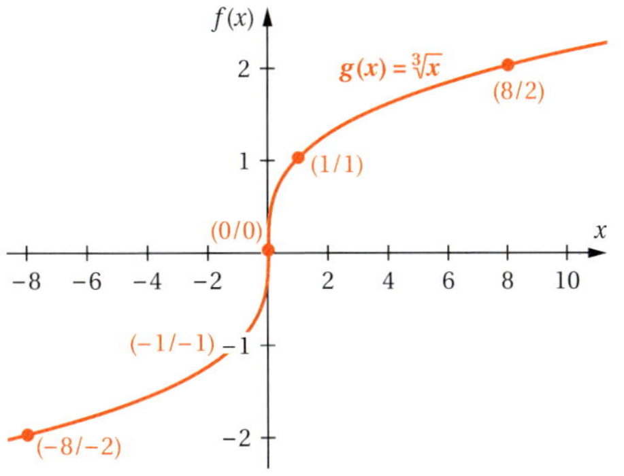

c) Definitionsbereich: $\underline{\underline{D(f) = \mathbb{R}_+}}$

Die Quadratwurzel kann nur aus positiven Zahlen oder 0 gezogen werden.

Der Wertebereich ist $W(f) = \mathbb{R}_+$, weil beim Ziehen einer Quadratwurzel nur Ergebnisse $f(x) \geq 0$ möglich sind.

Definitionsbereich: $\underline{\underline{D(f) = \mathbb{R}}}$

Die 3. Wurzel kann aus allen positiven und negativen Zahlen und auch aus 0 gezogen werden.

Der Wertebereich ist $\underline{\underline{W(f) = \mathbb{R}}}$, weil als Ergebnis Zahlen größer, kleiner oder gleich 0 möglich sind.

d) Es ist weder Achsensymmetrie zur Ordinatenachse noch Punktsymmetrie zum Ursprung möglich, weil der Graph nur für $x \geq 0$ definiert ist.

Der Graph verläuft punktsymmetrisch zum Ursprung.

---

[1] Beim Ziehen einer Quadratwurzel sucht man die Zahl, die mit sich selbst malgenommen, die Zahl unter der Wurzel, den Radikanden, ergibt. Bei $\sqrt{4}$ ist das sowohl für $+2$ als auch für -2 der Fall.

[2] Wenn man jedem x-Wert die positiven *und* negativen Ergebnisse der Wurzeln zuordnet, würde man keine Funktion sondern eine **Relation** erhalten. Bei einer **Funktion** wird jedem x-Wert höchstens *ein* Funktionswert zugeordnet.

Zusammenfassung

- Die Potenzfunktion mit $f(x) = x^{\frac{u}{v}}$ mit gebrochenem Exponenten kann in die Wurzelfunktion mit $f(x) = \sqrt[v]{x^u}$ umgeformt werden.
- Bei geradem Wurzelexponenten v in $f(x) = \sqrt[v]{x^u}$ verläuft der Graph nur im 1. Quadranten. Es ist $D(f) = \mathbb{R}_+$ und $W(f) = \mathbb{R}_+$.
- Bei ungeradem Wurzelexponenten v in $f(x) = \sqrt[v]{x^u}$ verläuft der Graph punktsymmetrisch zum Ursprung im 1. und 3. Quadranten. Es ist $D(f) = \mathbb{R}$ und $W(f) = \mathbb{R}$.

Übungsaufgaben

1 Formen Sie die angegebene Gleichung der Potenzfunktion in die Gleichung einer Wurzelfunktion um. Zeichnen Sie den Funktionsgraphen und geben Sie den Definitions- und den Wertebereich der Funktion an.

a) $f(x) = x^{\frac{1}{5}}$
b) $f(x) = x^{\frac{1}{4}}$
c) $f(x) = -x^{\frac{1}{2}}$
d) $f(x) = 2x^{\frac{1}{3}}$
e) $f(x) = x^{\frac{1}{2}} + 1$
f) $f(x) = -3x^{\frac{1}{3}} - 1$

2 Geben Sie für die Gleichung der Potenzfunktion die Gleichung der zugehörigen Wurzelfunktion an.

a) $f(x) = x^{\frac{2}{3}}$
b) $f(x) = x^{\frac{3}{4}}$
c) $f(x) = -2x^{\frac{2}{3}}$
d) $f(x) = -x^{\frac{4}{3}}$
e) $f(x) = 3x^{\frac{3}{2}}$
f) $f(x) = (2x)^{\frac{4}{3}}$
g) $f(x) = x^{-\frac{1}{2}}$
h) $f(x) = 2x^{-\frac{1}{3}}$
i) $f(x) = (3x)^{-\frac{1}{2}}$

3 Geben Sie für die Gleichung der Wurzelfunktion die Gleichung der zugehörigen Potenzfunktion an.

a) $f(x) = \sqrt[3]{x^4}$
b) $f(x) = -2\sqrt[3]{x^2}$
c) $f(x) = 3\sqrt[4]{x^3}$
d) $f(x) = -\sqrt[3]{x^2}$
e) $f(x) = 4\sqrt{2x}$
f) $f(x) = 3\sqrt{x^3}$
g) $f(x) = \frac{1}{2\sqrt[3]{x}}$
h) $f(x) = \frac{2}{\sqrt{2x}}$
i) $f(x) = \frac{-1}{\sqrt[3]{x^2}}$

2.4 Exponentialfunktionen

2.4.1 Eigenschaften der Exponentialfunktionen mit $f(x) = b^x$

Situation 1

Der Mond umrundet die Erde in einem mittleren Abstand von 384 403 Kilometern mit einer Durchschnittsgeschwindigkeit von 3 700 Kilometern pro Stunde. Wie oft müsste man ein Blatt Papier der Dicke 1 mm falten, bis es so dick ist, dass es von der Erde bis zum Mond reicht? Wie lautet die Funktionsgleichung, die den Wachstumsprozess der Papierdicke in Millimeter (mm) in Abhängigkeit von der Faltzahl beschreibt?

Faltzahl	Dicke in mm	Dicke in km
x	$f(x)$	
0	1	0
1	2	0
2	4	0
3	8	0
4	16	0
5	32	0
6	64	0
7	128	0
8	256	0
9	512	0
10	1 024	0
11	2 048	0
12	4 096	0
13	8 192	0
14	16 384	0
15	32 768	0
16	65 536	0
17	131 072	0
18	262 144	0
19	524 288	1
20	1 048 576	1
21	2 097 152	2
22	4 194 304	4
23	8 388 608	8
24	16 777 216	17
25	33 554 432	34
26	67 108 864	67
27	134 217 728	134
28	268 435 456	268
29	536 870 912	537
30	1 073 741 824	1 074
31	2 147 483 648	2 147
32	4 294 967 296	4 295
33	8 589 934 592	8 590
34	17 179 869 184	17 180
35	34 359 738 368	34 360
36	68 719 476 736	68 719
37	137 438 953 472	137 439
38	274 877 906 944	274 878
39	549 755 813 888	**549 756**

Lösung

In der Tabelle wird verdeutlicht, wie sich die Dicke des Papiers entwickelt. Erstaunlicherweise würde schon bei 39-maligem Falten das Papier so dick, dass die Entfernung zum Mond weit überschritten wird.

Das Problem kann auch mithilfe einer Funktion gelöst werden. In der ersten und zweiten Spalte der nebenstehenden Wertetabelle wird den Faltzahlen x die Dicke $f(x)$ in mm zugeordnet.

In der zweiten Spalte ist zu erkennen: Mit jedem Falten verdoppelt sich die Dicke des Papiers, also wird der jeweils vorausgegangene Funktionswert mit 2 multipliziert.

Die Zuordnungsvorschrift (Funktionsgleichung) lautet $f(x) = 2^x$, weil

$f(0) = 2^0 = 1$

$f(1) = 2^1 = 2$

$f(2) = 2^2 = 4$

$f(3) = 2^3 = 8$

$f(4) = 2^4 = 16$ etc. ist.

So ist dann $f(39) = 2^{39} \approx 5{,}498 \cdot 10^{11}$

In $f(x) = 2^x$ steht die Variable x im Exponenten.

Die Basis 2 in $f(x) = 2^x$ bewirkt jeweils eine Verdoppelung der Funktionswerte.

Bei den in den vorausgegangenen Kapiteln behandelten Potenzfunktionen stand die Variable x als Basis einer Potenz im Funktionsterm, z. B. $f(x) = x^2$. Bei den in diesem Kapitel zu untersuchenden **Exponentialfunktionen** ist es umgekehrt, die Basis ist eine positive reelle Zahl außer 1 und die **Variable *x* wird als Exponent** gesetzt, z. B. $f(x) = 2^x$.

Eine Funktion f mit $\boldsymbol{f(x) = b^x}$; $b \in \mathbb{R}_+^* \setminus \{1\}$ heißt **Exponentialfunktion**[1].

Exponentialfunktionen sind besonders zur Modellierung von Wachstumsprozessen geeignet.

In $f(x) = b^x$ gibt die Basis b die Vervielfachung der Funktionswerte an, wenn der x-Wert jeweils um 1 wächst.
b ist der **Vervielfachungs-** oder **Wachstumsfaktor**.

Das gilt auch für negative x-Werte.
Beispiel: $f(x) = 2^x$

x	$f(x)$
-3	$2^{-3} = \frac{1}{2^3} = \frac{1}{8}$
-2	$2^{-2} = \frac{1}{2^2} = \frac{1}{4}$
-1	$2^{-1} = \frac{1}{2^1} = \frac{1}{2}$
0	$2^0 = 1$
1	$2^1 = 2$
2	$2^2 = 4$
3	$2^3 = 8$

(jeweils $\cdot 2$)

Graph der Exponentialfunktion mit $f(x) = 2^x$

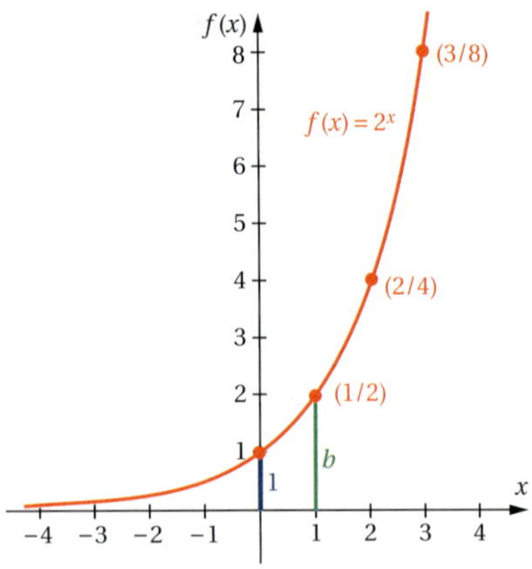

Weil $f(0) = b^0 = 1$ ist[2], haben alle Graphen der Form $f(x) = b^x$ den Ordinatenabschnitt 1.

Bei gegebenem Graphen einer Exponentialfunktion mit $f(x) = b^x$ lässt sich die Größe des Vervielfachungsfaktors ***b*** als Funktionswert an der Stelle $x = 1$ ablesen, weil $f(1) = b^1 = b$ ist.

Je größer die Basis b ist, desto steiler verläuft der Graph der Exponentialfunktion, desto schneller ist das Wachstum der Funktionswerte.

Da in Exponentialfunktion mit $f(x) = b^x$ für x alle reellen Zahlen eingesetzt werden dürfen, ist der maximale **Definitionsbereich einer Exponentialfunktion**:

$\boldsymbol{D(f) = \mathbb{R}}$

---

1) Die Basis b einer Potenz muss definitionsgemäß positiv sein, da sich sonst Widersprüche bei der Anwendung der Potenzgesetze ergeben.
Die Basis $b = 1$ wird ausgeschlossen, da sich sonst ein untypischer Verlauf der Exponentialkurve, nämlich eine Gerade mit $f(x) = 1$ ergeben würde.

2) Jede Zahl hoch 0 ist 1, denn: $b^1 \cdot b^{-1} = b \cdot \frac{1}{b} = 1$

Weil die Funktionswerte einer Exponentialfunktion immer positiv sind, ist der maximale **Wertebereich einer Exponentialfunktion**:

$W(f) = \mathbb{R}_+^*$

Situation 2

In der Abbildung sind die Graphen von $f(x) = 2^x$ und $f(x) = 3^x$ durchgezogen gezeichnet.

Die Graphen von $f(x) = \left(\frac{1}{2}\right)^x$ und von $f(x) = \left(\frac{1}{3}\right)^x$ sind gestrichelt.

a) Erläutern Sie die Zusammenhänge zwischen den durchgezogenen und den gestrichelten Graphen.

b) Klassifizieren Sie mithilfe der Abbildung die Exponentialfunktionen der Form $f(x) = b^x$.

c) Erläutern Sie die Unterschiede und Gemeinsamkeiten der Graphen von $f(x) = b^x$ zwischen den in Teilaufgabe b) ermittelten Klassen.

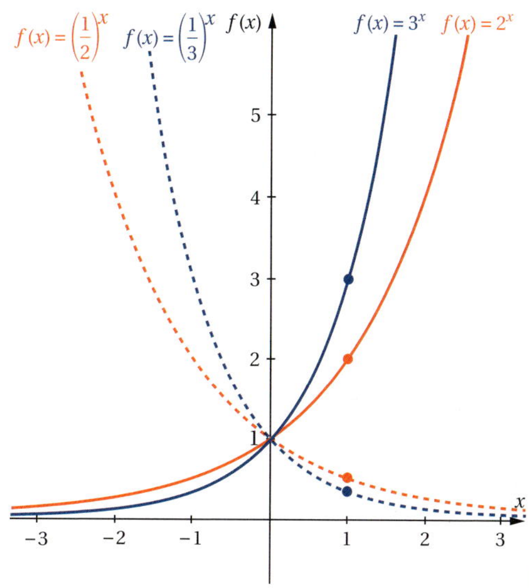

Lösung

a) Die gestrichelten Graphen ergeben sich durch **Spiegelung** der durchgezogenen Graphen **an der *y*-Achse**. Der Graph von $f(x) = \left(\frac{1}{2}\right)^x$ entsteht durch Spiegelung des Graphen von $f(x) = 2^x$. Der Graph $f(x) = \left(\frac{1}{3}\right)^x$ entsteht durch Spiegelung des Graphen von $f(x) = 3^x$.

Die Basis des gespiegelten Graphen ist jeweils der Kehrwert der Basis des ursprünglichen Graphen.

b) Die Basen der durchgezogenen Graphen sind größer als 1, während die Basen der gestrichelten Graphen einen Wert zwischen 0 und 1 haben. Dadurch entstehen für $f(x) = b^x$; $b \in \mathbb{R}_+^* \setminus \{1\}$ zwei Klassen:

- b größer als 1 ($b > 1$): Die Graphen verlaufen in x-Richtung betrachtet streng monoton steigend. Also ist jeder Funktionswert größer als der vorausgegangene Funktionswert.
- b zwischen 0 und 1 ($0 < b < 1$): Die Graphen verlaufen in x-Richtung betrachtet streng monoton fallend. Also ist jeder Funktionswert kleiner als der vorausgegangene Funktionswert.

c)

	$b > 1$	$0 < b < 1$
Unterschiede	• streng monoton seigender Graph, **exponentielle Zunahme** • für $x \to +\infty$: $f(x) \to +\infty$ • für $x \to -\infty$: $f(x) \to 0^+$ $\Rightarrow$ Die x-Achse mit $f^*(x) = 0$ ist Asymptote für $x \to -\infty$.	• streng monoton fallender Graph, **exponentielle Abnahme** • für $x \to +\infty$: $f(x) \to 0^+$ $\Rightarrow$ Die x-Achse mit $f^*(x) = 0$ ist Asymptote für $x \to +\infty$. • für $x \to -\infty$: $f(x) \to +\infty$
Gemeinsamkeiten	• Die y-Achse wird immer im Punkt $S_y(0/1)$ geschnitten. • Die Basis b ist der Funktionswert an der Stelle $x = 1$. • Alle Funktionswerte sind positiv. • Die Graphen nähern sich in einer Richtung der x-Achse an, also ist die x-Achse in einer Richtung Asymptote. • Definitionsbereich: $D(f) = \mathbb{R}$ • Wertebereich: $W(f) = \mathbb{R}_+^*$	

Situation 3

Ein Euro wird heute zu einem Zinssatz von 10 % für 50 Jahre angelegt. Beschreiben Sie das Wachstum der Kapitalanlage mit einer Wertetabelle, mit einer Funktionsgleichung

a) bei einfacher Zinsrechnung, wenn die jedes Jahr anfallenden Zinsen nicht wieder mitverzinst werden und

b) bei Zinseszinsrechnung, wenn die jedes Jahr angefallenen Zinsen mitverzinst werden.

Lösung

a) Einfache Zinsrechnung

Da die Zinsen **nicht** wieder mitverzinst werden, wird dem Kapital jedes Jahr ein fester Zinsbetrag zugeschlagen, der sich vom Anfangskapital berechnet.

10 % von 1,00 € = 0,10 € = **konstante Wachstumsrate**

- **Wertetabelle**

***x* (in Jahren)**	0	1	2	3	4	5	…	50
***f*(*x*) (in €)**	1	1,1	1,2	1,3	1,4	1,5	…	6

+0,1 +0,1 +0,1 +0,1 +0,1

- **Funktionsgleichung:** $\underline{\underline{f(x) = 0{,}1x + 1}}$

b) Zinseszinsrechnung

Zum Ende eines jeden Jahres werden die Zinsen dem Kapital zugeschlagen und im Folgejahr mitverzinst.

Für $p = 10\,\% = 0{,}1$ ist der jährliche **Wachstumsfaktor *b***:

$\boldsymbol{b = 1 + p} = 1 + 0{,}1 = 1{,}1$

- **Wertetabelle**

x (in Jahren)	0	1	2	3	4	5	…	50
$f(x)$ (in €)	1	1,1	1,21	1,331	1,4641	1,6105	…	117,39

$\cdot 1{,}1$ $\quad \cdot 1{,}1$ $\quad \cdot 1{,}1$ $\quad \cdot 1{,}1$ $\quad \cdot 1{,}1$

- **Funktionsgleichung**: $f(x) = 1{,}1^x$

b) Graphen

Bei einfacher Zinsrechnung entwickelt sich das Kapital linear, zum vorausgegangenen Funktionswert wird jeweils eine konstante Zahl **addiert**.

Bei Zinseszinsrechnung entwickelt sich das Kapital exponentiell, der vorausgegangene Funktionswert wird jeweils mit einer konstanten Zahl **multipliziert**.

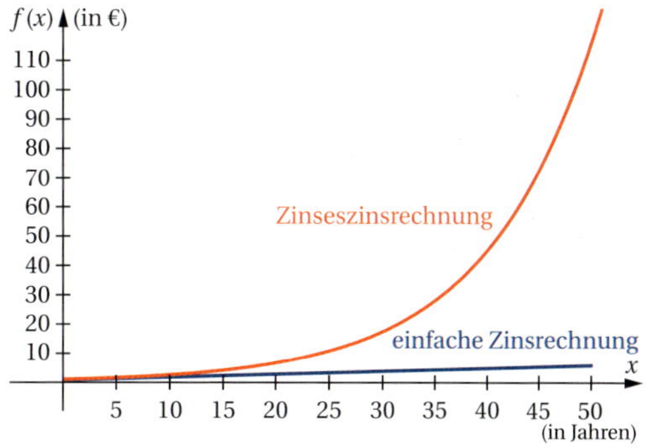

Man kann deutlich erkennen, dass exponentielles Wachstum langfristig zu wesentlich höheren Werten als lineares Wachstum führt.

Lineares und exponentielles Wachstum

<table>
<tr><th>Lineares Wachstum</th><th>Exponentielles Wachstum</th></tr>
<tr><td>Explizite Darstellung
$f(x) = mx + b$
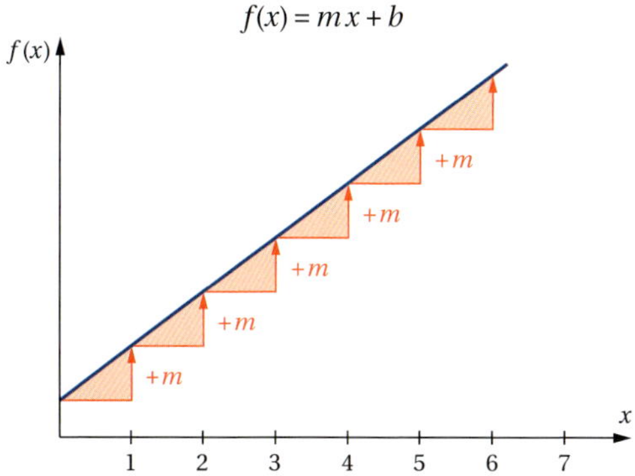

Bei linearen Funktionen nehmen die Funktionswerte mit einer konstanten Wachstumsrate zu oder ab, wenn man den x-Wert um 1 erhöht.
für $m > 0$: lineare Zunahme,
für $m < 0$: lineare Abnahme</td><td>Explizite Darstellung
$f(x) = b^x$
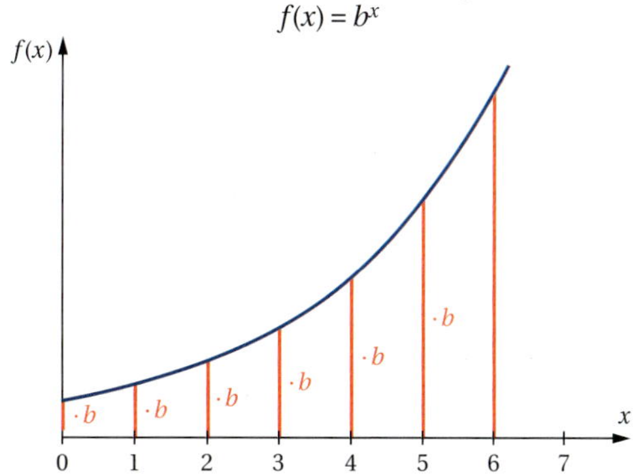

Bei Exponentialfunktionen erhält man den Funktionswert an der Stelle $(x + 1)$, indem der Funktionswert an der Stelle x mit der Basis b, dem Wachstumsfaktor oder Vervielfältigungsfaktor, multipliziert wird.
für $b > 1$: exponentielle Zunahme,
für $0 < b < 1$: exponentielle Abnahme</td></tr>
</table>

Lineares Wachstum	Exponentielles Wachstum
Rekursive[1] Darstellung: $f(x+1) = f(x) + m$ Dadurch ist die Differenz zweier ganzzahlig aufeinander folgender Funktionswerte immer gleich: **Wachstumsrate** $\boldsymbol{m} = f(x+1) - f(x)$	**Rekursive[1] Darstellung:** $f(x+1) = f(x) \cdot b$ Dadurch ist der Quotient zweier ganzzahlig aufeinander folgender Funktionswerte immer gleich (der Zuwachs ist proportional zum Bestand): **Wachstumsfaktor** $\boldsymbol{b} = \frac{f(x+1)}{f(x)}$

Zusammenfassung

- **Gleichung** einer einfachen Exponentialfunktion: $\boldsymbol{f(x) = b^x;\ b \in \mathbb{R}_+^* \setminus \{1\}}$
  $D(f) = \mathbb{R}$
  $W(f) = \mathbb{R}_+^*$
- Die Graphen von $f(x) = b^x$ schneiden die y-Achse bei 1, weil $f(0) = b^0 = 1$ ist.
  $\Rightarrow$ $\boldsymbol{S_y(0/1)}$
- Die **Basis** b ist der **Vervielfachungsfaktor (Wachstumsfaktor)** für die Funktionswerte, wenn x um 1 erhöht wird.
  $f(x) \cdot b = f(x+1) \Leftrightarrow b = \frac{f(x+1)}{f(x)}$
- **exponentielle Zunahme** für $\boldsymbol{b > 1}$
  exponentielle Abnahme für $\boldsymbol{0 < b < 1}$
- Die Graphen von $\boldsymbol{f(x) = b^x}$ **und** $\boldsymbol{f(x) = b^{-x} = \left(\frac{1}{b}\right)^x}$ **sind achsensymmetrisch** zueinander bezüglich der y-Achse.
- Der Vervielfachungsfaktor (Wachstumsfaktor) b kann bei gegebenem Graphen als Funktionswert an der Stelle $x = 1$ abgelesen werden, weil $\boldsymbol{f(1) = b^1 = b}$.

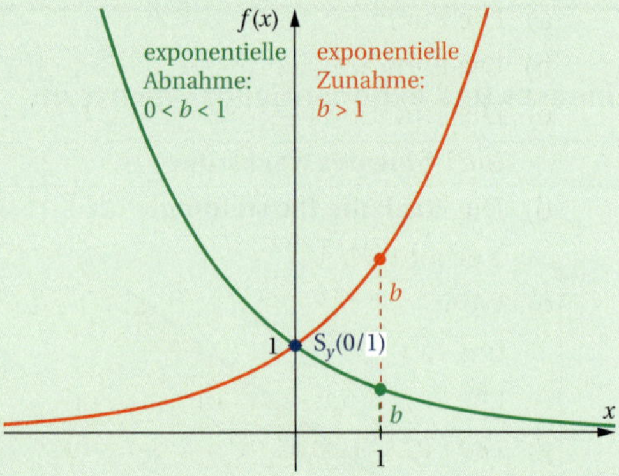

- Bei gegebenem **Prozentsatz $\boldsymbol{p}$ der prozentualen Zunahme** gilt für den Wachstumsfaktor: $\boldsymbol{b = 1 + p}$
- Bei gegebenem **Prozentsatz $\boldsymbol{p}$ der prozentualen Abnahme** gilt für den Wachstumsfaktor: $\boldsymbol{b = 1 - p}$

---

[1] rekursiv: zurückgehend zu bekannten Werten

Übungsaufgaben

1 Skizzieren Sie den Graphen.

a) $f(x) = 5^x$

b) $f(x) = \left(\frac{1}{4}\right)^x$

c) $f(x) = \left(\frac{1}{2}\right)^x$

d) $f(x) = 1{,}5^x$

2 Die abgebildeten Graphen haben die allgemeine Form $f(x) = b^x$.
Bestimmen Sie die Funktionsgleichungen.

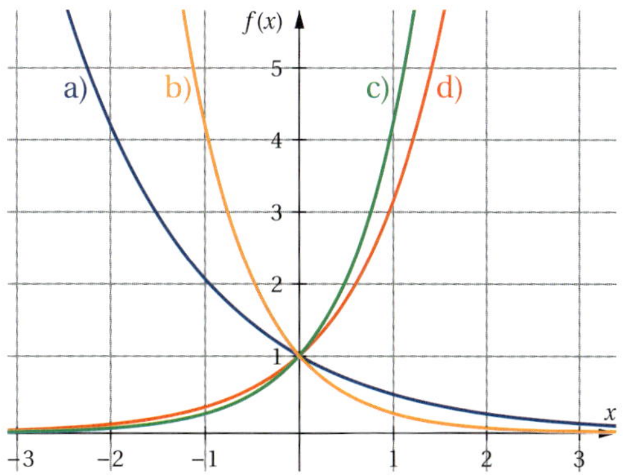

3 Geben Sie für das beschriebene Wachstum die Gleichung der Exponentialfunktion der Form $f(x) = b^x$ an.

a) Die Funktionswerte verfünffachen sich, wenn der x-Wert um 1 vergrößert wird.

b) Die Funktionswerte halbieren sich jeweils, wenn x um 1 erhöht wird.

c) Die Funktionswerte nehmen bei jeder Vergrößerung der x-Werte um 1 mit dem Faktor 1,5 zu.

d) Die Funktionswerte verringern sich jeweils mit dem Faktor 0,7, wenn der x-Wert um 1 erhöht wird.

e) Wenn die x-Werte um jeweils 1 erhöht werden, nehmen die Funktionswerte immer um 20 % zu.

f) Die Funktionswerte nehmen um 10 % ab, wenn der x-Wert um 1 erhöht wird.

g) Die Funktionswerte nehmen um 0,5 % zu, wenn der x-Wert um 1 erhöht wird.

h) Wenn die x-Werte um jeweils 1 erhöht werden, nehmen die Funktionswerte immer um 0,1 % ab.

4 Erläutern Sie, welche Form des Wachstums vorliegt. Geben Sie die Wachstumsrate m oder den Wachstumsfaktor b an.

a) Aus einem Lager werden jeden Tag 30 Stück für die Produktion entnommen.

b) Das Bruttosozialprodukt einer Volkswirtschaft soll jedes Jahr um 2,5 % steigen.

c) Von einem Guthaben in Höhe von 50 000,00 € werden jedes Jahr 1 000,00 € entnommen.

d) Eine Maschinenanlage im Wert von 10 000,00 € verliert jedes Jahr 10 % ihres Buchwertes.

e) Ein Guthaben in Höhe von 75 000,00 € verliert jedes Jahr 3 % des zu Jahresbeginn vorhandenen Wertes.

f) In eine Klärgrube werden stündlich 1 500 Liter Abwasser gepumpt.

5 Entscheiden Sie, ob die Tabelle zu linearem oder zu exponentiellem Wachstum gehört. Geben Sie die Wachstumsrate m oder den Wachstumsfaktor b an.

a)

x	0	1	2	3	4
$f(x)$	8	12	18	27	40,5

b)

x	0	1	2	3	4
$f(x)$	11	9	7	5	3

c)

x	0	1	2	3	4
$f(x)$	64	32	16	8	4

d)

x	0	1	2	3	4
$f(x)$	8	12	16	20	24

6 Ergänzen Sie die fehlenden Werte so, dass

a) lineares

b) exponentielles

Wachstum vorliegt.

I.

	x	0	1	2	3	4
a) linear	$f(x)$	40	32			
b) exponentiell	$f(x)$	40	32			

II.

	x	0	1	2	3	4
a) linear	$f(x)$	40	44			
b) exponentiell	$f(x)$	40	44			

7 a) Entscheiden Sie, ob sich die Absatzzahlen der Produkte X und Y linear oder exponentiell entwickelt haben.

b) Prognostizieren Sie den Absatz für 2022.

	2016	**2017**	**2019**	**2020**
X (in ME)	50	55	65	70
Y (in ME)	200	220	266,2	292,82

8 a) Erläutern Sie, wie sich die Umsätze mit den Produkten U und V entwickelt haben.
b) Prognostizieren Sie den Umsatz für 2023.

	2016	2018	2019	2020
U (in GE)	650	600	575	550
V (in GE)	2000	1805	1714,8	1629

9 Ermitteln Sie die Gleichung der Form $f(x) = b^x$ der abgebildeten Graphen.

a)
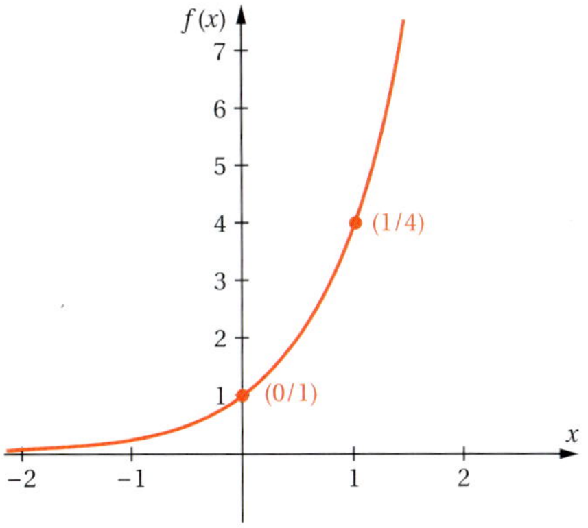

b)
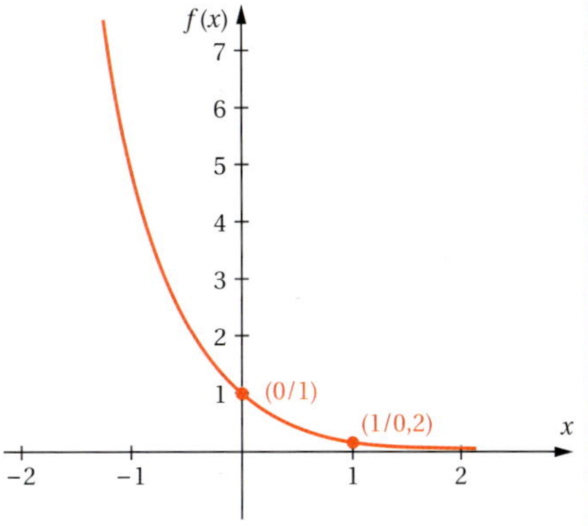

c)
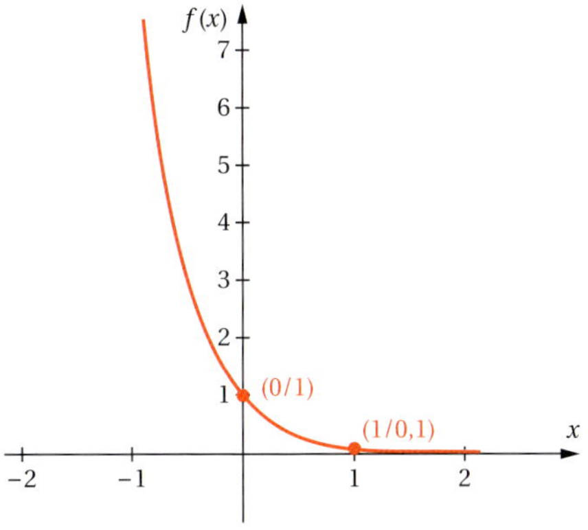

d)
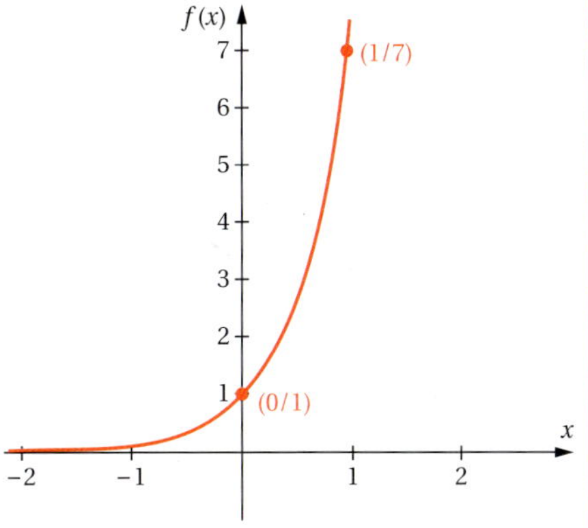

10 Geben Sie alle wichtigen Eigenschaften der Graphen der Funktionen f mit $f(x) = b^x$ an.
a) für $b > 1$
b) für $0 < b < 1$

2.4.2 Parametervariationen bei Exponentialfunktionen

Im vorherigen Abschnitt wurde die Wirkung der Basis b auf den Verlauf der Graphen einfacher Exponentialfunktionen der Form $f(x) = b^x$ untersucht. Durch Hinzufügung weiterer Parameter im Funktionsterm kann man, wie schon bei den Potenzfunktionen, Dehnungen, Stauchungen und Verschiebungen des Graphen erreichen.

Wir wollen im Weiteren, ebenfalls wie schon bei den Potenzfunktionen, die Wirkung der Parameter a, b, c und d in der Gleichung[1)]

$$\boldsymbol{f(x) = a \cdot 2^{b(x-c)} + d}$$

auf den Verlauf des Graphen untersuchen.
Dabei setzen wir die Basis b im Term der Exponentialfunktion immer gleich 2, damit der Parameter b nicht doppelt für die Basis *und* für einen Parameter verwendet wird. Die gewonnenen Erkenntnisse gelten aber auch für alle anderen Basen aus $\mathbb{R}_+^*\setminus\{1\}$.

Exponentialfunktionen der Form $f(x) = a \cdot 2^x$

Situation 4

In der Abbildung sind Graphen der Form $f(x) = a \cdot 2^x$ mit $a \neq 0$ dargestellt.
Beschreiben Sie, wie sich der Faktor a auf den Verlauf des Graphen gegenüber dem bereits bekannten Graphen von $\boldsymbol{f(x) = 1 \cdot 2^x = 2^x}$ auswirkt.

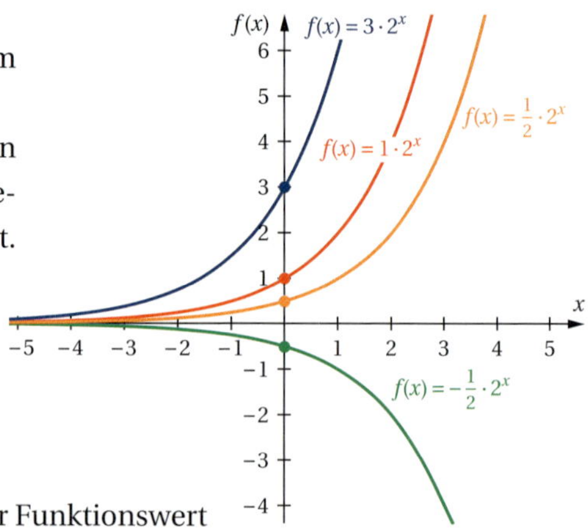

Lösung

a ist der schon aus anderen Funktionsklassen bekannte **Formfaktor** für Dehnung, Stauchung und Spiegelung.

- **$|a| > 1$: Dehnung in *y*-Richtung**, weil jeder Funktionswert von $f(x) = 2^x$ durch die Multiplikation mit a vergrößert wird. Am deutlichsten ist die Dehnung auf der y-Achse zu erkennen. Für $a = 3$ wird die y-Achse statt bei 1 jetzt bei 3 geschnitten.
- **$|a| < 1$: Stauchung in *y*-Richtung**, weil jeder Funktionswert von $f(x) = 2^x$ durch die Multiplikation mit a verkleinert wird. Auch hier kann man den Stauchungsfaktor a wieder am deutlichsten auf der y-Achse identifizieren. Für $a = \frac{1}{2}$ wird die y-Achse statt bei 1 nun bei $\frac{1}{2}$ geschnitten.

1) Die Gleichung $f(x) = a \cdot 2^{b(x-c)} + d$ ist entstanden, indem in die Exponentialfunktion der Form $f(x) = a \cdot 2^x + d$ für die Variable x der Term $b(x-c)$ eingesetzt wurde. Diese **Verkettung von Funktionen** werden wir später auch noch bei der Sinusfunktion durchführen.

- **$a < 0$: Spiegelung an der x-Achse**, weil jeder ursprünglich positive Funktionswert durch die Multiplikation mit einer negativen Zahl negativ wird. Der Funktionsgraph verläuft somit unterhalb der x-Achse. Für $a = -\frac{1}{2}$ wird die y-Achse bei $-\frac{1}{2}$ geschnitten.

Durch die Nutzung des Parameters a in $f(x) = a \cdot b^x$ ist eine erweiterte Modellbildung möglich, weil dadurch bei Wachstumsprozessen der Startwert bei $x = 0$ nicht mehr auf 1 eingeschränkt ist, sondern jeden beliebigen Wert außer 0 annehmen kann.

Situation 5

Ein Algenteppich auf einer Wasserfläche vergrößert seine Ausdehnungsfläche täglich um 12 %. Zu Beobachtungsbeginn bedeckte er eine Fläche von $50\,m^2$.

a) Bestimmen Sie die Gleichung der Exponentialfunktion, die das Wachstum des Algenteppichs beschreibt.
b) Berechnen Sie die Maßzahl der bedeckten Fläche nach 10 Tagen.

Lösung

a) $f(0) = 50;\; b = 1 + p = 1 + 0{,}12 = 1{,}12$
In $f(x) = a \cdot b^x$ ist also $a = 50$ und $b = 1{,}12$. Demnach lautet die Funktionsgleichung:
$\underline{\underline{f(x) = 50 \cdot 1{,}12^x}}$

b) $f(10) = 50 \cdot 1{,}12^{10} = \underline{\underline{155{,}29}}$
Nach 10 Tagen bedeckt der Algenteppich eine Fläche von etwa $155{,}29\,m^2$.

Exponentialfunktionen der Form $f(x) = 2^x + d$

Situation 6

In der Abbildung sind Graphen der Form $f(x) = 2^x + d$ dargestellt. Beschreiben Sie, wie sich der Parameter d auf den Verlauf des Graphen gegenüber $f(x) = 2^x + 0 = 2^x$ auswirkt.

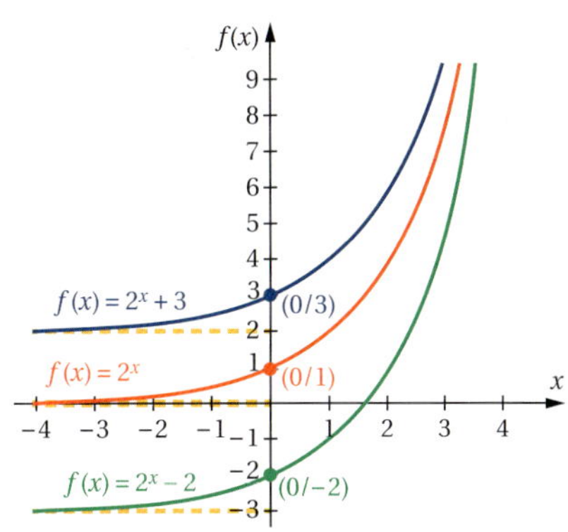

Lösung

Das Absolutglied d gibt die **Verschiebung in y-Richtung,** also nach oben oder unten, an.

- **$d > 0$: Verschiebung nach oben**
- **$d < 0$: Verschiebung nach unten**

Am einfachsten kann man die Verschiebung an der hier orange gestrichelten Asymptote für $x \to -\infty$ oder auch am Schnitttpunkte mit der y-Achse erkennen.

Exponentialfunktionen der Form $f(x) = 2^{bx}$

Situation 7

In der Abbildung sind Graphen der Form $f(x) = 2^{bx}$ mit $b \neq 0$ dargestellt.

Beschreiben Sie, wie sich der Vorfaktor b im Exponenten auf den Verlauf des Graphen gegenüber $f(x) = 2^x$ auswirkt.

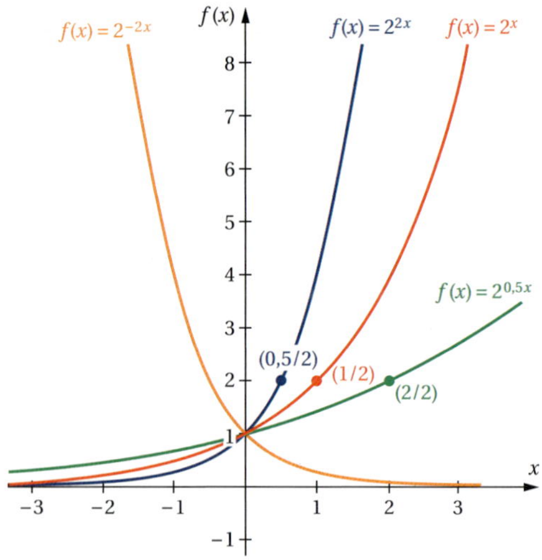

Lösung

Der Parameter $\boldsymbol{b}$ bewirkt eine **Dehnung oder Stauchung** des Graphen **in x-Richtung** mit dem Faktor $\frac{1}{b}$ und eine Spiegelung an der y-Achse.

- **$|b| > 1$: Stauchung in x-Richtung**
- **$|b| < 1$: Dehnung in x-Richtung**
- **$b < 0$: Spiegelung an der y-Achse**

Exponentialfunktionen der Form $f(x) = 2^{x-c}$

Situation 8

Die Graphen in der Abbildung haben die Form $f(x) = 2^{x-c}$.

Beschreiben Sie, wie der Parameter c im Exponenten auf den Verlauf des Graphen gegenüber $f(x) = 2^x$ wirkt.

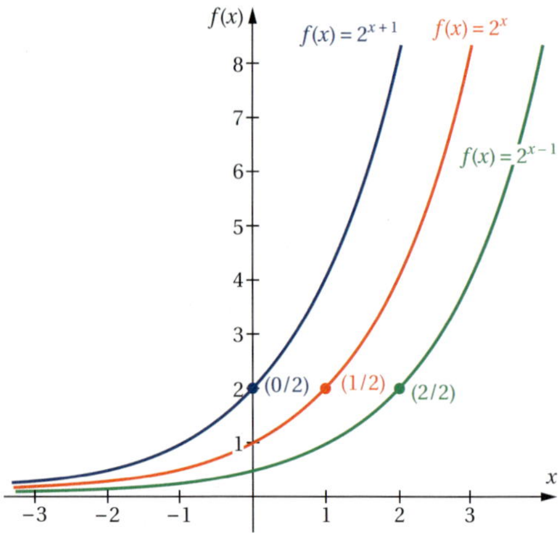

Lösung

$\boldsymbol{c}$ bewirkt eine **Verschiebung des Graphen in x-Richtung**.

- **$c < 0$: Verschiebung nach links**
- **$c > 0$: Verschiebung nach rechts**

Die bisher einzeln untersuchten Parameter der Exponentialfunktion können in einer Gleichung zusammengefasst werden:

$$\boldsymbol{f(x) = a \cdot 2^{b(x-c)} + d}$$

Dabei muss gelten: $a, b \neq 0$. Die Basis 2 kann durch eine beliebige andere Zahl aus $\mathbb{R}_+^* \setminus \{1\}$ ersetzt werden.

Situation 9

Erläutern Sie, wie sich die einzelnen Parameter im Funktionsterm von $f(x) = 3 \cdot 2^{-(x-2)} - 4$ auf den Verlauf des Graphen auswirken. Skizzieren Sie die einzelnen Graphen schrittweise, indem Sie immer einen Parameter mehr im Funktionsterm berücksichtigen. Gehen Sie dabei in alphabetischer Reihenfolge der Parameter vor.

Lösung

$f(x) = 2^x$

Die Basis 2 verdoppelt jeweils die Funktionswerte der Exponentialfunktion, wenn x um 1 erhöht wird. Der Graph verläuft steigend durch die Punkte $S_y(0/1)$ und $(1/2)$ mit der Asymptote $f^*(x) = 0$ für $x \to -\infty$.

$f(x) = 3 \cdot 2^x$

$a = 3$ dehnt den Graphen in y-Richtung mit dem Faktor 3.
Der Graph verläuft durch $S_y(0/3)$ und $(1/6)$.

$f(x) = 3 \cdot 2^{-x}$

$b = -1$ spiegelt den Graphen ohne Dehnung/Stauchung in x-Richtung an der y-Achse.
Aus $(1/6)$ wird $(-1/6)$, $S_y(0/3)$ bleibt. Der Graph verläuft fallend und hat die Asymptote $f^*(x) = 0$ für $x \to +\infty$.

$f(x) = 3 \cdot 2^{-(x-2)}$

$c = -2$ verschiebt den Graphen um 2 in positive x-Richtung (nach rechts).
Aus $(-1/6)$ wird $(1/6)$, aus S_y $(0/3)$ wird $(2/3)$ und es gibt einen neuen Schnittpunkt S_y mit der y-Achse.
Wegen $f(0) = 3 \cdot 2^{-(0-2)} = 3 \cdot 2^2 = 3 \cdot 4 = 12$ ist $S_y(0/12)$.

$f(x) = 3 \cdot 2^{-(x-2)} - 4$

$d = -4$ verschiebt den Graphen um 4 nach unten.
Aus $(1/6)$ wird $(1/2)$, aus $(2/3)$ wird $(2/-1)$ und $S_y(0/12)$ wird zu $S_y(0/8)$. Asymptote ist jetzt $f^*(x) = -4$ für $x \to +\infty$.

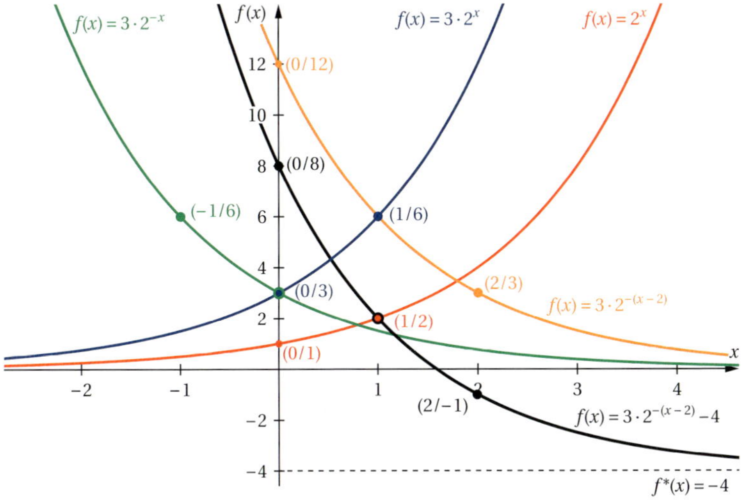

Zusammenfassung

Wirkung der Parameter in $f(x) = a \cdot 2^{b(x-c)} + d$

Statt der hier gewählten Basis 2 kann jeder andere Wert aus $\mathbb{R}_+^* \setminus \{1\}$ gewählt werden.

- **a: Formfaktor**
  $|a| > 1$: Dehnung in y-Richtung
  $|a| < 1$: Stauchung in y-Richtung
  $a < 0$: Spiegelung an der x-Achse
- **b: Dehnung oder Stauchung in x-Richtung mit dem Faktor $\frac{1}{b}$**
  $|b| > 1$: Stauchung in x-Richtung
  $|b| < 1$: Dehnung in x-Richtung
  $b < 0$: Spiegelung an der y-Achse
- **c: Verschiebung des Graphen in x-Richtung**
  $c > 0$: Verschiebung nach rechts
  $c < 0$: Verschiebung nach links
- **Absolutglied d: Verschiebung in y-Richtung**
  $d > 0$: Verschiebung nach oben
  $d < 0$: Verschiebung nach unten

Übungsaufgaben

$f(x) = a \cdot b^x$

1 Erläutern Sie die Wirkung der Parameter und skizzieren Sie den Graphen der Funktion.

a) $f(x) = 2 \cdot 2^x$
b) $f(x) = -0{,}5 \cdot 2^x$
c) $f(x) = 3 \cdot 0{,}5^x$
d) $f(x) = -2 \cdot 3^x$
e) $f(x) = -1 \cdot 4^x$
f) $f(x) = -0{,}5 \cdot 0{,}25^x$

2 Bestimmen Sie die Gleichung der Form $f(x) = a \cdot b^x$ für den abgebildeten Graphen.

a)

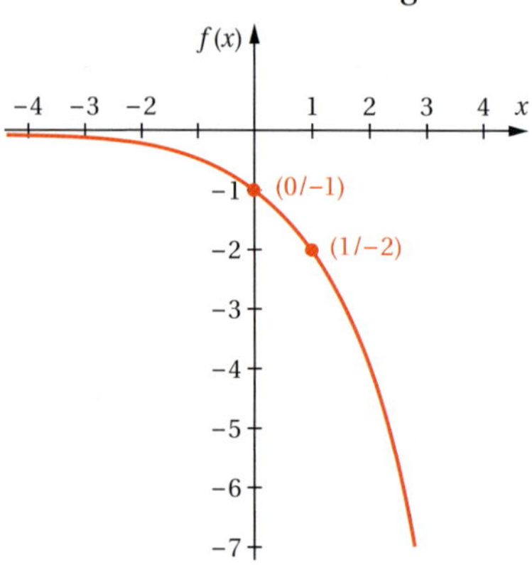

b)

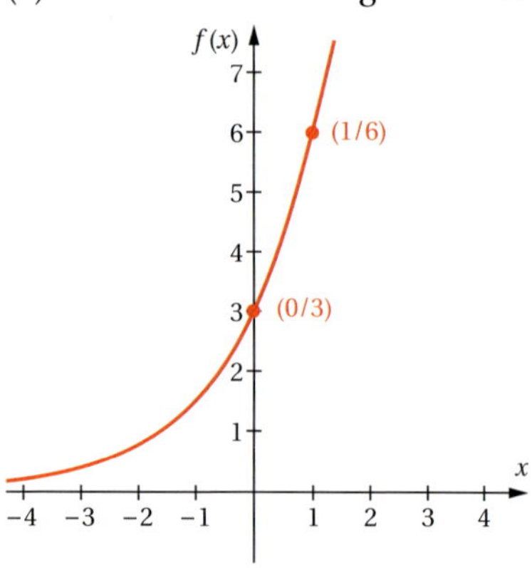

c)

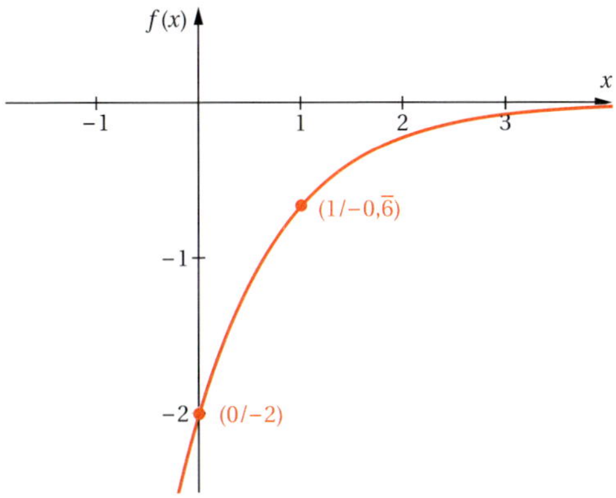

d)

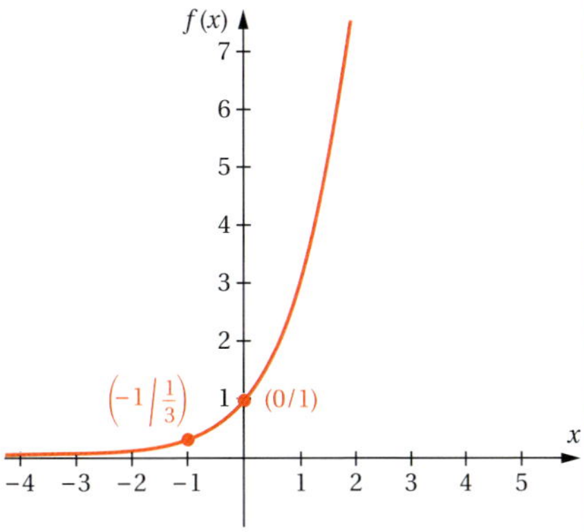

e)

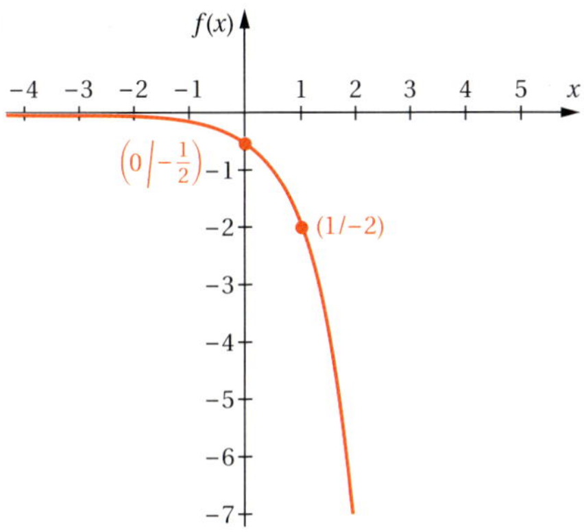

f)

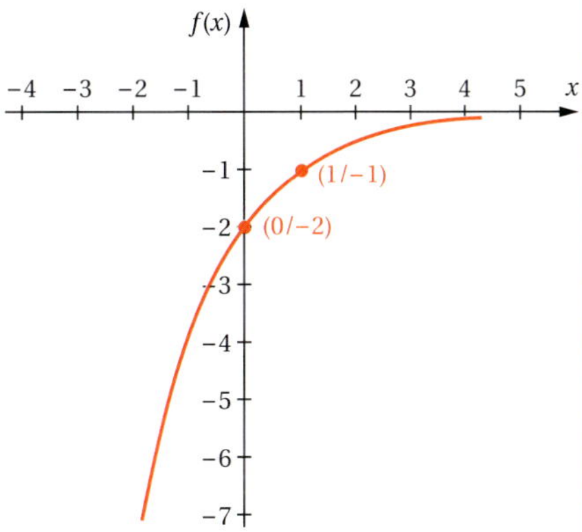

3 a) Eine Kapitalanlage in Höhe von 5000,00€ wird zu 4,5% verzinst (Zinseszins). Ermitteln Sie das Kapital, das nach 20 Jahren zur Verfügung steht.

b) Eine Maschine wird jährlich mit 20% vom Buchwert abgeschrieben. Der Anschaffungspreis der Maschine betrug 20000,00€. Berechnen Sie den Wert der Maschine nach 3 Jahren.

c) Das Bruttoinlandsprodukt einer Volkswirtschaft betrug zu Beginn des Beobachtungszeitraumes 1000 Mio. GE. Ermitteln Sie den Betrag, auf den es nach 10 Jahren angewachsen ist, wenn mit einem jährlichen Wachstum von 2% gerechnet wird.

d) Eine Kommune hat 10 Mio. Euro Schulden. Berechnen Sie die Höhe der Schulden der Kommune nach 5 Jahren, wenn
- jährlich 5% der noch vorhandenen Schulden,
- jährlich 5% der Anfangsschuld

getilgt werden.

e) Innerhalb einer Stunde vervierfacht sich die Anzahl der Bakterien eines Stammes. Berechnen Sie die Anzahl der Bakterien in 48 Stunden, wenn jetzt 100 gezählt werden.

f) Ein radioaktives Material vermindert seine Strahlungsintensität jedes Jahr um die Hälfte.
Berechnen Sie, wie viel Gramm nach 10 Jahren noch vorhanden sind, wenn heute 500 g gewogen wurden.

g) Bestimmen Sie die Gleichungen, die die Bevölkerungsentwicklung in den Staaten A und B beschreiben. Ermitteln Sie die Bevölkerungszahlen nach diesem Modell für das Jahr 2014.

Jahr	2014	2015	2016	2017
Population A	80 000 000	79 200 000	78 408 000	77 623 952
Population B	60 000 000	65 000 000	70 000 000	75 000 000

$f(x) = a \cdot b^x + d$

4 Erläutern Sie die Wirkung der Parameter und skizzieren Sie den Graphen der Funktion.

a) $f(x) = 2 \cdot 2^x + 1$

b) $f(x) = -1 \cdot 3^x + 2$

c) $f(x) = 3 \cdot 0{,}5^x - 1$

d) $f(x) = -2 \cdot 2^x + 3$

e) $f(x) = 0{,}5 \cdot 0{,}25^x + 1$

f) $f(x) = -3 \cdot 0{,}2^x - 1$

5 Bestimmen Sie die Gleichung der Form $f(x) = a \cdot b^x + d$ für den abgebildeten Graphen.

a)

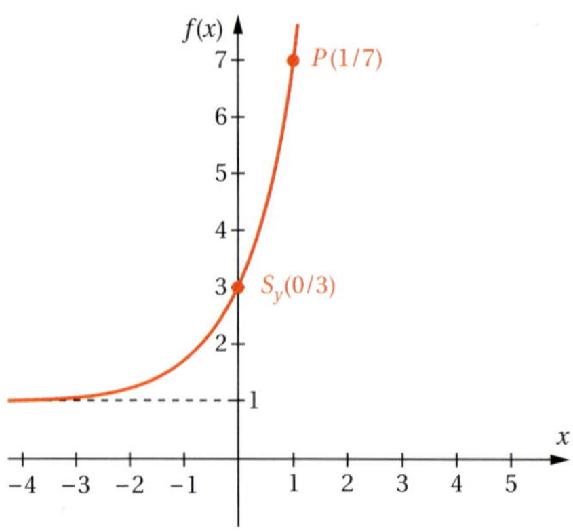

b)

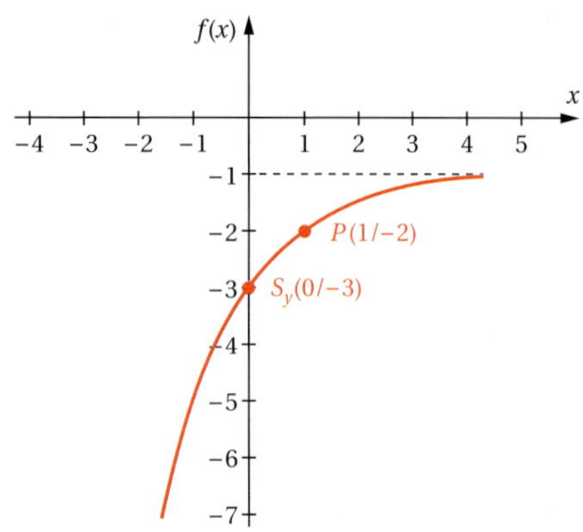

c)

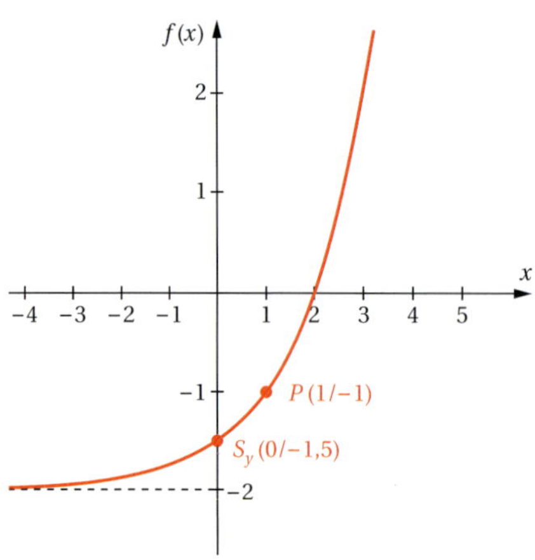

d)

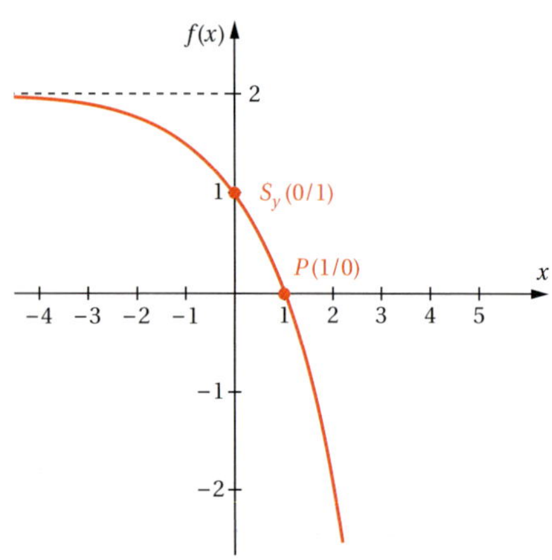

6 In einem geschlossenen Behälter befinden sich 25 ME eines Gases. Nach dem Öffnen des Behälters verflüchtigt sich das Gas langfristig bis auf 5 ME. Nach zwei Minuten sind noch 17,8 ME vorhanden.

a) Bestimmen Sie algebraisch die Funktionsgleichung der Exponentialfunktion, welche die Gasmenge f in Abhängigkeit von der Zeit t in Minuten angibt.

b) Bestimmen Sie algebraisch die Gasmenge, die 10 Minuten nach dem Öffnen des Behälters noch vorhanden ist.

c) Berechnen Sie mit dem Taschenrechner, wie lange es dauert, bis nur noch 8,355 ME des Gases in dem Behälter vorhanden sind.

7 Ein Unternehmen erwartet, dass der Absatz eines Produktes ausgehend von 20 ME zum Zeitpunkt $t = 0$ exponentiell wächst und sich langfristig 100 ME annähert. Schon nach einem Jahre soll der Absatz 52 ME betragen.

a) Bestimmen Sie algebraisch die Funktionsgleichung der Exponentialfunktion, die den Absatz f in Abhängigkeit von der Zeit t in Jahren beschreibt. Geben Sie den mathematisch maximal möglichen Definitionsbereich und Wertebereich und den ökonomisch sinnvollen Definitionsbereich und Wertebereich der Exponentialfunktion an.

b) Berechnen Sie mit dem Taschenrechner, wann der Absatz 90 ME überschreitet.

c) Bestimmen Sie die Höhe des Absatzes nach 3 Jahren.

$f(x) = (\text{Basis})^{bx}$

8 Erläutern Sie die Wirkung der Parameter und skizzieren Sie den Graphen der Funktion zusammen mit dem Graphen von $(\text{Basis})^x$.

a) $f(x) = 2^{3x}$

b) $f(x) = 3^{-2x}$

c) $f(x) = 2^{-0,5x}$

d) $f(x) = 0,5^{2x}$

e) $f(x) = \left(\frac{1}{3}\right)^{-3x}$

f) $f(x) = \left(\frac{1}{4}\right)^{-0,5x}$

9 Ermitteln Sie die Gleichung der Form $f(x) = (\text{Basis})^{bx}$, die zum abgebildeten Graphen gehört.

a)

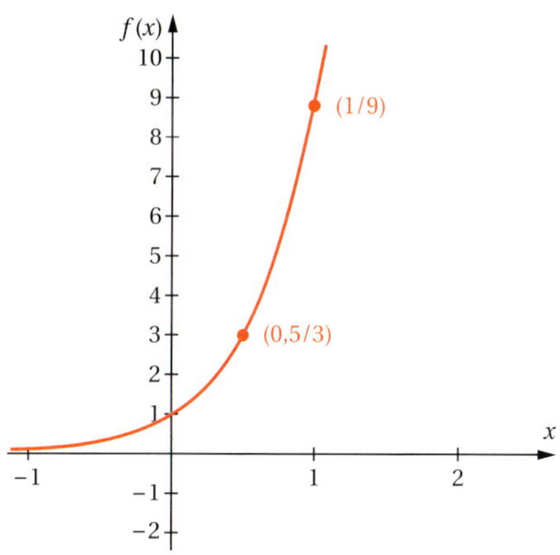

b)

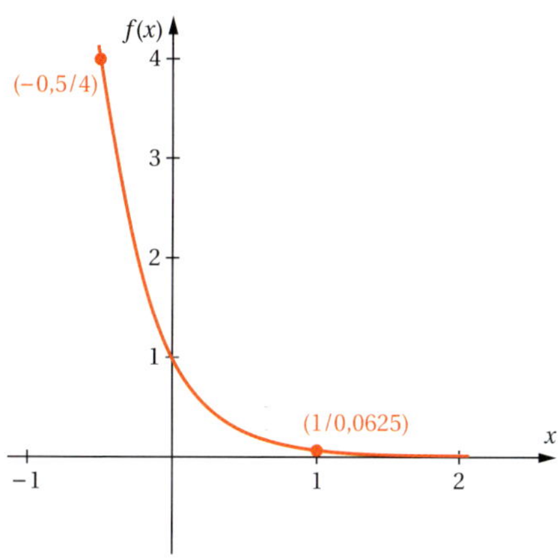

c)

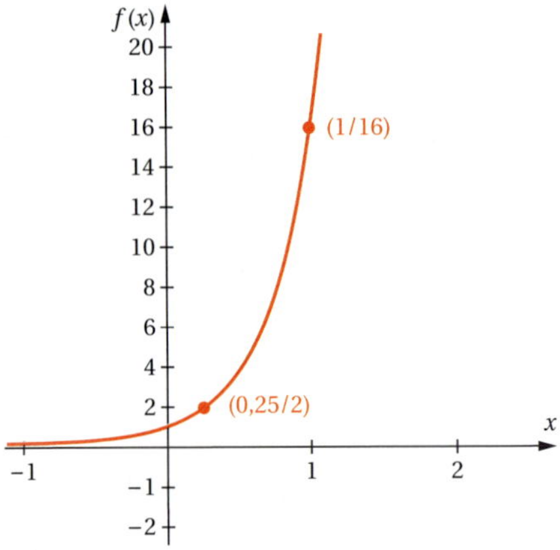

d)

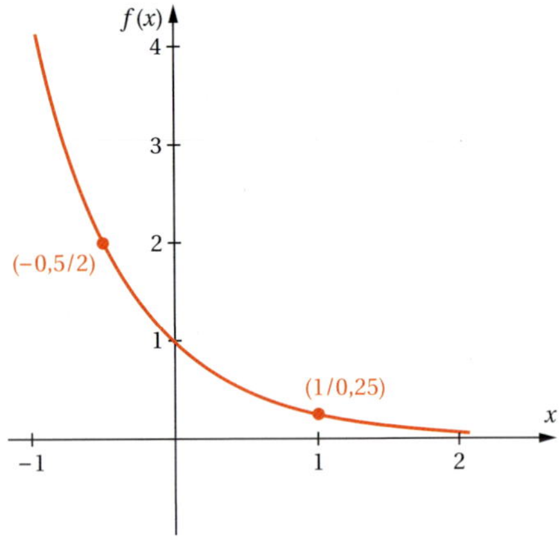

$f(x) = b^{x-c}$

10 Erläutern Sie die Wirkung der Parameter und skizzieren Sie den Graphen der Funktion zusammen mit b^x.

a) $f(x) = 2^{x+2}$ b) $f(x) = 3^{x-1}$ c) $f(x) = 0{,}5^{x+3}$

d) $f(x) = \left(\frac{1}{4}\right)^{x-0{,}5}$ e) $f(x) = \left(\frac{1}{3}\right)^{x-2}$ f) $f(x) = 4^{x+2{,}5}$

11 Ermitteln Sie die Gleichung der Form $f(x) = b^{x-c}$, die zum abgebildeten Graphen gehört.

a)

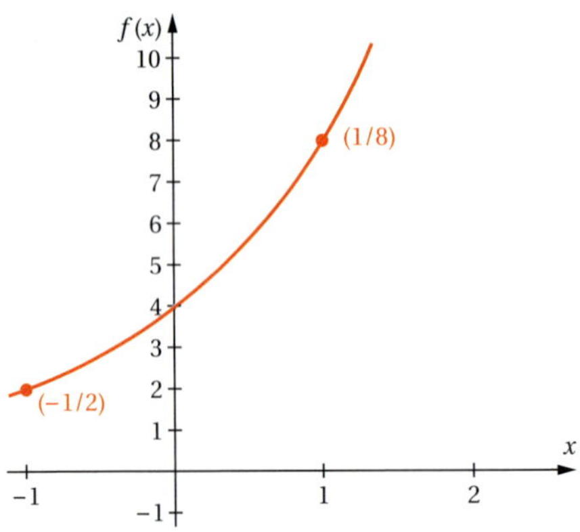

b)

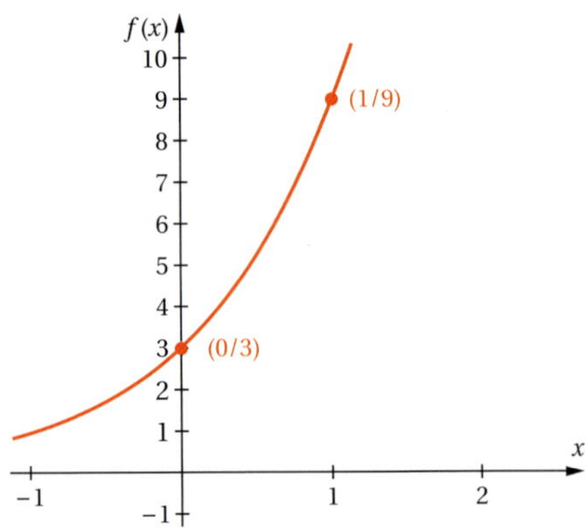

c)

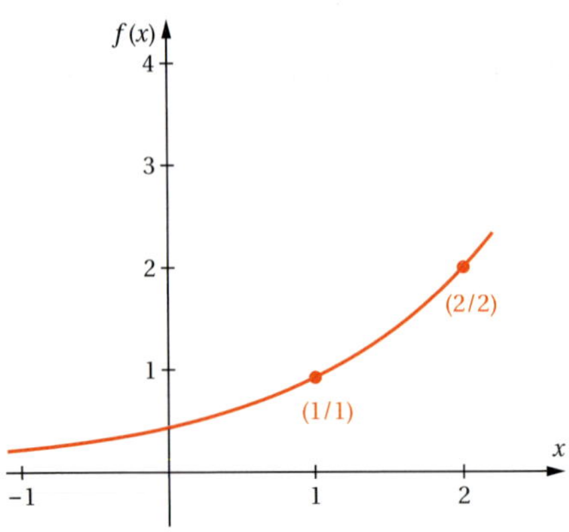

d)

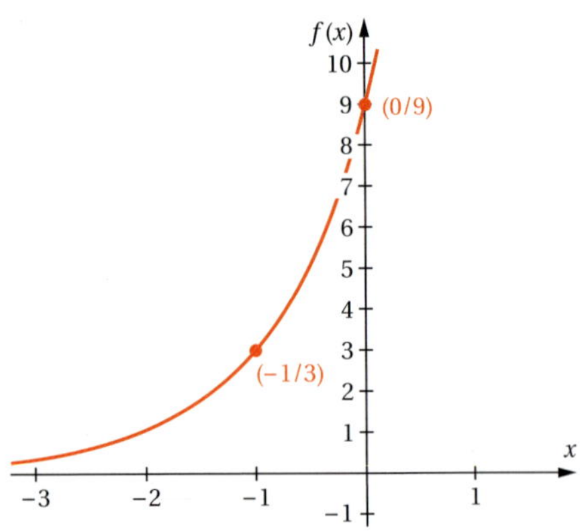

$f(x) = a \cdot (\text{Basis})^{b(x-c)} + d$

12 Skizzieren Sie den Graphen schrittweise aus dem Graphen von $f(x) = (\text{Basis})^x$.

a) $f(x) = 0{,}5 \cdot 3^x + 1$
b) $f(x) = -1 \cdot 3^{(x+2)}$
c) $f(x) = 3 \cdot 0{,}5^{2x} - 1$
d) $f(x) = -2 \cdot 2^{(x-2)}$
e) $f(x) = -2 \cdot 0{,}25^{-(x+1)}$
f) $f(x) = -3 \cdot \left(\frac{1}{3}\right)^{-2(x-1)}$

13 Skizzieren Sie den Graphen schrittweise aus dem Graphen von $f(x) = (\text{Basis})^x$.

a) $f(x) = -2 \cdot 2^{x+1}$
b) $f(x) = 0{,}5^{\frac{1}{2}x} - 1$
c) $f(x) = 2 \cdot 0{,}5^{x-1}$
d) $f(x) = 3^{2(x-1)}$
e) $f(x) = 4 \cdot 0{,}5^{x+2}$
f) $f(x) = -0{,}5 \cdot 3^{-2(x+1)}$

14 Weisen Sie am Beispiel $f(x) = 3^{2x}$ durch Termumformungen mit den Potenzgesetzen den Satz rechnerisch nach.

> Die Dehnung oder Stauchung in x-Richtung in $f(x) = (\text{Basis})^{bx}$ mit dem Faktor $\frac{1}{b}$, die sich durch den Parameter b ergibt, wirkt genau wie eine Potenzierung der Basis mit b:
>
> $f(x) = (\text{Basis}^b)^x$

15 Geben Sie für die Gleichungen aus Übungsaufgabe 8 die entsprechenden Gleichungen in der Form $f(x) = (\text{Basis})^x$ an.

16

> Eine Verschiebung um c in negative x-Richtung in $f(x) = b^{x-c}$ entspricht einer Dehnung in y-Richtung mit dem Faktor $a = (\text{Basis})^c$.
>
> Eine Verschiebung um c in positive x-Richtung in $f(x) = b^{x-c}$ entspricht einer Stauchung in y-Richtung mit dem Faktor $a = \frac{1}{(\text{Basis})^c}$.

Weisen Sie diese Behauptung rechnerisch an den Beispielen $f(x) = 2^{x+1}$ und $f(x) = 2^{x-1}$ durch Termumformungen mit den Potenzgesetzen nach.

17 Geben Sie die Gleichungen der Übungsaufgabe 10 in der Form $f(x) = a \cdot b^x$ an.

2.4.3 Exponentielle Regression

Mit modernen Taschenrechnern lassen sich neben den in den vorausgegangenen Abschnitten dargestellten Regressionen auch *exponentielle* Regressionen zur Modellbildung durchführen. Die mit dem Taschenrechner gefundene Regressionsgleichung der Exponentialfunktion hat die Form $f(x) = a \cdot b^x$. Weitere Parameter werden vom Taschenrechner nicht berücksichtigt.

Situation 10

Die Tabelle zeigt die globalen Kohlendioxid-Emissionen in Mrd. Tonnen von 1860 bis 2000.

Jahr	1860	1880	1900	1920	1940	1960	1980	2000
CO_2-Emissionen	0,55	1,0	1,8	3,9	4,9	8,95	19,53	24,68

Ermitteln Sie mit dem Taschenrechner die Regressionsgleichung einer Exponentialfunktion der Form $f(x) = a \cdot b^x$, die den Wachstumsprozess für den angegebenen Zeitraum beschreibt ($x = 0$ soll dem Jahr 1860 entprechen) und visualisieren Sie diese zusammen mit
den Werten aus der Tabelle. Berechnen Sie, wie hoch nach diesem Modell die Kohlendioxid-Emissionen für die Jahre 2010 und 2020 wären.

Lösung

Wir ermitteln die exponentielle Regressionskurve mit dem Taschenrechner (s. CAS-Anhang 5). Dabei setzen wir das Jahr 1860 als $x = 0$.[1)]

Abb. 1–2: Im Startbildschirm öffnen wir die Applikation **Lists & Spreadsheet**.
Wir geben die Jahreszahlen als x-Werte in die 1. Spalte der Tabelle ein ($1860 \triangleq x = 0$). Die CO_2-Emissionen werden als y-Werte in die 2. Spalte eingetragen. Die entsprechenden Tabellenköpfe A und B bezeichnen wir mit x und y.

Abb. 1

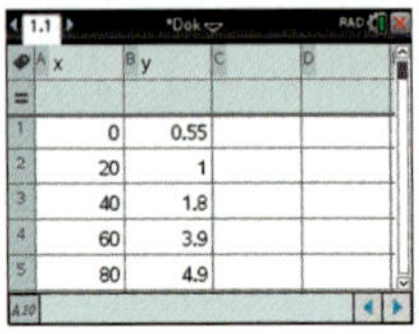

Abb. 2

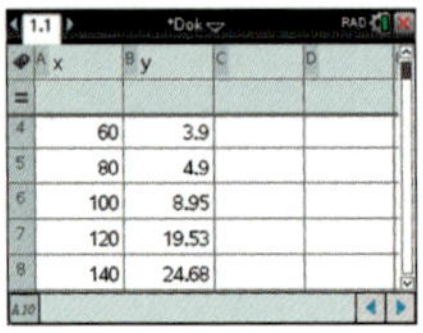

1) Man kann als x-Wert auch die tatsächlichen Jahreszahlen eingeben und erhält dann als Regressionsgleichung $f(x) \approx 2{,}517 \cdot 10^{-23} \cdot 1{,}028^x$. Die Prognosen sind identisch, die grafische Darstellung ist jedoch weniger anschaulich.

Abb. 3–7: Mit [menu], 4: Statistik, 1: Statistische Berechnungen, A: Exponentielle Regression …, wird die exponentielle Regression durchgeführt.

Abb. 3

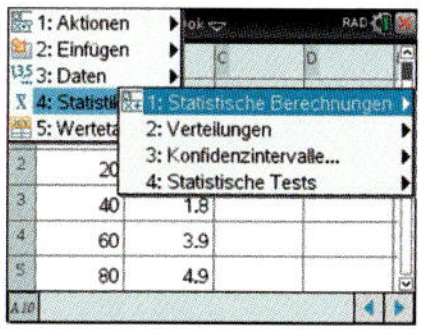

Abb. 4

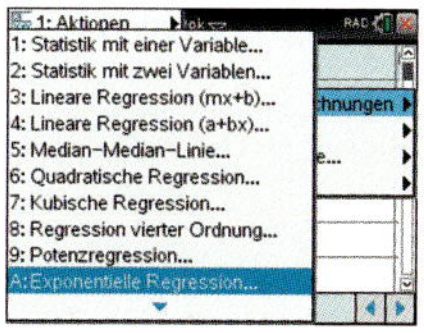

Abb. 5

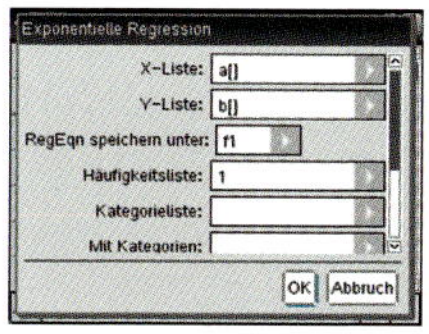

Abb. 6

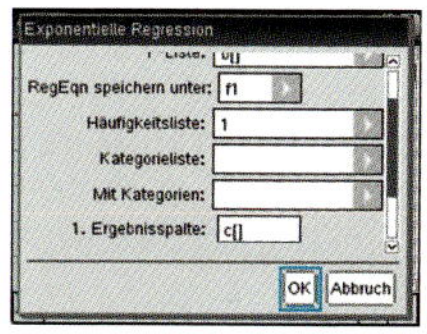

Das Ergebnis in Abb. 7 ist $a = 0{,}591626$ und $b = 1{,}02808$.
Die Gleichung der Regressionskurve lautet also $\underline{\underline{f(x) = 0{,}592 \cdot 1{,}028^x}}$.

Abb. 7

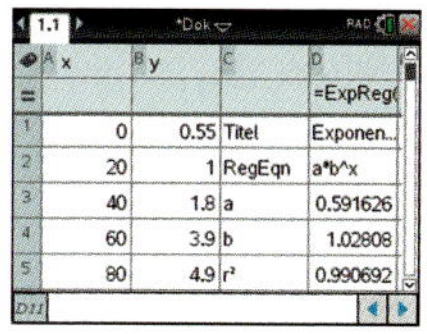

Das ebenfalls in Abb. 7 aufgeführte Bestimmtheitsmaß r^2 gibt die Qualität der Regression an. Je dichter der Wert bei 1 liegt, desto besser ist die Regression. Für $r^2 = 1$ würde die Regressionskurve genau durch die vorgegebenen Punkte verlaufen.

Abb. 8–10: Zur grafischen Darstellung der vorgegebenen Punkte und des Regressionsgraphen öffnen wir eine neue Seite Dokument 1.2 mit [ctrl], [+page], 5: Data & Statistics hinzufügen. Am unteren und am linken Rand des Bildschirms mit den abgebildeten Punkten müssen die Achsen entsprechend den Tabellenköpfen im Dokument 1.1 mit x und y bezeichnet werden.

Abb. 8

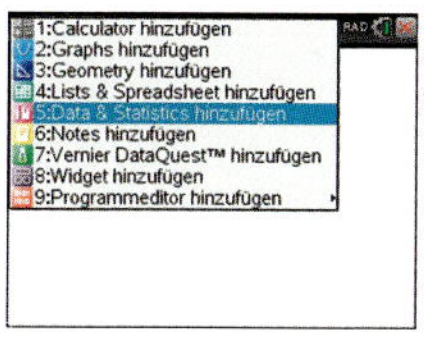

Abb. 9

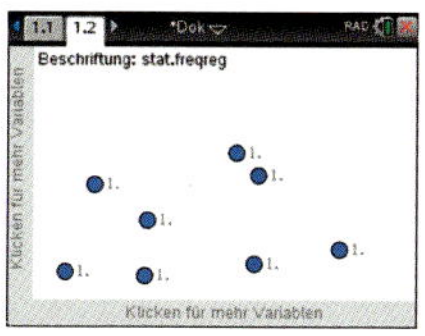

Abb. 10

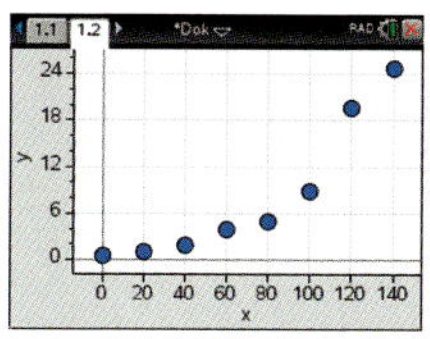

Abb. 11–14: Mit [menu], 4: Analysieren, 6: Regression, 5 Exponentielle Regression anzeigen, wird der Regressionsgraph mit den gegebenen Punkten gezeichnet.

Abb. 11

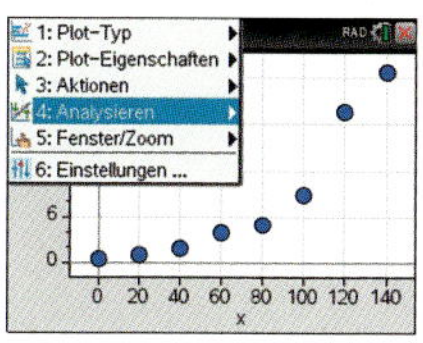

Abb. 12

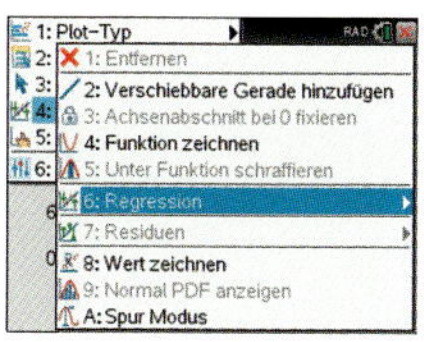

Abb. 13

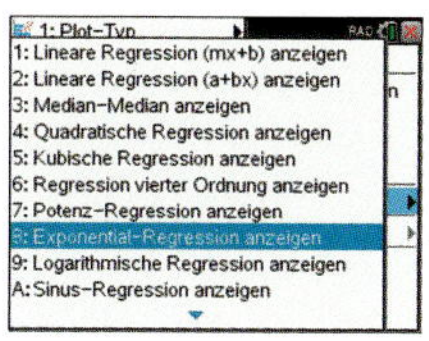

Abb. 14

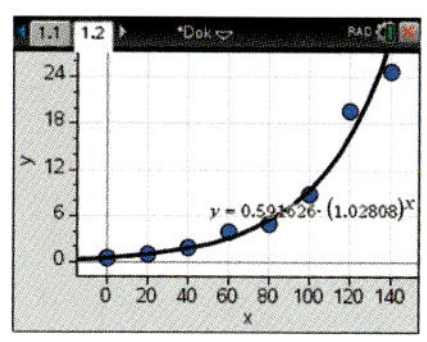

Abb. 15: Zur Berechnung der Kohlendioxid-Emissionen für die Jahre 2010 und 2020 öffnen wir mit [ctrl], [+page], 1: Calculator hinzufügen, ein Rechenfenster und können die Funktionswerte für $x = 150$ und $x = 160$ berechnen:

für 2010: $\underline{\underline{f(150) = 37{,}685}}$ [Mrd. Tonnen];

für 2020: $\underline{\underline{f(160) = 49{,}71}}$ [Mrd. Tonnen]

Abb. 15

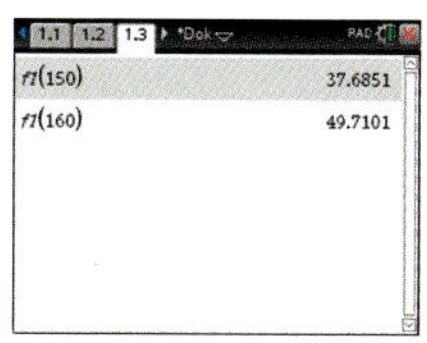

Zusammenfassung

Mit dem Taschenrechner mögliche **Regressionen (Funktionsanpassungen)** zu den bisher behandelten Funktionsklassen:

- lineare Regression (LinReg) $\Rightarrow f(x) = ax + b$
- quadratische Regression (QuadReg) $\Rightarrow f(x) = ax^2 + bx + c$
- Exponentielle Regression (ExpReg) $\Rightarrow f(x) = a \cdot b^x$

Übungsaufgaben

1 Nach der Ausbreitung des Coronavirus in China ab Ende Dezember 2019 wurde am 27.01.2020 der erste Krankheitsfall in Deutschland bestätigt. In den ersten Wochen breitet sich das Virus entsprechend dem Modell des exponentiellen Wachstums zunächst langsam, dann aber immer schneller aus. In der Grafik ist die Entwicklung in Deutschland für den Monat März 2020 dargestellt.

Ermitteln Sie mithilfe der exponentiellen Regression die Gleichung der Exponentialfunktionen, die die Entwicklung der bestätigten Coronavirus-Fälle in Deutschland wochenweise für den März 2020 beschreibt. Wählen Sie dabei für $x = 0$ den 01.03.2020.

Welche Zahlen hätten sich bei gleichbleibender Entwicklung für den 05.04., den 12.04. und den 19.04.2020 ergeben?

Entwicklung der bestätigten Coronavirus-Fälle in Deutschland

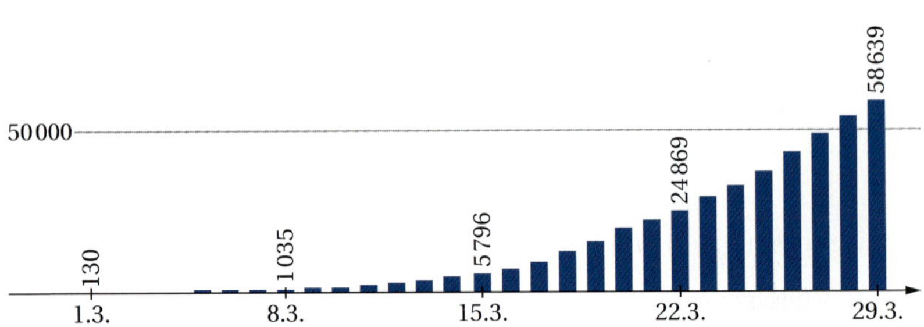

2 Bestimmen Sie die Exponentialgleichung, die die Anzahl der Kreditinstitute in Deutschland beschreibt. Prognostizieren Sie mit dieser Gleichung deren Anzahl im Jahr 2020. Wie groß könnte die Anzahl 1960 gewesen sein?

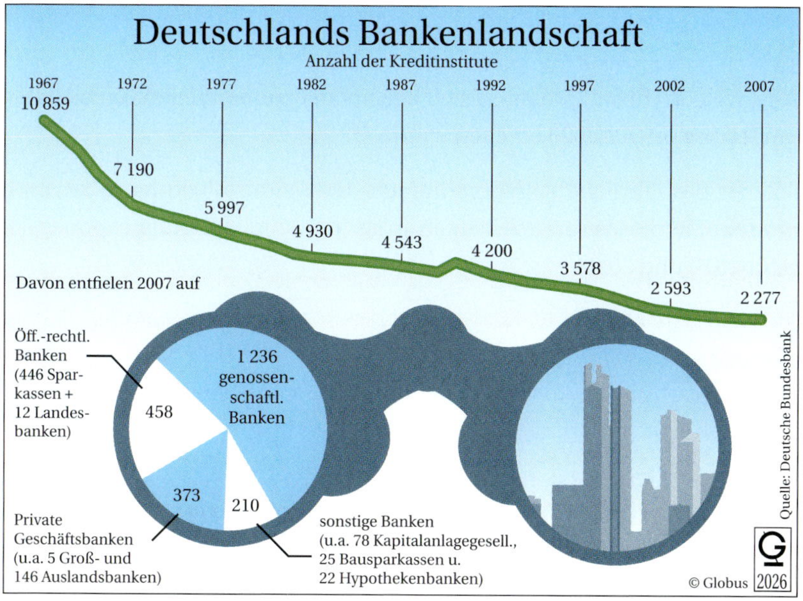

3 Zeigen Sie, dass die Prognose für die weltweiten Produktionskapazitäten für Biokunststoffe für die Jahre 2008 und 2010 auf einem exponentiellem Wachstumsmodell der Form $f(x) = a \cdot b^x$ beruht.

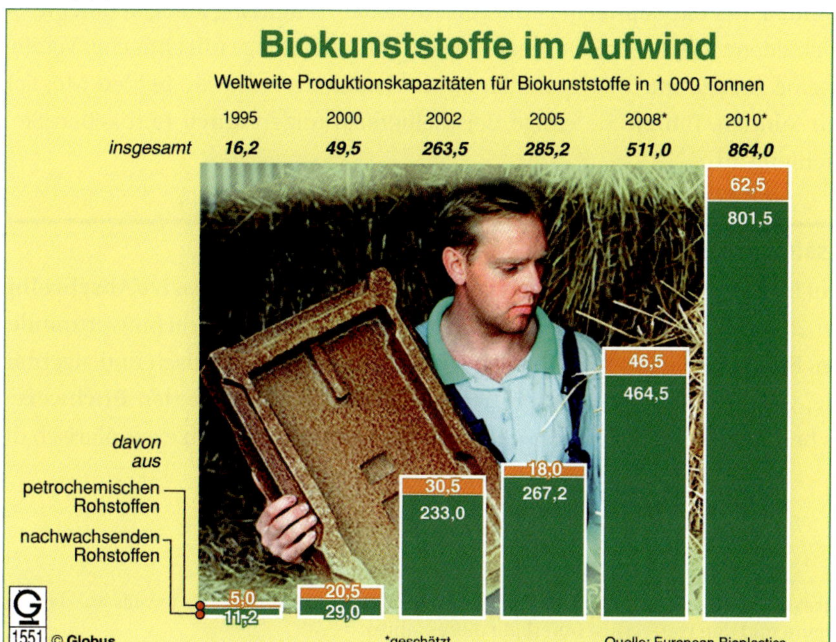

4 Ein bedeutendes deutsches Softwareunternehmen hat den Umsatz mit einer bestimmten Bürosoftware in Mrd. US-Dollar ermittelt:

Jahr	2004	2008	2012	2014
Umsatz	1,53	3,98	11,06	18,75

Berechnen Sie, welche Umsatzprognose sich bei einem exponentiellen Wachstumsmodell der Form $f(x) = a \cdot b^x$ für 2025 ergeben würde.

5 In der Tabelle ist der jährliche Wasserverbrauch der Weltbevölkerung in km^3/a dargestellt. Ermitteln Sie die Verbrauchszahlen unter der Voraussetzung exponentiellen Wachstums für 2010 und 2020.

Jahr	1900	1950	1960	1980
Wasserverbrauch	33	89	122	174

2.4.4 Handlungssituationen mit Exponentialfunktionen

Die Handlungssituationen sollten Sie mit der Ihnen zur Verfügung stehenden Rechnertechnologie bearbeiten. Besonders wichtig ist die Interpretation der von Ihnen ermittelten Ergebnisse.

Handlungssituation 1

Für einen Kunden, der ein Kapital in Höhe von 10 000,00 € langfristig anlegen möchte, sollen Sie zwei verschiedene Möglichkeiten gegenüberstellen; eine Anlage mit einfacher Verzinsung zu 5 % oder eine Anlage mit Zinseszins zu 3,5 %. Visualisieren Sie die beiden Möglichkeiten für Ihren Kunden, führen Sie einige Beispielberechnungen durch und geben Sie eine Anlageempfehlung ab.

Handlungssituation 2

Ein Anlagegut hat einen Anschaffungswert von 300 000,00 €. Eine **degressive Abschreibung**[1)] in Höhe von 20 % soll die durch Nutzung und Alterung bedingte jährliche Wertminderung wiedergeben. Erläutern Sie ausführlich diese Abschreibungsform (grafisch und algebraisch). Erläutern Sie, welche Berechnungen mit der Funktionsgleichung, die den **Buchwert**[2)] des Anlagegutes beschreibt, möglich sind. Führen Sie einige Berechnungen exemplarisch durch.

1) Bei der **degressiven Abschreibung** bezieht sich der Abschreibungsprozentsatz jeweils auf den Buchwert zu Jahresbeginn und den Wertverlust innerhalb dieses Jahres.

2) Der **Buchwert** gibt den in der Bilanz ausgewiesenen um die Abschreibungsbeträge verminderten Wert des Anlagegutes zu einem bestimmten Zeitpunkt an.

Handlungssituation 3

Sie arbeiten als Praktikant in einer meteorologischen Station. Dabei fällt Ihnen eine Formel auf, die den Zusammenhang zwischen dem Luftdruck und der Höhe angibt: $p(h) \approx p_0 \cdot 0{,}999\,874\,867^h$

Ihr Betreuer erklärt Ihnen, dass darin gilt:
p: Luftdruck in hPa[1)]
h: Höhe in m
$p_0 = 1\,013$ hPa; Normaldruck auf der Erde bei 0 °C

Um die Formel besser zu verstehen, visualisieren Sie den Graphen der Funktion. Sie überlegen sich den Aussagegehalt der Formel. Zum besseren Verständnis führen Sie einige Berechnungen mit der Formel durch (auch grafische Lösungen). Erläutern Sie, wozu man diese Formel praktisch anwenden kann.

Handlungssituation 4

a) Bei 0 °C Außentemperatur wird vor einer Skihütte 72 °C heißer Kaffee ausgeschenkt, der wegen der niedrigen Außentemperaturen nach 10 Minuten auf 54 °C abgekühlt ist.

Bestimmen Sie die Funktionsgleichung $T(x)$ der Abkühlungskurve mit Definitionsbereich und zeichnen Sie den Graphen. Dabei ist T die Temperatur in °C und x ist die Zeit in Minuten.
Erläutern Sie, welche Berechnungen mit der Funktionsgleichung möglich sind. Führen Sie beispielhaft eine Berechnung durch.

b) In der zum Lager gehörenden Skihütte herrscht eine Temperatur von 21,4 °C. Dort wird der gleiche Kaffee ausgeschenkt. Es werden folgende Temperaturen gemessen.

Zeit in min	0	5	10	15	20	25
Temperatur in °C	72	64,9	58,7	53,4	48,9	45,03

Bestimmen Sie die Funktionsgleichung, mit der sich die neue Abkühlungskurve beschreiben lässt.
Beschreiben Sie umgangssprachlich und in der mathematischen Fachsprache die Unterschiede in den beiden Abkühlungsprozessen.
Führen Sie auch für diesen Abkühlungsprozess wieder beispielhaft Berechnungen (auch grafisch) durch.

1) hPa = Hektopascal (entspricht mbar = Millibar)

Handlungssituation 5

Das Alter versteinerter Reste von Tieren oder Pflanzen aus früheren Epochen der Erdgeschichte kann mithilfe des radioaktiven Isotops Kohlenstoff C-14 bestimmt werden (**Radiokarbonmethode**[1)]). Lebende Organismen enthalten einen bestimmten prozentualen Anteil C-14, der durch Zerfall und ständige Zufuhr aus der Umgebung immer stabil bleibt. Durch das Absterben des Organismus wird dieser Ausgleich mit der Umgebung beendet und das im Organismus enthaltene C-14 zerfällt entsprechend der Gleichung $N(t) \approx 1 \cdot 0{,}999\,879\,032\,9^t$. Dabei ist N der prozentuale Anteil des Kohlenstoffs von seiner Ausgangsmenge zu einem Zeitpunkt t (in Jahren) seit dem Absterben des Organismus. Durch den noch vorhandenen Anteil N von C-14 gegenüber der ursprünglich vorhandenen Menge kann auf das Alter des Organismus geschlossen werden.

Skizzieren Sie den Graphen der Funktion. Interpretieren Sie die Koordinaten eines beliebigen Punktes des Funktionsgraphen.

Wissenschaftler haben mithilfe dieser Methode u. a. das Alter eines 1988 gefundenen Mammutknochens bestimmt und das Alter des 1991 entdeckten „Ötzi“ errechnet.

Vollziehen Sie die Altersbestimmungen der Wissenschaftler mithilfe der Informationen nach:

- Der Mammutknochen, der 1988 in der damaligen UdSSR gefunden wurde, enthielt noch ca. 8 % seines ursprünglichen Gehalts an C-14. Ermitteln Sie mithilfe der Grafik das Alter des Knochens.
- Das Alter der 1991 entdeckten Gletschermumie „Ötzi“ wurde von Wissenschaftlern mit ca. 5 300 Jahren angegeben. Berechnen Sie, wie viel Prozent dann der Anteil des noch vorhandenen C-14 in der Mumie betrug.

---

1) Entwickelt wurde die **Radiokarbonmethode** 1946 von dem US-amerikanischen Chemiker W. F. Libby (1908–1980), der 1960 für diese Leistung den Nobelpreis für Chemie erhielt.

Handlungssituation 6

Sie haben in einer Fachzeitschrift gelesen:
Das Alter von Getränken wie Wein oder Whisky kann dadurch bestimmt werden, dass der Gehalt des radioaktiven Wasserstoff-Isotops Tritium H-3 in dem Getränk ermittelt wird. Im natürlichen Wasserkreislauf ist der Gehalt des Wasserstoff-Isotops Tritium H-3 durch einerseits ständige Neuaufnahme aus der Atmosphäre und andererseits ständigen Zerfall in der Flüssigkeit konstant. Bei *abgetrennten* Flüssigkeiten kommt kein neues Tritium H-3 aus der Atmosphäre hinzu, sodass der (prozentuale) Anteil N an Tritium H-3 in Flüssigkeiten exponentiell abnimmt. Die Funktionsgleichung lautet:
$N(t) \approx 1 \cdot 0{,}945\,205\,013\,6^t$ (t in Jahren)

Daraus hat sich bei Ihnen spontan eine Geschäftsidee entwickelt. Sie wollen Menschen, die alte Weine oder Whisky besitzen, anbieten, das Alter und damit den Wert der Spirituosen zu bestimmen.

Stellen Sie Ihre Berechnungsmethoden rechnerisch und grafisch dar, sodass Sie diese als Beratungs- und als Werbeunterlagen verwenden können. Führen Sie zwei Beispielrechnungen mithilfe der Fragen an:
Wie alt ist ein Whisky, der noch 30 % des ursprünglichen Tritiumgehaltes aufweist (grafische Lösung)?
Wie viel Prozent des ursprünglichen Tritiumanteils enthält ein Getränk nach 20 Jahren?

Handlungssituation 7

Nimmt man ein Glas mit einer 5 °C kalten Flüssigkeit aus einem Kühlschrank, so erwärmt sich die Flüssigkeit innerhalb von 5 Minuten auf 10,902 04 °C. Bestimmen Sie die Funktionsgleichung, mit der der Erwärmungsvorgang beschrieben werden kann, wenn der Raum eine Temperatur von 20 °C hat. Visualisieren Sie den Funktionsgraphen, erläutern Sie seinen Aussagegehalt und führen Sie mögliche Berechnungen (auch grafische Lösungen) exemplarisch durch.

2.5 Sinusfunktionen

Sinusfunktionen haben bedeutende Anwendungsmöglichkeiten im Alltag, in der Technik, in der Physik, in der Biologie, in der Medizin etc., wenn sich periodisch wiederholende Vorgänge durch wellenförmige Funktionsgraphen dargestellt werden sollen.

Die Schwingungen von Wechselströmen und Wechselspannungen lassen sich durch wellenförmige Sinuskurven veranschaulichen, in der Nachrichtentechnik werden elektromagnetische Wellen erzeugt. Das Licht und der Schall sind ebenfalls Schwingungen, die durch Sinuskurven modelliert werden können.

2.5.1 Eigenschaften der Sinusfunktionen mit $f(x) = \sin x$

Mathematisch sind Sinusfunktionen Zuordnungen in der Weise, dass jedem Winkels auf der x-Achse sein Sinus als Funktionswert zugeordnet wird. Der Sinus eines Winkels ist im rechtwinkligen Dreieck das Verhältnis von Gegenkathete zu Hypotenuse.

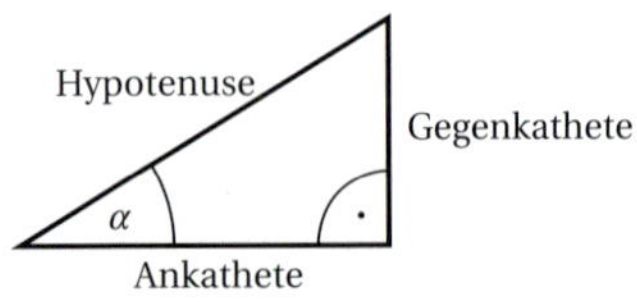

Das Schaubild der Sinusfunktion leiten wir mithilfe des rechtwinkligen Dreiecks im Einheitskreis her. Der **Einheitskreis** ist ein Kreis mit dem Radius $r = 1$ (siehe Abb.).

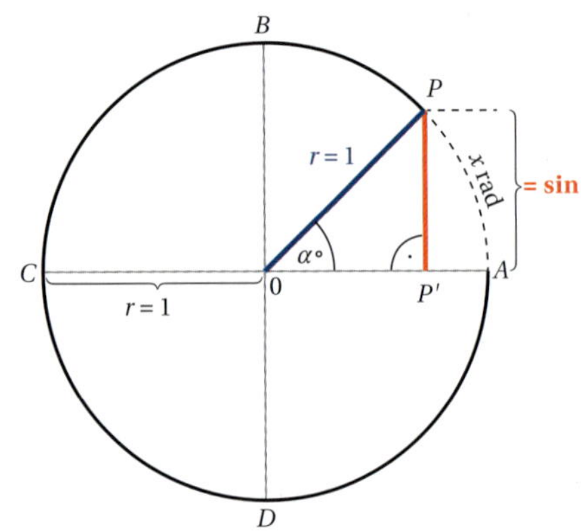

Wenn man den Winkel α verändert, dann bewegt sich der Punkt P auf dem Einheitskreis. Der zum jeweiligen Winkel α gehörende Sinus wird berechnet mit:

$$\sin\alpha = \frac{\text{Gegenkathete}}{\text{Hypotenuse}} = \frac{|\overline{PP'}|}{|\overline{OP}|}$$

Da $|\overline{OP}|$ im Einheitskreis immer 1 LE beträgt, entspricht der Sinus immer der Länge der Gegenkathete $|\overline{PP'}|$.

Im Einheitskreis gilt also immer:

$$\sin\alpha = |\overline{PP'}|$$

Die abgebildete Sinuskurve entsteht, indem sich der Punkt P von A ausgehend gegen den Uhrzeigersinn auf dem Einheitskreis bewegt. Bei einer vollen Umdrehung vergrößert sich dabei der Winkel α von 0° über 90°, 180° und 270° bis 360°.

Mit der Veränderung des Winkels α ändert sich auch der jeweils zugehörige Sinus[1].

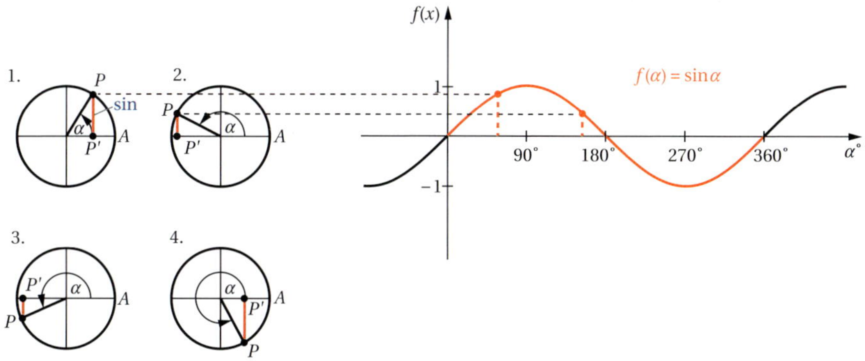

Den Zusammenhang zwischen dem Winkel α und seinem Sinus zeigt die wellenartige **Sinuskurve**, das Schaubild der **Sinusfunktion**:

$\boldsymbol{f}$ **mit** $\boldsymbol{f(\alpha) = \sin\alpha}$

Weil der Punkt P im Einheitskreis auch eine erneute Drehung durchführen und sich auch mit dem Uhrzeigersinn bewegen kann, ist die Sinuskurve nach links und rechts mit sich periodisch wiederholenden Funktionswerten unbegrenzt. Der **Definitionsbereich der Sinusfunktion** mit $f(\alpha) = \sin\alpha$ ist also $\boldsymbol{D(f) = \mathbb{R}}$ und der **Wertebereich** $\boldsymbol{W(f) = [-1; 1]}$.

Um die Gradzahlen auf der x-Achse zu vermeiden und dadurch reelle Zahlen ohne Einheiten auf beiden Achsen zu haben, wird das Gradmaß des Winkels α durch das Bogenmaß ersetzt. Das **Bogenmaß** eines Winkels α ist die Maßzahl der Länge des Bogens, der im Einheitskreis zum Winkel α gehört. In der Abbildung des Einheitskreises auf der Vorseite gehört zum Winkel α der gestrichelt gezeichnete Bogen $\overset{\frown}{AP}$. Das Bogenmaß ist eine reelle Zahl und wird in **rad** (**Radiant**) angegeben. Wegen der leichteren Zuordnung skalieren wir die x-Achse mit Vielfachen von π[2]:

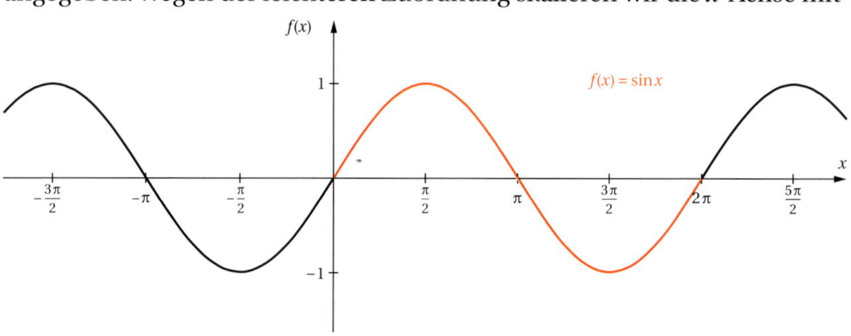

[1] Wenn der Sinus zu einem in Grad angegebenem Winkel berechnet werden soll, muss sich der Taschenrechner im Grad-Modus befinden. Vom Startbildschirm aus kann man diese Einstellung vornehmen: 5 Einstellungen, 2 Dokumenteneinstellungen ... und unter Winkel Grad einstellen. Wenn Sie dann den Sinus von 90° berechnen, erhalten Sie: $\sin 90° = 1$

[2] Wenn der Sinus zu einem in Radiant angegebenem Winkel berechnet werden soll, muss sich der Taschenrechner im Radiant-oder Bogenmaßmodus befinden. Vom Startbildschirm aus kann man diese Einstellung vornehmen: 5 Einstellungen, 2 Dokumenteneinstellungen ... und unter Winkel Bogenmaß einstellen. Wenn Sie dann z. B. den Sinus von $\frac{\pi}{2}$ berechnen, erhalten Sie: $\sin\frac{\pi}{2} = 1$

Umrechnung vom Grad- ins Bogenmaß:

Der Umfang eines Kreises ist $U = 2\pi r$. Der Umfang des Einheitskreises ist wegen $r = 1$ dann $U = 2\pi \cdot 1 = 2\pi$. Der Vollwinkel 360° entspricht somit der reellen Zahl 2π. Das Bogenmaß des Halbkreises ist π, des Viertelkreises $\frac{\pi}{2}$ etc.

Mithilfe des Dreisatzes kann man jedes Gradmaß in das Bogenmaß umrechnen.
Beispiel für den Winkel $\alpha = 30°$:

$360° \triangleq 2\pi$

$\underline{30° \triangleq x}$

$x = \frac{2\pi \cdot 30°}{360°} = \underline{\underline{\frac{\pi}{6} \approx 0{,}5236}}$

Zusammenfassung

Der Graph der Sinusfunktion mit $\boldsymbol{f(x) = \sin x}$ ist eine periodische, wellenförmige Kurve mit den Eigenschaften:

- Schwingungsweite (Amplitude) = 1
- Periode $= 2\pi$
- punktsymmetrisch zum Ursprung
- Definitionsbereich: $D(f) = \mathbb{R}$
- Wertebereich: $W(f) = [-1; 1]$
- Nullstellen: $x_0 = k \cdot \pi;\ k \in \mathbb{Z}$

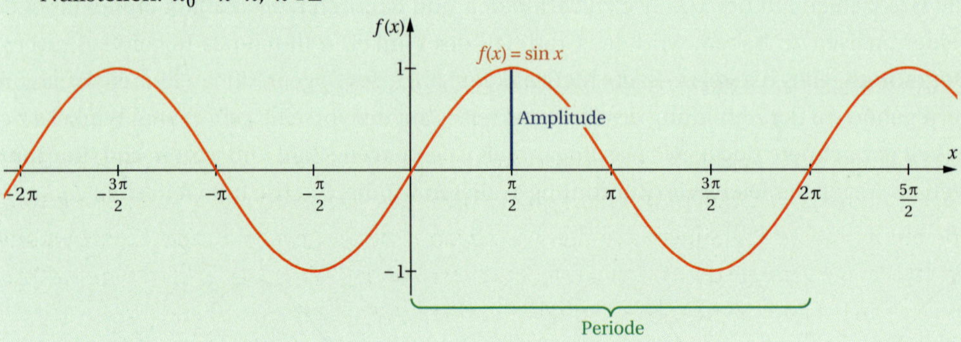

Übungsaufgaben

1 Ermitteln Sie den Sinus von α ohne Taschenrechner.

a) $\alpha = 180°$ b) $\alpha = 0°$ c) $\alpha = 90°$ d) $\alpha = 270°$

2 Berechnen Sie den Sinus von α mit dem Taschenrechner.

a) $\alpha = 30°$ b) $\alpha = 45°$ c) $\alpha = 330°$ d) $\alpha = 10°$

3 Ermitteln Sie den Sinus von α im Bogenmaß ohne Taschenrechner.

a) $\alpha = \pi$ b) $\alpha = \frac{\pi}{2}$ c) $\alpha = 2\pi$ d) $\alpha = \frac{3\pi}{2}$

4 Berechnen Sie den Sinus von α mit dem Taschenrechner.

a) $\alpha = 3$ b) $\alpha = -1$ c) $\alpha = 0{,}5$ d) $\alpha = 6{,}2832$

5 Ermitteln Sie das Bogenmaß des Winkels.

a) $\alpha = 180°$ b) $\alpha = 90°$ c) $\alpha = 270°$ d) $\alpha = 45°$
e) $\alpha = 100°$ f) $\alpha = 10°$ g) $\alpha = 60°$ h) $\alpha = 300°$

6 Bestimmen Sie das Gradmaß des Winkels.

a) $\alpha = \frac{\pi}{2}$ b) $\alpha = 2\pi$ c) $\alpha = \pi$ d) $\alpha = \frac{3\pi}{2}$
e) $\alpha = 2$ f) $\alpha = 5$ g) $\alpha = -3$ h) $\alpha = 0{,}5$

7 Bestimmen Sie α ohne Taschenrechner; $D(f) = \mathbb{R}_+$. Geben Sie das Ergebnis in Grad und im Bogenmaß an.

a) $\sin\alpha = 1$ b) $\sin\alpha = -1$ c) $\sin\alpha = 0$ d) $\sin\alpha = 0{,}5$

2.5.2 Parametervariationen bei Sinusfunktionen

Die bisher vorgestellten einfachen Sinuskurven der Form $f(x) = \sin x$ können durch Hinzufügung von Parametern im Funktionsterm verändert werden (Dehnung, Stauchung, Spiegelung, Verschiebung), sodass die Sinuskurve den jeweiligen Anforderungen für eine Modellbildung entspricht. Bei der Analyse der Wirkung der Parameter können wir auf die Kenntnisse der Parametervariation bei Potenz- und Exponentialfunktionen zurückgreifen.

Im Weiteren wollen wir, wie schon bei den Potenz- und Exponentialfunktionen, die Wirkung der Parameter a, b, c und d in der Gleichung[1)]

$$\boldsymbol{f(x) = a \cdot \sin b\,(x - c) + d}$$

auf den Verlauf des Graphen untersuchen. Wir gehen dabei wieder schrittweise vor.

1) Die Gleichung $f(x) = a \cdot \sin(b(x - c)) + d$ ist entstanden, indem in die Sinusfunktion der Form $f(x) = a \cdot \sin x + d$ für die Variable x der Term $(b(x - c))$ eingesetzt wurde. Diese **Verkettung von Funktionen** haben wir auch schon bei den Potenz- und Exponentialfunktionen durchgeführt.

Sinusfunktion der Form $f(x) = a \cdot \sin x$

Situation 1

In den Abbildungen sind Graphen der Form $\boldsymbol{f(x) = a \cdot \sin x}$ dargestellt. Erläutern Sie, wie der Faktor a allgemein auf den Verlauf der Sinuskurve gegenüber der Sinusschwingung mit $f(x) = \sin x$ wirkt.

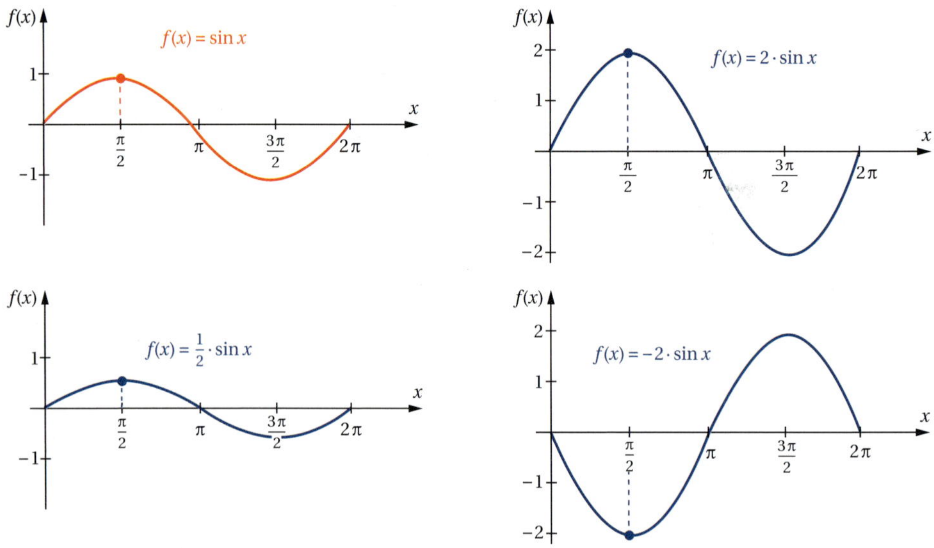

Lösung

In $f(x) = a \cdot \sin x$ bewirkt der schon aus anderen Funktionsklassen bekannte **Formfaktor** a eine Dehnung oder Stauchung der Sinusschwingung in y-Richtung und bei negativem Vorzeichen eine Spiegelung an der x-Achse.

- Für $\boldsymbol{|a| > 1}$ vergrößern sich die Funktionswerte und damit die Schwingungsweite der Sinuskurve.
- Für $\boldsymbol{|a| < 1}$ verkleinern sich die Funktionswerte und damit die Schwingungsweite der Sinuskurve.
- Für $\boldsymbol{a < 0}$ wechseln die Funktionswerte das Vorzeichen und die Sinuskurve wird an der x-Achse gespiegelt.

Mit dem Faktor a in $\boldsymbol{f(x) = a \cdot \sin x}$ kann die **Schwingungsweite (Amplitude)** der Sinusschwingung verändert werden.

Sinusfunktionen der Form $f(x) = \sin bx$

Situation 2

In der Abbildung sind Graphen der Form $\boldsymbol{f(x) = \sin bx}$ dargestellt. Erläutern Sie, wie der Faktor b allgemein auf den Verlauf der Sinuskurve gegenüber dem Graphen von $f(x) = \sin x$ wirkt.

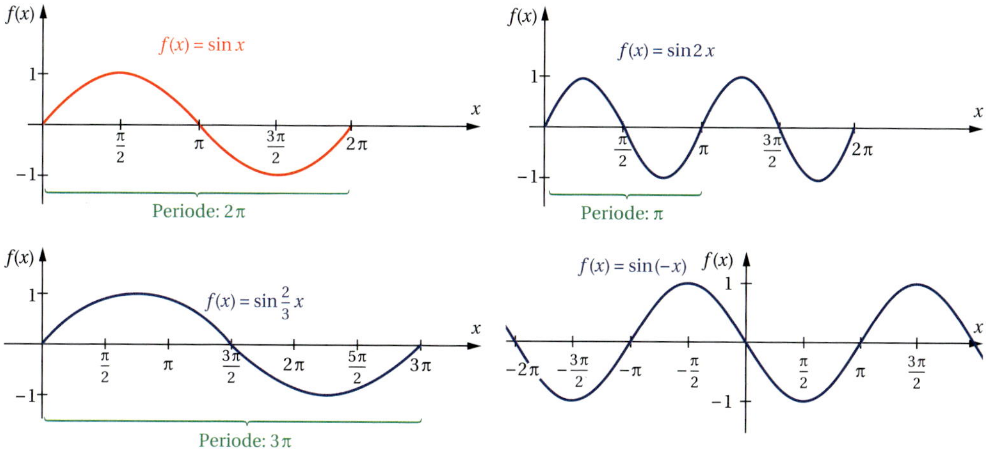

Lösung

In $f(x) = \sin bx$ bewirkt der Faktor b eine Dehnung oder Stauchung der Sinusschwingung in x-Richtung und für $b < 0$ eine Spiegelung an der y-Achse.

- Für $|b| > 1$ wird der Graph **in x-Richtung** mit dem Faktor $\frac{1}{b}$ **gestaucht**.
- Für $|b| < 1$ wird der Graph **in x-Richtung** mit dem Faktor $\frac{1}{b}$ **gedehnt**.
- Für $b < 0$ wird der Graph an der y-Achse gespiegelt.

In $\boldsymbol{f(x) = \sin bx}$ verändert der Faktor b die **Periodenlänge** vom ursprünglichen Wert 2π auf die **neue Periode** $\frac{2\pi}{b}$.

Eine Verringerung der **Periodenlänge** entspricht einer Erhöhung der **Frequenz** der Sinusschwingung.

Sinusfunktionen der Form $f(x) = \sin(x - c)$

Situation 3

In der Abbildung sind Graphen der Form $\boldsymbol{f(x) = \sin(x - c)}$ dargestellt. Erläutern Sie, wie c allgemein auf den Verlauf der Sinuskurve gegenüber dem Graphen von $f(x) = \sin x$ wirkt.

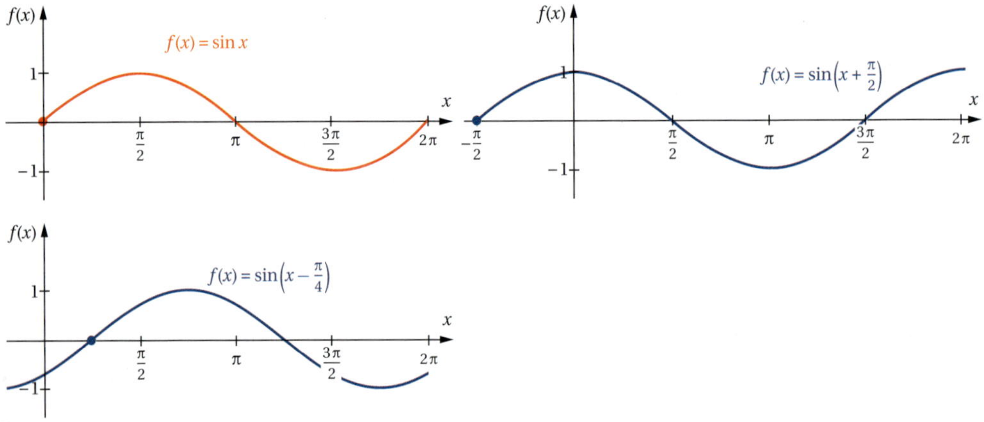

Lösung

In $f(x) = \sin(x - c)$ bewirkt c eine Verschiebung in x-Richtung entsprechend dem Vorzeichen von c (an den eingetragenen Punkten erkennbar).

- Für $\boldsymbol{c < 0}$ wird der Graph um c **nach links** verschoben.
- Für $\boldsymbol{c > 0}$ wird der Graph um c **nach rechts** verschoben.

Eine Verschiebung der Sinusschwingung in x-Richtung wird auch **Phasenverschiebung** genannt.

Sinusfunktion der Form $f(x) = \sin x + d$

Situation 4

In der Abbildung sind Graphen der Form $\boldsymbol{f(x) = \sin x + d}$ dargestellt. Erläutern Sie, wie der Summand d allgemein auf den Verlauf der Sinuskurve gegenüber dem Graphen von $f(x) = \sin x$ wirkt.

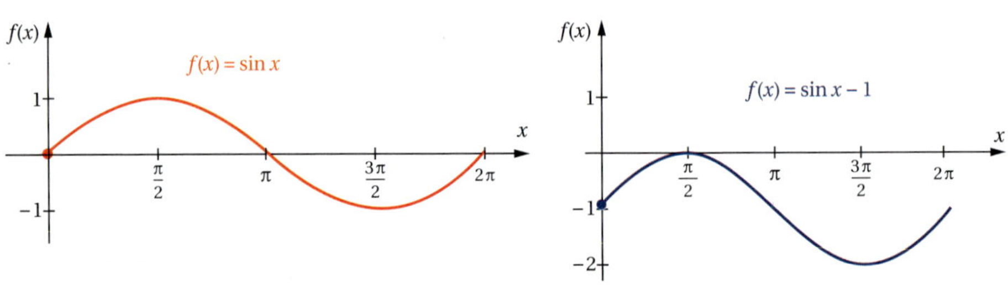

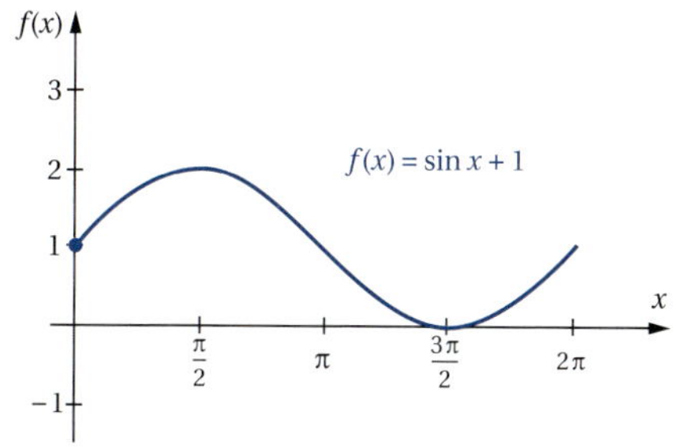

Lösung

In $f(x) = \sin x + d$ bewirkt d gegenüber $f(x) = \sin x$ eine Verschiebung in y-Richtung entsprechend dem Vorzeichen von d.

- Für $\boldsymbol{d > 0}$ wird der Graph um d **nach oben** verschoben.
- Für $\boldsymbol{d < 0}$ wird der Graph um d **nach unten** verschoben.

Sämtliche oben besprochenen Veränderungen durch Parametervariation gehen in die **verallgemeinerte Sinusfunktion** f mit $\boldsymbol{f(x) = a \cdot \sin b(x - c) + d}$ ein.

Situation 5

Gegeben ist eine Funktion f mit $f(x) = \frac{1}{2}\sin 2\left(x - \frac{\pi}{2}\right) - 1$.

Erklären Sie in alphabetischer Reihenfolge die Wirkung der Parameter $a = \frac{1}{2}$, $b = 2$, $c = \frac{\pi}{2}$ und $d = -1$ auf den Funktionsgraphen gegenüber f mit $f(x) = \sin x$. Visualisieren Sie schrittweise die Veränderungen des Graphen der Funktion.

Lösung

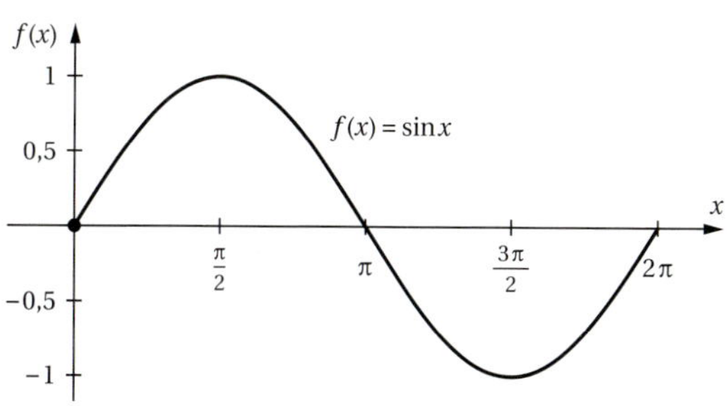

1. Der Vorfaktor $a = \frac{1}{2}$ halbiert die Schwingungsweite (Amplitude) von 1 auf 0,5.
2. $b = 2$ staucht die Schwingung in x-Richtung mit dem Faktor $\frac{1}{2}$ und verringert damit die Periode auf π.
3. $c = \frac{\pi}{2}$ bewirkt eine Phasenverschiebung um $\frac{\pi}{2}$ in positive x-Richtung.
4. $d = -1$ verschiebt die Kurve um 1 nach unten.

1.
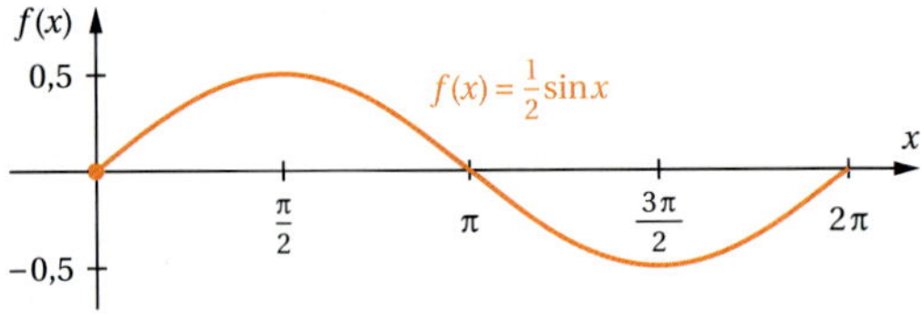

2.
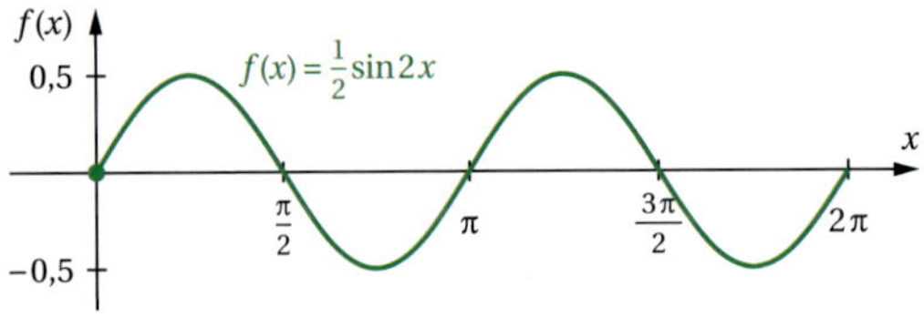

3.
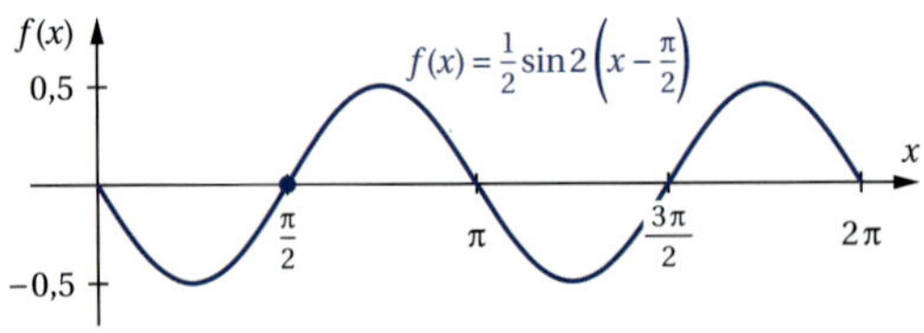

4.
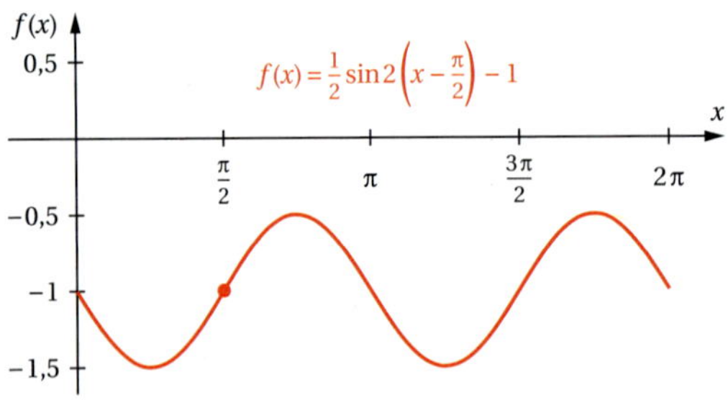

Zusammenfassung

$f(x) = a \cdot \sin b(x - c) + d$

- a**:** Durch Dehnung oder Stauchung in y-Richtung wird die **Schwingungsweite (Amplitude)** der Sinusschwingung verändert; bei $a < 0$ Spiegelung an der x-Achse.
  - Für $|a| > 1$ vergrößern sich die Funktionswerte und damit die Schwingungsweite der Sinuskurve.
  - Für $|a| < 1$ verkleinern sich die Funktionswerte und damit die Schwingungsweite der Sinuskurve.
  - Für $a < 0$ wechseln die Funktionswerte das Vorzeichen und die Sinuskurve wird an der x-Achse gespiegelt.

- b: Dehnung oder Stauchung in x-Richtung und Spiegelung an der y-Achse; dadurch verändert sich die **Periodenlänge mit dem Faktor** $\frac{1}{b}$ vom ursprünglichen Wert 2π auf die **neue Periode** $\frac{2\pi}{b}$.
  Eine Verringerung der Periodenlänge entspricht einer Erhöhung der **Frequenz** der Sinusschwingung.
  - Für $|b| > 1$ wird der Graph **in x-Richtung** mit dem Faktor $\frac{1}{b}$ **gestaucht**.
  - Für $|b| < 1$ wird der Graph **in x-Richtung** mit dem Faktor $\frac{1}{b}$ **gedehnt**.
  - Für $b < 0$ wird der Graph an der y-Achse gespiegelt.
- c: Verschiebung in x-Richtung um c **(Phasenverschiebung)**
  - Für $c < 0$ wird der Graph um c nach links verschoben.
  - Für $c > 0$ wird der Graph um c nach rechts verschoben.
- d: Verschiebung in y-Richtung entsprechend dem Vorzeichen von d
  - Für $d > 0$ wird der Graph um d nach oben verschoben.
  - Für $d < 0$ wird der Graph um d nach unten verschoben.

Übungsaufgaben

1 Beschreiben Sie die Veränderungen gegenüber dem Funktionsgraphen von f mit $f(x) = \sin x$ und zeichnen Sie den Graphen.

a) $f(x) = 2\sin\left(x - \frac{\pi}{4}\right)$
b) $f(x) = -\sin\left(x - \frac{\pi}{4}\right)$
c) $f(x) = 0{,}5\sin 0{,}5x$
d) $f(x) = \sin 2x + 1$

2 Beschreiben Sie die Veränderungen gegenüber dem Funktionsgraphen von f mit $f(x) = \sin x$ und zeichnen Sie den Graphen.

a) $f(x) = 3\sin\left(\frac{1}{2}(x - \pi)\right)$
b) $f(x) = \sin\left(x - \frac{\pi}{2}\right) - 1$
c) $f(x) = 2\sin 2x$
d) $f(x) = -0{,}5\sin x + 0{,}5$

3 Gegenüber der Sinusschwingung mit $f(x) = \sin x$ hat eine veränderte Sinuskurve neue Eigenschaften:

a) doppelte Amplitude, doppelte Periode, Phasenverzögerung um π
b) halbe Amplitude, gleiche Periode, Phasenvorlauf um $\frac{\pi}{2}$

Geben Sie die Funktionsgleichungen an.

4 Das Einschalten eines Widerstandes in einen Wechselstromkreis bewirkt eine Phasenverzögerung um $\frac{\pi}{4}$. Die maximale Stromstärke wird um $\frac{1}{3}$ verringert. Geben Sie die Funktionsgleichung des neuen Wechselstromes an, wenn für den alten die Gleichung $f(x) = \sin x$ galt.

5 Ermitteln Sie die zum Graphen gehörige Funktionsgleichung der Sinusfunktion. Bestimmen Sie den mathematisch maximal möglichen Definitionsbereich und Wertebereich. Geben Sie die Periodenlänge, die Nullstellen und das Symmetrieverhalten zum Koordinatensystem an.

a)

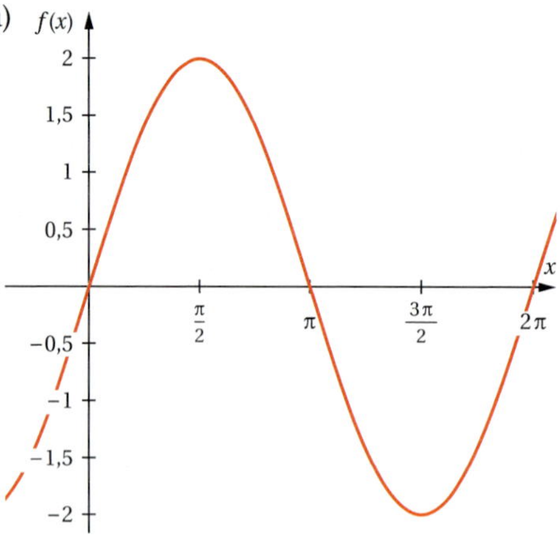

b)

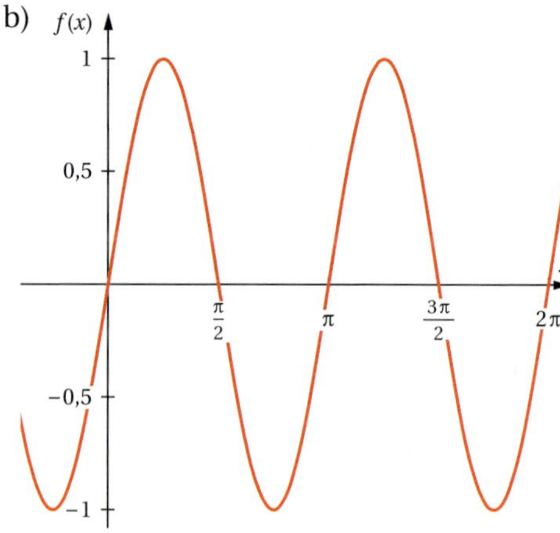

c)

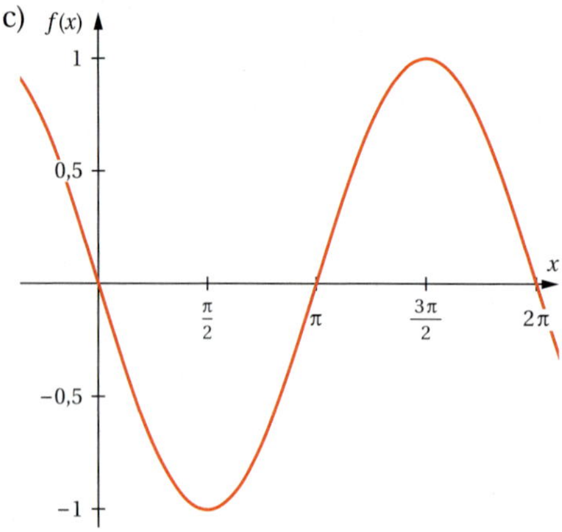

d)

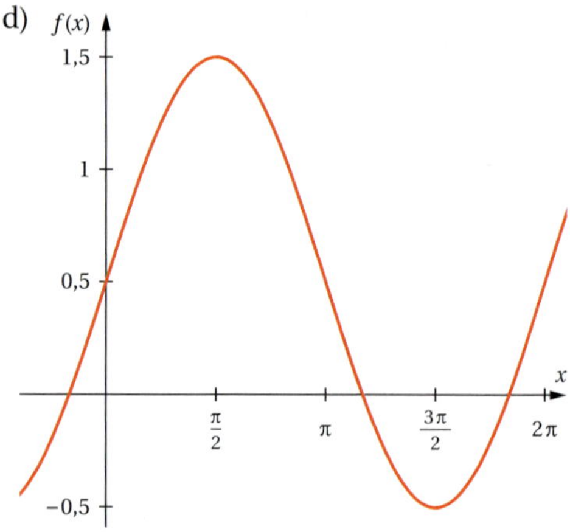

e)

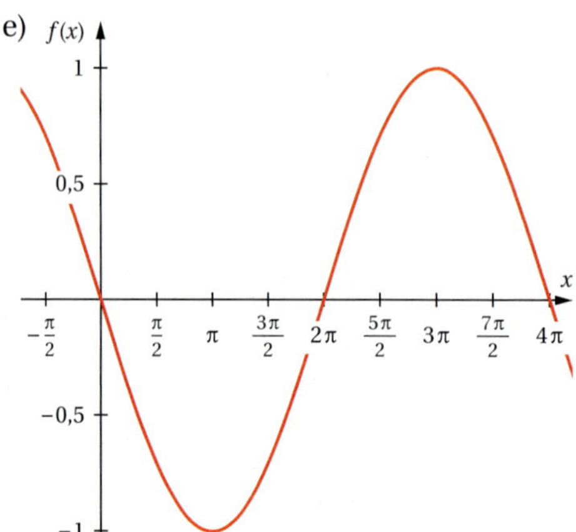

f)

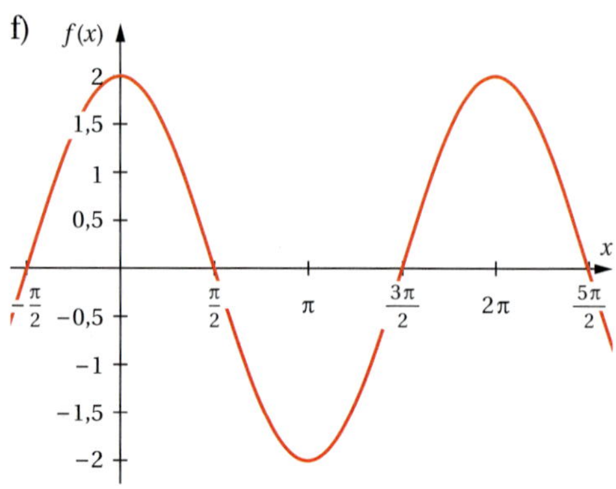

2.6 Vergleich von Potenz-, Exponential- und Sinusfunktionen

In den drei vorausgegangenen Abschnitten haben wir Potenz-, Exponential- und Sinusfunktionen untersucht. Die Ergebnisse wollen wir jetzt vergleichend zusammenfassen.

2.6.1 Vergleich des Globalverhaltens von Potenz-, Exponential- und Sinusfunktionen

Das **Globalverhalten** beschreibt das **Verhalten von Funktionsgraphen im Unendlichen**.

Situation 1

Bei **Potenzfunktionen** der Form $\boldsymbol{f(x) = x^n}$; $\boldsymbol{n \in \mathbb{Z}\backslash\{0\}}$ ist es für den Verlauf der Graphen entscheidend, ob der Exponent gerade oder ungerade und ob er positiv oder negativ ist.

a) Vervollständigen Sie die Tabelle für einfache Potenzfunktionen der Form $f(x) = x^n$; $n \in \mathbb{Z}\backslash\{0\}$.

b) Beschreiben Sie die wesentlichen Unterschiede im Globalverhalten der Graphen für $n > 0$ und für $n < 0$.

	***n* gerade**	***n* ungerade**	
$n > 0$	Graph: $W(f) = \ldots$ $\lim\limits_{x \to -\infty} f(x) = \ldots$ $\lim\limits_{x \to +\infty} f(x) = \ldots$ } Verlauf von … nach …	Graph: $W(f) = \ldots$ $\lim\limits_{x \to -\infty} f(x) = \ldots$ $\lim\limits_{x \to +\infty} f(x) = \ldots$ } Verlauf von … nach …	$D(f) = \ldots$
$n < 0$	Graph: $W(f) = \ldots$ $\lim\limits_{x \to \pm\infty} f(x) = \ldots$ $\lim\limits_{x \to 0} f(x) = \ldots$ } Verlauf im … und … Quadranten	Graph: $W(f) = \ldots$ $\lim\limits_{x \to \pm\infty} f(x) = \ldots$ $\lim\limits_{x \to +0} f(x) = \ldots$ } Verlauf im … und … Quadranten	$D(f) = \ldots$
	Symmetrieverhalten zum Koordinatensystem: … $f(x) = \ldots$	Symmetrieverhalten zum Koordinatensystem: … $f(x) = \ldots$	

Lösung

a)

	***n* gerade**	***n* ungerade**	
***n* > 0**	Graph: 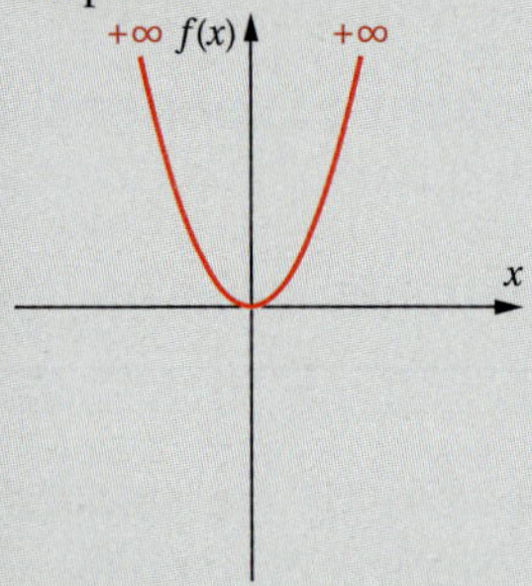 $W(f) = \mathbb{R}_+$ $\lim\limits_{x \to -\infty} f(x) = +\infty$, $\lim\limits_{x \to +\infty} f(x) = +\infty$ } Verlauf von $+\infty$ nach $+\infty$	Graph: 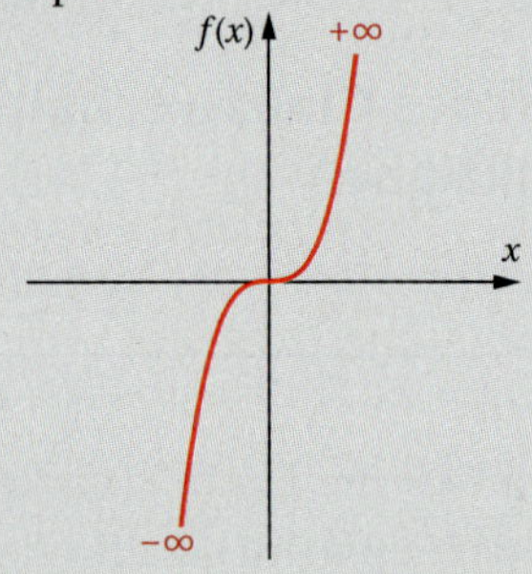 $W(f) = \mathbb{R}$ $\lim\limits_{x \to -\infty} f(x) = -\infty$, $\lim\limits_{x \to +\infty} f(x) = +\infty$ } Verlauf von $-\infty$ nach $+\infty$	$D(f) = \mathbb{R}$
***n* < 0**	Graph: 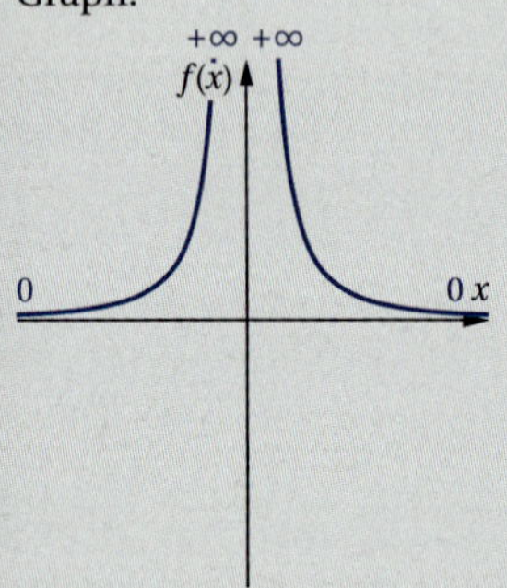 $W(f) = \mathbb{R}_+^*$ $\lim\limits_{x \to \pm\infty} f(x) = 0$, $\lim\limits_{x \to 0} f(x) = +\infty$ } Verlauf im 1. und 2. Quadranten	Graph: 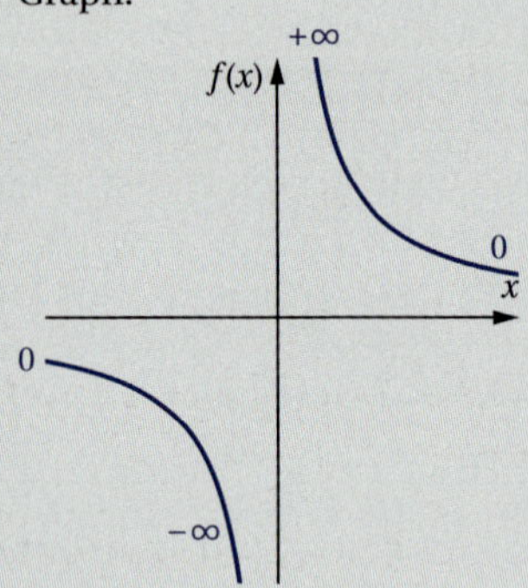 $W(f) = \mathbb{R}^*$ $\lim\limits_{x \to \pm\infty} f(x) = 0$, $\lim\limits_{x \to 0} f(x) = \pm\infty$ } Verlauf im 1. und 3. Quadranten	$D(f) = \mathbb{R}^*$
	Achsensymmetrie zur *y*-Achse: $\boldsymbol{f(x) = f(-x)}$	**Punktsymmetrie zum Ursprung:** $\boldsymbol{f(x) = -f(-x)}$	

b)
- Für $\boldsymbol{n > 0}$ gibt es keine Polgeraden oder Asymptoten, die Graphen verlaufen für $x \to \pm\infty$ **ins positiv oder negativ Unendliche**.
- Für $\boldsymbol{n < 0}$ nähern sich die Graphen **für $\boldsymbol{x \to \pm\infty}$** einer **Asymptote** und **für $\boldsymbol{x \to 0}$ einer Polgeraden** an.

Situation 2

Bei **Exponentialfunktionen** der Form $\boldsymbol{f(x) = b^x}$; $\boldsymbol{b \in \mathbb{R}_+^* \setminus \{1\}}$ ist es hinsichtlich des Verlaufs der Graphen bedeutsam, ob die Basis b größer als 1 oder zwischen 0 und 1 ist.

a) Vervollständigen Sie die Tabelle für einfache Exponentialfunktionen der Form $f(x) = b^x$; $b \in \mathbb{R}_+^* \setminus \{1\}$.

$b > 1$	$0 < b < 1$	
Graph: $\lim\limits_{x \to -\infty} f(x) = \ldots$ $\lim\limits_{x \to +\infty} f(x) = \ldots$ } Verlauf von … nach …	Graph: $\lim\limits_{x \to -\infty} f(x) = \ldots$ $\lim\limits_{x \to +\infty} f(x) = \ldots$ } Verlauf von … nach …	$D(f) = \ldots$ $W(f) = \ldots$
Symmetrieverhalten zum Koordinatensystem: …		

b) Beschreiben Sie die wesentlichen Unterschiede und Gemeinsamkeiten im Globalverhalten der Graphen von Potenz- und Exponentialfunktionen der angegebenen Formen aus den Situationen 1 und 2 a.

c) Geben Sie an, für welche Modellbildungen Exponentialfunktionen besonders geeignet erscheinen.

Lösung

a)

$b > 1$	$0 < b < 1$	
Graph: 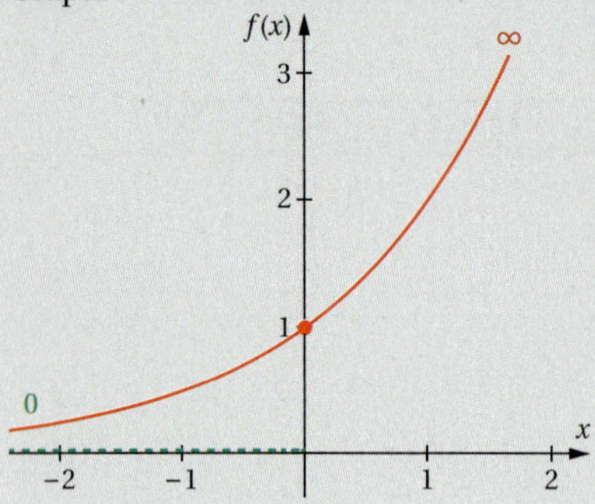 $f^*(x) = 0$ für $x \to -\infty$ $\left.\begin{array}{l}\lim\limits_{x\to-\infty} f(x) = 0\\ \lim\limits_{x\to+\infty} f(x) = +\infty\end{array}\right\}$ Verlauf von 0 nach $+\infty$	Graph: 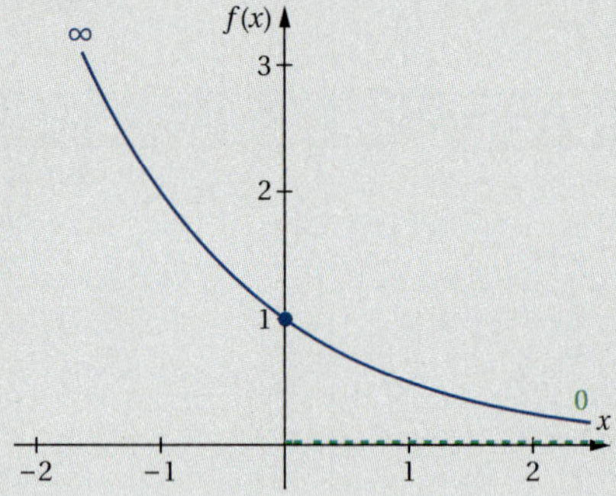 $f^*(x) = 0$ für $x \to +\infty$ $\left.\begin{array}{l}\lim\limits_{x\to-\infty} f(x) = +\infty\\ \lim\limits_{x\to+\infty} f(x) = 0\end{array}\right\}$ Verlauf von $+\infty$ nach 0	$D(f) = \mathbb{R}$ $W(f) = \mathbb{R}_+^*$
kein Symmetrieverhalten zum Koordinatensystem vorhanden		

b) **Potenzfunktionen**

- Für $\boldsymbol{n > 0}$ verlaufen die Graphen für $x \to \pm\infty$ **ins Unendliche**.
- Für $\boldsymbol{n < 0}$ nähern sich die Graphen **Asymptoten und Polgeraden** an.

Exponentialfunktionen

Die Graphen nähern sich links- oder rechtsseitig einer **Asymptote** an **und** verlaufen auf der jeweils anderen Seite ins **Unendliche**.

c) Exponentialfunktionen sind zur Beschreibung von Wachstums- und Zerfallsprozessen besonders geeignet.

Situation 3

a) Skizzieren Sie den Graphen der **Sinusfunktion mit $f(x) = \sin x$** für das Intervall $\left[-\frac{3\pi}{2}; \frac{5\pi}{2}\right]$ und geben Sie den maximal möglichen Definitionsbereich und den zugehörigen Wertebereich an.

b) Beschreiben Sie das Globalverhalten des Graphen der Sinusfunktion im Vergleich mit dem Globalverhalten der Potenz- und Exponentialfunktionen.

c) Geben Sie an, für welche Modellbildungen Sinusfunktionen besonders geeignet erscheinen.

Lösung

a)

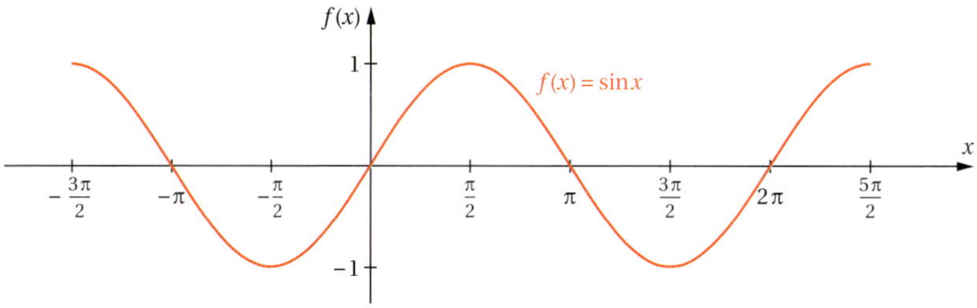

$D(f) = \mathbb{R}$; $W(f) = [-1; 1]$

b) Der Graph der Sinusfunktion ist eine sich immer wiederholende Schwingung. Der Graph verläuft weder ins Unendliche, noch nähert er sich einer Polgeraden oder Asymptote an.

c) Sinusfunktionen sind zur Beschreibung von Vorgängen geeignet, die sich periodisch wiederholen.

Übungsaufgaben

1 Erläutern Sie das Globalverhalten der Graphen der Potenzfunktionen mit $f(x) = x^n$ mit $n \in \mathbb{Z}\backslash\{0\}$ und $x \in \mathbb{R}$.

2 Erläutern Sie das Globalverhalten der Graphen der Exponentialfunktionen mit $f(x) = b^x$; $b \in \mathbb{R}_+^*\backslash\{1\}$; $x \in \mathbb{R}$.

3 Erläutern Sie das Globalverhalten der Graphen der Sinusfunktionen mit $f(x) = \sin x$; $x \in \mathbb{R}$.

2.6.2 Vergleich der Parametervariationen bei Potenz-, Exponential- und Sinusfunktionen

Situation 4

In die Gleichungen der

- Potenzfunktion mit $f(x) = a \cdot x^n + d$
- Exponentialfunktion mit $f(x) = a \cdot (\text{Basis})^x + d$
- Sinusfunktion mit $f(x) = a \cdot \sin x + d$

kann man für x den Term $b(x - c)$ einsetzen und man erhält dann jeweils eine **verkettete Funktion**:

Ausgangsfunktion		verkettete Funktion
• $f(x) = a \cdot x^n + d$	$\Rightarrow$	$\boldsymbol{f(x) = a \cdot (b(x-c))^n + d}$
• $f(x) = a \cdot (\text{Basis})^x + d$	$\Rightarrow$	$\boldsymbol{f(x) = a \cdot (\textbf{Basis})^{b(x-c)} + d}$
• $f(x) = a \cdot \sin x + d$	$\Rightarrow$	$\boldsymbol{f(x) = a \cdot \sin b(x-c) + d}$

Beschreiben Sie Unterschiede und Gemeinsamkeiten der Auswirkung der Parameter a, b, c und d auf den Verlauf der Graphen der verketteten Funktionen.

Lösung

Die Auswirkungen der Parameter auf den Verlauf der Graphen sind grundsätzlich bei allen drei Funktionsklassen gleich:

- Der **Formfaktor *a*** bewirkt eine **Dehnung, Stauchung, Spiegelung** des Graphen **in *y*-Richtung mit dem Faktor *a*.**
  - $|a| > 1$: Dehnung in y-Richtung
  - $|a| < 1$: Stauchung in y-Richtung
  - $a < 0$: Spiegelung an der x-Achse
- ***b*** bewirkt eine **Dehnung, Stauchung, Spiegelung** des Graphen **in *x*-Richtung mit dem Faktor** $\boldsymbol{\frac{1}{b}}$**.**
  - $|b| > 1$: Stauchung in x-Richtung
  - $|b| < 1$: Dehnung in x-Richtung
  - $b < 0$: Spiegelung an der y-Achse
- ***c* verschiebt den Graphen in *x*-Richtung.**
  - $c > 0$: Verschiebung nach rechts
  - $c < 0$: Verschiebung nach links
- ***d* verschiebt den Graphen in *y*-Richtung.**
  - $d > 0$: Verschiebung nach oben
  - $d < 0$: Verschiebung nach unten

Übungsaufgabe

1 Erläutern Sie Unterschiede und Gemeinsamkeiten, wenn bei verketteten Potenzfunktionen der Form $f(x) = a \cdot \left(b(x-c)\right)^n + d$, bei verketteten Exponentialfunktionen der Form $f(x) = a \cdot (\text{Basis})^{b(x-c)} + d$ und bei verketteten Sinusfunktionen der Form $f(x) = a \cdot \sin b(x-c) + d$ die Parameter a, b, c und d variiert werden.

2.7 Ganzrationale Funktionen

2.7.1 Polynomform ganzrationaler Funktionen

Die Gleichung einer ganzrationalen Funktion entsteht durch Addition der Terme mehrerer Potenzfunktionen der Form $f(x) = ax^n$ mit $n \in \mathbb{N}$.

So entsteht z. B. die Gleichung der ganzrationalen Funktion *f* mit

$f(x) = 2x^5 - 3x^2 - x + 3$,

indem man die Terme der Potenzfunktionen mit

$f_1(x) = 2x^5$,

$f_2(x) = -3x^2$,

$f_3(x) = -x$ und

$f_4(x) = 3$

addiert. Ganzrationale Funktionen stellen die Fortsetzung der im Abschnitt 2.3 behandelten Potenzfunktionen dar, zu denen ja auch die linearen Funktionen aus Abschnitt 2.1 und die quadratischen Funktionen aus Abschnitt 2.2 gehören.

Die allgemeine Form einer ganzrationalen Funktion lautet:

$f(x) = a_n x^n + a_{n-1} x^{n-1} + \ldots + a_2 x^2 + a_1 x + a_0$

Weil der Funktionsterm eine Summe von Vielfachen von Potenzen ist, nennt man diese Darstellungsform **Polynomform** oder **Polynomdarstellung**.

Darin werden $a_n, a_{n-1}, \ldots, a_2, a_1$ **Koeffizienten** (Beizahlen) der Variablen x genannt.
$\boldsymbol{a_0}$ ist das **Absolutglied**, das wir schon von den zuvor behandelten Funktionsklassen kennen.

Der Exponent der höchsten Potenz heißt **Grad der ganzrationalen Funktion.**
Zum Beispiel ist $f(x) = 2x^5 - 3x^2 - x + 3$ die Funktionsgleichung einer **ganzrationalen Funktion 5. Grades**.
Die einzelnen Glieder werden wie folgt bezeichnet.

$$f(x) = \underbrace{2x^5}_{\text{Glied 5. Grades}} \quad \underbrace{-3x^2}_{\text{Quadratglied}} \quad \underbrace{-x}_{\text{Linearglied}} \quad \underbrace{+3}_{\text{Absolutglied}}$$

Im Folgenden wollen wir der Polynomform einer ganzrationalen Funktionsgleichung Informationen über den Verlauf des Graphen entnehmen.

- Das **Absolutglied $\boldsymbol{a_0}$** gibt an, wo der Graph die y-Achse schneidet.
  Begründung:
  Wenn man 0 für x einsetzt, werden alle Glieder der Funktionsgleichung außer dem Absolutglied 0. $f(0) = a_0$
  Beispiel: Für $f(x) = 2x^5 - 3x^2 - x + 3$ ist $f(0) = 2 \cdot 0 - 3 \cdot 0 - 0 + 3 = 3$.
  An der Stelle $x = 0$ ist der Funktionswert 3, also wird die y-Achse bei 3 geschnitten. Anders ausgedrückt: Der Ordinatenabschnitt ist 3. Die y-Achse wird im Punkt $S_y(0/3)$ geschnitten.

- Das **Globalverhalten** des Graphen einer ganzrationalen Funktion, also das Verhalten des Graphen, wenn x gegen $+\infty$ oder $-\infty$ strebt, kann man am Glied mit dem größten Exponenten erkennen. Denn bei der Berechnung der Funktionswerte einer ganzrationalen Funktion für x-Werte mit großem Betrag, also für sehr große oder sehr kleine x-Werte, also für $x \to \pm\infty$, ist **das Glied des Funktionsterms mit dem größten Exponenten ausschlaggebend für den Verlauf des Graphen**. Alle anderen Glieder des Funktionsterms sind für x-Werte mit großem Betrag weitgehend bedeutungslos, weil eben das Glied mit dem größten Exponenten den überragenden Anteil am Funktionswert insgesamt ausmacht.
  Berechnet man z. B. für $f(x) = 2x^5 - 3x^2 - x + 3$ den Funktionswert bei $x = 1\,000$, ergibt sich:
  $$\begin{aligned} f(1\,000) &= 2 \cdot 1\,000^5 - 3 \cdot 1\,000^2 - 1\,000 + 3 \\ &= 2 \cdot 1\,000\,000\,000\,000\,000 - 3 \cdot 1\,000\,000 - 1\,000 + 3 \\ &= 2\,000\,000\,000\,000\,000 - 3\,000\,000 - 1\,000 + 3 \end{aligned}$$

  Man kann gut erkennen, welche Bedeutung das Glied mit dem größten Exponenten, $2x^5$, auf den Funktionswert insgesamt hat. Deshalb verläuft z. B. der Graph von $f(x) = 2x^5 - 3x^2 - x + 3$ für $x \to \pm\infty$ wie der Graph des Gliedes mit dem größten Exponenten, also wie der Graph von $f_1(x) = 2x^5$. Weil der Exponent n ungerade und der Koeffizienten a positiv ist, verläuft der Graph von $f_1(x) = 2x^5$ und damit auch der Graph von $f(x) = 2x^5 - 3x^2 - x + 3$ in x-Richtung betrachtet von $-\infty$ nach $+\infty$.

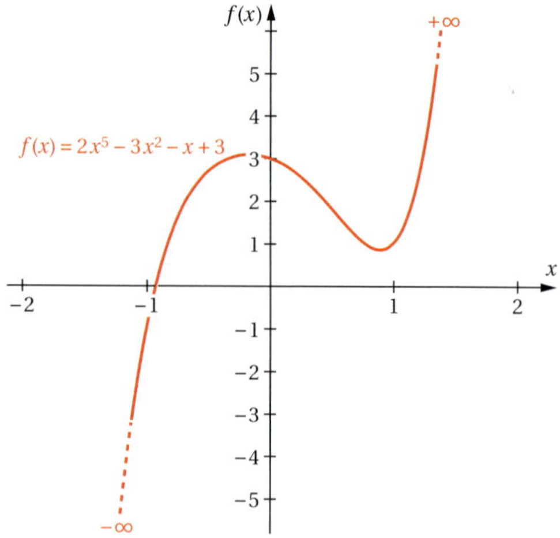

- Die **Symmetrie** des Graphen einer ganzrationalen Funktion zum Koordinatensystem erkennt man an den Exponenten des Funktionsterms.
  - Enthält der Funktionsterm **nur gerade Exponenten**, z. B. $f(x) = x^2 + x^0 = x^2 + 1$, dann verläuft der Graph **achsensymmetrisch zur y-Achse**.
    Begründung: Wenn der Funktionsterm nur gerade Exponenten enthält, dann ist immer $\boldsymbol{f(x) = f(-x)}$. Das ist genau die Bedingung für Achsensymmetrie zur y-Achse.

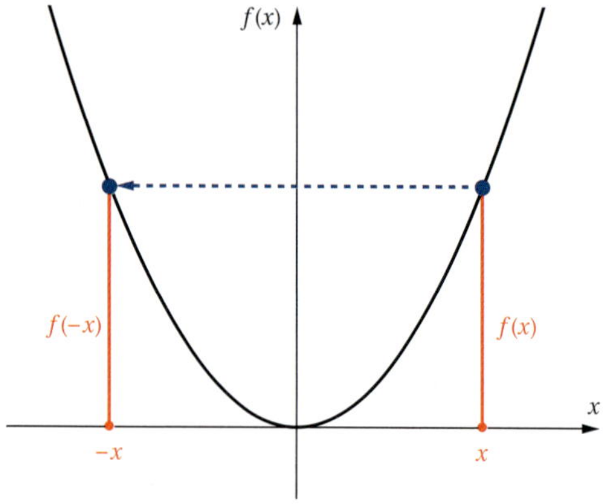

$f(x) = f(-x)$
Achsensymmetrie zur y-Achse

Eine Funktion **mit nur geraden Exponenten** heißt **gerade Funktion**.

- Enthält der Funktionsterm **nur ungerade Exponenten**, z. B. $f(x) = x^3 + x^1 = x^3 + x$, dann verläuft der Graph **punktsymmetrisch zum Koordinatenursprung**.
  Begründung: Wenn der Funktionsterm nur ungerade Exponenten enthält, dann ist immer $\boldsymbol{f(x) = -f(-x)}$. Das ist genau die Bedingung für Punktsymmetrie zum Ursprung.

$f(x) = -f(-x)$
Punktsymmetrie zum Ursprung

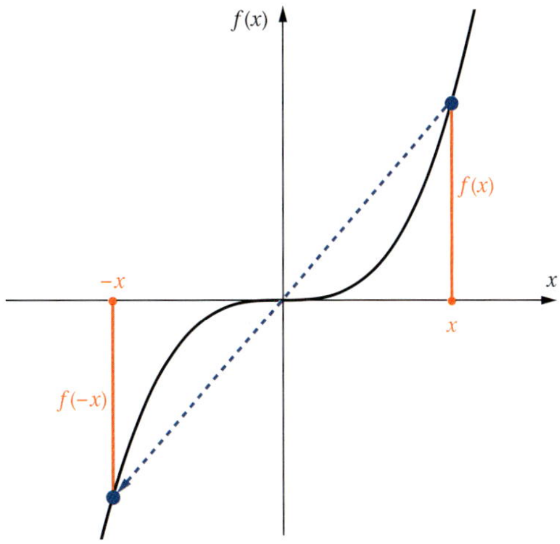

Eine Funktion **mit nur ungeraden Exponenten** heißt **ungerade Funktion.**

- Wenn der Funktionsterm einer ganzrationalen Funktion gerade *und* ungerade Exponenten enthält, liegt weder Achsensymmetrie zur y-Achse noch Punktsymmetrie zum Ursprung vor. Man sagt dann, es ist keine Symmetrie zum Koordinatensystem zu erkennen.

Situation 1

Untersuchen Sie das Globalverhalten des Graphen der ganzrationalen Funktion, also den Verlauf des Graphen für $x \to \pm\infty$.

a) $f(x) = -\frac{1}{3}x^3 + x^2$

b) $f(x) = -x^4 + 2x^3$

Lösung

Das Glied mit dem größten Exponenten macht den weit überragenden Anteil am Funktionswert aus. Alle anderen Glieder werden für sehr große und sehr kleine x-Werte bedeutungslos.

a) Das Glied des Funktionsterms mit dem größten Exponenten ist $-\frac{1}{3}x^3$. Für $x \to \pm\infty$ verhalten sich die Funktionswerte der ganzrationalen Funktion mit $f(x) = -\frac{1}{3}x^3 + x^2$ wie die der Potenzfunktion mit $f(x) = -\frac{1}{3}x^3$. Weil n ungerade und $a < 0$ ist, verläuft der Graph der Potenzfunktion und damit auch der Graph der ganzrationalen Funktion in x-Richtung betrachtet von $+\infty$ nach $-\infty$ (s. Abb. auf der Folgeseite links).

b) Ausschlaggebend für den Verlauf des Graphen der ganzrationalen Funktion ist das Glied $-x^4$. Für $x \to \pm\infty$ verhalten sich die Funktionswerte der ganzrationalen Funktion mit $f(x) = -x^4 + 2x^3$ wie die der Potenzfunktion mit $f(x) = -x^4$. Weil n gerade und $a < 0$ ist, verläuft der Graph der Potenzfunktion und damit auch der Graph der ganzrationalen Funktion in x-Richtung betrachtet von $-\infty$ nach $-\infty$ (s. Abb. auf der Folgeseite rechts).

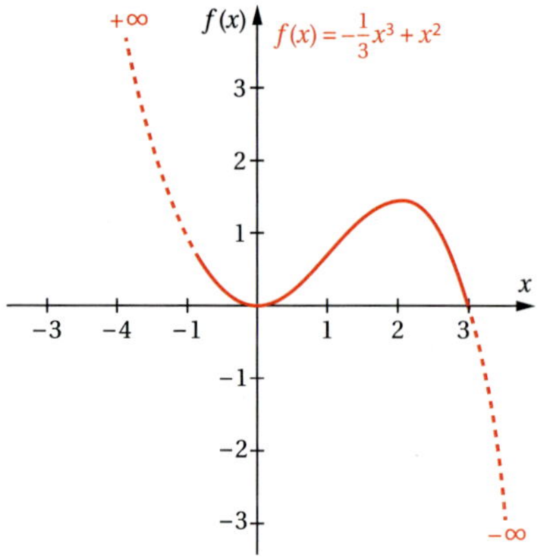

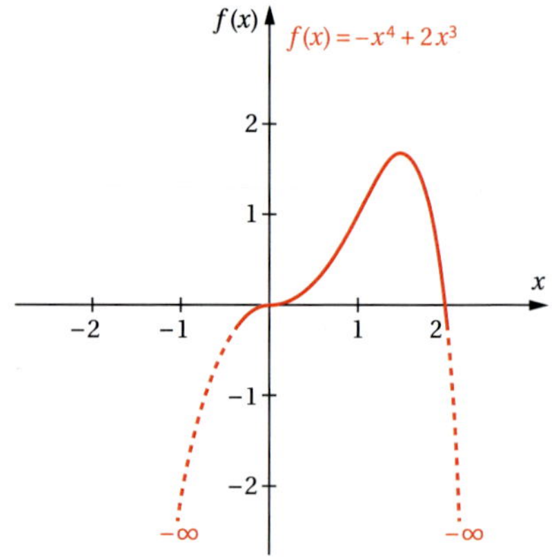

Situation 2

a) $f_1(x) = -0{,}5x^3$; $f_2(x) = 2x$
b) $f_1(x) = -2x^4$; $f_2(x) = \frac{1}{2}x^2$; $f_3(x) = -1$
c) $f_1(x) = 2x^2$; $f_2(x) = x^3$; $f_3(x) = 2$
d) $f_1(x) = -2x^5$; $f_2(x) = x^3$; $f_3(x) = -3x$

- Bestimmen Sie die Gleichung der ganzrationalen Funktion in Polynomdarstellung, die durch Addition der angegebenen Potenzterme entsteht. Bennen Sie die Glieder des Funktionsterms.
- Geben Sie den Grad dieser ganzrationalen Funktion an.
- Bestimmen Sie den Schnittpunkt mit der y-Achse.
- Beschreiben Sie das Globalverhalten des Graphen.
- Entscheiden Sie, ob die Funktion gerade oder ungerade ist.
- Bestimmen Sie das Symmetrieverhalten des Graphen zum Koordinatensystem.

Lösung

a) $f(x) = \underbrace{-0{,}5x^3}_{\text{Glied 3. Grades}} \quad \underbrace{+2x}_{\text{Linearglied}}$

- ganzrationale Funktion 3. Grades
- Schnittpunkt mit der Ordinatenachse: $S_y(0/0)$
- Globalverhalten: von $+\infty$ nach $-\infty$ wegen $f_1(x) = -0{,}5x^3$
- ungerade Funktion, weil nur ungerade Exponenten
- punktsymmetrisch zum Ursprung

b) $f(x) = \underbrace{-2x^4}_{\text{Glied 4. Grades}} \quad \underbrace{+\frac{1}{2}x^2}_{\text{Quadratglied}} \quad \underbrace{-1}_{\text{Absolutglied}}$

- ganzrationale Funktion 4. Grades
- Schnittpunkt mit der Ordinatenachse: $S_y(0/-1)$
- Globalverhalten: von $-\infty$ nach $-\infty$ wegen $f_1(x) = -2x^4$
- gerade Funktion, weil nur gerade Exponenten
- achsensymmetrisch zur y-Achse

c) $f(x) = \underbrace{x^3}_{\text{Glied 3. Grades}} \underbrace{+2x^2}_{\text{Quadratglied}} \underbrace{+2}_{\text{Absolutglied}}$

- ganzrationale Funktion 3. Grades
- Schnittpunkt mit der y-Achse: $S_y(0/2)$
- Globalverhalten: von $-\infty$ nach $+\infty$ wegen $f_1(x) = x^3$
- weder gerade noch ungerade Funktion, weil gerade und ungerade Exponenten
- kein Symmetrieverhalten zum Koordinatensystem

d) $f(x) = \underbrace{-2x^5}_{\text{Glied 5. Grades}} \underbrace{+x^3}_{\text{Glied 3. Grades}} \underbrace{-3x}_{\text{Linearglied}}$

- ganzrationale Funktion 5. Grades
- Schnittpunkt mit der y-Achse: $S_y(0/0)$
- Globalverhalten: von $+\infty$ nach $-\infty$ wegen $f_1(x) = -2x^5$
- ungerade Funktion, weil nur ungerade Exponenten
- punktsymmetrisch zum Ursprung

Zusammenfassung

- Eine ganzrationale Funktion entsteht durch **Addition mehrerer Potenzfunktionen.**
- Die allgemeine Form einer ganzrationalen Funktion in **Polynomform** lautet:
  $f(x) = a_n x^n + a_{n-1} x^{n-1} + \ldots + a_2 x^2 + a_1 x + a_0$
- a_0 ist das **Absolutglied** und gibt an, wo der Graph die y-Achse schneidet.
- Der Exponent der höchsten Potenz heißt **Grad der ganzrationalen Funktion.**
- Das **Globalverhalten** des Graphen einer ganzrationalen Funktion (für $x \to \pm\infty$) kann man am Glied mit dem größten Exponenten erkennen.
- **gerade Funktion:** Der Funktionsterm enthält nur gerade Exponenten, der Graph verläuft dann **achsensymmetrisch zur y-Achse:**
  $\boldsymbol{f(x) = f(-x)}$

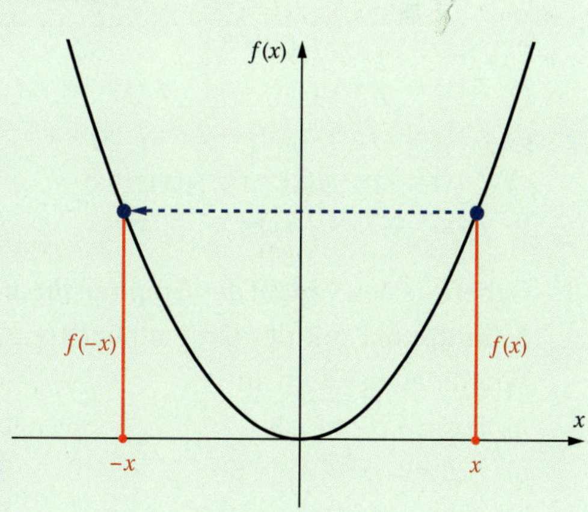

- **ungerade Funktion:** Der Funktionsterm enthält nur ungerade Exponenten, der Graph verläuft **dann punktsymmetrisch zum Koordinatenursprung:**
  $\boldsymbol{f(x) = -f(-x)}$

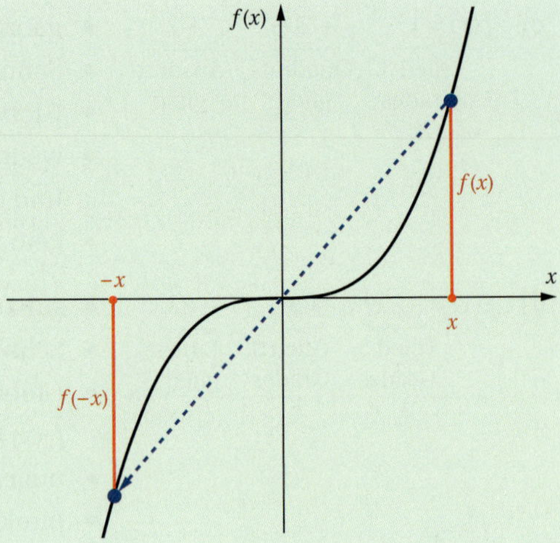

Übungsaufgaben

1 Bestimmen Sie die Gleichung der ganzrationalen Funktion in Polynomdarstellung, die durch Addition der angegebenen Potenzterme entsteht.
Bennen Sie die einzelnen Glieder des Funktionsterms und geben Sie den Grad der ganzrationalen Funktion an.
Bestimmen Sie den Schnittpunkt mit der y-Achse.
Beschreiben Sie das Globalverhalten des Graphen.
Entscheiden Sie, ob die Funktion gerade oder ungerade ist und geben Sie das Symmetrieverhalten des Graphen zum Koordinatensystem an.

a) $f_1(x) = 0{,}25x^4;\ f_2(x) = x^2;\ f_3(x) = 1$
b) $f_1(x) = -2x^3;\ f_2(x) = 3x$
c) $f_1(x) = -2x^4;\ f_2(x) = -x^3;\ f_3(x) = x;\ f_4(x) = -2$
d) $f_1(x) = 0{,}1x^5;\ f_2(x) = -2x^3;\ f_3(x) = x$
e) $f_1(x) = -x^5;\ f_2(x) = x^3;\ f_3(x) = 0{,}5$
f) $f_1(x) = 0{,}5x^4;\ f_2(x) = x^2;\ f_3(x) = 2$

2 Geben Sie den Verlauf des Graphen für $x \to -\infty$ und für $x \to +\infty$ an. Bestimmen Sie den Schnittpunkt mit der Ordinatenachse. Geben Sie auch das Symmetrieverhalten zum Koordinatensystem an.

a) $f(x) = -x^4 + x^2 - 2$
b) $f(x) = 3x^3 + x$
c) $f(x) = 0{,}5x^5 + 3x^4 - 6$
d) $f(x) = 2x^3 - 0{,}25x^4 - x$
e) $f(x) = -x^2 - 2x^5 + x^3 - 1$
f) $f(x) = 0{,}05x^2 - 0{,}5x^3 + x$
g) $f(x) = 3x^2 - 0{,}5x^3 + x$
h) $f(x) = -x + 2x^4 - 3x^2$
i) $f(x) = -3x^3 + 2 - 2x + 4x^3$
j) $f(x) = -x^2 + 3x + 3x^2$
k) $f(x) = x^4 + 2x^2 - x - x^4$
l) $f(x) = -x^3 + 2x^2 - x^3 + 1$

2.7.2 Nullstellen und Linearfaktordarstellung

Situation 3

Für eine Modellbildung wird der nebenstehend abgebildete Graph einer ganzrationalen Funktion 4. Grades mit Nullstellen bei $x_{01} = -1$, $x_{02} = 0$, $x_{03} = 2$ und $x_{04} = 3$ benötigt.

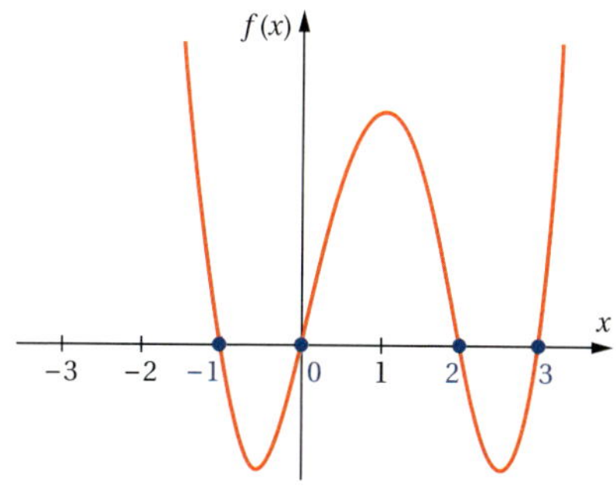

a) Ermitteln Sie die Gleichung des Funktionsgraphen, wenn keine Dehnung oder Stauchung vorliegt.

b) Erläutern Sie, wie man eine Dehnung oder Stauchung des Funktionsgraphen erreichen kann. Erläutern Sie, wie man eine Spiegelung an der x-Achse bewirken kann.

Lösung

a) Die Funktionsgleichung des Graphen ergibt sich aus einer Überlegung zur Berechnung der Nullstellen einer Funktion. Dafür wird der Funktionsterm gleich 0 gesetzt: $f(x) = 0$ Die Gleichung $f(x) = 0$ muss dann die Lösungen $x_{01} = -1$, $x_{02} = 0$, $x_{03} = 2$ und $x_{04} = 3$ haben. Mit dem **Satz vom Nullprodukt**: **„Ein Produkt wird dann 0, wenn mindestens einer der Faktoren 0 ist“**, ergibt sich die Gleichung:

$$0 = (x+1)\,x\,(x-2)(x-3)$$

Wenn man für x die Nullstellen −1, 0, 2 oder 3 einsetzt, wird die Gleichung 0. Die gesuchte Funktionsgleichung lautet demnach

$\underline{\underline{f(x) = (x+1)\,x\,(x-2)(x-3)}}$ in der **Linearfaktordarstellung**,

oder ausmultipliziert

$\underline{\underline{f(x) = x^4 - 4x^3 + x^2 + 6x}}$ in der **Polynomdarstellung**.

b) Eine Dehnung oder Stauchung unter Beibehaltung der vorgegebenen Nullstellen ergibt sich, wenn man den gesamten Funktionsterm mit einem Dehnungs- oder Stauchungsfaktor a (Formfaktor) multipliziert:

$\underline{\underline{f(x) = a\,(x+1)\,x\,(x-2)(x-3)}}$ in der **Linearfaktordarstellung,**

$\underline{\underline{f(x) = a\,(x^4 - 4x^3 + x^2 + 6x)}}$ in der **Polynomdarstellung.**

Für $|a| > 1$ erhalten wir eine Dehnung des Graphen in $f(x)$-Richtung, weil alle Funktionswerte durch die Multiplikation mit a vergrößert werden. Für $|a| < 1$ ergibt sich entsprechend eine Stauchung, weil alle Funktionswerte verkleinert werden.

Eine Spiegelung an der x-Achse erhält man, wenn $a < 0$ gewählt wird, weil dann alle Funktionswerte ihr Vorzeichen ändern.

Aus der Linearfaktordarstellung ergibt sich:

Eine ganzrationale Funktion n-ten Grades hat höchstens n Nullstellen.

Eine ganzrationale Funktion ungeraden Grades hat mindestens eine Nullstelle, da ihr Graph ja vom negativ Unendlichen ins positiv Unendliche oder umgekehrt verläuft.

Eine ganzrationale Funktion geraden Grades hat keine Nullstellen haben, wenn ihr Graph vollständig oberhalb oder vollständig unterhalb der x-Achse verläuft.

Diese Aussagen über die Anzahl der Nullstellen treffen auch für lineare, quadratische und Potenzfunktionen zu, da diese auch ganzrationale Funktionen sind.

Situation 4

Skizzieren Sie den Graphen einer ganzrationalen Funktion und bestimmen Sie die Funktionsgleichung in Linearfaktordarstellung und Polynomform.

a) 4. Grades mit einer doppelten Nullstelle bei $x = -1$ und einfachen Nullstellen bei $x_{03} = 2$ und $x_{04} = 3$, deren Graph durch $P(1/16)$ verläuft.

b) 5. Grades mit doppelten Nullstellen bei $x_{01/02} = -2$ und $x_{03/04} = 0$ und einer einfachen Nullstelle bei $x_{05} = 2$, deren Graph durch $P(-1/1{,}5)$ verläuft.

Lösung

a) **Linearfaktordarstellung:**

$f(x) = a(x+1)(x+1)(x-2)(x-3)$

$f(x) = a(x+1)^2(x-2)(x-3)$

a wird berechnet, indem die Koordinaten des vorgegebenen Punktes $P(1/16)$ für x und $f(x)$ in die Funktionsgleichung eingesetzt werden:

$16 = a \cdot (1+1)^2 \cdot (1-2) \cdot (1-3)$

$16 = a \cdot 2^2 \cdot (-1) \cdot (-2)$

$16 = a \cdot 8$

$\underline{a = 2}$

$\Rightarrow \underline{\underline{f(x) = 2(x+1)^2(x-2)(x-3)}}$

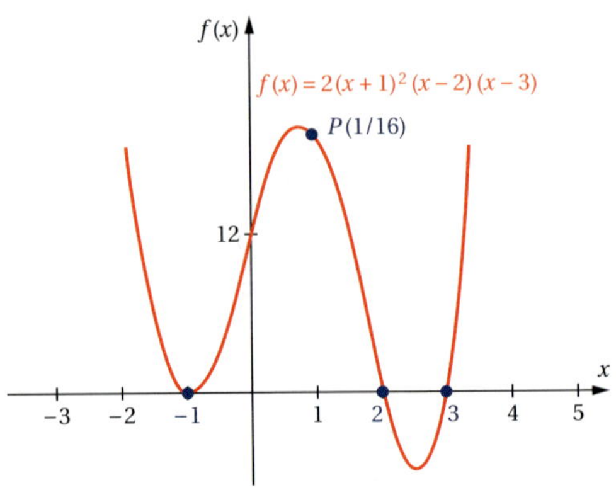

Die **Polynomdarstellung** erhält man durch Ausmultiplizieren:

$\underline{\underline{f(x) = 2x^4 - 6x^3 - 6x^2 + 14x + 12}}$

Der globale Verlauf des Graphen von $+\infty$ nach $+\infty$ ergibt sich aus dem Glied mit dem größten Exponenten der Polynomdarstellung: $2x^4$

b) Linearfaktordarstellung:

$$f(x) = a(x+2)(x+2)x^2(x-2)$$
$$f(x) = a(x+2)^2x^2(x-2)$$
$$f(x) = ax^2(x+2)^2(x-2)$$

a wird berechnet, indem die Koordinaten des vorgegebenen Punktes $P(-1/1{,}5)$ für x und $f(x)$ in die Funktionsgleichung eingesetzt werden:

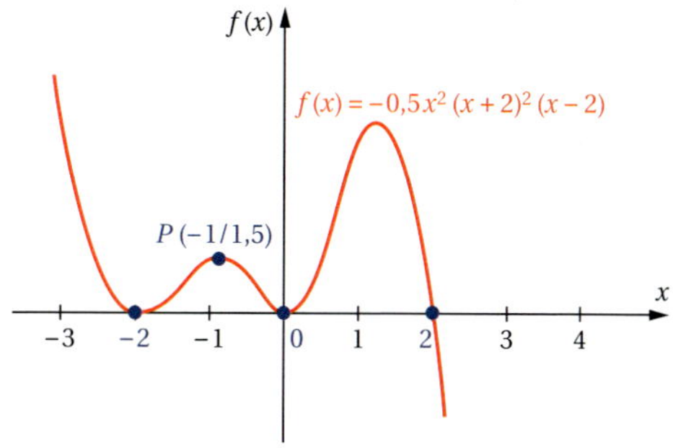

$$1{,}5 = a\cdot(-1)^2\cdot(-1+2)^2\cdot(-1-2)$$
$$1{,}5 = a\cdot 1\cdot 1\cdot(-3)$$
$$1{,}5 = a\cdot(-3)$$
$$\underline{a = -0{,}5}$$

$$\Rightarrow \underline{\underline{f(x) = -0{,}5x^2(x+2)^2(x-2)}}$$

Die **Polynomdarstellung** erhält man durch Ausmultiplizieren:

$$\underline{\underline{f(x) = -0{,}5x^5 - x^4 + 2x^3 + 4x^2}}$$

Das Globalverhalten des Graphen von $+\infty$ nach $-\infty$ ergibt sich aus dem Glied 5. Grades: $-0{,}5x^5$

Allgemeine Form einer ganzrationalen Funktion in Linearfaktordarstellung:

$$f(x) = a\cdot(x-x_{01})\cdot(x-x_{02})\cdot\ldots\cdot(x-x_{0n})$$

a: Formfaktor

x_{01}; x_{02}; x_{0n}: Nullstellen

Wenn ganzrationale Funktionen in der Linearfaktordarstellung gegeben sind, kann man die Nullstellen direkt ablesen. In der Polynomform kann man die Nullstellen nicht erkennen, sie müssen dann rechnerisch bestimmt werden.

Zur **Nullstellenberechnung ganzrationaler Funktionen** wollen wir mit den folgenden Situationen zwei algebraische Verfahren vorstellen, deren Rechenaufwand in Anbetracht der heute üblichen Verwendung von rechnergestützten Verfahren noch vertretbar erscheint.[1)]

Wenn die beiden Verfahren nicht angewendet werden können, müssen die Nullstellen mit einem CAS bestimmt werden.

1) Wegen des hohen Rechenaufwandes und der heute gleichzeitig einfachen Berechnung von Nullstellen mit dem Taschenrechner wird das früher gängige Verfahren der **Polynomdivision** hier nicht mehr dargestellt.

Ausklammerungsverfahren

Situation 5

Berechnen Sie die Nullstellen der Funktion f mit $f(x) = x^3 + x^2 - 2x$ ohne Taschenrechner. Skizzieren Sie aus Ihren Ergebnissen den Graphen ohne Anlegen einer Wertetafel und geben Sie die Linearfaktordarstellung der Funktionsgleichung an.

Lösung

Zur Nullstellenberechnung wird der Funktionsterm immer gleich 0 gesetzt: $f(x) = 0$

$0 = x^3 + x^2 - 2x$

Die Zahlen, die diese Gleichung erfüllen, führen gleichzeitig dazu, dass der Funktionswert 0 ist und sind somit Nullstellen der Funktion.

Durch Ausklammern von x ergibt sich:

$0 = x \cdot (x^2 + x - 2)$

Nach dem Satz vom Nullprodukt wird der Term $x \cdot (x^2 + x - 2)$ 0, wenn …

- … der 1. Faktor 0 wird. Das ist der Fall, wenn man für x die Zahl 0 einsetzt.
  Also ist
  $\underline{\underline{x_{01} = 0}}$
  die erste Nullstelle.
- … die Klammer den Wert 0 annimmt. Um diese Zahlen zu errechnen, wird die Klammer $x^2 + x - 2$ gleich 0 gesetzt:
  $0 = x^2 + x - 2$

  Mithilfe der p-q-Formel lässt sich dann leicht die 2. und 3. Nullstelle berechnen:

  $$x_{02/03} = -\frac{1}{2} \pm \sqrt{\frac{1}{4} + \frac{8}{4}}$$
  $$= -\frac{1}{2} \pm \sqrt{\frac{9}{4}}$$
  $$= -\frac{1}{2} \pm \frac{3}{2}$$

  $\underline{\underline{x_{02} = 1}}$

  $\underline{\underline{x_{03} = -2}}$

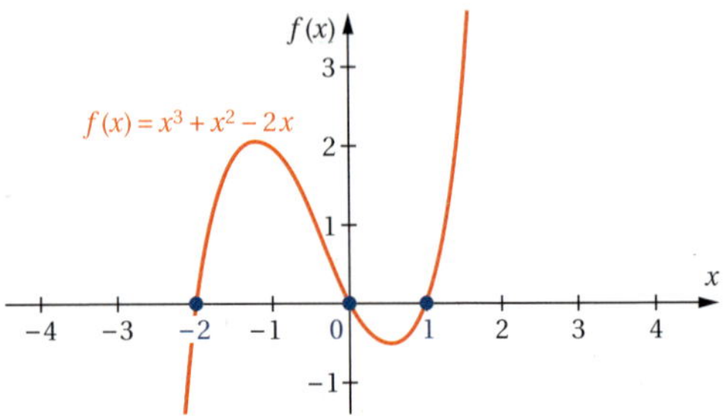

Die **Linearfaktordarstellung** der Funktionsgleichung $f(x) = x^3 + x^2 - 2x$ ergibt sich aus den berechneten Nullstellen: $\underline{\underline{f(x) = x(x-1)(x+2)}}$

Der globale Verlauf des Graphen von $-\infty$ nach $+\infty$ ergibt sich aus dem Glied mit dem größten Exponenten der Polynomform, x^3.

Das **Ausklammerungsverfahren** kann zur Nullstellenberechnung stets angewendet werden, wenn kein Absolutglied im Funktionsterm enthalten ist.

Substitutionsverfahren (Ersetzungsverfahren)

Situation 6

Berechnen Sie ohne Taschenrechner die Nullstellen der Funktion f mit $f(x) = x^4 - 10x^2 + 9$. Skizzieren Sie den Graphen und geben Sie die Linearfaktordarstellung der Funktionsungleichung an.

Lösung

$f(x) = 0$

Es sind dann die Zahlen zu bestimmen, die in der Gleichung

$0 = x^4 - 10x^2 + 9$

zu einer wahren Aussage führen.

Diese Gleichung 4. Grades lässt sich durch Substituieren (Ersetzen) von x^2 durch u in eine quadratische Gleichung umformen:

$x^2 = u$

$\Rightarrow \; 0 = u^2 - 10u + 9$

Mithilfe der p-q-Formel ist diese Gleichung leicht zu lösen:

$$u_{01/02} = 5 \pm \sqrt{25 - 9}$$
$$= 5 \pm \sqrt{16}$$
$$= 5 \pm 4$$

$\underline{u_{01} = 9}$

$\underline{u_{02} = 1}$

Da aber nicht u, sondern x berechnet werden soll, folgt aus der Substitutionsgleichung $x^2 = u$:

$x_{1/2} = \pm\sqrt{u}$

Es ist also:

$\underline{x_{01/02} = \pm\sqrt{9} = \pm 3}$

$\underline{x_{03/04} = \pm\sqrt{1} = \pm 1}$

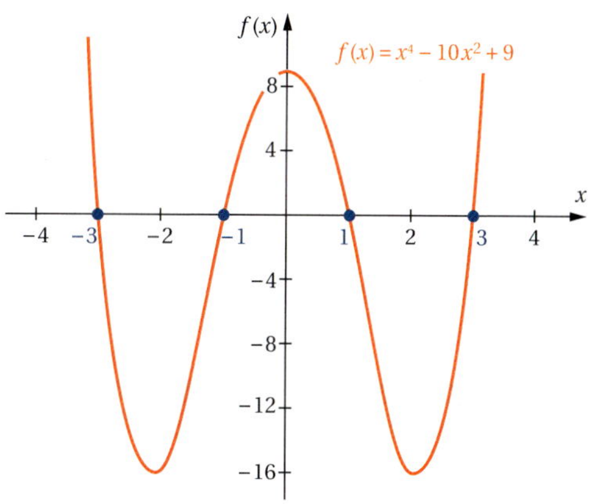

Die Linearfaktordarstellung der Funktionsgleichung $f(x) = x^4 - 10x^2 + 9$ lautet:

$\underline{\underline{f(x) = (x + 3)(x - 3)(x + 1)(x - 1)}}$

Der globale Verlauf des Graphen von $+\infty$ nach $+\infty$ ergibt sich aus dem Glied mit dem größten Exponenten der Polynomdarstellung: x^4

Das **Substitutionsverfahren** lässt sich immer dann anwenden, wenn eine Gleichung höheren Grades durch die Substitution einer Potenz auf eine quadratische Gleichung zu reduzieren ist.

Situation 7

Berechnen Sie die Nullstellen der Funktion f mit $f(x) = x^3 - 2x^2 - 4x + 8$ mit dem Taschenrechner. Begründen Sie, warum Ihnen eine algebraische Lösung dieser Funktionsgleichung nicht möglich ist. Skizzieren Sie den Graphen und geben Sie die Linearfaktordarstellung der Funktion an.

7

Lösung

$$f(x) = 0$$
$$0 = x^3 - 2x^2 - 4x + 8$$

Wegen des Absolutgliedes ist das Ausklammerungsverfahren nicht möglich. Auch das Substitutionsverfahren kann nicht angewendet werden, weil sich der Funktionsterm nicht in eine quadratische Gleichung überführen lässt.

1. Rechnerische Lösung mit Taschenrechner

Abb. 1: In der Calculator-Applikation definieren wir mit [ctrl], [:=] die Funktionsgleichung, für die wir die Nullstelle suchen.

Abb. 2: Zur rechnerischen Bestimmung der Nullstelle gibt es drei Möglichkeiten:

- mit dem **polyroots-Befehl:** [menu], 3: Algebra, 8: Polynomwerkzeuge, 2: Reelle Polynomwurzeln;
- mit dem **zeros-Befehl:** [menu], 3: Algebra, 4: Nullstellen;
- mit dem **solve-Befehl:** [menu], 3: Algebra, 1: Löse

Bei allen drei Befehlen muss die Lösungsvariable angegeben werden. Beim solve-Befehl muss die zu lösende Gleichung eingegeben werden. Alle Befehle können auch direkt über die Buchstabentastatur eingegeben werden.

Abb. 1

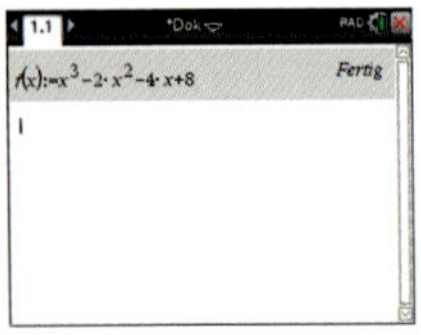

Abb. 2

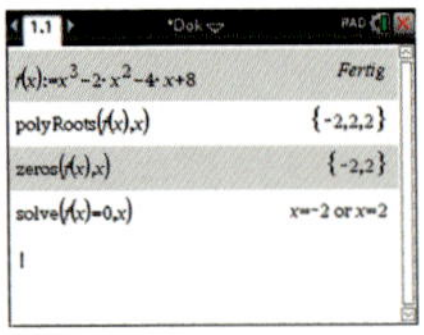

Die Darstellung der Lösungen ist offensichtlich unterschiedlich. Der polyRoots-Befehl bietet den Vorteil, dass eine doppelte Nullstelle bei $x = 2$ zu erkennen ist.

2. Grafische Lösung mit Taschenrechner

Abb. 3–4: Nach der Eingabe des Funktionsterms im Calculator-Fenster wie in Abb. 1 öffnen wir zusätzlich die Graphs-Applikation mit ctrl, [+page], 2: Graphs hinzufügen.
$f(x)$ wird als $f1(x)$ eingegeben und mit enter bestätigt.

Abb. 3

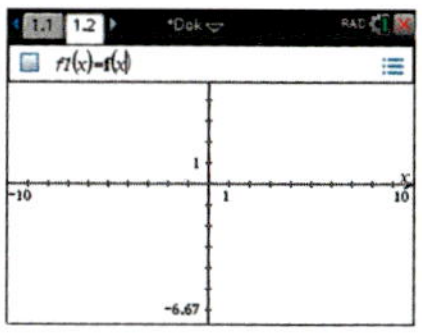

Abb. 4

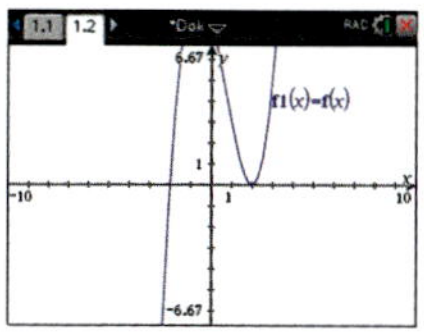

Abb. 5–9: Nach Auswahl von menu, 6: Graph analysieren, 1: Nullstelle, müssen für jede Nullstelle die untere und die obere Grenze für den Suchbereich festgelegt werden. Es werden die Koordinaten des Schnittpunkts von Graph und Achse angezeigt.

Abb. 5

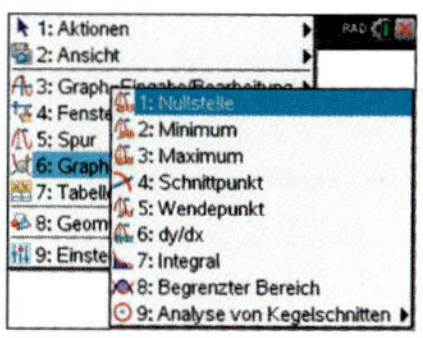

Abb. 6

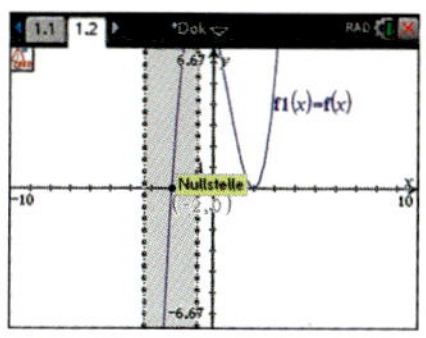

Abb. 7

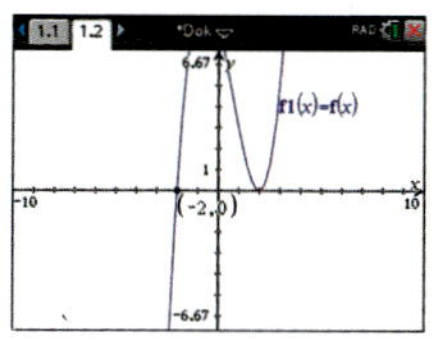

Abb. 8

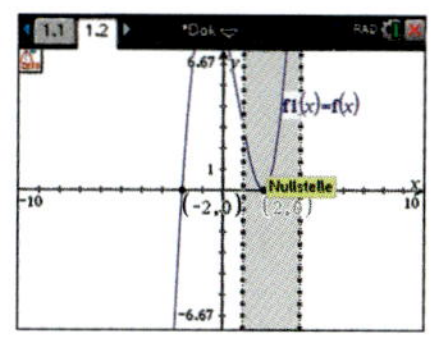

Abb. 9

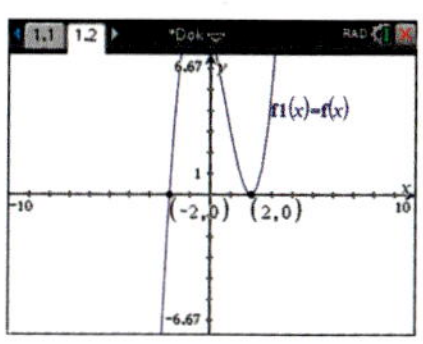

Nullstellen: $\underline{x_{01} = -2}$; $\underline{x_{02/03} = 2}$

Funktionsgraph: s. Abb. 4

Linearfaktordarstellung: $\underline{\underline{f(x) = (x+2)(x-2)^2}}$

Zusammenfassung

- **Linearfaktordarstellung** einer ganzrationalen Funktion:
  $f(x) = a(x - x_{01})(x - x_{02}) \dots (x - x_{0n})$
  a: Formfaktor
  $x_{01}; x_{02}; x_{0n}$: Nullstellen
- Eine ganzrationale **Funktion *n*-ten Grades** hat **höchstens *n* Nullstellen**.
- Eine ganzrationale **Funktion ungeraden Grades** hat **mindestens eine Nullstelle**, da sie vom negativ Unendlichen ins positiv Unendliche oder umgekehrt verläuft.
- Eine ganzrationale **Funktion geraden Grades kann keine Nullstellen haben**.
- Das **Ausklammerungsverfahren** kann zur Nullstellenberechnung stets angewendet werden, wenn kein Absolutglied im Funktionsterm enthalten ist.
- Das **Substitutionsverfahren** lässt sich immer dann anwenden, wenn eine Gleichung höheren Grades durch die Substitution einer Potenz auf eine quadratische Gleichung reduzierbar ist.

Übungsaufgaben

1 Berechnen Sie die Nullstellen des Funktionsgraphen wenn möglich algebraisch, sonst mit dem Taschenrechner. Skizzieren Sie den Graphen der Funktion. Geben Sie die Linearfaktordarstellung der Funktionsgleichung an, wenn möglich.

a) $f(x) = x^4 - 5x^2 + 4$
b) $f(x) = x^3 - 2x^2 + x$
c) $f(x) = x^4 + 6x^3 + 8x^2$
d) $f(x) = -0{,}25x^4 + 2x^2 - 4$
e) $f(x) = x^3 + 4x^2 + x - 6$
f) $f(x) = x^3 + 7x^2 + 2x - 40$
g) $f(x) = x^3 - x$
h) $f(x) = x^4 - 2x^3$
i) $f(x) = x^3 + 0{,}5x^2 - 0{,}5x$
j) $f(x) = 0{,}5x^4 - 2x^2$
k) $f(x) = 0{,}1x^3 - 0{,}9x$
l) $f(x) = 0{,}5x^3 + 0{,}5x^2 - 2x - 2$
m) $f(x) = 2x^4 - 4x^3 - 16x^2$
n) $f(x) = 2x^4 - 34x^2 + 32$
o) $f(x) = x^3 + 8$
p) $f(x) = x^4 - 1$

2 Skizzieren Sie den Graphen der Funktion mit den angegebenen Nullstellen und bestimmen Sie die Funktionsgleichung in Linearfaktor- und Polynomdarstellung. Achten Sie auch auf den Schnittpunkt mit der y-Achse.

a) $x_{01/02} = 0;\ x_{03} = 2;\ n = 3,\ a_{0n} = 1$
b) $x_{01} = -2;\ x_{02/03} = 0;\ x_{04} = 1;\ n = 4,$ $a_{0n} = -1$
c) $x_{01} = 0;\ x_{02} = 1;\ x_{03/04} = 3;\ n = 4,$ $a_{0n} = -1$
d) $x_{01} = -3;\ x_{02} = -1;\ x_{03} = 2;\ n = 3,$ $a_{0n} = 1$
e) $x_{01} = -2;\ x_{02} = 0;\ x_{03} = 2;\ x_{04} = 3;$ $n = 4;\ a_{0n} = 1$
f) $x_{01} = -1;\ x_{02/03} = 0;\ x_{04} = 1;\ x_{05} = 2;$ $n = 5;\ a_{0n} = 2$
g) $x_{01} = -3;\ x_{02/03} = 1;\ x_{04/05} = 3;\ n = 5;$ $a_{0n} = -3$
h) $x_{01/02} = -2;\ x_{03/04} = 0;\ x_{05/06} = 2;\ n = 6;$ $a_{0n} = -1$

3 Bestimmen Sie die Funktionsgleichung des Graphen in Linearfaktor- und Polynomdarstellung ($|a_n| = 1$).

a)

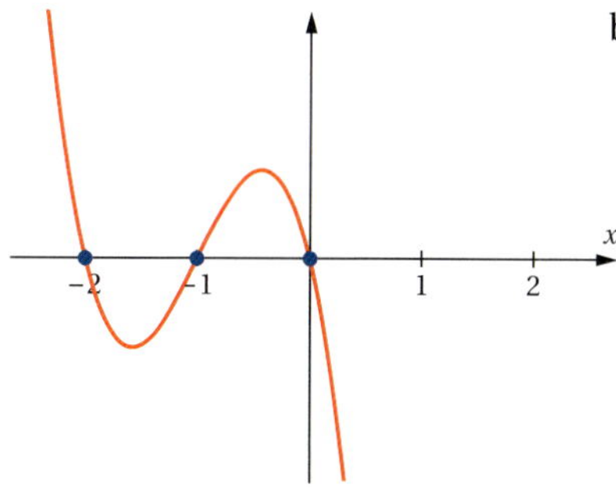

b)

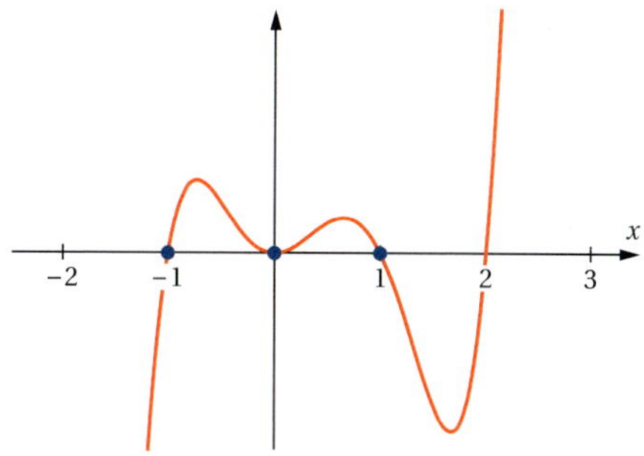

c)

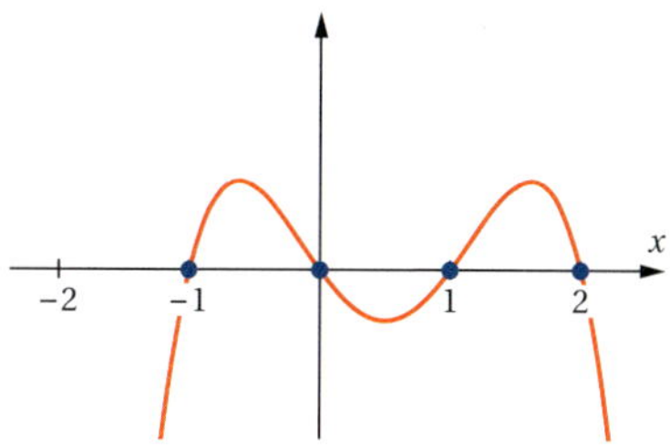

d)

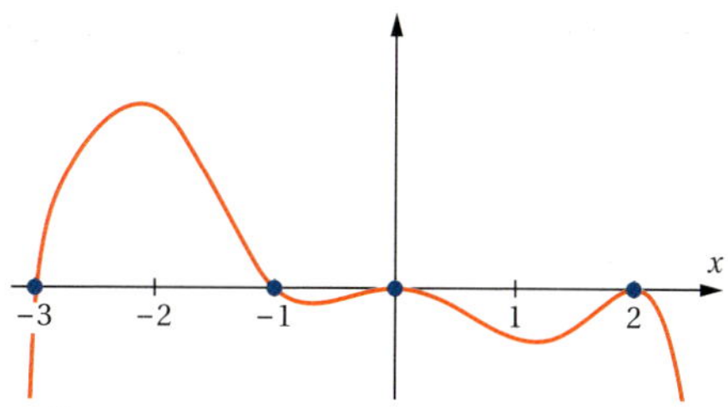

2.7.3 Kubische Regression und Regression 4. Grades

In den vorausgegangenen Abschnitten wurden schon Gleichungen von linearen und quadratischen Funktionen aus vorgegebenen Punkten der Funktionsgraphen mithilfe der Regressionsfunktionen des Taschenrechners bestimmt.

In diesem Abschnitt werden Gleichungen ganzrationaler Funktionen 3. und 4. Grades mit den entsprechenden Regressionsfunktionen des Taschenrechners ermittelt.

Situation 8

Der Kostenrechner eines mittelständischen Produktionsbetriebes für chemische Flüssigkeiten hat die in der Tabelle angegebenen Gesamtkosten bei den jeweiligen täglichen Produktionsmengen ermittelt.

5, 3

Produktionsmenge x (in ME) (1 ME = 100 Liter)	Gesamtkosten K (in GE) (1 GE = 1 000,00 €)
0	20
3	56
5	70
8 (Kapazitätsgrenze)	196

a) Bestimmen Sie die Gleichung der ganzrationalen Gesamtkostenfunktion 3. Grades, die sich aus dieser Tabelle ergibt und skizzieren Sie ihren Graphen mit dem Taschenrechner.

b) Berechnen Sie mit dem Taschenrechner, wie hoch die Gesamtkosten bei einer täglichen Produktion von 1 ME, 2 ME, 4 ME, 6 ME und 7 ME sind.

Lösung

a) Die gesuchte ganzrationalen Gesamtkostenfunktion 3. Grades hat die allgemeine Form $K(x) = ax^2 + bx^2 + cx + d$. Wir ermitteln die Parameter a, b, c und d der Gleichung mithilfe der Taschenrechnerfunktion Kubische Regression …(s. CAS-Anhang 5):

Abb. 1: Im Startbildschirm öffnen wir die Applikation **Lists & Spreadsheet**.
Wir geben die x-Werte der gegebenen Punkte in der 1. Spalte der Tabelle ein, die y-Werte in der 2. Spalte. Die Tabellenköpfe A und B werden mit x und y bezeichnet.

Abb. 2–6: Mit menu, 4: Statistik, 1: Statistische Berechnungen, 7: Kubische Regression …, wird die kubische Regression durchgeführt.

Abb. 1

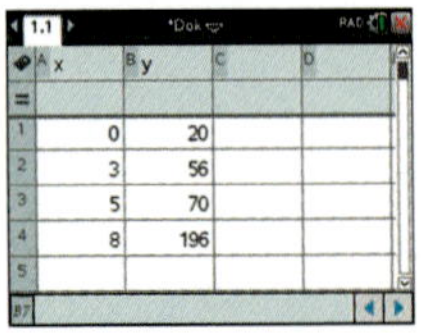

Abb. 2

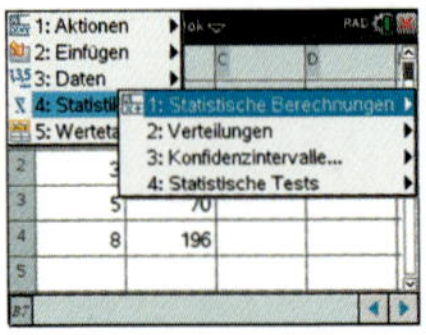

Abb. 3

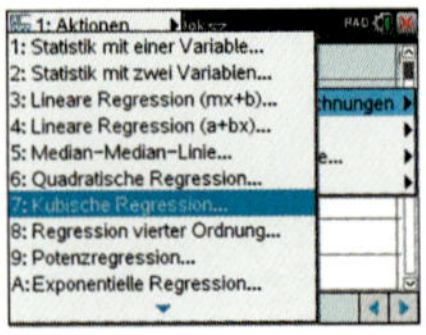

Abb. 4

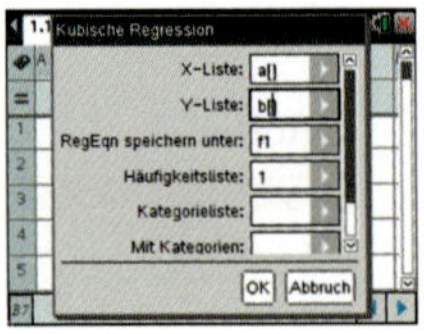

Abb. 5

Abb. 6

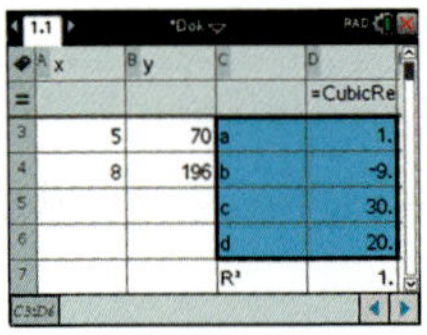

Das Ergebnis in Abb. 6 ist $a = 1$ und $b = -9$, $c = 30$ und $d = 20$. Die Gleichung der Regressionskurve lautet also $\underline{\underline{K(x) = x^3 - 9x^2 + 30x + 20}}$.

Das ebenfalls in Abb. 6 aufgeführte Bestimmtheitsmaß R^2 gibt die Qualität der Regression an. Wegen $R^2 = 1$ verläuft die Regressionskurve genau durch die vorgegebenen Punkte.

Abb. 7–9: Zur grafischen Darstellung der vorgegebenen Punkte öffnen wir eine neue Seite (Dokument 1.2) mit ctrl, [+page], 5: Data & Statistics hinzufügen.
Am unteren und am linken Rand der abgebildeten Punkte müssen die Achsen entsprechend den Tabellenköpfen im Dokument 1.1 mit x und y bezeichnet werden.

Abb. 7

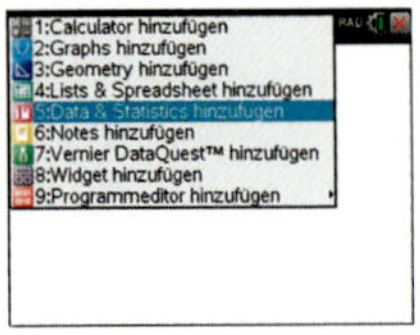

Abb. 8

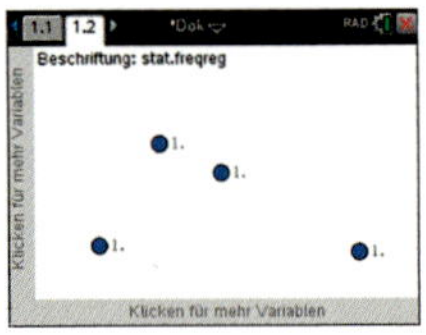

Abb. 9

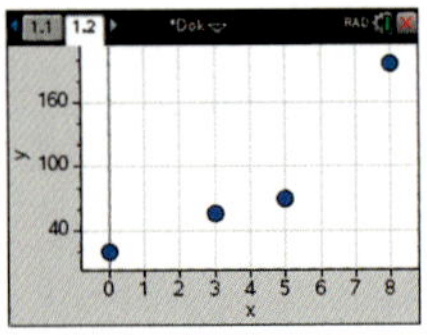

Abb. 10–13: Mit [menu], 4: Analysieren, 6: Regression, 5 Kubische Regression anzeigen, wird der gesuchte Graph durch die vorgegebenen Punkte gezeichnet.

Abb. 10

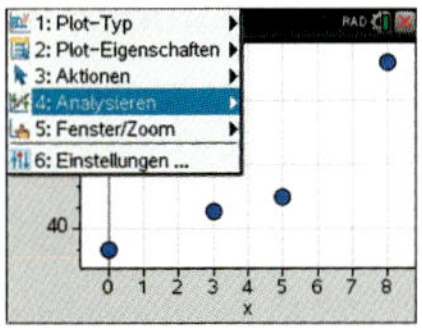

Abb. 11

Abb. 12

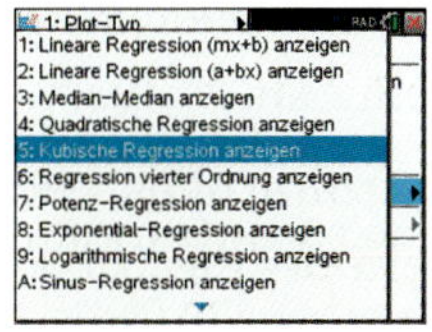

Abb. 13

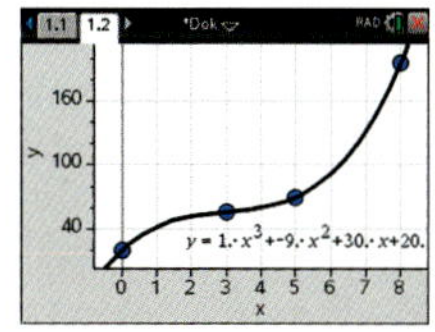

b) Abb. 14: Eine Wertetabelle erhalten wir durch Öffnen eines neuen Grafikfensters mit [ctrl], [+page], 2: Graphs hinzufügen (s. CAS-Anhang 3).

Abb. 15: Dort muss $f2(x)$ die zuvor ermittelte Regressionsgleichung $f1(x)$ zugeordnet werden.

Abb. 14

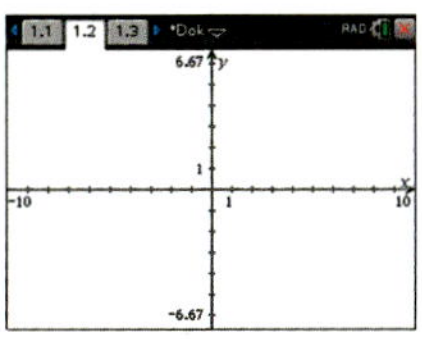

Abb. 15

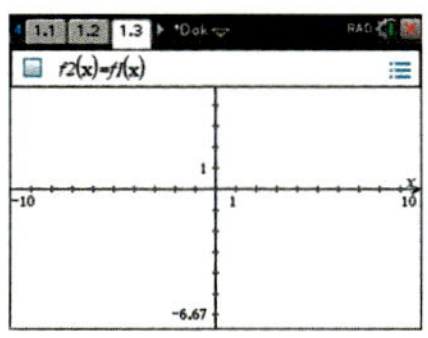

Abb. 16–18: Mit [menu], 7: Tabelle, 1 Tabelle mit geteiltem Bildschirm, können wir eine Wertetabelle für die Regressionsfunktion aufrufen und die Gesamtkosten für die genannten Produktionsmenge ablesen:

$\underline{\underline{K(1) = 42\ [GE]}}$; $\underline{\underline{K(2) = 52\ [GE]}}$; $\underline{\underline{K(4) = 60\ [GE]}}$; $\underline{\underline{K(6) = 92\ [GE]}}$; $\underline{\underline{K(7) = 132\ [GE]}}$

Abb. 16

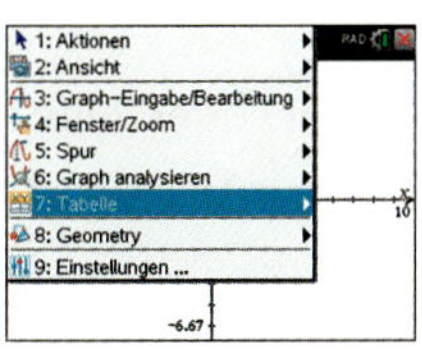

Abb. 17

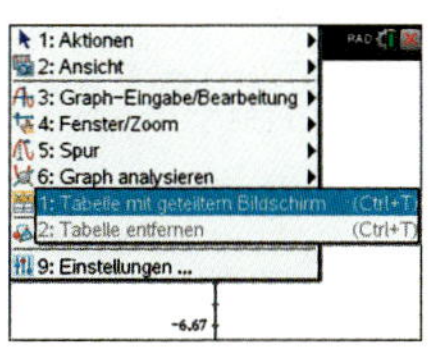

Abb. 18

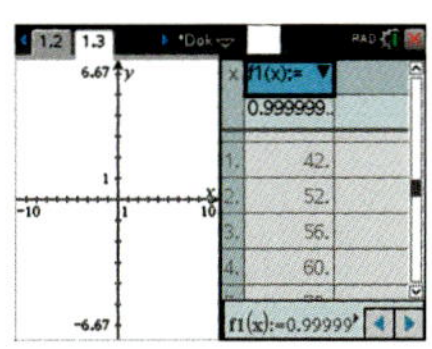

Situation 9

Der **Verlauf einer Infektionskrankheit** in einer deutschen Kleinstadt soll durch eine ganzrationale Funktion 4. Grades mit $i(t)$ modelliert werden. Dabei gibt i die Anzahl der monatlich neu Erkrankten (in Personen je Monat) und t die Zeit in Monaten seit Ausbruch der Epidemie an. Es wurde festgestellt, dass im 1. Monat die Anzahl der neu Erkrankten von

5, 7, 10

0 Personen/Monat auf 99 Personen/Monat angestiegen ist. Am Ende des 2. Monats betrug die Anzahl der neu Infizierten 320 Personen/Monat, nach 3 Monaten 567 Personen/Monat und nach 4 Monaten 768 Personen/Monat.

a) Ermitteln Sie mit dem Taschenrechner die gesuchte Funktionsgleichung.

b) Bestimmen Sie das Ende der Epidemie nach diesem Modell. Geben Sie den anwendungsbezogen sinnvollen Definitionsbereich an.

c) Ermitteln Sie, wann die Zahl der monatlich neu Erkrankten am größten war. Geben Sie an, wie viele monatlich neu Erkrankte es zu diesem Zeitpunkt gab.

Lösung

a) Wir bestimmen die Gleichung $i(t) = at^4 + bt^3 + ct^2 + dt + e$ der gesuchten ganzrationalen Funktion 4. Grades mit mithilfe der Regression vierter Ordnung des Taschenrechners (s. CAS-Anhang 5).

Im Startbildschirm öffnen wir die Applikation **Lists & Spreadsheet**.

Abb. 1: Als x-Werte werden in der 1. Spalte der Tabelle die Zeitpunkte eingeben, als y-Werte in der 2. Spalte die Infizierten am Monatsende. Die Tabellenköpfe A und B werden mit x und y bezeichnet.

Abb. 2–3: Mit menu, 4: Statistik, 1: Statistische Berechnungen, 8: Regression vierter Ordnung… rufen wir die Regression für eine Funktion 4. Grades auf.

Abb. 1

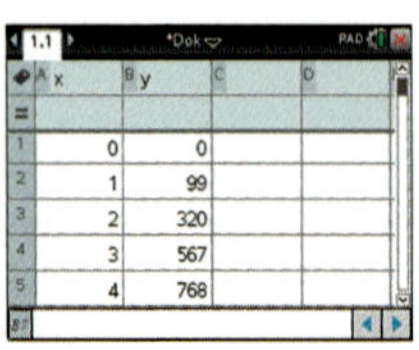

Abb. 2

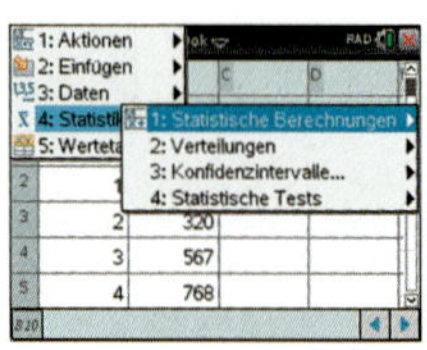

Abb. 3

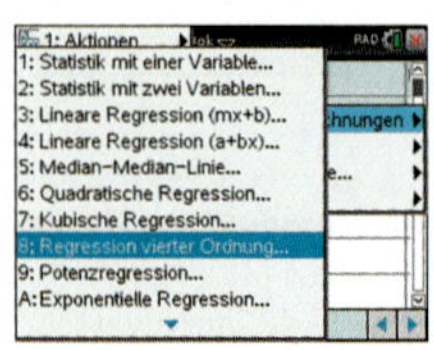

Abb. 4–5: Dann müssen noch die Listen entsprechend denen der Tabelle in Abb. 1 angegeben werden. Mit ok wird die Regression vierter Ordnung durchgeführt.

Abb. 6: Die Parameter der gesuchten Regressionsgleichung haben die Werte $a = 1$, $b = -22$ und $c = 120$, $d = 0$[1] und $e = 0$[1].

[1] Die bei den Parametern d und e angezeigten Werte sind so klein, dass sie annähernd 0 sind. Die in der Abb. 6 angezeigten Werte für d und e sind auf die Ungenauigkeit des Taschenrechners zurückzuführen.

Abb. 4

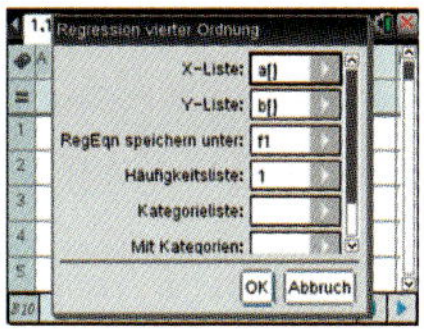

Abb. 5

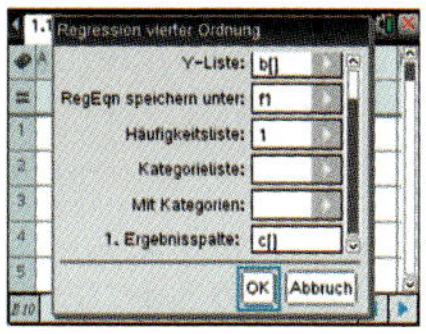

Abb. 6

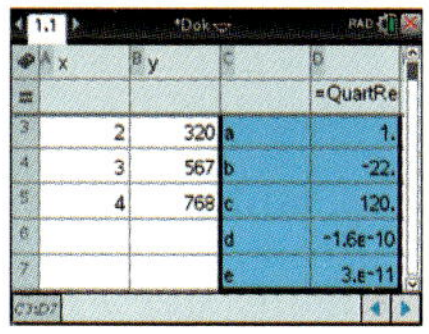

Das ebenfalls aufgeführte Bestimmtheitsmaß R^2 gibt die Qualität der Regression an. Für $R^2 = 1$ verläuft die Regressionsgerade genau durch die vorgegebenen Punkte.
Die gesuchte Funktionsgleichung der Regressionskurve 4. Grades für den Verlauf der Infektionskrankheit lautet: $\underline{\underline{e(t) = t^4 - 22\,t^3 + 12\,t^2}}$

b) Abb. 7: Zur Berechnung der Nullstellen (s. CAS-Anhang 7) öffnen wir mit ctrl, [+page] ein neues Calculator-Fenster und geben dort die Funktionsgleichung $i(t)$ ein, allerdings mit den Variablen x und $f(x)$. Mit einem der drei möglichen Befehle zur Berechnung der Nullstellen können wir diese ermitteln.

Abb. 8–12: Zur Bestimmung des Endes der Epidemie und des anwendungsbezogenen Definitionsbereiches veranschaulichen wir uns den Graphen mit ctrl, [+page] in einem neuen Graph-Fenster.

Abb. 7

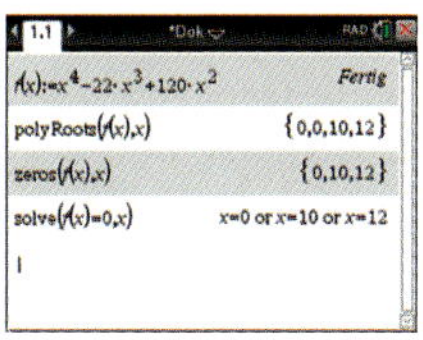

Abb. 8

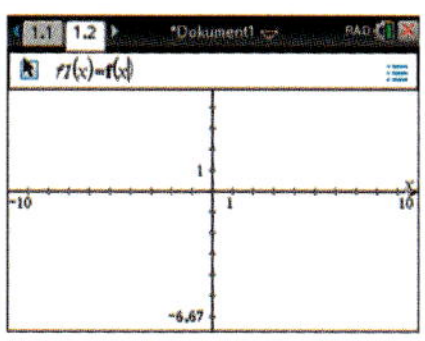

Abb. 9

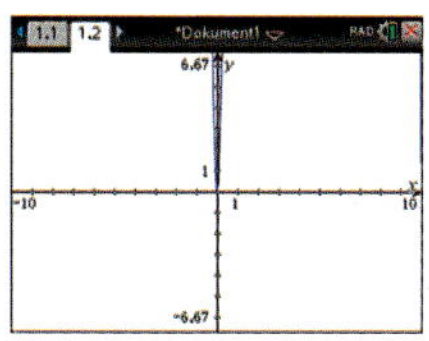

Abb. 10

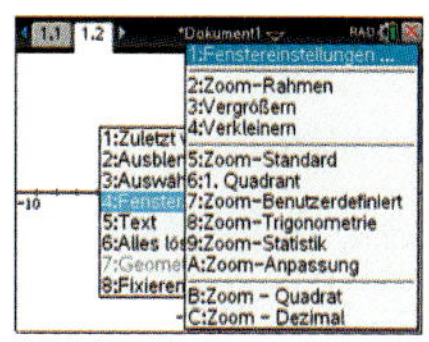

Abb. 11

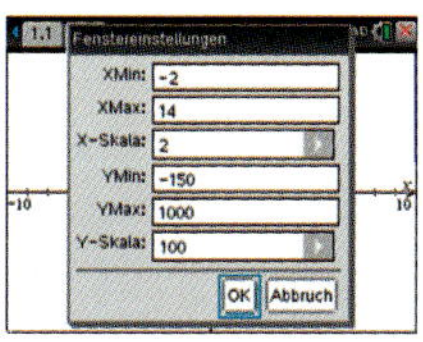

Abb. 12

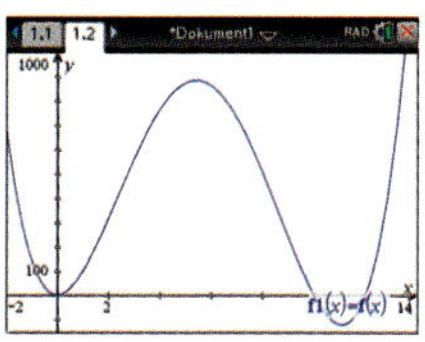

Für unsere Fragestellungen sind die Nullstellen $t_{01/02} = 0$ und $t_{03} = 10$ relevant, denn die Epidemie beginnt zum Zeitpunkt $t = 0$ und ist 10 Monate nach ihrem Ausbruch wieder beendet: $\underline{\underline{D_{\text{sinnvoll}}(i) = [0;\, 10]}}$

c) Abb. 13: Wir öffnen ein neues Calculator-Fenster mit [ctrl], [+page].

Abb. 13

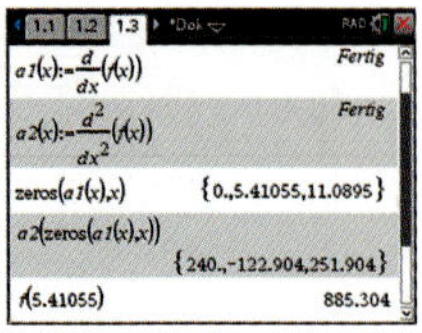

Zur Berechnung des Hochpunktes (s. CAS-Anhang 10) definieren wir in der 1. Zeile die 1. Ableitung mit [ctrl], [:=] als $a1(x)$, und in der 2. Zeile die 2. Ableitung als $a2(x)$.

Als notwendige Bedingung der Extremstellen werden in der 3. Zeile die Nullstellen der 1. Ableitungsfunktion berechnet: $x_{E1} = 0$; $x_{E2} = 5{,}41055$. Die 3. Nullstelle liegt nicht in D_{sinnvoll}.

In der 4. Zeile berechnen wir als hinreichende Bedingung für Extremstellen den Wert der 2. Ableitung an der zweiten Nullstelle der 1. Ableitung, denn am Anfang kann nicht das Maximum einer Epidemie sein. Wir erkennen, dass an der Stelle $x_{E2} = 5{,}41055$ die 2. Ableitung den Wert $-122{,}904 < 0$ hat, also der Graph von i rechtsgekrümmt ist. Demnach liegt bei $x = 5{,}41055$ ein Hochpunkt. Seinen Funktionswert berechnen wir in der 5. Zeile der Abb. 13: $\underline{\underline{H(\approx 5{,}41/\approx 885{,}3)}}$

Interpretation: Etwa 5,4 Monate nach ihrem Ausbruch erreicht die Epidemie mit etwa 885 neu Erkrankten je Monat ihren Hochpunkt.

Übungsaufgaben

1 Bestimmen Sie die Funktionsgleichungen.

a) Eine Gerade verläuft durch den Punkt $P(1/2)$ und schneidet die x-Achse bei $x = 3$.

b) Eine nach unten geöffnete Parabel schneidet die y-Achse bei 2 und verläuft durch die Punkte $P_1(4/-2)$ und $P_2(7/-15{,}5)$.

c) Der Graph einer ganzrationalen Funktion 3. Grades hat die Achsenschnittpunkte $S_{x_1}(-1/0)$, $S_{x_2}(2/0)$ und $S_y(0/6)$ und verläuft durch $P(4/10)$.

d) Der Graph einer ganzrationalen Funktion 4. Grades hat Nullstellen bei $x = 2$ und bei $x = 3$. Er verläuft durch $P_1(1/-16)$, $P_2(4/-10)$ und $P_3(6/84)$.

2 Der Graph einer ganzrationalen Funktion 3. Grades hat die in der Tabelle angegebenen Funktionswerte. Ermitteln Sie die Funktionsgleichung.

x	-1	0	2	3
$f(x)$	9	0	90	297

3 Die Gewinnschwelle eines Betriebs liegt bei einer Produktionsmenge von 2 ME, die Gewinngrenze bei 6 ME. Die maximal mögliche Produktionsmenge wird bei 10 ME erreicht. Die Fixkosten des Betriebs betragen 12 GE. Wenn 9 ME produziert werden, beträgt der Verlust 210 GE. Berechnen Sie den Gewinn an der Kapazitätsgrenze des Betriebs.

4 Die Gesamtkostenentwicklung eines Betriebs bei sich ändernden Produktionsmengen soll durch eine ganzrationale Funktion 3. Grades modelliert werden. Die Fixkosten betragen 500 GE, es können maximal 30 ME produziert werden. Bei einer Produktionsmenge von 1 ME entstehen variable Kosten in Höhe von 425,50 GE, bei einer Produktionsmenge von 2 ME betragen die variablen Kosten 804,00 GE und bei einer Produktionsmenge von 3 ME betragen die variablen Kosten 1138,50 GE. Ermitteln Sie, wie hoch die Gesamtkosten bei einer Produktion von 20 ME sind. Wie hoch sind sie an der Kapazitätsgrenze des Betriebs?

5 Ein Betrieb geht bei der Herstellung eines seiner Produkte von einer Gesamtkostenfunktion 3. Grades aus. Die Fixkosten betragen 12,5 GE, die Kapazitätsgrenze des Betriebes liegt bei 7 ME. Wenn 1 ME produziert wird, betragen die Gesamtkosten 16,75 GE, wenn 2 ME produziert werden, betragen sie 18,5 GE. Die maximalen Gesamtkosten betragen 42,25 GE. Bestimmen Sie die Gleichung der Gesamtkostenfunktion des Betriebs. Berechnen Sie, wie hoch die variablen Gesamtkosten sind, wenn 6 ME produziert werden.

6 Der Verlauf einer Grippeepidemie in einer Gemeinde kann im Modell näherungsweise durch eine ganzrationale Funktion 3. Grades $i(t)$ beschrieben werden. Dabei gibt i die Anzahl der in einer Woche neu Erkrankten und t die Zeit in Wochen seit Ausbruch der Epidemie an (im Modell gehen wir von 0 Erkrankten zum Zeitpunkt $t = 0$ aus). Nach 3 Wochen wurden 22,5 Erkrankte je Woche und nach 6 Wochen wurden 72 Erkrankte je Woche gemeldet.

Nach 12 Wochen wurde mit 144 Erkrankten je Woche der Höchststand der Epidemie erreicht.

a) Ermitteln Sie die Gleichung der Funktion $i(t)$, die den Verlauf der Grippeepidemie darstellt.

b) Berechnen Sie zu welchem Zeitpunkt die Epidemie beendet ist.

c) Bestimmen Sie die Zahl der Erkrankten je Woche nach 15 Wochen.

2.7.4 Kosten, Erlös und Gewinn

Kostenfunktionen

Situation 10

Wenn die Produktionsmenge je Periode eines Betriebes erhöht wird, können sich die Gesamtkosten unterschiedlich entwickeln. In den unten aufgeführten Grafiken sind **mögliche Modelle für Gesamtkostenverläufe** dargestellt. Beschreiben Sie Gemeinsamkeiten und Unterschiede der **Gesamtkostenmodelle**. Geben Sie an, durch welche Funktionsklassen die Verläufe dargestellt werden können. Wie könnte jeweils die Gleichung der Gesamtkostenfunktion lauten?

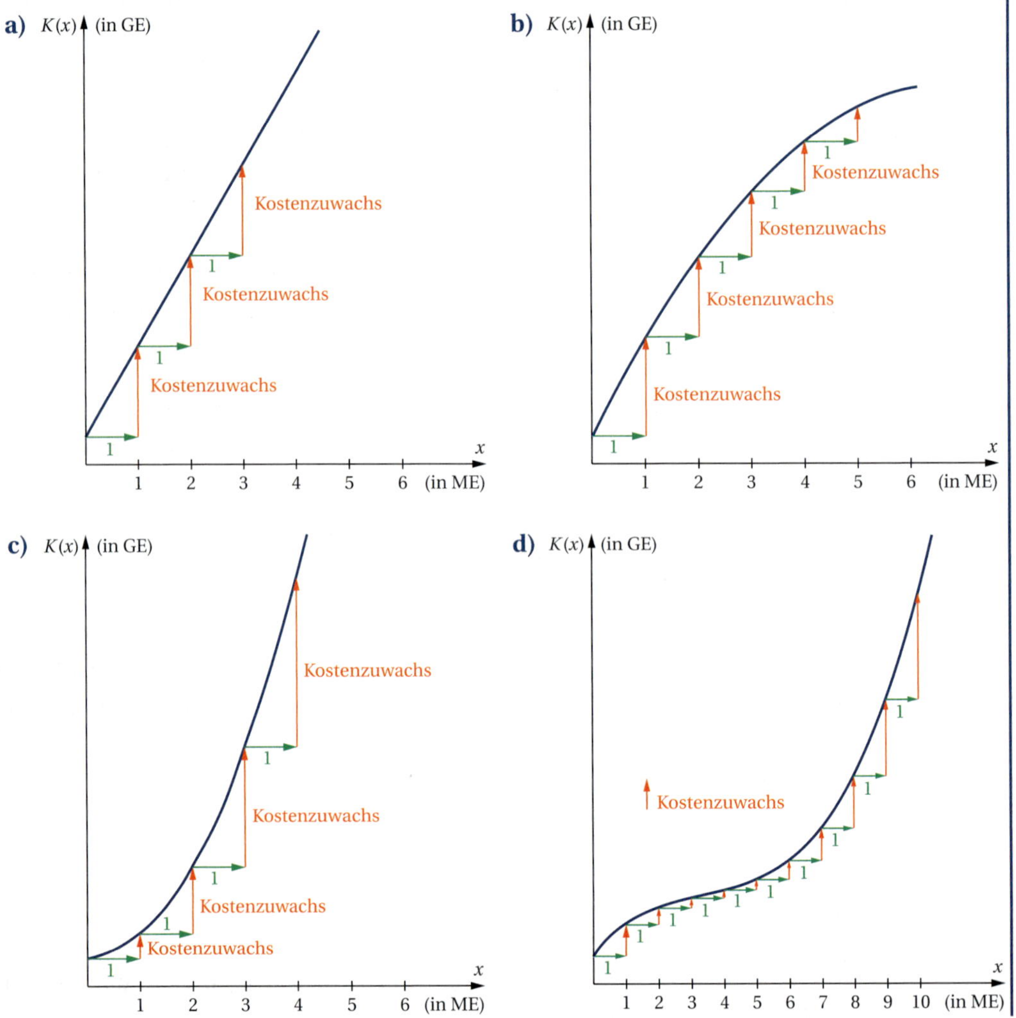

Lösung

Gemeinsamkeiten

Allen Gesamtkostenverläufen ist gemein, dass sie wegen der vorhandenen **Fixkosten** einen **positiven Ordinatenabschnitt** aufweisen. In allen Modellen **steigen** die Graphen **streng monoton**[1], weil die Gesamtkosten bei einer Produktionssteigerung immer steigen und nicht gleich bleiben oder fallen können.

Unterschiede

Die Unterschiede in den Modellen zeigen sich in der Entwicklung der Kosten, wenn die Produktionsmenge jeweils um eine Einheit erhöht wird.

a) **Konstante Kostenzunahme** ist darstellbar durch den Graphen einer linearen Funktion, durch eine Gerade.

   Mit jeder zusätzlichen Produktionsmenge steigen die Kosten um denselben Betrag.

b) **Unterproportionale (degressive) Kostenzunahme** ist beispielsweise durch den Graphen einer quadratischen Funktion, eine nach unten geöffnete Parabel, darstellbar.

   Mit jeder zusätzlichen Produktionsmenge wird der Kostenzuwachs geringer.

c) **Überproportionale (progressive) Kostenzunahme** ist beispielsweise durch den Graphen einer quadratischen Funktion, eine nach oben geöffnete Parabel, darstellbar.

   Mit jeder zusätzlichen Produktionsmenge wird der Kostenzuwachs größer.

d) **Zunächst unterproportionale (degressive) und dann überproportionale (progressive) Kostenzunahme** ist beispielsweise durch den Graphen einer **ganzrationalen Funktion 3. Grades** darstellbar.

   Mit jeder zusätzlichen Produktionsmenge wird der Kostenzuwachs zunächst geringer und dann immer größer.

Die in Abb. d) dargestellte Kurve wird in der Ökonomie **s-förmige** oder **ertragsgesetzliche Gesamtkostenkurve**[2] genannt. Es ist der Graph einer ganzrationalen Funktion 3. Grades der Form

$$\boldsymbol{K(x) = ax^3 + bx^2 + cx + d} \quad \text{mit } a, c, d > 0 \text{ und } b < 0.$$ [3]

---

[1] Eine Funktion heißt streng monoton wachsend (steigend), wenn bei größer werdenden x-Werten auch die Funktionswerte zunehmen: $x_1 < x_2 \Rightarrow f(x_1) < f(x_2)$

[2] Die Gesamtkostenkurve heißt ertragsgesetzlich, weil ihr Verlauf mit dem volkswirtschaftlichen **Ertragsgesetz (Produktionsfunktion)** erklärt werden kann.

[3] Damit der Graph der Gesamtkostenfunktion in $D_{ök}(K)$ streng monoton steigt und nicht fällt, muss außerdem $b^2 < 3ac$ sein.

Der s-förmige Kostenverlauf ist sehr realitätsnah. Bei geringen Produktionsmengen steigen die Kosten bei einer Ausweitung der Produktion zunächst degressiv – u. a. wegen des effizienteren Arbeitskräfte- und Maschineneinsatzes etc. Ab einer bestimmten Produktionsmenge, der Wendestelle, steigen die Gesamtkosten bei einer Ausweitung der Produktion progressiv – bedingt durch erhöhten Energieverbrauch und Maschinenverschleiß, durch Überstundenzuschläge etc.

Erlösfunktionen

Entsprechend der vorliegenden Marktform haben wir zwei unterschiedliche Modelle für den Preis p und den daraus resultierenden Erlös $E = p \cdot x$ eines Betriebes kennengelernt:

Preis- und Erlösfunktion bei vollständiger Konkurrenz (Polypol)[1]	Preis- und Erlösfunktion im Angebotsmonopol[2]
Der Preis für ein Produkt ist durch das Zusammenspiel von Angebot und Nachfrage auf dem Markt festgelegt (Gleichgewichtspreis). Jeder einzelne Anbieter dieses Produktes hat **keinen Einfluss auf den Preis**, er ist für ihn eine vorgegebene Konstante. Der Polypolist kann lediglich mit der von ihm angebotenen Menge reagieren (**Mengenanpasser**).	**Der Angebotsmonopolist kann aufgrund seiner Marktstellung den Preis für das von ihm angebotene Produkt autonom festlegen.** Die Nachfrager können lediglich auf den vom Monopolisten vorgegebenen Preis reagieren, indem sie entsprechend der gesamtwirtschaftlichen Nachfragefunktion die jeweiligen Mengen nachfragen. Da der Angebotsmonopolist nur die Mengen anbieten wird, die auch nachgefragt werden, ist die **gesamtwirtschaftliche Nachfragefunktion gleichzeitig die Preis-Absatzfunktion (= Angebotsfunktion)** des Monopolisten. Dabei ist p_H der Höchstpreis, der auf dem Markt realisiert werden kann und x_S ist die Sättigungsmenge (= maximal nachgefragte Menge) für das Produkt.
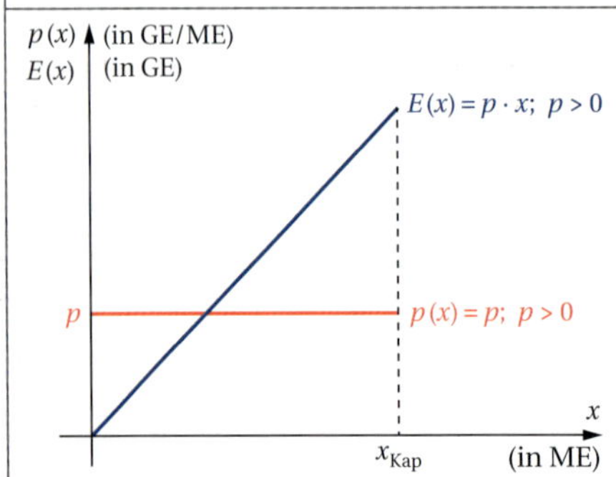	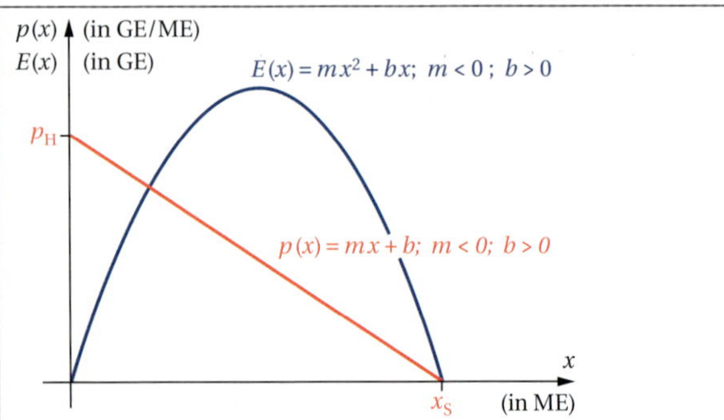

[1] Als **vollständige Konkurrenz** oder auch **Polypol** bezeichnet man eine Marktform, bei der eine Vielzahl von Anbietern eines Produktes einer Vielzahl von Nachfragern nach diesem Produkt gegenübersteht.

[2] Ein **Angebotsmonopol** liegt vor, wenn es für ein Produkt nur einen einzigen Anbieter und sehr viele Nachfrager gibt. Der monopolistische Anbieter steht dann mit seinem Angebot der gesamten Nachfrage gegenüber.

Gewinnfunktionen

Je nachdem, in welcher Marktform sich eine Betrieb befindet und welche der oben genannten Gesamtkostenentwicklung für ihn bei der Produktion zutrifft, ergeben sich verschiedene Modelle für den Gewinn eines Betriebes.

Die **Gewinnfunktion** ergibt sich immer als Differenz aus Erlös- und Kostenfunktion:

$G(x) = E(x) - K(x)$
Gewinnfunktion

Je nachdem, welchen Grad die Erlösfunktion und die Gesamtkostenfunktion haben, ergeben sich aus den unterschiedlichen Konstellationen Gewinnfunktionen 1., 2. oder 3. Grades.

Situation 11

Skizzieren Sie ökonomisch sinnvolle Graphen von Erlös- und Gesamtkostenfunktionen entsprechend den Vorgaben der Tabelle. Bestimmen Sie, welcher Graph für die Gewinnfunktion sich jeweils daraus ergibt. Skizzieren Sie die Graphen der Gewinnfunktion. Wie könnten die Gleichungen der Funktionen lauten?

Erlösfunktion / **Kostenfunktion**	**Lineare Erlösfunktion (Polypol)**	**Quadratische Erlösfunktion (Monopol)**
Lineare Gesamtkostenfunktion		
Quadratisch degressive Gesamtkostenfunktion		
Quadratisch progressive Gesamtkostenfunktion		
Ertragsgesetzliche (s-förmige) Gesamtkostenfunktion		

Lösung

Kostenfunktion \ Erlösfunktion	**Lineare Erlösfunktion (Polypol)**	**Quadratische Erlösfunktion (Monopol)**
Lineare Gesamtkostenfunktion	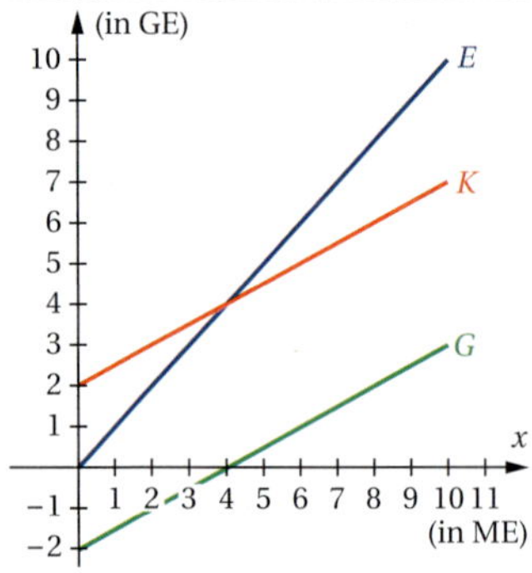 $K(x) = 0{,}5x + 2$, $E(x) = x$ $G(x) = 0{,}5x - 2$	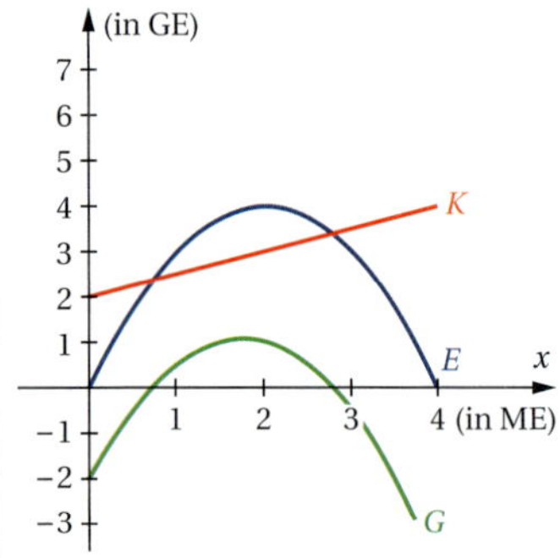 $K(x) = 0{,}5x + 2$, $E(x) = -x^2 + 4x$ $G(x) = -x^2 + 3{,}5x - 2$
Quadratisch degressive Gesamtkostenfunktion	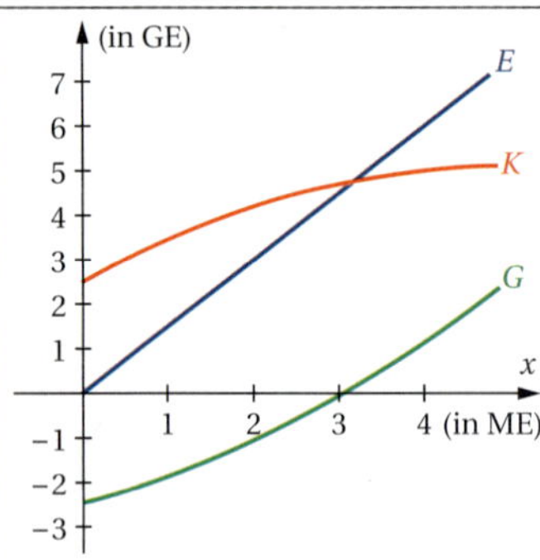 $K(x) = -0{,}1\,(x-5)^2 + 5$ $= -0{,}1x^2 + x + 2{,}5$ $E(x) = 1{,}5x$ $G(x) = 0{,}1x^2 + 0{,}5x - 2{,}5$	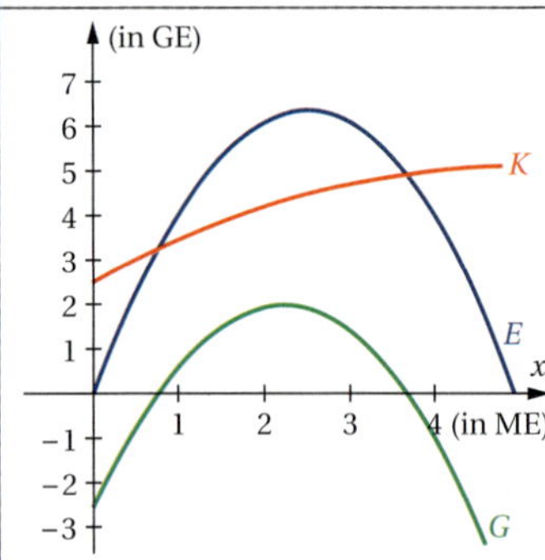 $K(x) = -0{,}1\,(x-5)^2 + 5$ $= -0{,}1x^2 + x + 2{,}5$ $E(x) = -x^2 + 5x$ $G(x) = -0{,}9x^2 + 4x - 2{,}5$
Quadratisch progressive Gesamtkostenfunktion	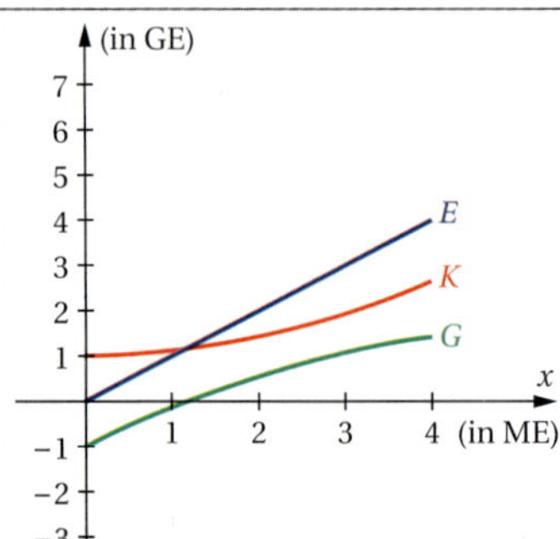 $K(x) = 0{,}1x^2 + 1$ $E(x) = x$ $G(x) = -0{,}1x^2 + x - 1$	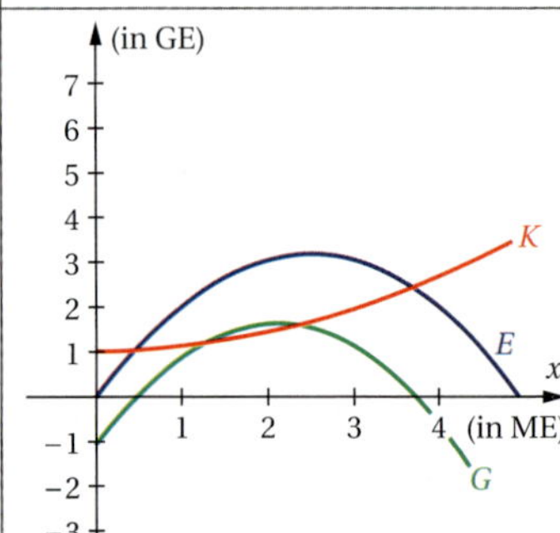 $K(x) = 0{,}1x^2 + 1$ $E(x) = -0{,}5x^2 + 2{,}5x$ $G(x) = -0{,}6x^2 + 2{,}5x - 1$

Erlösfunktion / Kostenfunktion	**Lineare Erlösfunktion (Polypol)**	**Quadratische Erlösfunktion (Monopol)**
Ertragsgesetzliche (s-förmige) Gesamtkostenfunktion	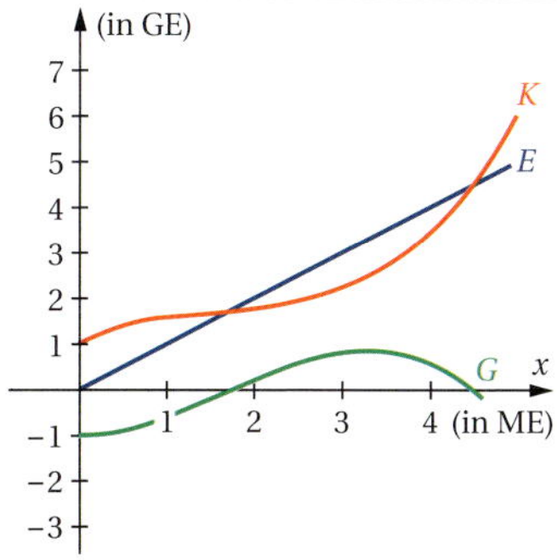 $K(x) = 0{,}1x^3 - 0{,}5x^2 + x + 1$ $E(x) = x$ $G(x) = -0{,}1x^3 + 0{,}5x^2 - 1$	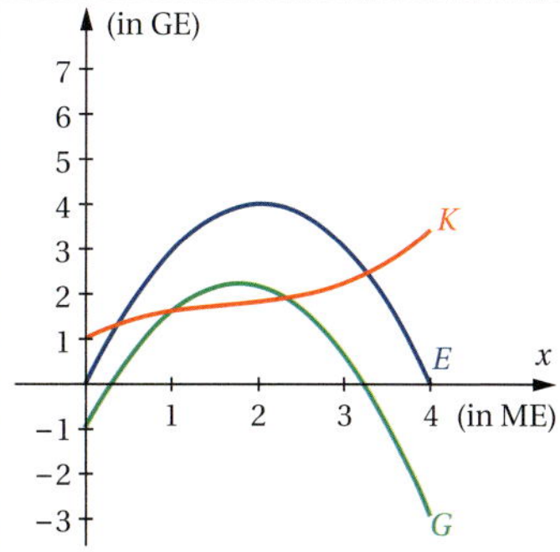 $K(x) = 0{,}1x^3 - 0{,}5x^2 + x + 1$ $E(x) = -x^2 + 4x$ $G(x) = -0{,}1x^3 - 0{,}5x^2 + 3x - 1$

Situation 12

Für einen Angebotsmonopolisten gilt bei der Herstellung eines Produkts die Gesamtkostenfunktion K mit $K(x) = x^3 - 7x^2 + 135x + 1\,150$. Für die Nachfrage nach diesem Produkt gilt auf dem Markt ein Höchstpreis von 840 GE/ME und eine Sättigungsmenge von 12 ME.

a) Ermitteln Sie die Gleichung der linearen Preis-Absatzfunktion des Monopolisten für das Produkt.

b) Bestimmen Sie die Gleichungen der Erlös- und der Gewinnfunktion.

c) Zeichnen Sie die Graphen der Preis-Absatzfunktion, der Kosten-, der Erlös- und der Gewinnfunktion in ein gemeinsames Koordinatensystem.

Bearbeiten Sie die folgenden Arbeitsaufträge mithilfe des Taschenrechners.

10, 7, 4

d) Geben Sie den ökonomisch sinnvollen Definitionsbereich für alle Funktionen an.

e) Ermitteln Sie die Produktionsmenge, bei der der Erlös maximal ist. Wie hoch ist der maximale Erlös?

f) Ermitteln Sie den Break-even-Point und die Gewinngrenze.

g) Berechnen Sie, wie viele ME produziert werden müssen, damit der Monopolist seinen Gewinn maximiert. Wie hoch ist der maximale Gewinn?

h) Bestimmen Sie, wie hoch bei gewinnmaximaler Produktionsmenge Erlös und Kosten sind.

i) Geben Sie an, welchen Marktpreis der Monopolist festlegen sollte, um seinen Gewinn zu maximieren.

j) Kennzeichnen Sie die Ergebnisse zu den Teilaufgaben e) bis i) in der Grafik zu Teilaufgabe c).

Lösung

a) Der Höchstpreis $p_H = 840$ bestimmt den Ordinatenabschnitt, das Absolutglied b in der Funktionsgleichung, der Preis-Absatzgeraden mit $p(x) = mx + b$. Die Steigung der Geraden ergibt sich aus:

$$m = -\frac{|\text{Höhenunterschied}|}{|\text{Horizontalunterschied}|} = -\frac{\text{Höchstpreis}}{\text{Sättigungsmenge}} = -\frac{840}{12} = -70$$

$\Rightarrow \underline{\underline{p(x) = -70x + 840}}$

b) $E(x) = p(x) \cdot x = (-70x + 840) \cdot x$

$\underline{\underline{E(x) = -70x^2 + 840x}}$

$G(x) = E(x) - K(x)$

$\underline{\underline{G(x) = -x^3 - 63x^2 + 705x - 1\,150}}$

c) s. Abb.

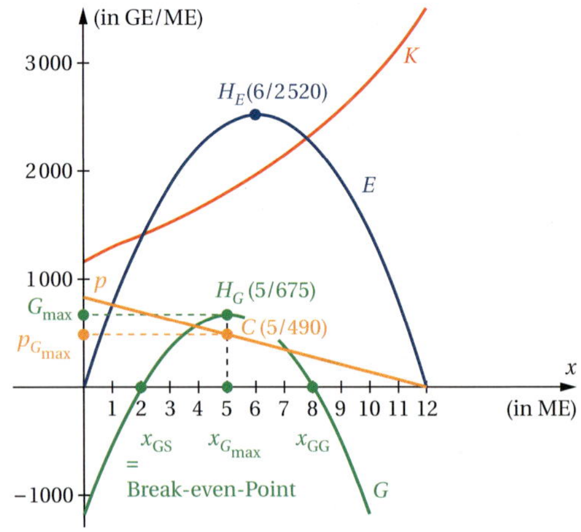

d) $\underline{\underline{D_{ök}(G) = [0; 12]}}$ Es sind nur positive Produktionsmengen möglich und gleichzeitig werden maximal 12 ME nachgefragt (Sättigungsmenge = Nullstelle der Preis-Absatzfunktion).

e) Es müssen die Koordinaten des **Hochpunktes** des Graphen der Erlösfunktion ermittelt werden (vgl. CAS-Anhang 10).

$\underline{\underline{H_E(6/2\,520)}}$

Bei einer Produktionsmenge von 6 ME ist der Erlös mit 2 520 GE maximal.

f) Die Gewinnschwelle x_{GS} (Break-even-Point) und die Gewinngrenze x_{GG} sind die Nullstellen der Gewinnfunktion im ökonomisch sinnvollen Definitionsbereich.

$G(x) = 0$

Die algebraische Berechnung wird später in Abschnitt 3.2.2 dargestellt.

Mit dem Taschenrechner erhält man nach Eingabe des Funktionsterms (vgl. CAS-Anhang 7):

Gewinnschwelle (Break-even-Point): $\underline{\underline{x_{GS} = 2}}$

Gewinngrenze: $\underline{\underline{x_{GG} \approx 7{,}889}}$

g) Berechnung der Koordinaten des Hochpunktes des Graphen der Gewinnfunktion

Mit dem Taschenrechner erhält man nach Eingabe des Funktionsterms der Gewinnfunktion (vgl. CAS-Anhang 10):

$\underline{\underline{H_G(5/675)}}$

Bei einer Produktionsmenge von 5 ME ist der Gewinn mit 675 GE maximal.

h) $E(5) = 2\,450$; $K(5) = 1\,775$

Mit dem Taschenrechner erhält man nach Eingabe der Terme von Erlös- und Kostenfunktion die Werte an der Stelle $x = 5$ (s. CAS-Anhang 4).

i) Mit dem Taschenrechner erhält man nach Eingabe des Funktionsterms der Preis-Absatzfunktion (vgl. CAS-Anhang 4):

$\underline{\underline{p(5) = 490}}$

Der entsprechende **Punkt $C(5/490)$ auf dem Graphen der Preis-Absatzfunktion** heißt **Cournot'scher Punkt**.

j) s. Abb. auf der Vorseite

Zusammenfassung

- Die **ertragsgesetzliche, s-förmige Gesamtkostenkurve** stellt einen zunächst degressiven und dann progressiven Anstieg der Gesamtkosten bei steigender Produktionsmenge dar: $K(x) = ax^3 + bx^2 + cx + d$ mit $a, c, d > 0$ und $b < 0$[1)]
- **Preis-Absatzfunktion**
  - im Polypol: $p(x) = p$
  - im Monopol (Angebotsfunktion = Nachfragefunktion): $p(x) = mx + b$; $m < 0$, $b > 0$
- **Erlösfunktion**
  - im Polypol: $E(x) = px$
  - im Monopol: $E(x) = mx^2 + bx$; $m < 0$, $b > 0$
- **Gewinnfunktion**: $G(x) = E(x) - K(x)$
- Der **Cournot'sche Punkt** $C(x_C/p_C)$ liegt auf der Preis-Absatzgerade.
- Die **Cournot'sche Menge** x_C gibt im Monopol die gewinnmaximale Produktionsmenge an.
- Der **Cournot'sche Preis** p_C gibt im Monopol den gewinnmaximalen Preis an.

1) Damit der Graph der Gesamtkostenfunktion in $D_{ök}(K)$ streng monoton steigt und nicht fällt, muss außerdem $b^2 < 3ac$ sein.

Übungsaufgaben

1 Für einen Hersteller hochwertiger Flachbildschirme gilt die ertragsgesetzliche Gesamtkostenfunktion K mit $K(x) = 0{,}25x^3 - 2x^2 + 6x + 8{,}25$; $D_{ök}(K) = [0; 4]$. Dabei wird K in GE und x in ME angegeben.

a) Beschreiben Sie, wie sich der Graph der Funktion am Rande des maximal möglichen Definitionsbereiches verhält.

b) Beschreiben Sie, wie sich der Graph der Funktion am Rande des ökonomisch sinnvollen Definitionsbereiches verhält.

c) Berechnen Sie die Koordinaten der Achsenschnittpunkte.

d) Berechnen Sie die Gesamtkosten bei den Ausbringungsmengen $x = \frac{2}{3}$ ME und $x = 2$ ME.

e) Berechnen Sie, bei welcher Produktionsmenge die Gesamtkosten 15 GE betragen.

f) Zeichnen Sie den Graphen für den mathematisch maximal möglichen Definitionsbereich und heben Sie den ökonomisch sinnvollen Definitionsbereich farbig hervor.

g) Beschreiben und begründen Sie den Verlauf der Gesamtkostenfunktion für den ökonomisch sinnvollen Definitionsbereich.

2 Der Gewinn eines Unternehmens wird durch die Gewinnfunktion G mit der Gleichung $G(x) = -0{,}1x^3 + 0{,}4x^2 + 1{,}1x - 3$ beschrieben. Der Gewinn G wird in GE und die Produktionsmenge x wird in ME angegeben. Bei $x = 7$ ME ist die Produktionskapazität des Betriebes ausgelastet.

a) Geben Sie den mathematisch maximal möglichen und den ökonomisch sinnvollen Definitionsbereich der Gewinnfunktion an.

b) Beschreiben Sie, wie sich der Graph der Funktion an den jeweiligen Rändern der Definitionsbereiche verhält.

c) Berechnen Sie die Achsenschnittpunkte der Gewinnkurve.

d) Geben Sie die faktorisierte Darstellung der Gleichung der Gewinnfunktion an.

e) Zeichnen Sie den Graphen der Gewinnfunktion über seinem maximal möglichen Definitionsbereich und kennzeichnen Sie den ökonomisch sinnvollen Definitionsbereich.

f) Berechnen Sie den maximalen Gewinn und die gewinnmaximale Produktionsmenge.

g) Berechnen Sie, bei welcher Produktionsmenge der Gewinn des Unternehmens 1,4 GE beträgt.

h) Interpretieren Sie den Verlauf des Graphen der Gewinnfunktion über $D_{ök}(G)$.

3 Für einen polypolistischen Anbieter gilt die Gesamtkostenfunktion K mit $K(x) = x^3 - 9x^2 + 30x + 16$ und ein Marktpreis von $p = 24$ GE/ME. Er kann maximal 9 ME in einer Geschäftsperiode produzieren.

a) Bestimmen Sie die Gleichungen der Erlös- und der Gewinnfunktion.

b) Geben Sie den ökonomisch sinnvollen Definitionsbereich für alle Funktionen an.

c) Zeichnen Sie die Graphen der Preis-, der Kosten-, der Erlös- und der Gewinnfunktion in ein gemeinsames Koordinatensystem.

Bearbeiten Sie die folgenden Teilaufgaben mithilfe des Taschenrechners.

d) Ermitteln Sie die Gewinnschwelle und die Gewinngrenze.

e) Bestimmen Sie, wie viele ME der Polypolist produzieren sollte, um seinen Gewinn zu maximieren. Wie hoch ist der maximale Gewinn?

f) Ermitteln Sie die maximalen Erlöse des Polypolisten.

4 Ein Produzent ist auf dem Markt für ein Gut alleiniger Anbieter. Für die Nachfrage nach diesem Gut gilt ein Sättigungsmenge von 100 ME und ein Höchstpreis von 200 GE/ME. Bei der Produktion des Gutes entstehen Fixkosten in Höhe von 2 800 GE und variable Kosten in Höhe von 20 GE/ME.

a) Ermitteln Sie die Gleichungen der Preis-Absatzfunktion, der Erlös- und der Gewinnfunktion.

b) Geben Sie den ökonomisch sinnvollen Definitionsbereich für die Funktionen an.

c) Berechnen Sie das Erlösmaximum und die erlösmaximale Produktionsmenge.

d) Berechnen Sie die Gewinnschwelle und die Gewinngrenze.

e) Bestimmen Sie, bei welcher Ausbringungsmenge der Gewinn maximal ist. Wie hoch ist der maximale Gewinn?

f) Zeichnen Sie die Graphen der Preis-Absatzfunktion, der Gesamtkosten-, Erlös- und Gewinnfunktion in ein gemeinsames Koordinatensystem.

g) Berechnen Sie die Koordinaten des cournotschen Punktes, interpretieren Sie seine Koordinaten und zeichnen Sie ihn in das Koordinatensystem zu Teilaufgabe f).

5 In einem Betrieb zur Herstellung von Elektroteilen wird der Verlauf der Gesamtkosten K durch die Funktionsgleichung $K(x) = x^3 - 10x^2 + 35x + 18$ bestimmt. Der Hersteller ist polypolistischer Anbieter, der Marktpreis für die Elektroteile beträgt 20 GE/ME. Die Kapazitätsgrenze des Betriebes liegt bei 8 ME.

a) Geben Sie den mathematisch maximal möglichen und den ökonomisch sinnvollen Definitionsbereich der Gesamtkostenfunktion an.

b) Bestimmen Sie die Achsenschnittpunkte der Kostenkurve für $D_{max}(K)$.

c) Beschreiben Sie, wie sich der Graph von K am Rande des maximalen und am Rande des ökonomisch sinnvollen Definitionsbereiches verhält.

d) Berechnen Sie die Schnittstellen der Gesamtkostenkurve mit der Erlösgeraden.

e) Ermitteln Sie die Gleichung der Gewinnfunktion.

f) Bestimmen Sie die Gewinnschwelle, die Gewinngrenze und die Gewinn- und Verlustzone.

g) Ermitteln Sie den Hochpunkt des Graphen der Gewinnfunktion und interpretieren Sie seine Koordinaten.

h) Zeichnen Sie die Graphen der Kosten-, Erlös- und Gewinnfunktion in ein gemeinsames Koordinatensystem.

6 Ein monopolistischer Anbieter muss auf dem Markt für das von ihm angebotene Produkt einen Höchstpreis von 49 GE/ME und eine Sättigungsmenge von 7 ME akzeptieren. Die variablen Kosten werden beschrieben durch $K_v(x) = x^3 - 6x^2 + 15x$. Die Fixkosten betragen 32 GE.
Die Kapazitätsgrenze liegt bei 7 ME.

a) Ermitteln Sie die Gleichung der Erlösfunktion, der Gesamtkostenfunktion und der Gewinnfunktion.
b) Beschreiben Sie, wie sich die Funktionen am Rande des maximal möglichen und am Rande des ökonomisch sinnvollen Definitionsbereiches verhalten.
c) Berechnen Sie die Achsenschnittpunkte der Funktionsgraphen.
d) Zeichnen Sie die Funktionsgraphen für ihren maximalen Definitionsbereich in ein Koordinatensystem und kennzeichnen Sie die Graphen farbig über ihrem ökonomischen Definitionsbereich.
e) Berechnen Sie, bei welcher Produktionsmenge der Erlös maximal ist. Wie hoch ist der maximale Erlös?
f) Bestimmen Sie den Break-even-Point.
g) Berechnen Sie das Gewinnmaximum und die gewinnmaximale Ausbringungsmenge.
h) Begründen Sie, welcher Marktpreis bei gewinnmaximaler Ausbringungsmenge gelten sollte.

7 Die Produktionsfunktion P, die in der VWL auch Ertragsfunktion genannt wird, mit $P(x) = -0{,}5x^3 + 3x^2;\ x \in D(P)$ zeigt die Abhängigkeit der Weizenproduktion P in ME in einem landwirtschaftlichem Betrieb von der Menge x in ME des eingesetzten Kunstdüngers.

a) Berechnen Sie die Nullstellen algebraisch und bestimmen Sie die Funktionsgleichung der Produktionsfunktion in faktorisierter Darstellung.
b) Geben Sie den mathematisch maximal möglichen und den ökonomisch sinnvollen Definitionsbereich für die Produktionsfunktion an.
c) Erläutern Sie, wie der Graph der Funktion für $x \to \pm\infty$ bei nicht eingeschränktem Definitionsbereich verläuft.
d) Ermitteln Sie, bei welcher Düngereinsatzmenge die Weizenproduktion maximiert wird. Wie groß ist die maximale Produktionsmenge?
e) Zeichnen Sie den Graphen für den mathematisch maximal möglichen Definitionsbereich und heben Sie den ökonomisch sinnvollen Definitionsbereich farbig hervor.
f) Interpretieren Sie den Verlauf der Produktionsfunktion für den ökonomisch sinnvollen Definitionsbereich.
g) Bestimmen Sie die produzierte Weizenmenge, wenn 2 ME Kunstdünger eingesetzt werden.
h) Berechnen Sie, bei welcher eingesetzten Düngermenge die produzierte Weizenmenge 16 ME beträgt.

2.7.5 Produktlebenszyklus

Genauso wie Lebewesen durchlaufen auch Produkte in ihrem „Leben“ verschiedene Phasen. Der **Produktlebenszyklus** beschreibt diesen Prozess von der Markteinführung bis zum Ausscheiden des Produktes aus dem Markt. Dabei kann sich der Produktlebenszyklus sowohl auf den Absatz als auch auf den Umsatz eines Produktes beziehen.

Eine **Produktlebenszyklusfunktion** ordnet jedem Zeitpunkt t den Absatz a je Zeiteinheit (in ME/ZE) oder den Umsatz u je Zeiteinheit (in GE/ZE) zu.

Die Funktionswerte der Produktlebenszyklusfunktion geben also z. B. die **Höhe des Absatzes pro Jahr**, des **jährlichen Absatzes** oder **Jahresabsatzes in ME/Jahr** an, oder auch des **Umsatzes pro Jahr**, des **jährlichen Umsatzes**, des **Jahresumsatzes in GE/Jahr**. Deswegen ist es auch möglich, dass die Funktionswerte einer Produktlebenszyklusfunktion im Zeitablauf nicht nur steigen, sondern auch fallen. Ein Funktionsgraph hingegen, der den kumulierten[1)] Absatz oder den kumulierten Umsatz im Zeitablauf angibt, muss immer streng monoton steigen.

Situation 13

Der jährliche Absatz a eines Produktes in ME/Jahr kann im Zeitablauf t in Jahren seit der Produkteinführung durch die Funktionsgleichung $a(t) = -0{,}1\,t^3 + 1{,}5\,t^2$ beschrieben werden.

a) Bestimmen Sie die Nullstellen der Produktlebenszyklusfunktion ohne Taschenrechner und interpretieren Sie diese.

b) Geben Sie den ökonomisch sinnvollen Definitionsbereich der Produktlebenszyklusfunktion an.

c) Ermitteln Sie mit dem Taschenrechner den größten Jahresabsatz des Produktes und bestimmen Sie den Zeitpunkt, wann dieser erzielt wurde.

10, 3

d) Skizzieren Sie den Graphen von $a(t) = -0{,}1\,t^3 + 1{,}5\,t^2$ für D_{max} und kennzeichnen Sie den ökonomisch relevanten Teil des Graphen.

1) angehäuft, summiert

Lösung

a) $a(t) = -0{,}1\,t^3 + 1{,}5\,t^2$

Ansatz: $a(t) = 0$

$0 = -0{,}1\,t^3 + 1{,}5\,t^2 \quad |\, t^2$ ausklammern

$0 = t^2\,(-0{,}1\,t + 1{,}5)$

Satz vom Nullprodukt:

$\underline{\underline{t_{01/02} = 0}}$

oder:

$0 = -0{,}1\,t + 1{,}5$

$\underline{\underline{t_{03} = 15}}$

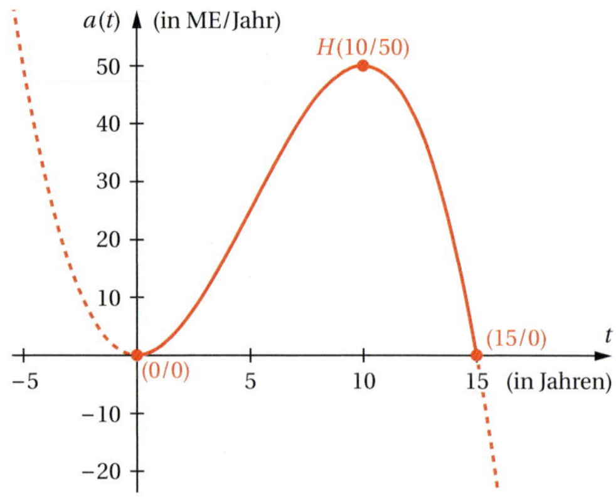

Interpretation: Zum Zeitpunkt $t = 0$ wird das Produkt neu in den Markt eingeführt. Der jährliche Absatz zu diesem Zeitpunkt beträgt 0 ME/Jahr. Nach 15 Jahren scheidet das Produkt aus dem Markt aus, der jährliche Absatz beträgt dann wieder 0 ME/Jahr.

b) $D_{ök}(a) = [0;\, 15]$

c) Mit dem CAS-Anhang 10 berechnen wir den Hochpunkt des Graphen:

$\underline{\underline{H(10/50)}}$

⇒ 10 Jahre nach der Produkteinführung wird mit 50 ME/Jahr der größte Jahresabsatz erreicht.

d) Graph (mit CAS-Anhang 3): s. Abb.

Übungsaufgaben

1 Der jährliche Umsatz u eines Produktes in GE/Jahr kann im Zeitablauf t in Jahren seit der Produkteinführung durch die Funktionsgleichung $u(t) = -0{,}2\,t^3 + 2{,}4\,t^2$ beschrieben werden.

a) Geben Sie den ökonomisch sinnvollen Definitionsbereich der Produktlebenszyklusfunktion an. Führen Sie die dazu notwendigen Berechnungen algebraisch durch.

b) Skizzieren Sie den Graphen von u für D_{max} und kennzeichnen Sie den ökonomisch relevanten Teil des Graphen.

c) Ermitteln Sie mit dem Taschenrechner, wann der größte Jahresumsatz mit dem Produkt erreicht wurde. Geben Sie den maximalen Jahresumsatz mit dem Produkt an.

2 Der monatliche Absatz u eines Produktes in GE/Monat kann im Zeitablauf t in Monaten seit der Produkteinführung durch die Funktionsgleichung $a(t) = -0{,}03\,t^4 + 0{,}2\,t^3 + t^2$ beschrieben werden.

a) Bestimmen Sie algebraisch die Nullstellen der Produktlebenszyklusfunktion und interpretieren Sie diese.

b) Geben Sie den ökonomisch sinnvollen Definitionsbereich der Produktlebenszyklusfunktion an.
c) Skizzieren Sie den Graphen von a für D_{max} und kennzeichnen Sie den ökonomisch relevanten Teil des Graphen.
d) Ermitteln Sie mit dem Taschenrechner den größten Jahresabsatz des Produktes und bestimmen Sie den Zeitpunkt, wann dieser erzielt wurde.

3 Der Lebenszyklus eines Produktes kann mit der Gleichung $u(t) = -0{,}02\,t^4 + 0{,}12\,t^3$ beschrieben werden. Dabei wird der Jahresumsatz u in GE/Jahr und die Zeit t in Jahren seit der Einführung des Produktes auf dem Markt angegeben. Skizieren Sie den Graphen der Funktion mit dem Punkt $A(1/u(1))$. Führen Sie alle zum Anfertigen der Skizze notwendigen Berechnungen durch und interpretieren Sie den Graphen und den Punkt A anwendungsbezogen.

4 Die Marktforschungsabteilung eines Unternehmens prognostiziert den täglichen Absatz a in ME/Tag einer 14-tägig erscheinenden Zeitschrift im Zeitablauf t in Tagen ab Ersterscheinungsdatum mithilfe der Produktlebenszyklusfunktion a mit $a(t) = -\frac{20}{63}t^3 + \frac{80}{21}t^2$.
a) Geben Sie den mathematisch maximal möglichen und den ökonomisch sinnvollen Definitionsbereich für die Produktlebenszyklusfunktion der Zeitschrift an.
b) Geben Sie an, wie der Graph der Funktion a für $t \to \pm\infty$ verlaufen würde.
c) Bestimmen Sie rechnerisch den täglichen Absatz, der 4 Tage nach Herausgabe der Zeitschrift prognostiziert wird.
d) Berechnen Sie, wann der Absatz $\frac{5\,120}{63}$ ME/Tag beträgt.
e) Skizzieren Sie den Graphen von a für den mathematisch maximal möglichen Definitionsbereich und heben Sie den ökonomisch sinnvollen Definitionsbereich farbig hervor. Kennzeichnen Sie die berechneten Punkte auf dem Funktionsgraphen.
f) Interpretieren Sie den Verlauf der Produktlebenszyklusfunktion für den ökonomisch sinnvollen Definitionsbereich.

5 Für einen WM-Fanartikel wurden die in der Tabelle angegebenen monatlichen Absatzzahlen a in Mio. Stück/Monat für die ersten 4 Monate ermittelt. Dabei ist $t = 0$ der Zeitpunkt der Produkteinführung, 6 Monate vor Beginn der WM. Die Produktlebenszyklusfunktion soll durch eine ganzrationale Funktion 4. Grades modelliert werden.

t (in Monaten seit der Produkteinführung)	0	1	2	3	4
$a(t)$ (in Mio. Stück/Monat)	0	0,81	2,56	4,41	5,76

a) Ermitteln Sie die Gleichung der Produktlebenszyklusfunktion und geben Sie den ökonomisch sinnvollen Definitionsbereich an.
b) Skizzieren Sie den Funktionsgraphen mit seinen charakteristischen Punkten für D_{max} und $D_{ök}$. Führen Sie die dazu notwendigen Berechnungen durch.
c) Interpretieren Sie den Punkt $P(3/a(3))$.

2.7.6 Handlungssituationen mit ganzrationalen Funktionen

Die Handlungssituationen sollten Sie mit der Ihnen zur Verfügung stehenden Rechnertechnologie bearbeiten. Besonders wichtig ist die Interpretation der von Ihnen ermittelten Ergebnisse.

Handlungssituation 1

In einem kleinen Milchverarbeitungsbetrieb wird hochwertiger Bio-Joghurt hergestellt. Der Erlös pro Liter beträgt 10,00 €. Die Abteilung für das Rechnungswesen hat herausgefunden, dass der tägliche Gewinn G in Abhängigkeit von der täglich produzierten Menge mit der Funktion $G(x) = -x^3 + 5x^2 - 3x - 1$ beschrieben werden kann. Dabei wird die produzierte Menge in 100 Liter und der Gewinn G in 100,00 € angegeben. Mehr als 600 Liter können nicht produziert werden.

Die Geschäftsleitung beauftragt Sie damit, die Gewinnsituation des Betriebes zu analysieren. Sie werden gebeten, Ihre Berechnungen durch Grafiken zu verdeutlichen. Aus diesen sollen die Kosten- und Gewinnsituationen bei unterschiedlichen Produktionsmengen hervorgehen. Präsentieren Sie Ihre Ergebnisse der Geschäftsleitung.

Handlungssituation 2

Ein Freizeitpark hat zur Planung des Personaleinsatzes über einen längeren Zeitraum die Anzahl der Besucher zu bestimmten Uhrzeiten im Park zählen lassen. Der Park hat von 10:00 Uhr bis 19:30 Uhr geöffnet. Bei den Zählungen wurde herausgefunden, dass sich auch nach 19:30 Uhr noch Besucher im Park befinden. Es wurde die durchschnittliche Anzahl von Besuchern b, die sich zu einem bestimmten Zeitpunkt t im Park befinden, ermittelt:

t (Uhrzeit)	10	12	14	18
b (Anzahl der Besucher)	0	4 400	8 800	8 000

Bestimmen Sie die Gleichung der Besucherfunktion b mit $b(t)$, in der die durchschnittlich anwesenden Besucher b im Park der jeweiligen Uhrzeit t zugeordnet werden.
Skizzieren und analysieren Sie die Besucherfunktion und präsentieren Sie der Geschäftsleitung Ihre Ergebnisse anschaulich.

Handlungssituation 3

Ein Unternehmen muss für den Verkauf eines seiner Produkte einen Marktpreis von 190,00 € akzeptieren. Bei der Produktion entstehen je Monat variable Kosten K_v, die durch die Gleichung $K_v(x) = 0{,}1x^3 - 6x^2 + 186x$ beschrieben werden können. Es können maximal 70 Stück produziert werden. Die Fixkosten bei der Produktion dieses Produktes betragen 540,00 €.

Analysieren Sie detailliert die Gesamtkosten-, Erlös- und Gewinnsituation bei der Produktion dieses Produktes und präsentieren Sie Ihre Ergebnisse der Geschäftsleitung. Unterbreiten Sie der Geschäftsleitung ein Produktionskonzept, aus dem sinnvolle Produktionszahlen in Zusammenhang mit der Gewinnsituation gesetzt werden.

Handlungssituation 4

Ein Marktforschungsinstitut hat für die gesamtwirtschaftliche Nachfrage nach dem Produkt *Y* festgestellt, dass bei einem Preis von 780,00 €/Stück die Nachfrage nach diesem Produkt erlischt. Bei einer Menge von 20 000 Stück ist der Markt gesättigt.

Ein Unternehmen ist alleiniger Anbieter für dieses Produkt. Die Gesamtkosten je Geschäftsjahr bei der Herstellung des Produktes *Y* können beschrieben werden durch die Gleichung $K(x) = 0{,}5x^3 - 15x^2 + 150x + 1\,000$.
Dabei ist x die Produktionsmenge in Tsd. Stück.

In der Abteilung Rechnungswesen werden Sie damit beauftragt, die Kosten-, Erlös- und Gewinnsituation bei der Produktion dieses Gutes zu analysieren und einen Angebotspreis unter Berücksichtigung der Marktgegebenheiten vorzuschlagen. Erstellen Sie als Diskussionsgrundlage eine Tischvorlage mit ihren Berechnungen und Grafiken und präsentieren Sie Ihre Ergebnisse.

Handlungssituation 5

Ein Produzent ist monopolistischer Anbieter für das Produkt *Z*. Die Sättigungsmenge für das Produkt *Z* beträgt 100 000 Stück, der Höchstpreis, der am Markt zu erzielen ist, liegt bei 7 000,00 €/Stück.
Bei der Produktion des Produktes *Z* hat die Rechnungswesenabteilung des Betriebes festgestellt, dass die Fixkosten 40 000,00 € betragen. Wenn die Sättigungsmenge produziert wird, entstehen 190 000,00 € Gesamtkosten. Bei einer Produktionsmenge von 40 000 Stück betragen die Gesamtkosten 76 000,00 €, bei einer Produktionsmenge von 60 000 Stück betragen die variablen Kosten 42 000,00 €.

Ermitteln Sie die Gleichung der ertragsgesetzlichen Gesamtkostenfunktion K, in der x die Produktionsmenge in Tsd. Stück angibt und K die dabei entstehenden Gesamtkosten in Euro.

Untersuchen Sie die Gesamtkosten-, Erlös- und Gewinnsituation des Betriebes bei unterschiedlichen jährlichen Produktionsmengen. Erläutern Sie, welchen Angebotspreis Sie dem Produzenten vorschlagen würden.

Handlungssituation 6

Im Angebotsmonopol sei ein Höchstpreis von 10 GE/ME zu erzielen. Die Sättigungsmenge betrage 100 ME. Der Gesamtkostenverlauf sei linear. Bei einer Produktion von 20 ME betragen die Gesamtkosten 160 GE, an der Kapazitätsgrenze, bei 100 ME, betragen sie 320 GE.

Analysieren Sie Kosten-, Erlös- und Gewinnfunktion des Monopolisten und ermitteln Sie den Marktpreis im Monopol. Unterstützen Sie Ihre Präsentation mit einer anschaulichen Grafik.

Handlungssituation 7

Bei einem Angebotsmonopolisten mit ertragsgesetzlicher Gesamtkostenstruktur ist die Gewinnschwelle bei 2 ME und die Gewinngrenze bei 7 ME erreicht. Bei einer Ausbringungsmenge von 5 ME beträgt der Gewinn des Betriebes 20 GE. Die Fixkosten betragen $7,\overline{7}$ GE. Die Sättigungsmenge auf dem Markt beträgt 12 ME, der Höchstpreis 36 GE/ME.

Skizzieren Sie die Graphen der Kosten-, der Erlös- und der Gewinnfunktion in ein gemeinsames Koordinatensystem, analysieren Sie die Graphen und präsentieren Sie Ihre Ergebnisse. Ermitteln Sie den Preis, den der Monopolist für das von ihm produzierte Gut fordern sollte, wenn er seinen Gewinn maximieren will.

Handlungssituation 8

Ein Betrieb will für die Herstellung einer Säure die Gleichung ihrer Gesamtkostenfunktion K aufstellen. Aufgrund eines vermuteten s-förmigen Gesamtkostenverlaufs wird die Gleichung einer ganzrationalen Funktion 3. Grades gesucht, die folgende Bedingungen erfüllt:

x (in ME)	10	12	14	18
$K(x)$ (in GE)	0	4 400	8 800	8 000

Die fixen Gesamtkosten pro Planperiode betragen 720 GE. Die Kapazitätsgrenze des Betriebes beträgt 100 ME.
Der Marktpreis für eine ME des Flüssiggases beträgt im Polypol zurzeit 53,00 €.

Analysieren Sie Kosten-, Erlös- und Gewinnfunktion bei der Herstellung der Säure. Veranschaulichen Sie Ihre Präsentation mit einer Grafik.

Handlungssituation 9

Die Gewinnschwelle eines monopolistischen Anbieters für Bio-Limonade mit ertragsgesetzlicher Gesamtkostenstruktur liegt bei $x = 2$ ME/Tag. Die Fixkosten des Betriebes betragen 1 150 GE/Tag.
Der Verlust des Betriebes ist maximal, wenn die Sättigungsmenge $x = 12$ ME/Tag produziert wird und beträgt dann 3 490 GE. 675 GE/Tag Gewinn werden erwirtschaftet, wenn 5 ME/Tag produziert werden.

Bei einem Marktpreis von 140 GE/ME werden auf dem Markt 10 ME und bei einem Marktpreis von 490 GE/ME werden 5 ME nachgefragt.

Analysieren Sie detailliert die Kosten-, Erlös- und Gewinnsituation des Monopolisten und veranschaulichen Sie Ihre Ergebnisse. Welcher Marktpreis führt zu maximalem Gewinn? Gehen Sie von einem ertragsgesetzlichen Gesamtkostenverlauf und einer linearen Nachfragefunktion aus.

Handlungssituation 10

Der Jahresabsatz a in Mio. Stück/Jahr einer Spielkonsole im Zeitablauf t in Jahren seit Produkteinführung kann durch eine ganzrationale Funktion dritten Grades beschrieben werden. Die Spielkonsole wurde Anfang 1993 auf den Markt gebracht (Jahresbeginn 1993 sei $t = 0$). Ende 1993 betrug der Absatz bereits 2,25 Millionen verkaufte Konsolen pro Jahr, Ende 1994 sogar schon 7,2 Mio. und zu Jahresbeginn 1996 betrug er 12,15 Mio. Stück pro Jahr.

a) Bestimmen Sie die Gleichung der Produktlebenszyklusfunktion der Spielkonsole.

b) Skizzieren Sie den Graphen der Produktlebenszyklusfunktion. Führen Sie alle dazu notwendigen Berechnungen durch.

c) Interpretieren Sie den Funktionsgraphen anwendungsbezogen unter Beachtung der Jahreszahlen.

Handlungssituation 11

Der Produktlebenszyklus des VW-Käfers kann in einem Modell näherungsweise durch die Produktlebenszyklusfunktion mit $a(t) = bt^4 + ct^3 + dt^2$ beschrieben werden. Dabei werden der Absatz a in Stück/Jahr und die Zeit t in Jahren seit der Produkteinführung zu Jahresbeginn 1945 angegeben. Im Modell nehmen wir als Zeitpunkt der Markteinführung den 01.01.1945, 00:00 Uhr an $(t = 0)$.

Bekannt ist:

- Ende 1945 betrug der Jahresabsatz 5 046 VW-Käfer/Jahr.
- Zu Jahresbeginn 1950 wurden 109 350 VW-Käfer pro Jahr abgesetzt.
- Ende Juni, Anfang Juli 1974 konnte ein Jahresabsatz von 1 136 003 Stück/Jahr erzielt werden.

Ermitteln Sie die Gleichung der Produktlebenszyklusfunktion für den VW-Käfer mit dem ökonomisch sinnvollen Definitionsbereich und skizzieren Sie den Graphen der Produktlebenszyklusfunktion. Führen Sie alle dazu notwendigen Berechnungen durch.
Interpretieren Sie den Graphen anwendungsbezogen unter Beachtung der Jahreszahlen.
Ermitteln Sie den Jahresabsatz zum 01.01.2000.
Berechnen Sie, wann mehr als 1 Mio. VW-Käfer pro Jahr verkauft wurden.

3 Lernbereich: Ableitungen

Zahlreiche Probleme der realen Welt können mithilfe der Mathematik durch Funktionen dargestellt und gelöst werden. Dabei ist jedoch häufig allein die Kenntnis darüber, welcher Funktionswert zu einer bestimmten Stelle gehört, nicht ausreichend. Oft ist es viel wichtiger, zu wissen, wie sich die Funktionswerte *verändern*, ob sie noch steigen oder bereits fallen, wie stark sie steigen oder fallen, wann sie am größten oder kleinsten sind.

Wenn Sie beispielsweise Aktien kaufen, ist für Ihre Gewinnaussichten der Kurs der Aktie zum Kaufdatum nicht entscheidend. Viel interessanter für die Möglichkeit, Gewinne oder Verluste zu erzielen, ist die *Veränderung* des Aktienkurses.

3.1 Steigungen und Änderungsraten

3.1.1 Zeichnerisches Differenzieren

In den nächsten Abschnitten wollen wir die **Steigung** krummliniger Funktionsgraphen ermitteln und interpretieren. In diesem Abschnitt verwenden wir zunächst ein sehr einfaches Verfahren zur Bestimmung der Steigung, das **zeichnerische Differenzieren**. Dieses Verfahren führt zwar nur zu recht ungenauen Ergebnissen, hilft aber sehr gut, die Steigung eines Graphen an einer vorgegebenen Stelle wirklich zu verstehen.
In den darauf folgenden Abschnitten werden wir dann exakte Verfahren zur Berechnung der Steigung vorstellen.

Bisher können Sie lediglich die Steigung einer Geraden bestimmen. Diese Kompetenz können Sie nutzen, um auch die Steigung eines krummlinigen Graphen zu ermitteln.

Situation 1

Für einen bestimmten Straßenabschnitt im Gebirge gilt das unten abgebildete Höhenprofil.

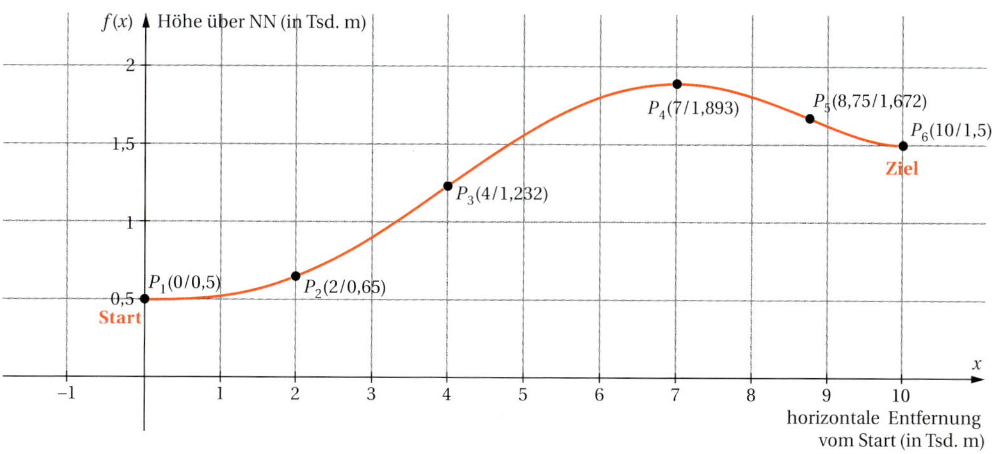

a) Erläutern Sie, was ein solches Höhenprofil generell aussagt.

b) Beschreiben Sie den Verlauf der Straße durch einige wesentliche Höhenangaben.

c) Beschreiben Sie den Verlauf der Straße durch ihre Steigung.

d) Ihre Ausführungen zu Teilaufgabe c) haben gezeigt, dass die Steigung eines krummlinigen Graphen, im Unterschied zur Steigung einer Geraden, nicht überall gleich ist. Die Steigung in einem Punkt eines krummlinigen Funktionsgraphen kann ermittelt werden, indem man auf das Verfahren zur Berechnung der Steigung von Geraden zurückgreift. Man legt eine **Tangente**[1] an den Graphen in dem Punkt, für den man die Steigung bestimmen will, und berechnet dann mithilfe eines Steigungsdreiecks die Steigung der Tangente.

1) Eine Tangente (lat.: tangere = berühren) an einem Graphen in einem bestimmten Punkt ist eine Gerade, die den Graphen in diesem Punkt berührt und dort die gleiche Steigung wie der Graph hat.

Damit kennt man auch die Steigung des Graphen in diesem Punkt, denn **die Steigung der Tangente in diesem Punkt ist identisch mit der Steigung des Graphen in diesem Punkt** (s. auch Zoom-Effekt auf der übernächsten Seite oben).
Bestimmen Sie mit diesem Verfahren die Steigung der Straße im Punkt P_2 und beurteilen Sie die Qualität des Ergebnisses.

e) Erläutern Sie die Einheit des in Teilaufgabe d) ermittelten Steigungsmaßes und interpretieren Sie das Ergebnis.

Lösung

a) Das Höhenprofil gibt die jeweilige Höhe der Straße in Tausend Meter über Normalnull in Abhängigkeit von der horizontalen Entfernung in Tausend Meter vom Startpunkt an.

b) Der Startpunkt des Straßenabschnitts befindet sich auf 500 m Höhe über NN. Die Straße erreicht 7 000 m horizontal vom Startpunkt entfernt die Höhe 1 893 m über NN. 10 000 m horizontal vom Startpunkt entfernt befindet sich das Ziel in der Höhe 1 500 m über NN.

c) Im Startpunkt ist die Steigung 0. Ausgehend vom Startpunkt geht die Straße die ersten 7 000 m bergauf, die Steigung ist also die ersten 7 000 m positiv. Nach 4 000 m ist die Steigung der Straße am größten. Im höchsten Punkt des Straßenverlaufs, nach 7 000 m, ist die Steigung der Straße 0.
Danach geht es bis zum Ziel wieder bergab, die Steigung der Straße ist negativ. 8 750 m horizontale Entfernung vom Startpunkt entfernt weist die Straße das stärkste Gefälle auf. Im Ziel, 10 000 m vom Startpunkt horizontal entfernt, ist die Steigung wieder 0.

d) Wir legen zeichnerisch eine Tangente an den Graphen der Funktion im Punkt P_2 (s. Abb.).

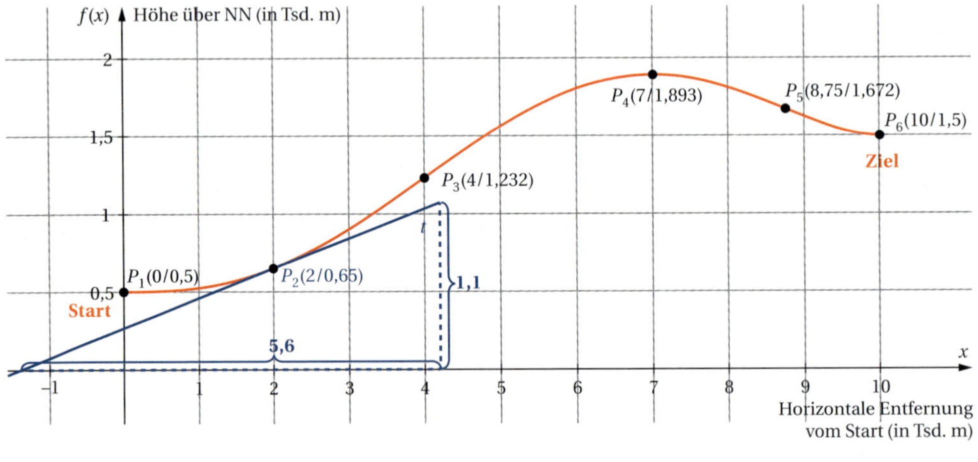

Die Steigung m_t dieser Tangente gibt die Steigung des Graphen im Punkt P_2 an. Das Einzeichnen eines Steigungsdreiecks führt zu $m_t = \frac{\text{Höhenunterschied}}{\text{Horizontalunterschied}} = \frac{\Delta y}{\Delta x} \approx \frac{1{,}1}{5{,}6} \approx \underline{\underline{0{,}2}}$

Beurteilung: Diese zeichnerische Bestimmung der Steigung ist recht ungenau, da wir erstens nicht wissen, wie die Tangente genau liegt und zweitens Ungenauigkeiten beim Ablesen des Höhen- und Horizontalunterschiedes entstehen.

e) Da sowohl der Höhen- als auch der Horizontalunterschied der Tangente in Tausend Meter angegeben werden, kann man im Bruch die Einheiten wegkürzen. Das Ergebnis ist dann eine Zahl ohne Einheit, die man auch als Prozentsatz schreiben kann:

$$m_t = \frac{1\,100\,\cancel{m}}{5\,600\,\cancel{m}} \approx 0{,}2 = \underline{\underline{20\,\%}}$$

Das Steigungsmaß wird auch als **Änderungsrate** bezeichnet. Sie gibt in Situation 1 an, in welchem Verhältnis sich die Höhe zum horizontalen Abstand vom Startpunkt verändert. Wird die Steigung, wie in unsere Situation 1, nur an einer Stelle (in einem Punkt) betrachtet, spricht man von der **lokalen Änderungsrate** oder auch von der **momentanen Änderungsrate**.
Bei der Interpretation der Steigung (Änderungsrate) ist oft die zugehörige Einheit hilfreich. In unserem Fall ist die Steigung (Änderungsrate) ohne Einheit. Wenn man sie als Prozentsatz schreibt, kann sie aber leichter verstanden werden ($m_t \approx 0{,}2 = 20\,\%$). Auch eine Umrechnung in Grad[1], die aber eher unüblich ist, veranschaulicht in unserem Beispiel gut das Steigungsmaß: $m_t \approx 0{,}2 \mathrel{\hat{=}} \approx \underline{\underline{11{,}3^\circ}}$

Interpretation: Genau 2 000 Meter horizontal vom Startpunkt entfernt weist die Straße ein Steigung von ca. 20 % entsprechend 11,3° auf.

Bei der Bestimmung der Steigung in Situation 1 haben wir eine Behauptung vorausgesetzt:

Die **Steigung eines Funktionsgraphen** in einem Punkt P ist **gleich der Steigung der Tangente** an den Graphen in diesem Punkt P.

Die Richtigkeit dieser Behauptung zeigt sich, wenn man von einem Funktionsgraphen eine ständige **Ausschnittvergrößerung** vornimmt (**Zoom-Effekt**, s. nächte Seite), wobei die Linienstärke des Funktionsgraphen unverändert bleibt.

---

1) $\tan^{-1} 0{,}2 \approx 11{,}3^\circ$
mit dem CAS: [trig], [tan⁻¹], 0,2, [enter]
Dabei muss der Taschenrechner auf das Gradmaß eingestellt sein. S Fußnote S. 189.

Die Abbildung soll die Ausschnittvergrößerung verdeutlichen.

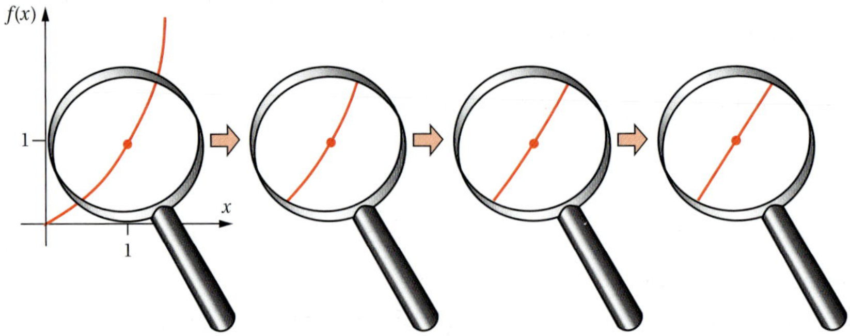

Es ist zu erkennen, dass sich der Verlauf des eigentlich **krummlinigen Funktionsgraphen** bei immer stärker werdender Vergrößerung einer **Geraden,** nämlich der **Tangente,** nähert.

Das **Berechnen der Steigung eines Funktionsgraphen** an einer Stelle x wird als **Ableiten** oder **Differenzieren** bezeichnet.

Wenn die Steigungsbestimmung wie in Situation 1 zeichnerisch erfolgt, nennt man das Verfahren **zeichnerisches Differenzieren**.

Situation 2

Ein **Weg-Zeit-Diagramm** (auch **Zeit-Weg-Diagramm**) zeigt allgemein den Zusammenhang zwischen dem von einem Körper zurückgelegten Weg s und der vergangenen Zeit t.

Der Graph in dem Weg-Zeit-Diagramm unten zeigt für die ersten 6 Sekunden den zurückgelegten Weg s in Metern eines startenden Fahrzeugs in Abhängigkeit von der vergangenen Zeit t in Sekunden.

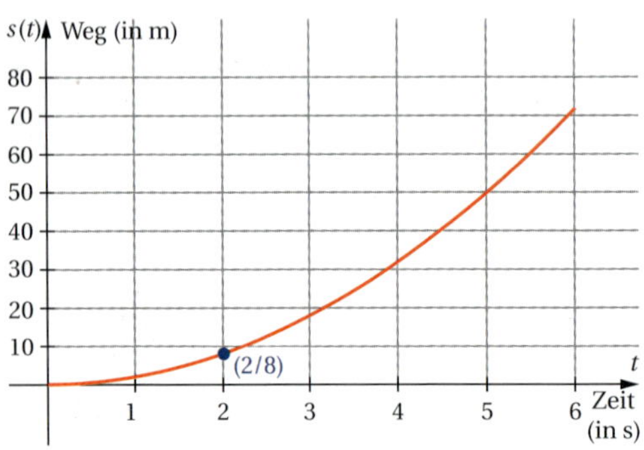

a) Interpretieren Sie die Koordinaten des Punktes (2/8) des Funktionsgraphen.

b) Bestimmen Sie zeichnerisch die Steigung des Graphen an den Stellen

- $t = 2$,
- $t = 4$ und
- $t = 6$,

indem Sie Tangenten an diesen Stellen an den Graphen legen und deren Steigungen mithilfe von Steigungsdreiecken ermitteln.

c) Interpretieren Sie die ermittelten Steigungen der Tangenten anwendungsbezogen als Änderungsraten. Beachten Sie dabei die Einheiten.

Lösung

a) Nach 2 Sekunden hat das Fahrzeug ca. 8 Meter zurückgelegt.

b) Wir legen Tangenten an den Graphen an den Stellen $t=2$, $t=4$ und $t=6$ und bestimmen mithilfe von Steigungsdreiecken die Steigungen der Tangentensteigung:

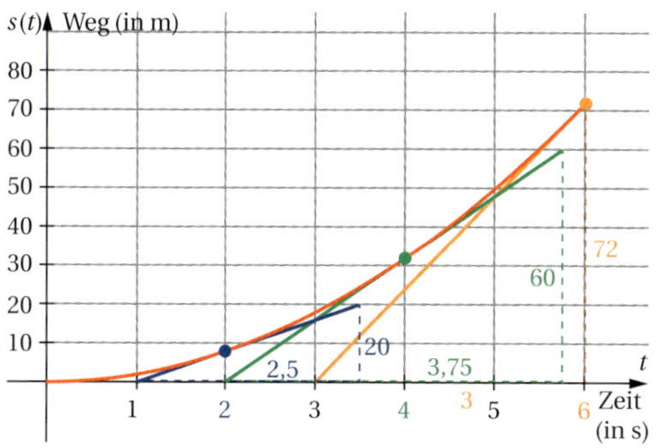

Tangentensteigung für $t=2$: $m_t = \frac{20}{2,5} = \underline{\underline{8}}$

Tangentensteigung für $t=4$: $m_t = \frac{60}{3,75} = \underline{\underline{16}}$

Tangentensteigung für $t=6$: $m_t = \frac{72}{3} = \underline{\underline{24}}$

c) Für alle Tangentensteigungen (Änderungsraten) ergibt sich die Einheit aus:

$$m_t = \frac{\text{Höhenunterschied (in Meter)}}{\text{Horizontalunterschied (in Sekunden)}} \text{ also } \frac{\text{m}}{\text{s}} \text{ (Meter pro Sekunde).}$$

Die **Änderungsrate** des zurückgelegten Weges in Bezug zur vergangenen Zeit $\left(\frac{\text{m}}{\text{s}}\right)$ ist eine Geschwindigkeitsangabe, die man durch Multiplikation mit dem Faktor 3,6[1)] in die vertraute Einheit Kilometer pro Stunde $\left(\frac{\text{km}}{\text{h}}\right)$ umwandeln kann.

Interpretation:

Nach 2 Sekunden fährt das Fahrzeug mit einer Geschwindigkeit von $8\,\frac{\text{m}}{\text{s}} = \underline{\underline{28{,}8\,\frac{\text{km}}{\text{h}}}}$.

Nach 4 Sekunden fährt das Fahrzeug mit einer Geschwindigkeit von $16\,\frac{\text{m}}{\text{s}} = \underline{\underline{57{,}6\,\frac{\text{km}}{\text{h}}}}$.

Nach 6 Sekunden fährt das Fahrzeug mit einer Geschwindigkeit von $24\,\frac{\text{m}}{\text{s}} = \underline{\underline{86{,}4\,\frac{\text{km}}{\text{h}}}}$.

---

1) Beispiel: $\frac{8\,\text{m}}{1\,\text{s}} = \frac{8\,\text{m} \cdot 60\,\frac{\text{s}}{\text{min}} \cdot 60\,\frac{\text{min}}{\text{h}}}{1\,\text{s}} = \frac{8\,\text{m} \cdot 3600}{1\,\text{h}} = \frac{8\,\text{km} \cdot 3600}{1000 \cdot 1\,\text{h}} = \frac{8\,\text{km}}{1\,\text{h}} \cdot 3{,}6 = 28{,}8\,\frac{\text{km}}{\text{h}}$

Ein **Weg-Zeit-Diagramm** zeigt den zurückgelegten Weg s eines Körpers in Abhängigkeit von der vergangenen Zeit t.

Die lokale oder momentane **Änderungsrate im Weg-Zeit-Diagramm** gibt die **Geschwindigkeit** eines Körpers zu einem bestimmtem Zeitpunkt an.

Situation 3

Bei der Herstellung eines Produktes werden die dabei entstehenden Gesamtkosten in Abhängigkeit von der Produktionsmenge durch den abgebildeten Graphen einer ertragsgesetzlichen Gesamtkostenfunktion $k(x)$ beschrieben. Zurzeit produziert der Betrieb 5 ME, dabei entstehen Gesamtkosten in Höhe von 70 GE. Ermitteln Sie durch zeichnerisches Differenzieren (Anlegen einer Tangente) die ungefähre Steigung des Graphen der Funktion bei der derzeitigen Produktionsmenge und interpretieren Sie die ermittelte Änderungsrate anwendungsbezogen.

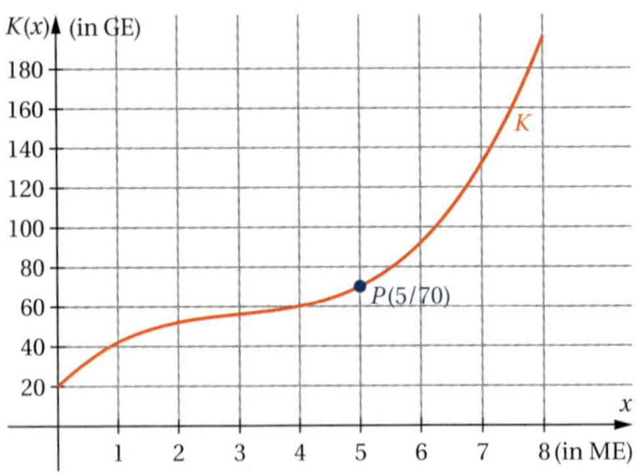

Lösung

Wir legen eine Tangente an den Graphen im Punkt $P(5/70)$ und ermitteln mithilfe eines beliebigen Steigungsdreiecks ihre Steigung (s. Abb.), die identisch mit der Steigung des Graphen in diesem Punkt ist.

$$m_t = \frac{70}{4{,}\overline{6}} = \underline{\underline{15}}$$

Die Einheit der entsprechenden Änderungsrate ergibt sich wieder aus:

$$m_t = \frac{\text{Höhenunterschied (in GE)}}{\text{Horizontalunterschied (in ME)}}, \text{ also } \frac{\text{GE}}{\text{ME}}$$

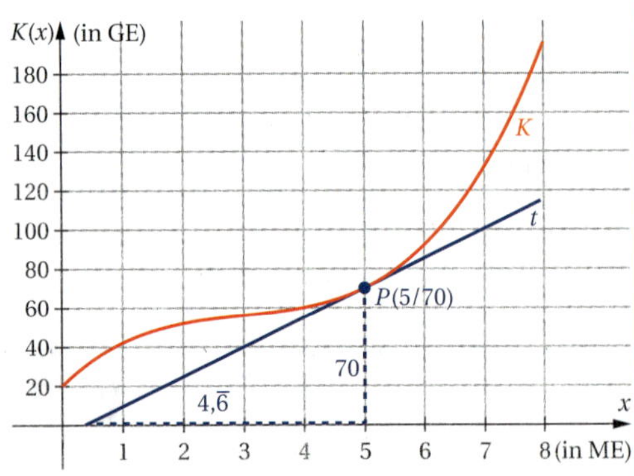

Interpretation

Die Änderungsrate der Gesamtkosten gibt an, wie stark sich die Gesamtkosten verändern, wenn der Betrieb von 5 ME ausgehend seine Produktionsmenge verändert. In der Betriebswirtschaftslehre gibt es dafür einen Fachbegriff:

Die Änderungsrate der Gesamtkosten bei sich ändernder Produktionsmenge heißt **Grenzkosten**.

Wenn die Gesamtkosten in GE und die Produktionsmenge in ME angegeben sind, ist die **Einheit der Grenzkosten** $\frac{\text{GE}}{\text{ME}}$.

Zusammenfassung

- Die Steigung eines krummlinigen Graphen ist im Unterschied zur Steigung einer Geraden nicht überall gleich.
- Die zeichnerische Ermittlung der Steigung eines Funktionsgraphen in einem Punkt P (an einer Stelle x) wird als **zeichnerisches Ableiten** oder **zeichnerisches Differenzieren** bezeichnet.
  Das Verfahren ist nicht genau.
- Die **Steigung eines Funktionsgraphen** in einem Punkt P (an einer Stelle x) ist **gleich der Steigung der Tangente** an den Graphen in diesem Punkt P (an dieser Stelle x).
- Mithilfe eines Steigungsdreiecks kann man die Steigung der Tangente m_t und damit die Steigung des Funktionsgraphen in einem Punkt (an einer Stelle x) zeichnerisch näherungsweise bestimmen:
  $$m_t = \frac{\text{Höhenunterschied zwischen 2 Punkten der Tangente}}{\text{Horizontalunterschied zwischen 2 Punkten der Tangente}} = \frac{\Delta y}{\Delta x} = \frac{y_2 - y_1}{x_2 - x_1}$$
- Die **Einheit des Steigungsmaßes** ergibt sich aus dem Quotienten der Einheiten von Höhen- und Horizontalunterschied:
  $$\text{Einheit des Steigungsmaßes} = \frac{\text{Einheit des Höhenunterschiedes}}{\text{Einheit des Horizontalunterschiedes}}$$
- Das **Steigungsmaß** eines Graphen an einer Stelle wird auch **lokale** oder **momentane Änderungsrate** genannt und gibt an, wie stark sich die Funktionswerte verändern.
- Ein **Weg-Zeit-Diagramm** zeigt den zurückgelegten Weg s eines Körpers in Abhängigkeit von der vergangenen Zeit t.
- Die **Änderungsrate im Weg-Zeit-Diagramm ist die Geschwindigkeit** des Körpers zu einem bestimmtem Zeitpunkt.
- **Grenzkosten** geben an, wie stark sich die Gesamtkosten verändern, wenn der Betrieb von einer bestimmten Produktionsmenge ausgehend seine Produktionsmenge verändert.

Übungsaufgaben

1 Ein Motorsport-Club hat das abgebildete Höhenprofil seiner Motocross-Strecke veröffentlicht.

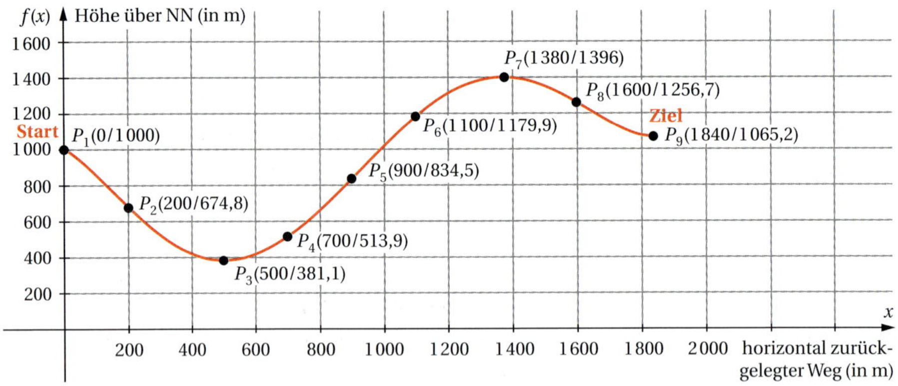

a) Erläutern Sie, was ein solches Höhenprofil generell aussagt.

b) Beschreiben Sie den Verlauf der Strecke durch einige wesentliche Höhenangaben.

c) Beschreiben Sie den Verlauf der Strecke durch ihre Steigung.

d) Bestimmen Sie durch zeichnerisches Differenzieren die Steigung der Strecke in den Punkten P_1 bis P_9 und interpretieren Sie die Ergebnisse.

2 Das Touristenbüro einer Gemeinde in den Bergen hat das abgebildete Höhenprofil einer Wanderstrecke veröffentlicht.

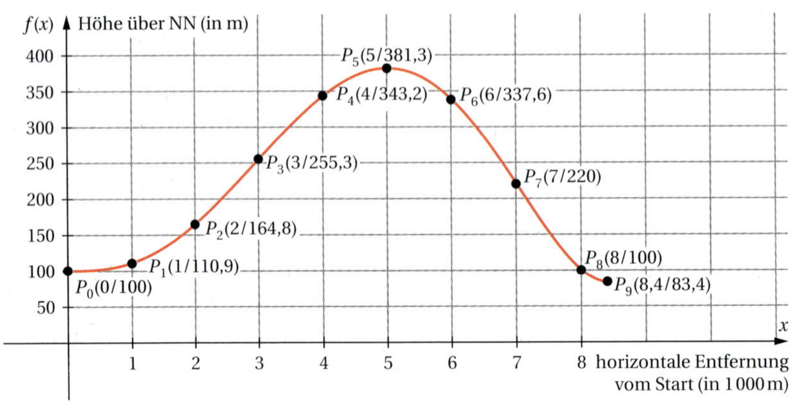

a) Bestimmen Sie zeichnerisch die Steigung der Wanderstrecke in den angegebenen Punkten und interpretieren Sie die ermittelten Werte.

Beschreiben Sie, in welchen Streckenabschnitten (Intervallen) die Steigung
b) positiv,
c) negativ
ist.

Geben Sie an, in welchen Punkten die Steigung der Wanderstrecke
d) am größten,
e) am kleinsten
ist.

3 Der **freie Fall** ist in der klassischen Mechanik die Bewegung eines Körpers unter Vernachlässigung der Luftreibung und der Zunahme der Gravitationskraft. Die Grafik beschreibt den freien Fall eines Körpers im Zeitablauf.

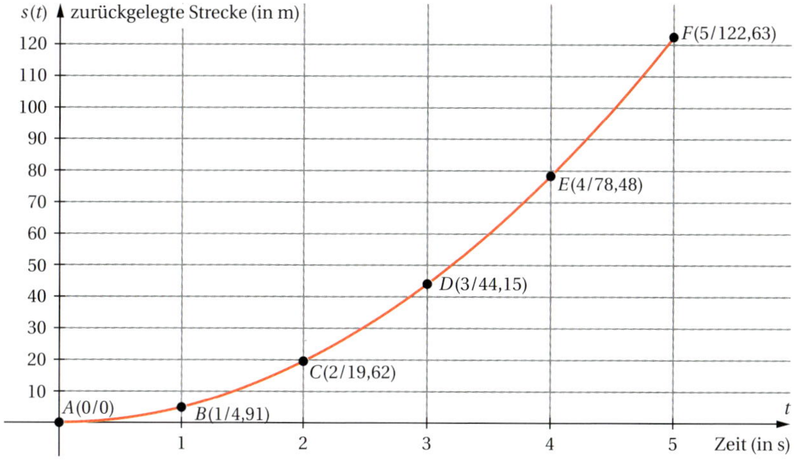

a) Interpretieren Sie den Funktionsgraphen insgesamt und exemplarisch die Koordinaten des Punktes E.

b) Bestimmen Sie zeichnerisch die Steigung des Graphen in den angegebenen Punkten und interpretieren Sie die ermittelten Werte anwendungsbezogen. Formen Sie die Einheiten der Änderungsraten dazu in eine gängige Einheit um.

4 Ein Gefäß mit einer Flüssigkeit (s. Abb. rechts) wird entleert. Der unten abgebildete Funktionsgraph beschreibt diesen Vorgang.

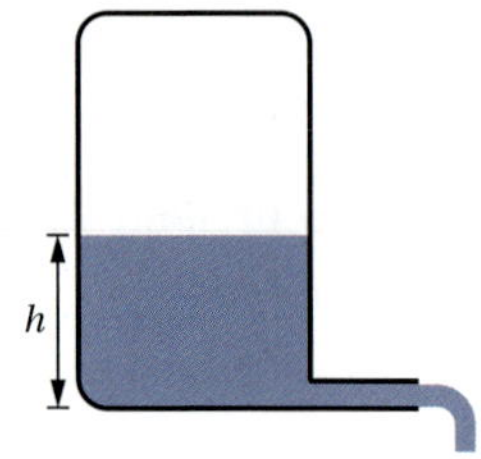

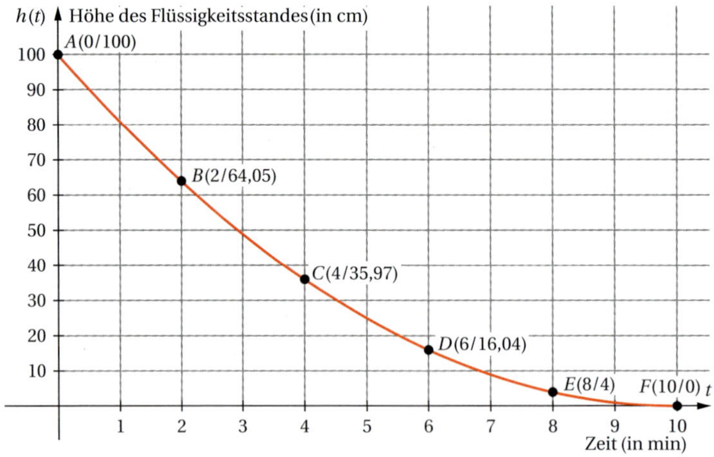

a) Interpretieren Sie die Koordinaten der Punkte A und B.
b) Bestimmen Sie zeichnerisch die Steigung des Graphen in den Punkten A bis F und interpretieren Sie die ermittelten Werte anwendungsbezogen, auch im Vergleich.

5 Die bei der Produktion eines Gutes entstehenden Gesamtkosten werden durch den abgebildeten Funktionsgraphen beschrieben.

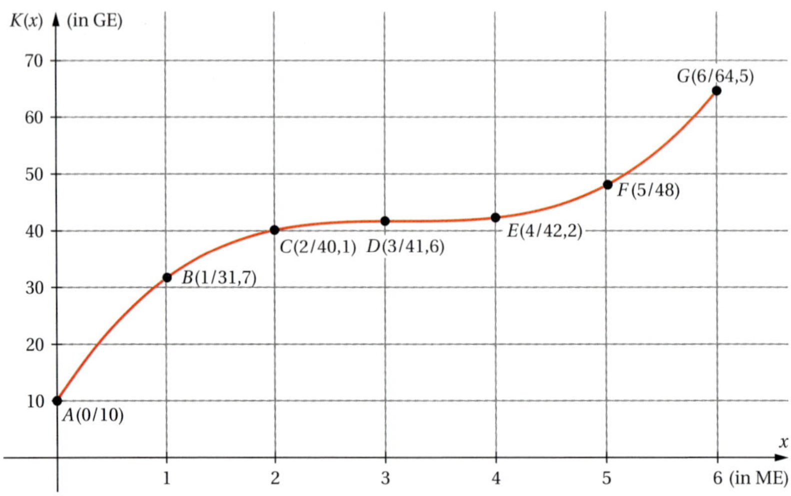

a) Interpretieren Sie die Koordinaten der Punkte A, B und C.
b) Bestimmen Sie zeichnerisch die Steigung des Graphen in den Punkten A bis G und interpretieren Sie die ermittelten Werte anwendungsbezogen, auch im Vergleich miteinander.

6 Der abgebildete Funktionsgraph zeigt die Gewinne eines Betriebes bei unterschiedlichen Produktionsmengen.

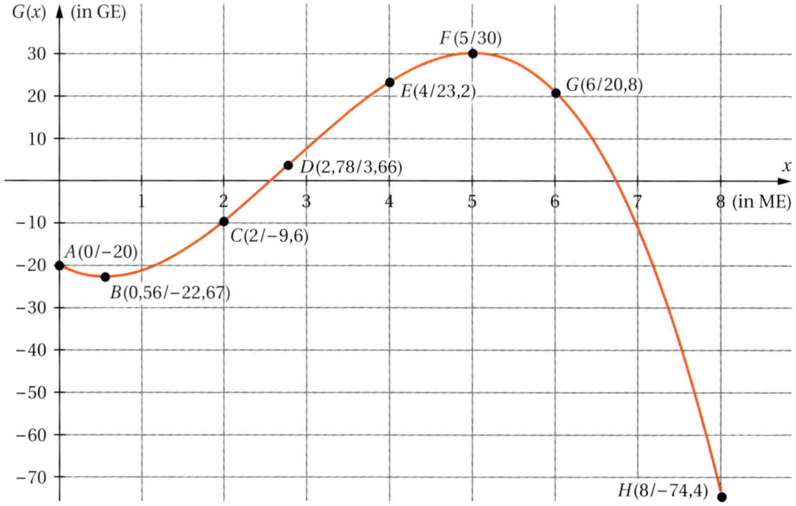

a) Interpretieren Sie die Koordinaten der Punkte *C* und *E* anwendungsbezogen.

b) Geben Sie an, an welchen Stellen die Steigung des Graphen 0 ist.

c) Geben Sie die Intervalle mit positiver Steigung und die mit negativer Steigung an. Erläutern Sie die Bedeutung dieser Intervalle anwendungsbezogen.

d) Geben Sie an, in welchem Punkt des Intervalls mit positiver Steigung die Steigung des Graphen am größten ist.

e) Bestimmen Sie zeichnerisch die Steigung des Graphen der Funktion an den Stellen $x = 2{,}78$ und $x = 6$ und interpretieren Sie die ermittelten Werte anwendungsbezogen.

7 Gegeben sei ein Graph einer ganzrationalen Funktion 4. Grades.

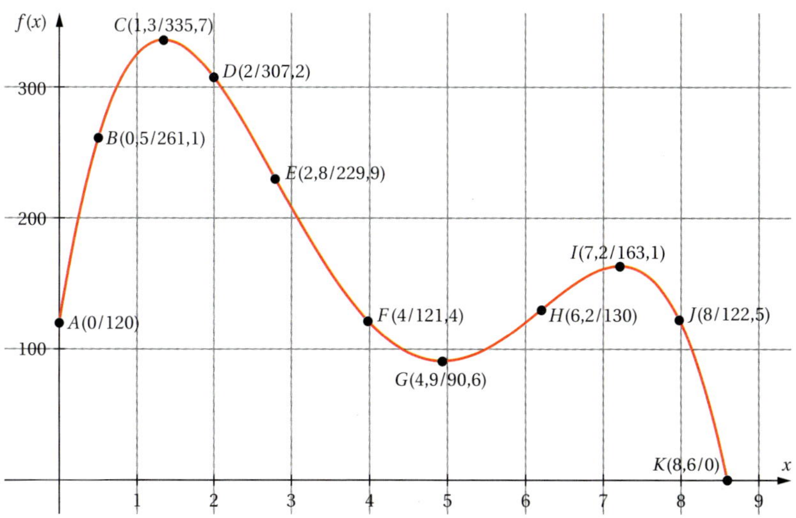

a) Bestimmen Sie zeichnerisch die Steigung des Graphen der Funktion in den Punkten *B*, *E*, *F* und *H*.
b) Geben Sie an, an welchen Stellen die Steigung des Graphen 0 ist.
c) Geben Sie die Intervalle mit positiver Steigung und die mit negativer Steigung an.
d) Geben Sie an, in welchen Punkten dieser Intervalle die Steigung des Graphen, am größten oder am kleinsten ist.

8 Zeichnen Sie den Graphen der Funktion mit $f(x) = x^2$ und leiten Sie ihn zeichnerisch an den gegebenen Stellen ab.

a) $x = -3$ b) $x = -1$ c) $x = 0$ d) $x = 1$

9 Differenzieren Sie die Funktion mit $f(x) = \frac{1}{2}x^2$ zeichnerisch an den gegebenen Stellen.

a) $x = -3$ b) $x = -1$ c) $x = 0$ d) $x = 1$

10 Erläutern Sie unter Einbeziehung der jeweiligen Einheit, was die Tangentensteigung (= momentane Änderungsrate) anwendungsbezogen aussagt.

a) Ein Gefäß wird mit Wasser gefüllt. Die Funktion *H* gibt die Höhe des Wasserspiegels in cm im Zeitablauf *t* in Stunden an.
b) Die Einkommenssteuerfunktion *E* bestimmt, wie viel Steuern in € von einem Steuerpflichtigen für ein bestimmtes Jahreseinkommen *Y* in € gezahlt werden müssen.
c) Eine Funktion beschreibt für jeden Zeitpunkt *t* in Stunden die Anzahl der Bakterien *B* in Stück in einer Nährlösung.
d) Die Funktion *T* beschreibt die Temperatur in °C einer sich abkühlenden Flüssigkeit im Zeitablauf *t* in Minuten.
e) Eine Funktion $p(h)$ gibt den Luftdruck *p* in Hectopascal in Abhängigkeit von der Höhe *h* über NN in Meter an.
f) Die Flughöhe *H* in Meter eines unbemannten Flugzeugs in Abhängigkeit von der Zeit *t* in Sekunden nach dem Start wird angegeben durch die Funktion $H(t)$.
g) Die Flugstrecke *s* in Kilometer eines Flugzeugs in Abhängigkeit von der Zeit *t* in Stunden nach dem Start wird angegeben durch die Funktion $s(t)$.
h) Ein Fahrzeug wird abgebremst. Die Funktion *s* in Meter beschreibt den in der Zeit *t* (in Sekunden) zurückgelegten Weg.
i) An einer bestimmten Stelle einer Autobahn werden die Autos gezählt, die vom Beginn des Tages bis zum Zeitpunkt *t* die Zählstelle passiert haben. Die Funktion *A* mit $A(t)$ beschreibt die Anzahl der Fahrzeuge *A* in Stück zum Zeitpunkt *t* in Stunden.

3.1.2 Mittlere Steigung und mittlere Änderungsrate

Situation 4

In der Abbildung ist das Höhenprofil des Straßenabschnitts aus Situation 1 des vorausgegangenen Abschnitts abgebildet. Das Höhenprofil gibt die jeweilige Höhe einer Straße in Tausend Meter über Normalnull in Abhängigkeit von der horizontalen Entfernung in Tausend Meter vom Startpunkt an.
Zusätzlich sind drei **Sekanten**[1] in den Farben Blau, Grün und Orange eingetragen.

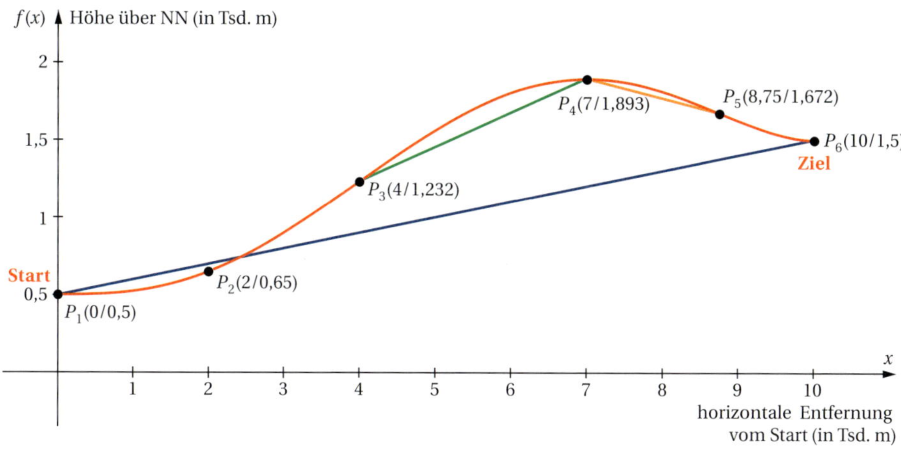

Berechnen Sie die Steigungen der drei Sekanten und interpretieren Sie die Ergebnisse.

Lösung

Die Steigungen der Sekanten berechnen wir mit jeweils einem Steigungsdreieck, die in der Grafik unten gestrichelt eingetragen sind.

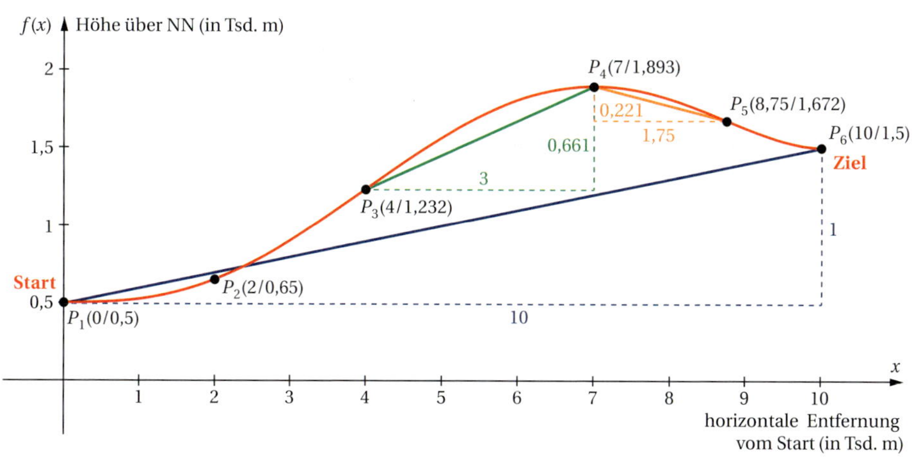

[1] **Sekante** = Gerade, die eine Kurve schneidet

- Steigung der blauen Sekante durch den Startpunkt P_1 und den Zielpunkt P_6, also in dem Intervall [0; 10]:

$$m_{s\,[0;\,10]} = \frac{\text{Höhenunterschied}}{\text{Horizontalunterschied}} = \frac{\Delta y}{\Delta x} = \frac{y_2 - y_1}{x_2 - x_1} = \frac{1{,}5 - 0{,}5}{10 - 0} = \frac{1}{10} = \underline{\underline{0{,}1 = 10\,\%}}$$

- Das Ergebnis ist ohne Einheit, weil sich bei der Berechnung der Steigung die Einheiten für den Höhenunterschiedes in Tsd. m und den Horizontalunterschied in Tsd. m wegkürzen. Man kann das Ergebnis wegen der besseren Anschaulichkeit auch als Prozentsatz (0,1 = 10%) schreiben[1].

  Interpretation: Auf 10 Kilometer steigt die Straße um einen Kilometer an. Dann steigt die Straße **durchschnittlich** auf einem Kilometer um 0,1 Kilometer oder 100 Meter an. Also ist 10% die **durchschnittliche Steigung**, auch **mittlere Steigung**, des Straßenabschnitts je Kilometer über die Gesamtlänge von 10 Kilometer. Da sich die Einheiten wegkürzen, ist das Ergebnis ohne Einheit.

- Steigung der grünen Sekante durch P_3 und P_4, also in dem Intervall [4; 7]:

$$m_{s\,[4;\,7]} = \frac{\text{Höhenunterschied}}{\text{Horizontalunterschied}} = \frac{\Delta y}{\Delta x} = \frac{1{,}893 - 1{,}232}{7 - 4} = \frac{0{,}661}{3} \approx \underline{\underline{0{,}22 = 22\,\%}}$$

  Interpretation: In dem Straßenabschnitt von Kilometer 4 bis Kilometer 7 vom Startpunkt entfernt steigt die Straße durchschnittlich um ca. 22% an. Das sind durchschnittlich 220 Meter auf einen Kilometer.

- Steigung der orangen Sekante durch P_4 und P_5, also in dem Intervall [7; 8,75]:

$$m_{s\,[7;\,8{,}75]} = \frac{\text{Höhenunterschied}}{\text{Horizontalunterschied}} = \frac{\Delta y}{\Delta x} = \frac{1{,}672 - 1{,}893}{8{,}75 - 7} = \frac{-0{,}221}{1{,}75} \approx \underline{\underline{-0{,}126 = -12{,}6\,\%}}$$

  Interpretation: In dem Straßenabschnitt von Kilometer 7 bis Kilometer 8,75 vom Startpunkt entfernt fällt die Straße durchschnittlich um ca. 12,6% ab. Das sind durchschnittlich 126 Meter abwärts auf einen Kilometer horizontale Strecke.

Die **Steigung einer Sekante** zwischen zwei Punkten eines Graphen gibt die **mittlere** oder **durchschnittliche Steigung** des Graphen in diesem Intervall an.

Die mittlere oder durchschnittliche Steigung eines Graphen wird auch **mittlere Änderungsrate** oder **durchschnittliche Änderungsrate** genannt.

Die mittlere oder durchschnittliche Änderungsrate wird mithilfe des **Differenzenquotienten** $\frac{\Delta y}{\Delta x} = \frac{y_2 - y_1}{x_2 - x_1}$ berechnet.

[1] 10% Steigung entspricht einem Winkel von ca. 5,7°.

Situation 5

In der Abbildung ist das Weg-Zeit-Diagramm aus Situation 2 des vorausgegangenen Abschnitts abgebildet. Es zeigt den Zusammenhang zwischen dem von einem Körper zurückgelegten Weg s und der vergangenen Zeit t in den ersten 6 Sekunden. Zusätzlich sind zwei **Sekanten** in Blau und Grün eingetragen.

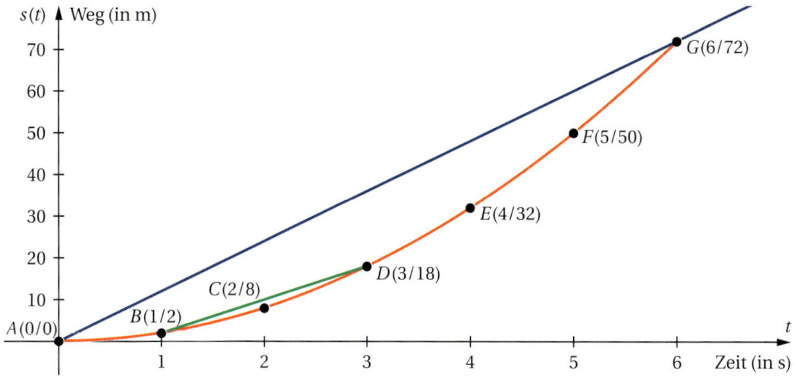

Berechnen Sie die Steigungen der zwei Sekanten und interpretieren Sie die Ergebnisse.

Lösung

Die Steigungen der Sekanten berechnen wir mit jeweils einem Steigungsdreieck, die in der Grafik unten gestrichelt eingetragen sind.

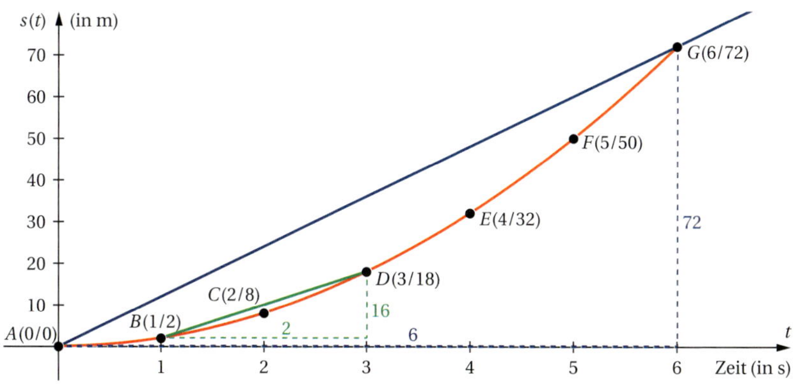

- Die Steigung der blauen Sekante durch den Startpunkt A und den Punkt G, also in dem Intervall [0; 6] beträgt:

  $$m_{s\,[0;\,6]} = \frac{\text{Höhenunterschied}}{\text{Horizontalunterschied}} = \frac{\Delta s}{\Delta t} = \frac{s_2 - s_1}{t_2 - t_1} = \frac{72 - 0}{6 - 0} = \underline{\underline{12}}$$

  Die Einheit der Steigung ergibt sich aus:

  $$\frac{\text{Einheit des Höhenunterschiedes (Meter)}}{\text{Einheit des Horizontalunterschiedes (Sekunde)}} = \frac{\text{m}}{\text{s}}$$

Insgesamt wurden also 72 Meter in 6 Sekunden zurückgelegt. Das sind dann in einer Sekunde $\frac{72\,\text{m}}{6\,\text{s}} = \frac{12\,\text{m}}{1\,\text{s}} = 12\,\frac{\text{m}}{\text{s}}$. Das ist eine Geschwindigkeitsangabe, die durch Multiplikation mit dem Faktor 3,6 auch in die üblichen Kilometer je Stunde $\left(\frac{\text{km}}{\text{h}}\right)$ umgerechnet werden kann:

$$\underline{\underline{12\,\frac{\text{m}}{\text{s}} = 43{,}2\,\frac{\text{km}}{\text{h}}}}$$

Dieser Wert wird auch **mittlere Änderungsrate** oder **durchschnittliche Änderungsrate** des zurückgelegten Weges bezogen auf eine Sekunde genannt.
Interpretation: In den ersten 6 Sekunden bewegt sich der Körper durchschnittlich mit einer Geschwindigkeit von $12\,\frac{\text{m}}{\text{s}} = 43{,}2\,\frac{\text{km}}{\text{h}}$ (= **Durchschnittsgeschwindigkeit**).

- Die Steigung der grünen Sekante durch die Punkte *B* und *D*, also in dem Intervall [1; 3], beträgt:

$$m_{s\,[1;\,3]} = \frac{\text{Höhenunterschied}}{\text{Horizontalunterschied}} = \frac{\Delta s}{\Delta t} = \frac{s_2 - s_1}{t_2 - t_1} = \frac{18-2}{3-1} = \frac{16}{2} = \underline{\underline{8}}$$

Interpretation: Von Beginn der zweiten bis zum Ende der dritten Sekunde bewegt sich der Körper mit einer Durchschnittsgeschwindigkeit von $8\,\frac{\text{m}}{\text{s}} = 28{,}8\,\frac{\text{km}}{\text{h}}$.

Situation 6

Die Abbildung zeigt den Graphen der ertragsgesetzlichen Gesamtkostenfunktion aus Situation 3. Der Graph zeigt den Zusammenhang zwischen unterschiedlichen Produktionsmengen *x* in ME eines Gutes und den dabei entstehenden Gesamtkosten *K* in GE bis zu einer Produktionsmenge von 8 ME. Zusätzlich sind zwei **Sekanten** in Blau und Grün eingetragen.

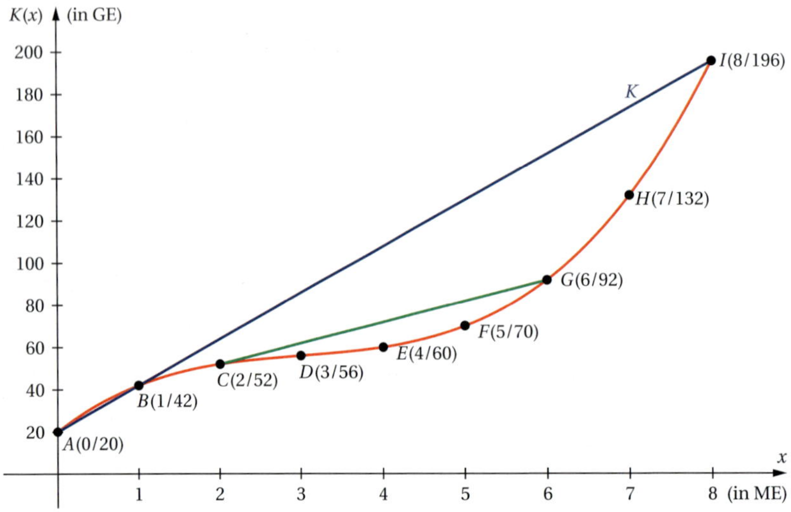

Berechnen Sie die Steigungen der zwei Sekanten und interpretieren Sie die Ergebnisse.

Lösung

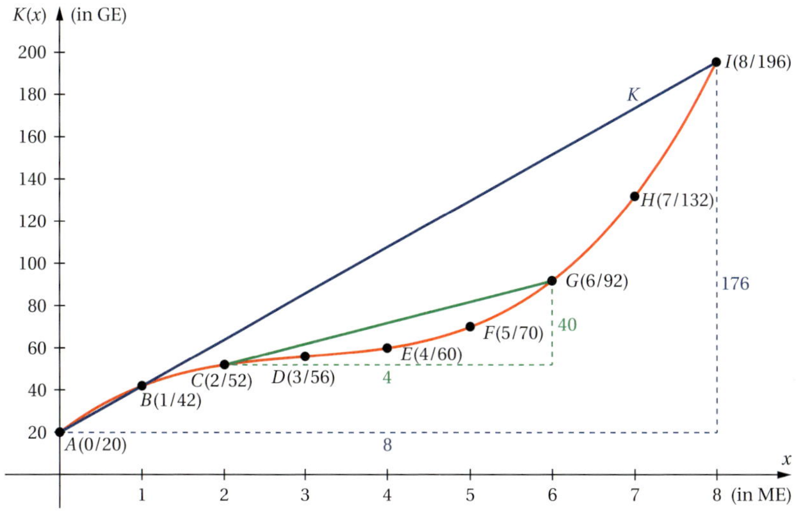

- Die Steigung der blauen Sekante durch die Punkte A und I, also in dem Intervall [0; 8] beträgt:

$$m_{s\ [0;\ 8]} = \frac{\text{Höhenunterschied}}{\text{Horizontalunterschied}} = \frac{\Delta K}{\Delta x} = \frac{K_2 - K_1}{x_2 - x_1} = \frac{196 - 20}{8 - 0} = \frac{176}{8} = \underline{\underline{22}}$$

  Die Einheit der Steigung ergibt sich aus:

$$\frac{\text{Einheit des Höhenunterschiedes}}{\text{Einheit des Horizontalunterschiedes}} = \frac{\text{GE}}{\text{ME}}$$

  Interpretation: Wenn die Produktionsmenge von 0 ME auf 8 ME erhöht wird, beträgt der durchschnittliche Kostenanstieg $\frac{176\ \text{GE}}{8\ \text{ME}} = \underline{\underline{22\ \frac{\text{GE}}{\text{ME}}}}$. Dieser Wert wird auch **mittlere Änderungsrate** oder **durchschnittliche Änderungsrate** der Gesamtkosten bezogen auf eine ME der Produktionsmenge genannt.

- Die Steigung der grünen Sekante durch die Punkte C und G, also in dem Intervall [2; 6] beträgt:

$$m_{s\ [2;\ 6]} = \frac{\text{Höhenunterschied}}{\text{Horizontalunterschied}} = \frac{\Delta K}{\Delta x} = \frac{K_2 - K_1}{x_2 - x_1} = \frac{92 - 52}{6 - 2} = \frac{40}{4} = \underline{\underline{10}}$$

  Interpretation: Wenn die Produktionsmenge von 2 ME auf 6 ME erhöht wird, beträgt der durchschnittliche Kostenanstieg $10\ \frac{\text{GE}}{\text{ME}}$. Das ist die **mittlere** oder **durchschnittliche Änderungsrate** der Gesamtkosten bezogen auf eine ME der Produktionsmenge.

Zusammenfassung

- Die **Steigung einer Sekante** s durch zwei Punkte eines Funktionsgraphen oder in einem Intervall $[x_1; x_2]$ wird berechnet mit
$$m_{s\,[x_1;\,x_2]} = \frac{\text{Höhenunterschied}}{\text{Horizontalunterschied}} = \frac{\Delta y}{\Delta x} = \frac{y_2 - y_1}{x_2 - x_1}.$$
- Weil Zähler und Nenner des Quotienten $\frac{\Delta y}{\Delta x} = \frac{y_2 - y_1}{x_2 - x_1}$ Differenzen sind, heißt der Ausdruck **Differenzenquotient**.
- Die **Steigung der Sekante** gibt die **mittlere** oder **durchschnittliche Steigung** des Graphen über dem entsprechenden Intervall $[x_1; x_2]$ an.
- Das durchschnittliche Steigungsmaß wird auch **mittlere Änderungsrate** oder **durchschnittliche Änderungsrate** der Funktionswerte bezogen auf eine Einheit des x-Wertes genannt.
- **Einheit der mittleren (durchschnittlichen) Änderungsrate**:
$$\frac{\text{Einheit des Höhenunterschiedes}}{\text{Einheit des Horizontalunterschiedes}}$$

Übungsaufgaben

1 Ein Motorsport-Club hat das abgebildete Höhenprofil seiner Motocross-Strecke veröffentlicht und zusätzlich drei Sekanten in Blau, Grün und Orange eingetragen.

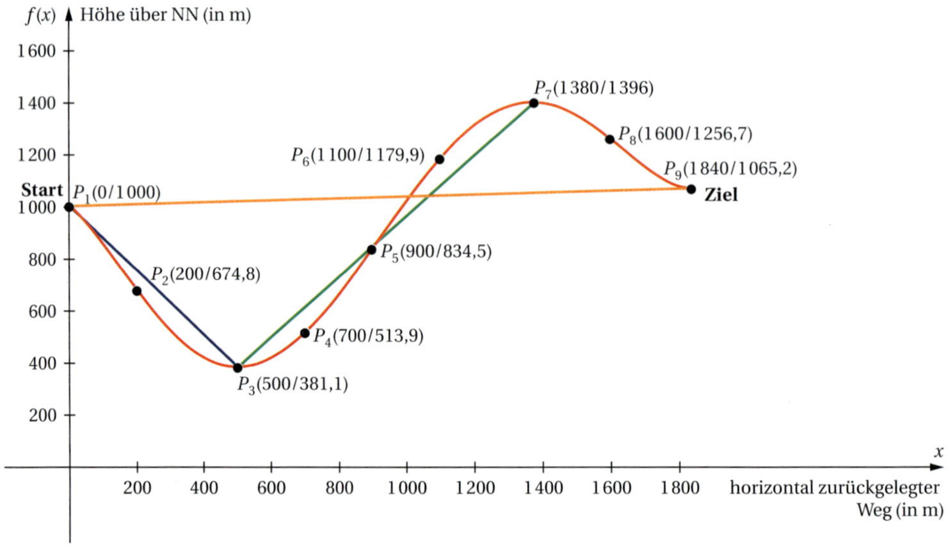

Berechnen Sie die Steigungen der Sekanten und interpretieren Sie die Ergebnisse.

2 Das Touristenbüro einer Gemeinde in den Bergen hat das abgebildete Höhenprofil einer Wanderstrecke veröffentlicht.

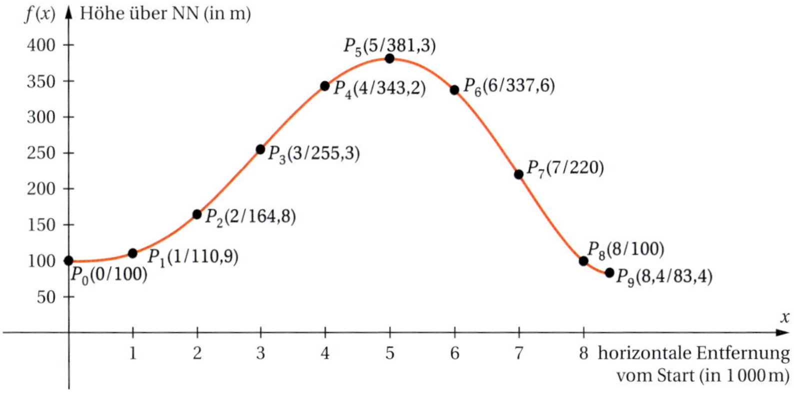

Berechnen Sie die durchschnittliche Steigung der Wanderstrecke

a) insgesamt,
b) bis zum höchsten Punkt,
c) ab dem höchsten Punkt,
d) in dem Intervall [3 000 m; 6 000 m],
e) in dem Intervall [0 m; 8 000 m]

und interpretieren Sie die berechneten Werte.

f) Bestimmen Sie, wie groß die durchschnittlich bewältigte Steigung ist, wenn ein Wanderer die Strecke hin und zurück geht.
g) Begründen Sie, in welchem 1 000-m-Streckenabschnitt die durchschnittliche Steigung am größten ist.

3 Der rote Graph in der Abbildung unten beschreibt den zurückgelegten Weg eines Körpers in den ersten 5 Sekunden im freien Fall in Abhängigkeit von der vergangenen Zeit. Zusätzlich sind zwei Sekanten in Blau und Grün eingezeichnet.

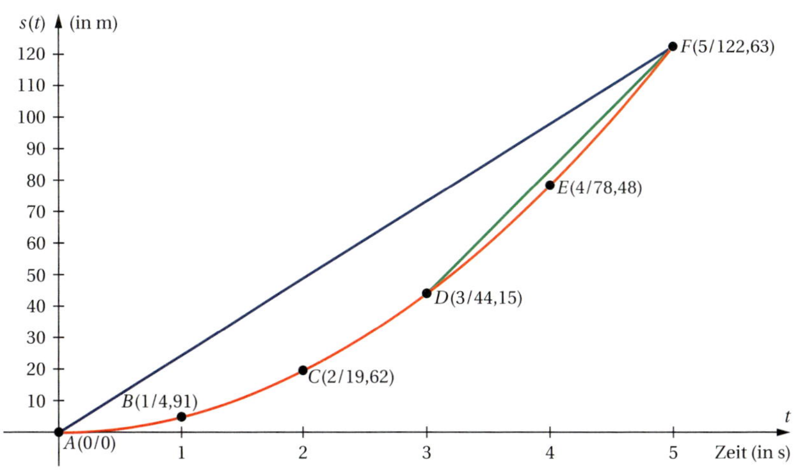

Berechnen Sie die Steigungen der Sekanten und interpretieren Sie die Ergebnisse.

4 Ein Gefäß mit einer Flüssigkeit (s. Abb.) wird entleert.
Der abgebildete Funktionsgraph beschreibt diesen Vorgang.

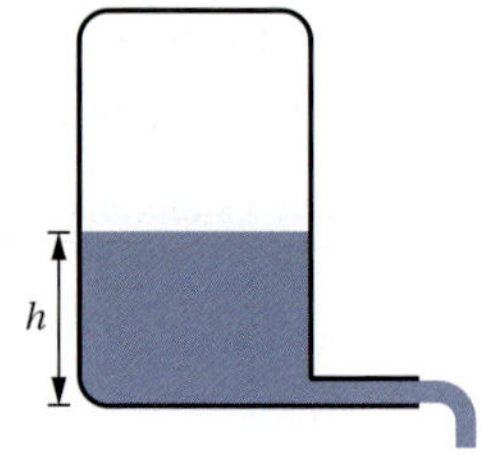

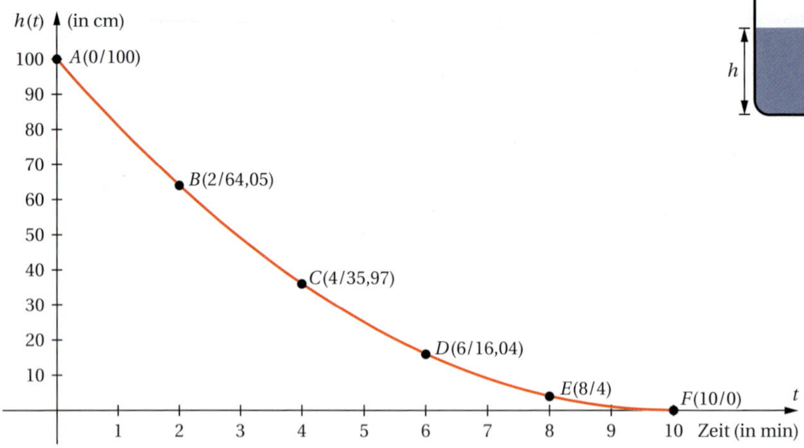

a) Berechnen Sie, mit welcher Durchschnittsgeschwindigkeit die Flüssigkeit ab Öffnung des Gefäßes abfließt.
b) Ermitteln Sie die Durchschnittsgeschwindigkeit in den ersten 4 Minuten.
c) Bestimmen Sie die durchschnittliche Geschwindigkeit mit der die Flüssigkeit ab Beginn der 5. bis zum Ende der 8. Minute abfließt.

5 Die bei der Produktion eines Gutes entstehenden Gesamtkosten werden durch den abgebildeten roten Funktionsgraphen beschrieben.

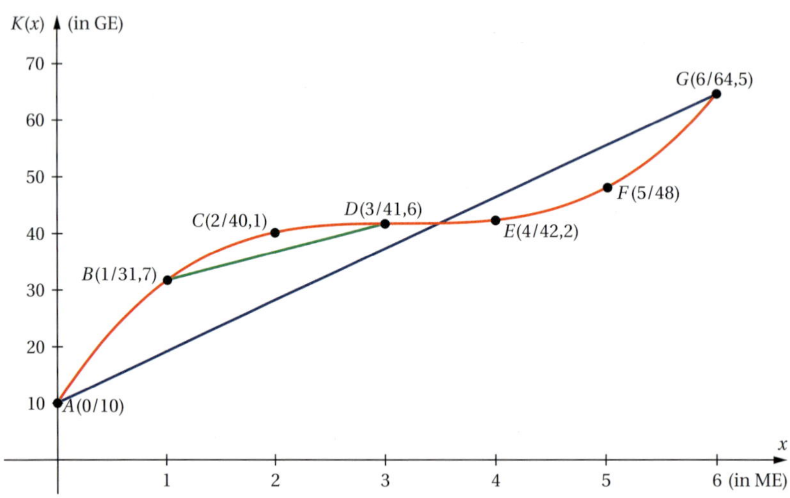

Berechnen und interpretieren Sie die Steigung der blauen und der grünen Sekante.

6 Der abgebildete Funktionsgraph zeigt die Gewinne eines Betriebes bei verschiedenen Produktionsmengen.

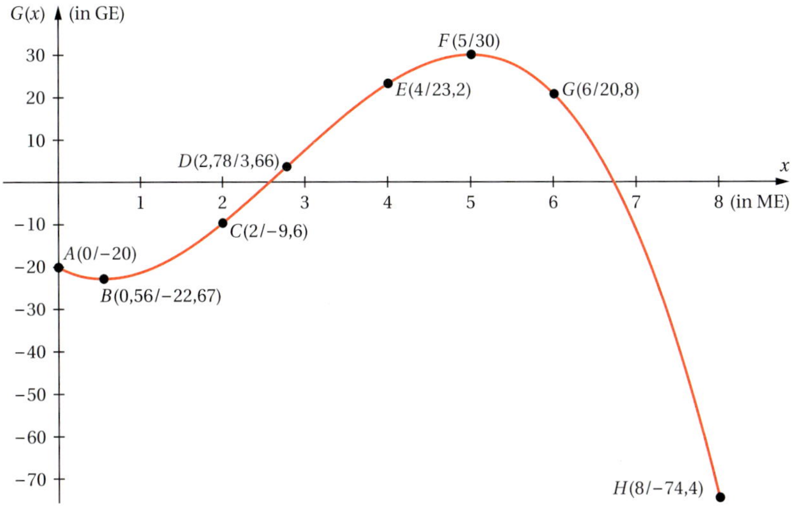

Berechnen Sie, wie sich der Gewinn durchschnittlich verändert, wenn die Produktionsmenge

a) von $x = 0$ auf $x = 8$,

b) von $x = 2$ auf $x = 5$,

c) von $x = 5$ auf $x = 8$

erhöht wird.

Geben Sie auch die Einheit der Änderungsrate an.

7 Gegeben sei ein Graph einer ganzrationalen Funktion 4. Grades mit $D(f) = [0; 8{,}6]$.

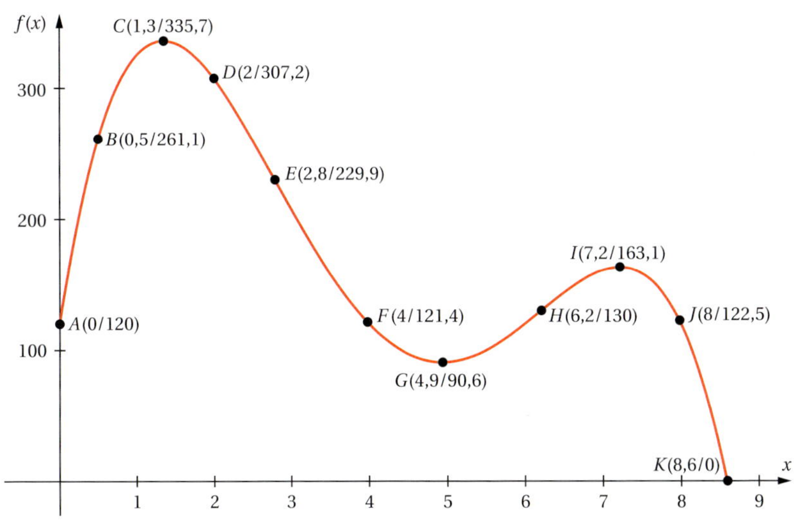

Bestimmen Sie die durchschnittliche Steigung des Funktionsgraphen
a) in seinem Definitionsbereich,
b) zwischen seinen Hochpunkten,
c) in dem Intervall, in dem der Graph das erste Mal fällt,
d) in dem Intervall, in dem der Graph das zweite Mal steigt.

8 Berechnen Sie die durchschnittliche Steigung des Graphen der Funktion mit $f(x) = x^2$ in dem angegebenen Intervall.

a) $[-3; 1]$
b) $[-2; 2]$
c) $[0; 3]$
d) $[-1; 5]$

9 Die Tabelle gibt die Gesamtkosten K eines Betriebes in Abhängigkeit von der Produktionsmenge x bei der Herstellung eines Produktes an.

x (in ME)	0	1	2	3	4	5	6	7	8
$K(x)$ (in GE)	20	42	52	56	60	70	92	132	196

Die Produktionsmenge soll von 0 ME auf 8 ME erhöht werden. Berechnen Sie den durchschnittlichen Anstieg der Gesamtkosten auf zweierlei Art.

10 Im Jahr 2008 gab es durch die Immobilien- und Bankenkrise teilweise dramatische Einbrüche der Aktienkurse, auch bei den Automobilherstellern. Wir wollen untersuchen, wie sich der Kurs einer Automobilherstelleraktie innerhalb bestimmter Zeiträume verändert hat.

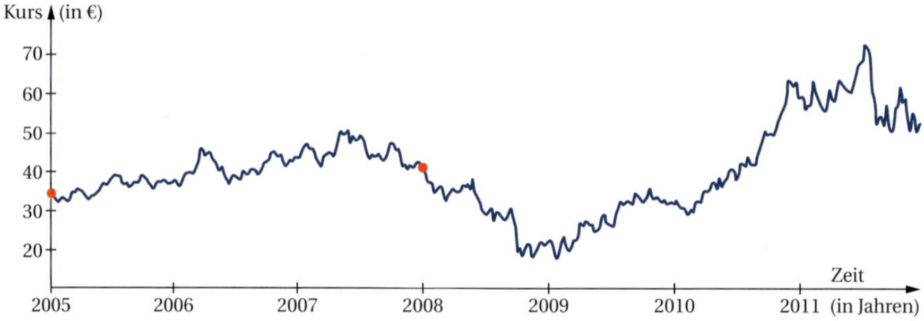

Jahresanfang	2005	2006	2007	2008	2009	2010	2011	2012
Kurs	34,6	37,15	43,59	41,88	22,34	32,66	59,31	51,76

a) Berechnen Sie, um wie viel Euro sich der Kurs der Aktie in den Jahren 2005, 2006 und 2007 jeweils verändert hat.
b) Bestimmen Sie mit den Ergebnissen aus Teilaufgabe a) die *durchschnittliche* jährliche Kursveränderung für den Zeitraum von Anfang 2005 bis Anfang 2008.
c) In der Grafik sind die Aktienkurse jeweils am Jahresanfang 2005 und 2008 mit einem Punkt markiert. Verbinden Sie diese Punkte mit einer Geraden. Berechnen Sie die Steigung der Geraden. Was fällt Ihnen auf?

d) Berechnen Sie die Steigung der Sekante m_s zwischen den Stellen
- 2005 und 2009,
- 2009 und 2012,
- 2005 und 2012

und interpretieren Sie die berechneten Werte. Zeichnen Sie die jeweiligen Sekanten in die Grafik ein.

11 Die Tabelle gibt den Kurs einer Aktie in Euro jeweils zum Monatsanfang an.

Monat	Jan.	Feb.	März	Apr.	Mai	Juni	Juli	Aug.	Sept.	Okt.	Nov.	Dez.	Jan.
Kurs	120	130,5	127	125	135	140	142	139	143	140	150	160	162

Berechnen Sie die mittlere Änderungsrate dieser Aktie für die einzelnen Quartale, Halbjahre und für das gesamte Jahr.

12 Die Streckenlängen und Zeiten der Grafik sind einem Intercity-Reiseplan der Deutschen Bahn entnommen.

a) Erstellen Sie eine Wertetabelle, die den zurückgelegten Weg s in km in Abhängigkeit von der Zeit t in min angibt.

b) Berechnen Sie die Änderungsraten zwischen den einzelnen Städten mit Einheit. Geben Sie Ihre Ergebnisse jeweils mit einer im Alltag üblichen Einheit an.

c) Bestimmen Sie die Durchschnittsgeschwindigkeit des IC auf der Strecke Hannover – Hamburg Hbf., wenn man die Haltezeiten
- mitrechnet
- unberücksichtigt lässt.

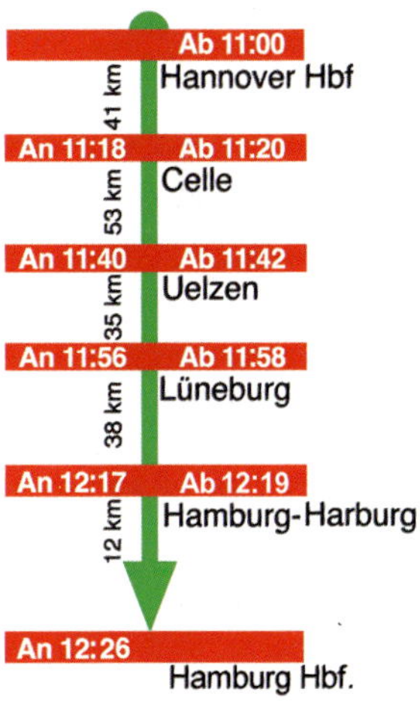

13 Die Grafik zeigt die Entwicklung der Bevölkerungszahlen in Deutschland in Millionen. Ermitteln Sie, in welcher Zeitspanne sich die Bevölkerungszahl durchschnittlich am stärksten verändert hat und in welcher Zeitspanne am schwächsten.
Begründen Sie Ihre Aussagen verbal und belegen Sie sie dann rechnerisch.

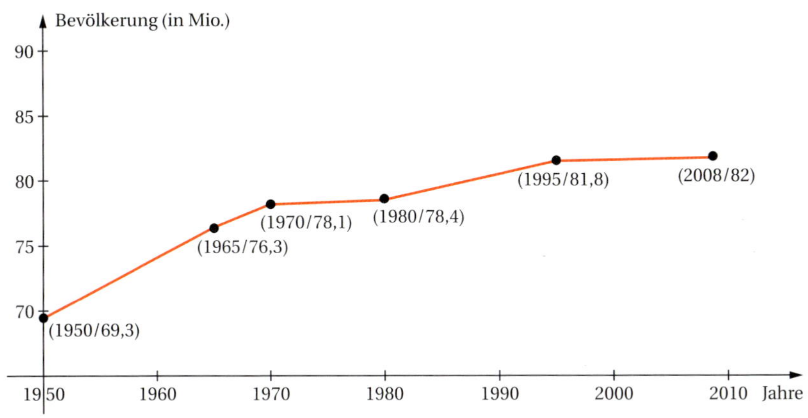

14 Die Grafik zeigt die Höhe der Staatsverschuldung von Bund, Ländern und Gemeinden. Interpretieren Sie die Grafik unter Zuhilfenahme der mittleren Änderungsrate. Erläutern Sie, warum die Grafik täuscht.

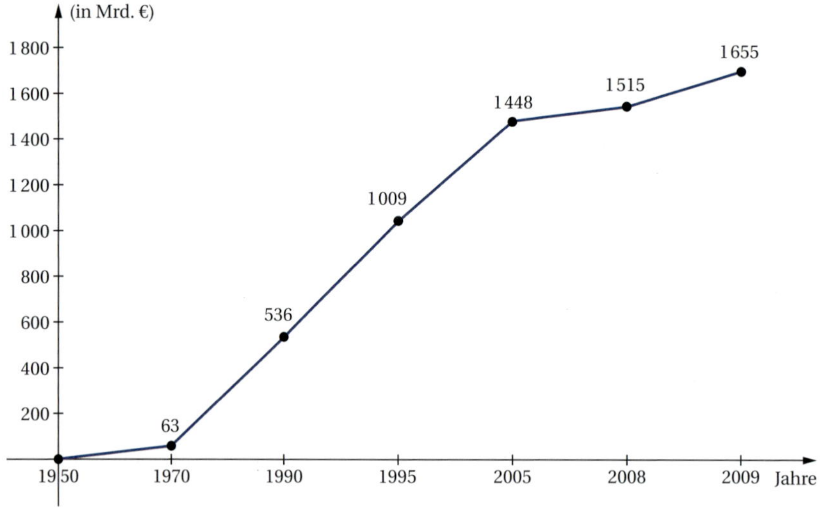

3.1.3 Lokale Steigung und lokale Änderungsrate

Im Abschnitt 3.1.1 haben wir mithilfe des zeichnerischen Differenzierens die **Steigung eines Funktionsgraphen an einer Stelle** und damit die **lokale Änderungsrate** oder **momentane Änderungsrate** bestimmt. Dazu haben wir zeichnerisch eine Tangente an den Graphen der Funktion gelegt, die sich an den Graphen möglichst gut anschmiegt. Dieses Verfahren ist sehr ungenau, weil wir nicht wissen, wie die Tangente genau liegt. In diesem Abschnitt wollen wir nun ein exaktes Verfahren zur algebraischen Berechnung der Steigung eines Funktionsgraphen an einer Stelle durchführen. Wir beginnen mit einem ganz einfachen Beispiel, der Berechnung der Steigung der Normalparabel in einem vorgegebenen Punkt.

Situation 7

Berechnen Sie die Steigung der Normalparabel mit $f(x) = x^2$ im Punkt $P_1(1 / 1)$ exakt.

Lösung

Im Abschnitt 3.1.1 haben wir mit dem „Zoom-Effekt" festgestellt, dass die Steigung des Graphen einer Funktion f im Punkt P_1 gleich der Steigung der **Tangente** $\boldsymbol{t}$ an den Graphen der Funktion im Punkt P_1 ist. Wir haben in dem Abschnitt die ungefähre Steigung der Tangente durch zeichnerisches Differenzieren ermittelt.

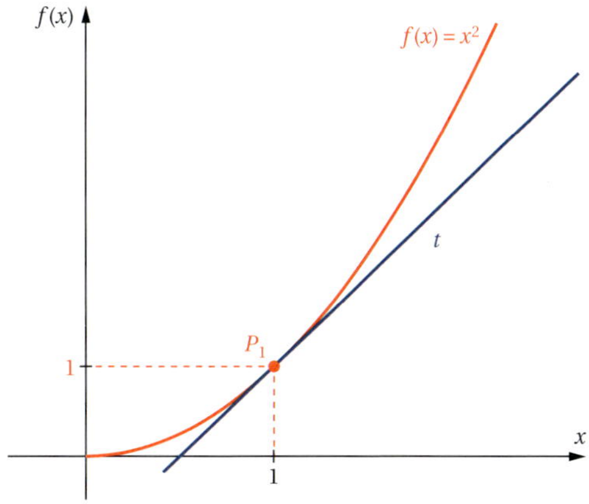

Jetzt wollen wir die Steigung genau berechnen.
Das ist auf den ersten Blick nicht möglich, weil dazu die Koordinaten von zwei Punkten der Tangente bekannt sein müssen, wir aber nur die exakten Koordinaten eines Punktes kennen.

Mit der ***h*-Methode** können wir dieses Problem lösen.
Wir wählen neben $P_1(1/1)$ einen zweiten Punkt P_2 auf dem Graphen und legen eine **Sekante** $\boldsymbol{s}$ durch P_1 und P_2. Die horizontale Entfernung zwischen den beiden Punkten, die Abszissendifferenz, nennen wir h [1].

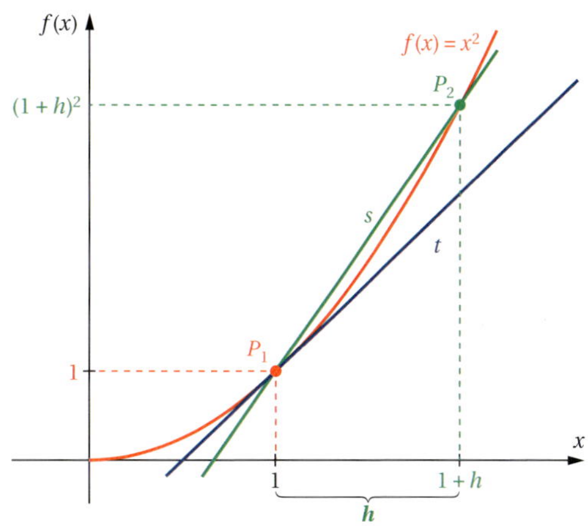

P_2 ist in x-Richtung um h von P_1 entfernt, daher ist die x-Koordinate von P_2: $(1 + h)$

Durch Einsetzen dieses x-Wertes in die Funktionsgleichung $f(x) = x^2$ wird der Funktionswert für $(1 + h)$ berechnet:

$$f(1 + h) = (1 + h)^2$$

Somit hat P_2 die Koordinaten

$$P_2\big((1 + h)/(1 + h)^2\big).$$

[1] Die hier durchgeführte Methode heißt ***h*-Methode**, weil der horizontale Abstand zwischen den beiden Punkten der Sekante h genannt wird. Man kann den Abstand auch mit der Differenz der x-Werte $x - x_0$ angeben, dann heißt das Verfahren ***x*-Methode**. Weil die Rechenoperationen mit der h-Methode einfacher sind, verwenden wir diese Methode.
In der Zusammenfassung am Ende dieses Abschnitts sind die Formeln der x-Methode aufgeführt.

Jetzt kann die **Steigung der Sekante m_s** mit dem **Differenzenquotienten**

$$m_s = \frac{y_2 - y_1}{x_2 - x_1}$$

durch Einsetzen der Koordinaten von $P_1(1/1)$ und $P_2((1+h)/(1+h)^2)$ berechnet werden:

$$m_s = \frac{(1+h)^2 - 1}{(1+h) - 1} = \frac{1 + 2h + h^2 - 1}{1 + h - 1} = \frac{2h + h^2}{h}$$

Wir klammern im Zähler h aus und können dann kürzen:

$$m_s = \frac{2h + h^2}{h} = \frac{h(2+h)}{h} = \frac{\not{h}(2+h)}{\not{h}} = \underline{2+h}$$

Das Ergebnis $m_s = 2 + h$ ist die Sekantensteigung m_s in Abhängigkeit von der Abszissendifferenz h.

Wenn wir jetzt diese Abszissendifferenz h verkleinern, wandert P_2 auf P_1 zu (s. Abb. auf der Vorseite). Die Sekantensteigung m_s nähert sich dann der Tangentensteigung m_t immer mehr an. Im Extremfall würde $h = 0$ und aus der Sekante würde die Tangente. Die Steigung der Tangente wäre dann:

$$m_t = 2 + h = 2 + 0 = \underline{\underline{2}}$$

Ergebnis: Der Graph der Funktion f mit $f(x) = x^2$ hat im Punkt $P_1(1/1)$, also an der Stelle $x = 1$, die Steigung 2.
Die **verkürzte mathematische Schreibweise** dafür ist: $f'(1) = 2$
Sprechweise: f Strich von 1 gleich 2
Bedeutung: An der Stelle $x = 1$ beträgt die Steigung der Tangente und damit des Funktionsgraphen 2.

Dieser Prozess, bei dem man die Tangentensteigung m_t bestimmt, indem man in der berechneten Sekantensteigung m_s die Abszissendifferenz h gegen 0 streben lässt, wird **Grenzwertbetrachtung** genannt und formal so geschrieben:

$$m_t = \lim_{h \to 0} m_s$$

und gelesen: m_t gleich limes[1] von m_s für h gegen 0

Mit dem zuvor berechneten Wert für m_s ergibt sich:

$$m_t = \lim_{h \to 0} (2 + h) = 2 + 0 = \underline{\underline{2}}$$

Das Berechnen der Steigung eines Funktionsgraphen, der lokalen oder momentanen Änderungsrate, heißt in der Mathematik **Differenzieren** oder **Ableiten**.

[1] *limes* (lat.): Grenze

Wenn zwei Punkte eines Funktionsgraphen die Abszissendifferenz h haben, dann wird die **Steigung der Sekante m_s** durch diese Punkte mit dem **Differenzenquotienten**

$m_s = \frac{f(x+h) - f(x)}{h}$ berechnet.

Die **Steigung der Tangente m_t** an den Graphen im Punkt $P(x/f(x))$ wird berechnet, indem man die **Abszissendifferenz h** zwischen zwei Punkten des Graphen **gegen 0** streben lässt:

$m_t = \lim\limits_{h \to 0} m_s$

Man nennt den Term $\lim\limits_{h \to 0} \frac{f(x+h) - f(x)}{h}$, der die **Steigung der Tangente m_t** angibt, **Differenzialquotient**.

Situation 8

Berechnen Sie die Steigung des Graphen der Funktion f mit $f(x) = x^2$ an der Stelle $x = 3$ ohne Taschenrechner.
Geben Sie das Ergebnis in der verkürzten mathematischen Schreibweise an.

Kontrollieren Sie Ihr Ergebnis mit dem Taschenrechner. 11

Lösung

1. Bestimmung der **Koordinaten von P_1 und** eines Nachbarpunktes P_2 durch die Koordinatendifferenz h	$P_1(3/9)$; $P_2((3+h)/(3+h)^2)$
2. Berechnung der **Steigung der Sekante** mit dem **Differenzenquotienten** $m_s = \frac{f(x+h) - f(x)}{(x+h) - x} = \frac{f(x+h) - f(x)}{h}$	$m_s = \frac{(3+h)^2 - 9}{(3+h) - 3} = \frac{9 + 6h + h^2 - 9}{h} = \frac{6h + h^2}{h} = \frac{\not{h}(6+h)}{\not{h}} = \underline{6 + h}$
3. Berechnung der **Tangentensteigung** mit dem **Differenzialquotienten** $m_t = \lim\limits_{h \to 0} \frac{f(x+h) - f(x)}{h}$	$m_t = \lim\limits_{h \to 0} (6 + h) = \underline{\underline{6}}$

Ergebnis: $\underline{\underline{f'(3) = 6}}$

Bedeutung: Der Graph von f mit $f(x) = x^2$ hat an der Stelle $x = 3$ die Steigung 6.

Taschenrechner: siehe CAS-Anhang 11.

Situation 9

Differenzieren Sie die Funktion f mit $f(x) = \frac{1}{x}$ an der Stelle $x = 2$ ohne Taschenrechner. Kontrollieren Sie Ihr Ergebnis mit dem Taschenrechner.

11

Lösung

1. Bestimmung der **Koordinaten von P_1 und** eines Nachbarpunktes P_2 durch die Koordinatendifferenz h	$P_1\left(2/\frac{1}{2}\right)$; $P_2\left((2+h)/\frac{1}{2+h}\right)$
2. Berechnung der **Steigung der Sekante** mit dem **Differenzenquotienten** $m_s = \frac{f(x+h)-f(x)}{h}$	$m_s = \frac{\frac{1}{2+h}-\frac{1}{2}}{h} = \frac{\frac{1\cdot 2 - 1\cdot(2+h)}{2(2+h)}}{h}$ $= \frac{\frac{-h}{4+2h}}{\frac{h}{1}} = \frac{-\cancel{h}}{4+2h}\cdot\frac{1}{\cancel{h}}$ $= -\underline{\frac{1}{4+2h}}$
3. Berechnung der **Tangentensteigung** mit dem **Differenzialquotienten** $m_t = \lim\limits_{h\to 0}\frac{f(x+h)-f(x)}{h}$	$m_t = \lim\limits_{h\to 0} -\frac{1}{4+2h} = \underline{\underline{-\frac{1}{4}}}$

Ergebnis: $\underline{\underline{f'(2) = -\frac{1}{4}}}$

Bedeutung: Der Graph von f mit $f(x) = \frac{1}{x}$ hat an der Stelle $x = 2$ die Steigung $-\frac{1}{4}$.

Taschenrechner: siehe CAS-Anhang 11.

Situation 10

Die Gesamtkosten eines Betriebes bei der Produktion eines Gutes können mit der Funktionsgleichung $K(x) = 2x^2 + 0{,}5$ beschrieben werden. Dabei werden die Produktionsmenge x in ME und die Gesamtkosten K in GE angegeben. Die Kapazitätsgrenze des Betriebes liegt bei 5 ME.

Berechnen Sie die Steigung der Gesamtkostenkurve an der Stelle $x = 1$ ohne Taschenrechner und geben Sie das Ergebnis in der verkürzten mathematischen Schreibweise an. Kontrollieren Sie Ihr Ergebnis mit dem Taschenrechner und interpretieren Sie den berechneten Wert.

11

Lösung

1. Bestimmung der **Koordinaten von P_1 und** eines Nachbarpunktes P_2 durch die Koordinatendifferenz h	$P_1(1/2{,}5)$; $P_2\big((1+h)/2(1+h)^2+0{,}5\big)$
2. Berechnung der **Steigung der Sekante** mit dem **Differenzenquotienten** $m_s=\dfrac{K(x+h)-K(x)}{h}$	$m_s=\dfrac{2(1+h)^2+0{,}5-2{,}5}{h}$ $=\dfrac{2+4h+2h^2+0{,}5-2{,}5}{h}$ $=\dfrac{4h+2h^2}{h}=\dfrac{h(4+2h)}{h}$ $=\underline{4+2h}$
3. Berechnung der **Tangentensteigung** mit dem **Differenzialquotienten** $m_t=\lim\limits_{h\to 0}\dfrac{K(x+h)-K(x)}{h}$	$m_t=\lim\limits_{h\to 0}(4+2h)=\underline{\underline{4}}$

Ergebnis: $\underline{\underline{K'(1)=4}}$

Bedeutung: Der Graph von K mit $K(x)=2x^2+0{,}5$ hat an der Stelle $x=1$ die Steigung 4. Die **momentane Änderungsrate der Gesamtkosten** (= **Grenzkosten**) bei einer Produktionsmenge von einer ME beträgt $4\,\frac{\text{GE}}{\text{ME}}$[1].

Taschenrechner: siehe CAS-Anhang 11.

Interpretation: Wenn bei einer Produktionsmenge von einer ME die Produktionsmenge um eine beliebig kleine Einheit verändert wird, verändern sich die Gesamtkosten gleichläufig um $4\,\frac{\text{GE}}{\text{ME}}$.

Zusammenfassung:

- Der Term, der die **Sekantensteigung m_s** in Abhängigkeit von der Abszissendifferenz h zwischen zwei Punkten angibt, heißt
  Differenzenquotient (*h*-Methode):
  $$m_s=\frac{f(x+h)-f(x)}{h}$$

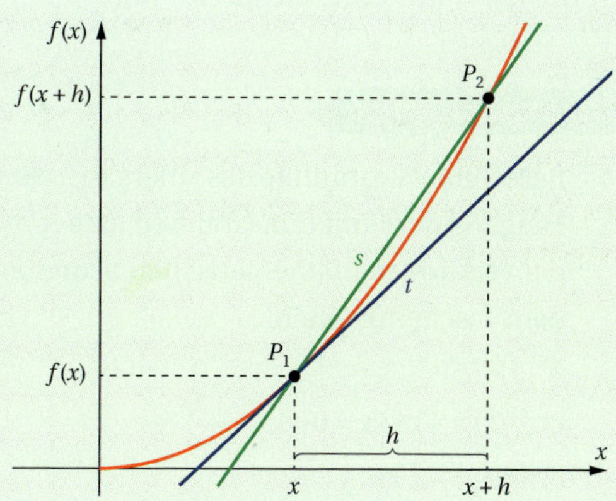

[1] Die Einheit ergibt sich aus den Einheiten des Höhen- und Horizontalunterschieds der Tangente.

- Der Grenzwert des Differenzenquotienten für h gegen 0 gibt die **Steigung der Tangente m_t** oder **die momentane Änderungsrate** an der Stelle x an und heißt:
  Differenzialquotient mit der **h-Methode**:
  $$m_t = \lim_{h \to 0} \frac{f(x+h) - f(x)}{h}$$

Es sind für den Differenzen- und Differenzialquotienten auch andere Schreibweisen üblich (s. Abb. rechts), die inhaltlich das Gleiche wie bei der h-Methode aussagen:

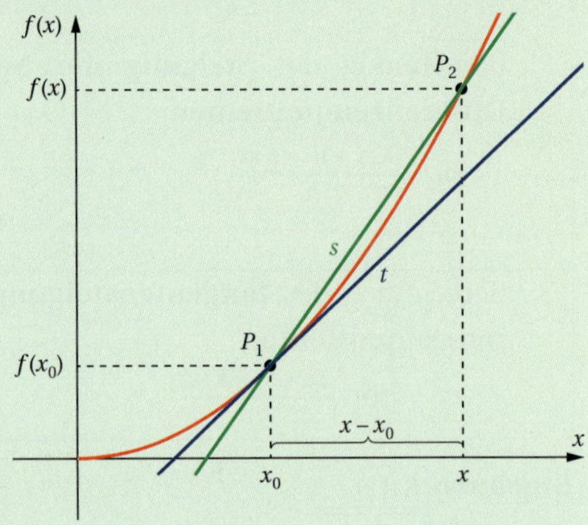

- **Differenzenquotient** mit der **x-Methode**:
  $$m_s = \frac{f(x) - f(x_0)}{x - x_0}$$
- **Differenzialquotient** mit der **x-Methode**:
  $$m_t = \lim_{x \to x_0} \frac{f(x) - f(x_0)}{x - x_0}$$
  Dabei „wandert“ P_2 auf P_1 zu, wenn x gegen x_0 strebt.
- Der Differenzialquotient wird auch als **Ableitung** der Funktion f an einer beliebigen Stelle x bezeichnet und **$f'(x)$** geschrieben (gelesen: f Strich von x).
- Den **Übergang vom Differenzenquotienten zum Differenzialquotienten** nennt man **Ableiten** oder **Differenzieren** einer Funktion.
- Die **Ableitung** gibt die Steigung eines Funktionsgraphen (= lokale oder momentane Änderungsrate der Funktionswerte) an einer Stelle an.
- Die **Tangente** im Punkt P eines Funktionsgraphen ist die Gerade durch P, deren Steigung mit dem Grenzwert der Sekantensteigungen übereinstimmt. **Die Steigung der Tangente in einem Punkt (an dieser Stelle) ist identisch mit der Steigung des Graphen in diesem Punkt (an dieser Stelle).**

Übungsaufgaben

1 Berechnen Sie mithilfe des Übergangs vom Differenzen- zum Differenzialquotienten die Steigung des Funktionsgraphen an der angegebenen Stelle x. Geben Sie das Ergebnis in der verkürzten mathematischen Schreibweise an und kontrollieren Sie das Ergebnis mit dem Taschenrechner.

a) $f(x) = x^2;\ x = -1$

b) $f(x) = -2x^2;\ x = 2$

c) $f(x) = \frac{1}{4}x^2;\ x = 0$

d) $f(x) = x^3;\ x = 1$

e) $f(x) = -\frac{1}{2}x^2;\ x = 5$

f) $f(x) = 0{,}5x^3;\ x = 2$

2 Berechnen Sie mithilfe des Differenzialquotienten die momentane Änderungsrate der Funktionswerte an der angegebenen Stelle x. Geben Sie das Ergebnis in der verkürzten mathematischen Schreibweise an und kontrollieren Sie das Ergebnis mit dem Taschenrechner.

a) $f(x)=\frac{1}{2}x^2-1;\ x=0$ b) $f(x)=\frac{3}{4}x^2+2;\ x=1$

c) $f(x)=x^3-1;\ x=-1$ d) $f(x)=-0{,}25x^2+3;\ x=2$

e) $f(x)=-3x^2-1;\ x=-2$ f) $f(x)=3x;\ x=3$

3 Differenzieren Sie algebraisch an der angegebenen Stelle x und geben Sie das Ergebnis in der verkürzten mathematischen Schreibweise an. Kontrollieren Sie das Ergebnis mit dem Taschenrechner.

a) $f(x)=\frac{1}{x};\ x=1$ b) $f(x)=-\frac{2}{x};\ x=-1$

c) $f(x)=\sqrt{x};\ x=1$ d) $f(x)=2\sqrt{x};\ x=9$

4 Differenzieren Sie die Funktion mit $f(x)=x^2$ mithilfe der x-Methode an der Stelle $x=1$.

3.1.4 Ableitungsfunktion

Im vorhergehenden Abschnitt ist die **Steigung eines Funktionsgraphen (= lokale oder momentane Änderungsrate)** ***an einer bestimmten vorgegebenen Stelle***, z. B. $x=1$, berechnet worden. In diesem Abschnitt wollen wir das Problem allgemeingültig, also für einen beliebigen x-Wert, lösen. Es wird dann die **Steigung eines gegebenen Funktionsgraphen (= momentane Änderungsrate)** ***an einer beliebigen Stelle x*** berechnet. Diese Vorgehensweise hat den Vorteil, dass man sehr schnell die momentane Änderungsrate an vielen unterschiedlichen Stellen berechnen kann, ohne jeweils Stelle für Stelle das aufwendige Verfahren des Übergangs vom Differenzen- zum Differenzialquotienten durchführen zu müssen.

Situation 11

a) Leiten Sie die Funktion f mit $f(x)=x^2$ an einer beliebigen Stelle x mithilfe des Übergangs vom Differenzen- zum Differenzialquotienten mit der h-Methode ab.

11

b) Veranschaulichen Sie das Ergebnis aus Teilaufgabe a) grafisch in Zusammenhang mit dem Graphen der Ausgangsfunktion. Erläutern Sie die Zusammenhänge zwischen den Graphen.

c) Berechnen Sie mit dem Ergebnis aus Teilaufgabe a) die Steigung des Graphen an den Stellen $x=-1$, $x=0$ und $x=1$.

d) Überprüfen Sie Ihre Ergebnisse mit dem Taschenrechner.

Lösung

a)

1. Bestimmung der **Koordinaten von P_1 und** eines Nachbarpunktes $\boldsymbol{P_2}$ durch die Koordinatendifferenz h	$P_1(x/x^2)$; $P_2\big((x+h)/(x+h)^2\big)$
2. Berechnung der **Steigung der Sekante** mit dem **Differenzenquotienten** $m_s = \frac{f(x+h)-f(x)}{h}$	$m_s = \frac{(x+h)^2 - x^2}{h} = \frac{x^2 + 2hx + h^2 - x^2}{h} = \frac{2hx + h^2}{h} = \frac{h(2x+h)}{h} = \underline{2x+h}$
3. Berechnung der **Tangentensteigung** mit dem **Differenzialquotienten** $m_t = \lim\limits_{h \to 0} \frac{f(x+h)-f(x)}{h}$	$m_t = \lim\limits_{h \to 0}(2x+h) = \underline{\underline{2x}}$

Ableitungsfunktion: $\underline{\underline{f'(x) = 2x}}$

Bedeutung: Der Graph von f hat an einer beliebigen Stelle x die Steigung $2x$.

b) Ausgangsfunktion: $f(x) = x^2$

Ableitungsfunktion: $f'(x) = 2x$

Die Ableitungsfunktion f' mit $f'(x) = 2x$ ist eine Funktion, weil sie jedem x-Wert der Ausgangsfunktion die entsprechende Steigung zuordnet. Da es sich um eine Funktion handelt, kann man auch ihren Graphen zeichnen.

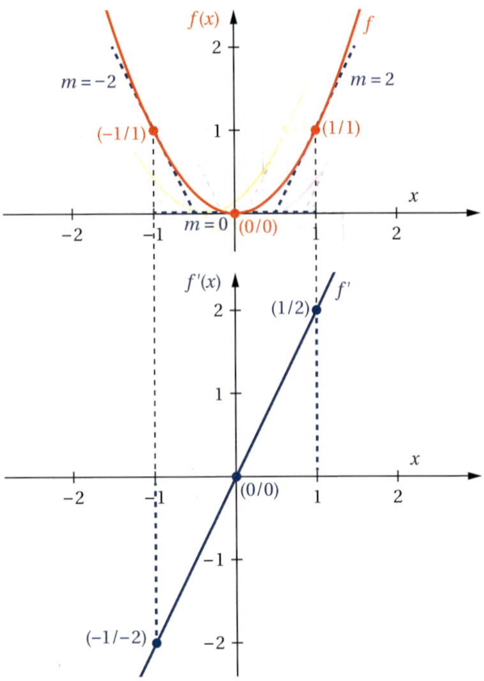

Jeder Funktionswert der Ableitungsfunktion gibt die Steigung des Graphen der Ausgangsfunktion an der entsprechenden Stelle an.

Beispiel: An der Stelle $x = 1$ hat die Ausgangsfunktion die Steigung $m_t = 2$, veranschaulicht durch die blau gestrichelte Tangente. Entsprechend hat die Ableitungsfunktion an der Stelle $x = 1$ den Funktionswert $f'(1) = 2$.

c) Einsetzen der vorgegebenen x-Werte in $f'(x) = 2x$:

$f'(-1) = 2 \cdot (-1) = -2$

$f'(0) = 2 \cdot 0 = 0$

$f'(1) = 2 \cdot 1 = 2$

d) Der CAS-Rechner kann die Gleichung der Ableitungsfunktion ermitteln (vgl. CAS-Anhang 11).

Die Funktion f' mit $f'(x) = 2x$ wird **Ableitungsfunktion** der Ausgangsfunktion f mit $f(x) = x^2$ genannt.

Die Ausgangsfunktion f wird auch **Stammfunktion von f' genannt.**

Rein formal ist zwischen der Ableitung und der Ableitungsfunktion zu unterscheiden:
Die **Ableitung** gibt die Steigung eines Funktionsgraphen an einer *bestimmten* Stelle an.
Die Ableitungsfunktion weist jeder *beliebigen* Stelle eines Funktionsgraphen die Steigung des Funktionsgraphen an dieser Stelle zu.

Situation 12

Berechnen Sie mithilfe des Übergangs vom Differenzen- zum Differenzialquotienten die Gleichung der Ableitungsfunktion von f mit $f(x) = \frac{1}{x}$. 12, 3

Lassen Sie vom Taschenrechner den Graphen, den Ableitungsgraphen und eine Wertetabelle für f und f' erstellen.

Lösung

1. Bestimmung der **Koordinaten von P_1 und** eines Nachbarpunktes P_2 durch die Koordinatendifferenz h	$P_1\left(x/\frac{1}{x}\right)$; $P_2\left((x+h)/\frac{1}{x+h}\right)$
2. Berechnung der **Steigung der Sekante** mit dem **Differenzenquotienten** $m_s = \frac{f(x+h) - f(x)}{h}$	$m_s = \frac{\frac{1}{x+h} - \frac{1}{x}}{h} = \frac{\frac{1 \cdot x - 1 \cdot (x+h)}{x(x+h)}}{h}$ $= \frac{\frac{-h}{x^2+hx}}{\frac{h}{1}} = \frac{-h}{x^2+hx} \cdot \frac{1}{h} = -\underline{\frac{1}{x^2+hx}}$
3. Berechnung der **Tangentensteigung** mit dem **Differenzialquotienten** $m_t = \lim\limits_{h \to 0} \frac{f(x+h) - f(x)}{h}$	$m_t = \lim\limits_{h \to 0} -\frac{1}{x^2+hx} = -\underline{\underline{\frac{1}{x^2}}}$

Gleichung der Ableitungsfunktion: $\underline{\underline{f'(x) = -\frac{1}{x^2}}}$

Bedeutung: Der Graph von f hat an einer beliebigen Stelle x die Steigung $-\frac{1}{x^2}$.

Ein CAS-Rechner kann die Gleichungen von Ableitungsfunktionen rechnerisch bestimmen.

Abb. 1–3: In der 1. Zeile definieren wir mit ctrl, [:=] die gegebene Funktionsgleichung $f(x) = \frac{1}{x}$. In der 2. Zeile definieren wir die 1. Ableitung $a1(x)$[1] mit menu, 4: Analysis, 1: Ableitung.

Alternativ zum Menü kann auch die Vorlagentaste rechts neben der Taste 9 verwendet werden.

Abb. 1

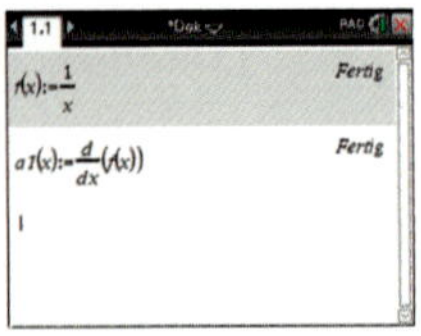

Abb. 2

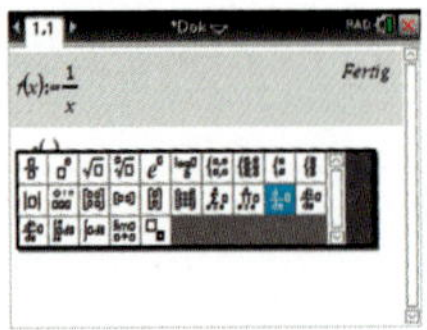

Abb. 3

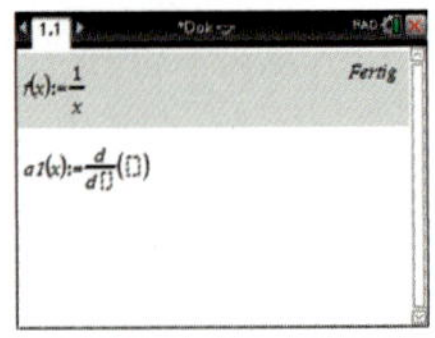

Abb. 4–5: Mit ctrl, [+page] 2: Graphs hinzufügen öffnen wir ein Graph-Fenster. Dort geben wir für $f1(x)$ und $f2(x)$ die zuvor im Calculator-Fenster definierten Funktionen $f(x)$ und $a1(x)$ ein. Dabei kann die Eingabezeile mit der tab-Taste oder mit Doppelklick erneut aufgerufen werden.

Abb. 6: Mit menu, 7: Tabelle, 1: Tabelle mit geteiltem Bildschirm, erstellen wir eine Wertetabelle für die Ausgangsfunktion und deren Ableitungsfunktion.

Abb. 4

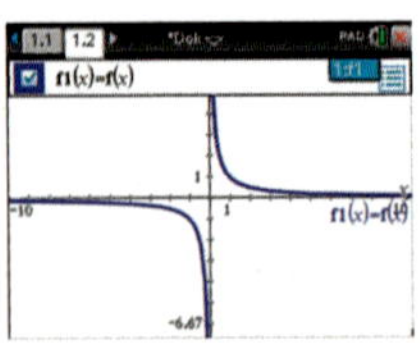

Abb. 5

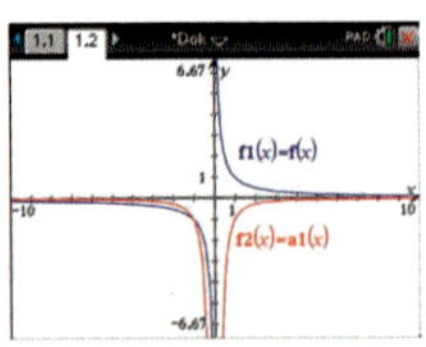

Abb. 6

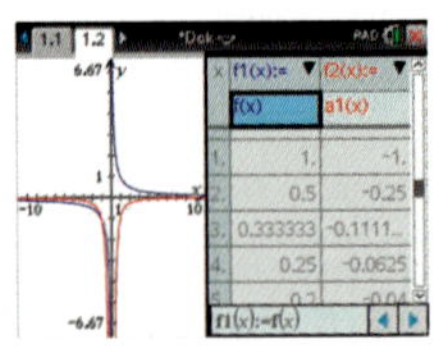

Zusammenfassung

- Die Funktion f' mit $f'(x)$ wird **Ableitungsfunktion** der Ausgangsfunktion f mit $f(x)$ genannt.
- Jeder Funktionswert $f'(x)$ der **Ableitungsfunktion** gibt die Steigung des Graphen der Ausgangsfunktion an einer beliebigen Stelle x an.
- Die Ausgangsfunktion f wird auch **Stammfunktion von f'** genannt.
- Rein formal ist zwischen der Ableitung und der Ableitungsfunktion zu unterscheiden:
  Die **Ableitung** gibt die **Steigung eines Funktionsgraphen an einer *bestimmten* Stelle an.**
  Die **Ableitungsfunktion** gibt die **Steigung des Funktionsgraphen an einer *beliebigen* Stelle an.**

Übungsaufgaben

1 Bestimmen Sie die Gleichung der Ableitungsfunktion mithilfe des Übergangs vom Differenzen- zum Differenzialquotienten. Ermitteln Sie dann mit der Ableitungsfunktion die Steigung des Graphen der Funktion an den Stellen $x = -2$; $x = 1$ und $x = 3$.

a) $f(x) = 2x^2$
b) $f(x) = x^3$
c) $f(x) = x^4$
d) $f(x) = \frac{1}{2}x^3$
e) $f(x) = -2x^2$
f) $f(x) = 2x^3$

2 Ermitteln Sie die Gleichung der Ableitungsfunktion mithilfe des Übergangs vom Differenzen- zum Differenzialquotienten. Berechnen Sie dann mit der Ableitungsfunktion die Steigung des Graphen der Funktion an den Stellen $x = 0{,}5$; $x = 1{,}5$ und $x = 3$.

a) $f(x) = x^2 - 1$
b) $f(x) = -\frac{1}{2}x^2 + x$
c) $f(x) = 3x + 4$
d) $f(x) = x^3 - 2$

3 Leiten Sie mithilfe des Differenzialquotienten ab.

a) $f(x) = \frac{2}{x}$
b) $f(x) = \frac{1}{2x}$
c) $f(x) = \sqrt{x}$
d) $f(x) = 2\sqrt{x}$

3.1.5 Ableitungsregeln

Die Ermittlung der Ableitungsfunktion mithilfe des Übergangs vom Differenzen- zum Differenzialquotienten erfordert bei komplexeren Funktionstermen einen sehr großen Rechenaufwand. Aus diesem Grund wollen wir im Folgenden Regeln finden, die das Ableiten erleichtern.

Situation 13

In den Situationen des vorausgegangenen Abschnitts und den zugehörigen Übungsaufgaben haben Sie mehr oder weniger rechenaufwendig die Ableitungsfunktionen einiger Potenzfunktionen mithilfe des Übergangs vom Differenzen- zum Differenzialquotienten bestimmt. Die Tabellen zeigen einige Ergebnisse.

a) In Tabelle 1 sind die Ausgangsfunktionen einfache Potenzfunktionen der Form $\boldsymbol{f(x) = x^n}$ und deren Ableitungsfunktionen aufgeführt. Formulieren Sie die Gesetzmäßigkeit, die Sie beim Ableiten der Potenzfunktionen erkennen.

Tabelle 1

$f(x)$	$f'(x)$
$f(x) = x^1$	$f'(x) = 1$
$f(x) = x^2$	$f'(x) = 2x$
$f(x) = x^3$	$f'(x) = 3x^2$
$f(x) = x^4$	$f'(x) = 4x^3$

b) In Tabelle 2 sind die Ausgangsfunktionen Potenzfunktionen mit einem konstanten Faktor a vor der Potenz. Sie haben dann die Form $\boldsymbol{f(x) = a \cdot x^n}$.
Formulieren Sie die Gesetzmäßigkeit, die Sie beim Differenzieren dieser Potenzfunktionen erkennen.

Tabelle 2

$f(x)$	$f'(x)$
$f(x) = \frac{1}{2}x^2$	$f'(x) = x$
$f(x) = -2x^2$	$f'(x) = -4x$
$f(x) = 2x^3$	$f'(x) = 6x^2$

c) In Tabelle 3 sind die Ausgangsfunktionen ***Summen*** oder ***Differenzen*** von Potenzfunktionen. Es liegen Gleichungen der Form
$f(x) = u(x) + v(x)$ oder
$f(x) = u(x) - v(x)$ vor.
Geben Sie an, wie solche Summen oder Differenzen von Funktionen abgeleitet werden.

Tabelle 3

$f(x)$	$f'(x)$
$f(x) = x^2 - 1$	$f'(x) = 2x$
$f(x) = -\frac{1}{2}x^2 + x$	$f'(x) = -x + 1$
$f(x) = 3x + 4$	$f'(x) = 3$
$f(x) = x^3 - 2x^2$	$f'(x) = 3x^2 - 4x$

Lösung

a) Es ist zu erkennen, dass beim Ableiten die Potenz mit dem Exponenten multipliziert wird und in der Potenz der Exponent um 1 verkleinert wird.

$$f(x) = x^n \quad \Rightarrow \quad f'(x) = n \cdot x^{n-1}$$

Potenzregel

b) Der konstante Faktor a bleibt beim Differenzieren erhalten.

$f(x) = a \cdot u(x) \quad \Rightarrow \quad f'(x) = a \cdot u'(x)$
Faktorregel

In Verbindung mit der Potenzregel ergibt sich dann:

$f(x) = a x^n \quad \Rightarrow \quad f'(x) = n \cdot a x^{n-1}$
Potenz- mit Faktorregel

c) Summen und Differenzen von Funktionen dürfen gliedweise abgeleitet werden.

$f(x) = u(x) + v(x) \quad \Rightarrow \quad f'(x) = u'(x) + v'(x)$
Summenregel

$f(x) = u(x) - v(x) \quad \Rightarrow \quad f'(x) = u'(x) - v'(x)$
Differenzregel

Mit diesen Regeln sind wir in der Lage, ganzrationale Funktionen abzuleiten.
Aus dem Vergleich von Ausgangs- und Ableitungsfunktion ergibt sich folgender allgemeingültiger Zusammenhang:

Die Ableitung einer ganzrationalen Funktion n-ten Grades ist eine ganzrationale Funktion $(n-1)$-ten Grades.

Situation 14

In der Tabelle 4 sind die Gleichungen einfacher gebrochenrationaler Funktionen und einfacher Wurzelfunktionen und die zugehörigen Ableitungsfunktionen aufgeführt, die im vorherigen Abschnitt mithilfe des Übergangs vom Differenzen- zum Differenzialquotienten berechnet worden sind.

Zeigen Sie, dass die in der Situation 13 hergeleiteten Regeln auch für diese Funktionen gelten.

Tabelle 4

$f(x)$	$f'(x)$
a) $f(x) = \frac{1}{x}$	$f'(x) = -\frac{1}{x^2}$
b) $f(x) = \frac{2}{x}$	$f'(x) = -\frac{2}{x^2}$
c) $f(x) = \sqrt{x}$	$f'(x) = \frac{1}{2\sqrt{x}}$
d) $f(x) = 2\sqrt{x}$	$f'(x) = \frac{1}{\sqrt{x}}$

Lösung

Mit den entsprechenden Potenz- und Wurzelgesetzen (s. Formelsammlung) können wir die Funktionen in Potenzfunktionen umformen und dann mit der Potenz- und Faktorregel ableiten.

a) $f(x) = \frac{1}{x} = \frac{1}{x^1} = 1 \cdot x^{-1} = x^{-1} \;\Rightarrow\; f'(x) = -1 \cdot x^{-2} = -\frac{1}{x^2}$

b) $f(x) = \frac{2}{x} = \frac{2}{x^1} = 2 \cdot x^{-1} \;\Rightarrow\; f'(x) = (-1) \cdot 2 \cdot x^{-2} = -\frac{2}{x^2}$

c) $f(x) = \sqrt{x} = x^{\frac{1}{2}} \;\Rightarrow\; f'(x) = \frac{1}{2} \cdot x^{-\frac{1}{2}} = \frac{1}{2} \cdot \frac{1}{x^{\frac{1}{2}}} = \frac{1}{2\sqrt{x}}$

d) $f(x) = 2\sqrt{x} = 2x^{\frac{1}{2}} \;\Rightarrow\; f'(x) = \frac{1}{2} \cdot 2 \cdot x^{-\frac{1}{2}} = \frac{1}{x^{\frac{1}{2}}} = \frac{1}{\sqrt{x}}$

Die **Potenzregel** $f(x) = x^n \Rightarrow f'(x) = n \cdot x^{n-1}$ darf auch für negative und gebrochene Exponenten n angewendet werden.

Situation 15

Ermitteln Sie die Gleichung der Tangente t an den Graphen der Funktion f mit $f(x) = 0{,}5x^2 - 1$ im Punkt $P(2/1)$

a) algebraisch,

b) mit dem Taschenrechner.

Eine **Normale** ist eine Gerade, die in einem bestimmten Punkt senkrecht auf einem Funktionsgraphen steht. Sie schneidet also die Tangente in jenem Punkt unter einem Winkel von 90°.

c) Ermitteln Sie die Gleichung der Normalen im Punkt $P(2/1)$ algebraisch und mit dem Taschenrechner.

d) Zeichnen Sie den Graphen von f mit der Tangente und der Normalen im Punkt $P(2/1)$.

Lösung

a) Algebraische Lösung

Die Tangente t ist eine Gerade und hat die allgemeine Form $t(x) = mx + b$, in der m und b bestimmt werden müssen. Dabei ist die Steigung der Tangente m identisch mit der Steigung des Graphen im Punkt $P(2/1)$, also an der Stelle $x = 2$. Mit der Potenz-, Faktor- und Differenzregel ergibt sich die Ableitung

$f'(x) = 2 \cdot 0{,}5x - 0$

$f'(x) = x$

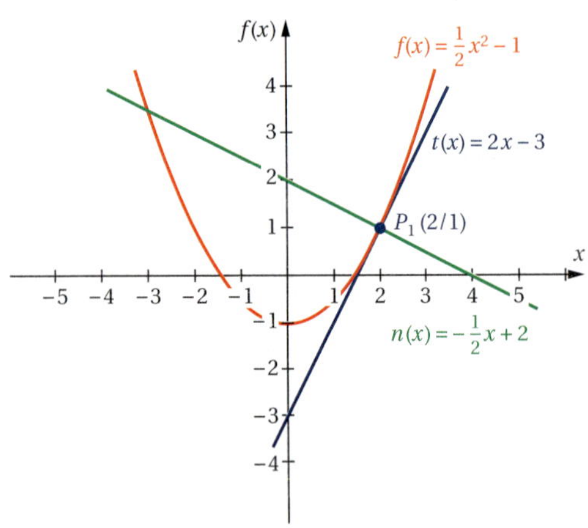

und für die Steigung an der Stelle $x = 2$:

$\underline{f'(2) = 2}$

Diese Steigung eingesetzt für m in $t(x) = mx + b$ ergibt die vorläufige Gleichung der Tangente:

$t(x) = 2x + b$

Das Absolutglied b können wir bestimmen, indem wir die Koordinaten von $P(2/1)$ für x und $t(x)$ in diese Gleichung einsetzen:

$1 = 2 \cdot 2 + b$

$b = 1 - 4$

$\underline{b = -3}$

Also lautet die Gleichung der **Tangente *t*** an den Graphen der Funktion f im Punkt $P(2/1)$

$\underline{\underline{t(x) = 2x - 3}}$

b) **Taschenrechner-Lösung:** s. CAS-Anhang 14

c) Auch die Normale n ist eine Gerade und hat die allgemeine Form $\boldsymbol{n(x) = mx + b}$, in der m und b bestimmt werden müssen.

Zwei Geraden stehen senkrecht zueinander, wenn gilt: $\boldsymbol{m_1 \cdot m_2 = -1 \Leftrightarrow m_2 = \frac{-1}{m_1}}$

Wenn die Steigung der Tangente in P_1 $m_1 = 2$ beträgt, dann ist die Steigung der Normalen entsprechend der Gleichung: $m_2 = \frac{-1}{m_1} = -\frac{1}{2}$

Vorläufige Gleichung der Normalen:

$n(x) = -\frac{1}{2}x + b$

Einsetzen der Koordinaten von $P(2/1)$ für x und $n(x)$ in diese Gleichung:

$1 = -\frac{1}{2} \cdot 2 + b$

$b = 1 + 1$

$\underline{b = 2}$

Also lautet die Gleichung der **Normalen *n*** zum Graphen der Funktion f im Punkt $P(2/1)$:

$\underline{\underline{n(x) = -\frac{1}{2}x + 2}}$

Taschenrechner-Lösung: s. CAS-Anhang 14

d) s. Abb. auf der Vorseite

Situation 16

Die Produktionsmenge P eines Weinanbaubetriebes in 100 Hektoliter (hl) ist von der eingesetzten Pestizidmenge x in 100 kg abhängig und wird durch die Produktionsfunktion P beschrieben

$P(x) = -\frac{1}{8}x^3 + \frac{3}{4}x^2$.

a) Bestimmen Sie algebraisch die Gleichung der Ableitungsfunktion.

b) Berechnen Sie $P'(3)$, $P'(4)$ und $P'(5)$. Interpretieren Sie die Ergebnisse mathematisch (geometrisch) und anwendungsbezogen unter Beachtung der Einheit. Vergleichen Sie die Ergebnisse miteinander.

Lösung

a) $P'(x) = -\frac{3}{8}x^2 + \frac{3}{2}x$

b)
- $P'(3) = 1{,}125\left[\frac{100\,\text{hl}}{100\,\text{kg}}\right] = 1{,}125\left[\frac{\text{hl}}{\text{kg}}\right]$
  - mathematisch (geometrisch):
    An der Stelle $x = 3$ beträgt die Steigung des Graphen der Stammfunktion 1,125, der Graph steigt.
  - anwendungsbezogen:
    Wenn 300 kg Pestizide eingesetzt werden, führt eine unendlich kleine Veränderung des Pestizideinsatzes zu einer 1,125-fachen Veränderung der Produktionsmenge in gleicher Richtung.
- $P'(4) = 0\left[\frac{\text{hl}}{\text{kg}}\right]$
  - mathematisch (geometrisch):
    An der Stelle $x = 4$ beträgt die Steigung des Graphen der Stammfunktion 0, die Tangente an den Graphen verläuft also horizontal.
  - anwendungsbezogen:
    Wenn 400 kg Pestizide eingesetzt werden, führt eine unendlich kleine Veränderung des Pestizideinsatzes zu keiner Veränderung der Produktionsmenge.
- $P'(5) = -1{,}875\left[\frac{\text{hl}}{\text{kg}}\right]$
  - mathematisch (geometrisch):
    An der Stelle $x = 5$ beträgt die Steigung des Graphen der Stammfunktion $-1{,}875$, der Graph fällt.
  - anwendungsbezogen:
    Wenn 500 kg Pestizide eingesetzt werden, führt eine unendlich kleine Veränderung des Pestizideinsatzes zu einer 1,875-fachen Veränderung der Produktionsmenge in entgegengesetzter Richtung.

Im Vergleich:
Bei einem Pestizideinsatz von 300 kg führt eine Erhöhung der Pestizidmenge zu einer Erhöhung der Produktionsmenge.

Bei einem Pestizideinsatz von 400 kg führt eine Erhöhung der Pestizidmenge zu keiner Produktionsveränderung.

Bei einem Pestizideinsatz von 500 kg führt eine Erhöhung der Pestizidmenge zu einem Rückgang der Produktionsmenge.

Zusammenfassung

- **Potenzregel:**
  $f(x) = x^n \qquad \Rightarrow \qquad f'(x) = n \cdot x^{n-1}$
- **Faktorregel:**
  $f(x) = a \cdot u(x) \qquad \Rightarrow \qquad f'(x) = a \cdot u'(x)$
  Ein konstanter Faktor a bleibt beim Differenzieren erhalten.
- **Potenz- mit Faktorregel:**
  $f(x) = ax^n \qquad \Rightarrow \qquad f'(x) = n \cdot ax^n - 1$
- **Summenregel:**
  $f(x) = u(x) + v(x) \qquad \Rightarrow \qquad f'(x) = u'(x) + v'(x)$
  Summen von Funktionen dürfen gliedweise abgeleitet werden.
- **Differenzregel:**
  $f(x) = u(x) - v(x) \qquad \Rightarrow \qquad f'(x) = u'(x) - v'(x)$
  Differenzen von Funktionen dürfen gliedweise abgeleitet werden.
- **Beim Ableiten einer ganzrationalen Funktion verringert sich der Grad der ganzrationalen Funktion um 1.**
- Die o. g. **Ableitungsregeln** dürfen auch angewendet werden, wenn der **Exponent n negativ und/oder gebrochen** ist.
- Eine **Normale** ist eine Gerade, die in einem bestimmten Punkt senkrecht auf einem Funktionsgraphen steht. Sie schneidet also die Tangente im entsprechenden Punkt unter einem Winkel von 90°.
- **Zwei Geraden** stehen **senkrecht zueinander**, wenn gilt: $m_1 \cdot m_2 = -1 \Leftrightarrow m_2 = \frac{-1}{m_1}$

Übungsaufgaben

1 Differenzieren Sie mithilfe der Ableitungsregeln.

a) $f(x) = x^3 + x^2 - x - 7$
b) $f(x) = 9x^5 + 2x^4 + 10x^2 + 8x$
c) $f(x) = 3x^4 - 12x^3 + 6x$
d) $f(x) = -4x^3 + x^2 - 1$
e) $f(x) = -2x^2 + 3x + 6$
f) $f(x) = x^3 - x + 1$

2 Leiten Sie mit den entsprechenden Regeln ab.

a) $f(x) = 2x^4 - 3x + 1$
b) $f(x) = -\frac{1}{2}x^4 + \frac{1}{3}x^2 - 2$
c) $f(x) = -0{,}\overline{3}x^3 + 0{,}\overline{6}x^2 + x$
d) $f(x) = -3{,}6x + 1$
e) $f(x) = 2{,}6x^2 + 1{,}4$
f) $f(x) = -1{,}2x^3 + 0{,}4x^2 + 0{,}3x$

3 Ermitteln Sie mit den passenden Regeln die Gleichung der Ableitungsfunktion. Geben Sie die Gleichung der Ableitung wieder in der Form der Ausgangsgleichung an, also mit Brüchen oder Wurzeln.

a) $f(x) = x^2 - \frac{1}{x}$
b) $f(x) = \frac{1}{2}x - \frac{3}{x}$
c) $f(x) = 3 - \sqrt{x}$
d) $f(x) = 0{,}5x^2 + 0{,}5\sqrt{x}$
e) $f(x) = \frac{1}{x^2}$
f) $f(x) = \frac{1}{\sqrt{x}}$
g) $f(x) = 2x^2 - \frac{2}{x^2}$
h) $f(x) = 4\sqrt{x} - \frac{1}{x^4}$

4 Berechnen Sie die Gleichung der Tangente an der Stelle x_a und zeichnen Sie den Graphen der Funktion mit der Tangente bei x_a.

a) $f(x) = -\frac{1}{2}x^2 - 1;\quad x_a = 0$
b) $f(x) = \frac{3}{4}x^2 + 2;\quad x_a = 1$
c) $f(x) = x^3 - 1;\quad x_a = -1$
d) $f(x) = \frac{x^2}{4};\quad x_a = 2$
e) $f(x) = 3x^2 - 1;\quad x_a = -2$
f) $f(x) = 3x;\quad x_a = 3$

5 Bestimmen Sie algebraisch die Gleichung der Tangente des Funktionsgraphens an der angegebenen Stelle x_a. Ermitteln Sie auch die Gleichung der Normalen an der Stelle x_a. Kontrollieren Sie das Ergebnis mit den Ihnen zur Verfügung stehenden Rechnertypen.

a) $f(x) = x^2;\quad x_a = -1$
b) $f(x) = -2x^2;\quad x_a = 2$
c) $f(x) = \frac{1}{4}x^2 + 1;\quad x_a = 0$
d) $f(x) = x^3;\quad x_a = 1$
e) $f(x) = -x^3;\quad x_a = -1$
f) $f(x) = \frac{1}{x};\quad x_a = 1$
g) $f(x) = -\frac{1}{x^2};\quad x_a = 2$
h) $f(x) = \sqrt{x};\quad x_a = 1$

6 Ermitteln Sie die Gleichung der Tangente und der Normalen an den Funktionsgraphen an der angegebenen Stelle x_a.

a) $f(x) = 2x^2$; $x_a = 1$ b) $f(x) = -x^2 - 1$; $x_a = 2$
c) $f(x) = 0{,}5x^2 + 1$; $x_a = -2$ d) $f(x) = 2x^3 + x$; $x_a = 1$
e) $f(x) = -0{,}5x^2 + 2x$; $x_a = 3$ f) $f(x) = -3x^2 - 0{,}5x + 1$; $x_a = -1$
g) $f(x) = -\frac{1}{x}$; $x_a = -1$ h) $f(x) = 2\sqrt{x}$; $x_a = 4$

7 $f(x) = -\frac{1}{3}x^2 + \frac{1}{6}x + \frac{2}{3}$

a) Ermitteln Sie die Stelle, an der der Graph der Funktion die Steigung 0 aufweist.
b) Geben Sie die Koordinaten des Scheitelpunktes an.
c) Berechnen Sie die Steigung des Funktionsgraphen in seinen Schnittpunkten mit der x-Achse.

8 Bestimmen Sie für $f(x) = x^3 - 4x^2 + 3x$ die Schnittpunkte mit der x-Achse. Ermitteln Sie die Funktionsgleichungen der Tangenten und Normalen an den Graphen der Funktion in den Schnittpunkten mit der x-Achse.

9 Zeigen Sie, dass die Parabel mit $f(x) = \frac{1}{2}(x-3)^2 + 2$ im Scheitelpunkt die Steigung $m = 0$ hat.

10 Bestimmen Sie algebraisch die Funktionsgleichung der Tangente des Graphens von f mit $f(x) = 3x^3 + 0{,}5x^2 - 6$ in $P\left(2/f(2)\right)$. Ermitteln Sie auch die Gleichung der Normalen durch P. Kontrollieren Sie Ihre Ergebnisse mit den Ihnen zur Verfügung stehenden Rechnertypen.

11 Die Kostenstruktur eines Betriebes wird durch die Gesamtkostenfunktion K mit $K(x) = x^3 - 6x^2 + 15x + 10$ beschrieben. Für den Erlös des Betriebes gilt die Gleichung $E(x) = -10x^2 + 80x$. x ist die Produktionsmenge in ME. Die Kosten und der Erlös werden in GE angegeben. Die Kapazitätsgrenze beträgt 8 ME.
Ermitteln Sie die Gesamtkosten, den Erlös und den Gewinn,

- wenn nicht produziert wird,
- wenn 4 ME produziert werden und
- wenn an der Kapazitätsgrenze produziert wird.

Bestimmen Sie bei den genannten Produktionsmengen jeweils die Grenzkosten, den Grenzerlös und den Grenzgewinn. Interpretieren Sie $G'(4)$.

12 Das abgebildete Höhenprofil einer Wanderstrecke kann durch die Funktionsgleichung $f(x) = 0{,}002x^5 - 0{,}02875x^4 + 0{,}105x^3 + 0{,}25$ beschrieben werden.

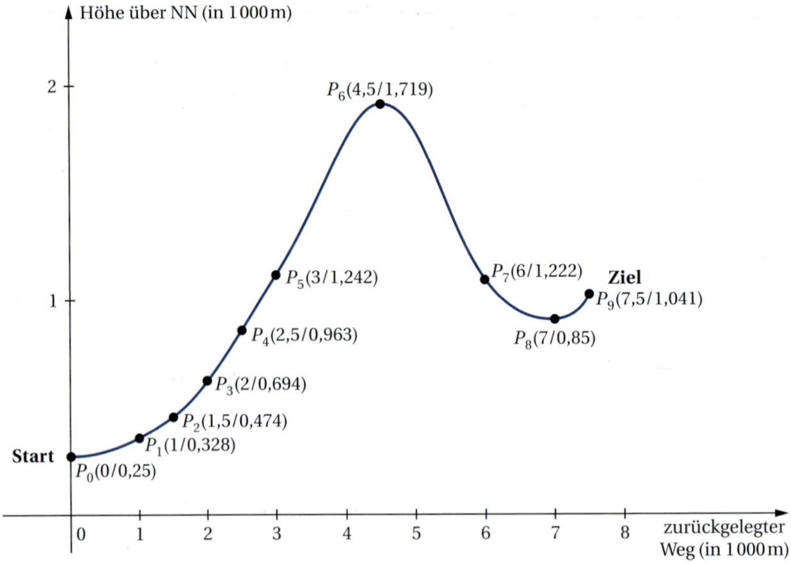

Bestimmen Sie die Steigung des Graphen in den angegebenen Punkten. Interpretieren Sie die berechneten Werte.

13 Der abgebildete parabelförmige Brückenbogen soll ohne Knick in ein geradliniges Fundament übergehen.
Bestimmen Sie die Gleichungen der rot gekennzeichneten Fundamentgeraden.

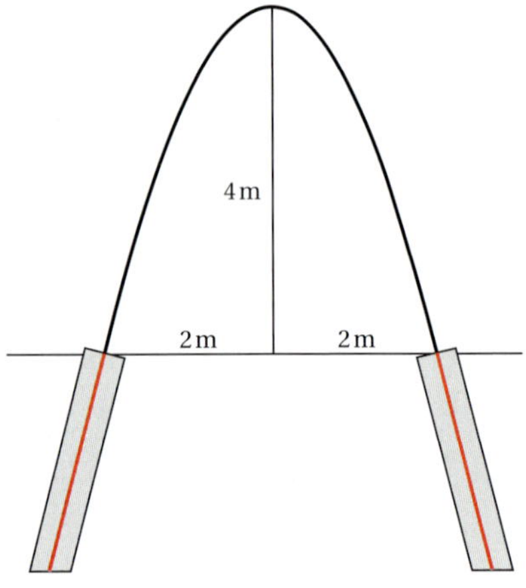

3.1.6 Handlungssituationen zu Steigungen und Änderungsraten

Die Handlungssituationen sollten Sie mit der Ihnen zur Verfügung stehenden Rechnertechnologie bearbeiten. Besonders wichtig ist die Interpretation der von Ihnen ermittelten Ergebnisse.

Handlungssituation 1

Die Gesamtkosten K eines Betriebes können in Abhängigkeit von der Produktionsmenge x durch die Funktion K mit $K(x) = x^3 - 10x^2 + 35x + 18;\ D_{ök}(K) = [0;7]$ beschrieben werden. Dabei gibt x die Produktionsmenge in Tonnen (t) an und K gibt die Gesamtkosten in 1 000,00 € an.

Untersuchen Sie für ganzzahlige Produktionsmengen, wie sich die Gesamtkosten des Betriebes bei einer Produktionserhöhung durchschnittlich und momentan ändern. Zu welchem Ergebnis kommen Sie? Veranschaulichen Sie Ihre Aussagen durch entsprechende Grafiken.

Handlungssituation 2

Für den Hersteller eines industriellen Fertigproduktes gilt die Gesamtkostenfunktion K mit $K = x^3 - 6x^2 + 15x + 32$ und die Erlösfunktion E mit $E(x) = -10x^2 + 60x$. Dabei ist x die Produktion in 10 000 Stück. Die Gesamtkosten K und die Erlöse E werden in 100 000,00 € angegeben. Der Hersteller produziert zurzeit 20 000 Stück.

Analysieren Sie die durchschnittliche Änderungsrate der Gesamtkosten, der Erlöse und der Gewinne, wenn die Produktion um 10 000 Stück oder um 20 000 Stück erhöht wird.
Vergleichen Sie die Ergebnisse untereinander und mit den Grenzkosten bei einer Produktion von 20 000 Stück. Unterstützen Sie Ihre Berechnungen mit grafischen Darstellungen.

Handlungssituation 3

Die Produktionsmenge P eines Weinanbaubetriebes in 100 Hektoliter (hl) ist von der eingesetzten Pestizidmenge x in 100 kg abhängig und kann durch die Produktionsfunktion P mit $P(x) = -\frac{3}{8}x^3 + \frac{3}{4}x^2$ beschrieben werden. Visualisieren Sie den Graphen der Produktionsfunktion und dessen Ableitungsgraphen. Analysieren Sie den Ableitungsgraphen anwendungsbezogen.

Handlungssituation 4

Die Grafik zeigt den bedrohlichen Pegelstand P in Meter eines Flusses im Zeitablauf t in Stunden.

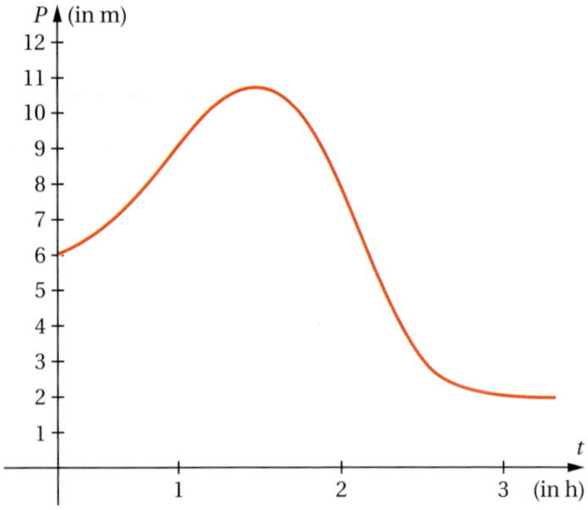

Für welchen Zeitpunkt lässt sich die unterschiedliche Aussagekraft der durchschnittlichen und momentanen Änderungsrate besonders gut verdeutlichen?

Berechnen Sie die entsprechenden Werte durch Ablesen aus der Grafik und interpretieren Sie diese anwendungsbezogen. Visualisieren Sie Ihre Feststellungen.

Handlungssituation 5

Ein Körper bewegt sich im „freien Fall“ ohne Berücksichtigung des Luftwiderstandes nach dem Gesetz $s = 0{,}5\,g\,t^2$, wobei die Beschleunigungskonstante $g = 9{,}81$ beträgt (s: zurückgelegte Strecke in Meter, t: Fallzeit in Sekunden).

Skizzieren Sie den Graphen der Weg-Zeit-Funktion und den Ableitungsgraphen und interpretieren Sie die Funktionswerte der Graphen an der Stelle $t = 5$.
Bestimmen Sie, mit welcher Geschwindigkeit in km/h ein fallender Körper nach 30 Sekunden aufschlägt.
Ermitteln Sie, mit welcher Geschwindigkeit in km/h ein fallender Körper aufschlägt, der aus einer Höhe von 100 m herabfällt.
Welche Durchschnittsgeschwindigkeit hat ein Körper, der aus einer Höhe von 100 m herabfällt?

Handlungssituation 6

Beim Start eines Kraftfahrzeugs wurden die in der Tabelle angegebenen Werte gemessen.

Zeit t (in Sek.)	Weg s (in m)
0	0
1	2
2	8
3	18
4	32
5	50

Analysieren Sie den Zeitraum nach der ersten bis zum Ende der zweiten Sekunde nach dem Start hinsichtlich der momentanen und der durchschnittlichen Änderungsraten anwendungsbezogen. Verwenden Sie im Alltagsgebrauch übliche Einheiten. Verdeutlichen Sie Ihre Ergebnisse durch eine grafische Darstellung.

3.2 Zusammenhänge zwischen Graphen von Funktionen und deren Ableitungsgraphen

Charakteristische Punkte von Funktionsgraphen, wie **Hochpunkte, Tiefpunkte** oder **Wendepunkte**, und **Eigenschaften von Funktionsgraphen**, wie **steigender oder fallender Verlauf**, **rechts- oder linksgekrümmter Graph** sind bei Problemlösungen mithilfe der Differenzialrechnung von besonderer Bedeutung.

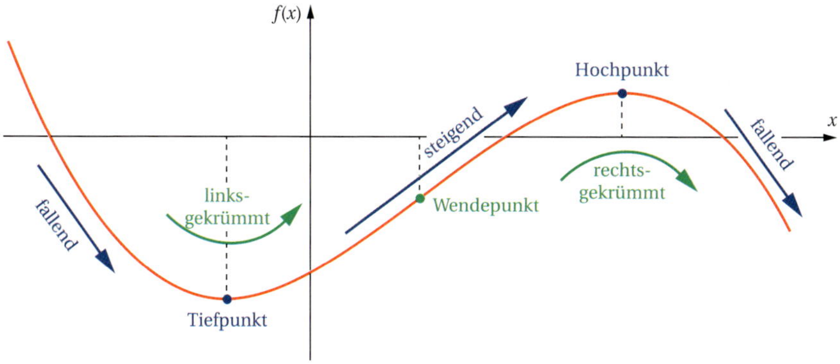

Solche charakteristischen Punkte und Eigenschaften von Funktionsgraphen kann man mithilfe der Ableitungen ermitteln. Aus diesem Grund wollen wir in den folgenden Abschnitten die Zusammenhänge zwischen Graphen von Funktionen und deren Ableitungsgraphen näher untersuchen.

3.2.1 Höhere Ableitungsfunktionen

Leitet man eine Funktion f ab, so erhält man eine Ableitungsfunktion f', die man auch als 1. Ableitungsfunktion bezeichnet.
Leitet man nun wiederum f' ab, erhält man die 2. Ableitungsfunktion f'' (gelesen: f zwei Strich).
Erneutes Ableiten führt zur 3. Ableitungsfunktion f'''etc.
Von der 4. Ableitungsfunktion an verzichtet man wegen der besseren Lesbarkeit auf die Ableitungsstriche und schreibt $f^{(4)}$ etc. Statt des korrekten Begriffes Ableitungs*funktion* wird im Alltagsgebrauch häufig vereinfachend die Bezeichnung Ableitung verwendet.

Alle Ableitungen über die 1. Ableitung hinaus bezeichnet man als **höhere Ableitungen**.

Beim Ableiten wird die Ausgangsfunktion auch als **Stammfunktion** bezeichnet.

Situation 1

Gegeben sei die ganzrationale Funktion f mit $f(x) = \frac{1}{3}x^3 - x^2 + 2$; $D(f) = \mathbb{R}$, mit ihrem Graphen.

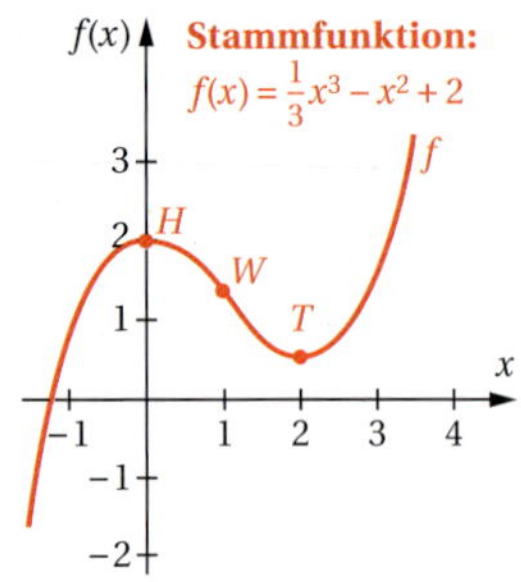

a) Ermitteln Sie die Gleichungen der 1. bis 4. Ableitungsfunktion.

b) Beschreiben und begründen Sie, wie sich der Grad der ganzrationalen Funktion mit jeder weiteren Ableitung ändert.

c) Skizzieren Sie die Graphen der Ableitungsfunktionen zusammen mit dem der Stammfunktion in 5 Koordinatensystemen untereinander.
Beschreiben Sie Ihr Vorgehen.

d) Erläutern Sie, welche Aussagekraft die 2. Ableitung bezüglich der Stammfunktion hat.

e) Zeichnen Sie die Graphen der Stammfunktion und der 1. und 2. Ableitungsfunktionen mit dem Taschenrechner ohne vorherige algebraische Berechnung der Ableitungsterme.

12, 13

Lösung

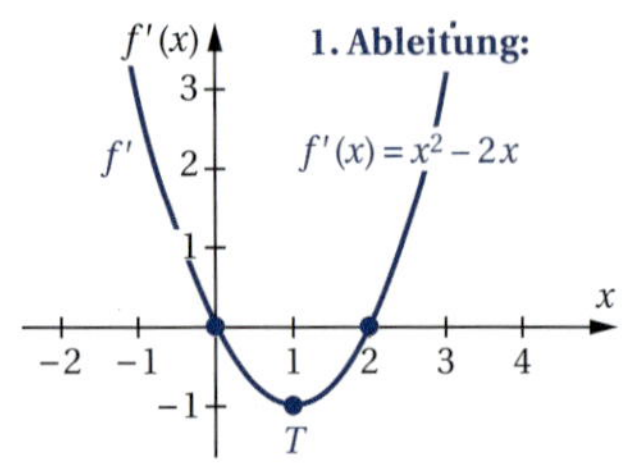

a) $f(x) = \frac{1}{3}x^3 - x^2 + 2$

Die Anwendung der Summen- und Differenzregel und der Potenz- mit Faktorregel führen zu:

$f'(x) = x^2 - 2x$

$f''(x) = 2x - 2$

$f'''(x) = 2$

$f^{(4)} = 0$

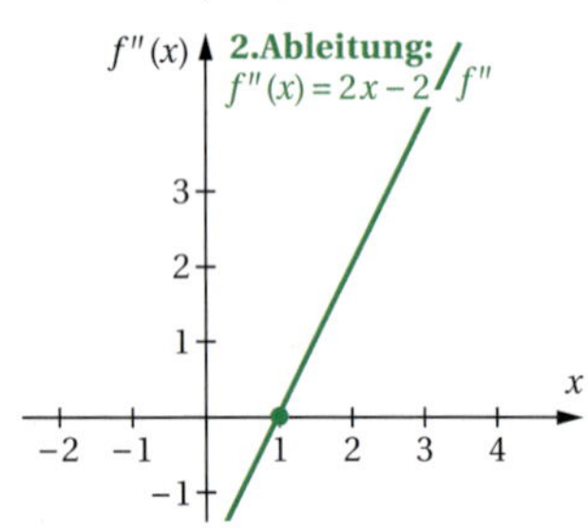

b) Durch Anwendung der Potenzregel

$f(x) = x^n \Rightarrow f'(x) = n \cdot x^{n-1}$

verringert sich der Grad der ganzrationalen Funktion mit jedem Ableiten um 1.

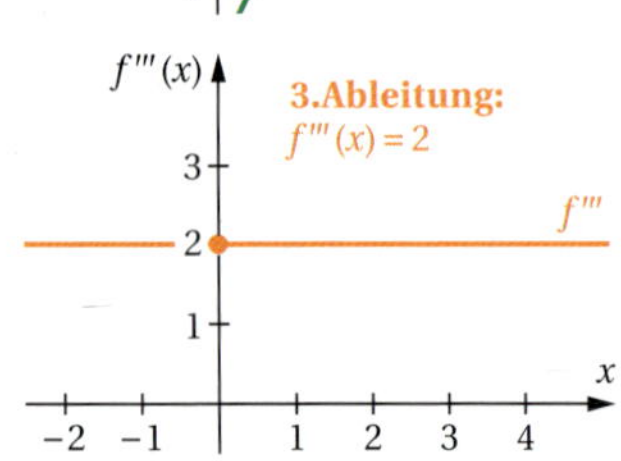

c) Grafische Herleitung der Ableitungsgraphen:
s. Abbildungen

- Graph der 1. Ableitungsfunktion aus dem Stammgraphen:
  Weil die Stammfunktion 3. Grades ist, ist die 1. Ableitungsfunktion 2. Grades, ihr Graph ist also eine Parabel, wie die Lösung zu Teilaufgabe b) zeigt.
  Am einfachsten legt man gedanklich Tangenten an den Graphen der Stammfunktion. Dort, wo die Stammfunktion die Steigung 0 hat, also in den Extrempunkten H bei $x = 0$ und T bei $x = 2$, hat die 1. Ableitungsfunktion ihre Nullstellen.

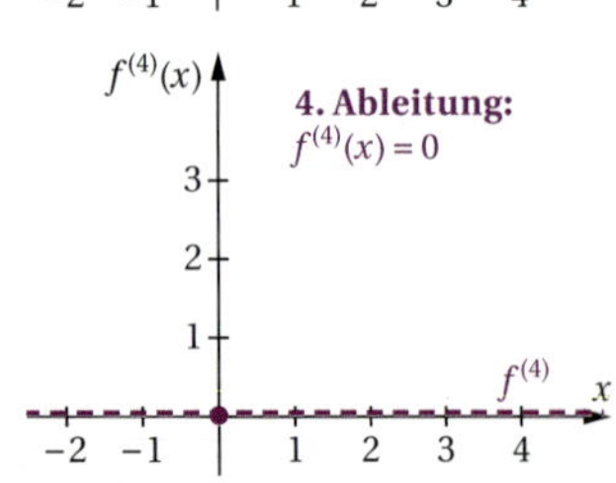

Rechts und links der Extrempunkte des Stammgraphen:
An den Stellen, wo der Stammgraph positive Steigungen hat, sind die Funktionswerte der Ableitung ebenfalls positiv. Bei negativen Steigungen des Stammgraphen, sind die die Funktionswerte der Ableitung ebenfalls negativ. Am geringsten ist die Steigung des Stammgraphen an der Stelle $x = 1$, im Wendepunkt W. Deswegen hat der Ableitungsgraph an dieser Stelle seinen Tiefpunkt.

- Graph der 2. Ableitungsfunktion aus dem Graphen der 1. Ableitungsfunktion:
  Weil die 1. Ableitungsfunktion 2. Grades ist, ist die 2. Ableitungsfunktion 1. Grades, ihr Graph ist also eine Gerade. Der Graph der 1. Ableitungsfunktion hat in seinem Tiefpunkt bei $x = 1$ die Steigung 0, also hat der Graph der 2. Ableitungsfunktion dort seine Nullstelle. Für $x < 1$ ist die Steigung des Graphen der 1. Ableitung, der Parabel, negativ, also hat der Graph der 2. Ableitung, die Gerade, dort negative Funktionswerte.
  Für $x > 1$ ist die Steigung der Parabel positiv, also hat der Graph der 2. Ableitung dort positive Funktionswerte.

- Graph der 3. Ableitungsfunktion aus dem Graphen der 2. Ableitungsfunktion:
  Die Gerade, die die 2. Ableitungsfunktion darstellt, hat überall die Steigung 2, also ist der Graph der 3. Ableitungsfunktion eine Parallele zur Abszissenachse, die für jeden x-Wert den Funktionswert 2 hat.

- Graph der 4. Ableitungsfunktion aus dem Graphen der 3. Ableitungsfunktion:
  Der Graph der 3. Ableitungsfunktion hat überall die Steigung 0. Also sind alle Funktionswerte des Graphen der 4. Ableitung 0.

d) Bezüglich der Stammfunktion gibt die 2. Ableitung an, wie sich die Steigung des Graphen der Stammfunktion *verändert*. **Wenn die 2. Ableitungsfunktion positiv ist, nimmt die Steigung des Stammgraphen zu. Ist sie negativ, nimmt die Steigung des Stammgraphen ab** (s. Abb. 1 und 3).

e) S. CAS-Anhänge 12 und 13:
Abb. 1: In der ersten Zeile definieren wir mit [ctrl], [:=] die gegebene Funktionsgleichung, in der zweiten und dritten Zeile die 1. und 2. Ableitungsfunktion. Weil der Taschenrechner die sonst übliche Schreibweise f' und f'' nicht annimmt, wählen wir als Namen für die 1. Ableitung $a1$ und für die 2. Ableitung $a2$. Die genaue Eingabe wird in den Abb. 2–4 geschildert.

Abb. 2: In der 2. Zeile der Abb. 1 wird "$a1(x)$:=" manuell eingegeben. Die rechte Seite der Gleichung wird mit [menu], 4: Analysis, 1: Ableitung erzeugt.

Abb. 3: Einfacher ist es, wenn man zum Ableiten statt der Menü-Taste die Vorlagentaste [Vorlagentaste] rechts neben der [9] verwendet.

Abb. 4: In der dritten Zeile der Abb. 1 kann dann mit der Vorlagentaste [Vorlagentaste] ebenso die 2. Ableitungsfunktion definiert werden.

Abb. 1

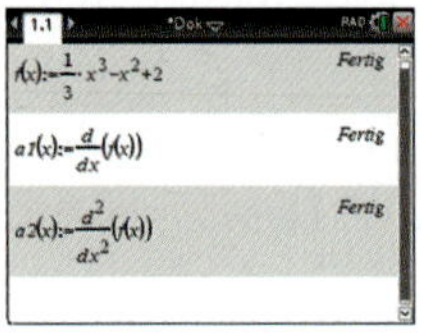

Abb. 2

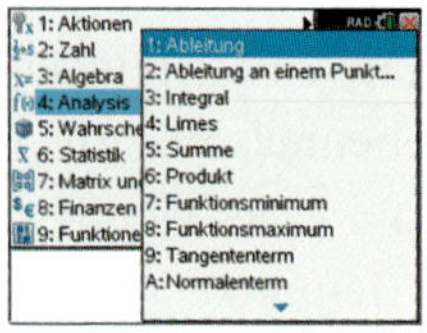

Abb. 3

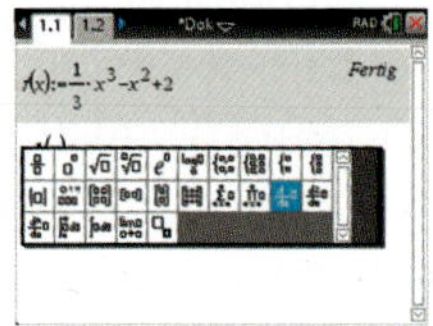

Abb. 4

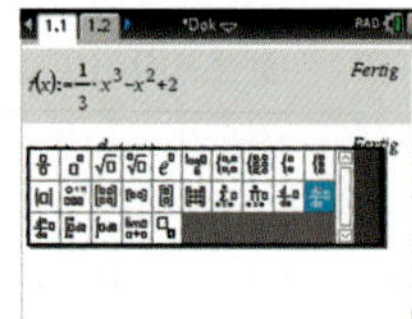

Abb. 5–9: Mit ctrl, [+page], 2: Graphs hinzufügen wird ein Graph-Fenster geöffnet. Dort geben wir für $f1(x)$ die zuvor im Calculator-Fenster definierte Funktionen $f(x)$ ein. Mit der tab-Taste oder mit Doppelklick können wir die Eingabezeile erneut aufrufen und dann $a1(x)$ für $f2(x)$ und $a2(x)$ für $f3(x)$ eingeben. So erhalten wir schließlich die Graphen der Ausgangsfunktion, der 1. und der 2. Ableitung.

Abb. 5

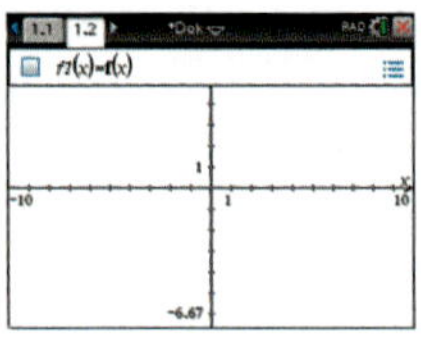

Abb. 6

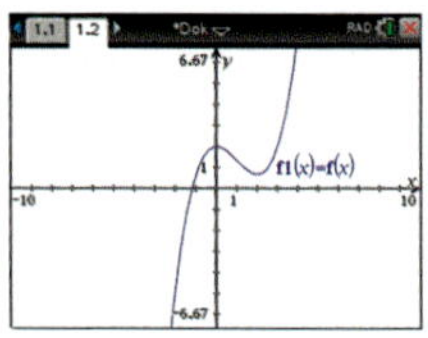

Abb. 7

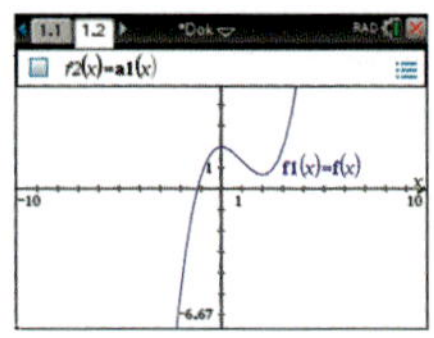

Abb. 8

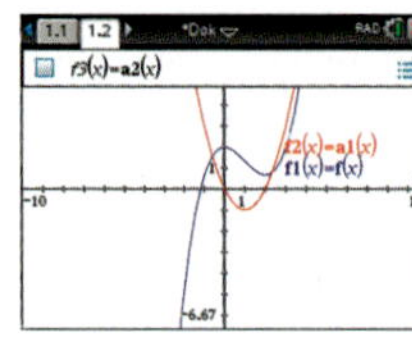

Abb. 9

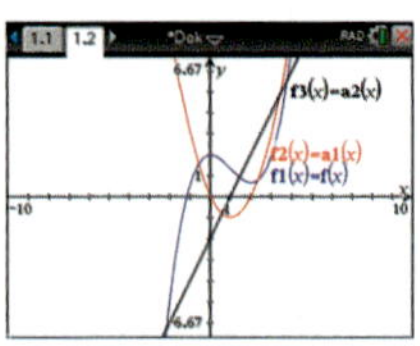

Situation 2

Skizzieren Sie die Graphen der 1. bis 3. Ableitungsfunktion in das Koordinatensystem zum Stammgraphen.

Erläutern Sie, wie sich die gekennzeichneten Punkte des Stammgraphen in den Ableitungsgraphen wiederfinden.

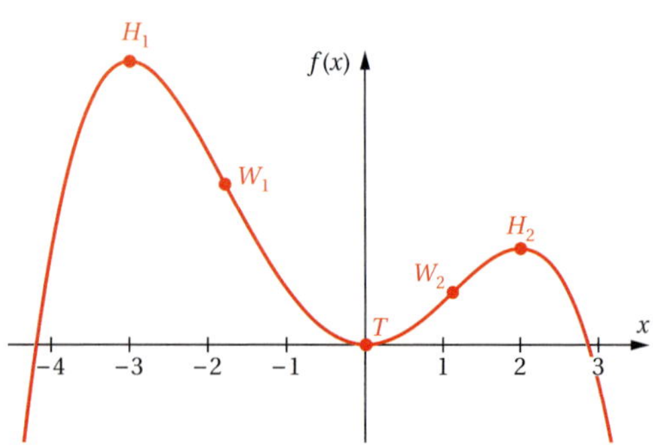

Lösung

Bei den Extremstellen des Stammgraphen ist die Steigung 0. Deshalb sind die Extremstellen des Stammgraphen die Nullstellen des Graphen der 1. Ableitungsfunktion.

Bei den Wendestellen des Stammgraphen ist die Steigung am größten oder am kleinsten. Deshalb sind die Wendestellen des Stammgraphen die Extremstellen des Graphen der 1. Ableitungsfunktion und die Nullstellen des Graphen der 2. Ableitungsfunktion.

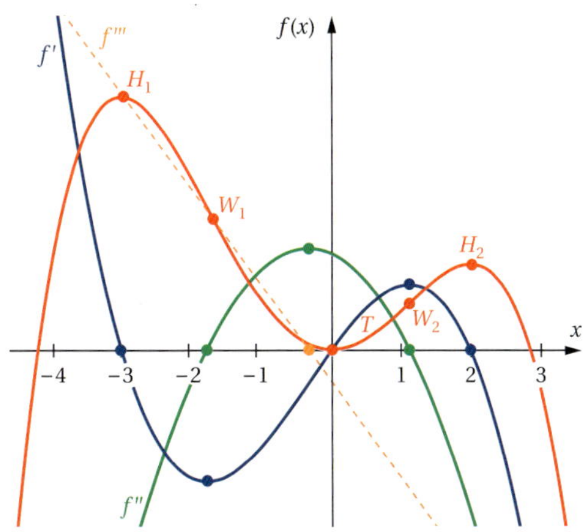

Situation 3

Gegeben sei der Graph der Sinusfunktion mit $f(x) = \sin x$.

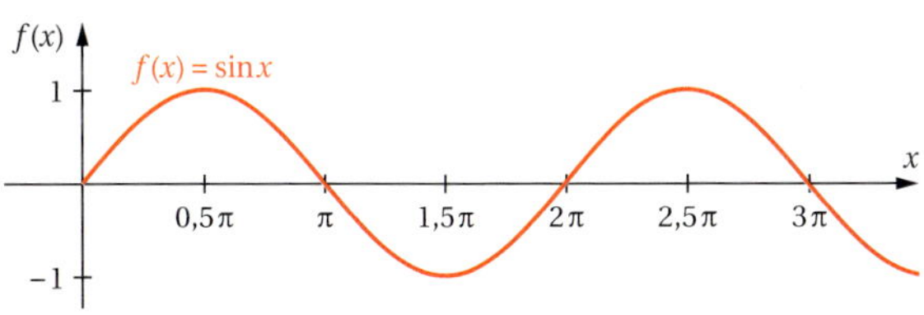

Leiten Sie den Graphen der 1. und 2. Ableitungsfunktion grafisch her und geben Sie die zugehörige Funktionsgleichung an.

Lösung

Die Extremstellen des Stammgraphen sind Nullstellen des Ableitungsgraphen.
Die Wendestellen des Stammgraphen sind Extremstellen des Ableitungsgraphen.

- **Graph der 1. Ableitungsfunktion**

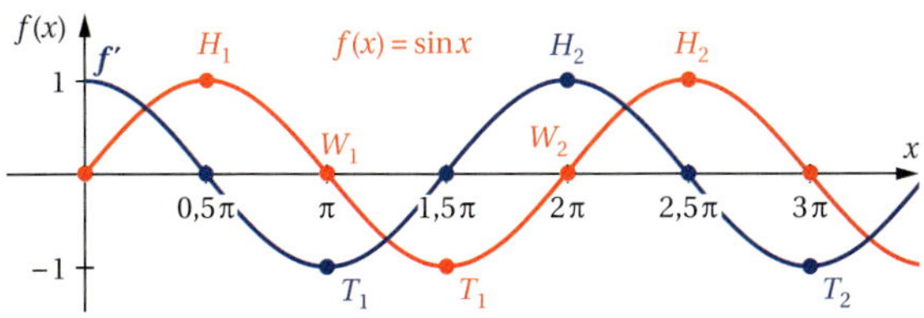

Man kann erkennen, dass der Graph der 1. Ableitungsfunktion gegenüber dem Stammgraphen um $0{,}5\,\pi$ nach links verschoben ist. Er hat also die Gleichung $f'(x) = \sin(x + 0{,}5\,\pi)$. Diese Gleichung ist identisch mit der Gleichung der **Kosinusfunktion.**

$f(x) = \sin x \Rightarrow f'(x) = \cos x$
1. Ableitung der Sinusfunktion

oder

$f(x) = \sin x \Rightarrow f'(x) = \sin(x + 0{,}5\,\pi)$
Kosinusfunktion

- **Graph der 2. Ableitungsfunktion**

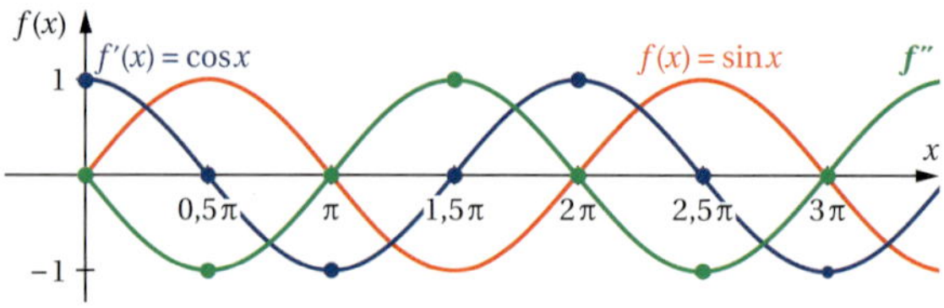

Der Graph der 2. Ableitungsfunktion ist gegenüber dem Stammgraphen $f(x) = \sin x$ an der x-Achse gespiegelt.

$f(x) = \cos x \Rightarrow f'(x) = -\sin x$
1. Ableitung der Kosinusfunktion

Der Graph der 2. Ableitungsfunktion ist gegenüber dem Graphen der 1. Ableitung, der Kosinusfunktion, um $0{,}5\,\pi$ nach links verschoben.

$f(x) = \cos x \Rightarrow f'(x) = \cos(x + 0{,}5\,\pi)$
1. Ableitung der Kosinusfunktion

Für die 2. Ableitung $f''(x)$ der Stammfunktion $f(x) = \sin x$ ergeben sich diese Gleichungen (s. Abb. auf der Vorseite):

$f(x) = \sin x \Rightarrow f''(x) = -\sin x$ $f(x) = \sin x \Rightarrow f''(x) = \cos(x + 0{,}5\,\pi)$ $f(x) = \sin x \Rightarrow f''(x) = \sin(x - \pi)$ $f(x) = \sin x \Rightarrow f''(x) = \sin(x + \pi)$
2. Ableitung der Sinusfunktion

Situation 4

Skizzieren Sie zu dem gegebenen Graphen der 1. Ableitung den Stammgraphen.

a)

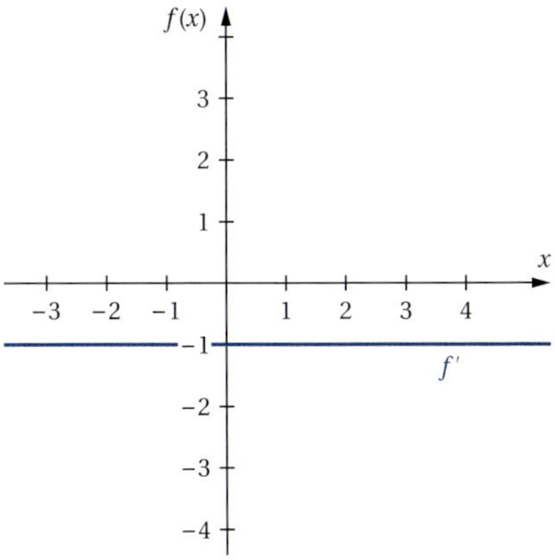

b)

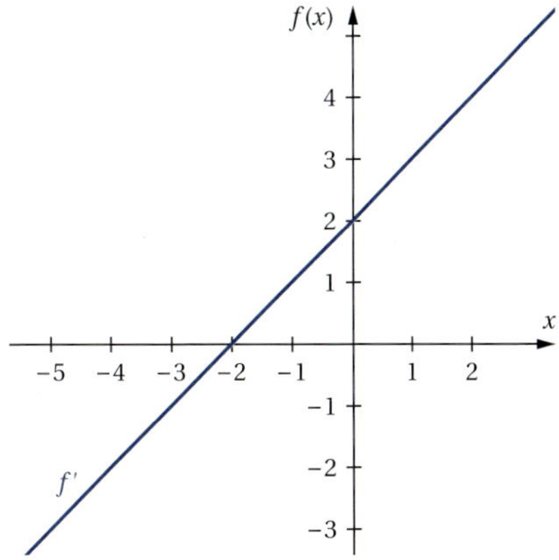

c)

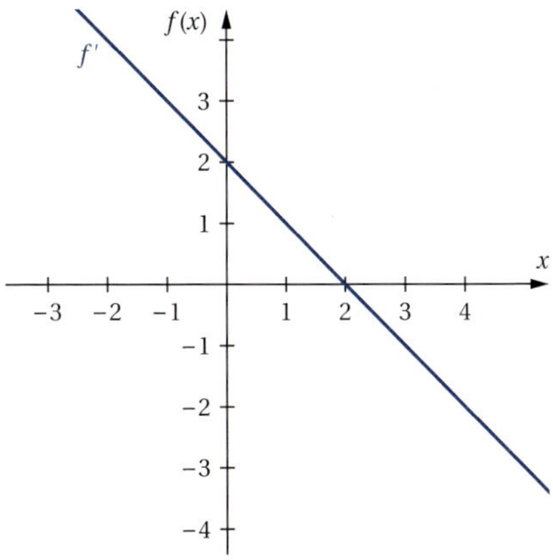

d)

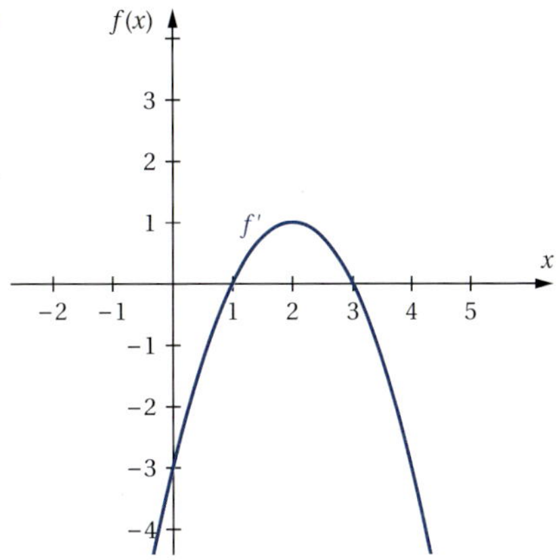

Lösung

Die in den Abbildungen dargestellten Stammgraphen sind jeweils nur ein exemplarisches Beispiel für unendlich viele mögliche Stammgraphen, die sich nur durch eine Verschiebung nach oben oder unten unterscheiden. Erklärung: Weil sich die Steigungen der Stammgraphen durch die Verschiebung nicht verändern, gehört zu jedem verschobenen Stammgraph derselbe Ableitungsgraph.

a)

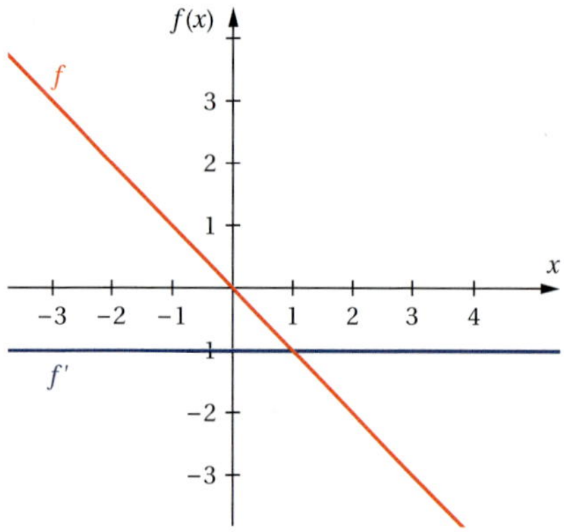

b)

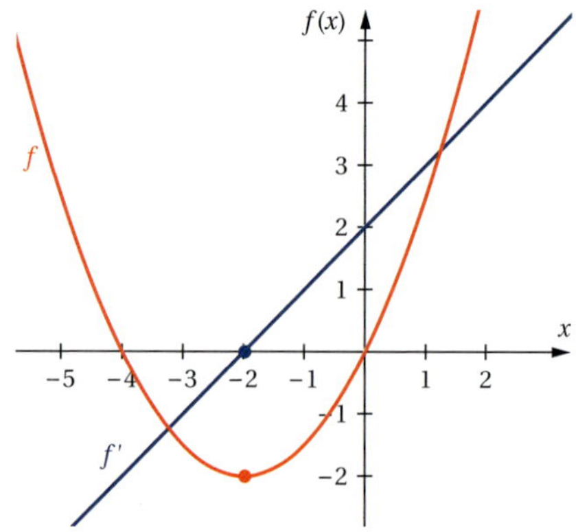

c)

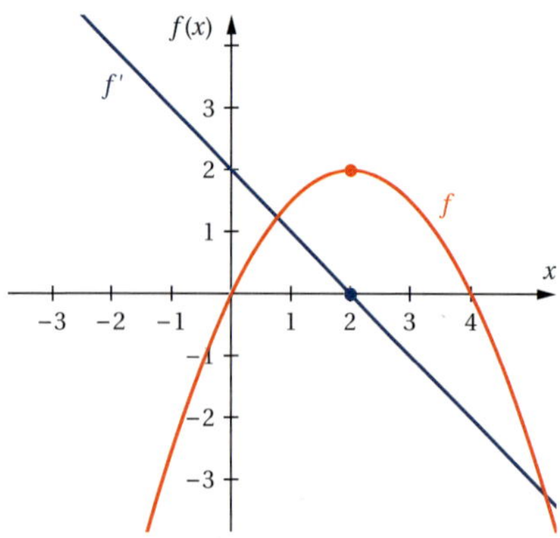

d)

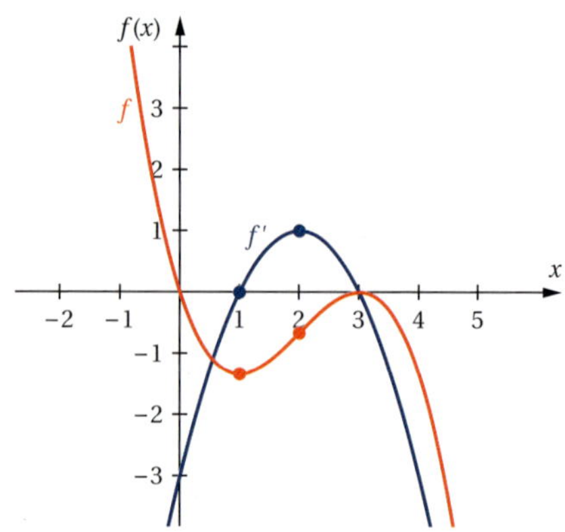

Situation 5

Der zurückgelegte Weg s in Meter eines Flugkörpers in Abhängigkeit von der Zeit t in Sekunden wird in der Anfangsphase des Fluges durch die Funktionsgleichung $s(t) = t^2$; $D(t) = [0; 10]$ beschrieben.

a) Bestimmen Sie die Gleichung der 1. und 2. Ableitungsfunktion und zeichnen Sie ihre Graphen zusammen mit dem Graphen der Ausgangsfunktion in ein Koordinatensystem.

b) Erläutern Sie, wie die 1. und 2. Ableitungsfunktion bezüglich der Problemstellung zu interpretieren ist.

Lösung

a) $s'(t) = 2t$

$s''(t) = 2$

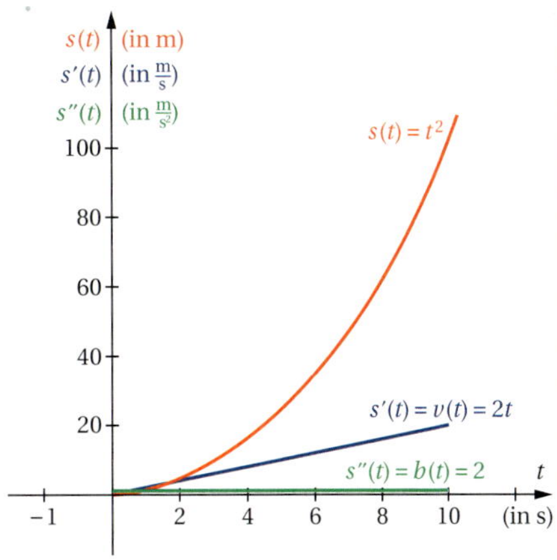

b) Die **1. Ableitung** beschreibt die Änderungsrate des zurückgelegten Weges s zu jedem beliebigen Zeitpunkt t, die geometrisch durch eine Tangente an den Graphen der Ausgangsfunktion repräsentiert wird. Die Steigung dieser Tangente lautet:

$$m = \frac{\text{Höhenunterschied (in m)}}{\text{Horizontalunterschied (in s)}}$$

Die 1. Ableitung gibt also an, wie viel Strecke pro Zeiteinheit zurückgelegt wird.

Die Angabe $\frac{\text{Strecke (in m)}}{\text{Zeit (in s)}}$ ist aber nichts anderes, als die **Geschwindigkeit** des Flugkörpers, die man auch in $\frac{\text{km}}{\text{h}}$ umrechnen kann.

Der Graph von $s'(t) = 2t$ ist eine Gerade mit der Steigung $m = 2$. Dies bedeutet, dass sich der Flugkörper in der Startphase mit linear zunehmender Geschwindigkeit bewegt.
Die **2. Ableitung** gibt die **Veränderung der Geschwindigkeit** je Sekunde an. Dies ist die **Beschleunigung** des Flugkörpers in der Startphase. Die 2. Ableitung $s''(t) = 2$ zeigt, dass der Flugkörper konstant mit $2\,\frac{\text{m}}{\text{s}^2}$ beschleunigt wird.

Zusammenfassung

- **Höhere Ableitungen** heißen alle Ableitungen, die über die 1. Ableitung hinausgehen, also f'', f''', $f^{(4)}$ etc.
- **Stammfunktion** heißt beim Differenzieren (Ableiten) die Ausgangsfunktion.
- Durch Anwendung der Potenzregel
  $$f(x) = x^n \Rightarrow f'(x) = n \cdot x^{n-1}$$
  verringert sich der **Grad der ganzrationalen Ableitungsfunktion** mit jedem Ableiten um 1.
- **Bei den Extremstellen** hat die **Stammfunktion die Steigung 0**. Deswegen hat die **1. Ableitungsfunktion dort ihre Nullstellen**.
- Im **Wendepunkt des Stammgraphen** ist die Steigung am größten oder am kleinsten. Deswegen hat der **1. Ableitungsgraph** an dieser Stelle einen **Extrempunkt**.
- **Ableitung der Sinusfunktion:** $f(x) = \sin x \Rightarrow f'(x) = \cos x = \sin(x + 0{,}5\,\pi)$
- **Ableitung der Kosinusfunktion:** $f(x) = \cos x \Rightarrow f'(x) = -\sin x$
  $$= \sin(x - \pi)$$
  $$= \sin(x + \pi)$$
  $$= \cos(x + 0{,}5\,\pi)$$
- Im **Weg-Zeit-Diagramm** gibt die **Stammfunktion** den **zurückgelegten Weg** zu einem Zeitpunkt an.
  Die **1. Ableitungsfunktion** gibt im Weg-Zeit-Diagramm die **Geschwindigkeit** an.
  Die **2. Ableitungsfunktion** gibt im Weg-Zeit-Diagramm die **Beschleunigung** an.

Übungsaufgaben

1 Berechnen Sie ohne Taschenrechner die von 0 verschiedenen Gleichungen der (höheren) Ableitungsfunktionen.

a) $f(x) = 5x^3$

b) $f(x) = -4x^2 + 2x$

c) $f(x) = 4x^4 - x^3 + x$

d) $f(x) = -\frac{1}{2}x^3 + 2x^2 + 1$

e) $f(x) = \frac{3}{4}x^4 + \frac{1}{2}x^3 - x^2 + 2x - 3$

f) $f(x) = 2x^2 + 4x^4 - x^3$

g) $f(x) = x^4$

h) $f(x) = -x^2 + 2x^3 - 3$

i) $f(x) = (x + 2)^2$

j) $f(x) = 5x^4 - x^3$

k) $f(x) = x^4 + x^3 - x$

l) $f(x) = \frac{1}{3}x^3 - 0{,}\overline{6}x^2 + 2$

2 Bestimmen Sie ohne Taschenrechner, welche Steigung der Graph der 1. Ableitungsfunktion an der angegebenen Stelle hat. Kontrollieren Sie Ihr Ergebnis mit dem Taschenrechner.

a) $f(x) = 2x^3 - 1;\quad x_a = 1$

b) $f(x) = -x^2 + 4x;\quad x_a = -1$

c) $f(x) = -x^3 - 2x^2;\quad x_a = 0$

d) $f(x) = x^4 - 2x^3 + x;\quad x_a = -2$

e) $f(x) = -2x^3 + x^2;\quad x_a = 2$

f) $f(x) = -\frac{1}{2}x^4 - 2x^2;\quad x_a = -\frac{1}{2}$

3 Skizzieren Sie ohne Taschenrechner die Graphen der von 0 verschiedenen Ableitungsfunktionen.

a)

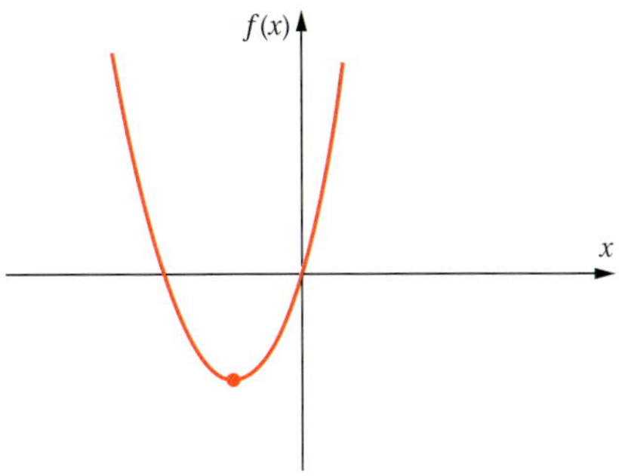

b)

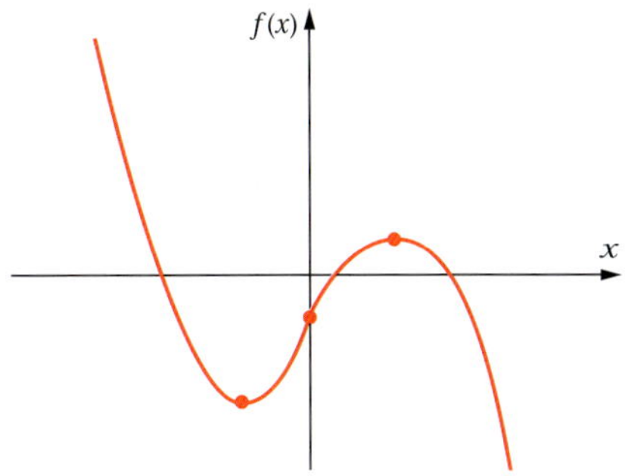

c)

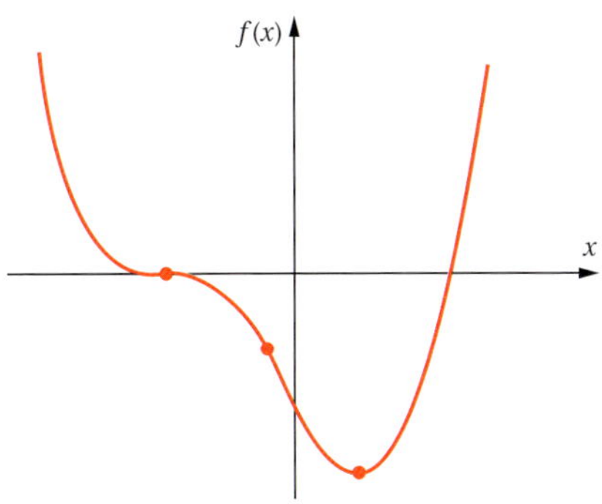

d)

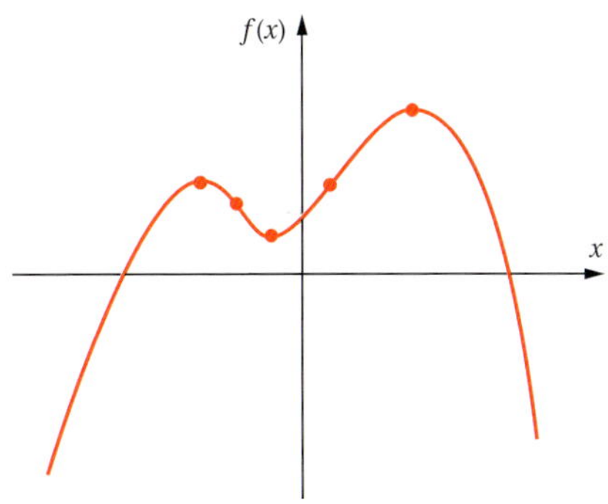

e)

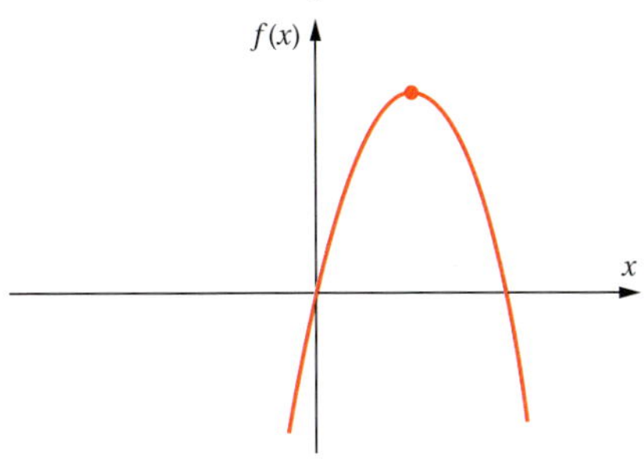

f)

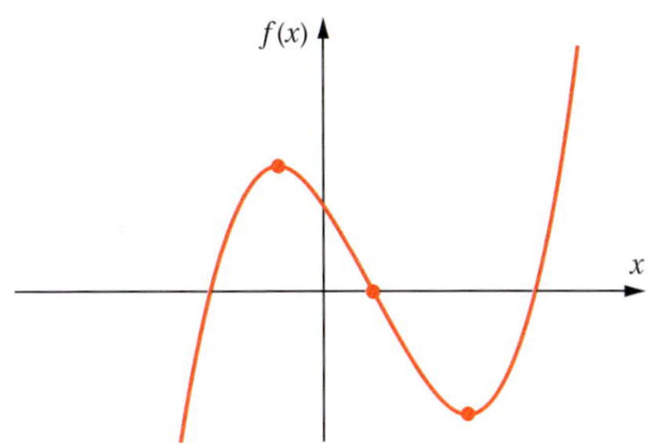

g)

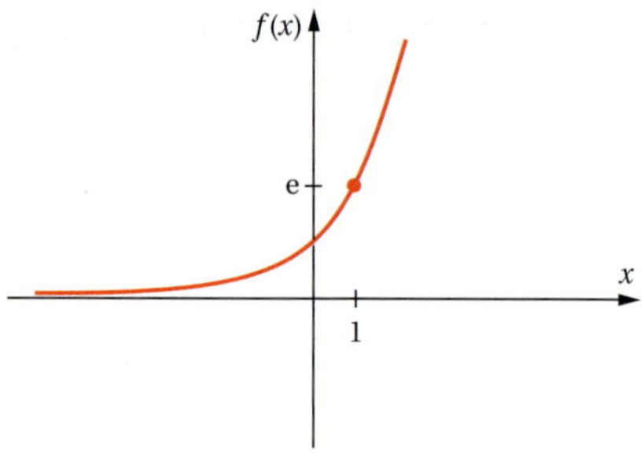

h)

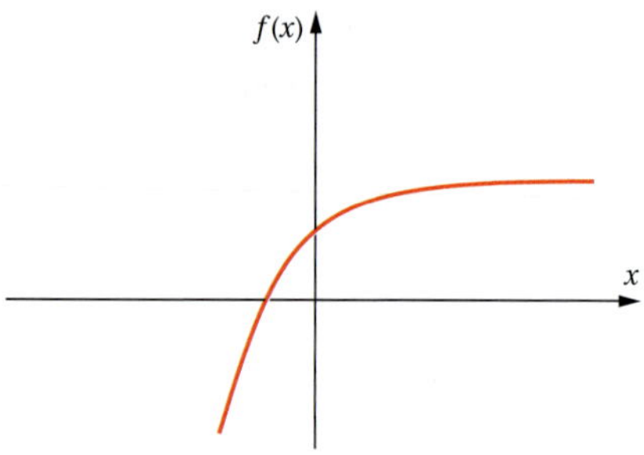

4 Skizzieren Sie ohne Taschenrechner die Graphen der 1. bis 3. Ableitungsfunktion und geben Sie deren Gleichungen an.

a)

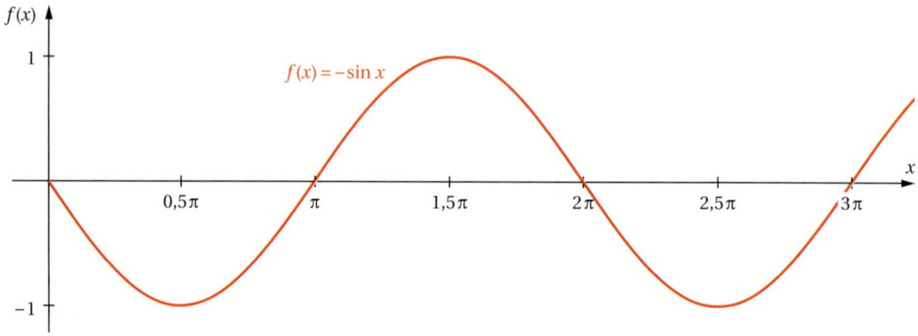

b)

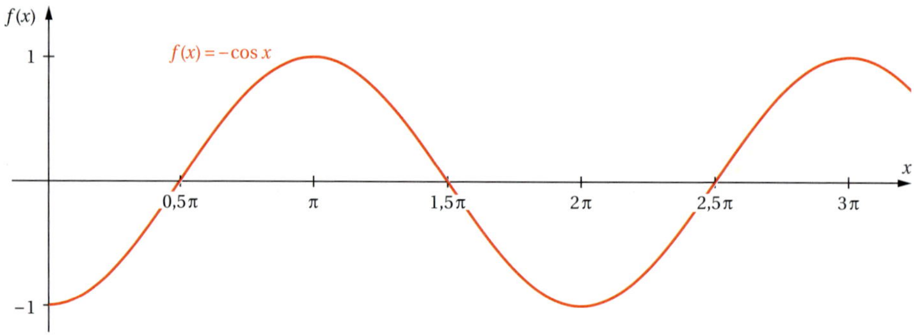

5 In den Abbildungen ist der Graph der 1. Ableitungsfunktion dargestellt. Skizzieren Sie dazu jeweils den Graphen einer Stammfunktion.

a)

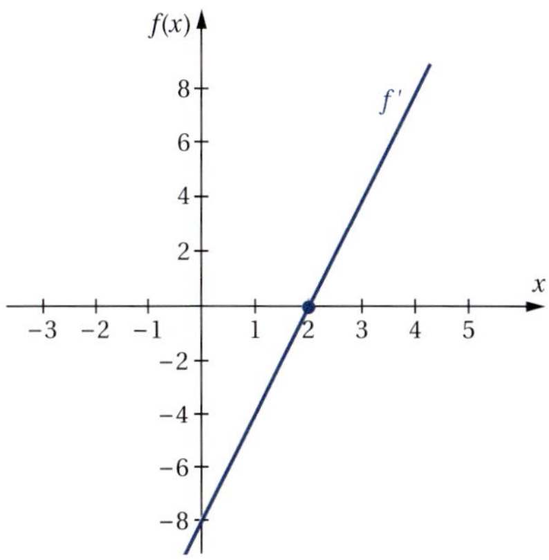

b)

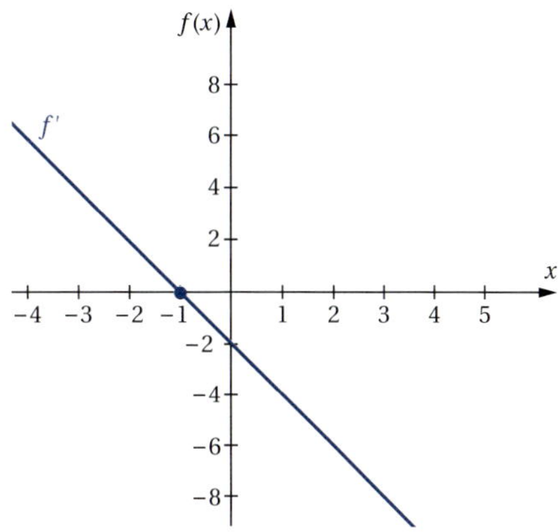

c)

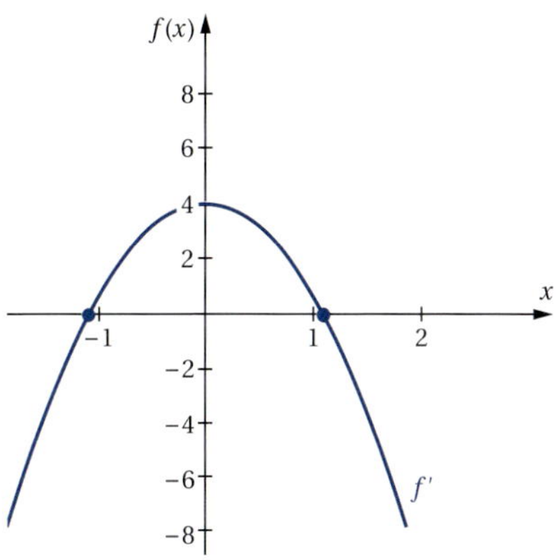

d)

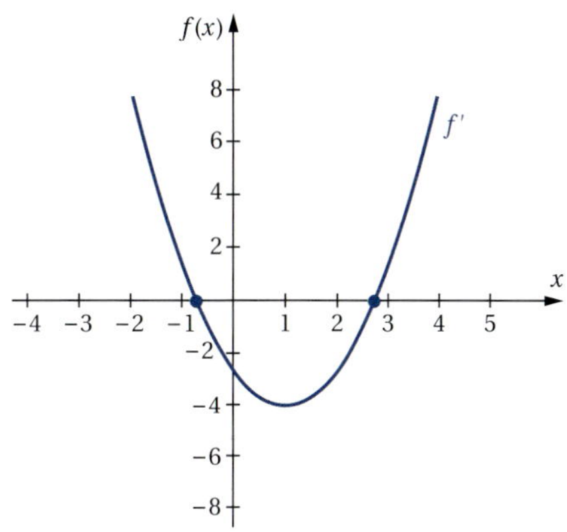

6 In den Abbildungen ist der Graph der 2. Ableitungsfunktion dargestellt. Skizzieren Sie dazu jeweils einen Graphen einer 1. Ableitungsfunktion und einen Graphen einer Stammfunktion.

a)

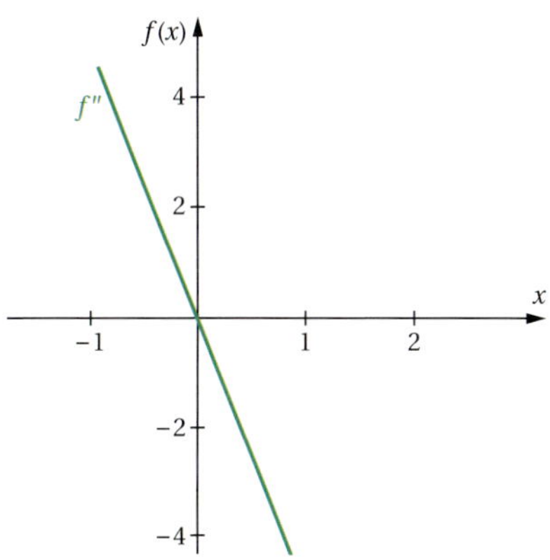

b)

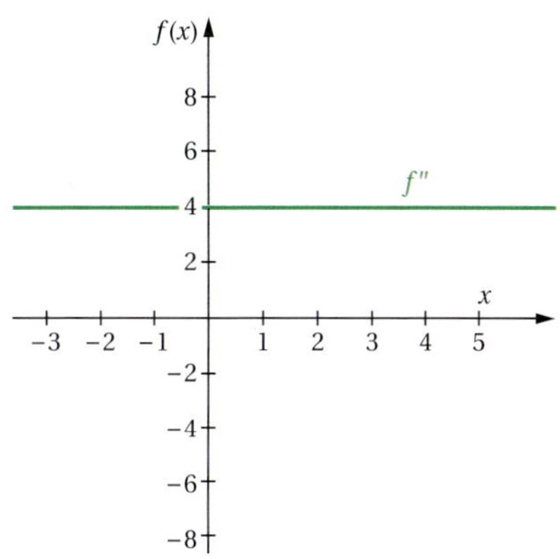

c)

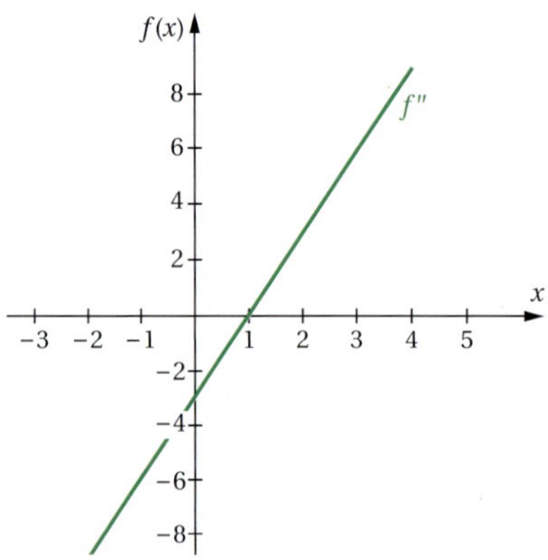

d)

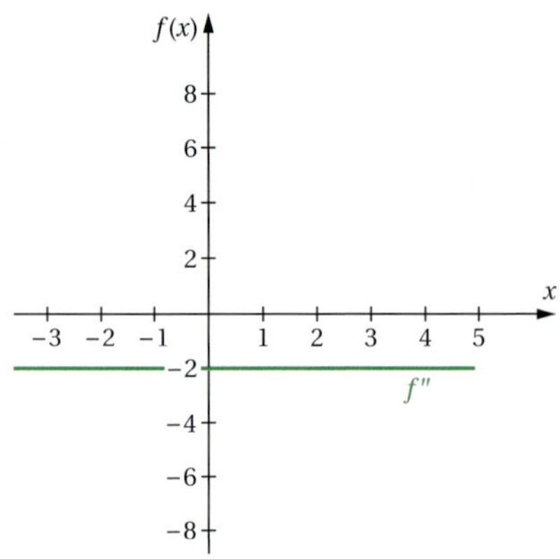

3.2.2 Extrempunkte und Monotonieverhalten

Im Alltag der Menschen, in der Ökonomie, der Technik und anderen Wissenschaftsbereichen ist häufig die Berechnung von kleinsten oder größten Werten von Bedeutung. Dies liegt u. a. daran, dass Menschen und auch Wirtschaftsunternehmen nach dem ökonomischen Prinzip handeln: Sie versuchen mit gegebenen Mitteln einen möglichst großen Nutzen zu erzielen (Maximalprinzip) oder ein bestimmtes Ziel mit möglichst wenig Mitteln zu erreichen (Minimalprinzip). In diesem Abschnitt wollen wir solche Probleme mathematisch lösen.

Dazu wollen wir im Folgenden zunächst einige wichtige Fachbegriffe erklären.

Fachbegriffe zu Extrempunkten

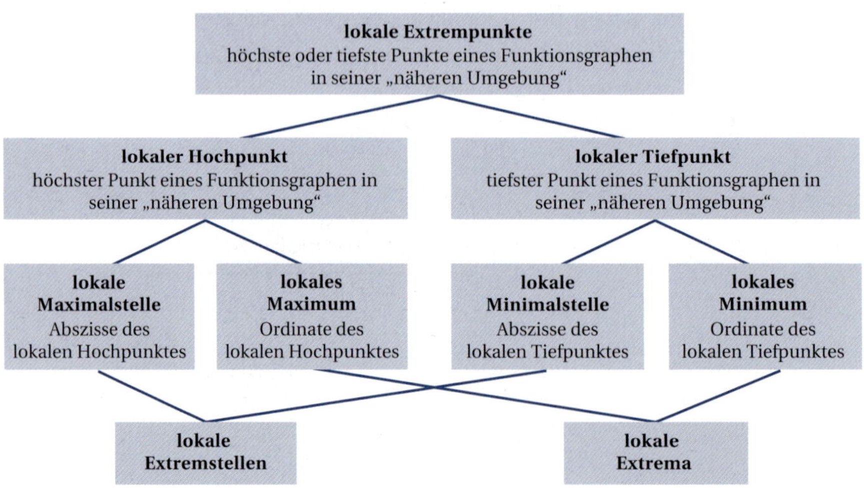

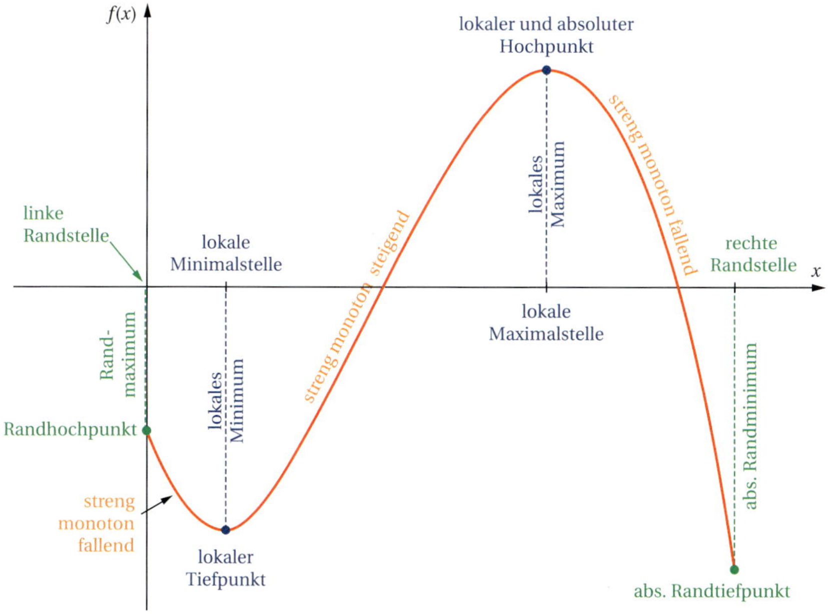

Wenn ein Extrempunkt nicht nur **lokaler Extrempunkt**[1]), sondern überhaupt der höchste oder niedrigste Punkt des Graphen ist, nennt man ihn auch **absoluten Extrempunkt**[2]), also **absoluten Hochpunkt** oder **absoluten Tiefpunkt**. Den x-Wert, die Abszisse, nennt man dann **absolute Maximalstelle** oder **absolute Minimalstelle** und den y-Wert, die Ordinate, **absolutes Maximum** oder **absolutes Minimum**.

Wird eine Funktion f statt über ihrem maximalen Definitionsbereich nur über einem abgeschlossenen Intervall betrachtet, so besitzt der Graph neben den lokalen Extrempunkten innerhalb des Intervalls auch noch **Randextrempunkte** (s. Grafik oben). Die entsprechenden Fachbegriffe zu Randextrempunkten sind in der Übersicht zusammengefasst.

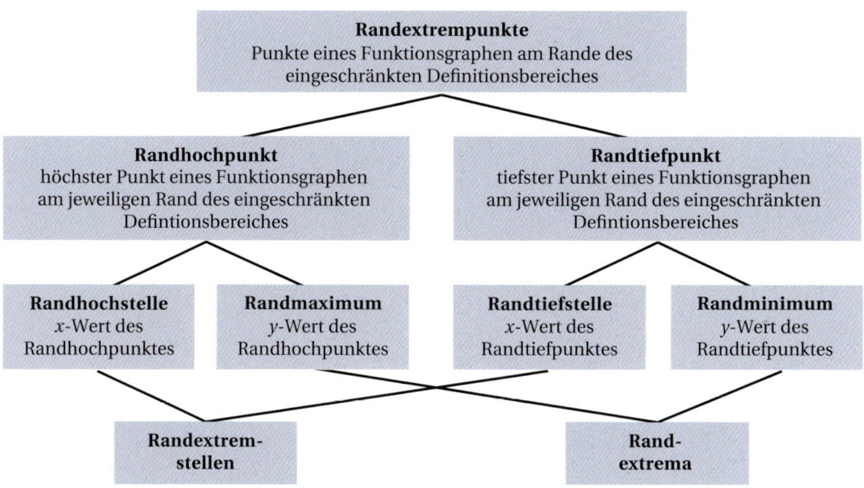

1) Statt ***lokaler*** **Extrempunkt** wird auch der Begriff ***relativer*** **Extrempunkt** verwendet.
2) Statt ***absoluter*** **Extrempunkt** wird auch der Begriff ***globaler*** **Extrempunkt** verwendet.

Monotonieverhalten

Ein Funktionsgraph heißt in einem Intervall **streng monoton steigend**, wenn in x-Richtung betrachtet jeder Funktionswert größer als der vorhergehende ist.

Wenn in einem Intervall für alle $x_2 > x_1$ zugleich $f(x_2) > f(x_1)$ gilt, dann ist der Graph **streng monoton steigend**.

oder einfacher:

Wenn $f'(x) > 0$, dann ist der Graph **streng monoton steigend.**[1)]

Entsprechend heißt der Graph **streng monoton fallend**, wenn bei größer werdenden x-Werten jeder Funktionswert kleiner als der vorhergehende ist.

Wenn in einem Intervall für alle $x_2 > x_1$ zugleich $f(x_2) < f(x_1)$ gilt, dann ist der Graph **streng monoton fallend**.

oder einfacher:

Wenn $f'(x) < 0$, dann ist der Graph **streng monoton fallend.**[1)]

Das **Monotonieverhalten** eines Funktionsgraphen wechselt an den Extremstellen.

Das Monotonieverhalten eines Graphen wird mit **Monotonieintervallen** beschrieben. Die Extremstellen bilden die Grenzen dieser Monotonieintervalle. Die Extremstellen werden in die Monotonieintervalle eingeschlossen, weil auch für sie die Bedingung „wenn $x_2 > x_1$, dann $f(x_2) > f(x_1)$“ oder „wenn $x_2 > x_1$ dann $f(x_2) < f(x_1)$“ gilt.

---

1) Eine Umkehrung der „Wenn-Dann“-Folgerung ist für diesen Satz nicht zulässig.

Situation 6

Der Gewinn G in GE eines Betriebes ist abhängig von der Produktionsmenge x in ME. Der Graph einer Gewinnfunktion ist nebenstehend für Produktionsmengen von $a = 0$ bis zur Kapazitätsgrenze d abgebildet.

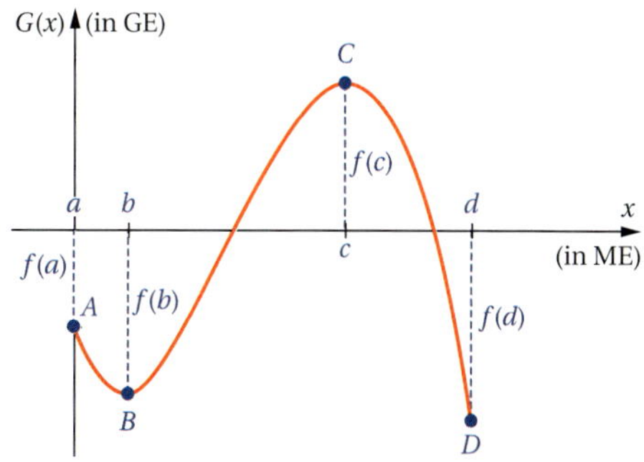

a) Ordnen Sie die auf den Vorseiten genannten Fachbegriffe zu Extrempunkten den entsprechenden Punkten, Stellen und Funktionswerten in der Grafik zu.

b) Beschreiben Sie die Monotonie des Graphen mathematisch und anwendungsbezogen.

c) Geben Sie an, welche Menge der Betrieb produzieren sollte, wenn er seinen Gewinn maximieren will. Bestimmen Sie den maximalen Gewinn und die Produktionsmenge, bei der der Gewinn minimal ist.

Lösung

a) ***B*** und ***C*** sind lokale Extrempunkte.
B ist lokaler Tiefpunkt.
C ist lokaler Hochpunkt und gleichzeitig absoluter Hochpunkt über diesem Intervall.

A und ***D*** sind Randextrempunkte.
D ist absoluter Randtiefpunkt.
A ist Randhochpunkt.

$x = \boldsymbol{b}$ und $x = \boldsymbol{c}$ sind lokale Extremstellen.
$x = \boldsymbol{b}$ ist lokale Minimalstelle.
$x = \boldsymbol{c}$ ist lokale Maximalstelle.

$x = \boldsymbol{a}$ ist linke Randstelle.
$x = \boldsymbol{d}$ ist rechte Randstelle.

$\boldsymbol{f(b)}$ ist lokales Minimum.
$\boldsymbol{f(c)}$ ist lokales und gleichzeitig absolutes Maximum.

$\boldsymbol{f(a)}$ und $\boldsymbol{f(d)}$ sind Randextrema, dabei ist $\boldsymbol{f(a)}$ Randmaximum und $\boldsymbol{f(d)}$ absolutes Randminimum.

b) Im Intervall $[\boldsymbol{a}; \boldsymbol{b}]$[1)] verläuft der Graph **streng monoton fallend**, die Gewinne sinken. Im Intervall $[\boldsymbol{b}; \boldsymbol{c}]$[2)] verläuft der Graph **streng monoton steigend**, die Gewinne steigen. Im Intervall $[\boldsymbol{c}; \boldsymbol{d}]$ verläuft der Graph wieder **streng monoton fallend**, die Gewinne sinken wieder.

c) Der Betrieb sollte c ME produzieren, dann ist der Gewinn mit $f(c)$ GE maximal. Produziert der Betrieb d ME, also an der Kapazitätsgrenze, ist der Gewinn mit $f(d)$ GE minimal.

---

1) Obwohl die Steigung bei b gleich 0 ist, gehört b in das Monotonieintervall, der Funktionswert von b, also $f(b)$, ist kleiner als der vorausgegangene Funktionswert.

2) b gehört auch in dieses Intervall, weil der auf $f(b)$ folgende Funktionswert größer als $f(b)$ ist. Für c ist die Argumentation entsprechend.

Algebraische Berechnung von lokalen Extrempunkten

Situation 7

a) Bestimmen Sie algebraisch die lokalen Extremstellen x_{E_1} und x_{E_2} des Funktionsgraphen zu $f(x) = \frac{1}{3}x^3 - \frac{1}{2}x^2 - 2x$ mithilfe der 1. Ableitung. Untersuchen Sie dafür zunächst, wie sich der Graph der 1. Ableitungsfunktion dort verhält, wo der Graph der Stammfunktion Extrempunkte hat. Berechnen Sie dann die Extremstellen algebraisch.

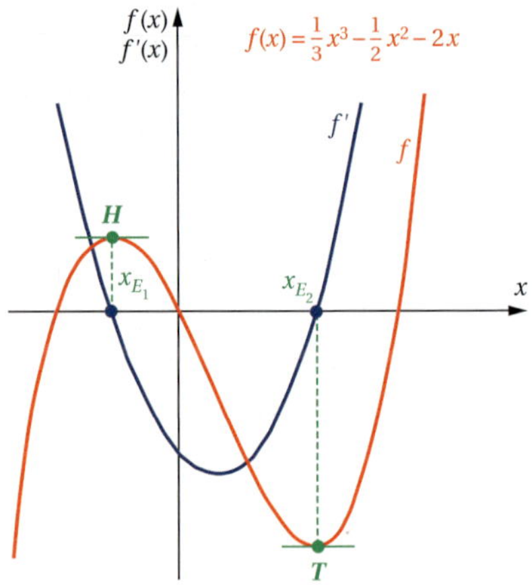

b) Erläutern Sie, wie man **mithilfe der 1. Ableitung** feststellen kann, ob es sich bei den berechneten Extremstellen um eine Maximal- oder Minimalstelle handelt.

c) Ermitteln Sie algebraisch die Funktionswerte der lokalen Extrempunkte des Graphen von *f* und geben Sie die Extrempunkte mit ihren Koordinaten an.

Lösung

a) **In einem Extrempunkt ist die Steigung des Funktionsgraphen gleich 0.**[1)] Also hat die 1. Ableitung, die ja die Steigung des Graphen der Stammfunktion angibt, dort eine Nullstelle, wo der Graph der Stammfunktion eine Extremstelle hat. Wir ermitteln die Gleichung der 1. Ableitung:

$$f'(x) = x^2 - x - 2,$$

und setzen diese dann gleich 0, um ihre Nullstellen zu berechnen:

Ansatz: $\boldsymbol{f'(x) = 0}$

$$0 = x^2 - x - 2 \qquad |p\text{-}q\text{-Formel}$$

$$x_{01/02} = \frac{1}{2} \pm \sqrt{\frac{1}{4} + \frac{8}{4}} = \frac{1}{2} \pm \sqrt{\frac{9}{4}} = \frac{1}{2} \pm \frac{3}{2}$$

$$\underline{\underline{x_{01} = -1}};\ \underline{\underline{x_{02} = 2}}$$

An diesen beiden Nullstellen der 1. Ableitung hat der Graph der Stammfunktion die Steigung 0.

1) Man bezeichnet diese Bedingung auch als **notwendige Bedingung** für eine Extremstelle. Eine notwendige Bedingung ist eine Voraussetzung, ohne die ein Sachverhalt nicht eintritt. Die Erfüllung der Voraussetzung garantiert jedoch nicht den Eintritt des Sachverhalts.

b) In der Abbildung auf der Vorderseite kann man erkennen, dass **linksseitig des Hochpunktes die Steigung des Graphen von *f* positiv und rechtsseitig negativ ist**. Also müssen die Funktionswerte der 1. Ableitung an einer Maximalstelle das Vorzeichen von + nach – wechseln (vgl. Abb. unten).
Dies ist bei jedem Hochpunkt der Fall.

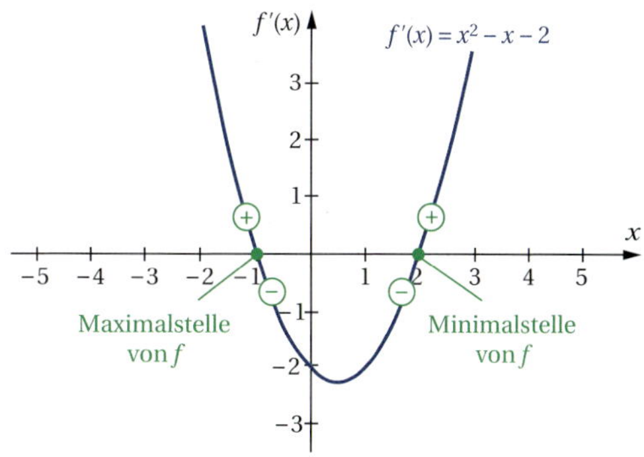

Bei einem Tiefpunkt wechselt die 1. Ableitung das Vorzeichen in x-Richtung betrachtet von – nach + (vgl. Abb.), weil **linksseitig eines Tiefpunktes die Steigung immer negativ und rechtsseitig immer positiv ist**.
Wenn man sich den Graphen der 1. Ableitungsfunktion mit $f'(x) = x^2 - x - 2$ veranschaulicht, eine nach oben geöffnete Parabel mit einfachen Nullstellen bei $x = -1$ und bei $x = 2$, kann man leicht prüfen, ob der Graph der Stammfunktion bei den berechneten Stellen einen Hoch- oder einen Tiefpunkt hat.
Bei $x = -1$ **wechselt die 1. Ableitung das Vorzeichen von + nach –**, also hat der Graph der Stammfunktion bei $x = -1$ einen **Hochpunkt.**
Bei $x = 2$ **wechselt die 1. Ableitung das Vorzeichen von – nach +.**, also befindet sich bei $x = 2$ ein **Tiefpunkt**.

c) Die noch fehlenden y-Werte der Extrempunkte werden berechnet, indem die berechneten Extremstellen in die Ausgangsfunktion eingesetzt werden.
für den Hochpunkt: $f(x_{E_1}) = f(-1) = -\frac{1}{3} - \frac{1}{2} + 2 = \frac{7}{6} = 1{,}1\overline{6} \Rightarrow \underline{\underline{H(-1/1{,}1\overline{6})}}$
für den Tiefpunkt: $f(x_{E_2}) = f(2) = \frac{8}{3} - 2 - 4 = -\frac{10}{3} = -3{,}\overline{3} \Rightarrow \underline{\underline{T(2/-3{,}\overline{3})}}$

Vorgehensweise zur algebraischen Berechnung von Extrempunkten (Variante 1):

1. Gleichung der **1. Ableitung** ermitteln: $\boldsymbol{f'(x)}$
2. **Nullstellen der 1. Ableitung** durch $\boldsymbol{f'(x) = 0}$ berechnen. Dies sind die *möglichen* Extremstellen.
3. Die 1. Ableitung auf **Vorzeichenwechsel** (VZW) an der möglichen Extremstelle x_E prüfen:
   - Bei einem **Hochpunkt *H*** wechselt die 1. Ableitung das **Vorzeichen von + nach –**.
   - Bei einem **Tiefpunkt *T*** wechselt die 1. Ableitung das **Vorzeichen von – nach +**.
4. **Funktionswert des Extrempunktes** berechnen, indem die berechnete Extremstelle x_E für x in die Ausgangsfunktion eingesetzt wird: $\boldsymbol{f(x_E)}$

Notwendige Bedingung[1] **für lokale Extremstellen:**
Wenn der Graph einer Funktion f an einer Stelle x_E einen lokalen Extrempunkt hat, dann ist dort $\boldsymbol{f'(x) = 0}$.

Hinreichende Bedingung[2] für lokale Extremstellen **(Variante 1)**:
Wenn für einen Graphen an einer Stelle x_E gilt $\boldsymbol{f'(x) = 0}$ **und zusätzlich** $\boldsymbol{f'(x)}$ **an der Stelle** $\boldsymbol{x_E}$ **das Vorzeichen wechselt**, dann ist diese Stelle eine lokale Extremstelle.

- **Bei einer Maximalstelle wechselt das Vorzeichen von $f'(x)$ bei x_E von + nach –**
- **Bei einer Minimalstelle wechselt das Vorzeichen von $f'(x)$ bei x_E von – nach +**

Situation 8 (alternative Lösung zu Situation 7)

a) Bestimmen Sie algebraisch die lokalen Extremstellen x_{E_1} und x_{E_2} des Funktionsgraphen zu $f(x) = \frac{1}{3}x^3 - \frac{1}{2}x^2 - 2x$ mithilfe der 1. Ableitung.
Untersuchen Sie dazu zunächst, wie sich der Graph der 1. Ableitungsfunktion dort verhält, wo der Graph der Stammfunktion Extrempunkte hat. Berechnen Sie dann die Extremstellen algebraisch.

b) Erläutern Sie, wie man **mithilfe der 2. Ableitung** feststellen kann, ob es sich bei den berechneten Extremstellen um eine Maximal- oder Minimalstelle handelt.

c) Ermitteln Sie algebraisch die Funktionswerte der lokalen Extrempunkte des Graphen von f und geben Sie die Extrempunkte mit ihren Koordinaten an.

Lösung

a) siehe Situation 7 a), S. 293

b) Bei einem Hochpunkt ist der Graph rechtsgekrümmt, weil die Steigung dort abnimmt. Also ist die **2. Ableitung bei einer Maximalstelle negativ** (vgl. Abb.).

Bei einem Tiefpunkt ist der Graph linksgekrümmt, weil die Steigung dort zunimmt. Also ist die **2. Ableitung bei einer Minimalstelle positiv** (vgl. Abb).

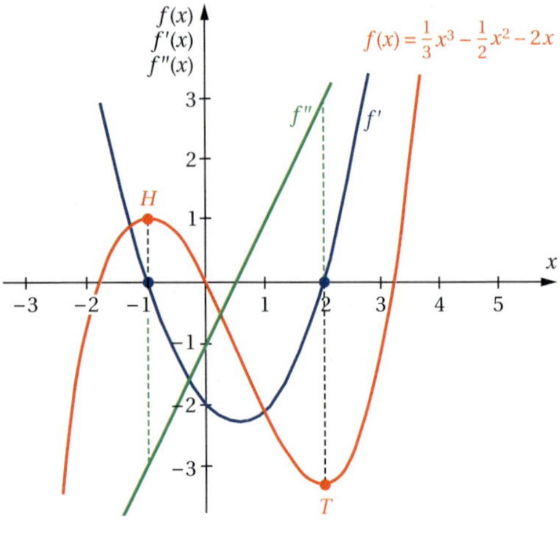

---

1) Eine Umkehrung der „Wenn-Dann“-Folgerung ist nicht zulässig.
2) Eine hinreichende Bedingung ist eine Voraussetzung, bei deren Erfüllung ein Sachverhalt zwangsläufig eintritt. Eine Umkehrung der „Wenn-Dann“-Folgerung ist zulässig.

Berechnung:

2. Ableitung bilden

$f''(x) = 2x - 1$

Man muss die in a) berechneten Stellen in die 2. Ableitung einsetzen und prüfen, ob das Ergebnis positiv oder negativ ist:

$f''(-1) = -3 < 0 \Rightarrow H$

$f''(2) = 3 > 0 \Rightarrow T$

c) siehe Situation 7 c), S. 294

Vorgehensweise zur algebraischen Berechnung von Extrempunkten (Variante 2):

1. Gleichung der **1. Ableitung** ermitteln: $f'(x)$
2. **Nullstellen der 1. Ableitung** durch $f'(x) = 0$ berechnen. Dies sind die *möglichen* Extremstellen.
3. Gleichung der **2. Ableitung** ermitteln: $f''(x)$
4. Die berechneten Nullstellen der 1. Ableitung in die 2. Ableitung für x einsetzen: $f''(x_E)$ und auf Hoch- oder Tiefpunkt prüfen:

   $f''(x_E) < 0 \Rightarrow$ **Hochpunkt** H

   $f''(x_E) > 0 \Rightarrow$ **Tiefpunkt** T
5. **Funktionswert des Extrempunktes** berechnen, indem die berechnete Extremstelle x_E für x in die Ausgangsfunktion eingesetzt wird: $f(x_E)$

Notwendige Bedingung für lokale Extremstellen:

Wenn der Graph einer Funktion f an einer Stelle x_E einen lokalen Extrempunkt hat, dann ist dort $f'(x) = 0$.

Hinreichende Bedingung für lokale Extremstellen (Variante 2):

Wenn für einen Graphen an einer Stelle x_E gilt $f'(x) = 0$ **und zusätzlich** $f''(x_E) \neq 0$, dann ist diese Stelle eine lokale Extremstelle.

- **Bei einer Maximalstelle ist** $f''(x_E) < 0$
- **Bei einer Minimalstelle ist** $f''(x_E) > 0$

Situation 9

In der Abbildung ist der Graph der Gesamtkostenfunktion K mit $K(x) = x^3 - 3x^2 + 3x + 1$ dargestellt.

Aus ökonomischen Gründen ist es notwendig, dass die Gesamtkosten mit steigender Produktionsmenge immer größer werden. Ob der Graph der Gesamtkostenfunktion K tatsächlich streng monoton steigt, ist in der Abbildung nicht genau zu erkennen.

Untersuchen Sie algebraisch, ob die Gesamtkostenfunktion diese Voraussetzung erfüllt.

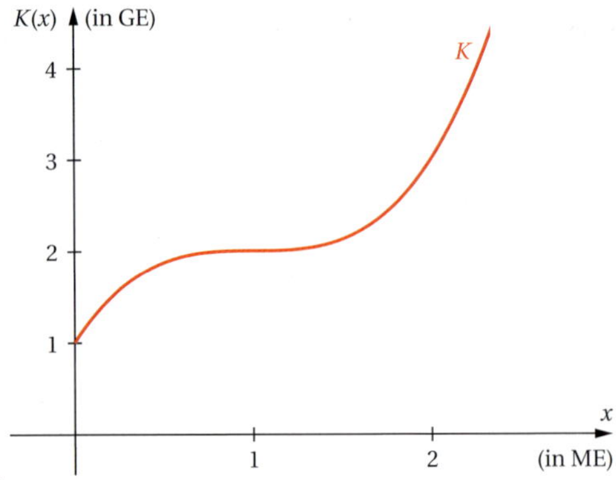

Lösung

Der Graph von K muss streng monoton steigen, deshalb darf er keinen Extrempunkt haben.

Wir prüfen, ob es einen Extrempunkt gibt.

Notwendige Bedingung: $K'(x) = 0$

$K'(x) = 3x^2 - 6x + 3$

$0 = 3x^2 - 6x + 3 \quad |:3$

$0 = x^2 - 2x + 1$

p-q-Formel führt zu:

$\underline{x_{01/02} = 1}$ als *mögliche* Extremstelle

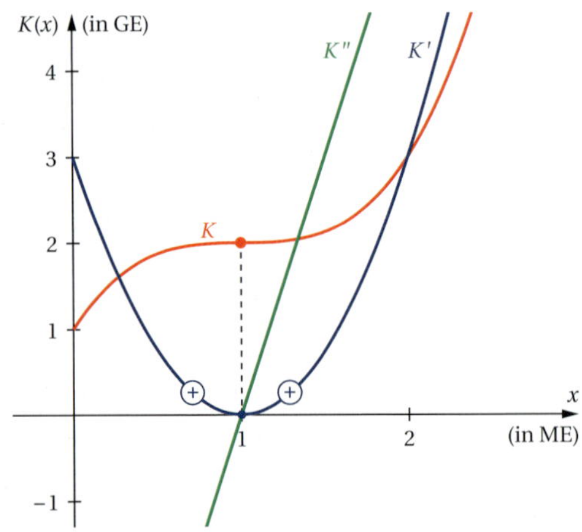

Hinreichende Bedingung (Variante 1):
$K'(x) = 0$ und VZW von $K'(x)$ bei x_E

Der Ableitungsgraph ist eine Parabel mit einer doppelten Nullstelle bei $x_{01/02} = 1$. Die 1. Ableitung weist also bei $x = 1$ keinen Vorzeichenwechsel auf (vgl. Abb.).

$\Rightarrow$ $\underline{\underline{\text{kein Extrempunkt bei } x = 1}}$

Hinreichende Bedingung (Variante 2): $K'(x) = 0$ und $K''(x_E) \neq 0$

$K''(x) = 6x - 6$

$K''(1) = 0$ (vgl. Abb.)

keine Aussage möglich, siehe aber Variante 1

> Wenn bei der Variante 2 $f''(x_E) = 0$ ist, muss zur Überprüfung der möglichen Extremstellen die Variante 1 der hinreichenden Bedingung verwendet werden.

Ergebnis: Die Gesamtkostenkurve hat zwar an der Stelle $x = 1$ die Steigung 0, aber keinen Extrempunkt und verläuft somit streng monoton steigend. Jeder Funktionswert ist größer als der jeweils vorausgegangene Funktionswert.

Der Graph einer Funktion kann die Steigung 0 aufweisen, ohne dass ein Extrempunkt vorhanden ist.

Situation 10

Der Gewinn G eines Betriebes in GE bei unterschiedlichen Produktionsmengen x in ME kann mit der Gleichung $G(x) = -x^3 + 11x^2 - 19x - 20$ beschrieben werden. Die Kapazitätsgrenze des Betriebs beträgt 9,25 ME.

12, 13, 10, 4

a) Zeichnen Sie mit dem Taschenrechner den Stammgraphen und dann ohne algebraische Berechnung der Ableitungsfunktionen den 1. und 2. Ableitungsgraphen.

b) Ermitteln Sie mit dem Taschenrechner die lokalen Extrempunkte und die Randpunkte des Graphen der Gewinnfunktion. Interpretieren Sie die Koordinaten der Punkte.

c) Prüfen Sie mit den Ableitungsgraphen, ob jeweils die notwendige und beide Varianten der hinreichenden Bedingungen erfüllt sind.

d) Geben Sie die Monotonieintervalle an und interpretieren Sie die Intervalle.

e) Ermitteln Sie $G'(4)$ und $G''(4)$ und interpretieren Sie die berechneten Werte.

Lösung

a) S. CAS-Anhänge 12 und 13

Abb. 1

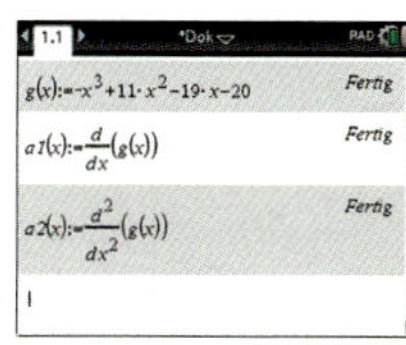

Abb. 1: In der ersten Zeile definieren wir mit ctrl, [:=] die gegebene Funktionsgleichung $g(x) = -x^3 + 11x^2 - 19x - 20$, in der zweiten Zeile mit menu, 4: Analysis, 1: Ableitung, die 1. Ableitung $a1(x)$ und ebenso die 2. Ableitung $a2(x)$. Alternativ zur Menü-Taste kann auch die Vorlagentaste rechts neben der 9 zum Ableiten verwendet werden.

Abb. 2–7: Mit ctrl, [+page], 2: Graphs hinzufügen, öffnen wir ein Graph-Fenster. Dort geben wir für $f1(x)$, $f2(x)$ und $f3(x)$ die zuvor im Calculator-Fenster definierten Funktionen $g(x)$ und dann jeweils mit tab-Taste oder mit Doppelklick die Ableitungsfunktionen $a1(x)$ und $a2(x)$ ein.

Abb. 2

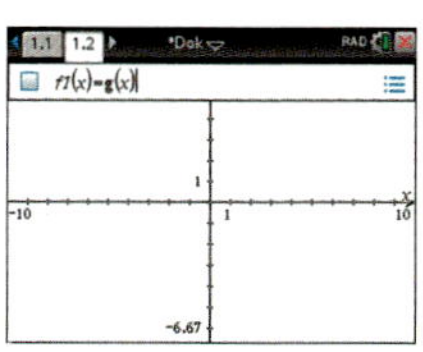

Abb. 3

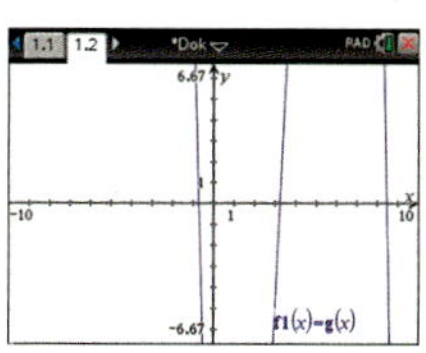

Abb. 4

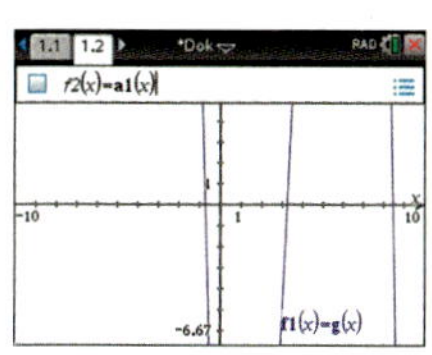

Abb. 5

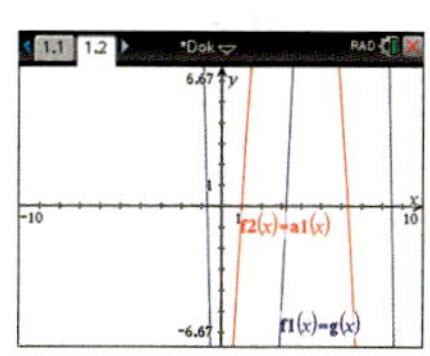

Abb. 6

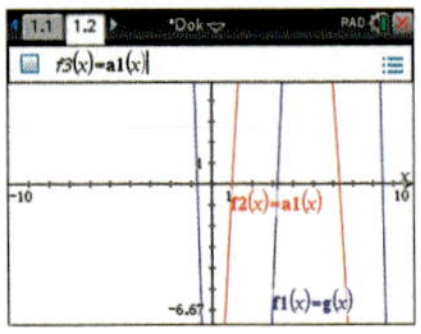

Abb. 7

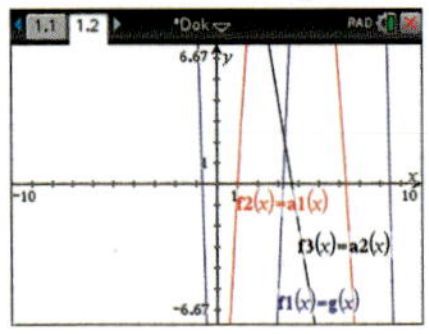

Abb. 8–11: Für eine übersichtliche Darstellung der Graphen müssen wir noch die Fenstereinstellungen ändern.

Abb. 8

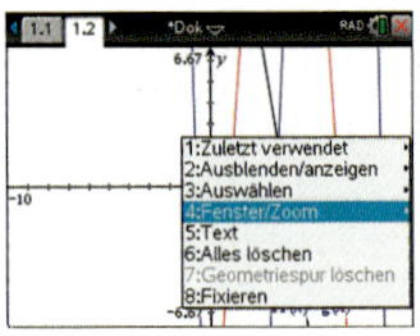

Abb. 9

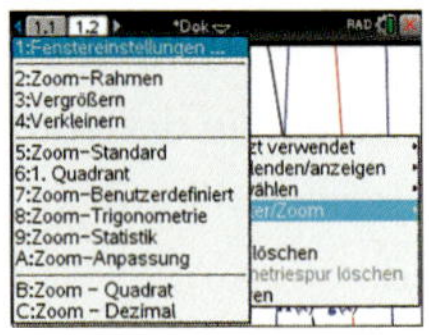

Abb. 10

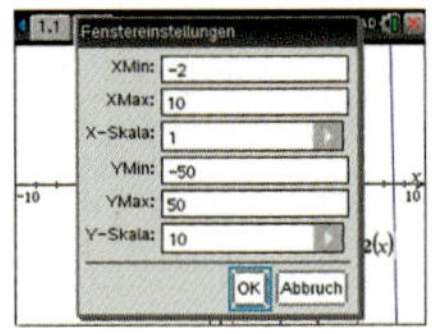

Abb. 11

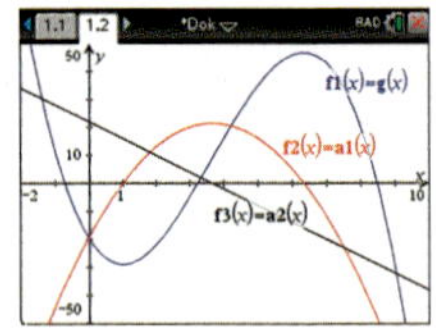

Abb. 12: Mit menu, 7: Tabelle, 1: Tabelle mit geteiltem Bildschirm, erstellen wir eine Wertetabelle für die Ausgangsfunktion und deren Ableitungsfunktionen.

Abb. 12

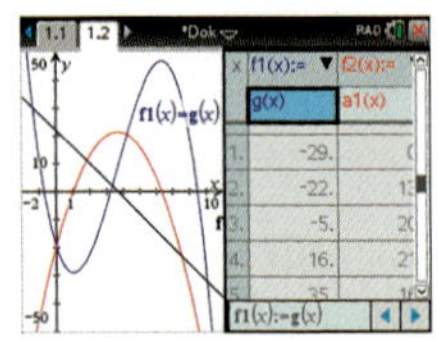

b) Entsprechend den Anleitungen im CAS-Anhang 10 bzw. 13 ermitteln wir $\underline{\underline{T(1/-29)}}$ und $\underline{\underline{H(6{,}\overline{3}/46{,}85)}}$.

Mit CAS-Anhang 4 ermitteln wir $\underline{\underline{R_1(0/-20)}}$ und $\underline{\underline{R_2(9{,}25/-46{,}02)}}$.

Interpretation: Bei geringen Produktionsmengen wird bei einer Produktionsmenge von einer ME ein lokal minimaler Gewinn in Höhe von −29 GE erzielt. Der absolut geringste Gewinn wird an der Kapazitätsgrenze bei 9,25 ME erreicht. Er beträgt dann −46,02 GE. Der lokal und absolut größte Gewinn wird erreicht, wenn $6{,}\overline{3}$ ME produziert werden. Der maximale Gewinn beträgt dann 46,85 GE.

c) Die **notwendige Bedingung:** $\boldsymbol{G'(x) = 0}$ ist erfüllt, weil der Graph der 1. Ableitungsfunktion (die Parabel) Nullstellen bei $x = 1$ und bei $x = 6{,}\overline{3}$ hat.

Hinreichende Bedingung (Variante 1): $\boldsymbol{G'(x) = 0 \wedge}$ **VZW von** $\boldsymbol{G'(x)}$ **bei** $\boldsymbol{x_E}$**:**
Der VZW bei den Nullstellen des Graphen der 1. Ableitung, der Parabel, ist in der Abb. 3 auf der Vorseite unmittelbar ersichtlich.

Hinreichende Bedingung (Variante 2): $\boldsymbol{G'(x) = 0 \wedge G''(x_E) \neq 0}$**:**
Auch hier ist wieder in der Grafik an der Geraden in Abb. 3 auf der Vorseite zu erkennen, dass $G''(1) > 0$ und $G''(6{,}\overline{3}) < 0$ ist.

d) $M_1 = [0; 1]$: streng monoton fallend

Interpretation: Bei einer Erhöhung der Produktionsmenge in diesem Intervall sinken die Gewinne.

$M_2 = [1; 6,\overline{3}]$: streng monoton steigend

Interpretation: Bei einer Erhöhung der Produktionsmenge in diesem Intervall steigen die Gewinne.

$M_3 = [6,\overline{3}; 9,25]$: streng monoton fallend

Interpretation: Bei einer Erhöhung der Produktionsmenge in diesem Intervall sinken die Gewinne.

e) $G'(4) = 21$

Interpretation: Bei einer Produktionsmenge von 4 ME beträgt der Grenzgewinn 21 GE/ME.

Bei einer unendlich (infinitesimal) kleinen Erhöhung der Produktionsmenge nimmt der Gewinn um das 21-Fache zu.

$G''(4) = -2$

Interpretation: $G''(4) = -2 < 0$ bedeutet: Bei einer Produktionsmenge von 4 ME bewirkt eine Ausweitung der Produktion, dass die Gewinne abnehmen.

Zusammenfassung

Fachbegriffe

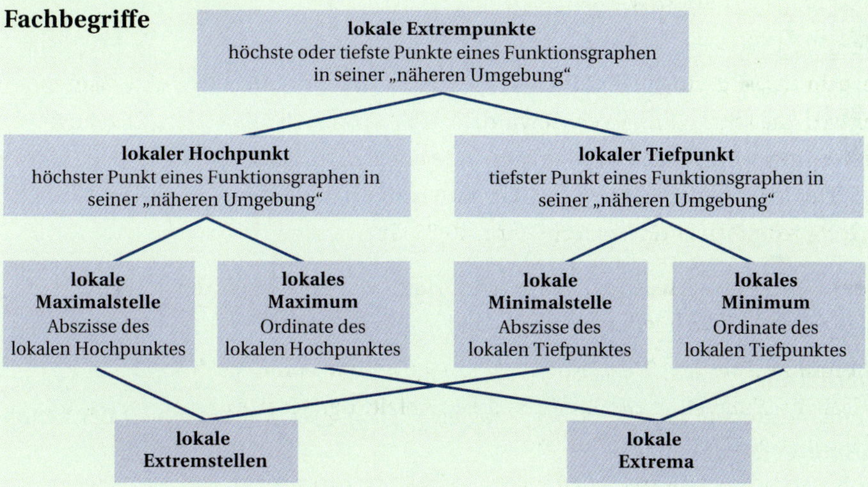

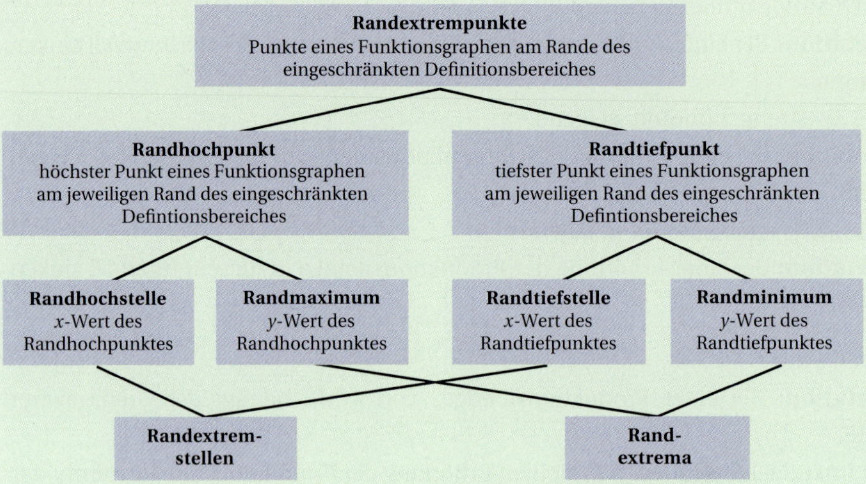

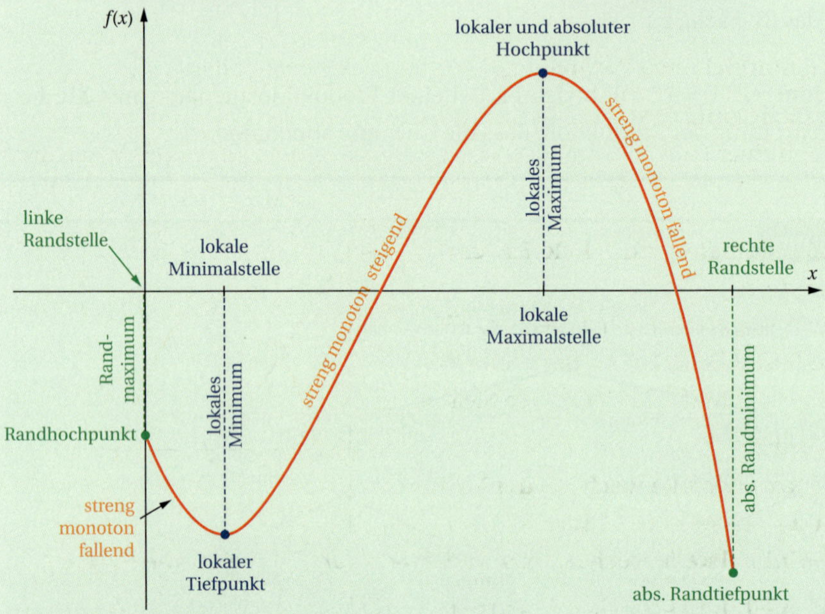

Monotonieverhalten

- Wenn in einem Intervall für alle $x_2 > x_1$ zugleich $f(x_2) > f(x_1)$ gilt, dann ist der Graph **streng monoton steigend**.

  oder:

- Wenn an einer Stelle $f'(x) > 0$ ist, dann ist der Graph dort **streng monoton steigend**.
- Wenn in einem Intervall für alle $x_2 > x_1$ zugleich $f(x_2) < f(x_1)$ gilt, dann ist der Graph **streng monoton fallend**.

  oder:

- Wenn an einer Stelle $f'(x) < 0$ ist, dann ist der Graph dort **streng monoton fallend**.

- Das **Monotonieverhalten** eines Funktionsgraphen **wechselt bei den lokalen Extremstellen**. Es wird durch **Monotonieintervalle** beschrieben.

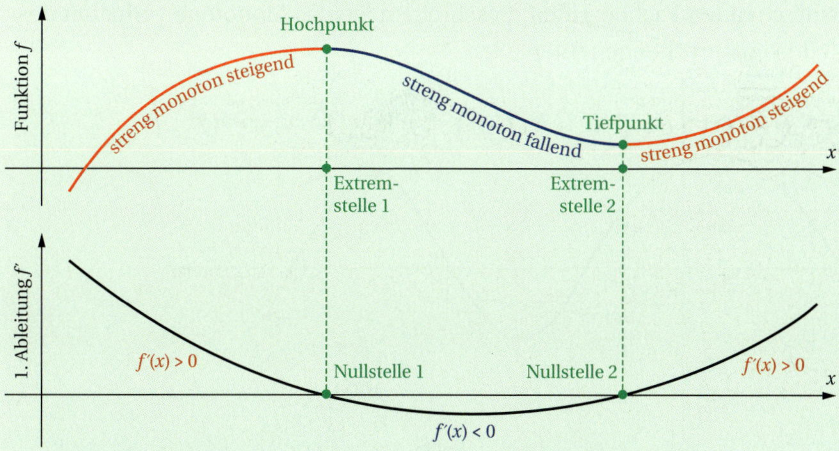

Notwendige und hinreichende Bedingungen für lokale Extremstellen

- **Notwendige Bedingung für lokale Extremstellen:**
  Wenn der Graph einer Funktion f an einer Stelle x_E einen lokalen Extrempunkt hat, dann ist dort $\boldsymbol{f'(x) = 0}$.

- **Hinreichende Bedingung für lokale Extremstellen (Variante 1):**
  Wenn für einen Graphen an einer Stelle x_E gilt $\boldsymbol{f'(x) = 0}$ **und zusätzlich** $\boldsymbol{f'(x)}$ **an der Stelle** $\boldsymbol{x_E}$ **das Vorzeichen wechselt**, dann ist diese Stelle eine lokale Extremstelle.

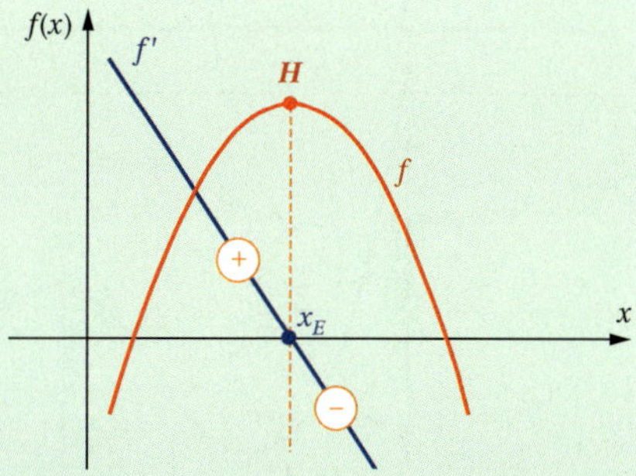

  - **Bei einer Maximalstelle wechselt das Vorzeichen von $f'(x)$ bei x_E von + nach –**
  - **Bei einer Minimalstelle wechselt das Vorzeichen von $f'(x)$ bei x_E von – nach +**

- **Hinreichende Bedingung für lokale Extremstellen (Variante 2):**
  Wenn für einen Graphen an einer Stelle x_E gilt $\boldsymbol{f'(x) = 0}$ **und zusätzlich** $\boldsymbol{f''(x_E) \neq 0}$, dann ist diese Stelle eine lokale Extremstelle.

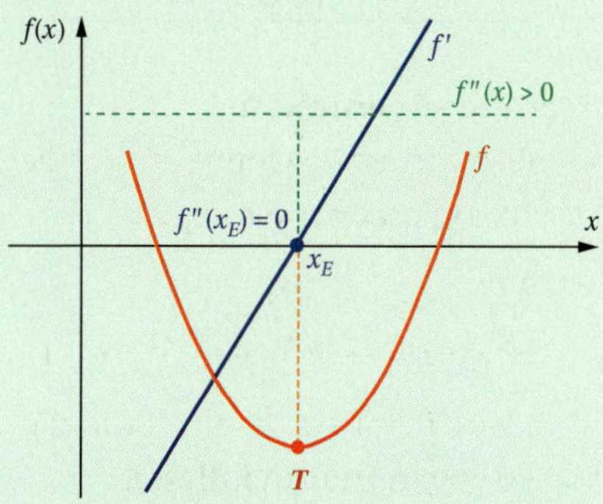

  - **Bei einer Maximalstelle ist $f''(x_E) < 0$.**
  - **Bei einer Minimalstelle ist $f''(x_E) > 0$.**

Übungsaufgaben

1 Bezeichnen Sie die angegebenen Punkte, Stellen und Funktionswerte in der Abbildung mit den entsprechenden Fachbegriffen. Beschreiben Sie das Monotonieverhalten des Graphen mit den entsprechenden Intervallen.

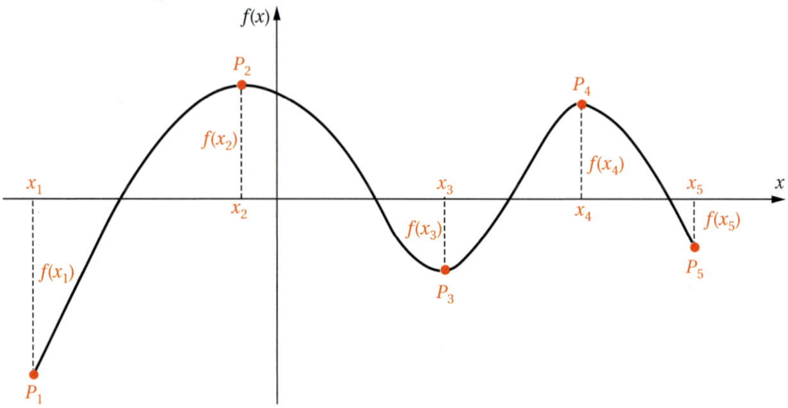

2 Bezeichnen Sie die angegebenen Punkte, Stellen und Funktionswerte in der Abbildung mit den entsprechenden Fachbegriffen.
Beschreiben Sie das Monotonieverhalten des Graphen mit den entsprechenden Intervallen.

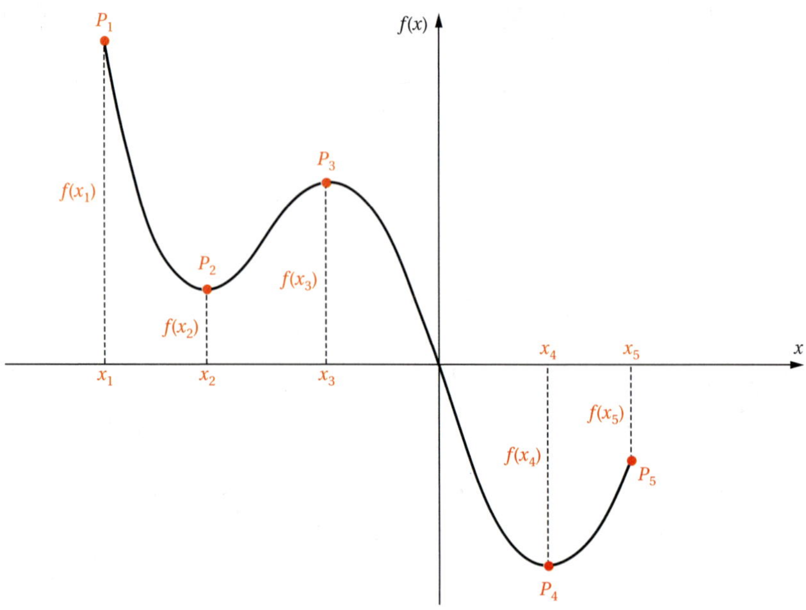

3 Bestimmen Sie algebraisch die lokalen Hoch- und Tiefpunkte des Funktionsgraphen und kontrollieren Sie Ihr Ergebnis mit dem Taschenrechner.

a) $f(x) = x^2 - 6x + 9$
b) $f(x) = -x^2 - 4x - 1$
c) $f(x) = \frac{1}{3}x^3 - x^2$
d) $f(x) = x^3 - 2x^2 - 4x + 8$
e) $f(x) = \frac{1}{6}x^3 - \frac{1}{2}x^2 - \frac{3}{2}x + 2$
f) $f(x) = -x^2 + 5x - 4$
g) $f(x) = -x^4 + 6x^2$
h) $f(x) = x^3 + 6x^2 - 1$
i) $f(x) = x^3 - 6x^2$
j) $f(x) = x^4 - 4x^2$
k) $f(x) = x^3 - 2x^2 + x$
l) $f(x) = -x^3 + 3x^2 - 8$

4 Ermitteln Sie die lokalen Extrempunkte des Funktionsgraphen. Geben Sie an, welche lokalen Extrempunkte unter Berücksichtigung der Randpunkte absolute Extrempunkte sind.

a) $f(x) = x^3 + 4x^2 + 4x;$ $D(f) = [-3; \infty)$
b) $f(x) = -x^3 - 3x^2 - 5;$ $D(f) = [-4; 2]$
c) $f(x) = 2x^3 - 3x^2 - 36x;$ $D(f) = [-3; 4]$
d) $f(x) = x^3 + 1;$ $D(f) = [-2; 1]$
e) $f(x) = x^4 - 1;$ $D(f) = \mathbb{R}$
f) $f(x) = -x^4 + 4x^2;$ $D(f) = [-3; 3]$

5 Bestimmen Sie die lokalen Extrempunkte der Funktionsgraphen. Geben Sie an, welche lokalen Extrempunkte unter Berücksichtigung der Randextrempunkte absolute Extrempunkte sind.

a) $f(x) = -x^3 + 2x;$ $D(f) = [-1; 2]$
b) $f(x) = \frac{1}{6}x^3 - 2x + 1;$ $D(f) = [-4; 4]$
c) $f(x) = 0{,}25x^3 + 1{,}5x^2;$ $D(f) = [-5; 2]$
d) $\mathrm{f(x)} = \frac{1}{6}x^3 - 2x + \frac{8}{3};$ $D(f) = [-4; 1]$
e) $f(x) = -4x + 1;$ $D(f) = [-2; 3]$
f) $f(x) = \frac{1}{4}x^4 + 1\frac{1}{3}x^3 + 2x^2$ $D(f) = [-3; 1]$

6 Der Gewinn G in GE eines Flüssiggas herstellenden Betriebes ist abhängig von der Produktionsmenge x in ME und wird durch die Funktion G mit
$G(x) = -x^3 + 12x^2 - 7{,}5x - 98;$ $D_{ök}(G) = [0; 12]$
beschrieben.

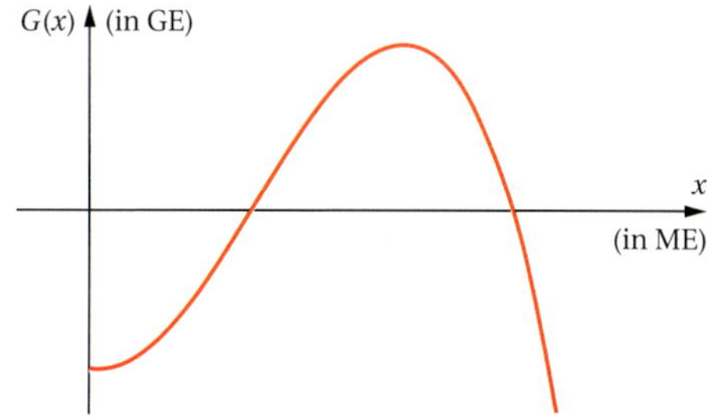

Der Graph der Gewinnfunktion ist abgebildet. Berechnen Sie

a) die gewinnmaximale Produktionsmenge,
b) die gewinnminimale Produktionsmenge,
c) den maximalen Gewinn,
d) den minimalen Gewinn.

7 Die Produktionsmenge P in ME eines Betriebes ist abhängig vom eingesetzten Produktionsfaktor x in ME.
Die Produktionsfunktion P mit
$P(x) = -0{,}5x^3 + 1{,}5x^2 + 0{,}075x$;
$D(P) = [0; 3{,}05]$ beschreibt diesen Zusammenhang (s. Abb.).

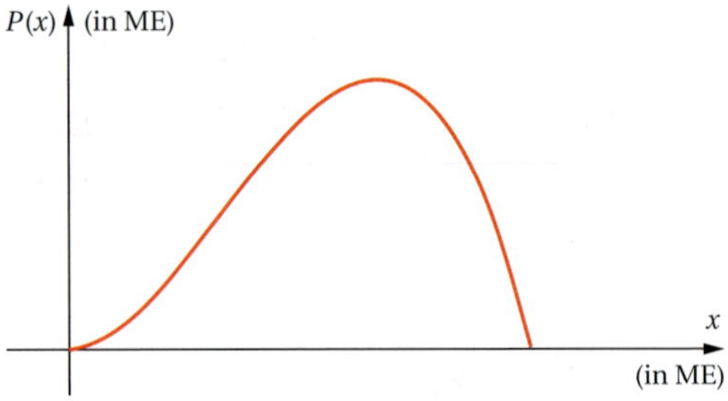

a) Berechnen Sie, wie viele ME des Produktionsfaktors eingesetzt werden müssen, damit möglichst viel produziert wird.
b) Ermitteln Sie die maximale Produktion.

8 Erläutern Sie, welche Aussagen sich zu Extrempunkten und Monotonieverhalten des Graphen der Stammfunktion f aus dem abgebildeten Graphen der 1. Ableitungsfunktion f' ergeben. Skizzieren Sie einen Graphen von f.

a)
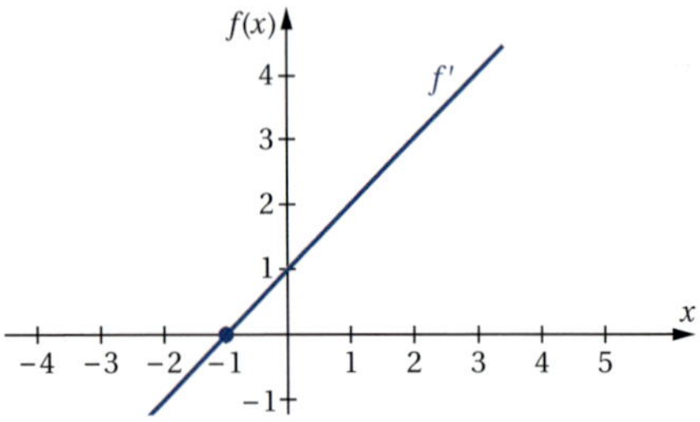

b)
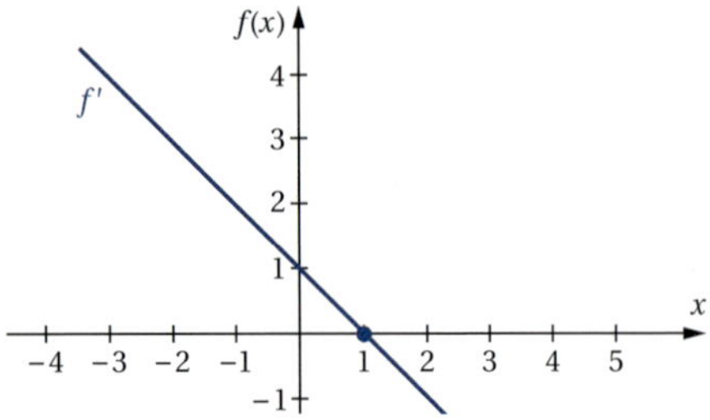

c)
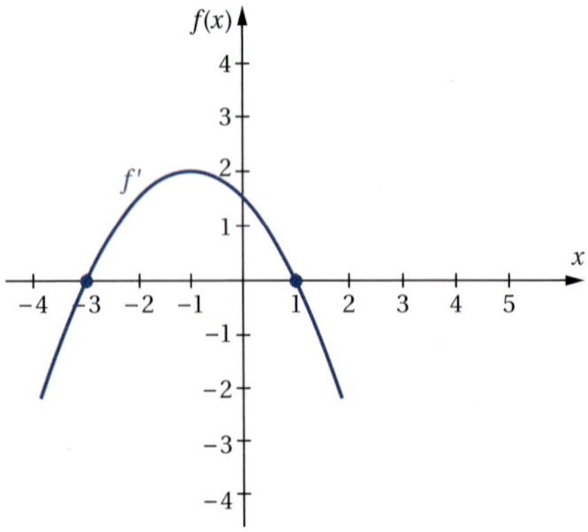

d)
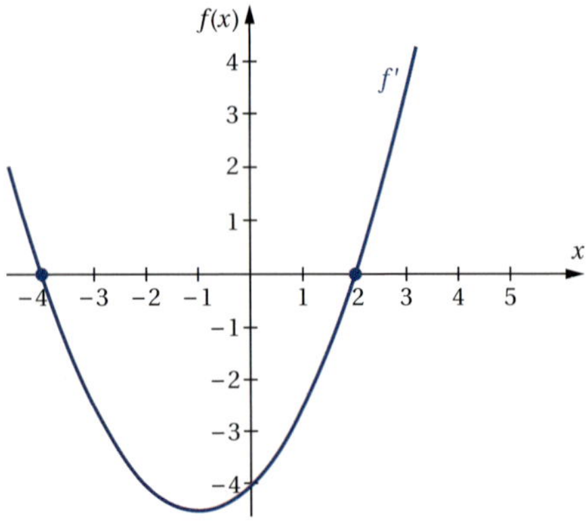

e)
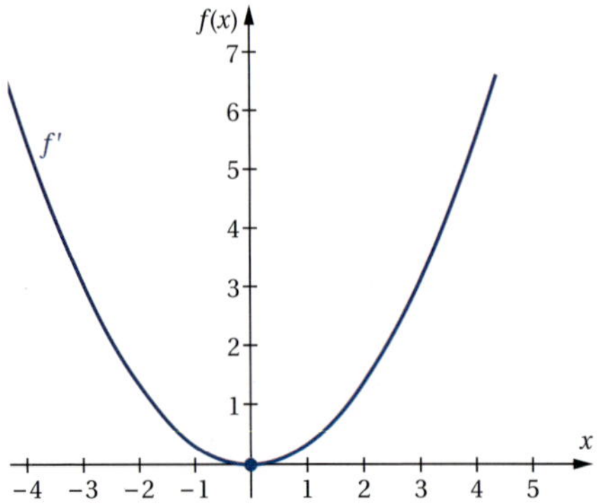

f)
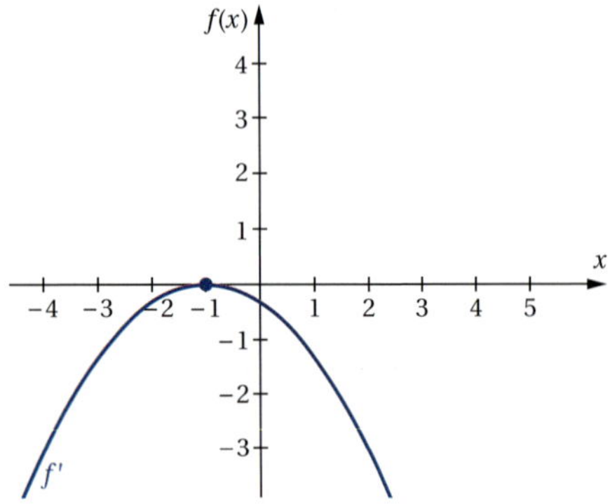

9 Skizzieren Sie das Teilstück eines krummlinigen Graphen, der an der Stelle x_a die vorgegebenen Bedingungen erfüllt.

a) $f(x_a) = 0 \wedge f'(x_a) > 0$
b) $f(x_a) > 0 \wedge f'(x_a) < 0$
c) $f(x_a) < 0 \wedge f'(x_a) > 0$
d) $f(x_a) > 0 \wedge f'(x_a) = 0$
e) $f(x_a) = 0 \wedge f'(x_a) < 0$
f) $f(x_a) < 0 \wedge f'(x_a) = 0$

10 Geben Sie an, ob $f(x_a)$ und $f'(x_a)$ gleich 0, kleiner 0 oder größer als 0 sind.

a)
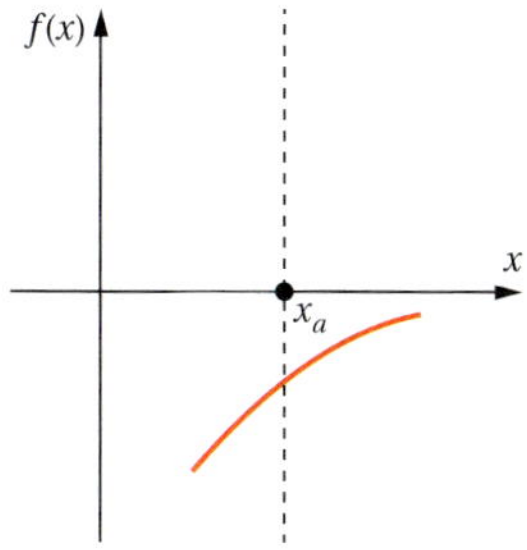

b)
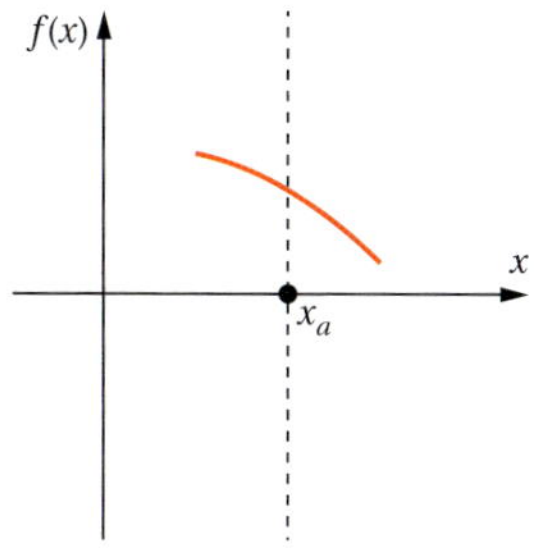

c)
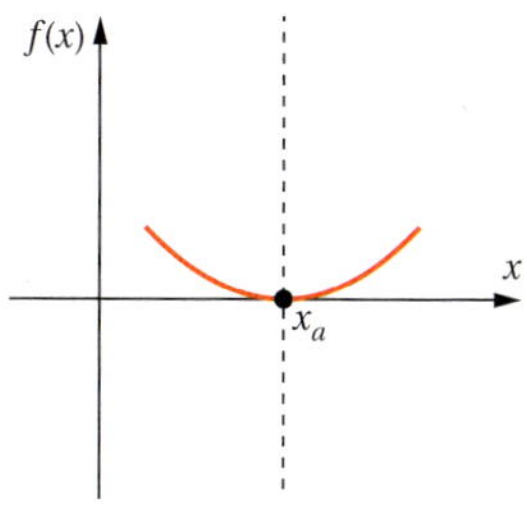

d)
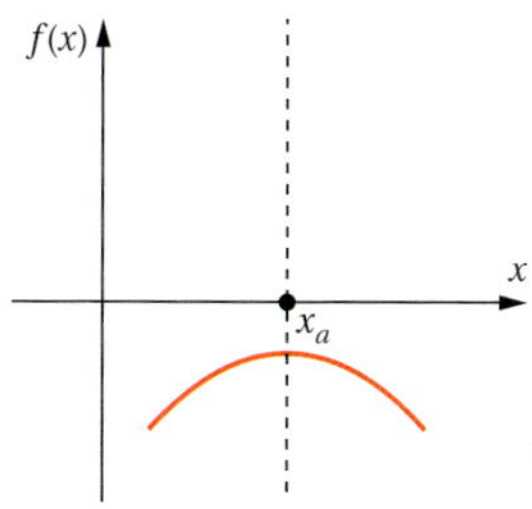

3.2.3 Wendepunkte und Krümmungsverhalten

Der Punkt W eines Funktionsgraphen, in dem sich sein Krümmungsverhalten ändert, heißt **Wendepunkt**. Der x-Wert x_W des Wendepunktes heißt **Wendestelle**.

Beispiele für **Wendepunkte**:

Übergang von einer **Rechts-** in eine **Linkskrümmung**

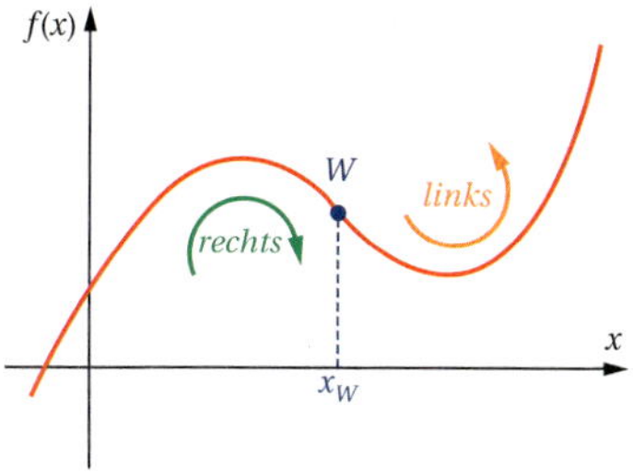

Übergang von einer **Links-** in eine **Rechtskrümmung**

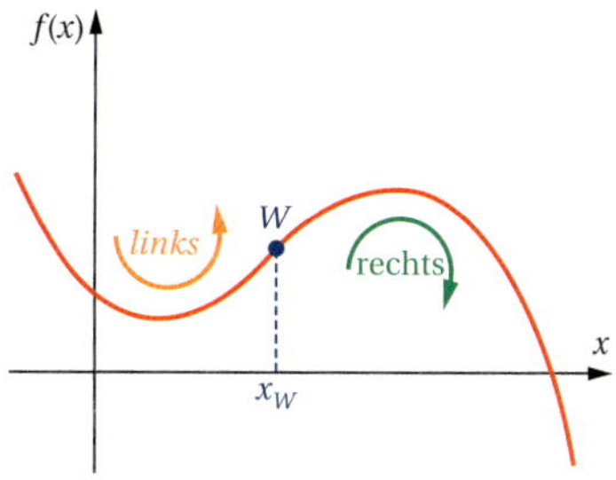

Wenn man sich Tangenten an die Graphen in den Abbildungen denkt, kann man erkennen:

Die **Steigung eines Graphen ist im Wendepunkt am kleinsten oder am größten** (je nach Änderung des Krümmungsverhaltens).

Bei einer **Rechtskrümmung wird, in x-Richtung betrachtet, die Steigung des Funktionsgraphen kleiner**.

Bei einer **Linkskrümmung wird, in x-Richtung betrachtet, die Steigung des Funktionsgraphen größer**.

Mit der nächsten Situation wollen wir die anwendungsbezogene Bedeutung eines Wendepunktes darstellen.

Situation 11

Die Zahl der zurzeit an einer hoch ansteckenden Virusinfektion erkrankten Personen eines bestimmten Landes wurde von der Weltgesundheitsorganisation statistisch erfasst und kann durch die Funktion f mit $f(x) = -5x^3 + 75x^2$; $D(f) = [0; 15]$ beschrieben werden. Dabei ist x die Anzahl der Wochen seit Ausbruch der Krankheit, $f(x)$ gibt die Anzahl der zum jeweiligen Zeitpunkt Erkrankten an. Der Graph von f und die Graphen der 1. Ableitung und der 2. Ableitung sind in der Grafik dargestellt.

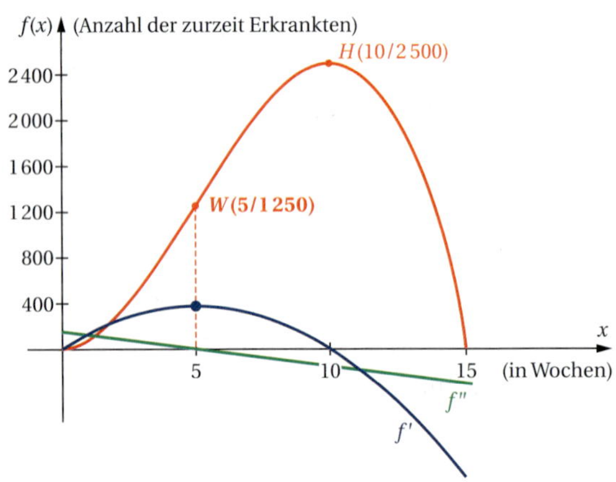

a) Beschreiben Sie die Ausbreitung der Epidemie mithilfe des Graphen der Ausgangsfunktion unter besonderer Berücksichtigung des angegebenen Wendepunktes.

b) Erläutern Sie, welche Aussagekraft die 1. Ableitung bezüglich der Epidemie hat.

c) Erläutern Sie, was die 2. Ableitung hinsichtlich der Ausgangsfunktion aussagt.

d) Geben Sie an, wann die Ausbreitungsgeschwindigkeit der Epidemie am größten war. Wo kann man das am Graphen der Ausgangsfunktion oder an den Graphen der 1. oder 2. Ableitung ablesen?

e) Berechnen Sie, wie hoch die größte Ausbreitungsgeschwindigkeit ist.

Lösung

a) **Ausgangsfunktion:** Die Zahl der zurzeit Erkrankten steigt vom Ausbruch der Krankheit bis zum Ende der 5. Woche progressiv und danach bis zum Ende der 10. Woche degressiv. Am Ende der 10. Woche ist die Zahl der Erkrankten am größten. Danach nimmt die Anzahl der Infizierten wieder ab. Nach 15 Wochen ist die Epidemie vorüber.

b) Die **1. Ableitung** ist die Änderungsrate der Erkrankten, also die **Geschwindigkeit**, mit der sich die Zahl der Erkrankten verändert. Die Ausbreitungsgeschwindigkeit ist in den ersten 10 Wochen positiv, die Zahl der Erkrankten nimmt in diesem Zeitraum zu. Nach 5 Wochen ist die Ausbreitungsgeschwindigkeit der Krankheit am größten. Nach 10 Wochen ist die Ausbreitungsgeschwindigkeit 0, die Krankheit breitet sich also weder aus noch geht sie zurück. Vom Ende der 10. bis zum Ende der 15. Woche ist die Ausbreitungsgeschwindigkeit negativ, also geht die Zahl der Erkrankten zurück.

c) Die **2. Ableitung** gibt die **Veränderung der Ausbreitungsgeschwindigkeit** (= **Beschleunigung**) an.
An den positiven Funktionswerten der 2. Ableitung über dem Intervall [0; 5) erkennt man, dass die Ausbreitungsgeschwindigkeit $f'(x)$ in diesem Zeitraum zunimmt. Der Graph von $f(x)$ ist linksgekrümmt. Die Funktionswerte der Ausgangsfunktion wachsen progressiv. In dem Intervall (5; 15] nimmt die Ausbreitungsgeschwindigkeit ab. Dies erkennt man an den negativen Funktionswerten der 2. Ableitungsfunktion. Der Graph der Ausgangsfunktion verläuft hier rechtsgekrümmt. Die Funktionswerte der Ausgangsfunktion wachsen in dem Intervall (5; 10) degressiv, in dem Intervall (10; 15) fallen sie progressiv.

d) 5 Wochen nach Ausbruch der Epidemie war ihre Ausbreitungsgeschwindigkeit am größten.
Die größte Ausbreitungsgeschwindigkeit kann man an der Wendestelle x_W des Graphen der Ausgangsfunktion ablesen, dies ist die Maximalstelle der 1. Ableitungsfunktion und somit die Nullstelle des Graphen der 2. Ableitungsfunktion.

e) $f'(5) = \underline{\underline{375}} \left[\frac{\text{Erkrankte}}{\text{Woche}}\right]$

Die **1. Ableitung** gibt die **Steigung** des Funktionsgraphen an.
Das ist anwendungsbezogen die momentane Änderungsrate der Funktionswerte.

Die **2. Ableitung** gibt die **Krümmung** des Funktionsgraphen an.
Das ist anwendungsbezogen die Veränderung der momentanen Änderungsrate.

$f''(x) > 0$ ⇒ Linkskrümmung des Stammgraphen (des Graphen von f): Die Steigung des Graphen von f nimmt zu.

$f''(x) < 0$ ⇒ Rechtskrümmung des Stammgraphen (des Graphen von f): Die Steigung des Graphen von f nimmt ab.

Situation 12

In der Abbildung ist ein Funktionsgraph mit einem Wendepunkt W dargestellt. Darunter befinden sich die zugehörigen Graphen der 1. bis 3. Ableitung. Erstellen Sie mithilfe der abgebildeten Graphen eine Strategie zur algebraischen Berechnung der Koordinaten von Wendepunkten. Tipp: Nutzen Sie Ihre Kompetenzen zur Ermittlung der Koordinaten von Extrempunkten.

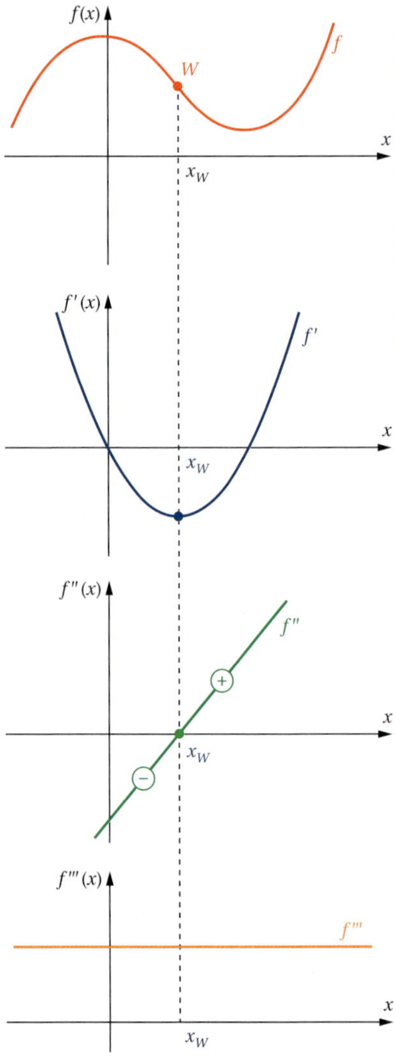

Lösung

Weil in einem Wendepunkt die Steigung am kleinsten oder am größten ist, hat der Graph von $f'(x)$ bei der Wendestelle einen Extrempunkt.

Man kann die Wendestellen eines Graphen algebraisch berechnen, indem man die lokalen Extremstellen des Graphen der 1. Ableitungsfunktion bestimmt.

Vorgehensweise zur algebraischen Berechnung von Wendepunkten (Variante 1):

1. Die **Gleichung der 2. Ableitung** ermitteln: $f''(x)$
2. Die **Nullstellen der 2. Ableitung** durch $\boldsymbol{f''(x) = 0}$ berechnen.
3. Die 2. Ableitung auf **Vorzeichenwechsel (VZW)** an den berechneten Nullstellen der 2. Ableitung (mögliche Wendestellen) **prüfen**: Nur bei VZW liegt eine Wendestelle x_W vor.
4. **Funktionswerte** der Wendepunkte **berechnen**, indem die berechneten Wendestellen x_W für x in die Ausgangsfunktion eingesetzt werden: $\boldsymbol{f(x_W)}$

Vorgehensweise zur algebraischen Berechnung von Wendepunkten (Variante 2):

1. Die **Gleichung der 2. Ableitungsfunktion** ermitteln: $f''(x)$
2. Die **Nullstellen der 2. Ableitungsfunktion** durch $f''(x) = 0$ berechnen.
3. Die **Gleichung der 3. Ableitungsfunktion** ermitteln: $f'''(x)$
4. Die berechneten Nullstellen der **2. Ableitung**, die möglichen Wendestellen der Stammfunktion, in die 3. Ableitung für x einsetzen und **prüfen**, ob das Ergebnis ungleich 0 ist: Bei $f'''(x) \neq 0$ liegt eine Wendestelle x_W vor.[1)]
5. **Funktionswert** des Wendepunktes **berechnen**, indem die berechnete Wendestelle x_W für x in die Ausgangsfunktion eingesetzt wird: $f(x_W)$

Situation 13

a) Berechnen Sie algebraisch die Wendepunkte des Graphen von f mit $f(x) = \frac{1}{3}x^3 - x^2 + 1$.

b) Bestimmen Sie die Wendepunkte des Graphen von f mit dem Taschenrechner.

12, 13

Lösung

a) 1. **Bestimmung der 1. bis 3. Ableitungsfunktion:**

$f'(x) = x^2 - 2x$

$f''(x) = 2x - 2$

$f'''(x) = 2$

2. **Berechnung der möglichen Wendestelle x_W durch Nullsetzen der 2. Ableitungsfunktion** (notwendige Bedingung)**:**

$\boldsymbol{f''(x) = 0}$

$f''(x) = 2x - 2$

$0 = 2x - 2$

$\underline{x_{01} = 1}$

3a. **Prüfung der 2. Ableitungsfunktion auf Vorzeichenwechsel bei x_W** (hinreichende Bedingung, Variante 1)**:**

Die berechnete Nullstelle von $f''(x)$ ist eine einfache Nullstelle, also liegt ein VZW bei x_W vor.

$\Rightarrow$ Wendestelle: $\underline{x_W = 1}$

oder alternativ:

3b. **Prüfung, ob $f'''(x)$ bei x_W ungleich 0 ist** (hinreichende Bedingung, Variante 2)**:**

$f'''(x) = 2$

$f'''(1) = 2 \neq 0 \;\Rightarrow$ Wendestelle: $\underline{x_W = 1}$

1) Für $f'''(x) = 0$ kann man keine eindeutige Aussage machen, ob eine Wendestelle vorliegt. Es ist dann zu prüfen, ob die 2. Ableitung das Vorzeichen an der möglichen Wendestelle wechselt (vgl. Variante 1).

4. **Berechnung des Funktionswertes** des Wendepunktes durch Einsetzen von $x_W = 1$ in die Ausgangsfunktion:

$$f(x) = \frac{1}{3}x^3 - x^2 + 1$$

$$f(1) = \frac{1}{3} \cdot 1 - 1 + 1 = \underline{\frac{1}{3}}$$

$$\Rightarrow \underline{\underline{W\left(1/\frac{1}{3}\right)}}$$

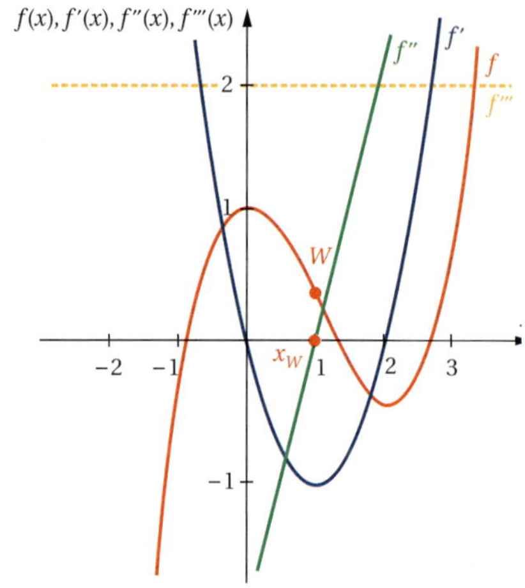

b) S. CAS-Anhänge 12/13:

Abb. 1: Wir definieren die Ausgangsfunktion $f(x)$, deren 2. Ableitungsfunktion $a2(x)$ und 3. Ableitungsfunktion $a3(x)$ im Calculator-Fenster.

Abb. 2: Als notwendige Bedingung für Wendestellen wird in der ersten Zeile die Nullstelle $x = 1$ der 2. Ableitungsfunktion mit dem Polyroots-Befehl berechnet. Alternativ dazu ist auch der Zeros- oder Solve-Befehl möglich.
In der 2. Zeile wird als hinreichende Bedingung für Wendestellen geprüft, ob die 3. Ableitung an der eben berechneten Stelle $x = 1$ ungleich 0 ist.
In der 3. Zeile wird der Funktionswert an der berechneten Wendestelle berechnet.

Abb. 1

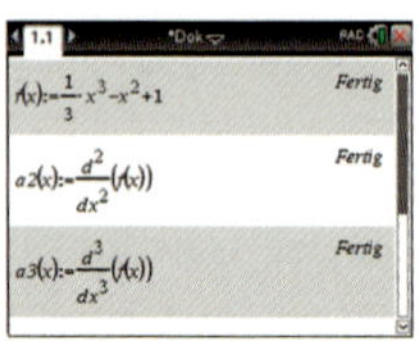

Abb. 2

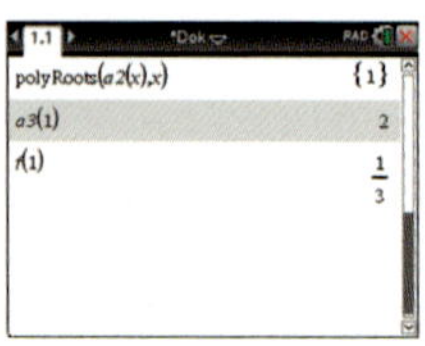

Wir erhalten den Wendepunkt $\underline{\underline{W\left(1/\frac{1}{3}\right)}}$.

Sattelpunkte

Situation 14

Berechnen Sie algebraisch die Extrem- und Wendepunkte des Graphen zu $f(x) = x^3 - 3x^2 + 3x$; $D(f) = \mathbb{R}$.

Lösung

Zunächst werden die **1. bis 3. Ableitungsfunktion** gebildet:

$f'(x) = 3x^2 - 6x + 3$

$f''(x) = 6x - 6$

$f'''(x) = 6$

- **Extrempunkte**

notwendige Bedingung: $\boldsymbol{f'(x) = 0}$

$0 = 3x^2 - 6x + 3$

$0 = x^2 - 2x + 1 \qquad | \, p\text{-}q\text{-Formel}$

$\underline{x_{01/02} = 1}$

hinreichende Bedingung:
$\boldsymbol{f'(x) = 0}$ **und VZW von** $\boldsymbol{f'(x)}$ **bei** $\boldsymbol{x_E}$

VZW von $f'(x)$ ist bei x_E nicht erfüllt, da bei $x_{01/02} = 1$ die 1. Ableitung eine doppelte Nullstelle aufweist, also berührt der Graph der 1. Ableitungsfunktion die Abszissenachse (s. Abb.).

⇒ kein Extrempunkt

- **Denkhilfe:**

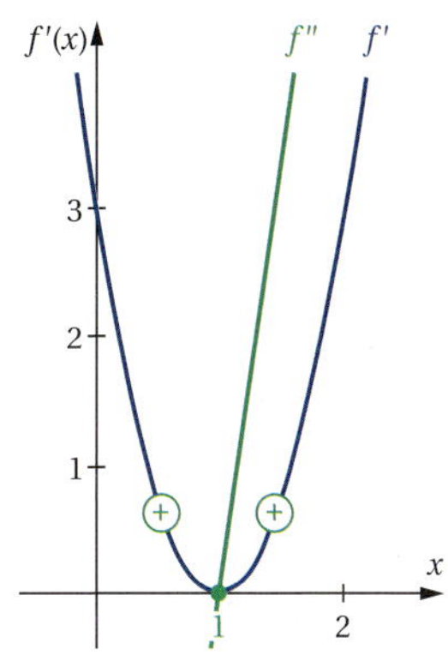

Oder: $f''(x) \neq 0$?

$f''(1) = 6 - 6 = 0$ ⇒ keine Aussage möglich, siehe aber Variante 1 VZW.

- **Wendepunkte**

notwendige Bedingung: $\boldsymbol{f''(x) = 0}$

$0 = 6x - 6$

$\underline{x_{01} = 1}$

hinreichende Bedingung: $\boldsymbol{f''(x) = 0}$ **und VZW von** $\boldsymbol{f''(x)}$ **bei** $\boldsymbol{x_W}$

VZW von $f''(x)$ bei x_W erfüllt, da bei $x_{01} = 1$ eine einfache Nullstelle vorliegt, also schneidet der Graph der 2. Ableitungsfunktion die Abszissenachse.

⇒ $\underline{\underline{W(1/1)}}$

oder alternativ:

$f'''(1) \neq 0?$

$f'''(1) = 6 \neq 0$

$\Rightarrow \underline{\underline{W(1/1)}}$

Wie Variante 1 bereits festgestellt, hat der Graph der Funktion $f(x)$ bei $x = 1$ die Steigung 0. Also liegt hier ein **Wendepunkt mit der Steigung 0** vor, den man als **Sattelpunkt** W_S bezeichnet.

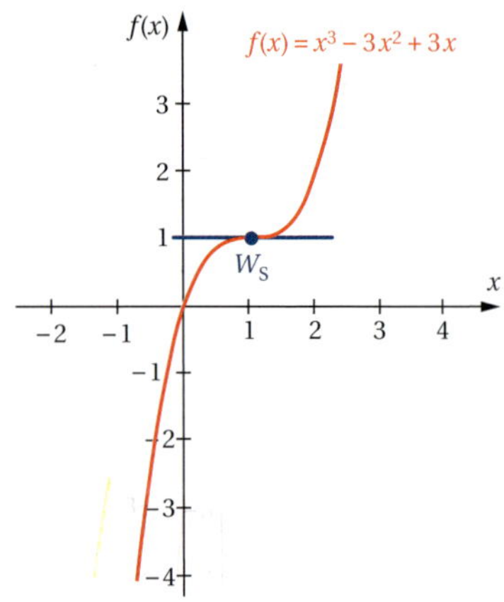

Ein **Wendepunkt mit waagerechter Tangente** heißt **Sattelpunkt** W_S.

Für einen Sattelpunkt gilt:

$f'(x_{W_S}) = 0$

$f''(x_{W_S}) = 0$

VZW von $f''(x)$ bei x_{W_S} oder $f'''(x_{W_S}) \neq 0$

Situation 15

Bestimmen Sie algebraisch die Extrem- und Wendepunkte des Graphen zu $f(x) = -x^4 + 2x^3$.

Lösung

- **Ableitungen**

  $f'(x) = -4x^3 + 6x^2$

  $f''(x) = -12x^2 + 12x$

  $f'''(x) = -24x + 12$

- **Extrempunkte**

  notwendige Bedingung: $\boldsymbol{f'(x) = 0}$

  $f'(x) = -4x^3 + 6x^2$

  $0 = -4x^3 + 6x^2$ | x^2 ausklammern

  $0 = x^2(-4x + 6)$ $\underline{x_{01/02} = 0}$

  $\vee$ $0 = -4x + 6$

  $x = 1{,}5$ $\underline{x_{03} = 1{,}5}$

  hinreichende Bedingung: $\boldsymbol{f'(x) = 0}$ **und** $\boldsymbol{f''(x_E) \neq 0}$

  oder: $\boldsymbol{f'(x) = 0}$ **und VZW von** $\boldsymbol{f'(x)}$ **bei** $\boldsymbol{x_E}$

  $f''(x) = -12x^2 + 12x$

  Für die mögliche Extremstelle bei $x_{01/02} = 0$ gilt: $f''(0) = 0$

Eine eindeutige Aussage ist aufgrund dieses Ergebnisses nicht möglich. Die 1. Ableitungsfunktion muss auf Vorzeichenwechsel geprüft werden. Da bei $x_{01/02} = 0$ das Vorzeichen wegen einer doppelten Nullstelle nicht wechselt, liegt hier keine Extremstelle vor.

Für die mögliche Extremstelle bei $x_{03} = 1{,}5$ gilt:

$f''(1{,}5) = -9 < 0 \Rightarrow$ Hochpunkt $H(1{,}5/1{,}6875)$

- **Wendepunkte**

notwendige Bedingung: $\boldsymbol{f''(x) = 0}$

$f''(x) = -12x^2 + 12x$

$0 = -12x^2 + 12x \qquad |x$ ausklammern

$0 = x(-12x + 12) \qquad \Rightarrow x_{01} = 0$

$\vee \; 0 = -12x + 12$

$12x = 12 \qquad \Rightarrow x_{02} = 1$

hinreichende Bedingung: $\boldsymbol{f''(x) = 0}$ **und** $\boldsymbol{f'''(x_W) \neq 0}$

$f'''(x) = -24x + 12$

Für $x_{01} = 0$: $f'''(0) = 12 \neq 0$

$\Rightarrow x_{01} = 0$ ist Wendestelle.

Weil bei $x_{01} = 0$ die Steigung 0 beträgt (s. o.), handelt es sich um einen

Sattelpunkt $W_S(0/0)$.

Für $x_{02} = 1$: $f'''(1) = -12 \neq 0$

$\Rightarrow x_{02} = 1$ ist Wendestelle

Wendepunkt $W(1/1)$

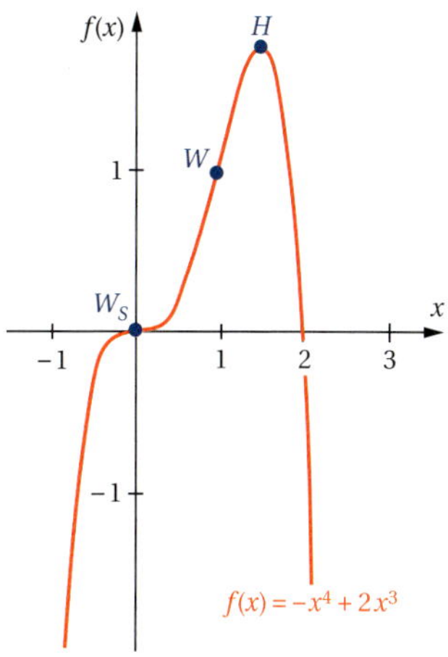

Zusammenfassung

- Die **Stammfunktion** gibt die Funktionswerte eines Graphen an.
- Die **1. Ableitung** gibt die **Steigung** des Stammgraphen an.
  Das ist anwendungsbezogen die momentane Änderungsrate der Funktionswerte.
- Die **2. Ableitung** gibt die **Krümmung** des Stammgraphen an.
  Das ist die **Veränderung der Steigung** des Stammgraphen und anwendungsbezogen die Veränderung der momentanen Änderungsrate.
- $\boldsymbol{f''(x) > 0 \Rightarrow}$ **Linkskrümmung** des Stammgraphen, des Graphen von f:
  Die Steigung des Stammgraphen nimmt zu.
- $\boldsymbol{f''(x) < 0 \Rightarrow}$ **Rechtskrümmung** des Stammgraphen, des Graphen von f:
  Die Steigung des Stammgraphen nimmt ab.

- **Wendestellen**
  - **Notwendige Bedingung für Wendestellen:**
    Wenn der Graph einer Funktion f an einer Stelle x_W einen Wendepunkt hat, dann ist an dieser Stelle $\boldsymbol{f''(x) = 0}$.
  - **Hinreichende Bedingung für Wendestellen (Variante 1):**
    Wenn für einen Graphen an einer Stelle x_W gilt $\boldsymbol{f''(x) = 0}$ **und VZW von** $\boldsymbol{f''(x)}$, dann ist diese Stelle eine Wendestelle.
  - **Hinreichende Bedingung für Wendestellen (Variante 2):**
    Wenn für einen Graphen an einer Stelle x_W gilt $\boldsymbol{f''(x) = 0}$ **und** $\boldsymbol{f'''(x_W) \neq 0}$, dann ist diese Stelle eine Wendestelle.
  - Ein Wendepunkt mit der Steigung 0 heißt **Sattelpunkt**.

Übungsaufgaben

1 Bestimmen Sie grafisch die Koordinaten der Wendepunkte und beschreiben Sie das Krümmungsverhalten des Graphen.

a)

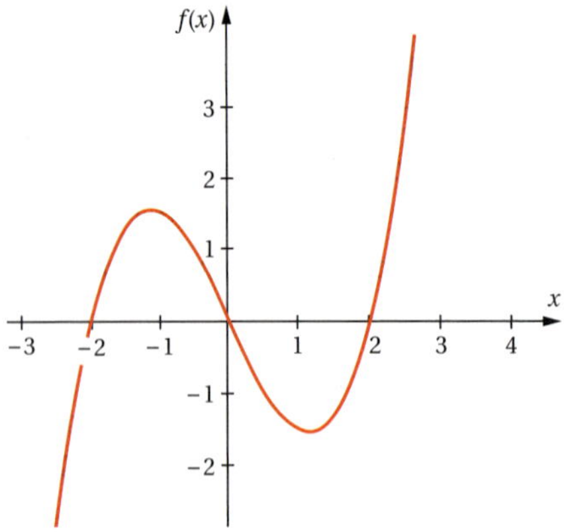

b)

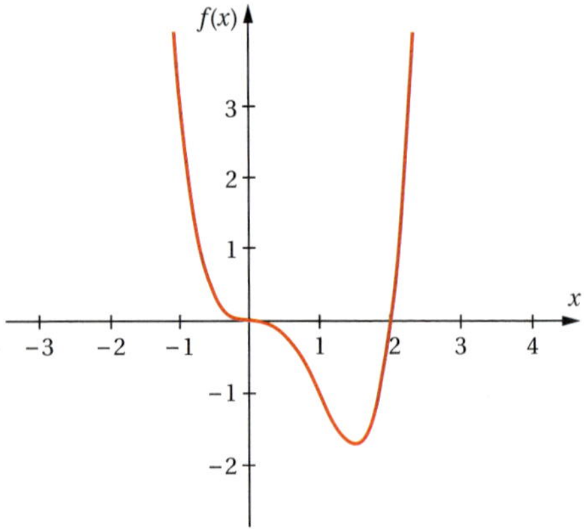

c)

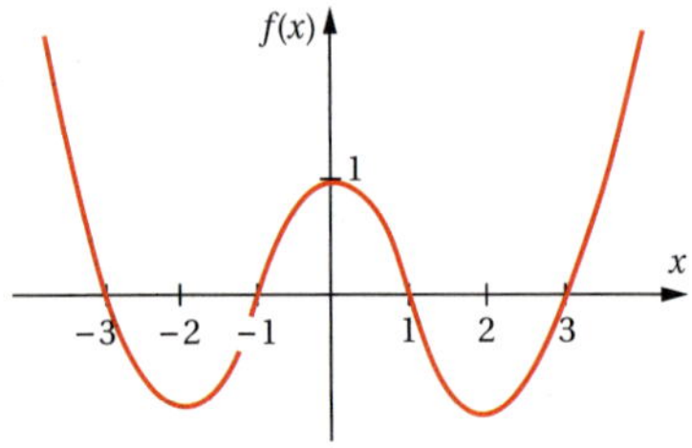

d)

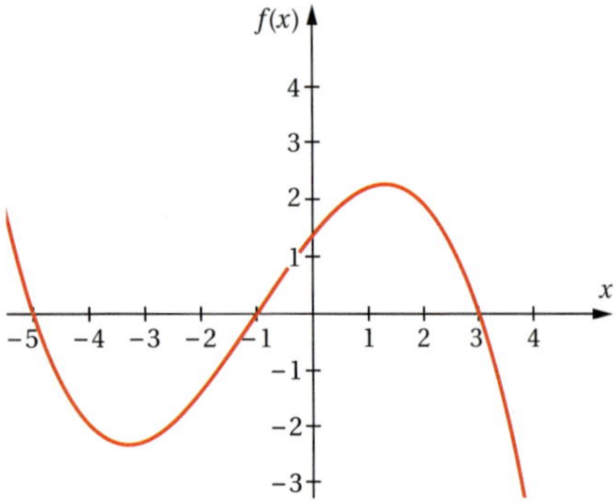

2 Berechnen Sie algebraisch die Koordinaten der Wendepunkte der Funktionsgraphen. Kontrollieren Sie Ihr Ergebnis mit dem Taschenrechner.

a) $f(x) = \frac{1}{6}x^3 + \frac{1}{2}x^2 + 1$
b) $f(x) = \frac{1}{4}x^4 - 3x^2$
c) $f(x) = -\frac{1}{3}x^3 + x^2$
d) $f(x) = \frac{1}{12}x^4 - \frac{1}{6}x^3 - x^2$
e) $f(x) = \frac{1}{3}x^3 - 3x$
f) $f(x) = \frac{1}{16}x^4 - \frac{3}{2}x^2$
g) $f(x) = 3x^3 - 5x + 2$
h) $f(x) = x^2 - 7x + 9$
i) $f(x) = \frac{1}{3}x^3 - 9x$
j) $f(x) = 2x^3 - 3x^2 - 36x + 2$
k) $f(x) = 2x^3 - 9x^2 + 6x$
l) $f(x) = x^2 + \frac{1}{3}x^3$

3 Bestimmen Sie die Wendepunkte und die Funktionsgleichungen der Wendetangenten.

a) $f(x) = \frac{1}{4}x^3 + 1$
b) $f(x) = \frac{1}{4}x^3 + \frac{9}{2}x^2$
c) $f(x) = \frac{2}{9}x^3 - 5x + 2$
d) $f(x) = x^3 - 3x^2 + 3x - 1$
e) $f(x) = x^3 - 4x$
f) $f(x) = x^2 - 3x + 4$

4 Die Produktionsfunktion P mit $P(x) = -0{,}5x^3 + 1{,}5x^2 + 0{,}075x$; $D(P) = [0; 3{,}05]$ eines Betriebes beschreibt die Abhängigkeit der Produktionsmenge in ME vom eingesetzten Produktionsfaktor x in ME.

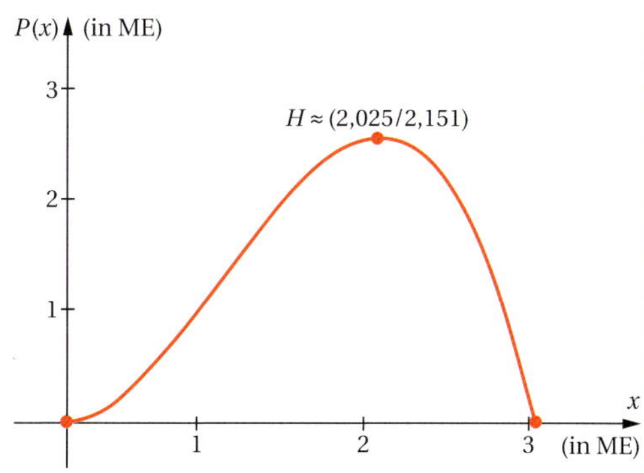

a) Geben Sie an, bei welchen Einsatzmengen des Produktionsfaktors x die Produktion wächst (grafische Lösung).

b) Berechnen Sie, bei welcher Einsatzmenge des Produktionsfaktors x die Produktion am stärksten wächst. Wie stark wächst sie dann?

c) Geben Sie an, bei welchen Einsatzmengen des Produktionsfaktors x die Produktionsmenge progressiv wächst.

d) Geben Sie an, bei welchen Einsatzmengen des Produktionsfaktors x die Produktionsmenge degressiv wächst.

5 Die Gesamtkosten K eines Betriebes können dargestellt werden durch die Gleichung $K(x) = 0{,}5x^3 - 3x^2 + 6x + 16$ mit x in ME und K in GE. Die Kapazitätsgrenze des Betriebes liegt bei 7 ME.

a) Berechnen Sie , bei welcher Produktionsmenge der Kostenanstieg am geringsten ist.

b) Ermitteln Sie, wie hoch bei dieser Produktionsmenge die Gesamtkosten sind. Wie hoch ist der Kostenanstieg bei dieser Produktionsmenge?

c) Geben Sie an, bei welchen Produktionsmengen die Gesamtkosten degressiv oder progressiv steigen.

6 Der jährliche Absatz eines Produktes wird durch die Produktlebenszyklusfunktion a mit $a(t) = t^4 - 20t^3 + 100t^2$; $D_{ök}(a) = [0; 10]$ beschrieben (s. Abb.). Dabei wird der jährliche Absatz a in ME/Jahr und die Zeit t in Jahren seit der Einführung des Produktes angegeben.

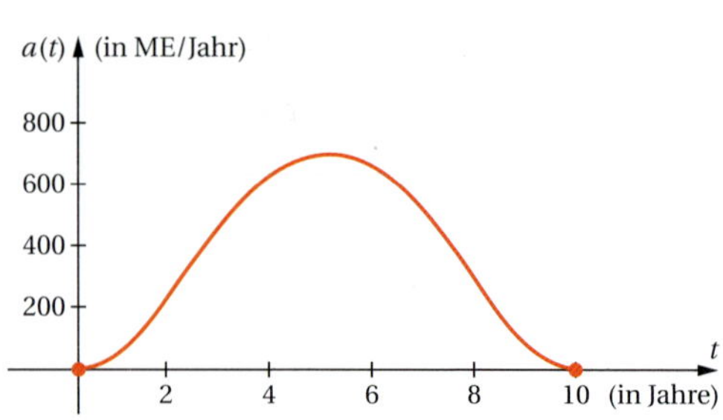

a) Beschreiben Sie die jährlichen Absatzveränderungen. Führen Sie die notwendigen Berechnungen durch.
b) Geben Sie an, wann der jährliche Absatz des Produktes am höchsten war.
c) Geben Sie an, wann die größte Zunahme des jährlichen Absatzes verzeichnet wurde.
d) Geben Sie an, wann es den größten Rückgang des jährlichen Absatzes gab.
e) Berechnen Sie, wie groß die größten Veränderungen des jährlichen Absatzes waren.
f) Berechnen Sie, wie hoch der jährliche Absatz zu diesen Zeitpunkten war.

7 Erläutern Sie, welche Aussagen sich zum Graphen der Stammfunktion $f(x)$ aus den abgebildeten Graphen der 1. Ableitungsfunktion und der 2. Ableitungsfunktion ergeben. Skizzieren Sie einen Graphen von f.

a)

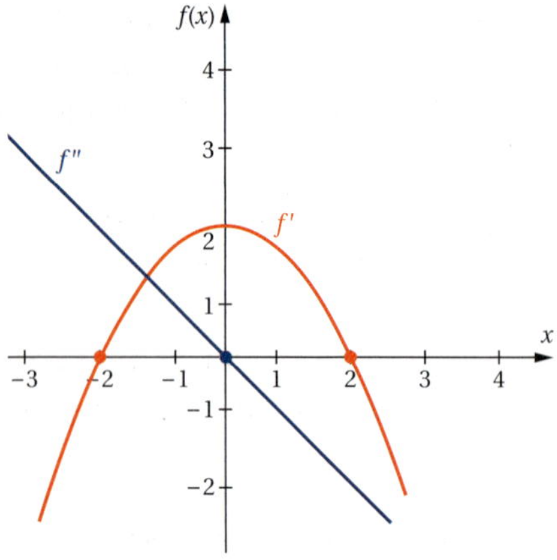

b)

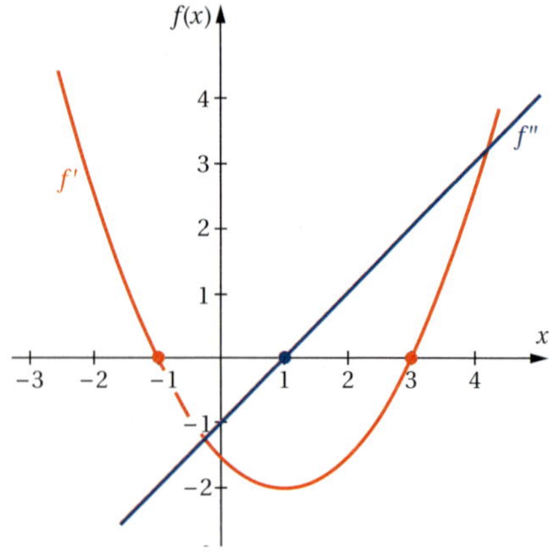

8 Skizzieren Sie das Teilstück eines Graphen, das an der Stelle x_a die vorgegebenen Bedingungen erfüllt.

a) $f(x_a) > 0 \wedge f'(x_a) > 0 \wedge f''(x_a) > 0$
b) $f(x_a) > 0 \wedge f'(x_a) > 0 \wedge f''(x_a) < 0$
c) $f(x_a) < 0 \wedge f'(x_a) < 0 \wedge f''(x_a) > 0$
d) $f(x_a) > 0 \wedge f'(x_a) > 0 \wedge f''(x_a) = 0$
e) $f(x_a) > 0 \wedge f'(x_a) = 0 \wedge f''(x_a) < 0$
f) $f(x_a) = 0 \wedge f'(x_a) < 0 \wedge f''(x_a) < 0$

9 Geben Sie an, ob $f(x_a)$, $f'(x_a)$ und $f''(x_a)$, gleich 0, kleiner 0 oder größer 0 ist.

a) 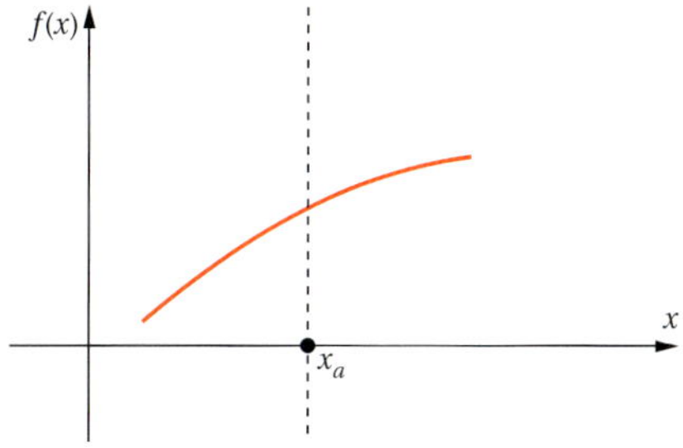

b) 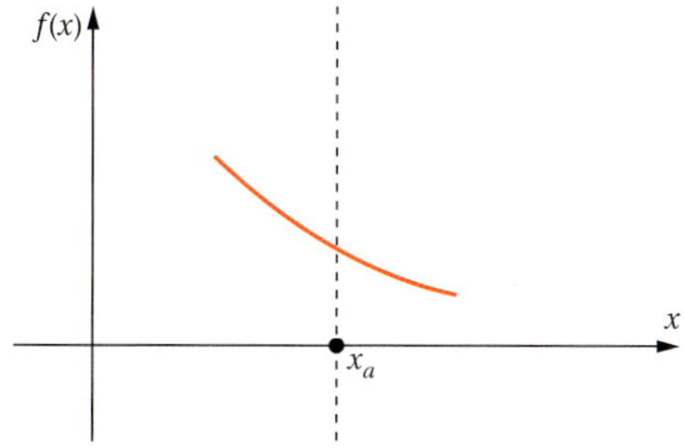

c) 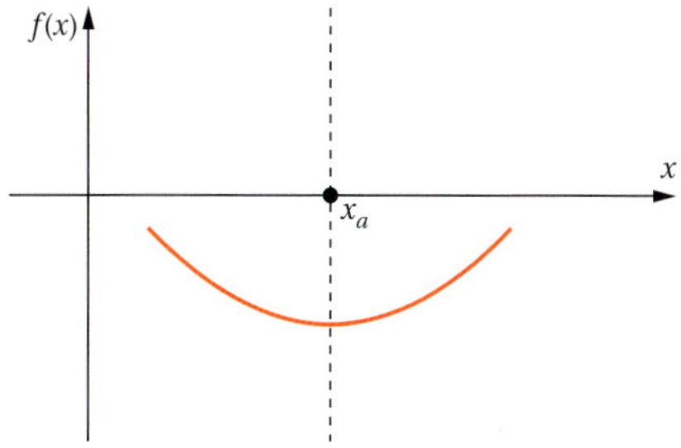

d) 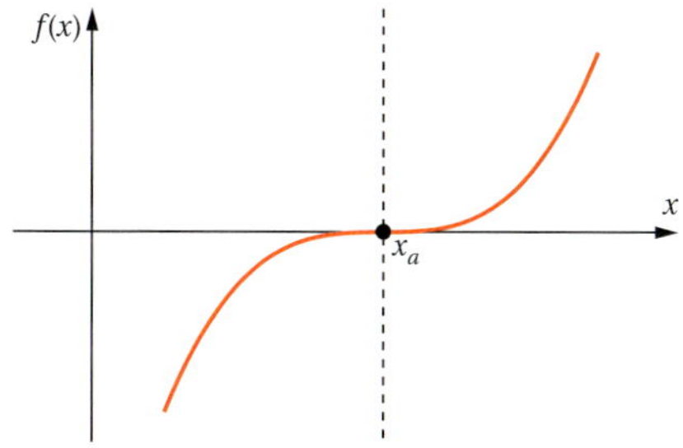

10 Bei der Herstellung eines Produktes beschreibt ein Betrieb die anfallenden Gesamtkosten durch die Gleichung $K(x) = x^3 - 3x^2 + 3x + 1$ mit K in GE und x in ME. Die Kapazitätsgrenze des Betriebes bei der Herstellung des Produktes beträgt 2,5 ME.

a) Berechnen Sie die Grenzkosten bei einer Produktion von 0,5 ME. Interpretieren Sie den berechneten Wert.

b) Ermitteln Sie die Produktionsmenge, bei der die Gesamtkosten minimal ansteigen.

c) Bestimmen Sie die Gesamtkosten und die Grenzkosten bei dieser Produktionsmenge.

d) Skizzieren Sie den Stammgraphen mit seinen von 0 verschiedenen Ableitungen.

e) Geben Sie die Krümmungsintervalle der Gesamtkostenkurve an. Interpretieren Sie die Intervalle.

11 Der Gewinn G eines Betriebes in GE ist abhängig von der Produktionsmenge x in ME und kann mit der Gleichung $G(x) = -x^3 + 12x^2 - 20x - 10$ beschrieben werden. Die Kapazitätsgrenze des Betriebes beträgt 10 ME.

a) Ermitteln Sie die Produktionsmenge, bei der der Anstieg des Gewinns maximal ist.

b) Bestimmen Sie den Gewinn und den Grenzgewinn bei dieser Produktionsmenge.

c) Geben Sie die Krümmungsintervalle der Gewinnkurve an.

12 Der kumulierte (summierte) Absatz A eines Produktes in ME im Zeitablauf t in Jahren seit der Produkteinführung wird durch die Gleichung $A(t) = -0{,}02\,t^4 + 0{,}4\,t^3$ beschrieben.

a) Skizzieren Sie den Graphen der Funktion A mit seinen charakteristischen Punkten für D_{max} und kennzeichnen Sie den ökonomisch sinnvollen Teil des Graphen. Interpretieren Sie anwendungsbezogen seinen Verlauf für $D_{ök}$.

b) Skizzieren Sie den Graphen der Ableitungsfunktion $A' = a$ mit seinen charakteristischen Punkten in das gleiche Koordinatensystem. Kennzeichnen Sie auch hier den ökonomisch sinnvollen Teil des Graphen und interpretieren Sie anwendungsbezogen seinen Verlauf für $D_{ök}$.

13 a) Der kumulierte (summierte) Umsatz U mit einem Produkt in GE soll im Zeitablauf t in Jahren seit der Produkteinführung durch die Gleichung $U(t) = 0{,}125\,t^4 - 2\,t^3 + 9\,t^2$ beschrieben werden. Das Produkt wurde nach 6 Jahren vom Markt genommen.

b) Skizzieren Sie den Graphen der Funktion U mit seinen charakteristischen Punkten für D_{max} und kennzeichnen Sie den ökonomisch sinnvollen Teil des Graphen. Interpretieren Sie anwendungsbezogen den Verlauf des Graphen für $D_{ök}$.

c) Bestimmen Sie die Ableitungsfunktion $U' = u$. Ermitteln Sie charakteristische Punkte des Ableitungsgraphen und skizzieren Sie ihn in das gleiche Koordinatensystem. Kennzeichnen Sie auch hier den ökonomisch sinnvollen Teil des Graphen und interpretieren Sie anwendungsbezogen seinen Verlauf für $D_{ök}$.

3.2.4 Optimierungsprobleme mit Nebenbedingungen

Wegen der Knappheit der Güter handeln Menschen und Wirtschaftsunternehmen nach dem ökonomischen Prinzip. Sie versuchen, mit gegebenen Mitteln einen möglichst großen Nutzen zu erzielen (Maximalprinzip), oder sie versuchen, ein bestimmtes Ziel mit möglichst wenig Mitteln zu erreichen (Minimalprinzip). Die Differenzialrechnung ermöglicht die Berechnung solcher optimalen Werte, denn mit ihrer Hilfe wird der größte oder kleinste Wert einer Funktion berechnet.

Situation 16

Ein Einzelhandelsbetrieb möchte Saisonware auf einer an das Gebäude angrenzenden Freifläche verkaufen. Drei Seiten der rechteckigen Fläche sollen mit einem noch vorhandenen 150 Meter langen Zaun versehen werden, die vierte Seite der Fläche ist bereits durch das Gebäude begrenzt.

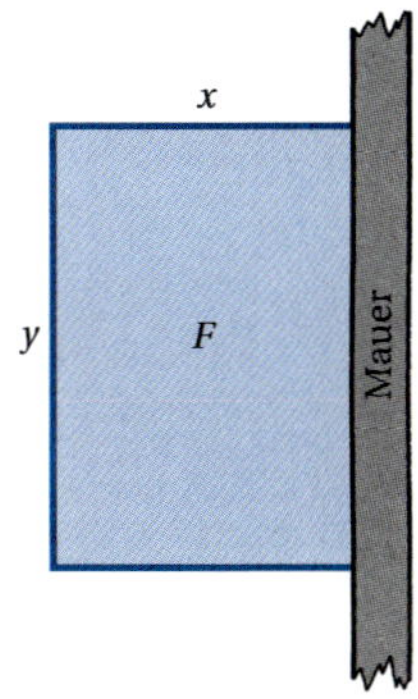

a) Erläutern Sie, ob sich der Inhalt der rechteckigen Fläche je nach gewählter Breite oder Länge ändert.

b) Bestimmen Sie Länge und Breite des Rechtecks so, dass die einzuzäunende Fläche möglichst groß wird.

Lösung

a) Entsprechend der Situationsbeschreibung soll $2x + y = 150$ sein (s. Abb.). Wählt man für x und y unterschiedliche Werte, die diese Voraussetzung erfüllen, erhält man für den Flächeninhalt unterschiedliche Maßzahlen.

Beispiele: Für $x = 10\,\text{m}$ und dann $y = 130\,\text{m}$ ergibt sich: $F = 10\,\text{m} \cdot 130\,\text{m} = \underline{\underline{1\,300\,\text{m}^2}}$

Für $x = 20\,\text{m}$ und dann $y = 110\,\text{m}$ ergibt sich: $F = 20\,\text{m} \cdot 110\,\text{m} = \underline{\underline{2\,200\,\text{m}^2}}$

b) Zunächst bestimmen wir in drei Schritten die Gleichung einer **Zielfunktion**.

1. Hauptbedingung

Bei diesem Problem soll der Flächeninhalt maximiert werden. Der Flächeninhalt F eines Rechtecks wird berechnet mit

$F = \text{Breite} \cdot \text{Länge}$

Daraus ergibt sich die **Hauptbedingung**[1]:

$\boldsymbol{F = x \cdot y}$

Der Flächeninhalt ist von der Länge x und der Breite y des Rechtecks abhängig; es besteht eine funktionale Abhängigkeit $F(x; y)$.

2. Nebenbedingung

Weil nur 150 Meter Zaun zur Verfügung stehen, ergibt sich die **Nebenbedingung**:

$\boldsymbol{150 = 2x + y}$

$\Leftrightarrow \; y = 150 - 2x$

Diese Nebenbedingung drückt den Zusammenhang zwischen den Variablen x und y aus.

Durch die Nebenbedingung kann im 3. Schritt auf der rechten Seite der Hauptbedingung die Zahl der Variablen reduziert werden.[2]

---

[1] Mit der **Hauptbedingung** wird immer die zu maximierende oder zu minimierende Größe bestimmt.

[2] Alternativ hätte die Nebenbedingung auch nach x aufgelöst werden können: $x = -\frac{y}{2} + 75$.
Durch Einsetzen dieses Terms in die Hauptbedingung ergibt sich dann eine andere Gleichung für die Zielfunktion $\left(f(y) = -\frac{y^2}{2} + 75y\right)$ ohne Veränderung des Endergebnisses.

3. Gleichung der Zielfunktion

Wird in die Hauptbedingung $F = x \cdot y$ der eben berechnete Term für y eingesetzt, ergibt sich:

$$F = x \cdot (150 - 2x)$$

Die Fläche ist offensichtlich abhängig von x, sodass man diese Zuordnung auch als Funktionsgleichung schreiben kann:

$$F(x) = x \cdot (150 - 2x)$$

Diese Linearfaktordarstellung kann man durch Ausmultiplizieren in die Polynomform bringen:

Wir erhalten dann die **Gleichung der Zielfunktion**:

$$\mathbf{F(x) = -2x^2 + 150x}$$

Im Unterschied zur Hauptbedingung ist in der Gleichung der Zielfunktion die Fläche F jetzt nur noch von *einer* Variablen (x) abhängig. Die Zielfunktion beschreibt, wie sich der Flächeninhalt verändert, wenn man die Breite x der Rechteckfläche variiert. So ist wie bei den Beispielen aus a):

$$F(10) = -2 \cdot 10^2 + 150 \cdot 10 = -200 + 1\,500 = \underline{\underline{1\,300}}$$

oder:

$$F(20) = -2 \cdot 20^2 + 150 \cdot 20 = -800 + 3\,000 = \underline{\underline{2\,200}}$$

4. Um den ***maximalen*** **Flächeninhalt** zu bestimmen, müssen wir das Maximum des Graphen der Flächeninhaltsfunktion im sinnvollen Definitionsbereich ermitteln.

Es gibt zwei hinreichende Bedingungen für lokale Extrempunkte:

- $F'(x) = 0$ und $F''(x_E) \neq 0$
- $F'(x) = 0$ und Vorzeichenwechsel von $F'(x)$ an der Stelle x_H

Abb. 1: Wir definieren mit ctrl, [:=] die Gleichung der Zielfunktion $f(x)$ in der ersten Zeile und die Gleichung der 1. Ableitungsfunktion $a1(x)$ in der zweiten Zeile des Calculator-Fensters.

Mit dem polyroots-Befehl – möglich wären auch der zeros- oder solve-Befehl – berechnen wir in der 3. Zeile die Nullstelle $x = 37{,}5$ der 1. Ableitungsfunktion.

Abb. 1

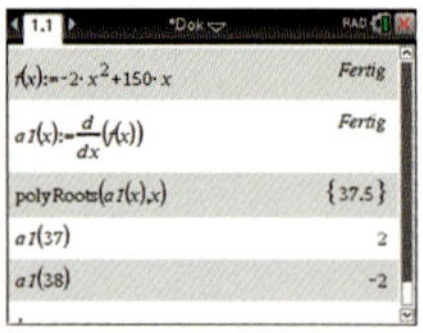

In der vierten und fünften Zeile stellen wir den Vorzeichenwechsel der 1. Ableitungsfunktion bei $x = 37{,}5$ von + nach – fest (hinreichende Bedingung).

$\underline{H(37{,}5 / 2\,812{,}5)}$

Für die Länge y des Rechtecks ergibt sich dann aus der Nebenbedingung:

$y = 150 - 2x$

$y = 150 - 2 \cdot 37{,}5$

$\underline{\underline{y = 75}}$

5. Den **sinnvollen Definitionsbereich** für die Zielfunktion legen wir fest, indem wir die Nullstellen der Zielfunktion bestimmen.

Abb. 2

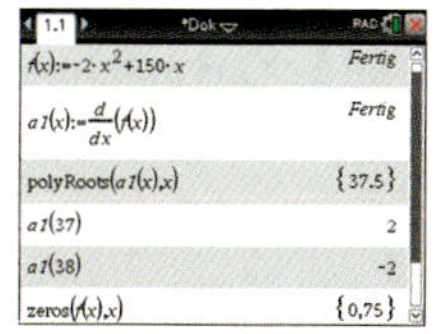

Abb. 2: In der 6. Zeile (Fortsetzung der Abb. 1) berechnen wir mit dem Zeros-Befehl die Nullstellen $x_{01} = 0$ und $x_{02} = 75$. Alternativ kann auch der Polyroots- oder Solve-Befehl benutzt werden.

$\Rightarrow D_{\text{sinnvoll}}(F) = (0; 75)$.[1)]

Die Nullstellen $x_{01} = 0$ und $x_{02} = 75$ werden aus dem Definitionsbereich ausgeschlossen, weil für diese Werte kein Rechteck entsteht.

Abb. 3–7: Wir veranschaulichen den Graphen, indem wir mit ctrl, [+page], 2:Graphs hinzufügen, ein neues Graph-Fenster öffnen und für $f1(x)$ die im Calculator-Fenster zuvor definierte Funktion $f(x)$ eingeben (Abb. 2). Die weiteren Einstellungen für eine sinnvolle Darstellung des Graphen (wie in Abb. 7) sind den Abb. 4–6 zu entnehmen.

Abb. 3

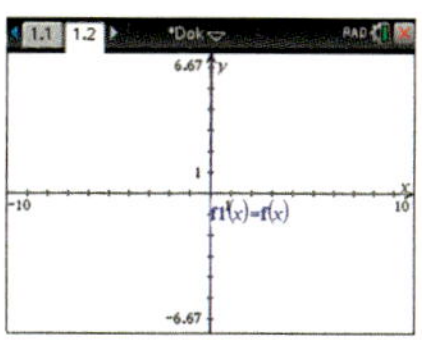

Abb. 4

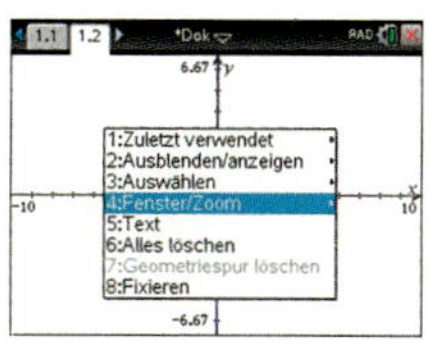

Abb. 5

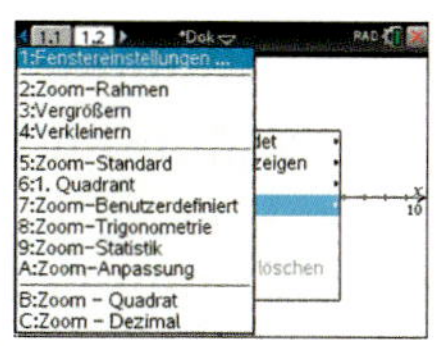

Abb. 6

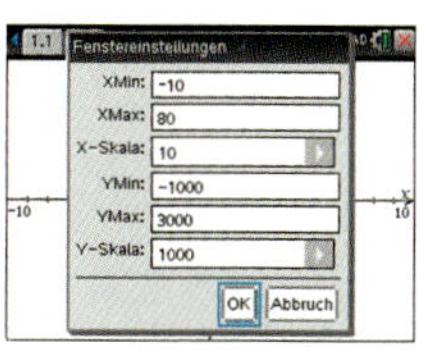

Abb. 7

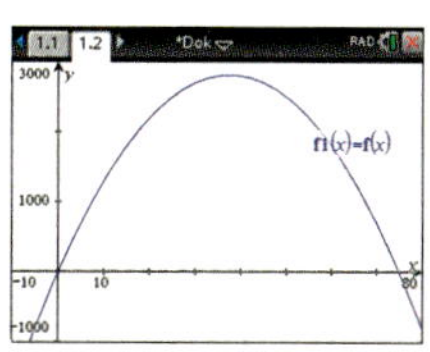

6. Ergebnis: Man kann erkennen, dass der lokale Hochpunkt $H(37{,}5/2\,812{,}5)$ im sinnvollen Definitionsbereich auch absoluter Hochpunkt ist.
Wenn für die einzuzäunende rechteckige Fläche 37,5 Meter Breite und 75 Meter Länge gewählt werden, wird ihr Flächeninhalt mit $2\,812{,}5\ m^2$ maximal.

---

1) Man kann den sinnvollen Definitionsbereich alternativ auch mithilfe der Nebenbedingung bestimmen, indem man für y die „Grenzwerte" der Zaunlänge $y = 0$ und $y = 150$ einsetzt und dann die dazugehörigen x-Werte bestimmt.

Situation 17

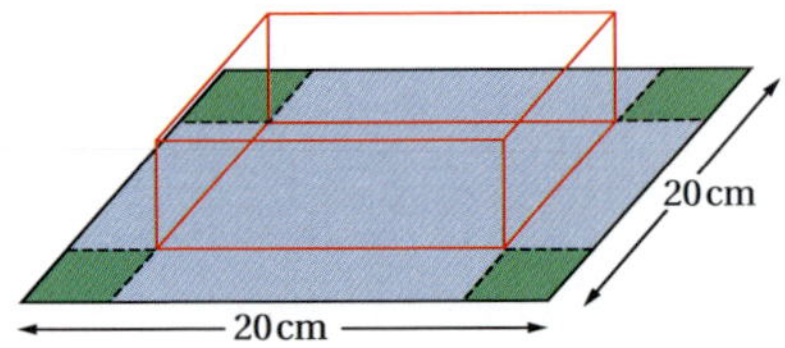

Für die Produktion von kleinen Spielzeugschachteln stehen quadratische Pappen der Seitenlänge 20 cm zur Verfügung.
Die Schachteln werden in der Weise gefertigt, dass an den vier Ecken der Pappe Quadrate ausgeschnitten und die dann vorstehenden Rechtecke hochgeknickt werden. Anschließend werden die offenen Kanten verklebt. Ermitteln Sie, welche Seitenlänge x die ausgeschnittenen Quadrate haben müssen, damit das Volumen der Schachtel möglichst groß wird. Bestimmen Sie das maximale Volumen einer derart hergestellten Schachtel.

Lösung

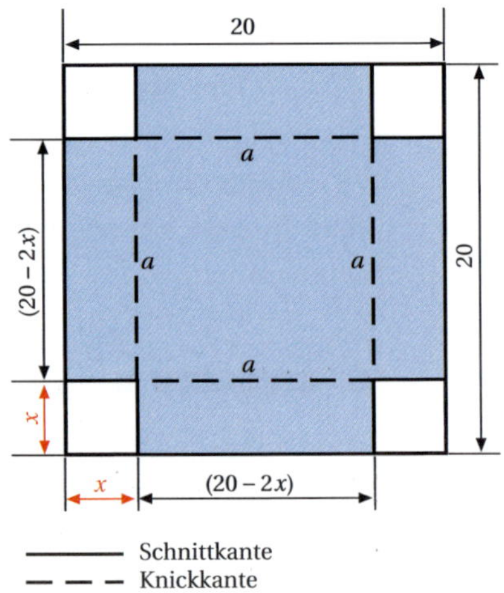

1. **Hauptbedingung**
   In der Hauptbedingung wird die zu optimierende Größe angegeben. Allgemein gilt:
   Volumen = Länge · Breite · Höhe
   $V = l \cdot b \cdot h$

   Wegen der geforderten quadratischen Grundfläche ist die Länge gleich der Breite. Es ergibt sich mit den Variablen x und a aus der Zeichnung die

   Hauptbedingung: $V = a^2 \cdot x$

2. **Nebenbedingung**
   In dieser Hauptbedingung ist das zu optimierende Volumen V noch von zwei Variablen, a und x, abhängig. Wir formulieren eine Nebenbedingung, die den Zusammenhang der Variablen a und x angibt.

   Nebenbedingung: $a = 20 - 2x$ (vgl. Grafik)

3. **Gleichung der Zielfunktion:**
   In die Hauptbedingung $V = a^2 \cdot x$ wird die Nebenbedingung $a = 20 - 2x$ für a eingesetzt:
   $V = a^2 \cdot x$
   $V = (20 - 2x)^2 \cdot x$

   Um die funktionale Abhängigkeit des Volumens V von der Höhe x zu verdeutlichen, schreiben wir die Gleichung als Funktionsgleichung:

   Zielfunktion: $V(x) = (20 - 2x)^2 \cdot x$

4. Extrempunkte

hinreichende Bedingung: $V'(x) = 0$ und $V''(x_E) \neq 0$

Grafische Lösung

Abb. 1–3: In der Graphs-Applikation geben wir die Funktionsgleichung ein und lassen uns den Graph mit [enter] zeichnen.

Für eine vernünftige Darstellung wie in Abb. 3 müssen wir die Fenstereinstellungen entsprechend der Abb. 2 anpassen.

Abb. 1

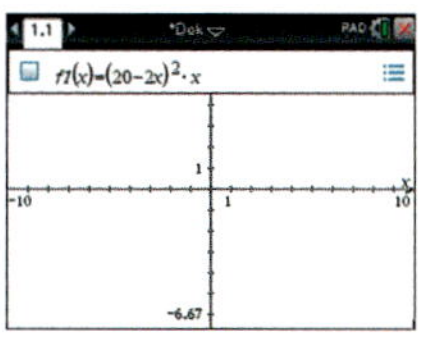

Abb. 2

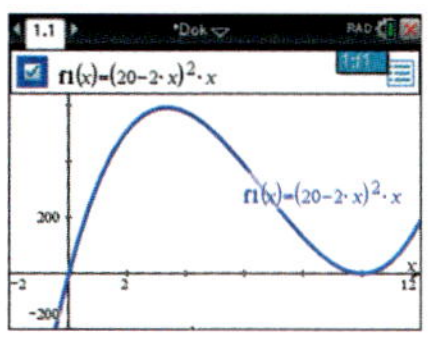

Abb. 3

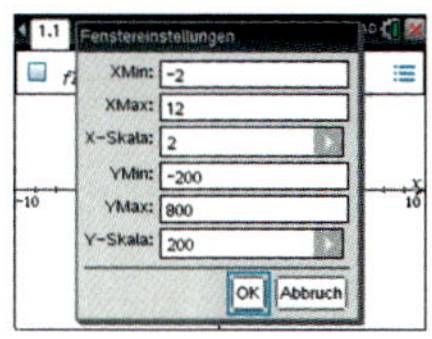

Abb. 4–6: Mit [menu], 6: Graph analysieren, 3: Maximum, wird über die Festlegung der unteren und oberen Schranke der Suchbereich für den Hochpunkt bestimmt.

Abb. 4

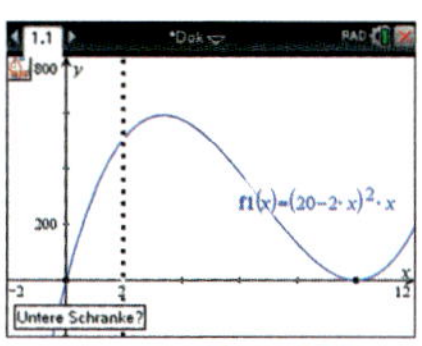

Abb. 5

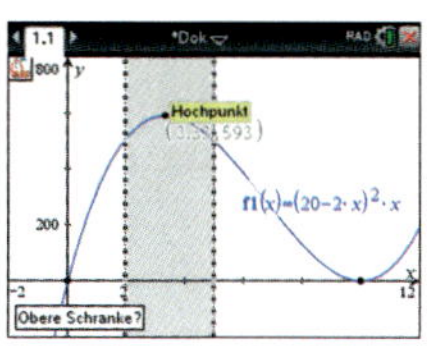

Abb. 6

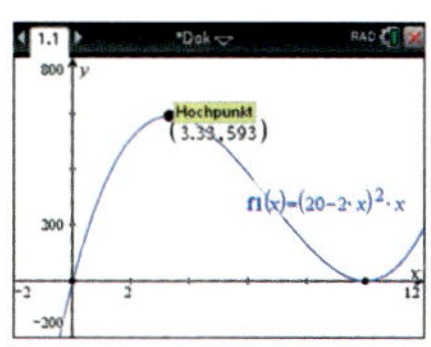

$H(\approx 3{,}33/\approx 593)$

Der Tiefpunkt ist für die Fragestellung nicht relevant.

5. Einschränkung des Definitionsbereiches auf einen sinnvollen Bereich

Nullstellen: $V(x) = 0$

Grafische Lösung

Abb. 7–10: Für die Ermittlung der Nullstellen wird über [menu], 6: Graph analysieren, 1: Nullstellen der Suchbereich ebenso wie oben festgelegt.

Abb. 8

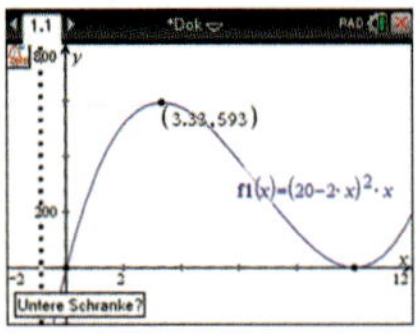

Abb. 9

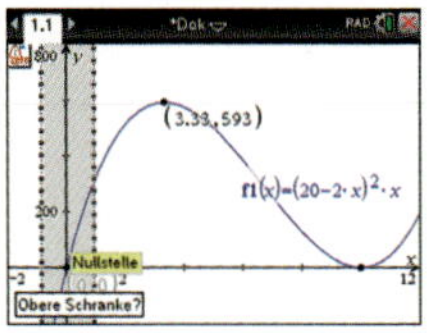

Abb. 10

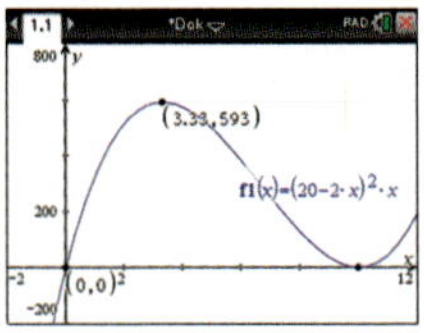

Abb. 11

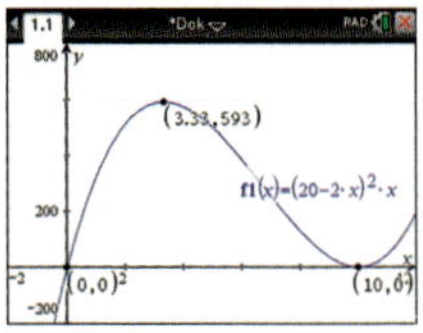

Nullstellen: $x_{01} = 0$ und $x_{02} = 10$

$\Rightarrow D_{\text{sinnvoll}}(V) = (0; 10)$

6. Ergebnis

Da der Hochpunkt $H(\approx 3{,}33/\approx 593)$ der absolute Hochpunkt im sinnvollen Definitionsbereich ist, wird das Volumen der Schachteln für $x \approx 3{,}3\,\text{cm}$ maximal und beträgt dann $V \approx 593\,\text{cm}^3$.

Situation 18

Ein Fenster bestehe aus einem Rechteck mit aufgesetztem Halbkreis. Der Umfang des Fensters betrage 10 Meter. Durch Maximierung des Flächeninhalts der Fenster soll erreicht werden, dass der Lichteinfall möglichst groß wird.
Bestimmen Sie, wie die Abmessungen des Fensters zu wählen sind.

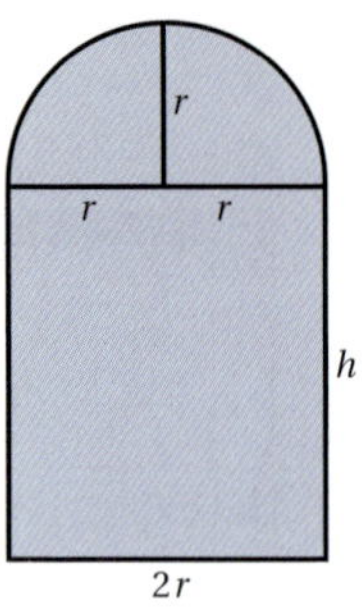

Lösung

1. Hauptbedingung:

$$F = 2rh + \frac{\pi}{2}r^2$$

2. Nebenbedingung:

$$10 = 2r + 2h - \pi r$$

$$\Leftrightarrow h = 5 - r - \frac{\pi}{2}r$$

3. Zielfunktion:

$$F(r) = 2r\left(5 - r - \frac{\pi}{2}r\right) + \frac{\pi}{2}r^2$$

$$F(r) = 10r - 2r^2 - \frac{\pi}{2}r^2$$

$$F(r) = -2r^2 - \frac{\pi}{2}r^2 + 10r$$

4. Hochpunkt

hinreichende Bedingung: $F'(r) < 0$ und $F''(r) < 0$

$F'(r) = -4r + \pi r + 10$

$F'(r) = 0$

$0 = -4r + \pi r + 10$

$r = \frac{10}{4+\pi} \approx 1{,}4$

$F''(r) = -4 - \pi < 0 \Rightarrow H$

Funktionswert des Hochpunktes:

$$F\left(\frac{10}{4+\pi}\right) = -2\cdot\left(\frac{10}{4+\pi}\right)^2 - \frac{\pi}{2}\cdot\left(\frac{10}{4+\pi}\right)^2 + 10\cdot\left(\frac{10}{4+\pi}\right) = -\frac{200}{(4+\pi)^2} - \frac{\pi\cdot 50}{(4+\pi)^2} + \frac{100}{4+\pi}$$

$$F\left(\frac{10}{4+\pi}\right) = \frac{-200 - 50\pi + 100\cdot(4+\pi)}{(4+\pi)^2} = \frac{200 + 50\pi}{(4+\pi)^2} = \frac{50\cdot\cancel{(4+\pi)}}{(4+\pi)^{\cancel{2}}}$$

$$F\left(\frac{10}{4+\pi}\right) = \frac{50}{4+\pi}$$

Hochpunkt: $H\left(\frac{10}{4+\pi}\middle/\frac{50}{4+\pi}\right) \approx (1{,}4/7{,}0)$

Die Höhe h des Fensters wird berechnet, indem in die Nebenbedingung $h = 5 - r - \frac{\pi}{2}r$ die Maximalstelle $r = \frac{10}{4+\pi}$ eingesetzt wird:

$$h = 5 - \frac{10}{4+\pi} - \frac{\pi}{2}\cdot\frac{10}{4+\pi} = \frac{5\cdot(4+\pi) - 10 - 5\pi}{4+\pi} = \frac{20 + 5\pi - 10 - 5\pi}{4+\pi}$$

$$h = \frac{10}{4+\pi} \approx 1{,}4$$

5. Sinnvolle Einschränkung des Definitionsbereiches

Nur für positive Funktionswerte ist die Funktion sinnvoll definiert.

Berechnung der Nullstellen: $F(r) = 0$

$$0 = 10r - 2r^2 - \frac{\pi}{2}\cdot r^2$$

$$0 = 10r - r^2\cdot\left(2 + \frac{\pi}{2}\right)$$

$$0 = r\left(10 - r\left(2 + \frac{\pi}{2}\right)\right)$$

Satz vom Nullprodukt: $\underline{\underline{r_{01} = 0}}$ und $10 - r\left(2 + \frac{\pi}{2}\right) = 0$

$$r = \frac{10}{2 + \frac{\pi}{2}}$$

$$\underline{\underline{r_{02} = \frac{20}{4+\pi}}}$$

$$\Rightarrow D_{\text{sinnvoll}}(F) = \left(0; \frac{20}{4+\pi}\right) \approx (0;\, 2{,}8)$$

6. Ergebnis

$H\left(\frac{10}{4+\pi} / \frac{50}{4+\pi}\right) \approx (1{,}4 / 7{,}0)$ ist im sinnvollen Definitionsbereich absoluter Hochpunkt. Für $r = h = \frac{10}{4+\pi} \approx 1{,}4$ Meter wird die Fläche des Fensters mit ca. $7\,\text{m}^2$ maximal und damit auch der Lichteinfall.

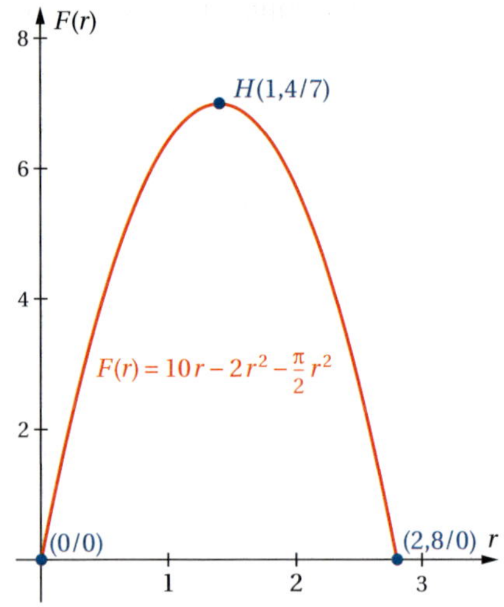

Übungsaufgaben

1 Bauer Ewald möchte auf seinem Hof einen Hühnerauslauf bauen, in dem er seine braunen und weißen Hühner voneinander getrennt halten kann. Dazu will er einen rechteckigen freistehenden Auslauf in der Mitte unterteilen. Mit 75 m Zaun möchte er einen größtmöglichen Auslauf realisieren.
Berechnen Sie, welche Maße er dazu wählen muss.
Geben Sie an, wie groß der Auslauf dann ist.

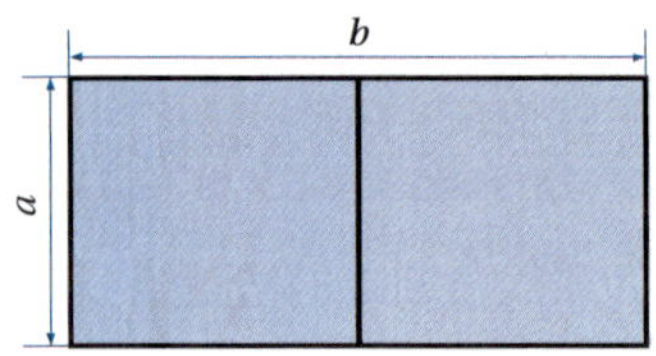

2 Aus einem rechteckigen Stück Blech mit den Seitenlängen 16 Längeneinheiten (LE) und 10 LE werden an den Ecken Quadrate herausgeschnitten. Durch Hochbiegen der verbliebenen Randstücke soll ein oben offener quaderförmiger Kasten gefertigt werden.
Berechnen Sie, welche Seitenlänge die ausgeschnittenen Quadrate haben müssen, damit der Rauminhalt des Kastens möglichst groß wird. Berechnen Sie, wie groß bei dieser Seitenlänge der maximale Rauminhalt des Kastens ist.

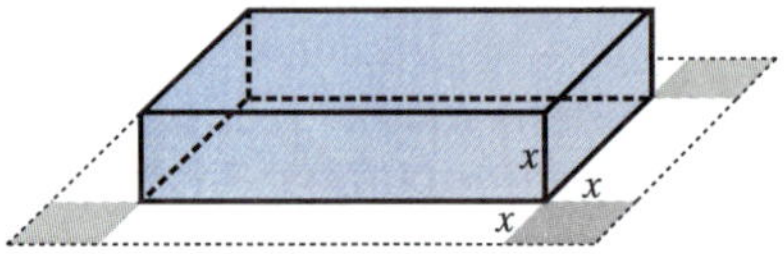

3 Die Katheten eines rechtwinkligen Dreiecks sind zusammen 12 LE lang. Berechnen Sie, wie groß die Katheten (x und y) zu wählen sind, damit das Quadrat F über der Hypotenuse z möglichst klein wird. Berechnen Sie, wie groß das Hypotenusenquadrat in diesem Fall ist.

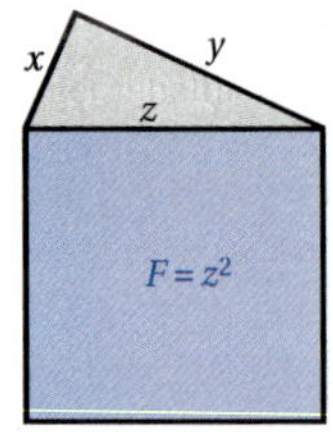

4 Der Querschnitt eines Kanals ist ein gleichschenkliges Dreieck.
Aus bautechnischen Gründen soll $x + y = 23$ sein.
Bestimmen Sie die Maße für x und y so, dass der Querschnitt des Kanals möglichst groß wird. Wie groß ist er dann?

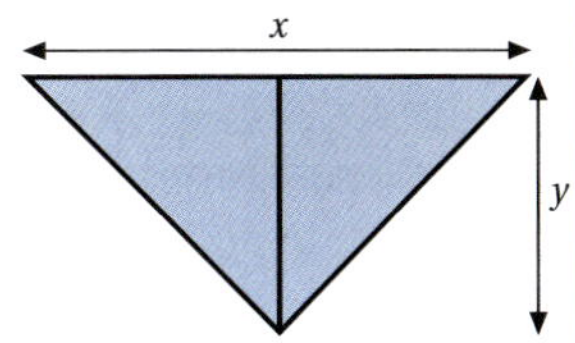

5 Aus einem Draht der Länge $l = 144\,\text{cm}$ soll ein durch seine Kanten angedeuteter Quader mit quadratischer Grundfläche hergestellt werden. Ermitteln Sie die Maße für die Kanten des Quaders, damit sein Volumen möglichst groß wird. Bestimmen Sie das maximale Volumen.

6 Aus Blechtafeln der Größe $500\,\text{mm} \times 800\,\text{mm}$ sollen entsprechend dem abgebildeten Netz durch Ausschneiden, Biegen und Schweißen allseitig geschlossene quaderförmige Kanister mit möglichst großem Volumen hergestellt werden. Bestimmen Sie die Maße für a, b und x. Wie groß ist das maximale Volumen (in Liter)?

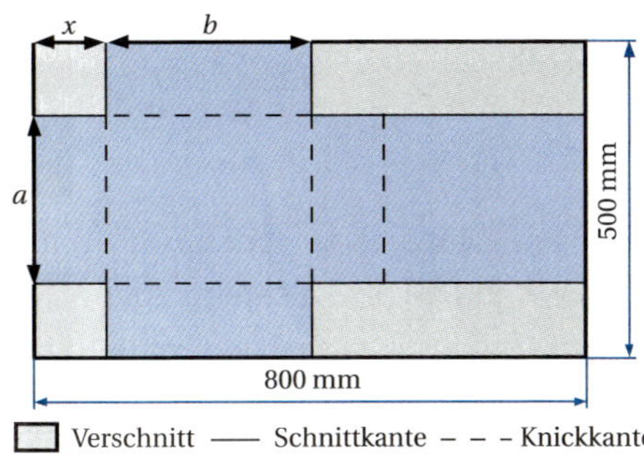

7 Bestimmen Sie die Abmessungen eines Rechtecks, damit die Rechteckfläche bei gegebenem Umfang $U = 400$ LE maximal wird. Wie groß ist die maximale Fläche?

8 Für Postpakete ist vorgeschrieben, dass Länge, Breite und Höhe zusammen maximal 90 cm betragen dürfen. Es soll zusätzlich gelten, dass die Breite $\frac{2}{3}$ der Länge betragen muss.
Ermitteln Sie die Abmessungen für ein Postpaket, sodass dessen Volumen möglichst groß wird.
Wie groß ist das maximale Volumen?

9 In die kegelförmige, 8 m hohe Spitze eines kreisrunden Turms mit dem Durchmesser 10 m soll ein zylindrischer Wasserbehälter eingebaut werden. Bestimmen Sie die Maße dieses Behälters so, dass er möglichst viel Wasser aufnehmen kann.
Wie viele m^3 sind das?

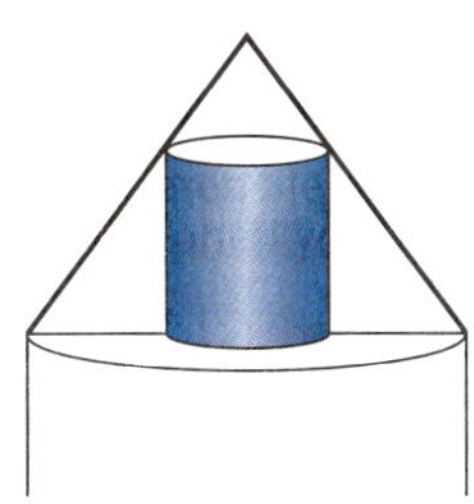

10 In einem Sportstadion soll eine 400-Meter-Laufbahn, bestehend aus 2 parallelen Geraden und 2 angesetzten Halbkreisen, so angelegt werden, dass das integrierte Fußballfeld (Rechteck) möglichst groß wird. Berechnen Sie, wie die Abmessungen für das größtmögliche Fußballfeld zu wählen sind.
Wie groß ist die maximale Fläche des Fußballfeldes?

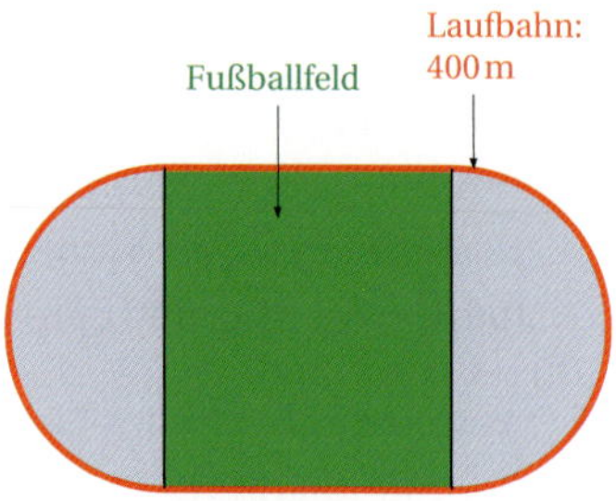

11 In die Abseite[1)] eines Dachbodens soll, wie in der Skizze angegeben, der Lüftungsschacht einer Klimaanlage eingebaut werden.
Bestimmen Sie die Länge und Breite des Schachtes so, dass die Querschnittsfläche und damit das Durchflussvolumen möglichst groß wird. Wie groß ist die maximale Querschnittsfläche?

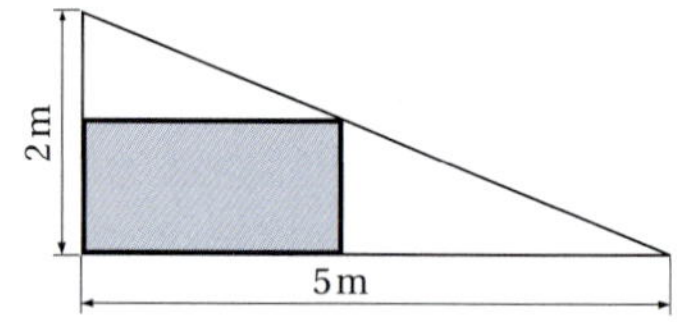

12 Aus einem kreisrunden Baumstamm mit einem Durchmesser von $d = 60\,\text{cm}$ soll ein Balken mit rechteckigem Querschnitt gesägt werden (vgl. Abb.).
Berechnen Sie, wie die Maße des Balkens zu wählen sind, damit die Tragfähigkeit des Balkens maximal ist.
Hinweise: Die Tragfähigkeit T wird berechnet nach $T = k \cdot b \cdot h^2$ wobei k eine Konstante, b die Breite und h die Höhe des Balkens ist. Für den vorliegenden Eichenstamm gilt $k = \frac{1}{6}$.
Wie groß ist die maximale Tragfähigkeit des Balkens?

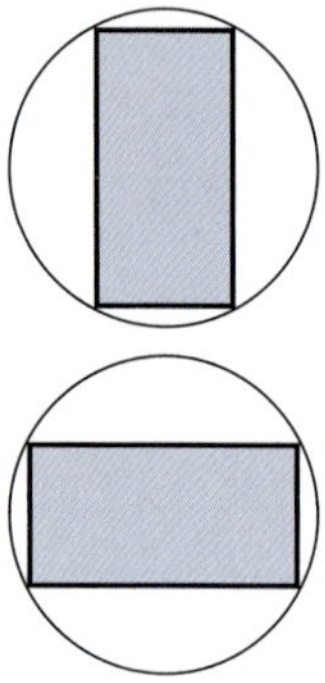

13 Im Dachbodenraum eines Kindergartens soll ein Zimmer eingerichtet werden. Die Länge des Dachbodens beträgt 10 m.
Berechnen Sie das maximale Volumen des neuen Raumes und die dazugehörige maximale Wohnfläche.

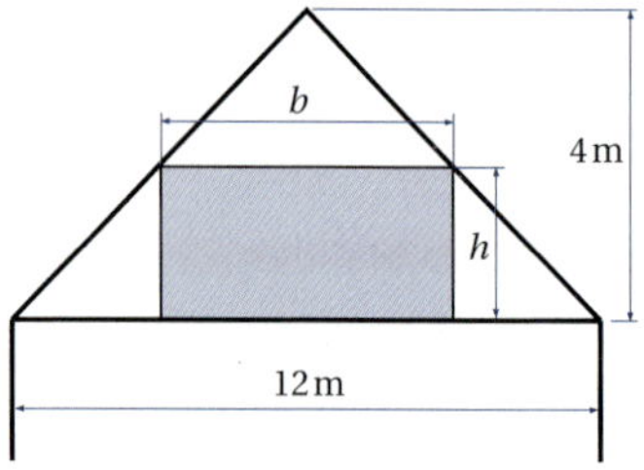

14 Die Seitenwand eines Flugzeughangars hat die Form eines Graphen mit der Gleichung $f(x) = \frac{1}{25}x^4 - \frac{2}{3}x^2 + \frac{9}{5}$ für $x \in [-1{,}84; 1{,}84]$.
Dabei wird x und $f(x)$ jeweils in 10 Meter angegeben. In diese Seitenwand der Halle soll ebenerdig ein Tor mit möglichst großer Fläche eingebaut werden. Berechnen Sie die Maße für das Tor.
Wie groß ist dann die Fläche des Tores?

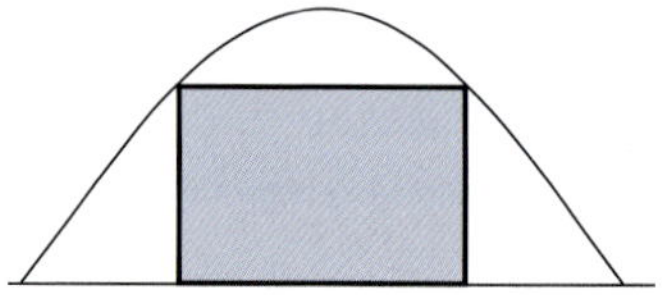

15 Ein Designer möchte eine neue Sektglasform mit trichterförmigem Querschnitt kreieren. Dabei soll die Seitenlänge s des Kelches mit 12 cm fest vorgegeben sein. Berechnen Sie, für welche Maße des Sektglases sein Volumen maximal wird.
Wie groß ist dann das maximale Volumen?

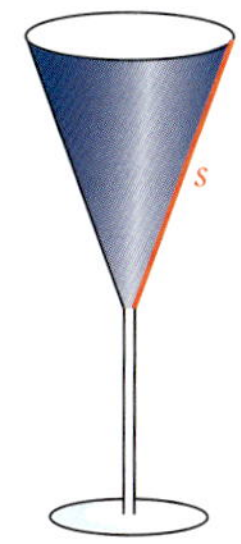

16 Die Seitenwand einer Tennishalle hat die Form einer Parabel mit der Gleichung $f(x) = -\frac{8}{81}x^2 + 8$. Dabei werden x und $f(x)$ in Meter angegeben. Auf die Seitenwand der Halle soll ebenerdig ein rechteckiges Werbeplakat mit möglichst großer Fläche installiert werden. Ermitteln Sie die Maße des Plakats.
Wie groß ist seine maximale Fläche?

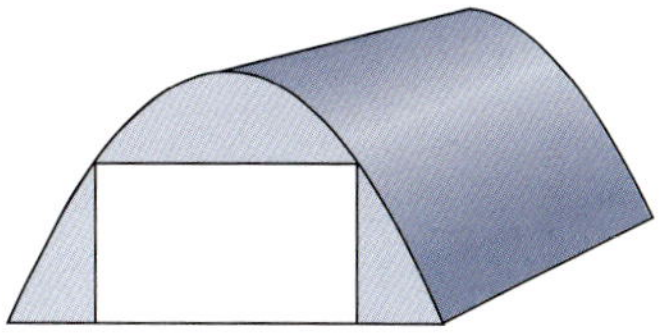

17 Ein Abschnitt der Tragfläche eines Flugzeugs hat die in der Abbildung dargestellte Form. In diesen Tragflächenabschnitt soll ein rechteckiger Lüftungsschacht installiert werden. Berechnen Sie, wie Länge und Breite des Rechtecks zu wählen sind, damit

a) der Flächeninhalt und damit der Luftdurchfluss maximal wird;

b) der Umfang des Rechtecks und damit die Kühlung maximal wird.

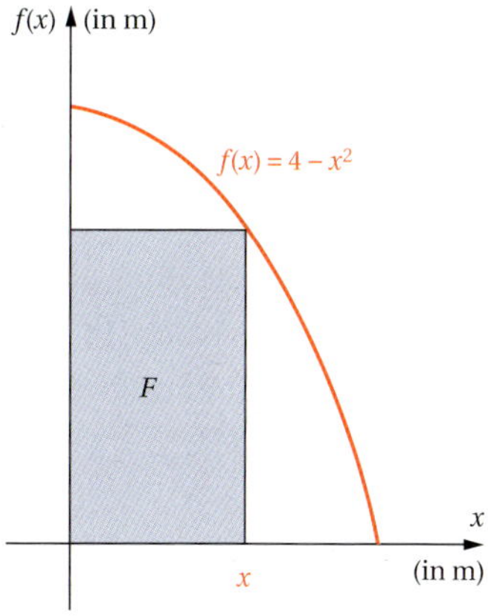

[1] Abseite = Nebenraum

18 Prüfen Sie, ob bei der Herstellung eines 1,5-Liter-Tetrapaks gemäß nebenstehendem Netz tatsächlich das maximal mögliche Volumen realisiert wird. Interpretieren Sie das Ergebnis. Alle Angaben in der Grafik in cm.

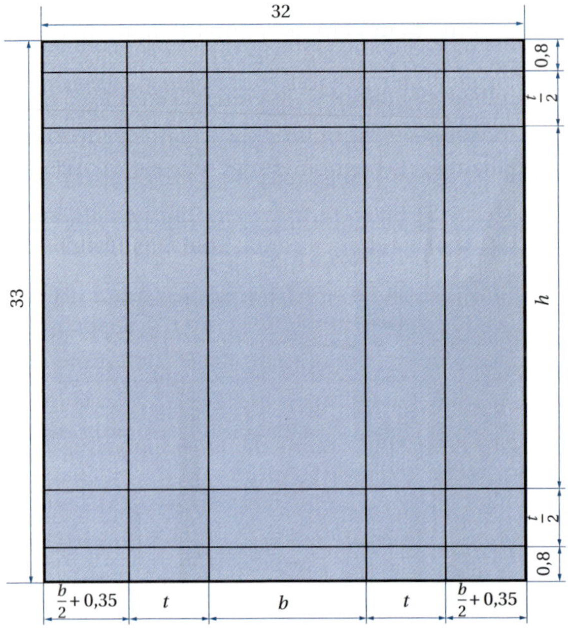

19 Ein Hersteller von Verpackungsmaterialien erhält von einer Großspedition den Auftrag, die bisher verwendeten Umzugskartons zu prüfen, ob diese bei gegebenem Material (Pappplatte 156 cm × 101 cm × 0,5 cm) tatsächlich optimal gestaltet sind, also maximales Volumen aufweisen. Die Konstruktion der Kartons soll weiterhin nach der unteren Abbildung erfolgen.

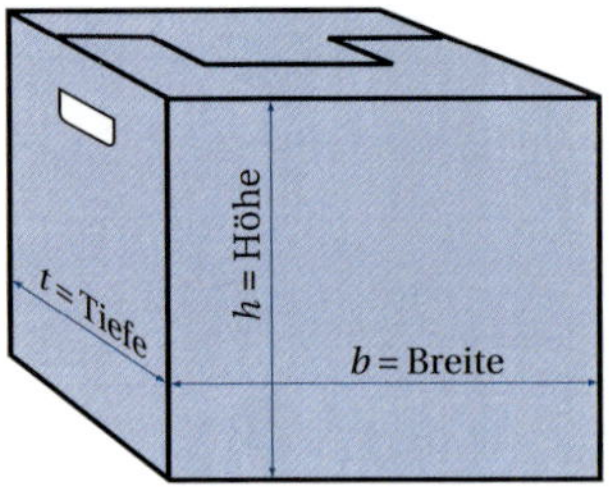

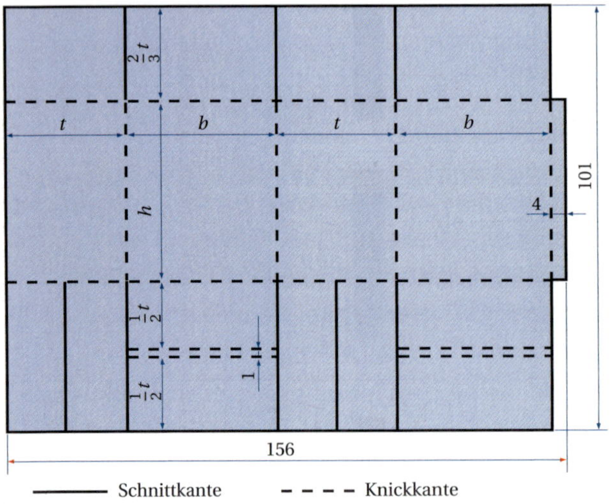

3.2.5 Handlungssituationen zu Zusammenhängen zwischen Graphen von Funktionen und deren Ableitungsgraphen

Die Handlungssituationen sollten Sie mit der Ihnen zur Verfügung stehenden Rechnertechnologie bearbeiten. Besonders wichtig ist die Interpretation der von Ihnen ermittelten Ergebnisse.

Handlungssituation 1

Die Gesamtkostenfunktion einer Brauerei ordnet jeder Produktionsmenge x in 1 000 hl/Jahr der Biermarke Aztra die dabei jeweils entstehenden Gesamtkosten K in 1 000,00 €/Jahr zu. Es gelte die Gesamtkostenfunktion K mit $K(x) = x^3 - 12x^2 + 48x + 100$; $x \in D_{\text{ök}}(K)$. Die Kapazitätsgrenze des Betriebes liegt bei 14 000 Hektoliter je Jahr.
Analysieren Sie die Gesamtkostensituation der Brauerei bei der Aztraproduktion für unterschiedliche Produktionsmengen auch unter Verwendung der 1. und 2. Ableitung.

Hilfestellungen: Zeichnen Sie die Gesamtkostenkurve mit den Graphen ihrer 1. und 2. Ableitung und bestimmen Sie den ökonomisch sinnvollen Definitionsbereich. Untersuchen Sie das Verhalten der Gesamtkostenkurve an den Rändern des ökonomisch sinnvollen Definitionsbereiches, berechnen Sie charakteristische Punkte und Eigenschaften (Monotonie- und Krümmungsverhalten) der Gesamtkostenkurve.

Interpretieren Sie die berechneten Ergebnisse und stellen Sie diese der Geschäftsleitung mit grafischen Veranschaulichungen vor.

Handlungssituation 2

Die täglichen Gesamtkosten K eines Herstellers von Spezialschrauben an einem Produktionstag kann man beschreiben durch die Funktion K mit $K(x) = x^3 - 8x^2 + 24x + 100$.
Dabei ist x der Output in 1 000 Stück, K sind die dabei entstehenden Gesamtkosten in 100,00 €. Die Kapazitätsgrenze liegt bei 12 000 Stück/Tag. Analysieren Sie die Gesamtkostensituation des Herstellers bei der Herstellung der Spezialschrauben bei unterschiedlichen täglichen Produktionsmengen auch unter Verwendung der 1. und 2. Ableitung. Interpretieren Sie die berechneten Ergebnisse und präsentieren Sie Ihre Ergebnisse mit grafischen Veranschaulichungen.

Handlungssituation 3

In einem Produktionsbetrieb für Flüssiggase werden die monatlichen Gesamtkosten K bei der Produktion eines bestimmten Gases durch die Funktionsgleichung $K(x) = x^3 - 10x^2 + 35x + 18$ bestimmt. x ist die produzierte Menge je Monat in 1000 Liter, K sind die dabei entstehenden Gesamtkosten in 1000,00 €. Der Preis für das Flüssiggas beträgt 20,00 € je Liter. Untersuchen Sie die Gesamtkosten-, Erlös- und Gewinnsituation des Betriebes in Abhängigkeit von der Monatsproduktion, wenn maximal 9000 Liter/Monat produziert werden können. Interpretieren Sie Ihre Ergebnisse anwendungsbezogen und stellen Sie diese mithilfe von entsprechenden Grafiken vor.

Handlungssituation 4

Ein Marktforschungsinstitut hat für die gesamtwirtschaftliche Nachfrage nach dem Produkt U festgestellt, dass bei einem Preis von 700,00 € die Nachfrage nach diesem Produkt erlischt. Bei einer Menge von 10000 Stück ist der Markt gesättigt.

Ein Unternehmen ist alleiniger Anbieter für dieses Produkt. Die Gesamtkosten bei der Herstellung des Produktes U können durch die Gleichung $K(x) = x^3 - 3x^2 + 40x + 1000$ beschrieben werden. Dabei ist x die Produktionsmenge in Tsd. Stück.
Analysieren Sie detailliert die Kosten-, Erlös- und Gewinnsituation bei der Produktion dieses Gutes. Erläutern Sie Ihren Zuhörern Ihre Ergebnisse.

In der Abteilung Rechnungswesen werden Sie damit beauftragt die Kosten-, Erlös- und Gewinnsituation bei der Produktion des Gutes U zu analysieren und einen Angebotspreis unter Berücksichtigung der Marktgegebenheiten vorzuschlagen. Erstellen Sie als Diskussionsgrundlage eine Tischvorlage mit Ihren Ergebnissen und anschaulichen Grafiken.

Handlungssituation 5

Ein Produzent ist monopolistischer Anbieter für das Produkt Z. Es ist bekannt, das bei einem Preis in Höhe von 6400,00 € 20000 Stück und bei einem Preis von 4000,00 € 50000 Stück nachgefragt werden. Bei der Produktion des Produktes Z hat die Rechnungswesenabteilung festgestellt, dass die variablen Gesamtkosten in € mit der Gleichung $K_v(x) = 0{,}6x^3 - 60x^2 + 2500x$ beschrieben werden können. Dabei gibt x die Produktionsmenge in Tsd. Stück an. Die Fixkosten des Betriebes betragen für die Produktion des Produktes Z 25000,00 €.

Untersuchen Sie die Gesamtkosten, Erlöse und Gewinne des Betriebes in Abhängigkeit von der jährlichen Produktionsmenge. Erläutern Sie, welchen Angebotspreis Sie dem Produzenten für das Produkt Z vorschlagen würden?

Handlungssituation 6

Ein landwirtschaftlicher Großbetrieb produziert ein Getreide gemäß der Produktionsfunktion $P(x) = -0{,}1x^3 + 6x^2 + 12{,}3x$. Dabei ist P der Output in Tonnen und x der Input des Produktionsfaktors Dünger in 100 kg. Analysieren Sie die Produktionsfunktion auch unter Berücksichtigung der 1. und 2. Ableitung und interpretieren Sie die Ergebnisse.

Handlungssituation 7

In seinem Geschäftsbericht will der Geschäftsführer eines Unternehmens eine Gewinn-Verlust-Kurve der letzten 5 Jahre vorlegen, die sich durch die Funktion $g(t) = 0{,}5t^3 - 4t^2 + 8t - 1$ beschreiben lässt.
Dabei gibt g den jährlichen Gewinn in 10 000,00 €/Jahr an und t die Zeit in Jahren seit Beginn der letzten 5 Jahre.

Analysieren Sie die Gewinnsituation (unter Berücksichtigung der 1. und 2. Ableitung) für die letzten 5 Jahre und erstellen Sie eine Tischvorlage für die Präsentation des Geschäftsführers.

Handlungssituation 8

Der jährliche Umsatz u eines auf dem Markt neu eingeführten Produktes wird von einer Unternehmensberatung mit der Funktionsgleichung $u(t) = t^2 - \frac{1}{9}t^3$ prognostiziert. Dabei gibt u den Jahresumsatz in Mio. €/Jahr an und t die Zeit in Jahren seit Einführung des Produktes.

Als Angestellter der Unternehmensberatung sollen Sie Ihrem Kunden die Umsatzerwartungen mathematisch fundiert – auch mit Berücksichtigung der 1. und 2. Ableitung – erläutern. Analysieren Sie dazu die Umsatzfunktion für den ökonomisch sinnvollen Definitionsbereich, interpretieren Sie Ihre Ergebnisse und bereiten Sie eine Präsentation für den Kunden vor.

Handlungssituation 9

Der Monatsabsatz des Produktes V eines Unternehmens im abgelaufenen Geschäftsjahr kann durch die Funktion a mit $a(t) = 0{,}15t^3 - 2t^2 + 205$ beschrieben werden. Dabei gibt a den Monatsabsatz in 1 000 Stück/Monat und t die Zeit in Monaten seit Beginn des abgelaufenen Geschäftsjahres an.
Analysieren Sie die Absatzfunktion des Produktes V für das abgelaufene Geschäftsjahr und stellen Sie Ihre Ergebnisse der Geschäftsführung mithilfe grafischer Veranschaulichungen vor.

Handlungssituation 10

Die Konsumnachfrage C eines Haushalts nach einem Produkt ist abhängig vom Haushaltseinkommen Y und kann durch die Funktionsgleichung $C(Y) = -0{,}01\,Y^3 + 0{,}75\,Y^2 + 1{,}8\,Y$ beschrieben werden. Dabei ist Y das jährliche Bruttohaushaltseinkommen in 1 000,00 € und C die Konsumnachfrage in Stück nach diesem Produkt.
Analysieren Sie die Konsumfunktion ausführlich und interpretieren Sie die Ergebnisse.
Erläutern Sie, bei welchem Haushaltseinkommen ein staatlicher Eingriff in das Haushaltseinkommen zu den stärksten Konsumveränderungen führt.

Handlungssituation 11

Der kumulierte (summierte) Absatz A eines Produktes in Mio. Stück im Zeitablauf t in Jahren seit der Produkteinführung wird durch die Gleichung $A(t) = -0{,}025\,t^4 + 0{,}5\,t^3$ beschrieben.

a) Skizzieren Sie den Graphen der Funktion A mit seinen charakteristischen Punkten für D_{max} und kennzeichnen Sie den ökonomisch sinnvollen Teil des Graphen. Interpretieren Sie seinen Verlauf für $D_{ök}$ anwendungsbezogen.

b) Skizzieren Sie den Graphen der Ableitungsfunktion $A' = a$ mit seinen charakteristischen Punkten in das gleiche Koordinatensystem. Kennzeichnen Sie auch hier den ökonomisch sinnvollen Teil des Graphen und interpretieren Sie seinen Verlauf für $D_{ök}$ anwendungsbezogen.

Handlungssituation 12

Der kumulierte (summierte) Umsatz U mit einem Produkt in GE soll im Zeitablauf t in Jahren seit der Produkteinführung durch die Gleichung einer ganzrationalen Funktion 4. Grades beschrieben werden. Es wurden in den ersten 5 Jahren die Umsatzzahlen der Tabelle ermittelt:

t (in Jahren)	0	1	2	3	4	5
U (in GE)	0	64,25	228	452,25	704	956,25

Das Produkt wurde nach 12 Jahren vom Markt genommen.

a) Bestimmen Sie die Gleichung der Funktion U und skizzieren Sie ihren Graphen mit seinen charakteristischen Punkten für D_{max}. Kennzeichnen Sie den ökonomisch sinnvollen Teil des Graphen. Interpretieren Sie seinen Verlauf für $D_{ök}$ anwendungsbezogen.

b) Bestimmen Sie charakteristische Punkte des Ableitungsgraphen $U' = u$ und skizzieren Sie seine Graphen in das gleiche Koordinatensystem. Kennzeichnen Sie auch hier den ökonomisch sinnvollen Teil des Graphen und interpretieren Sie seinen Verlauf für $D_{ök}$ anwendungsbezogen.

Anhang Ökonomische Fachbegriffe

Begriff	Ökonomische Erklärung	Mathematischer Hintergrund
Angebotsfunktion 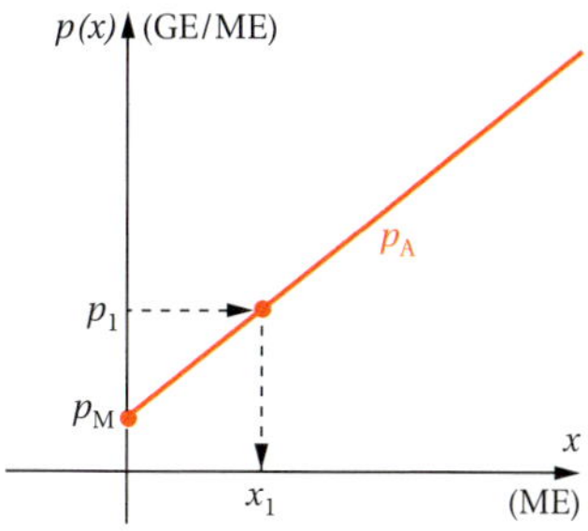	Eine Angebotsfunktion beschreibt die gesamtwirtschaftlich angebotene Menge x eines Gutes in Abhängigkeit vom Marktpreis p. Ab einem bestimmten Marktpreis, dem Mindestangebotspreis p_M, sind die Anbieter in der Lage, das Produkt auf dem Markt anzubieten. Bei steigendem Marktpreis nimmt die insgesamt auf dem Markt angebotene Gütermenge zu, weil immer mehr Anbieter, auch bei ungünstigerer Kostenstruktur, das Gut mit Gewinnaussichten anbieten können.	streng monoton steigender Graph mit positivem Ordinatenabschnitt (= Mindestangebotspreis) Die unabhängige Variable p ist unüblicherweise auf der y-Achse abgetragen, die abhängige Variable x auf der x-Achse. Beispiel für eine lineare Angebotsfunktion: $p_A(x) = x + 1$
Angebotsmonopol	Ein Angebotsmonopol liegt vor, wenn es für ein Produkt nur einen einzigen Anbieter und sehr viele Nachfrager gibt. Der monopolistische Anbieter steht dann mit seinem Angebot der gesamten Nachfrage gegenüber. Seine individuelle Preis-Absatzfunktion (individuelle Angebotsfunktion) ist mit der gesamtwirtschaftlichen Nachfragefunktion für das Produkt identisch, weil er sich mit seiner Angebotsmenge nach der Nachfragemenge richtet.	
Angebotsüberschuss	Auf einem Markt ist die angebotene Menge größer als die nachgefragte Menge; siehe Marktungleichgewicht	
Break-even-Point (Gewinnschwelle) 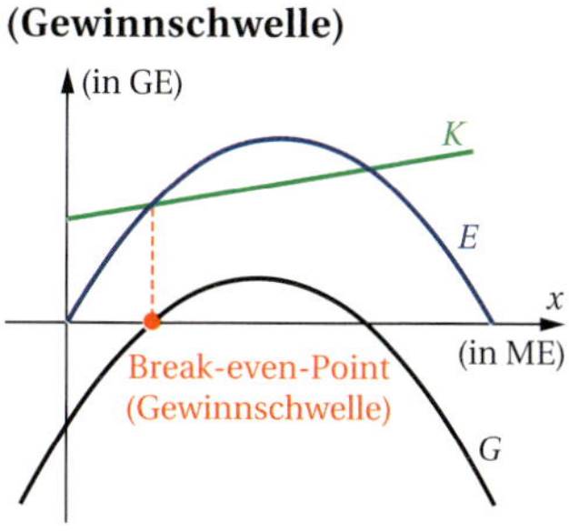	Der Break-even-Point (Gewinnschwelle) gibt die Produktionsmenge an, bei deren Überschreitung Gewinn erwirtschaftet wird. Im Break-even-Point werden die Gesamtkosten K durch den Erlös E gedeckt, sodass weder Gewinn noch Verlust erzielt wird, also der Gewinn G gleich 0 ist. Der Break-even-Point ist mathematisch also kein Punkt, sondern eine Stelle (ein x-Wert).	erste Schnittstelle der Graphen der Erlös- und der Kostenfunktion miteinander für $x \geq 0$; Ansatz: $E(x) = K(x)$ oder: erste Nullstelle des Graphen der Gewinnfunktion für $x \geq 0$; Ansatz: $G(x) = 0$

Begriff	Ökonomische Erklärung	Mathematischer Hintergrund
Cournot'scher Punkt *C* **Cournot'sche Menge x_C** **Cournot'scher Preis p_C** 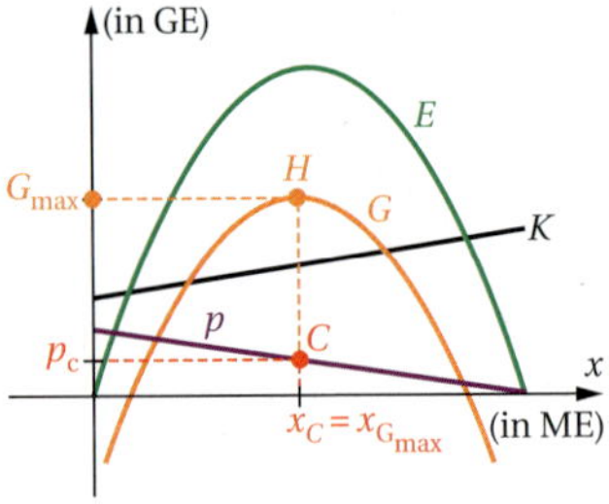 	Mithilfe des Cournot'schen Punktes kann ein monopolistischer Unternehmer den Marktpreis für ein von ihm angebotenes Produkt so bestimmen, dass sein Gewinn maximiert wird. Der Cournot'schen (x_C/p_C) liegt auf der Preis-Absatzfunktion p des Monopolisten. Die gewinnmaximale Produktionsmenge $x_{G_{max}}$ bezeichnet man als Cournot'sche Menge x_C, den gewinnmaximalen Preis $p_{G_{max}}$ als Cournot'schen Preis p_C.	Ansatz: $G'(x) = 0$ Die Abszisse (x-Wert) des Hochpunktes der Gewinnkurve ist die Cournot'sche Menge x_C. x_C eingesetzt in die Preis-Absatzfunktion p ergibt den Cournot'schen Preis: $p(x_C) = p_C$
Erlösfunktion	Eine Erlösfunktion ordnet jeder Produktionsmenge x bis maximal zur Kapazitätsgrenze x_{Kap} den dabei entstehenden Erlös E zu. Der Erlös, Umsatzerlös oder Umsatz errechnet sich durch Multiplikation des Stückpreises p mit der Produktionsmenge x: $E = p \cdot x$	$E(x) = p(x) \cdot x$
• **Erlösfunktion bei vollständiger Konkurrenz:** 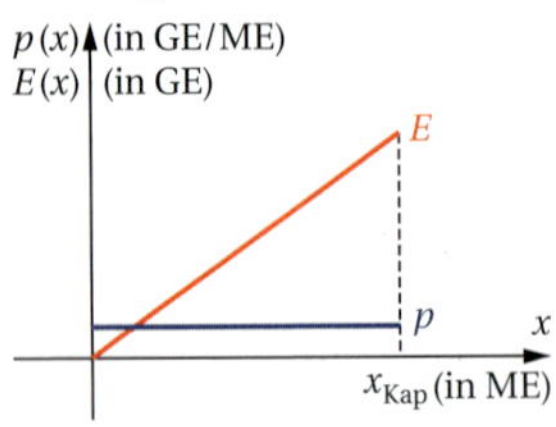 	**Bei vollständiger Konkurrenz** auf dem Markt (**Polypol**) hat der einzelne Anbieter keinen Einfluss auf den Preis. Er kann lediglich die von ihm angebotene Menge variieren (= **Mengenanpasser**). Der Marktpreis p ist für ihn eine Konstante. Der Graph der Erlösfunktion ist dann eine Ursprungsgerade mit positiver Steigung.	**Bei vollständiger Konkurrenz (Polypol):** Preisfunktion: $p(x) = m$ mit $m > 0$ $\Rightarrow$ Erlösfunktion: $E(x) = p(x) \cdot x$ $E(x) = m \cdot x$ mit $m > 0$
• **Erlösfunktion im Angebotsmonopol:** 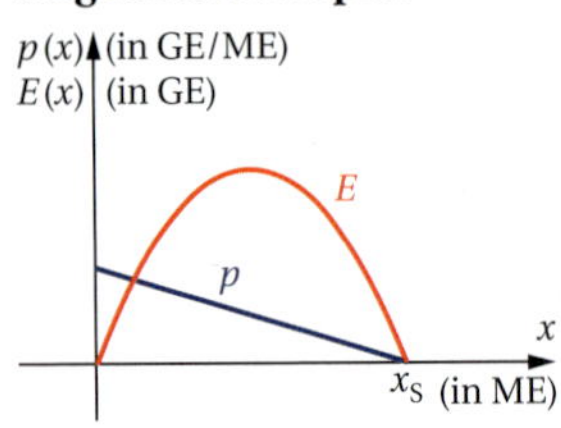 	**Im Angebotsmonopol** kann der Monopolist den Preis für das von ihm angebotene Produkt autonom festlegen. Er muss beachten, dass die Gesamtnachfrage nach einem Gut mit sinkendem Preis steigt und umgekehrt. Da der Monopolist einziger Anbieter für das Produkt auf dem Markt ist, ist die Gesamtnachfragefunktion gleichzeitig seine individuelle Angebotsfunktion (Preis-Absatzfunktion).	**Im Angebotsmonopol:** Preis-Absatzfunktion: $p(x) = mx + b$ mit $m < 0$ und $b > 0$ ist eine Gerade mit negativer Steigung und positivem Ordinatenabschnitt. $\Rightarrow$ Erlösfunktion: $E(x) = p(x) \cdot x$ $\quad = (mx + b) \cdot x$ $E(x) = mx^2 + bx$ mit $m < 0$ und $b > 0$ ist eine nach unten geöffnete Parabel. $D_{ök}(E) = [0; x_S]$ x_S = Sättigungsmenge

Begriff	Ökonomische Erklärung	Mathematischer Hintergrund
Ertragsgesetzliche (s-förmige) Gesamtkostenfunktion	siehe **Gesamtkostenfunktion**	
Fixkostenfunktion 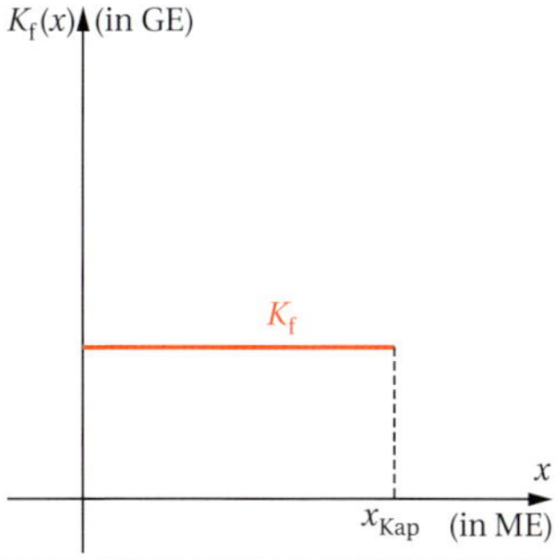 	Die Fixkostenfunktion ordnet jeder Produktionsmenge x die fixen Kosten K_f zu. Fixkosten sind die Kosten, die unabhängig von der Ausbringungsmenge x anfallen, z. B. für Miete, Grundsteuern, Versicherungen etc. Sie sind also für jede Produktionsmenge gleich. Addiert man zu den Fixkosten die variablen Kosten, erhält man die Gesamtkosten.	$K_f(x) = b$ mit $b > 0$ $D_{ök}(K_f) = [0; x_{Kap}]$ Da die Fixkosten K_f auch bei einer Ausbringungsmenge von $x = 0$ anfallen, stellen sie den positiven Ordinatenabschnitt der Gesamtkostenkurve (= Absolutglied der Gesamtkostenfunktion) dar (s. auch Gesamtkostenfunktion). $K_f + K_v(x) = K(x)$
Gesamtkostenfunktion	Eine Funktion, die jeder Produktionsmenge x (Ausbringungsmenge) die dabei entstehenden Gesamtkosten K zuordnet, heißt Gesamtkostenfunktion, häufig einfach Kostenfunktion genannt. Die Gesamtkosten K setzen sich aus variablen Kosten K_v, die von der Produktionsmenge abhängig sind, und fixen Kosten K_f, die von der Produktionsmenge unabhängig sind, zusammen: $K = K_v + K_f$	$K(x) = K_v(x) + K_f$ Der Graph ist im ökonomisch sinnvollen Definitionsbereich streng monoton steigend. Der positive Ordinatenabschnitt (= Absolutglied des Funktionsterms) gibt die Fixkosten an.
• **lineare Gesamtkostenfunktion** 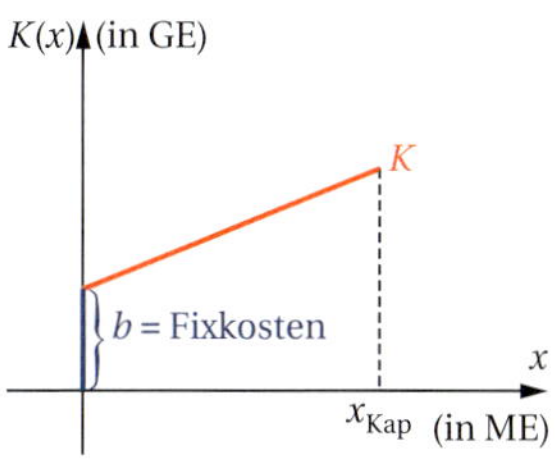 	Die (weitgehend unrealistische) lineare Gesamtkostenfunktion beschreibt den Fall, dass mit steigender Ausbringungsmenge x die Gesamtkosten K proportional steigen. Mit jeder zusätzlichen Produktionsmenge bleibt der Kostenzuwachs immer gleich.	Die lineare Gesamtkostenfunktion hat die Gleichung $K(x) = mx + b$ mit $m > 0$ und $b > 0$. $D_{ök}(K) = [0; x_{Kap}]$ Der Graph ist eine steigende Gerade mit positivem Ordinatenabschnitt (= Fixkosten).
• **ertragsgesetzliche (s-förmige) Gesamtkostenfunktion** 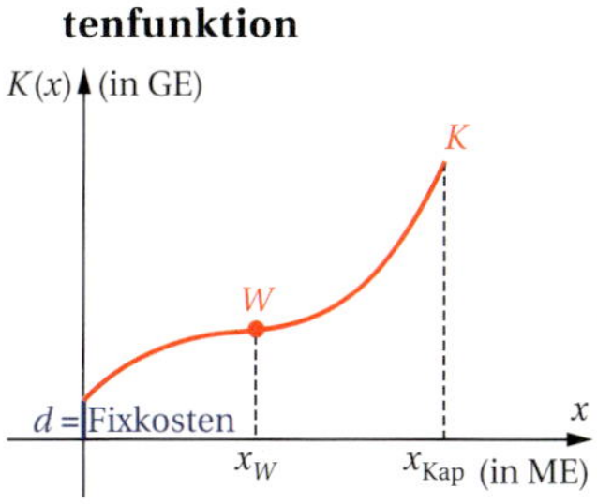 	Die ertragsgesetzliche Gesamtkostenfunktion weist eine größere Realitätsnähe auf, weil die Gesamtkosten K bei einer Ausweitung der Produktionsmenge x zunächst degressiv steigen (Rationalisierungseffekte durch effizienteren Arbeitskräfte-, Maschineneinsatz), später aber progressiv steigen (Überstundenzuschläge, Maschinenverschleiß etc.).	streng monoton steigender Graph mit positivem Ordinatenabschnitt d (d = Fixkosten): $K(x) = ax^3 + bx^2 + cx + d$; $D_{ök}(K) = [0; x_{Kap}]$ Bis zur Wendestelle Rechtskrümmung des Graphen (degressiver Anstieg der Gesamtkosten), danach Linkskrümmung (progressiver Anstieg der Gesamtkosten).

<table>
<tr><th>Begriff</th><th>Ökonomische Erklärung</th><th>Mathematischer Hintergrund</th></tr>
<tr><td>Gewinnfunktion
• lineare Gewinnfunktion:
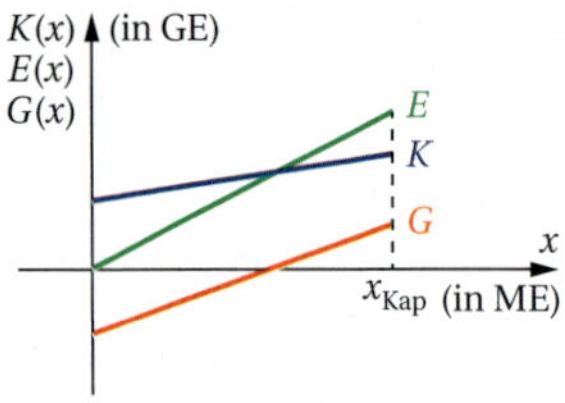
• quadratische Gewinnfunktion
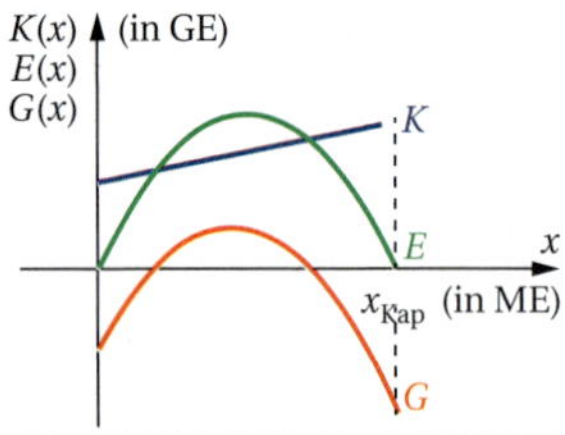</td><td>Eine Funktion, die jeder Produktionsmenge x den dabei erzielbaren Gewinn G zuordnet, heißt Gewinnfunktion G.

Ein Unternehmen erwirtschaftet Gewinn, wenn sein Erlös höher ist als die Kosten:

$G = E - K$</td><td>Die Gewinnfunktion ergibt sich aus der Differenz der Erlös- und der Kostenfunktion:

$G(x) = E(x) - K(x)$;
$D_{ök}(G) = [0; x_{Kap}]$</td></tr>
<tr><td>Gewinngrenze
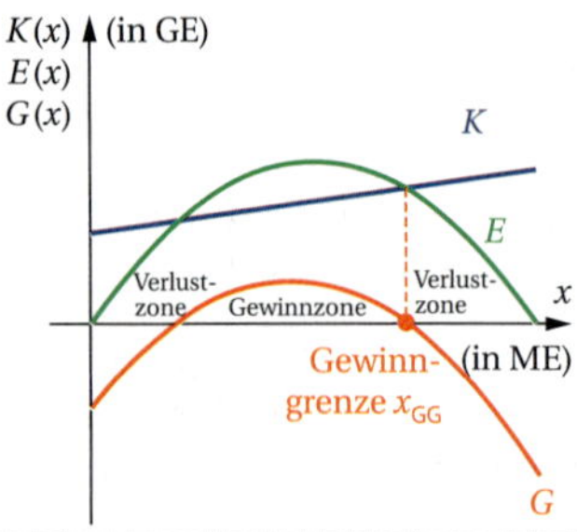</td><td>Die Gewinngrenze x_{GG} ist eine Produktionsmenge, bei der ein Betrieb von der Gewinnzone in die Verlustzone eintritt.</td><td>Ansatz: $G(x) = 0$

Die Gewinngrenze ist die zweite Nullstelle des Graphen der Gewinnfunktion im ökonomisch sinnvollen Definitionsbereich.

Alternativer Ansatz:
$K(x) = E(x)$</td></tr>
<tr><td>Gewinnschwelle
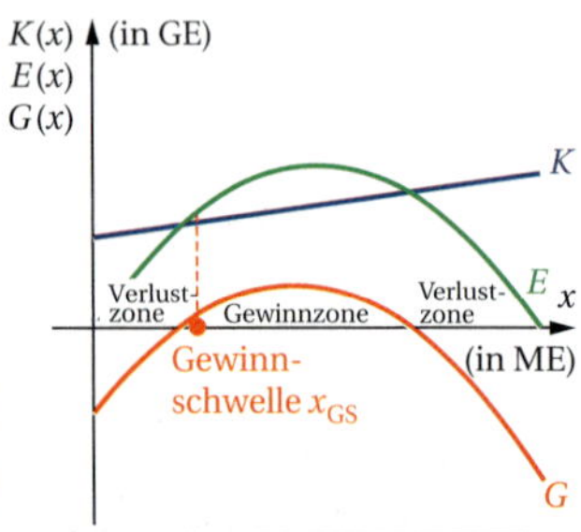</td><td>Die Gewinnschwelle x_{GS}, (Break-even-Point) ist eine Produktionsmenge, bei der ein Betrieb von der Verlustzone in die Gewinnzone eintritt.</td><td>Ansatz: $G(x) = 0$
oder
$K(x) = E(x)$

Die Gewinnschwelle ist die erste Nullstelle des Graphen der Gewinnfunktion im ökonomisch sinnvollen Definitionsbereich.</td></tr>
<tr><td>Gleichgewichtsmenge</td><td colspan="2">siehe Marktgleichgewicht</td></tr>
<tr><td>Gleichgewichtspreis</td><td colspan="2">siehe Marktgleichgewicht</td></tr>
</table>

<table>
<tr><th>Begriff</th><th>Ökonomische Erklärung</th><th>Mathematischer Hintergrund</th></tr>
<tr><td>Grenzkostenfunktion
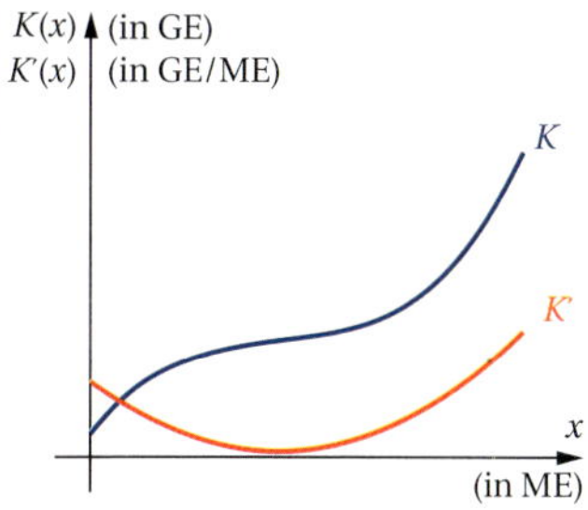</td><td>Grenzkosten $K'(x)$ sind die Kosten, die durch eine beliebig kleine Veränderung der Produktionsmenge entstehen. Sie geben die momentane Änderungsrate der Gesamtkosten in GE/ME an.</td><td>Die Grenzkostenfunktion $K'(x)$ ist die 1. Ableitungsfunktion der Gesamtkostenfunktion.

Grafisch dargestellt werden die Grenzkosten in einem Punkt als Steigung des Graphen der Gesamtkostenfunktion (Tangente an den Graphen der Gesamtkostenfunktion an diesen Punkt).</td></tr>
<tr><td>Höchstpreis
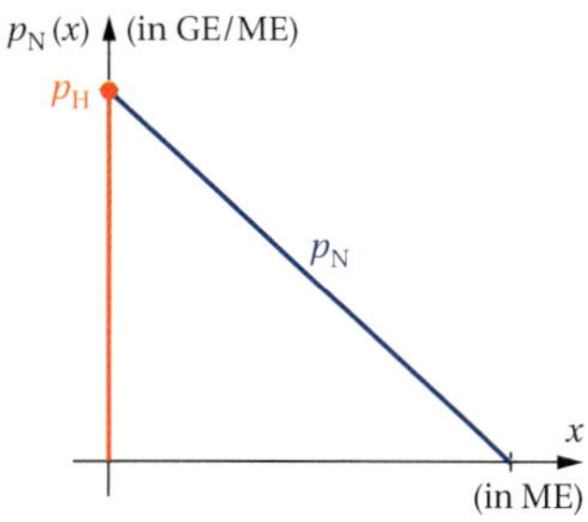</td><td>Der Höchstpreis p_H eines Produktes ist der Preis, bei dem die Nachfrage nach diesem Produkt erlischt.</td><td>Der Höchstpreis ist der Funktionswert der gesamtwirtschaftlichen Nachfragefunktion $p_N(x)$ an der Stelle $x = 0$.

Ansatz: $p_N(0)$</td></tr>
<tr><td>Konsumfunktion
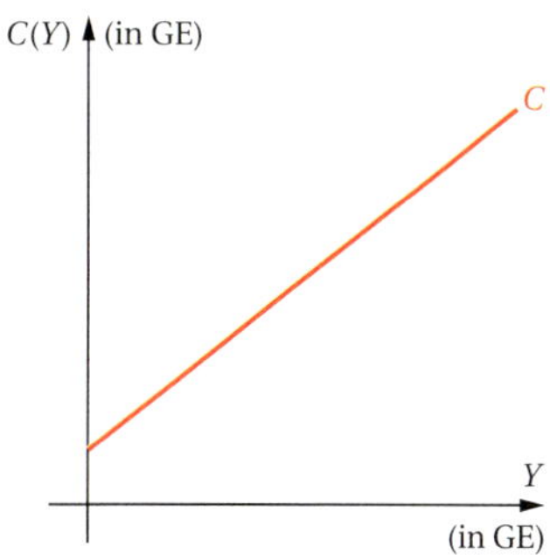</td><td>Die Konsumfunktion zeigt die Abhängigkeit der Konsumausgaben C vom Einkommen Y. Volkswirtschaftlich steht der Begriff Konsum für den Kauf von Gütern für den privaten Ge- oder Verbrauch durch Konsumenten. Konsum ist der Teil, der nach dem Sparen vom Einkommen übrig bleibt:
Konsum = Einkommen
– Sparbetrag</td><td>$C(Y) = mY + b$

Dabei ist b der autonome Konsum, also die Konsumausgaben, die auch ohne Einkommen entstehen. Die Konsumquote m ist der Anteil am Einkommen, der für den Konsum ausgegeben wird.</td></tr>
<tr><td>Marktpreis</td><td colspan="2">Der Marktpreis ist der auf einem Markt gültige Preis für eine ME eines Gutes in GE/ME.
Im Monopol kann der Anbieter den Marktpreis für das von ihm angebotene Gut festlegen.
Im Polypol hat der Anbieter keinen Einfluss auf den Marktpreis, er muss ihn als gegeben hinnehmen (Mengenanpasser).</td></tr>
<tr><td>Marktgleichgewicht
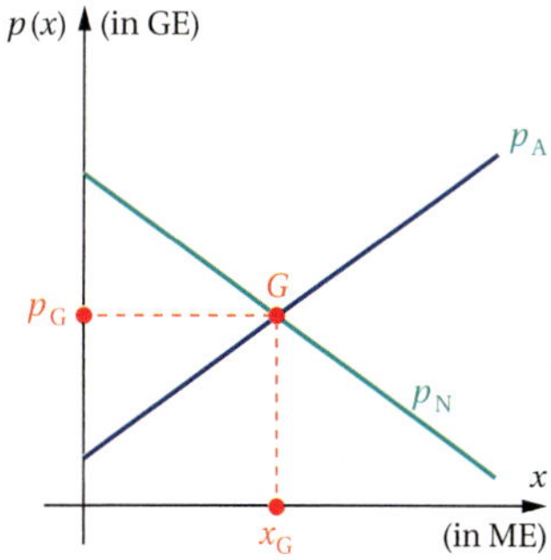</td><td>Marktgleichgewicht G nennt man die Situation auf dem Markt, in der die angebotene Menge eines Gutes gleich der nachgefragten Menge ist. Diese Menge wird als Gleichgewichtsmenge x_G bezeichnet. Der Preis, der zum Marktgleichgewicht führt, wird Gleichgewichtspreis p_G bezeichnet.</td><td>Die Koordinaten des Schnittpunktes $G(x_G/p_G)$ der Angebotskurve mit der Nachfragekurve geben die Gleichgewichtsmenge x_G und den Gleichgewichtspreis p_G an.

Ansatz zur Berechnung von x_G: $p_A(x) = p_N(x)$
Ansatz zur Berechnung von p_G: $p_G = p_A(x_G) = p_N(x_G)$</td></tr>
</table>

<table>
<tr><th>Begriff</th><th>Ökonomische Erklärung</th><th>Mathematischer Hintergrund</th></tr>
<tr><td>Nachfragefunktion
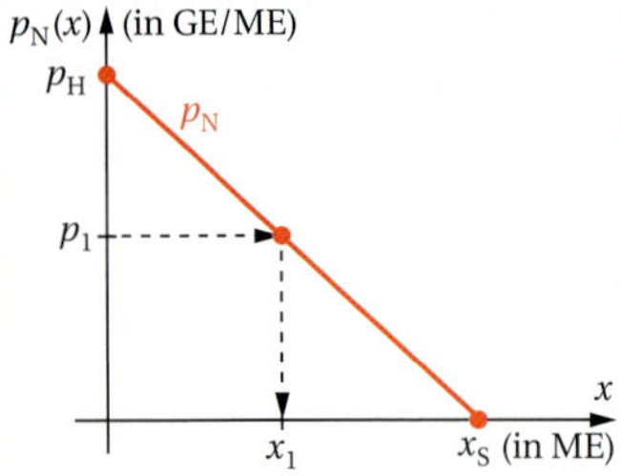
</td><td>Eine Nachfragefunktion $p_N(x)$ beschreibt die gesamtwirtschaftlich nachgefragte Menge x eines Gutes in Abhängigkeit vom Marktpreis p.
Erst bei Unterschreitung des Höchstpreises p_H fragen die Konsumenten das Produkt nach. Bei sinkendem Marktpreis nimmt die Nachfrage nach dem Gut zu. Der theoretisch niedrigste Preis $p = 0$ führt zu der maximal nachgefragten Menge, der Sättigungsmenge x_S.</td><td>streng monoton fallender Graph mit positivem Ordinatenabschnitt, dem Höchstpreis p_H, und positiver Nullstelle, der Sättigungsmenge x_S.

Die unabhängige Variable p ist unüblicherweise auf der Ordinatenachse abgetragen, die abhängige Variable x dann auf der Abszissenachse.

Beispiel für eine lineare Nachfragefunktion: $p_N(x) = -x + 7$</td></tr>
<tr><td>Marktungleichgewicht
• Angebotsüberschuss:
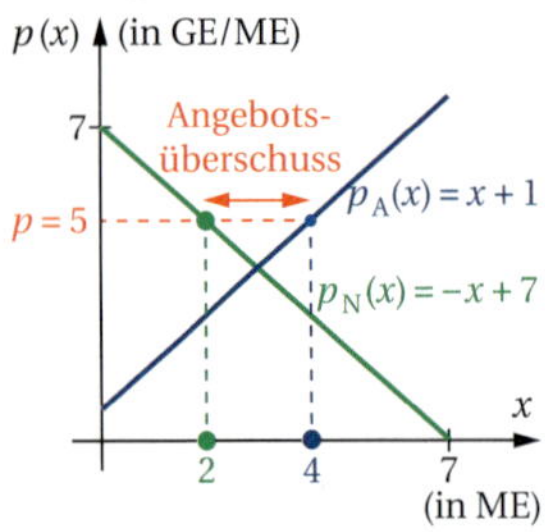

• Nachfrageüberschuss:
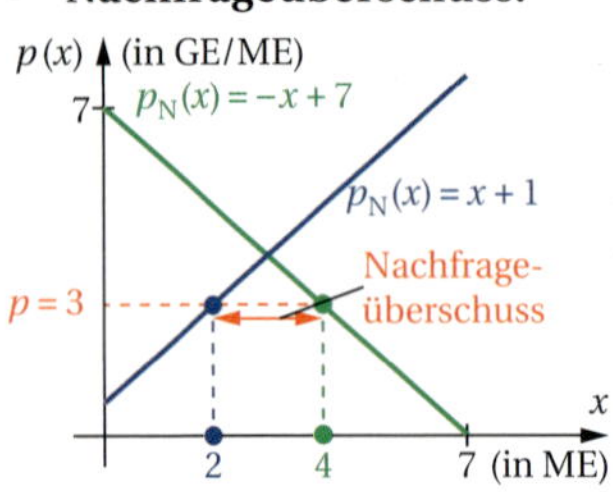
</td><td>Im Marktungleichgewicht führt ein festgelegter Marktpreis, der nicht dem Gleichgewichtspreis entspricht, zu einer Differenz zwischen der angebotenen und der nachgefragten Menge. Dementsprechend gibt es einen Angebots- oder Nachfrageüberschuss.</td><td>Beispiel: Marktpreis: $p = 5$
$\Rightarrow$ Angebotsüberschuss
Berechnung:
$p_N(x) = 5 \Leftrightarrow 5 = -x + 7$
$\Leftrightarrow x_N$ 5 2
$p_A(x) = 5 \Leftrightarrow 5 = x + 1$
$\Leftrightarrow x_A = 4$
Angebotsüberschuss:
$x_A - x_N = 4 - 2 = 2$

Marktpreis: $p = 3$
$\Rightarrow$ Nachfrageüberschuss
Berechnung:
$p_N(x) = 3 \Leftrightarrow 3 = -x - 7$
$\Leftrightarrow x_N = 4$
$p_A(x) = 3 \Leftrightarrow 3 = x + 1$
$\Leftrightarrow x_A = 2$
Nachfrageüberschuss:
$x_N - x_A = 4 - 2 = 2$</td></tr>
<tr><td>Nachfrageüberschuss</td><td colspan="2">Auf dem Markt ist die Nachfrage größer als das Angebot; siehe Marktungleichgewicht</td></tr>
<tr><td>Polypol</td><td colspan="2">Der Begriff Polypol bezeichnet eine Marktform, bei der eine Vielzahl von Anbietern einer Vielzahl von Nachfragern gegenübersteht. Dadurch hat ein polypolistischer Anbieter keinen Einfluss auf den Marktpreis, er muss diesen als gegeben hinnehmen, er kann nur die von ihm angebotene Menge variieren (= Mengenanpasser).</td></tr>
<tr><td>Preis-Absatzfunktion</td><td colspan="2">Die Preis-Absatzfunktion eines Monopolisten zeigt, welche Mengen eines Gutes er zu unterschiedlichen Preisen absetzen kann. Da er einziger Anbieter für das Gut ist, wird er nur so viel anbieten, wie auch nachgefragt wird. Damit ist im Monopol die Preis-Absatzfunktion gleichzeitig die individuelle Angebotsfunktion der Monopolisten und identisch mit der gesamtwirtschaftlichen Nachfragefunktion p_N (s. o.).

Im Polypol ist der einzelne Anbieter Mengenanpasser. Seine Preis-Absatzfunktion ist eine Parallele zur Abzissenachse (s. Erlösfunktion bei vollständiger Konkurrenz).</td></tr>
</table>

Begriff	Ökonomische Erklärung	Mathematischer Hintergrund
Produktionsfunktion 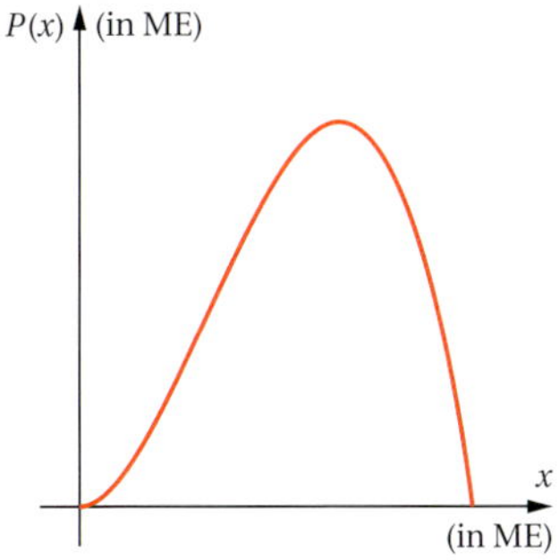 	Eine Produktionsfunktion beschreibt die Beziehung zwischen der Einsatzmenge x eines Produktionsfaktors und der sich daraus ergebenden Produktionsmenge $P(x)$.	
Sättigungsmenge 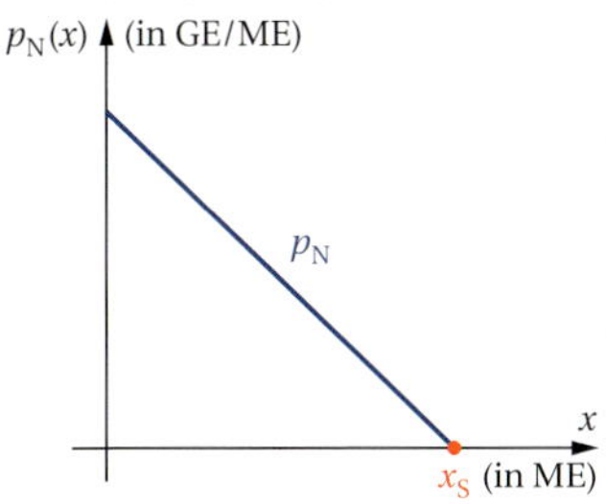 	Die Sättigungsmenge x_S beschreibt die gesamtwirtschaftlich nachgefragte Menge, die (theoretisch) bei einem Preis von $p = 0$ nachgefragt werden würde. Sie gibt die maximale Nachfragemenge an.	Nullstelle der Nachfragefunktion Ansatz: $p_N(x) = 0$
s-förmige (ertragsgesetzliche) Gesamtkostenfunktion	siehe **Gesamtkostenfunktion**	
Umsatzfunktion	siehe **Erlösfunktion**	
Variable Kosten • **linearer Verlauf** 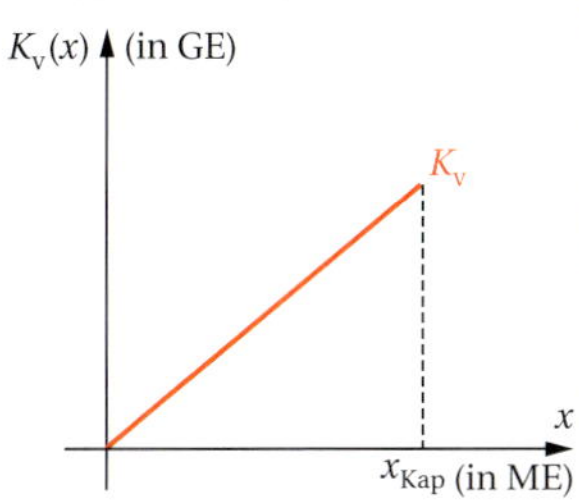 • **s-förmiger (ertragsgesetzlicher) Verlauf** 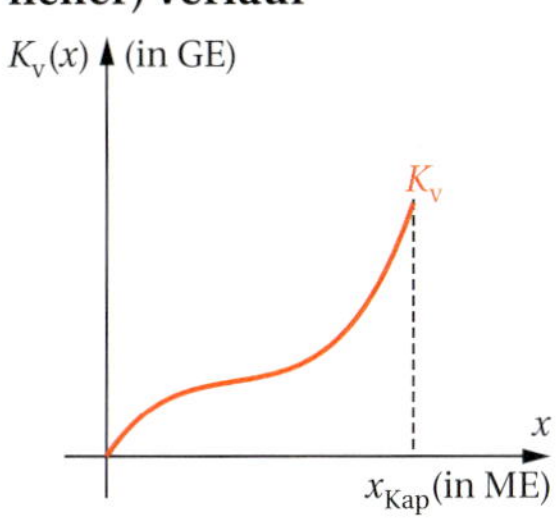 	Die variablen Kosten K_v sind die Kosten, die von der Produktionsmenge x eines Produktes abhängen. Sie ergeben zusammen mit den Fixkosten K_f die Gesamtkosten K.	$K_v(x) = K(x) - K_f$ bei linearem Verlauf: $K_v(x) = mx$ mit $m > 0$; $D_{ök}\ (K_v) = [0; x_{Kap}]$ bei s-förmigen Verlauf: $K_v(x) = ax^3 + bx^2 + cx$; $D_{ök}(K_v) = [0; x_{Kap}]$ streng monoton steigender Graph, beginnend im Ursprung bis zur Kapazitätsgrenze des Betriebes

Anhang CAS-Funktionen

Die wichtigsten Funktionen des CAS-Taschenrechners TI-Nspire CX II-T CAS für die beschreibende Statistik und das Sachgebiet Analysis

Andere Computer-Algebra-Systeme (CAS) haben ähnliche Menüs und Funktionen.

In der Anleitung sind die angegebenen Tasten des Taschenrechners rechteckig gerahmt, z. B. menu.

Die Zweitbelegungen der Tasten sind in eckige Klammern gesetzt, z. B. [+page].

0 Öffnen von Applikationen

Für die Arbeit mit diesem Buch sind nur drei Applikationen des Taschenrechners TI-nspire CX II CAS notwendig:

1. Lists & Spreadsheet
2. Graphs
3. Calculator

Es gibt jeweils mehrere Möglichkeiten, diese Applikationen zu öffnen:

- **Lists & Spreadsheet** (Listen und Tabellen) kann im Startbildschirm wie in den **Abbildungen 1 und 2** mit 1 Neues und dann 4: Lists & Spreadsheet hinzufügen, oder einfacher wie in **Abbildung 3**, mit dem größer hervorgehobenen Spreadsheet-Symbol  **geöffnet werden.**

Abb. 1

Abb. 2

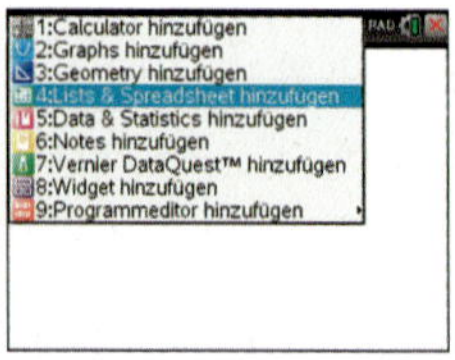

Abb. 3

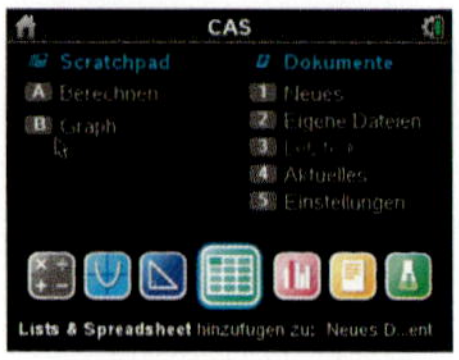

- **Graphs** (Grafik) kann im Startbildschirm wie in den **Abbildungen 4 und 5** mit
  1 Neues und dann 2: Graphs hinzufügen,
  oder wie in **Abbildung 6** mit B Graph,
  oder einfacher wie in **Abbildung 7** mit dem größer hervorgehobenen Graph-Symbol geöffnet werden.

Abb. 4

Abb. 5

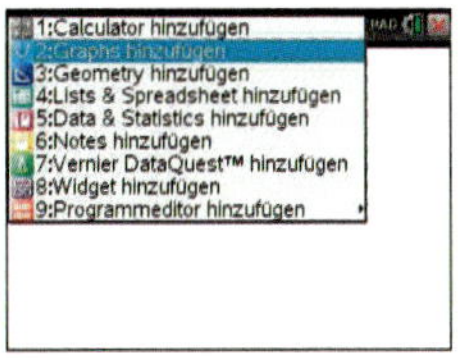

Abb. 6

Abb. 7

- **Calculator** (Rechner) kann im Startbildschirm wie in den **Abbildungen 8 und 9** mit
  1 Neues und dann 2: Calculator hinzufügen,
  oder wie in **Abbildung 10** mit A Berechnen,
  oder einfacher wie in **Abbildung 11** mit dem größer hervorgehobenen Calculator-Symbol geöffnet werden.

Abb. 8

Abb. 9

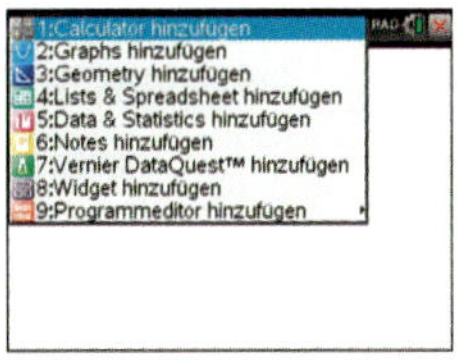

Abb. 10

Abb. 11

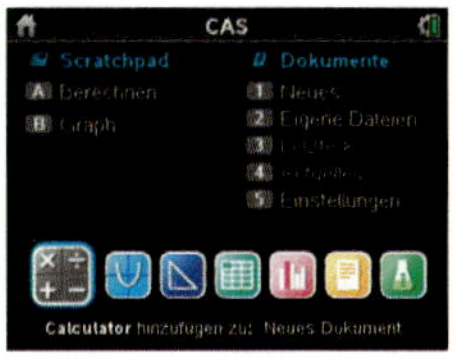

Außerdem können mit der Scratchpad-Taste links neben dem Mousepad Rechnungen durchgeführt und Graphen gezeichnet werden.

1 Säulendiagramm erstellen

Abb. 1: Im Startbildschirm die Applikation Lists & Spreadsheet öffnen.
In die Tabelle in der 1. Spalte die Noten und in die 2. Spalte die (relativen) Häufigkeiten eingeben. In den Spaltenköpfen Namen für die Spalten vergeben, z. B. x und h.

Abb. 2–4: Mit menu, 3: Daten, 8: Ergebnisdiagramm, eine neue Seite für das Diagramm öffnen und die Eingaben entsprechend der Abb. 3 vornehmen.

Abb. 1

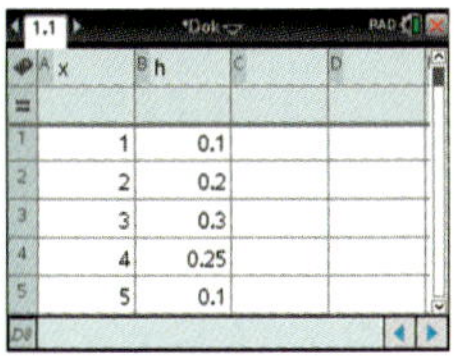

Abb. 2

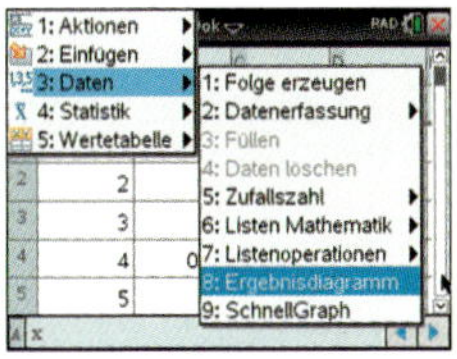

Abb. 3

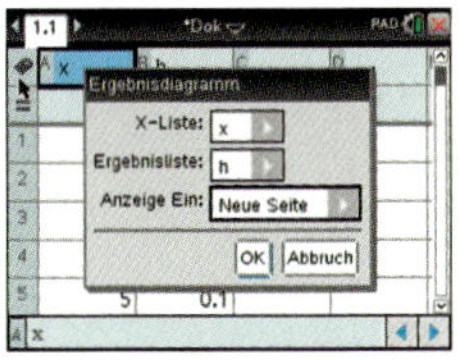

Abb. 4

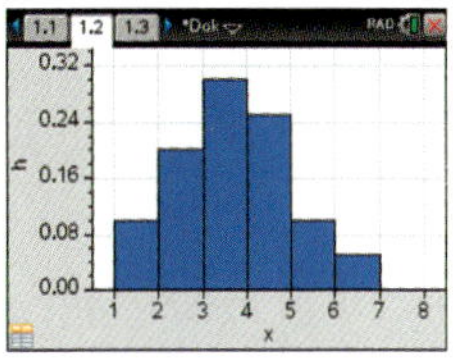

Das in **Abb. 4** dargestellte Säulendiagramm kann noch verbessert werden, wenn die Säulen direkt über den x-Werten stehen; dazu mit ctrl, wie in den **Abb. 5–8** vorgehen.

Abb. 5

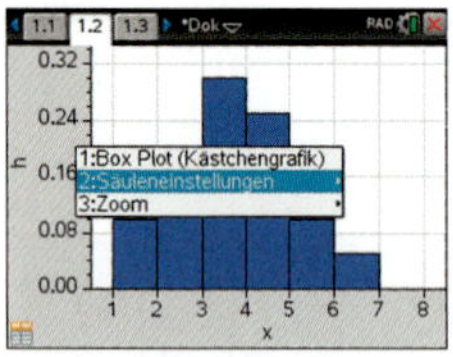

Abb. 6

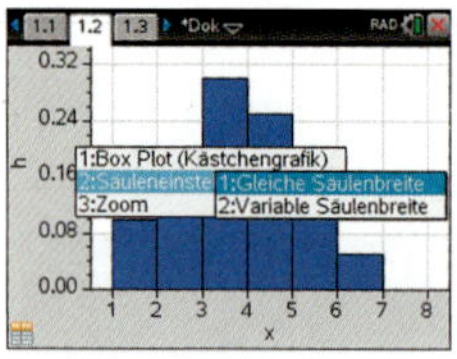

Abb. 7

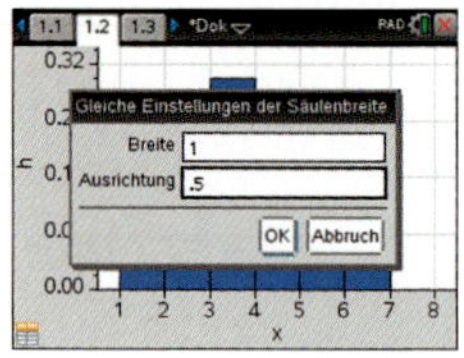

Abb. 8

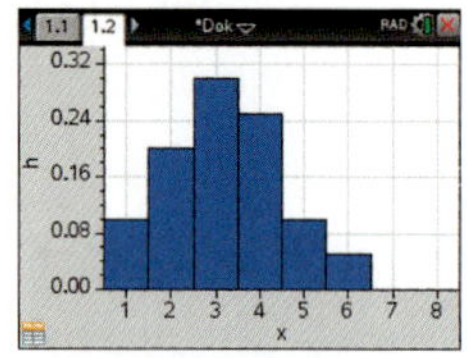

2 Kennzahlen (Lagemaße und Streumaße)

Abb. 1: Im Startbildschirm die Applikation Lists & Spreadsheet öffnen. In die Tabelle in der 1. Spalte die Noten und in die 2. Spalte die (relativen) Häufigkeiten eingeben. In den Spaltenköpfen können Namen für die Spalten vergeben werden, z. B. x und h.

Abb. 2–4: Im menu, 4: Statistik, 1: Statistische Berechnungen, 1: Statistik mit einer Variable…, wählen.

Abb. 1

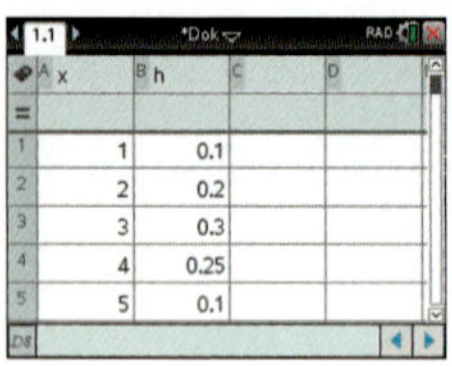

Abb. 2

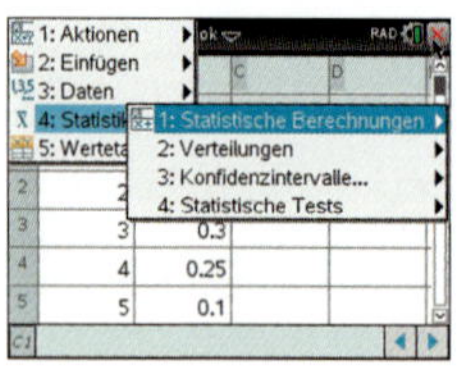

Abb. 3

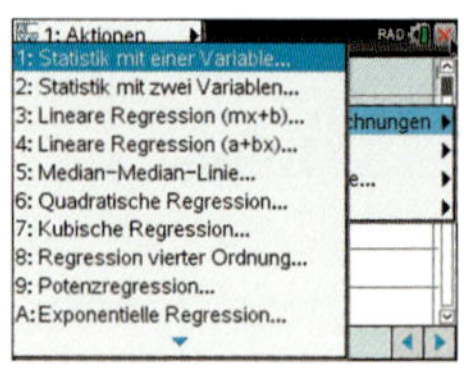

Abb. 4

Abb. 5: Die x1-Liste, die Häufigkeitsliste und die 1. Ergebnisspalte wie in Abb. 5 ausfüllen.

Abb. 6–8: Nach Bestätigung mit OK werden dann diverse statistische Kennzahlen angezeigt, die in den Abbildungen dargestellt sind.
Uns interessiert nur das arithmetische Mittel $\overline{x} = 3{,}2$ in der 2. Zeile und der Median $x_{\text{Med}} = 3$ in der 10. Zeile. Der Median wird bei diesem Taschenrechner als MedianX… angegeben.

Abb. 5

Abb. 6

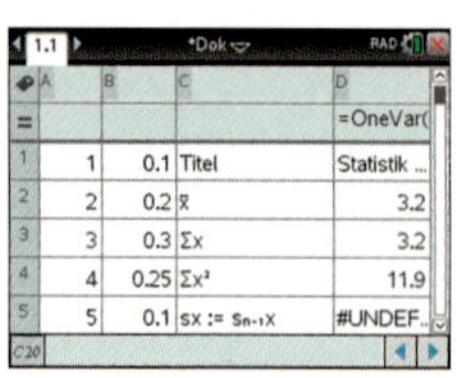

Abb. 7

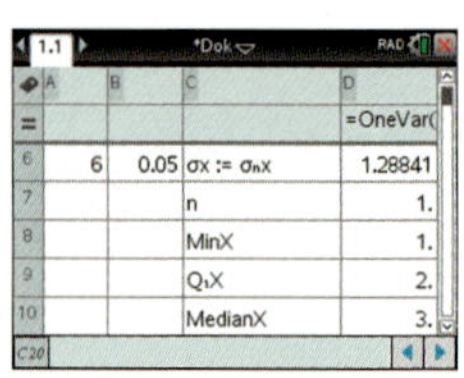

Abb. 8

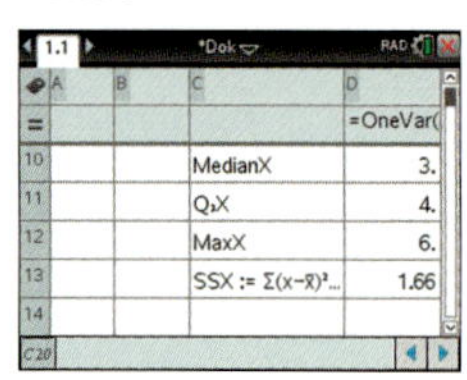

Weitere Kennzahlen, die der Taschenrechner ermittelt:

Zeile 2:	$\bar{x}$	arithmetisches Mittel (Mittelwert)
Zeile 3:	Σx	Summe aller x-Werte (Merkmalsausprägungen)
Zeile 4:	Σx²	Summe aller quadrierten x-Werte (Merkmalsausprägungen)
Zeile 5:	sx := s_{n-1}x	Standardabweichung der Stichprobe (n-1)
Zeile 6:	σx := $σ_n$x	Standardabweichung der Gesamtheit (n)
Zeile 7:	n	Stichprobenumfang (Anzahl der Werte)
Zeile 8:	MinX	kleinste Merkmalsausprägung
Zeile 9:	Q_1X	1. Quartil
Zeile 10:	MedianX	Median
Zeile 11:	Q_3X	3. Quartil
Zeile 12:	MaxX	größte Merkmalsausprägung
Zeile 13:	SSX := Σ(x−$\bar{x}$)²...	Summe der Abweichungsquadrate vom arithmetischen Mittel

3 Graph einer Funktion und Wertetabelle

Abb. 1 und 2: Die Applikation Graphs im Startbildschirm zu öffnen. Im Graph-Fenster oben für $f1(x)$ = den Funktionsterm eingeben. Mit [enter] wird dann der Graph gezeichnet.

Abb. 1

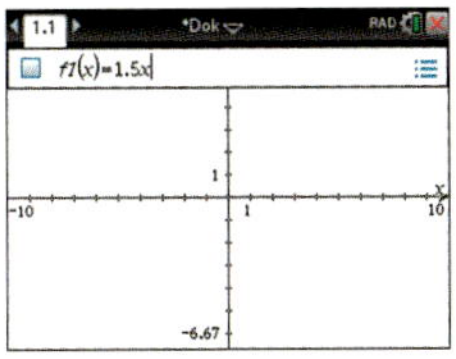

Abb. 2

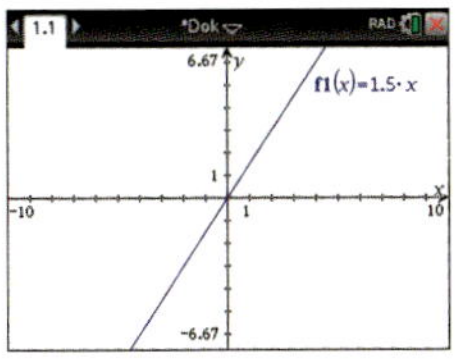

Abb. 3–5: Mit [menu], 4: Fenster/Zoom, 1: Fenstereinstellungen, können gegebenenfalls die Minimal- und Maximalwerte an den Achsen und die Skalierung der Achsen eingestellt werden.

Abb. 3

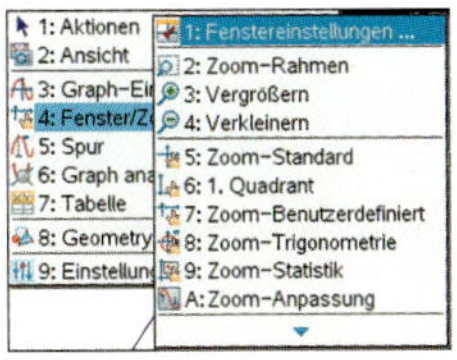

Abb. 4

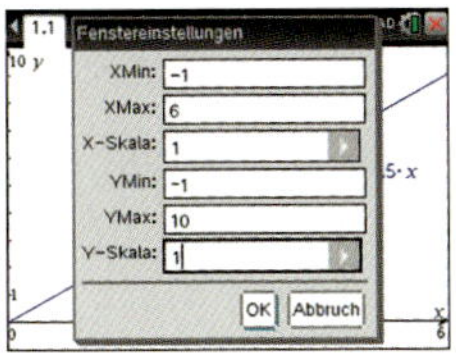

Abb. 5

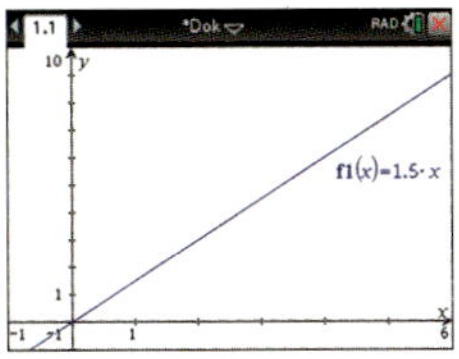

Abb. 6–8: Mit menu, 7: Tabelle, 1: Tabelle mit geteiltem Bildschirm, wird die Wertetabelle eingeblendet.

Abb. 6

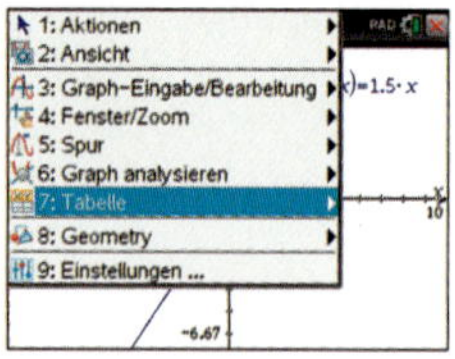

Abb. 7

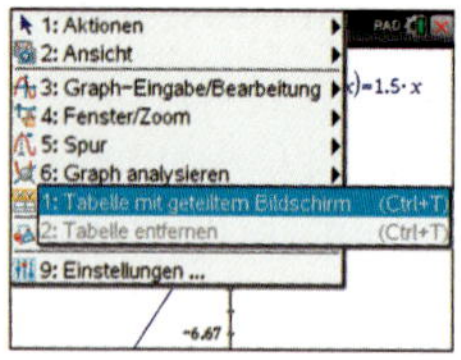

Abb. 8

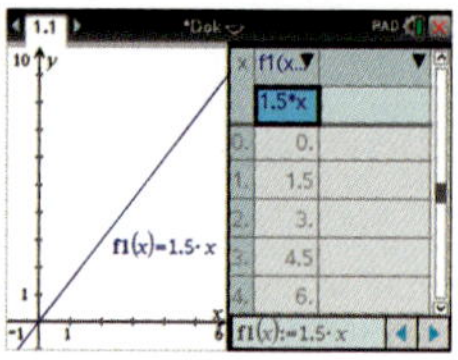

4 Funktionswert für eine Stelle *x*

Variante 1

Abb. 1–3: In der Graph-Applikation die Funktionsgleichung eingeben, den Graph zeichnen lassen und mit menu, 7: Tabelle, 1: Tabelle mit geteiltem Bildschirm, eine Wertetabelle erstellen und den gesuchten Funktionswert ablesen.

Abb. 4: Der Tabellenanfang und die Schrittweite in der Wertetabelle kann mit menu, 2: Wertetabelle, 5: Funktionseinstellungen bearbeiten, verändert werden.

Abb. 1

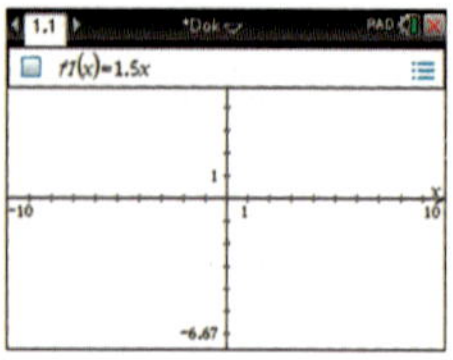

Abb. 2

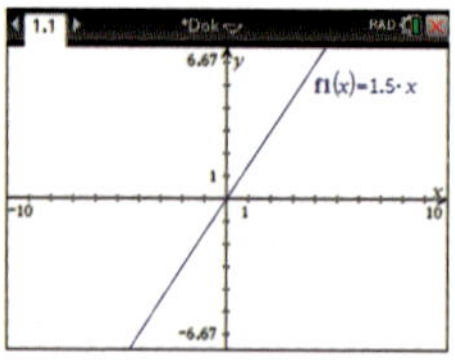

Abb. 3

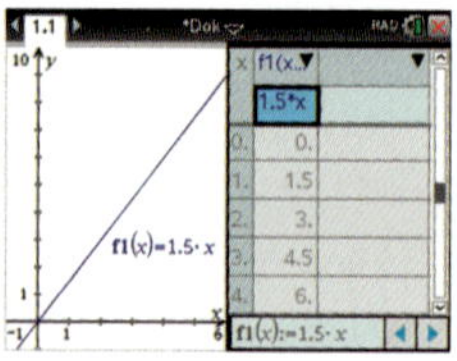

Abb. 4

Variante 2

Abb. 5 und 6: Mit der Graph-Applikation wird der Graph gezeichnet.

Abb. 7: Mit menu, 5: Spur, 1: Grafikspur, und den Pfeiltasten den Punkt auf der Grafik bewegen. Gegebenenfalls mit menu, 5: Spur, 3: Spureinstellungen, die Schrittweite der Spur verändern.

Abb. 5

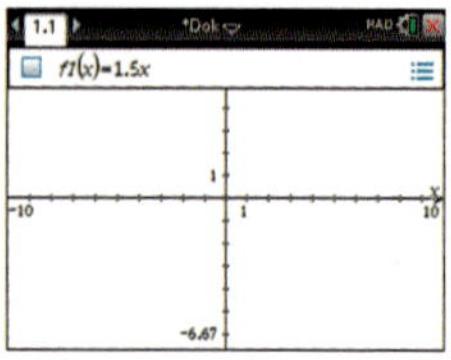

Abb. 6

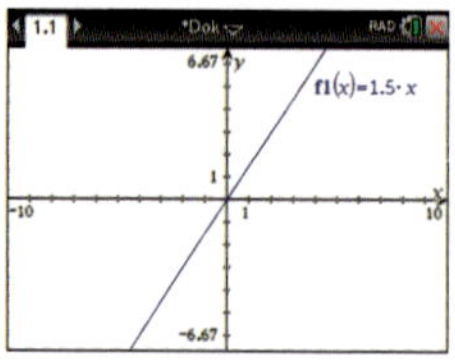

Abb. 7

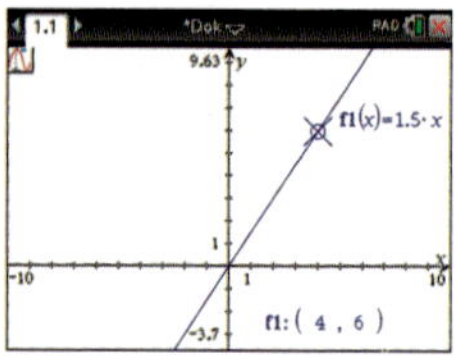

Variante 3

Abb. 8: In der Calculator-Applikation die Funktion mit [ctrl], [:=] definieren und dann $f(4)$ berechnen.

Abb. 8

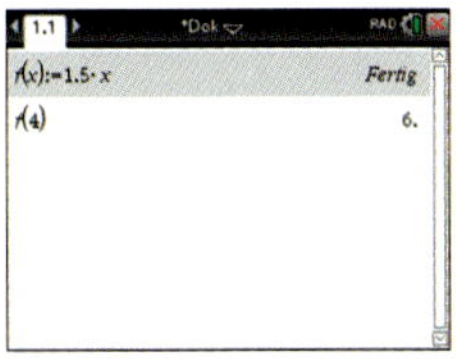

Variante 3 ist sicherlich der einfachste Lösungsweg.

5 Regression: Bestimmung einer Funktionsgleichung (Näherungsgleichung) aus vorgegebenen Punkten

Abb. 1: Im Startbildschirm die Applikation Lists & Spreadsheet öffnen. Die x-Werte der vorgegebenen Punkte in die 1. Spalte der Tabelle eingeben, die y-Werte in die 2. Spalte. Die entsprechenden Tabellenköpfe A und B mit x und y bezeichnen.

Abb. 2: Mit [menu], 4: Statistik, 1: Statistische Berechnungen, 3: Lineare Regression (m x + b), wird die lineare Regression durchgeführt.
Das Ergebnis ist $m = 0{,}25$ und $b = 1{,}5$, also lautet die Gleichung der Regressionsgeraden:

$$\underline{\underline{f(x) = 0{,}25x + 1{,}5}}$$

Das ebenfalls aufgeführte **Bestimmtheitsmaß** r^2 gibt die Qualität einer Regression an. Für $r^2 = 1$ verläuft die Regressionsgerade genau durch die vorgegebenen Punkte.

Abb. 3–4: Zur korrekten grafischen Darstellung der vorgegebenen Punkten wird eine neue Seite (Dokument 1.2) mit [ctrl], [+page], 5: Data & Statistics, geöffnet.
Für eine korrekte Darstellung der Punkte müssen am unteren und am linken Rand der neu geöffneten Seite die Achsen entsprechend der Tabelle (s. Tabellenköpfe im Dokument 1.1) bezeichnet werden, hier mit x und y.

Abb. 1

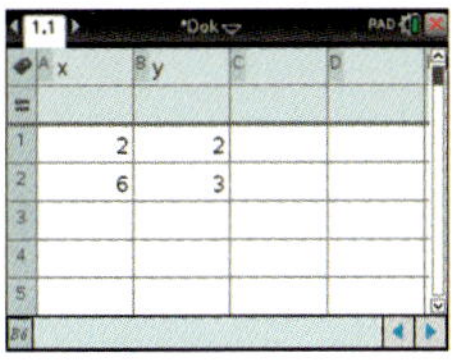

Abb. 2

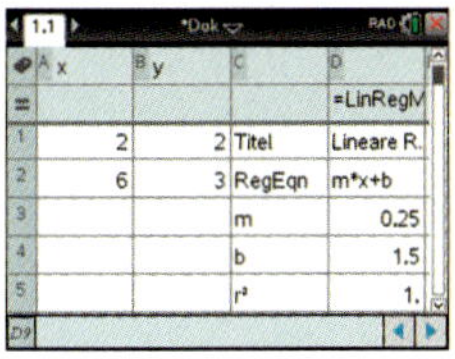

Abb. 3

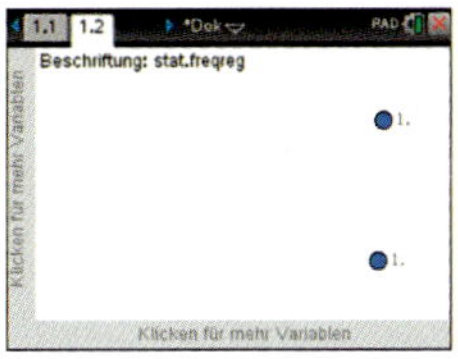

Abb. 4

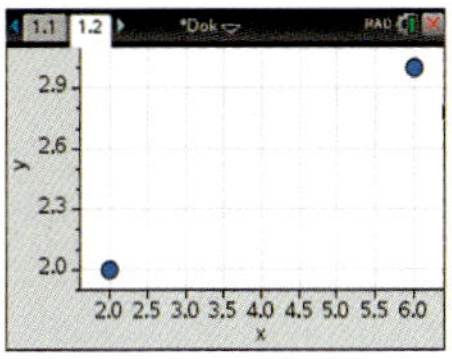

Abb. 5: Mit [menu], 4: Analysieren, 6: Regression, 1: Lineare Regression anzeigen, wird der gesuchte Graph gezeichnet.

Abb. 5

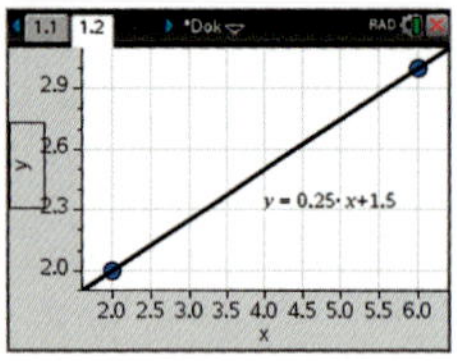

Mögliche Regressionen mit diesem Taschenrechner, die in dieser Reihe verwendet werden:

- lineare Regression
- quadratische Regression
- kubische Regression
- Potenzregression
- exponentielle Regression
- logarithmische Regression
- sinusförmige Regression
- logistische Regression

Die Qualität einer Regression kann mit dem **Bestimmtheitsmaß** r^2 oder mit dem **Korrelationsquotienten** $r = \sqrt{r^2}$ bestimmt werden.

6 Schnittpunkte zweier Graphen

Rechnerische Lösung

Abb. 1: Im Startbildschirm die Applikation Calculator öffnen. Im Calculator-Bildschirm werden dann die Funktionsgleichungen eingegeben. Es können dabei beliebige Variablen wie $e(x)$, $k(x)$ verwendet werden. Wichtig ist, dass bei der Eingabe nicht das Gleichheitszeichen, sondern mit [ctrl], [:=] das Definitionszeichen := (Zweitbelegung der Vorlagenpalette-Taste rechts neben der [9]) verwendet wird.

Abb. 2: Mit [menu], 3: Algebra, 8: Polynomwerkzeuge, 3: Reelle Polynomwurzeln, wird in der 3. Zeile der **polyRoots-Befehl** aufgerufen. Hier muss wie in der Abbildung die Variable mit Komma hinter der Differenz eingegeben werden. Das Ergebnis 500 ist der x-Wert des gesuchten Schnittpunktes.

In der 4. Zeile wird der Funktionswert des Schnittpunktes bestimmt, indem der berechnete x-Wert 500 in eine der beiden Ausgangsfunktionen eingesetzt wird, z. B. $e(x)$.

Ergebnis:

Schnittpunkt $\underline{\underline{S(500/45000)}}$

Abb. 3: Alternativ zum PolyRoots-Befehl können auch der

- **zeros-Befehl** mit [menu], 3: Algebra, 1: Löse, oder der
- **solve-Befehl** mit [menu], 3: Algebra, 4: Nullstellen

verwendet werden.

Beim solve-Befehl muss eine Gleichung eingegeben werden.
Tipp: Alle Lösungsbefehle können auch direkt über die Buchstabentastatur eingegeben werden.

Abb. 1

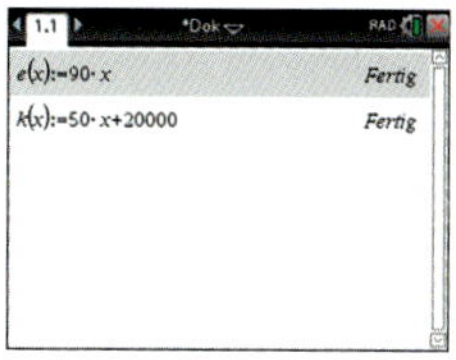

Abb. 2

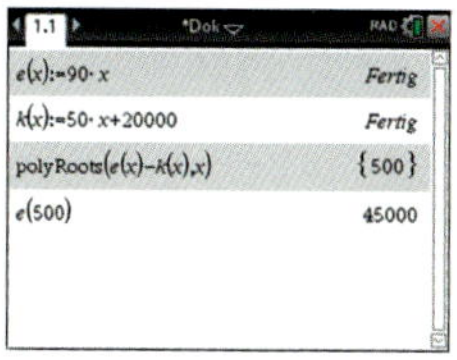

Abb. 3

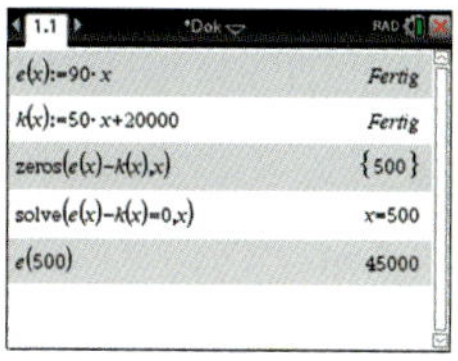

Grafische Lösung

Abb. 4 und 5: Mit [ctrl], [+page], 2: Graphs hinzufügen, zusätzlich ein Grafikfenster öffnen und dann in der Eingabezeile angeben, dass $f1(x) = e(x)$ und $f2(x) = k(x)$ aus dem Calculator-Fenster sein soll. Die Eingabezeile kann entweder durch [tab] oder durch Doppelklick im Grafikfenster erneut aufgerufen werden.

Abb. 6 und 7: Für eine vernünftige Darstellung der Graphen müssen die Fenstereinstellungen mit [menu], 4: Fenster/Zoom, 1: Fenstereinstellungen, angepasst werden.

Abb. 4

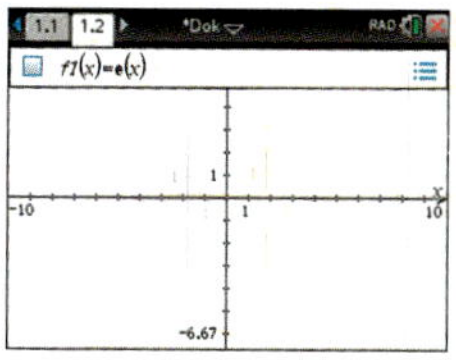

Abb. 5

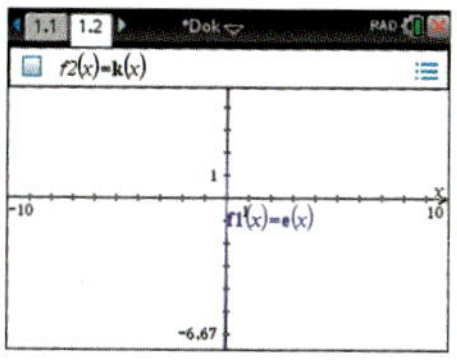

Abb. 6

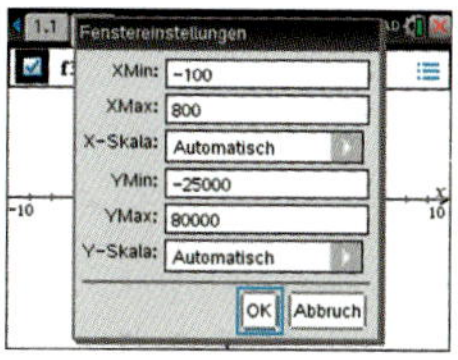

Abb. 7

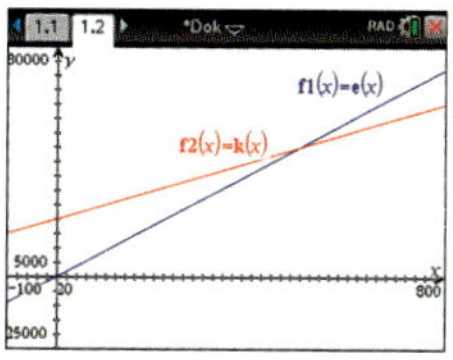

Abb. 8–10: Mit [menu], 6: Graph analysieren, 4: Schnittpunkt, kann der Schnittpunkt der Geraden bestimmt werden. Dazu muss zuerst die untere und dann die obere Grenze des Suchbereichs festgelegt werden.

Abb. 8

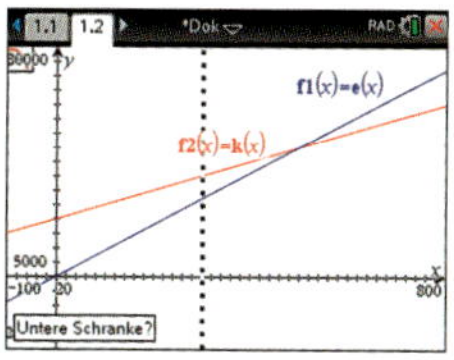

Abb. 9

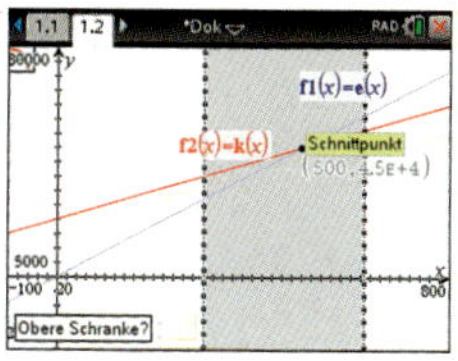

Abb. 10

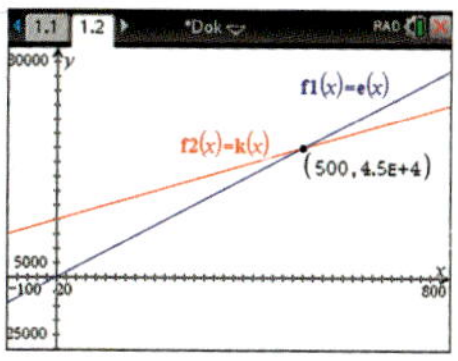

7 Nullstellen

Rechnerische Lösung

Abb. 1: In der Calculator-Applikation wird die Funktionsgleichung definiert, für die wir die Nullstelle(n) suchen. In unserem Beispiel wird der Einfachheit halber und zur Vermeidung von Rechenfehlern $g(x)$ in der 3. Zeile mit ctrl, [:=] als Differenz aus der schon zuvor eingegebenen Erlösfunktion $e(x)$ in der 1. Zeile und der Kostenfunktion $k(x)$ in der 2. Zeile definiert.

Abb. 2: Zur rechnerischen Bestimmung der Nullstelle(n) gibt es drei Möglichkeiten:

- mit dem **polyRoots-Befehl**: menu, 3: Algebra, 8: Polynomwerkzeuge, 2: Reelle Polynomwurzeln
- mit dem **zeros-Befehl**: menu, 3: Algebra, 4: Nullstellen
- mit dem **solve-Befehl**: menu, 3: Algebra, 1: Löse. Beim solve-Befehl muss eine Gleichung eingegeben werden.

Alle Befehle können auch direkt über die Buchstabentastatur eingegeben werden.

Abb. 1

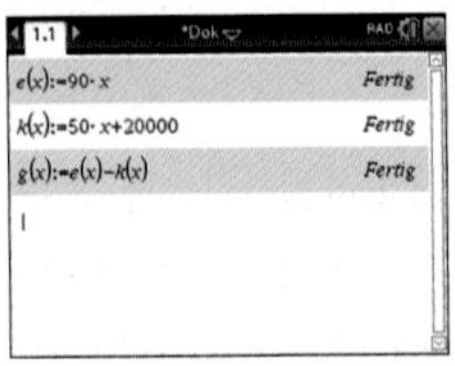

Abb. 2

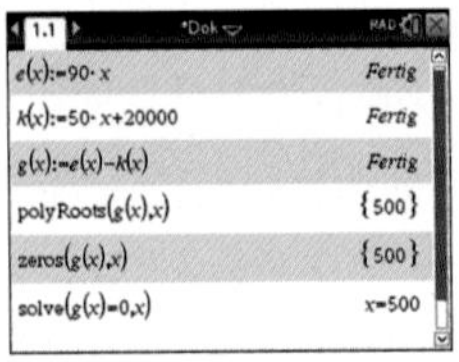

Grafische Lösung

Die Graphs-Applikation wird mit ctrl, [+page], 2: Graphs hinzufügen, zusätzlich geöffnet.

Abb. 3: $g(x)$ aus dem Calculator-Fenster wird als $f1(x)$ angegeben.

Abb. 4 und 5: Für eine vernünftige Darstellung werden mit menu, 4: Fenster/Zoom, 1: Fenstereinstellungen, die abgebildeten Werte für die Achsen eingegeben.

Abb. 3

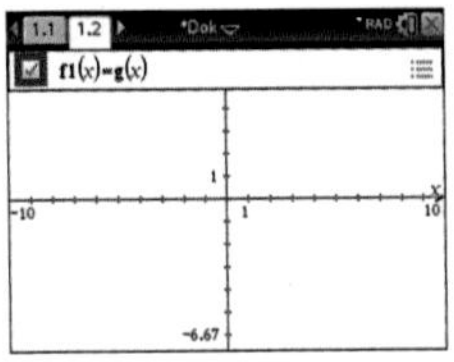

Abb. 4

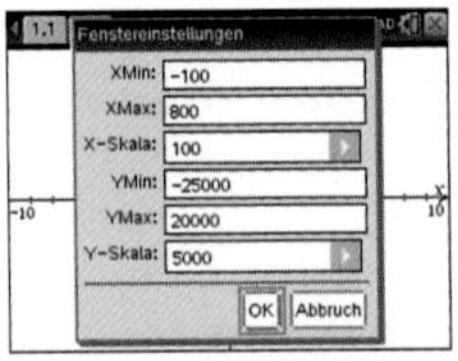

Abb. 5

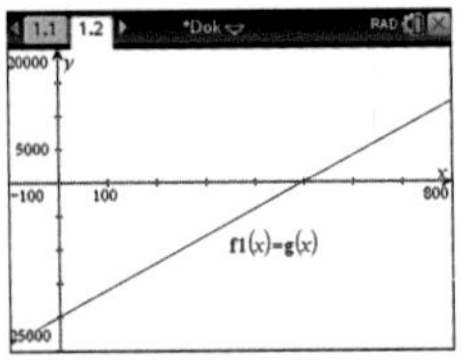

Abb. 6–8: Nach menu, 6: Graph analysieren, 1: Nullstelle, müssen die untere und die obere Grenze für den Suchbereich festgelegt werden.

Abb. 6

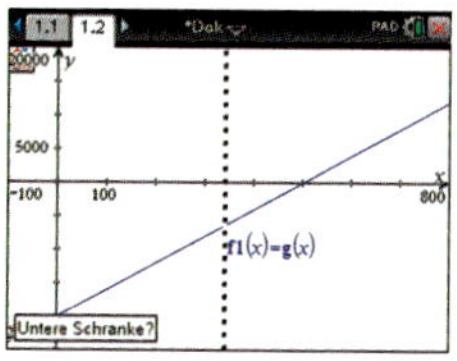

Abb. 7

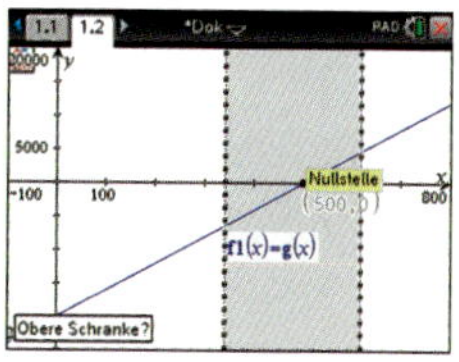

Abb. 8

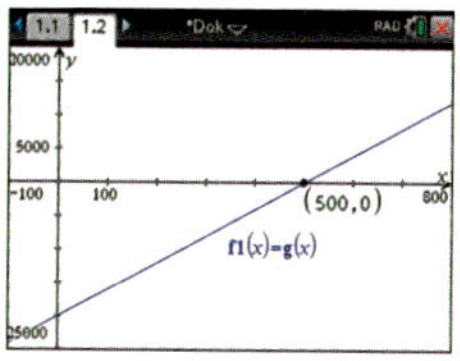

8 *x*-Wert für einen vorgegebenen Funktionswert bestimmen (Gleichung lösen)

Rechnerische Lösung

Abb. 1: In der Calculator-Applikation die Funktionsgleichung mit ctrl, [:=] definieren. Dann mit dem **solve-Befehl** die Gleichung $g(x) = 5\,000$ lösen. Der solve-Befehl kann über die Buchstabentastatur oder mit menu, 3: Algebra, 1: Löse, eingegeben werden.

Abb. 2 und 3: Alternativ kann auch der gegebene Funktionswert $y = 5\,000$ als Gleichung definiert werden. Dann ergeben sich die in Abb. 3 dargestellten Lösungsmöglichkeiten. Die entsprechenden Lösungsbefehle **zeros** oder **polyRoots** können jeweils händisch über die Buchstabentastatur oder mit

- menu, 3: Algebra, 4: Nullstellen;
- menu, 3: Algebra, 8: Polynomwerkzeuge, 2: Reelle Polynomwurzeln

aufgerufen werden.

Abb. 1

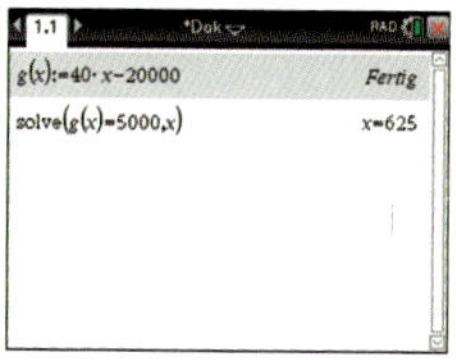

Abb. 2

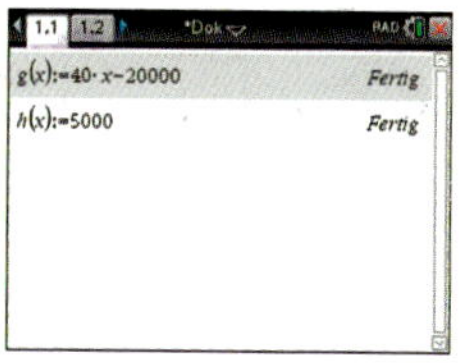

Abb. 3

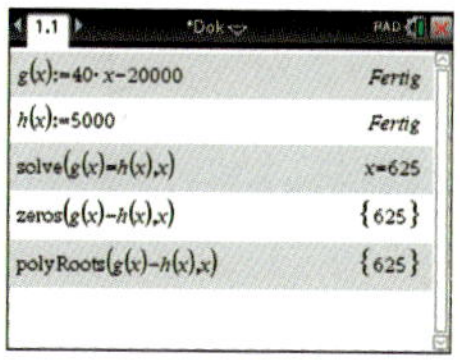

Grafische Lösung

Abb. 4: Die gegebene Funktionsgleichung wird mit := definiert.
Der gegebene Funktionswert $y = 5\,000$ wird ebenfalls als Gleichung definiert.

Abb. 5 und 6: Mit ctrl, [+page] wird zusätzlich die Graph-Applikation geöffnet. Die zuvor im Calculator-Fenster definierten Funktionen werden als $f1\,(x)$ und als $f2\,(x)$ eingegeben. Die Eingabezeile kann durch Doppelklick oder durch tab erneut aufgerufen werden.

Abb. 4

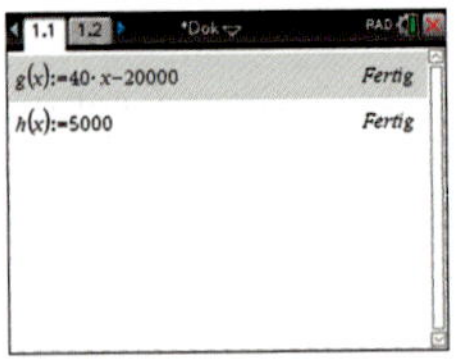

Abb. 5

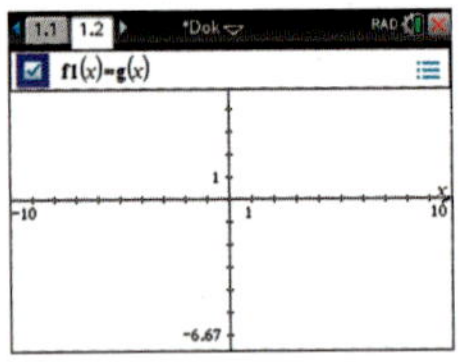

Abb. 6

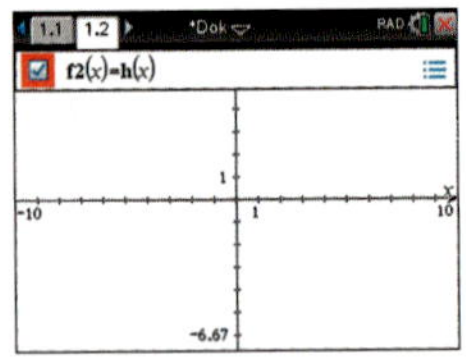

Abb. 7 und 8: Mit menu, 4: Fenster/Zoom, 1: Fenstereinstellungen, wird eine vernünftige Darstellung der Graphen erreicht.
Der x-Wert des Schnittpunktes ist der zum vorgegebenen y-Wert gehörige x-Wert.

Abb. 9 und 10: Mit menu, 6: Graph analysieren, 4: Schnittpunkt, kann der Schnittpunkt der Geraden bestimmt werden. Dazu muss zuerst die untere und dann die obere Grenze des Suchbereichs festgelegt werden.
Der x-Wert des Schnittpunktes ist der zum vorgegebenen y-Wert gehörige x-Wert.

Abb. 7

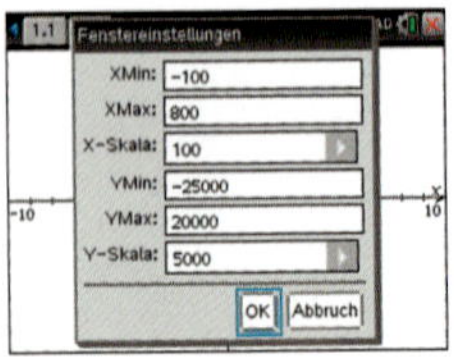

Abb. 8

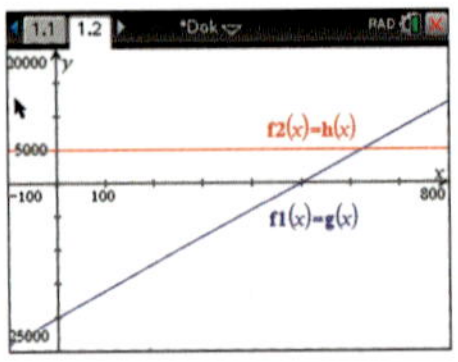

Abb. 9

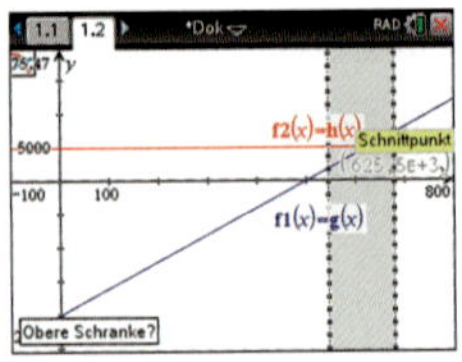

Abb. 10

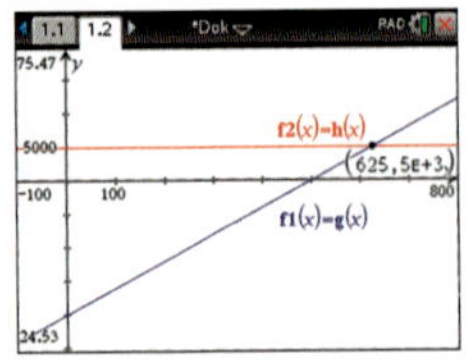

9 Lineare Gleichungssysteme (LGS) eingeben und lösen

Abb. 1: In der Calculator-Applikation definieren wir die Funktion $f(x)$ ctrl, [:=] in der allgemeinen Form, z. B. mit den Variablen a, b, und c. Bei der Eingabe muss unbedingt zwischen den Variablen und x jeweils ein Multiplikationspunkt gesetzt werden, weil sonst ax und bx als jeweils eine Variable erkannt werden.

Abb. 2 und 3: Mit menu, 3: Algebra, 7: Gleichungssystem lösen, 1: Gleichungssystem lösen, können wir den Lösungsbefehl solve für das Gleichungssystem anfordern. Wir müssen vorher noch die Anzahl der Gleichungen und die Variablen angeben.

Abb. 4: Jetzt können wir sehr einfach die Gleichungen des LGS wie abgebildet eingeben.

Abb. 1

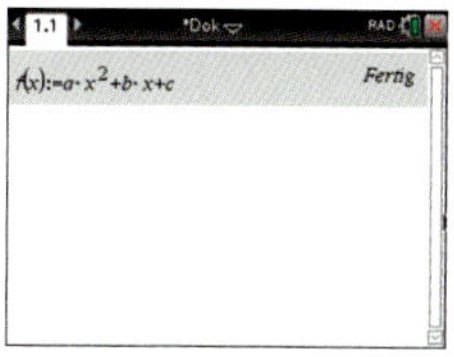

Abb. 2

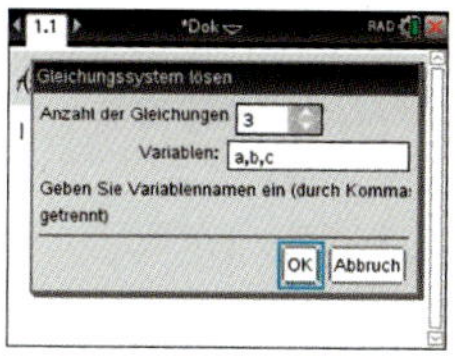

Abb. 3

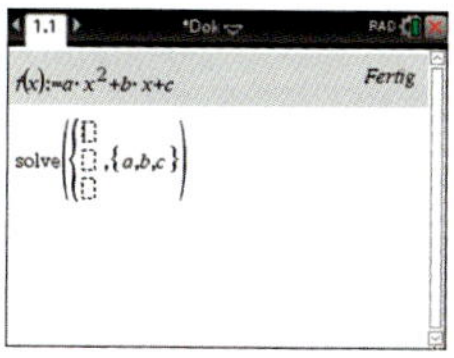

Abb. 4

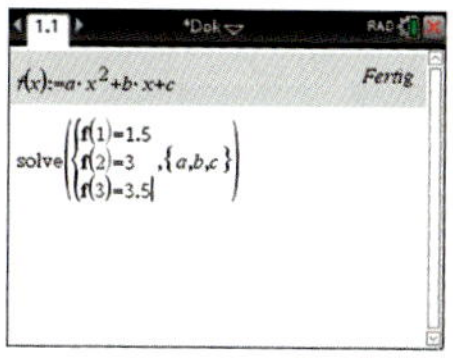

Abb. 5: Mit enter erhalten wir die Lösung des Gleichungssystems.

Abb. 6: Wir können uns die gesuchte Funktionsgleichung anzeigen lassen, wenn wir die Variablen a, b und c mit den berechneten Werten definieren und dann nur $f(x)$ eingeben.

Abb. 7: Alternativ zum **solve-Befehl** für Gleichungssystem jeglicher Art kann mit menu, 3: Algebra, 7: Gleichungssystem lösen, 2: System linearer Gleichungen lösen…, der **linSolve-Befehl** ausgeführt werden. Das Ergebnis ist lediglich anders dargestellt.

Abb. 5

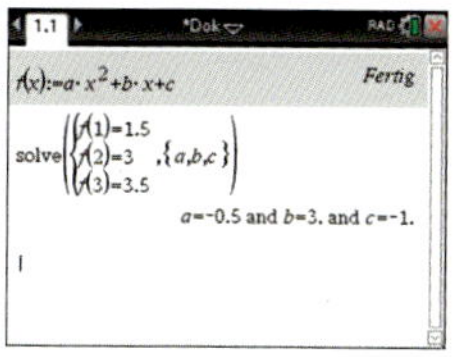

Abb. 6

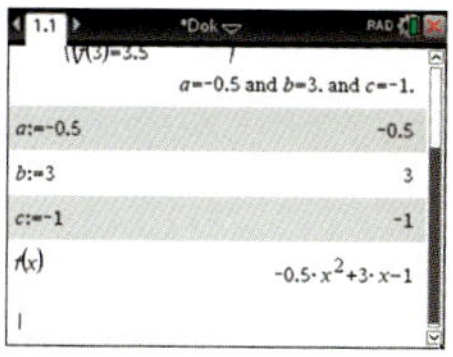

Abb. 7

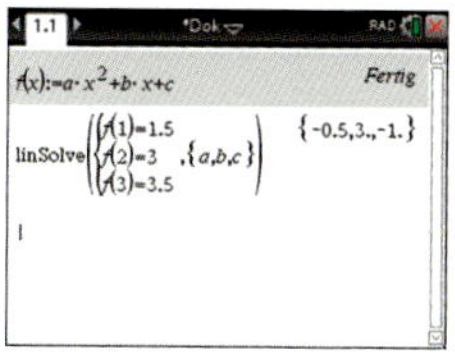

10 Extrempunkte

Grafische Lösung

Abb. 1–3: In der Graphs-Applikation geben wir die Funktionsgleichung ein und lassen uns dann den Graph mit enter zeichnen.
Für eine vernünftige Darstellung wie in Abb. 3 müssen wir die Fenstereinstellungen entsprechend der Abb. 2 anpassen.

Abb. 1

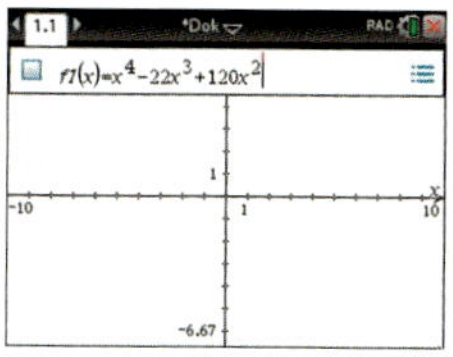

Abb. 2

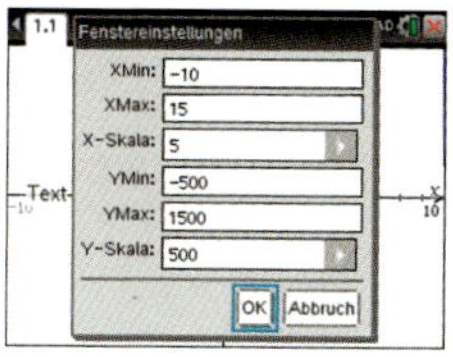

Abb. 3

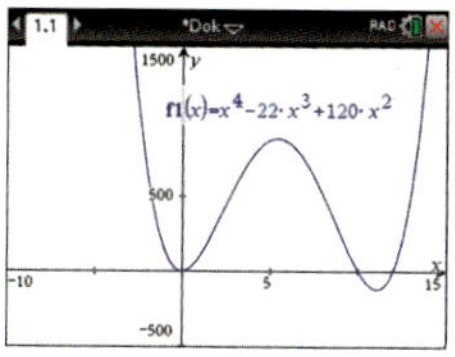

Abb. 4–6: Mit menu, 6: Graph analysieren, 3: Maximum, wird über die Festlegung der unteren und oberen Schranke der Suchbereich für den Hochpunkt bestimmt.

Abb. 4

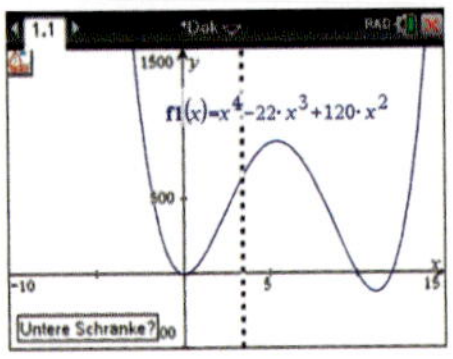

Abb. 5

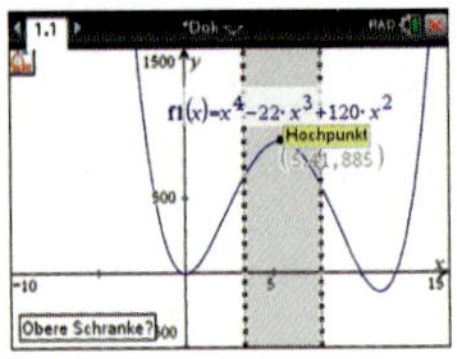

Abb. 6

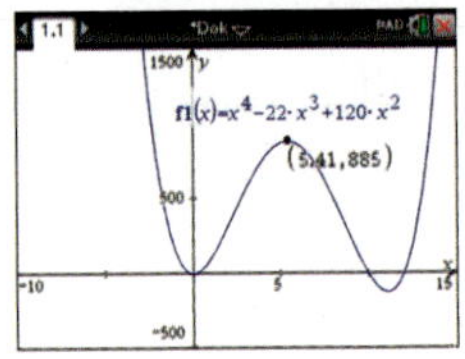

Abb. 7 und 8: Für die Ermittlung eines Tiefpunktes wird über menu, 6: Graph analysieren“, 3: Minimum, entsprechend vorgegangen.

Abb. 7

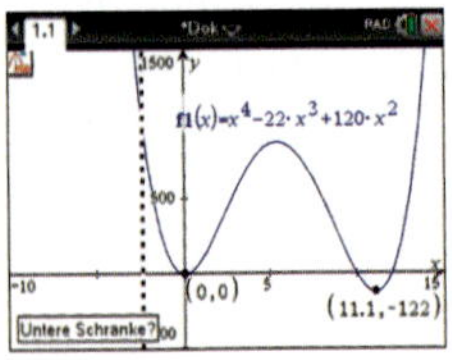

Abb. 8

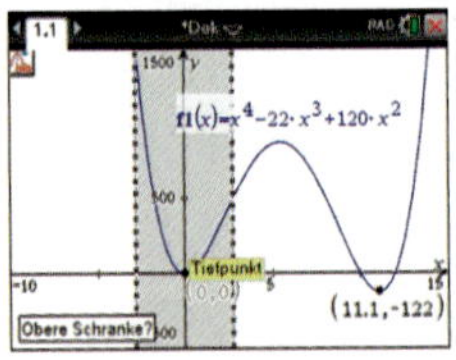

Rechnerische Lösung

Abb. 9: Wir definieren mit ctrl, [:=] die gegebene Funktion in der Calculator-Applikation.

Abb. 10 und 11: Dann definieren wir mit ctrl, [:=] die 1. Ableitungsfunktion. Weil der Taschenrechner die übliche Schreibweise $f'(x)$ nicht akzeptiert, schreiben wir für die 1. Ableitung $a1(x)$. Für die rechte Seite der Gleichung rufen wir die Vorlage für die 1. Ableitung in der Leibniz-Schreibweise mit der Vorlagenpaletten-Taste rechts neben der 9 auf und füllen die leeren Felder mit x und $f(x)$ aus. Alternativ kann die Vorlage für die 1. Ableitung auch mit menu, 4: Analysis, 1: Ableitung, aufgerufen werden.

Abb. 9

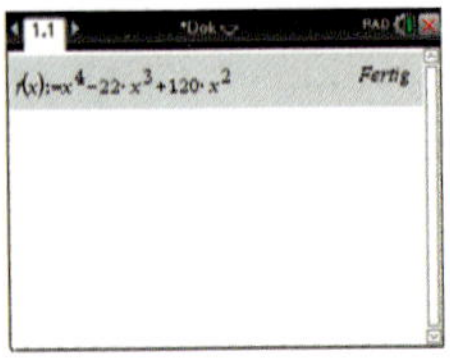

Abb. 10

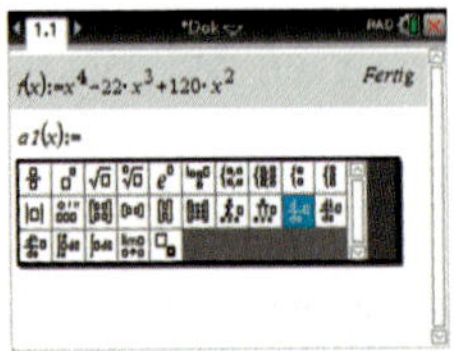

Abb. 11

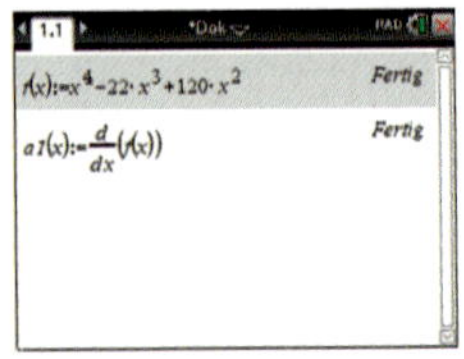

Abb. 12 und 13: Die 2. Ableitungsfunktion a2(x) berechnen wir wieder mit der Vorlagenpalette rechts neben der 9.

Abb. 12

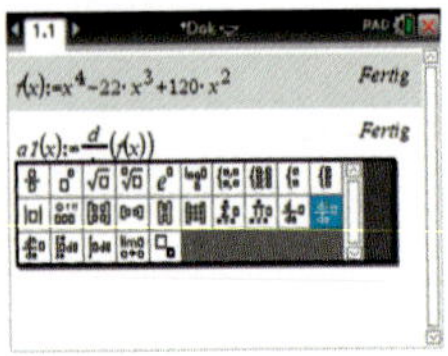

Abb. 13

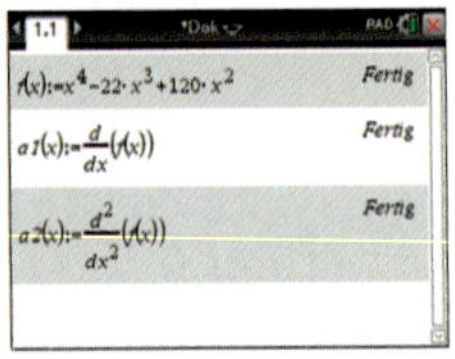

Abb. 14: Entsprechend der notwendigen Bedingung für Extremstellen berechnen wir nun die Nullstellen der 1. Ableitungsfunktion. Dazu können wir wahlweise den **zeros-**, den **poly Roots-** oder den **solve-Befehl** verwenden (s. CAS-Anhang 5). Die Befehle können wir von Hand eingeben oder über [menu] erhalten:

- [menu], 3: Algebra, 4: Nullstellen, ruft den **zeros-Befehl** auf.
- [menu], 3: Algebra, 8: Polynomwerkzeuge. 2: Reelle Polynomwurzeln, ruft den **polyRoots-Befehl** auf.
- [menu], 3: Algebra, 1: Löse, ruft den **solve-Befehl** auf.

In der Abb. 14 verwenden wir beispielhaft den **zeros-Befehl**. Wenn wir den zeros-Befehl mit der [enter]-Taste abschließen, erhalten wir exakte Ergebnisse, die aber teilweise mit Brüchen und Wurzelzeichen recht kompliziert ausschauen. Mit [ctrl], [≈] (Zweitbelegung der [enter]-Taste) erhalten wir gerundete Dezimalzahlen als mögliche Extremstellen:

$x_1 = 0$

$x_2 = 5{,}41055$

$x_3 = 11{,}0895$

Abb. 14

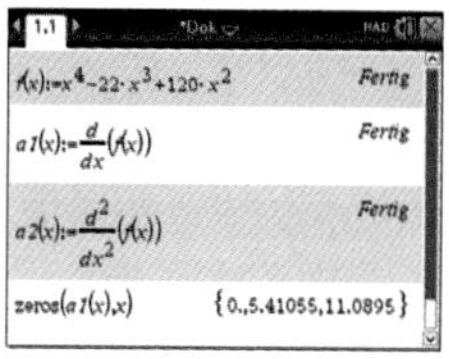

Abb. 15: In der vorletzten Zeile der Abb. 15 überprüfen wir mithilfe der 2. Ableitungsfunktion die hinreichende Bedingung für Extremstellen. Um gerundete Dezimalzahlen zu bekommen, schließen wir die Berechnung wieder mit [ctrl], [≈] ab. Wir erhalten:

$f''(x) = 240 > 0 \Rightarrow T$

$f''(5{,}41055) = -122{,}904 < 0 \Rightarrow H$

$f''(11{,}0895) = 251{,}9040 > 0 \Rightarrow T$

Abb. 15

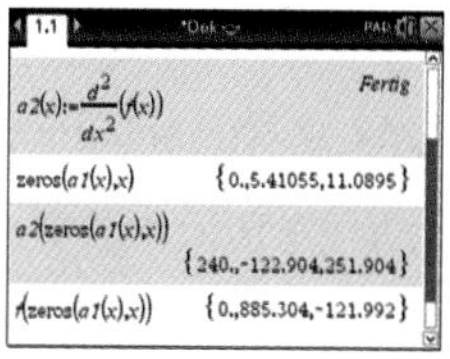

In der letzten Zeile berechnen wir dann noch die Funktionswerte zu den Extremstellen. Um gerundete Dezimalzahlen zu bekommen, schließen wir auch hier die Berechnung wieder mit [ctrl], [≈] ab.

Wir erhalten:

$f(0) = 0$

$f(5{,}41055) = 885{,}304$

$f(11{,}0895) = -122{,}904$

$\Rightarrow$ Extrempunkte: $\underline{\underline{T(0/0)}}$, $\underline{\underline{H(\approx 5{,}4/885{,}3)}}$, $\underline{\underline{T_2(\approx 11{,}1/\approx -122)}}$

Abb. 16: Als Alternative zum zeros-Befehl kann auch der **polyRoots-Befehl** verwendet werden.

Abb. 16

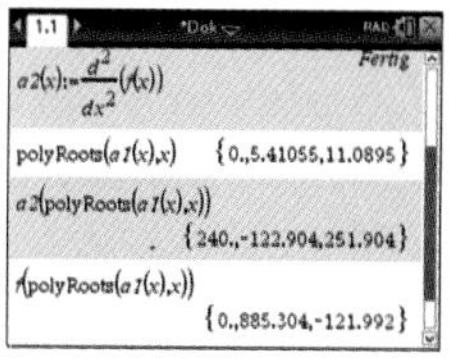

11 Steigung (Ableitung) eines Graphen an einer Stelle *x*

Rechnerische Lösung

Abb. 1: In der Calculator-Applikation: [menu], 4: Analysis, 2: Ableitung an einem Punkt, aufrufen und den x-Wert 3, für den die Ableitung (Steigung) bestimmt werden soll eingeben.

Abb. 2: Der sich dann öffnende Differenzialquotient ist die Leibniz'sche Schreibweise für die 1. Ableitung. In der Klammer müssen wir den Funktionsterm eingeben, z. B. x^2.

Abb. 3: Mit [enter] erhalten wir die Ableitung (Steigung) an der Stelle $x = 3$. In der üblichen Schreibweise: $f'(3) = 6$

Abb. 1

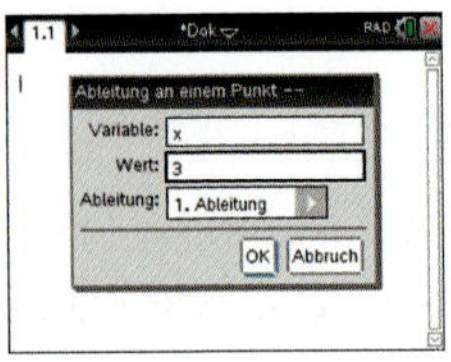

Abb. 2

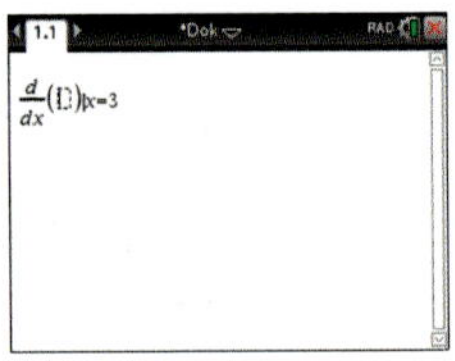

Abb. 3

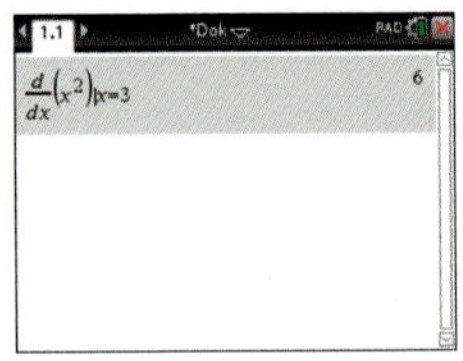

Alternative Vorgehensweise:

Abb. 4: Zunächst wird im Calculator-Fenster in der ersten Zeile mit [ctrl], [:=] die vorgegebene Funktion definiert.

Abb. 5 und 6: Dann wird mit der Vorlagentaste rechts neben der [9] oder mit [menu], 4: Analysis, 1: Ableitung, der Term der 1. Ableitungsfunktion bestimmt (2. Zeile der Abb. 6).

Dieser Term wird in der 3. Zeile mit [ctrl], [:=] als neue Funktion $a1$ definiert. Da der Taschenrechner f', nicht akzeptiert, nennen wir die 1. Ableitungsfunktion $a1$. Für die Definition der 1. Ableitungsfunktion kann die 2. Zeile auch übersprungen werden. In der 4. Zeile können wir dann mit der vorher definierten 1. Ableitungsfunktion $a1\,(x)$ die Ableitung (Steigung) für jeden beliebigen x-Wert berechnen, hier z. B. für $x = 3$.

Abb. 4

Abb. 5

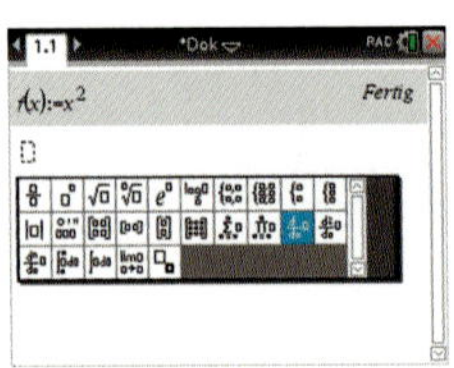

Abb. 6

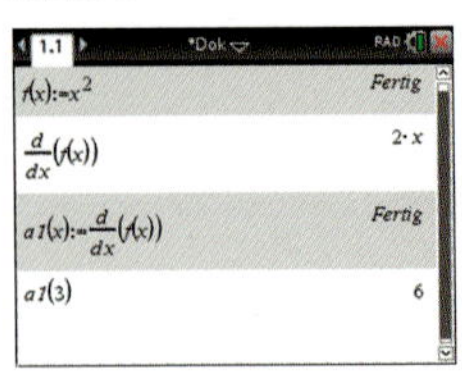

Grafische Lösung

Abb. 7 und 8: Nach Eingabe der Funktionsgleichung im Graph-Fenster wird mit [enter] der Graph gezeichnet.

Abb. 9 und 10: Mit [menu], 6: Graph analysieren, 6: dy/dx wird für die Abfrage „Position?“ der x-Wert eingegeben, für den die Ableitung gesucht wird. Es wird dann der Punkt auf dem Graphen mit dem eigegebenen x-Wert und die dazugehörige Ableitung (Steigung) angezeigt.

Abb. 7

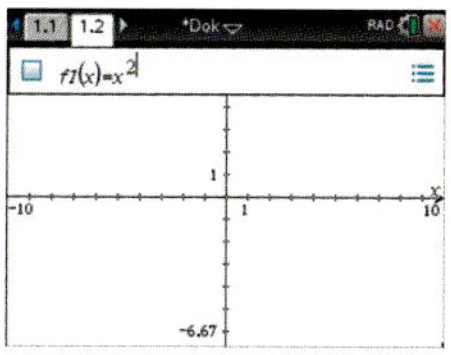

Abb. 8

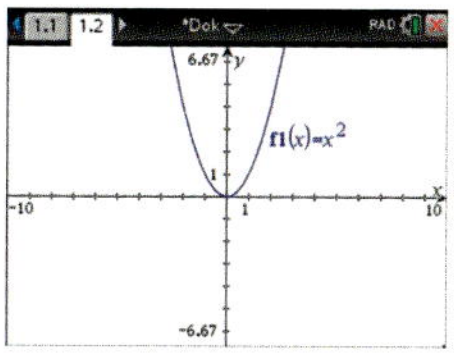

Abb. 9

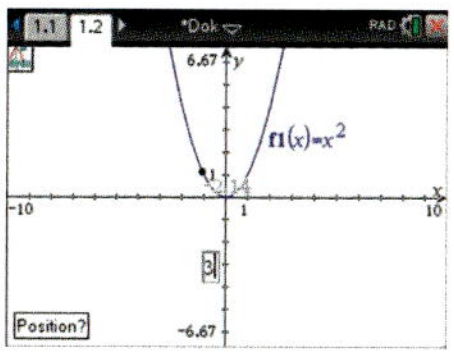

Abb. 10

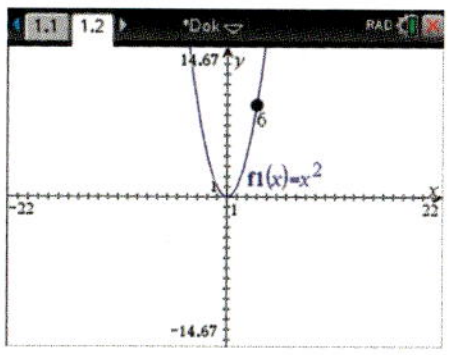

12 Ableitungsgraphen

CAS-Rechner können die Gleichungen von Ableitungsfunktionen berechnen.

Abb. 1: In der 1. Zeile wird mit [ctrl], [:=] die gegebene Funktionsgleichung der Stammfunktion definiert. In der 2. Zeile wird mit [menu], 4: Analysis, 1: Ableitung, die 1. Ableitung beredirektchnet.

Alternativ kann auch die Vorlagentaste [Vorlagentaste] rechts neben der [9] verwendet werden.
In der 3. Zeile wird dann die 1. Ableitungsfunktion definiert. Weil der Taschenrechner f', nicht annimmt, wählen wir als Namen für die 1. Ableitung $a1$.

Abb. 2 und 3: Mit [ctrl], [+page] wird ein Graph-Fenster geöffnet. Dort geben wir für $f1\,(x)$ und $f2\,(x)$ die zuvor im Calculator-Fenster definierten Funktionen $f(x)$ und $a1\,(x)$ ein. Die Eingabezeile kann mit [tab] oder mit Doppelklick im Graph-Fenster erneut aufgerufen werden.

Abb. 4: Mit [menu], 7: Tabelle, 1: Tabelle mit geteiltem Bildschirm, erstellen wir eine Wertetabelle für die Ausgangsfunktion und deren Ableitungsfunktion.

Abb. 1

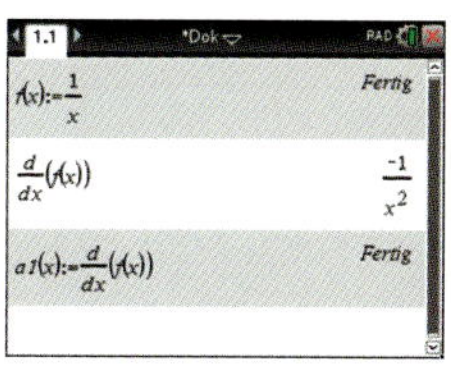

Abb. 2

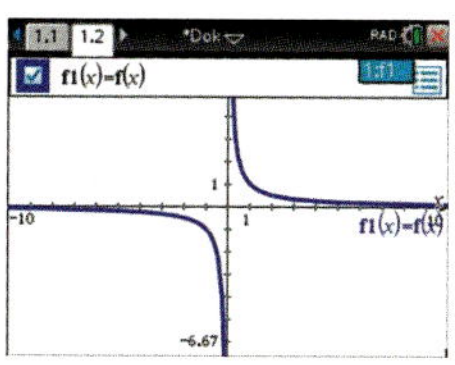

Abb. 3

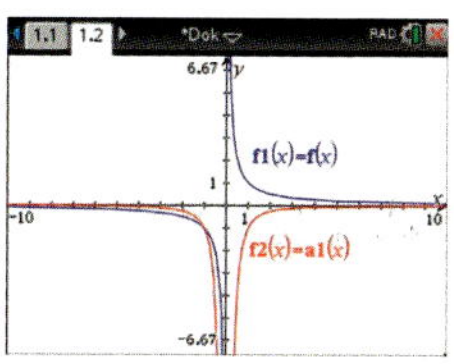

Abb. 4

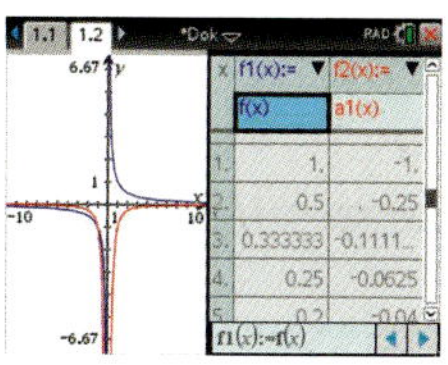

13 Ableitungsfunktionen

Die Vorlagen für die Berechnungen der **höheren Ableitungen** kann man am einfachsten mit der Vorlagentaste [Vorlagentaste] rechts neben der 9 aufrufen. Alternativ ist auch der Weg über [menu], 4: Analysis, 1: Ableitung, möglich. Allerdings kann auf diesem Weg immer nur die 1. Ableitungsfunktion berechnet werden.

Abb. 1–4: Nach der Definition der Funktion in der Calculator-Applikation (Abb. 1) rufen wir die Vorlage für die 1. Ableitung mit der Vorlagentaste auf (Abb. 2), füllen die leeren Felder mit x und $f(x)$ aus (Abb. 3) und erhalten mit enter den Term der 1. Ableitungsfunktion (Abb. 4). Alternativ kann die Vorlage auch mit menu, 4: Analysis, 1: Ableitung aufgerufen werden.

Abb. 1

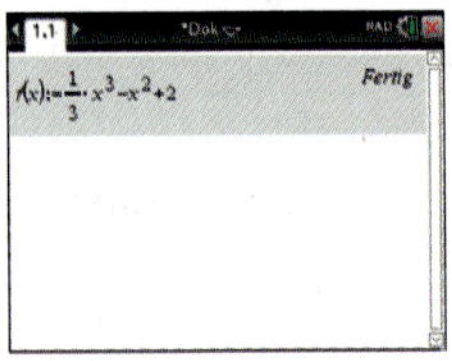

Abb. 2

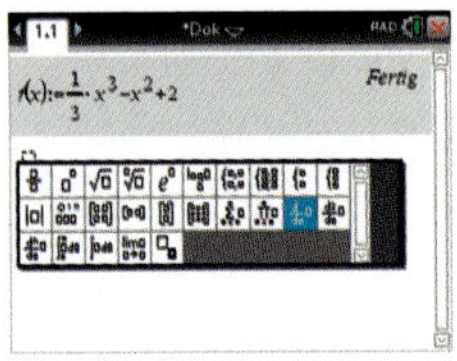

Abb. 3

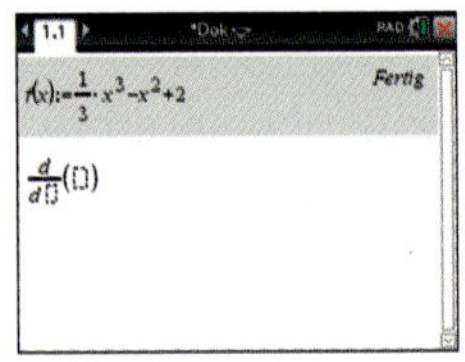

Abb. 4

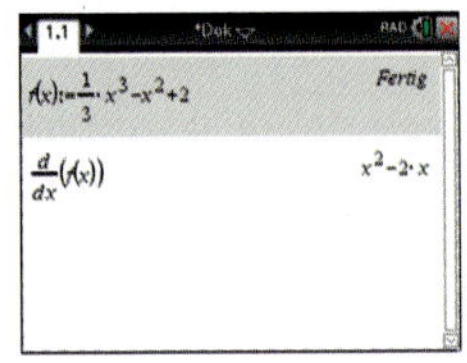

Abb. 5: Wir definieren die Funktion $a1\,(x)$ als 1. Ableitungsfunktion und lassen uns das Ergebnis bestätigen, indem wir $a1\,(x)$ eingeben.

Abb. 6 und 7: Wir rufen die Vorlage für die 2. Ableitung mit der Vorlagentaste auf, füllen die leeren Felder wieder mit x und $f(x)$ aus und erhalten mit enter den Term der 2. Ableitung. Anschließend definieren wir die Funktion $a2\,(x)$ als 2. Ableitungsfunktion. Wir lassen uns das Ergebnis bestätigen, indem wir $a2\,(x)$ eingeben. Auch hier kann die 1. Zeile der Abb. 7 übersprungen werden.

Abb. 5

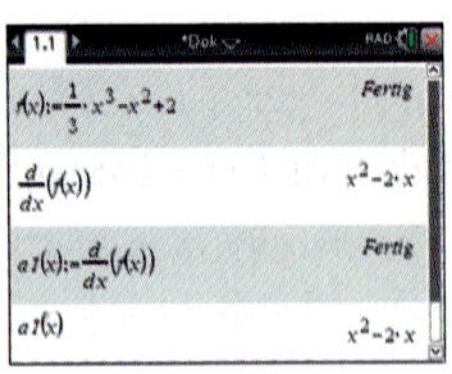

Abb. 6

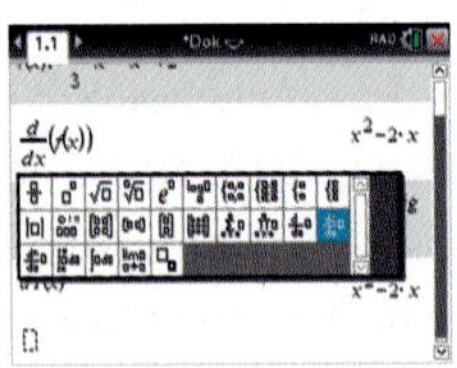

Abb. 7

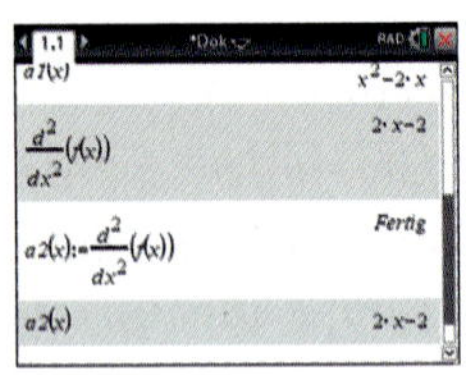

Abb. 8 und 9: Wir rufen die Vorlage für die weiteren höheren Ableitungen mit der Vorlagentaste auf, bilden die 3. Ableitungsfunktion und definieren dann eine Funktion $a3\,(x)$ dafür. Hier kann wieder die 1. Zeile übersprungen werden.

Abb. 8

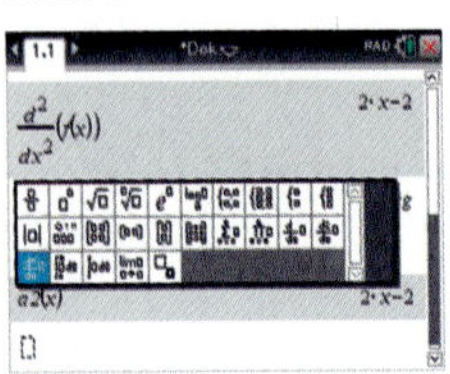

Abb. 9

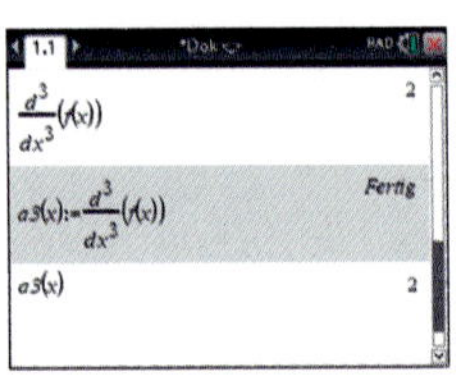

Für die Ermittlung der **notwendigen Bedingungen für Extrem- und Wendepunkte** können die definierten Ableitungsfunktionen dann mit dem polyroots-, dem zeros- oder dem solve-Befehl wie im CAS-Anhang 7 gelöst werden.

Die **hinreichende Bedingung** wird wie im CAS-Anhang 4 durch Einsetzen der berechneten Stellen in die jeweilig höhere Ableitung geprüft.

Wir führen die Rechnung exemplarisch für die Berechnung von Extrempunkten mit dem zeros-Befehl durch, weil dieser es erlaubt, sehr einfach mit den ermittelten Nullstellen weiterzurechnen. Das wäre ebenso mit dem polyroots-Befehl möglich.

Abb. 10: In der 1. Zeile werden entsprechend der notwendigen Bedingung für Extremstellen die Nullstellen der 1. Ableitungsfunktion bestimmt, hier $x_{01} = 0$, $x_{02} = 2$.
In der 2. Zeile werden zur Überprüfung der hinreichenden Bedingung die berechneten Nullstellen sehr einfach in die 2. Ableitungsfunktion eingesetzt:

$f''(0) = -2 < 0 \;\Rightarrow\;$ Hochpunkt bei $x_{01} = 0$

$f''(2) = 2 > 0 \;\Rightarrow\;$ Tiefpunkt bei $x_{02} = 2$

In der 3. Zeile werden die Funktionswerte für die berechneten Extremstellen mithilfe der Ausgangsfunktion ermittelt: $f(0) = 2$, $f(2) = \frac{2}{3}$

$\Rightarrow$ Extrempunkte:

$\underline{\underline{H(0\,|\,2),\; T\left(2\,\middle|\,\frac{2}{3}\right)}}$

Abb. 10

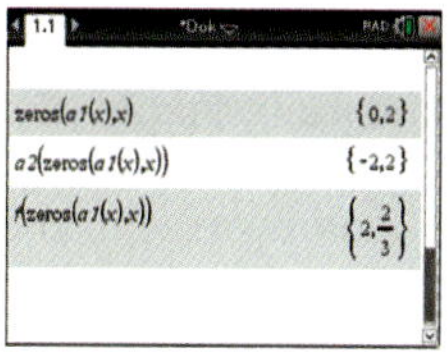

14 Tangentengleichung, Normalengleichung

Abb. 1: In der 1. Zeile des Calculator-Fensters wird die vorgegebene Funktion definiert.
In der 2. Zeile wird dann mit [menu], 4: Analysis, 9: Tangententerm, der Befehl zur Berechnung des Tangententerms aufgerufen. In der Klammer geben wir zunächst den Funktionsterm, dann mit Komma abgetrennt die Variable und dann auch mit Komma abgetrennt den x-Wert $x = 2$ an für den die Tangente gesucht wird.

Abb. 2: Entsprechend wird bei der Bestimmung der Normalengleichung vorgegangen: [menu], 4: Analysis, A: Normalenterm.

Abb. 1

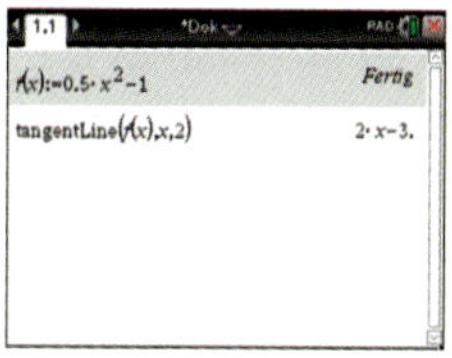

Abb. 2

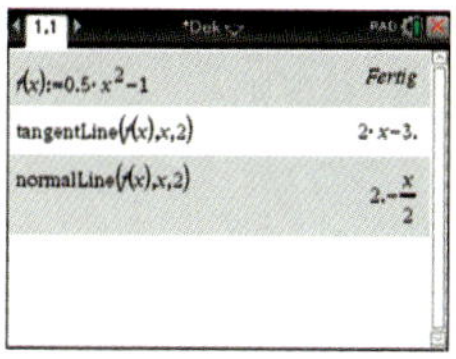

Sachwortverzeichnis

Bildquellenverzeichnis

Picture-Alliance GmbH, Frankfurt/M.: Globus Infografik 183.1, 183.2.

stock.adobe.com, Dublin: Assmy, Gunnar Titel; benjaminnolte 244.1; thorabeti 51.1; Wavebreak-mediaMicro Titel; Wayhome Studio 11.1.
Texas Instruments Education Technology GmbH, Freising: 22.1, 23.1, 23.2, 23.3, 23.4, 23.5, 23.6, 23.7, 24.1, 24.2, 24.3, 24.4, 24.5, 24.6, 24.7, 24.8, 25.1, 25.2, 25.3, 34.1, 34.2, 34.3, 34.4, 34.5, 34.6, 34.7, 34.8, 42.1, 42.2, 42.3, 42.4, 42.5, 42.6, 42.7, 42.8, 42.9, 44.1, 44.2, 44.3, 44.4, 44.5, 44.6, 53.1, 53.2, 53.3, 53.4, 53.5, 53.6, 53.7, 53.8, 66.1, 66.2, 66.3, 66.4, 67.1, 67.2, 67.3, 68.1, 68.2, 68.3, 68.4, 68.5, 68.6, 68.7, 73.1, 73.2, 73.3, 74.1, 74.2, 74.3, 74.4, 74.5, 74.6, 74.7, 75.1, 75.2, 75.3, 75.4, 75.5, 75.6, 75.7, 75.8, 76.1, 76.2, 77.1, 77.2, 111.1, 111.2, 111.3, 111.4, 111.5, 111.6, 111.7, 112.1, 112.2, 112.3, 112.4, 112.5, 112.6, 113.1, 113.2, 113.3, 113.4, 113.5, 113.6, 113.7, 113.8, 114.1, 114.2, 114.3, 127.1, 128.1, 180.1, 180.2, 181.1, 181.2, 181.3, 181.4, 181.5, 181.6, 181.7, 181.8, 181.9, 181.10, 181.11, 181.12, 181.13, 188.1, 216.1, 216.2, 217.1, 217.2, 217.3, 217.4, 217.5, 217.6, 217.7, 220.1, 220.2, 220.3, 220.4, 220.5, 220.6, 220.7, 220.8, 220.9, 221.1, 221.2, 221.3, 221.4, 221.5, 221.6, 221.7, 221.8, 221.9, 222.1, 222.2, 222.3, 223.1, 223.2, 223.3, 223.4, 223.5, 223.6, 223.7, 223.8, 223.9, 224.1, 278.1, 278.2, 278.3, 278.4, 278.5, 278.6, 278.7, 293.1, 293.2, 294.1, 294.2, 294.3, 294.4, 294.5, 294.6, 294.7, 294.8, 294.9, 313.1, 313.2, 313.3, 313.4, 313.5, 314.1, 314.2, 314.3, 314.4, 314.5, 314.6, 314.7, 326.1, 326.2, 336.1, 337.1, 337.2, 337.3, 337.4, 337.5, 337.6, 339.1, 339.2, 339.3, 339.4, 339.5, 339.6, 340.1, 340.2, 340.3, 340.4, 344.1, 358.1, 358.2, 358.3, 358.4, 359.1, 359.2, 359.3, 359.4, 359.5, 359.6, 359.7, 359.8, 359.9, 359.10, 359.11, 359.12, 359.13, 359.14, 359.15, 360.1, 360.2, 360.3, 360.4, 360.5, 360.6, 360.7, 360.8, 360.9, 360.10, 360.11, 360.12, 360.13, 361.1, 361.2, 361.3, 361.4, 361.5, 361.6, 362.1, 362.2, 362.3, 362.4, 362.5, 362.6, 362.7, 362.8, 362.9, 362.10, 363.1, 363.2, 363.3, 363.4, 363.5, 364.1, 365.1, 365.2, 365.3, 365.4, 365.5, 365.6, 365.7, 365.8, 365.9, 365.10, 366.1, 366.2, 366.3, 366.4, 366.5, 367.1, 367.2, 367.3, 367.4, 367.5, 367.6, 368.1, 368.2, 368.3, 368.4, 368.5, 368.6, 368.7, 369.1, 369.2, 369.3, 369.4, 369.5, 369.6, 369.7, 369.8, 369.9, 369.10, 370.1, 370.2, 370.3, 370.4, 370.5, 370.6, 370.7, 370.8, 370.9, 370.10, 371.1, 371.2, 371.3, 372.1, 372.2, 372.3, 372.4, 372.5, 372.6, 372.7, 373.1, 373.2, 373.3, 373.4, 373.5, 373.6, 373.7, 373.8, 373.9, 373.10, 374.1, 374.2, 374.3, 374.4, 374.5, 374.6, 374.7, 374.8, 374.9, 374.10, 374.11, 374.12, 375.1, 375.2, 375.3, 422.1, 422.2, 422.3, 422.4, 422.5, 422.6, 422.7, 422.8, 423.1, 423.2, 423.3, 423.4, 424.1, 424.2, 424.3, 424.4, 424.5, 424.6, 424.7, 425.1, 425.2, 425.3, 425.4, 425.5, 425.6, 425.7, 425.8, 426.1, 426.2, 426.3, 426.4, 426.5, 426.6, 426.7, 426.8, 426.9, 426.10, 426.11, 426.12, 429.1, 429.2, 429.3, 429.4, 429.5, 429.6, 429.7, 429.8, 430.1, 430.2, 430.3, 430.4, 430.5, 430.6, 430.7, 430.8, 430.9, 430.10, 430.11, 430.12, 430.13, 431.1, 431.2, 431.3, 431.4, 432.1, 432.2, 434.1, 434.2, 434.3, 434.4, 434.5, 434.6, 434.7, 434.8, 435.1, 435.2, 435.3, 435.4, 436.1, 436.2, 436.3, 437.1, 437.2, 437.3, 437.4, 438.1, 438.2, 438.3, 441.1, 441.2, 441.3, 441.4, 441.5, 441.6, 441.7, 442.1, 442.2, 442.3, 442.4, 442.5, 443.1, 443.2, 443.3, 443.4, 443.5, 443.6, 443.7, 443.8, 444.1, 444.2, 445.1, 445.2, 445.3, 445.4, 446.1, 446.2, 446.3, 446.4, 446.5, 446.6, 446.7, 446.8, 446.9, 447.1, 447.2, 447.3, 447.4, 447.5, 447.6, 447.7, 447.8, 448.1, 448.2, 448.3, 449.1, 449.2, 449.3, 449.4, 449.5, 449.6, 449.7, 450.1, 450.2, 450.3, 450.4, 450.5, 450.6, 450.7, 450.8, 451.1, 451.2, 452.1, 452.2, 452.3, 452.4, 452.5, 452.6, 452.7, 453.1, 453.2, 453.3, 453.4, 453.5, 453.6, 454.1, 454.2, 454.3, 454.4, 454.5, 454.6, 454.7, 454.8, 454.9, 454.10, 454.11, 454.12, 455.1, 455.2, 455.3, 456.1, 456.2, 456.3, 456.4, 456.5, 456.6, 456.7, 456.8, 456.9, 457.1, 458.1, 458.2, 458.3, 458.4, 459.1, 459.2, 459.3, 462.1, 462.2, 462.3, 462.4, 462.5, 462.6, 462.7, 462.8, 462.9, 462.10, 462.11, 463.1, 463.2, 463.3, 463.4, 463.5, 463.6, 463.7, 464.1, 464.2, 464.3, 464.4, 464.5, 467.1, 467.2, 469.1, 470.1, 470.2, 470.3, 470.4, 470.5, 470.6.